基础化学

熊维巧　主编

西南交通大学出版社
·成　都·

图书在版编目（C I P）数据

基础化学 / 熊维巧主编. -- 成都：西南交通大学出版社，2024.3
ISBN 978-7-5643-9642-8

Ⅰ. ①基… Ⅱ. ①熊… Ⅲ. ①化学 – 高等学校 – 教材
Ⅳ. ①O6

中国国家版本馆 CIP 数据核字（2024）第 008693 号

Jichu Huaxue
基础化学

熊维巧 / 主　编　　责任编辑 / 牛　君
封面设计 / 何东琳设计工作室

西南交通大学出版社出版发行
（四川省成都市金牛区二环路北一段 111 号西南交通大学创新大厦 21 楼　610031）
营销部电话：028-87600564　　028-87600533
网址：http://www.xnjdcbs.com
印刷：成都中永印务有限责任公司

成品尺寸　185 mm × 260 mm
印张　20　　字数　499 千
版次　2024 年 3 月第 1 版　　印次　2024 年 3 月第 1 次

书号　ISBN 978-7-5643-9642-8
定价　48.00 元

课件咨询电话：028-81435775
图书如有印装质量问题　本社负责退换

前　言

本书是作者在多年基础化学教学讲义的基础上，结合大学本科理工科类专业培养目标中基础课的特点，充分吸收现行同类教材的精华编写而成。

化学作为理工科类非化学类专业的公共基础课，既要显示其基础性，又要兼顾不同方向的专业性，这是本教材的编写目标，本书兼顾了地质工程专业对基础化学的要求，又适合其他工程专业对基础化学的要求。

本书内容包括四个部分：第一部分为热力学基础，包括第 1 章化学热力学 ——反应的方向、第 2 章化学热力学 ——反应的限度，第 3 章溶液解离平衡也属于反应限度范畴，第 5 章电化学基础属于能量的转化与应用，故第 3 章和第 5 章也归于热化学基础部分；第二部分为第 4 章化学动力学基础；第三部分为物质结构基础，包括第 6 章原子结构基础、第 7 章分子结构基础和第 8 章配位化学基础；第四部分为第 9 章滴定分析基础，是为工程地质等专业学生简单了解化学分析基础而编写的内容。本书对化学热力学基础的阐述，有别于同类其他教材，是从化学热力学系统的建立角度来全面阐述这一部分内容的，这是本书的显著特点，而电化学基础一章的内容也承续了这个特点。

本书可作为工程地质、环境、土木、材料、机械和新能源等专业学生的公共基础课教材和参考书。

本书编写过程，参考了大量国内现行优秀教材的精华，参考文献在书末一一列举，在此一并感谢。

本书的编写得到西南交通大学 2020 年度教材建设校级一般项目的资助，同时得到西南交通大学化学学院周祚万院长和王勇副院长（教务）的支持及学院对出版费的资助，在此表示真诚的感谢。

由于编者水平所限，书中不足之处在所难免，恳请读者批评指正。

编　者

2023 年 5 月

目　录

第 1 章　化学热力学——反应的方向

某个具体的化学反应能否自发进行，该怎样判断？例如下列三个反应：

① $4Fe(s)+3O_2(g) = 2Fe_2O_3(s)$　　$\Delta H=-1648\ kJ\cdot mol^{-1}$

② $N_2(g)+O_2(g) = 2NO(g)$　　$\Delta H=+183\ kJ\cdot mol^{-1}$

③ $KNO_3(s) = K^+(aq)+NO_3^-(aq)$　　$\Delta H=+35\ kJ\cdot mol^{-1}$

从反应①来看，它因放热而自发进行，这是金属铁生锈的过程；反应②是吸热反应，在不给予外加能量的情况下，反应是不能自发进行的，否则空气中的 $N_2(g)$ 岂不都转化为 NO(g) 了？而反应③是离子晶体在水中溶解形成水合离子的过程，经测定它是吸热过程，但是也能自发进行。显然，除了反应热外，还有其他因素在驱动反应的发生。

综合分析一个化学反应，可以看出反应前后不但有物种的变化，往往还伴随着能量的变化（吸热或放热）；另外，还有物质状态的变化：气体、液体、固体以及溶剂化的离子等状态上的变化。上述 $KNO_3(s)$ 晶体溶于水后，形成了水合离子 $K^+(aq)$ 和 $NO_3^-(aq)$。从此可以看出，影响反应的另一个因素应与物质的状态变化有关，而这个物质状态与熵（ S ）有关。熵增加（ $\Delta S>0$ ）的过程，有利于反应正向自发进行。

对于下面的合成氨反应，能否自发进行？

$$\frac{3}{2}H_2(g)+\frac{1}{2}N_2(g) = NH_3(g)\qquad \begin{aligned}\Delta H&=-45.9\ kJ\cdot mol^{-1}\\ \Delta S&=-198.1\ J\cdot mol^{-1}\cdot K^{-1}\end{aligned}$$

这是一个放热、熵减的反应，放热有利于反应正向自发进行，但是熵减不利于反应正向自发进行。怎样判断该反应能否自发进行呢？为此，需要用一个新的综合参数“吉布斯自由能变 ΔG ”来表示，当 $\Delta G<0$ 时，反应自发进行。以下将围绕化学反应的方向，对热力学参数逐一展开介绍和讨论，以寻求能量变化与驱动化学反应方向的一般规律。

1.1　化学热力学常用术语

由上述讨论可知，化学反应中能量的变化对于化学反应进行的方向有重要影响。而定量研究这种化学变化与能量变化关系的科学称为化学热力学（chemical thermodynamics）。化学热力学着重解决化学反应的方向以及化学反应进行的程度问题。在运用热力学研究化学反应时，需要了解一些热力学的常用术语。

1. 体系与环境

体系（system）又称系统，通常是指研究的物质体系，即研究对象。体系以外与体系相联系的部分称为环境（surrounding）。例如，一个带盖（密闭）的玻璃热水杯，放置一段时间后，杯中的水温会降低，直至最后与周围空气的温度达成一致。这个密闭的玻璃杯和其中的物质一起可以称为体系，而玻璃杯的周围就称为环境。

根据体系和环境之间能否进行物质和能量交换，可以将体系划分为三种类型：开放体系

（open system），与环境既有能量交换，又有物质交换，如敞开口的玻璃杯体系；封闭体系（closed system），与环境有能量交换，但没有物质交换，如上述带盖的玻璃杯体系；孤立体系（isolated system），与环境既没有能量交换，也没有物质交换，如绝热密闭的保温杯体系。

2. 状态函数

物质都在一定条件下以一定状态存在着，比如气态、液态、固态等形态。这里的“一定条件下”包括温度、压力和物质的量等物理量。这些决定物质状态的物理量，称为状态函数（state function）。如气体的状态由 p、V、T、n 等来确定，p、V、T、n 等均是状态函数。

状态函数的性质：状态函数及其变化，只取决于体系的状态，而与体系形成的途径或变化的途径无关，比如，一定量的气体在一定温度和压力下（状态 A），有一个确定的体积 V_A；该气体从状态 A 变到状态 B，体积变化值 ΔV（$V_B - V_A$）或者压力变化值 Δp（$p_B - p_A$）是确定的，而与变化途径（①或②）无关（图 1-1）。

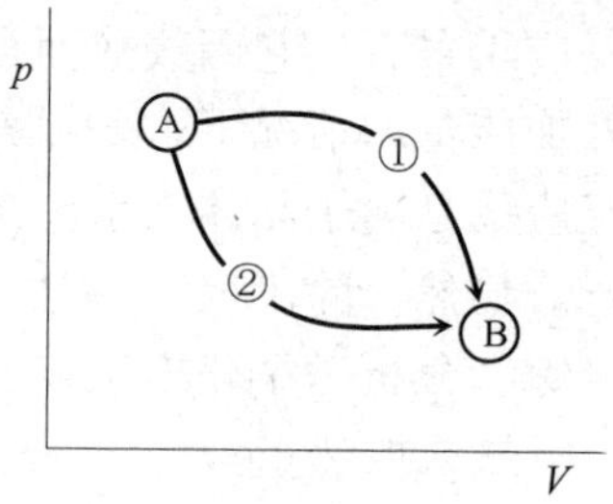

图 1-1　状态函数及其变化途径

热力学状态函数有两类：一类与物质的量有关，它具有加和性，称为广度量（extensive properties），如体积 V、内能 U 等；另一类与物质的量无关，它不具有加和性，称为强度量（intensive properties），如温度 T、压力 p 等。比如，100 g 20 °C 的水与 100 g 20 °C 的水混合后，其体积、内能都加倍，但温度仍是 20 °C，而不会变为 40 °C。一般而言，两个广度量的比值是一强度量，例如：密度 = 质量/体积（$\rho = m/V$），其中，质量和体积都是广度量，而密度是强度量。

3. 过程与途径

在环境作用下，系统会发生从一个平衡态到另一个平衡态的转变，这种系统状态随时间而发生的变化称为过程。若这种变化是在等温条件下进行的，称为等温过程；若这种变化是在等压条件下进行的，称为等压过程；若过程中系统的体积始终保持不变，称为等容过程；若过程中系统与环境之间没有热交换，称为绝热过程。完成过程的具体步骤称为途径（path），如图 1-1 中所示的状态 A 到状态 B 的变化，可以通过途径①或途径②来实现。若从状态 A 到状态 B 的变化过程是在等温条件下进行的，则为等温过程。

4. 热和功

体系与环境之间因温度不同而交换或传递的能量称为热（heat），用 Q 来表示。通常规定，$Q>0$，体系从环境吸收热量；$Q<0$，体系释放热量给环境。当两个温度不同的物体相互接触时，热量从高温物体流向低温物体，最终达到两个物体的温度相同。除热量之外，体系与环境之间以其他形式交换或传递的能量称为功（work），用 W 来表示。现在通行规定，$W>0$，环境对体系做功；$W<0$，体系对环境做功。

热和功只存在于体系与环境的变化过程中，体系自身不包括热和功。虽然经常使用体系吸热或放热等说法，但热和功都不是状态函数。热和功的大小与实现体系变化时的具体途径有关。比如图 1-1 中所示的状态 A 到状态 B 的变化，可以通过途径①或途径②来实现。虽然两种途径对于体积变化 ΔV 或者压力变化 Δp 的大小没有影响，但两种途径对于体系或环境所做功的大小具有决定性影响。

5. **热力学能**

在热力学中，将体系内部蕴含的总能量称为**化学热力学能**，也称**内能**，用U来表示。它包括体系内分子的内能（平动能、振动能、转动能等），分子间的位能，分子中原子、电子相互作用和运动的能量，以及原子核内的中子与质子的相互作用能量等。内能大小仅取决于体系的状态，因此内能是状态函数。体系内能的绝对值尚无法确定，但内能的改变量（ΔU）可以通过体系与环境之间的能量交换进行测定。

1.2　热化学

热化学（thermochemistry）是研究化学反应中热效应的科学。化学反应的热效应是最基本、最直接的热力学数据之一，所以对热效应的测量是首先需要解决的问题。

1.2.1　反应热的测量

测量反应热的仪器统称为量热计（calorimeter）。根据具体反应情况，可设计不同的测量方法。在恒压条件下测量得到的热效应，称为恒压热效应，用Q_p来表示；在恒容条件下测量得到的热效应，称为恒容热效应，用Q_V来表示。

1. **恒压热效应的测量**

保温杯式量热计由保温和测温两部分组成，如图 1-2 所示。保温的目的是保证反应过程中体系不与外界交换热量。通常用镀银的玻璃瓶胆等绝热材料作为保温层。为提高测温的准确度，需要用分度值在 0.1 °C 以下的精确温度计。这种量热计可用于测定中和热、溶解热等溶液反应的热效应（大气压下测定，为恒压热效应）。以中和热测定为例：配制好一定浓度的稀盐酸和氢氧化钠溶液，静置过夜，备用；测定时，先用移液管移取一定体积的稀 HCl 溶液于保温瓶中，拧紧盖子，记录初始温度T_1，再移取相同体积的稀 NaOH 溶液从盖子上方小孔放入保温杯中（可极轻微摇动杯子使之混合均匀），同时按照 20 s 的时长间隔，连续记录 5 ~ 6 个温度值，用作图补偿法获得中和反应的最高温度T_2。根据能量守恒定律，中和反应放出的热量应该等于溶液和保温杯温度升高吸收的热量之和，即

$$Q_{放}=Q_{吸}\,,\quad Q_p=Q_{溶液}+Q_{杯}\,,\quad Q_p=c\rho V\Delta T+C\Delta T$$

式中：c为溶液的比热，又称比热容，单位为$\mathrm{J\cdot g^{-1}\cdot K^{-1}}$；$\rho$为溶液的密度；$V$为反应后溶液的总体积；$C$为量热计常数，它代表量热计各部件热容量之总和，即量热计每升高 1 °C 所需的热量；$\Delta T=T_2-T_1$，为溶液温度升高值。

确定量热计常数C的方法：将一份已知质量m_1的冷水置于量热计中，记录冷水初始温度，随即将另一份已知质量m_2和温度的热水倒入量热计中（并轻摇混匀），依照上述相同的方法记录一系列温度，然后用作图补偿法获得最高温度T_2。根据能量守恒定律，热水释放的热量等于冷水和保温杯温度升高所吸收的热量，即

$$c_{水}m_2(T_{热}-T_2)=(c_{水}m_1+C)(T_2-T_{冷})$$

即可计算出量热计常数C。

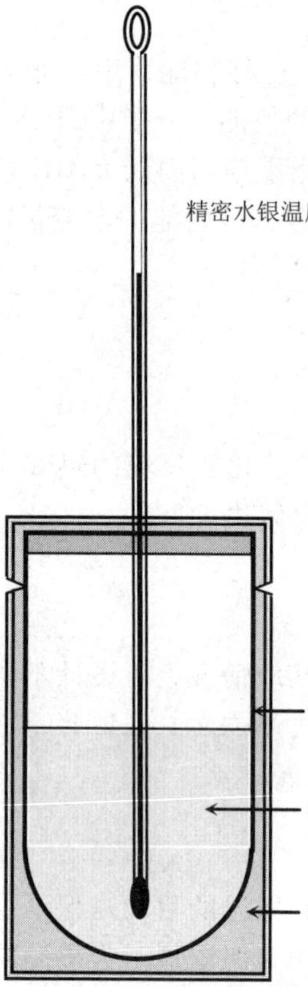

图 1-2　保温杯式量热计示意图

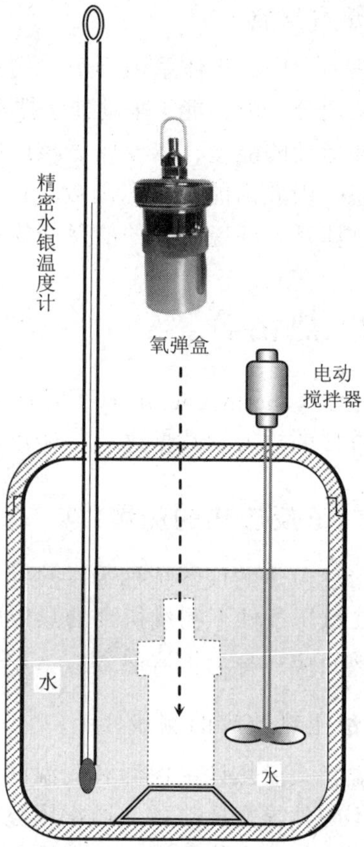

图 1-3　弹式量热计示意图

2. 恒容热效应的测量

如图 1-3 所示，弹式量热计可以用来测量恒容热效应。化学反应在一个完全密闭的厚壁钢制容器（钢弹）内进行，这种量热计可以测定燃烧热。在实验进行前必须向钢弹中通入一定量的高压氧气。弹盖由细密螺纹旋紧，整个钢弹位于有绝热外套的水浴中。钢弹内样品池中的试样与引燃丝相接触，样品燃烧时所放热量等于水浴中水所吸收的热量和钢弹、搅拌器、器壁等各部件所吸收热量之总和。钢弹是密闭容器，反应过程中总体积可认为是不变的。

$$Q_{放} = Q_{吸}，\quad Q_V = Q_{水} + Q_{弹}$$

设水浴中水量为 m（g），水的比热容是 $4.18\ \mathrm{J \cdot g^{-1} \cdot K^{-1}}$，升温为 ΔT，则 $Q = 4.18 \times m \times \Delta T$。$C$ 为量热计常数，不同量热计其 C 值不同，所以先要用标准物质进行标定。常用的标准物是苯甲酸（C_6H_5COOH），它的摩尔燃烧热为 $3.23 \times 10^3\ \mathrm{kJ \cdot mol^{-1}}$。

3. 电化学方法的测量

上述两种直接测量热量的方法，过程繁琐，为了获得精确的测量数据，需要量热计的保温效果特别好，温度计量特别精确，而在实际操作过程中，这两方面都是不容易完全做到的，致使测定数据偏差比较大。

根据原电池的基本原理，将化学反应组装成原电池，成为将化学能转化为电能的装置，通过测量原电池的电动势，来间接测量化学反应热效应。这会使化学反应热效应的测量变得十分方便，而且数值精确。

注意电化学方法测量的是反应的吉布斯自由能变 ΔG，并非反应的焓变 ΔH，属于非体积功测量。

这种方法在后续的原电池一章中再介绍。

1.2.2　焓与焓变

1. 热力学第一定律

热力学第一定律就是能量守恒定律在化学热力学中的具体体现。它不仅说明了内能、热量和功等不同能量形式的相互转化，而且还表述了它们之间转化的定量关系。热力学第一定律可以简述为：在封闭体系中，内能的变化（ΔU）等于体系从环境所吸收的热量（Q）加上环境对体系所做的功（W），其数学表达式为

$$\Delta U = Q + W \tag{1-1}$$

式中，ΔU 是指体系终态内能 U_2 与始态内能 U_1 的差值，即 $\Delta U = U_2 - U_1$。体系内能增加时，$\Delta U>0$；体系内能减少时，$\Delta U<0$。Q：体系吸收热量时，$Q>0$；体系放出热量时，$Q<0$。W：环境对体系做功时，$W>0$；体系对环境做功时，$W<0$。W 可以是体积功、电功等，在等温等压条件下，体积功为 $W = -p\Delta V$。因此，在应用热力学第一定律时，要特别注意各物理量的正负号；还要注意各种能量单位是否一致，在不一致时要进行单位换算。

例 1-1　在 78.3 °C 及 101 kPa 下，1.00 g 乙醇蒸发变成 626 mL 乙醇蒸气时，吸热 853 J，求内能变化 ΔU。

解　已知 $Q = 853\ \text{J}$，$\Delta V = 626\ \text{mL} = 0.626\ \text{dm}^3$

$$W = -p\Delta V = -1.01\times10^5\times626\times10^{-6} = -63.2\ (\text{J})$$
$$\Delta U = Q + W = 853 + (-63.2) = 790\ (\text{J})$$

因此，1.00 g 乙醇在 78.3 °C 汽化时，吸收 853 J 热量，做 63.2 J 的功，其内能增加 790 J。

2. 焓与焓变

在封闭体系中，根据热力学第一定律，在恒压条件下，不做其他功，只做体积功时，$W = -p\Delta V$，则有

$$\Delta U = Q + W = Q_p - p\Delta V \tag{1-2}$$

或
$$Q_p = \Delta U + p\Delta V = (U_2 - U_1) + p(V_2 - V_1) = (U_2 + pV_2) - (U_1 + pV_1)$$

将组合状态函数 $U + pV$ 定义为焓（enthalpy），即令 $H = U + pV$，得

$$Q_p = H_2 - H_1 = \Delta H \tag{1-3}$$

即在数值上
$$\Delta H = Q_p \tag{1-4}$$

式（1-4）的物理意义，表示在封闭体系、等压过程、只做体积功的情况下，体系的焓变值可以通过测定等压热效应而获得。

焓是一种特殊形式的能量，为状态函数。$\Delta H>0$，表示体系从环境获得能量；$\Delta H<0$，表示体系向环境释放能量。大多数化学反应是在恒压条件下进行的，也不做其他功，所以这些化学反应的热效应可以用 ΔH 来代替 Q。

因此，在恒压和不做其他功的条件下，热力学第一定律可以表示为

$$\Delta U = \Delta H - p\Delta V \tag{1-5}$$

或

$$\Delta H = \Delta U + p\Delta V \tag{1-6}$$

式（1-6）说明，在此条件下，反应体系的焓变等于内能的改变量和体系所做体积功之和。即在恒压条件下，体系从环境吸收的能量（ΔH）除用于增加内能（ΔU）外，还有一部分用于对环境做体积功（$p\Delta V$）。

反应过程中，若体系的体积改变量很小，如反应物和生成物均为液体，$\Delta V \approx 0$，体积功 $W = -p\Delta V \approx 0$（也不做其他功，$W = 0$），则热力学第一定律可表示为

$$\Delta U = Q_V = \Delta H \tag{1-7}$$

此时焓变在数值上等于其内能的改变，恒压热效应（ΔH 或 Q_p）基本上等于恒容热效应（Q_V）。

反应过程中条件变化较大，如反应物或生成物是气态，体积的变化是不应忽略的。但在这种条件下，$p\Delta V$ 项的数值往往比较小，在要求不十分严格的情况下，仍然可以认为 ΔH 近似等于 ΔU。文献上，化学键的键能与键焓在理论上是不同的概念，但通过上述讨论可知，二者往往比较接近。历史上化学键多用键能来表示，现在多用键焓来表示。

例 1-2 在 101.3 kPa 和 100 °C 条件下，求如下反应体系生成 1 mol $H_2O(g)$ 的内能改变量 ΔU。

$$H_2(g) + \frac{1}{2}O_2(g) =\!=\!=\!= H_2O(g) \qquad \Delta H = -241.8\ \text{kJ}\cdot\text{mol}^{-1}$$

解 根据式（1-5），$\Delta U = \Delta H - p\Delta V$，在恒温、恒压条件下，由理想气体状态方程知

$$p\Delta V = \Delta n_g RT$$

式中，Δn_g 为产物和反应物气体的量之差，$\Delta n_g = 1-(1+0.5) = -0.5\ (\text{mol})$。所以

$$\Delta U = \Delta H - \Delta n_g RT = -241.8-(-0.5)\times 8.315\times 10^{-3}\times 373 = -240.2\ (\text{kJ})$$

由于 $\Delta n_g RT$ 相对于 ΔH 数值小得多，一般来说，可以用 ΔH 近似估算 ΔU（$Q_p \approx Q_V$）。

1.2.3 热化学方程式

热化学是一套研究化学变化过程中能量变化的完整系统，其中一个重要任务就是对一个热化学反应系统的能量变化情况进行准确计量，以便为能源的利用提供参考依据。因为热力学函数均为状态函数，无法测量绝对值，理论上可以获得状态函数的变化值，但实际操作仍有诸多不便，为此，需要设计一套统一的计量标准，就如测量不同的山高需要设计海拔“零基准”，测量一个电路回路中某一点的电位高低需要以“接地为零”一样。

为此，我们需要对热化学方程式的反应进度、标准状态、稳定单质和水合氢离子的状态函数“零基准”等进行统一的标准规定。下面先对前二者予以介绍。

1. 反应进度

对任一反应

$$dD + eE \Longleftrightarrow fF + gG \tag{1-8a}$$

移项，得

$$0 = -dD - eE + fF + gG \tag{1-8b}$$

可简化为

$$0 = \sum_{B} \nu_B B \tag{1-8c}$$

式中，B 代表参与化学反应的各物质；ν_B 代表物质 B 前面的系数，称为物质 B 的**化学计量数**（stoichiometric number）。对比式（1-8b）与式（1-8c），可见

$$\nu_D = -d\ ,\ \ \nu_E = -e\ ,\ \ \nu_F = f\ ,\ \ \nu_G = g$$

因此对反应物而言，化学计量数为负值；对生成物而言，化学计量数为正值。这与化学反应中，反应物减少和生成物增加一致。

反应进度（extent of reaction）是一个衡量化学反应进行程度的物理量。当反应进行后，某一参与反应的物质的量从始态的 n_1 变到某状态的 n_2，则该反应的反应进度 ξ（读 ksai）为

$$\xi = \frac{n_2 - n_1}{\nu} = \frac{\Delta n}{\nu} \tag{1-9a}$$

如果选择的始态其反应进度不为零，则该过程的反应进度变化 $\Delta\xi$ 为

$$\Delta\xi = \frac{n_2 - n_1}{\nu} = \frac{\Delta n}{\nu} \tag{1-9b}$$

例如，某合成氨反应，始终态各物质的量如下：

$$N_2(g) + 3H_2(g) \Longleftrightarrow 2NH_3(g)$$

	$N_2(g)$	$3H_2(g)$	$2NH_3(g)$
始态 n/mol	3	8	0
终态 n/mol	1	2	4

该反应过程若分别用各物质的变化来表示反应进度，可得：

$$\text{用 } N_2 \text{ 的变化计算：}\ \xi = \frac{(1-3)\text{mol}}{-1} = 2\ \text{mol}$$

$$\text{用 } H_2 \text{ 的变化计算：}\ \xi = \frac{(2-8)\ \text{mol}}{-3} = 2\ \text{mol}$$

$$\text{用 } NH_3 \text{ 的变化计算：}\ \xi = \frac{(4-0)\ \text{mol}}{2} = 2\ \text{mol}$$

可见，无论选用何种物质来表示该反应的反应进度，都可得到相同的结果。这显示出用 ξ 来衡量反应程度的优越性。化学反应物质的量改变量正好等于反应式中该物质的化学计量数时，该反应的反应进度即为 1 mol。由于 ξ 与化学计量数 ν 有关，而 ν 与反应式书写有关，故 ξ 也与反应式的书写有关。如果把上述反应写成

$$\frac{1}{2}N_2(g) + \frac{3}{2}H_2(g) \Longleftrightarrow NH_3(g)$$

同样达到 1 mol 反应进度，这时只需要 0.5 mol N_2 与 1.5 mol H_2 反应生成 1 mol NH_3。

2. **标准状态**

热力学对反应体系中的气体、固体、液体和溶液的标准状态（简称标准态），一般采用 IUPAC 的建议，做了统一规定：气体的标准态是分压为 100 kPa 的理想气体，记为 $p^\ominus = 100$ kPa；溶液的标准态是指溶质的浓度（活度）为 1.0 mol·L^{-1} 的稀溶液，记为 $c^\ominus = 1.0$ mol·L^{-1}；而固体和液体的标准态则是指处于标准压力下的固体和液体的纯净物。例如

氧气的标准态是其分压为 100 kPa 的氧气，记为 $p^\ominus(O_2) = 100$ kPa；

硫酸铜溶液中两种离子的标准态，记为 $c^\ominus(Cu^{2+}) = 1.0$ mol·L^{-1}，$c^\ominus(SO_4^{2-}) = 1.0$ mol·L^{-1}；

氧化钙、水的标准态是指处于标准压力 $p^\ominus$ 下的纯固体和纯溶剂，记为 CaO(s)、$H_2O(l)$。

需要指出的是，标准态规定中并不包括温度，可以有任一温度下的标准态。由于热力学状态函数值是与温度相关的，为了给出具体常用的状态函数值，所以需要标明温度，一般以 298.15 K（简约为 298 K）时的状态函数值作为参考，例如标准生成焓，除特别指明外，一般都是指 298 K 时的值。

所以，附录中的标准生成焓、标准吉布斯生成焓和标准熵数据，是指在 298 K 下的标准态函数值；也可以有任一其他温度下的标准态函数值，当然是不同于 298 K 下的另一组标准态函数值。

3. **热化学方程式**

在热化学中，表示化学反应与其热效应关系的方程式，称为**热化学方程式**。例如，298 K 和 100 kPa 下，1 mol $H_2(g)$ 和 0.5 mol $O_2(g)$ 反应，生成 1 mol $H_2O(l)$，放出 285.8 kJ 热量，相应的热化学方程式可写成

$$H_2(g) + \frac{1}{2}O_2(g) = H_2O(l) \qquad \Delta_r H_m^\ominus(298) = -285.8\ \text{kJ}\cdot\text{mol}^{-1}$$

在 $\Delta_r H_m^\ominus(298)$ 中，r 代表化学反应（reaction）；m 代表反应进度是 1 mol；“$\ominus$”代表热力学标准状态；括号内数字为热力学温度，单位为 K；ΔH 为焓变，单位为 kJ·mol^{-1}。

书写热化学方程式时，应注意以下几点：

（1）应在 $\Delta_r H_m^\ominus$ 后标明温度。严格来说，焓变随温度而变，但在一定温度范围内变化不大，凡未注明温度的均指 298 K。$\Delta_r H_m^\ominus$ 也可简写成 $\Delta H^\ominus$，$\Delta H^\ominus$ 与 ΔH 的区别在于，前者是在标准状态下的摩尔焓变，后者为任意状态下的摩尔焓变。

（2）注明反应物和生成物的物态，对于固态物质应注明其结晶状态。例如

$$H_2(g) + \frac{1}{2}O_2(g) = H_2O(g) \qquad \Delta H^\ominus = -241.8\ \text{kJ}\cdot\text{mol}^{-1}$$

$$H_2(g) + \frac{1}{2}O_2(g) = H_2O(l) \qquad \Delta H^\ominus = -285.8\ \text{kJ}\cdot\text{mol}^{-1}$$

$$\text{C(石墨)} = \text{C(金刚石)} \qquad \Delta H^\ominus = 1.9\ \text{kJ}\cdot\text{mol}^{-1}$$

（3）热效应的数值与一定形式的化学方程式相对应。例如

$$H_2(g) + \frac{1}{2}O_2(g) =\!=\!= H_2O(g) \qquad \Delta H^{\ominus} = -241.8\ kJ \cdot mol^{-1}$$

$$2H_2(g) + O_2(g) =\!=\!= 2H_2O(g) \qquad \Delta H^{\ominus} = -483.6\ kJ \cdot mol^{-1}$$

（4）正反应与逆反应的热效应数值相等，符号相反。例如

$$Hg(l) + \frac{1}{2}O_2(g) =\!=\!= HgO(s) \qquad \Delta H^{\ominus} = -90.8\ kJ \cdot mol^{-1}$$

$$HgO(s) =\!=\!= Hg(l) + \frac{1}{2}O_2(g) \qquad \Delta H^{\ominus} = 90.8\ kJ \cdot mol^{-1}$$

1.2.4　化学反应焓变的计算

1. 盖斯定律

化学反应多种多样，但有些化学反应的 ΔH 是无法直接测定的，那么怎样求算呢？

在 1840 年前后，俄国科学家盖斯（G. H. Hess，1802—1850）在综合分析了大量实验数据基础上，提出了**反应热加和定律**：在恒温、恒压条件下，某化学反应无论是一步完成还是分几步完成，总的热效应是相同的，即一个反应若能分解成两步或几步实现，则总反应的 ΔH 等于各分步反应 ΔH 之和。后人称之为**盖斯定律**（Hess law），该定律也体现了能量守恒定律。

例如，碳的燃烧反应比较复杂，下述三个反应都可以发生

① $$C(石墨) + O_2(g) =\!=\!= CO_2(g) \qquad \Delta H_1^{\ominus} = -393.5\ kJ \cdot mol^{-1}$$

② $$CO(g) + \frac{1}{2}O_2(g) =\!=\!= CO_2(g) \qquad \Delta H_2^{\ominus} = -283.0\ kJ \cdot mol^{-1}$$

③ $$C(石墨) + \frac{1}{2}O_2(g) =\!=\!= CO(g) \qquad \Delta H_3^{\ominus} = (?\ )\ kJ \cdot mol^{-1}$$

很显然，测定反应③的 $\Delta H_3^{\ominus}$ 是困难的，因为想要控制条件只发生反应③是不可能的，即反应③的热效应不易直接测定。而反应①和反应②的热效应较容易测定。因此，可以利用盖斯定律来计算 $\Delta H_3^{\ominus}$ 的值。

因为　　反应③ = 反应① − 反应②

所以　　$$\Delta H_3^{\ominus} = \Delta H_1^{\ominus} - \Delta H_2^{\ominus} = -393.5 - (-283.0) = -110.5\ (kJ \cdot mol^{-1})$$

2. 标准生成焓

（1）单质的标准生成焓

假设单质就是化合物的“源头”，化合物均由不同的单质在一定条件下化合反应而来，那么这种伴随化合反应产生的热效应（焓变），则应以单质的焓为起始进行计量和计算。根据焓的定义 $H = U + pV$，它是一个组合的状态函数，因内能 U 无法确定绝对值，所以焓 H 也无法确定绝对值。为了便于理解，我们以数学模型的方式加以阐释，如图 1-4 所示。

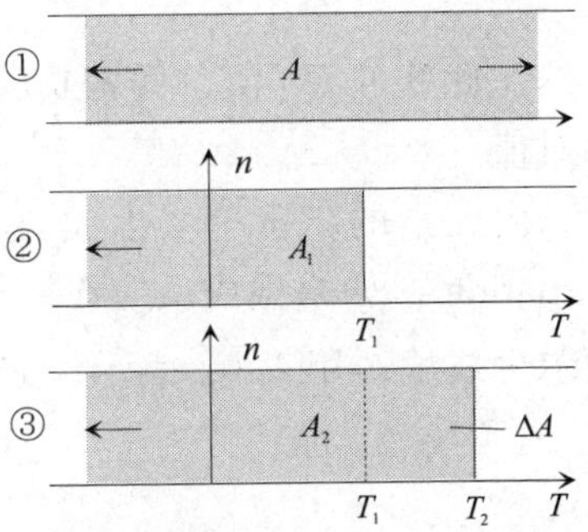

图 1-4　状态函数与状态函数差值

图中①所示阴影是两条相距一定距离的平行线之间

的面积，向两边无限延伸，其面积 A 也无限延伸，不知其绝对值；图中②（状态 1），两条平行线之间的距离为 n（物质的量），在温度为 T_1 时，向左无限延伸的阴影面积为 A_1，它没有绝对值；图中③（状态 2），当温度变为 T_2 时的阴影面积 A_2，它也不知绝对值。比较②与③可知，两者的面积差值 $\Delta A = A_2 - A_1 = n(T_2 - T_1)$ 却是可知的，这就是获得状态函数变化值的方法。

在一定温度和压力条件下，一定量的单质的焓没有绝对值。为了简便，规定在标准状态和指定温度下，1 mol 指定单质的生成焓为零，即

$$\Delta_f H_m^{\ominus}(\text{指定单质}) = 0$$

式中，下角标 f 表示“生成”（formation）。指定单质一般是指在标准压力 $p^{\ominus}$ 和 298 K 时元素最稳定的单质。例如，碳的最稳定单质是石墨，硫的最稳定单质是斜方硫等。但磷例外，磷的最稳定单质是黑磷，其次是红磷，最不稳定的是白磷，但磷的指定单质是白磷，因为白磷较常见，易得结构清楚，而红磷和黑磷发现较晚，不常见，结构也不太清楚。

（2）化合物的标准生成焓

上述方法对解决一种物质（或体系）发生物理变化时的状态函数变化，是成功的，不知道状态函数的绝对值，并不影响获得两个状态函数的差值。但是，如果某系统是从一个状态经过化学反应变化到另一个状态的，这种方法则发生了困难。

例如，化合物 $CO_2(g)$ 是由 C(石墨) 和 $O_2(g)$ 两个指定单质，在标准状态和指定温度下化合生成的，测定其等压热效应 $Q_p = -393.5\ \text{kJ}\cdot\text{mol}^{-1}$，则有

	C(石墨) + $O_2(g)$ ═══ $CO_2(g)$	$Q_p = -393.5\ \text{kJ}\cdot\text{mol}^{-1}$
始态	$H_m^{\ominus}(C, s)$　$H_m^{\ominus}(O_2, g)$　　0	
终态	0　　0　　$H_m^{\ominus}(CO_2, g)$	

$$Q_p = [0 + 0 + H_m^{\ominus}(CO_2, g)] - [H_m^{\ominus}(C, s) + H_m^{\ominus}(O_2, g) + 0]$$

则有

$$H_m^{\ominus}(CO_2, g) = H_m^{\ominus}(C, s) + H_m^{\ominus}(O_2, g) + Q_p \tag{1-10}$$

式（1-10）表明，化合物 CO_2 的状态函数值比两个指定单质的状态函数值的加和，再多一个等压热效应 Q_p。由于 C(石墨) 和 $O_2(g)$ 两个单质的状态函数绝对值不可知，所以生成物 $CO_2(g)$ 的状态函数绝对值也不可知。根据上述规定，假设指定单质标准生成焓为 0 是化合物生成焓的“零基准”，这个问题就迎刃而解了，即

$$H_m^{\ominus}(CO_2, g) = (0 + 0) + Q_p = -393.5\ \text{kJ}\cdot\text{mol}^{-1}$$

显然，此处的 $H_m^{\ominus}$ 值，并不是状态函数的绝对值，而是两个指定单质状态函数“零基准”的相对值。

由元素的指定单质生成 1 mol 某物质时的热效应，称为该物质的**生成焓**（enthalpy of formation）。如果生成反应在标准状态和指定温度下进行，这时的生成焓称为该温度下的**标准摩尔生成焓**，用 $\Delta_f H_m^{\ominus}$ 表示。如上述 $CO_2(g)$ 的标准摩尔生成焓为

$$\Delta_f H_m^{\ominus}(CO_2, g) = -393.5\ \text{kJ}\cdot\text{mol}^{-1}$$

（3）水合离子的标准生成焓

由于水溶液中有离子参与的反应，例如

$$Zn(s) + Cu^{2+}(aq) =\!=\!=\!= Zn^{2+}(aq) + Cu(s)$$

如果知道水合离子的标准生成焓，则可求得该反应的 $\Delta_r H_m^\ominus$。但是在水溶液中正、负离子总是同时存在，溶液总是电中性的，不可能单独测定某一水合正离子或水合负离子的生成焓，为此需规定一个相对标准，在此基础上求得其他水合离子生成焓的相对值。现国际上规定，水合氢离子的标准生成焓为零，即

$$\Delta_f H_m^\ominus(H^+, aq) = 0\,kJ \cdot mol^{-1}$$

由此可获得其他水合离子的标准生成焓。例如，欲测定 $Cl^-(aq)$ 的 $\Delta_f H_m^\ominus$，只需通过实验测定下列反应在标准状态（$c^\ominus = 1.0\ mol \cdot L^{-1}$）下的等压热效应，HCl(g) 的标准生成焓是已知的，则有

$$HCl(g) =\!=\!=\!= H^+(aq) + Cl^-(aq) \qquad \Delta_r H_m^\ominus = -74.7\ kJ \cdot mol^{-1}$$

$\Delta_f H_m^\ominus$/kJ·mol^{-1}	−92.5	0	x

式中，$\Delta_r H_m^\ominus = -74.7\ kJ \cdot mol^{-1}$ 是反应的等压热效应测量值，显然

$$(0 + x) - (-92.5) = -74.7\,,\quad x = -74.7 - 92.5 = -167.2\ (kJ \cdot mol^{-1})$$

即 $Cl^-(aq)$ 的 $\Delta_f H_m^\ominus = -167.2\ kJ \cdot mol^{-1}$。

3. 化学反应焓变的计算

在标准状态和指定温度（298 K）下，根据上述指定单质和水合氢离子的标准生成焓的“零基准”，就可以推测和计算所有化合物和所有水合正、负离子的标准生成焓，一些物质的标准生成焓见附录二。

根据物质的标准生成焓，就可对一般化学反应的焓变进行计算了。对下列任一反应

$$dD + eE =\!=\!=\!= fF + gG$$

有

$$\Delta_r H_m^\ominus = \sum_B \nu_B \Delta_f H_m^\ominus(\text{生成物}) - \sum_B \nu_B \Delta H_m^\ominus(\text{反应物}) \tag{1-11a}$$

或

$$\Delta_r H_m^\ominus = [f\Delta_f H_m^\ominus(F) + g\Delta_f H_m^\ominus(G)] - [d\Delta_f H_m^\ominus(D) + e\Delta_f H_m^\ominus(E)] \tag{1-11b}$$

在式（1-11a）中，ν_B 仅表示物质 B 前面的系数，不是有正、负号的化学计量数。

例 1-3　在标准状态和 298 K 下，已知 $NH_3(g)$ 燃烧反应式及各物质的标准生成焓如下：

$$4NH_3(g) + 5O_2(g) =\!=\!=\!= 4NO(g) + 6H_2O(g)\ (\text{Pt 催化})$$

$\Delta_f H_m^\ominus$/kJ·mol^{-1}	−45.9	0	91.3	−241.8

计算：（1）反应的焓变；（2）100 g $NH_3(g)$ 燃烧的热效应。

解　（1）$\Delta_r H_m^\ominus = [4\times91.3 + 6\times(-241.8)] - [4\times(-45.9) + 5\times0] = -902.0\ (kJ \cdot mol^{-1})$

（2）上述计算的焓变值表示反应在 $\xi = 1\,mol$ 时放热 902.0 kJ，它是 4 mol $NH_3(g)$ 完全燃烧所放热量，则 100 g $NH_3(g)$ 燃烧的热效应为

$$Q = \frac{100\ g}{17\ g \cdot mol^{-1}} \times \frac{-902.0\ kJ \cdot mol^{-1}}{4} = -1326\ kJ$$

1.2.5 键能和键焓

对双原子而言，在标准状态和 298 K 下，将 1 mol 气态分子 AB 的化学键断开，生成 A 和 B 的气态中性原子所需的能量，称为**键能**（bond energy）。而**键焓**（bond enthalpy）则是上述过程的焓变。例如，H_2的键能 $\Delta U^\ominus$ 和键焓 $\Delta H^\ominus$ 如下

$$H_2(g) \xlongequal{\quad} 2H(g) \qquad \begin{cases} \Delta U^\ominus = 433.5\ \text{kJ}\cdot\text{mol}^{-1} \\ \Delta H^\ominus = -436\ \text{kJ}\cdot\text{mol}^{-1} \end{cases}$$

因为 $\Delta U = \Delta H - p\Delta V$，对键断裂能来说，体积功 $-p\Delta V$ 很小，所以，在一般情况下不需严格区分它们，键能和键焓可相互通用。

但键能和**键解离能**（dissociation energy）却有区别。双原子的键能与键解离能是相同的；多原子的键能与键解离能是不同的，多原子的键能是各个键解离能的平均值。例如，水分子中两个 H—O 键的解离能分别为

$$H_2O(g) \xlongequal{\quad} H(g) + H\text{—}O(g) \qquad D_1 = 502\ \text{kJ}\cdot\text{mol}^{-1}$$
$$H\text{—}O(g) \xlongequal{\quad} H(g) + O(g) \qquad D_2 = 424\ \text{kJ}\cdot\text{mol}^{-1}$$

H—O(g)键的键能为这两步解离能的平均值 $463\ \text{kJ}\cdot\text{mol}^{-1}$。对于双键和叁键的键能，是指断开全部键时所需的能量。

化学反应从本质上说都是原子或基团的重新排列组合。反应过程就是旧键断开和新键形成的过程，其中的能量变化就是反应过程中产生热效应的根本原因。若已知各种类型化学键的键能，就可根据反应过程中键变化的情况来估算反应的焓变。反之，也可以从反应的焓变来判断化学键的强弱。

一些化学键的键能列于表 1-1 中。下面举例说明键能与反应焓变的关系。

表 1-1　常见化学键的键焓

298 K，标准态下　BE(X—Y)/ $\text{kJ}\cdot\text{mol}^{-1}$												多重键	
	H	F	Cl	Br	I	O	S	N	P	C	Si	C═C	614
H	436											C═N	615
F	570	159										C═O	799
Cl	431	256	243									C═S	578
Br	366	280	218	193								O═O	495
I	299	271	211	179	151							N═N	418
O	463	184	205	—	201	138						S═O	523
S	339	340	272	214	—	—	264					S═S	418
N	391	272	201	243	201	201	247	159				C≡C	839
P	318	490	318	272	214	352	230	300	214			N≡N	941
C	413	486	327	276	239	343	289	293	264	344		C≡N	891
Si	323	540	360	289	214	368	226	—	214	281	197	C≡O	1072

例 1-4　试由键能估算下列反应的焓变

$$CH_3\text{—}CH_3(g) \xlongequal{\quad} CH_2 = CH_2(g) + H_2(g)$$

解　反应物分子中有 1 个 C—C 键和 6 个 C—H 键（拆散这些键需吸热），生成物分子有 1 个 C ═ C 键、4 个 C—H 键和 1 个 H—H 键（形成这些键要放热），所以

$$\Delta_r H_m^\ominus = [\Delta_b H^\ominus(\text{C—C}) + 6\Delta_b H^\ominus(\text{C—H})] - [\Delta_b H^\ominus(\text{C}=\text{C}) + 4\Delta_b H^\ominus(\text{C—H}) + \Delta_b H^\ominus(\text{H—H})]$$
$$= (331 + 6\times 415) - (620 + 4\times 415 + 436) = 105\ (\text{kJ}\cdot\text{mol}^{-1})$$

把该值与由标准生成焓计算所得焓变值 $137\ \text{kJ}\cdot\text{mol}^{-1}$ 比较，可看出由键能计算所得数据准确度并不高，这是由键能数据本身的局限性造成的，因为它只是平均的近似值。

例 1-5　有机溶剂丙酮可进行加氢反应变成异丙醇，试用键能估算该反应的焓变。

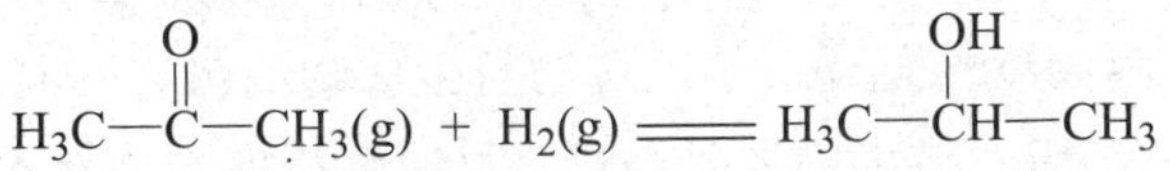

解　比较反应物和生成物分子结构，可以不考虑没有变化的键，反应物分子中拆散的键有 C ═ O、H—H 键各 1 个，生成物分子中新形成的键有 O—H、C—O、C—H 键各 1 个。

$$\Delta_r H_m^\ominus = [\Delta_b H^\ominus(\text{C}=\text{O}) + \Delta_b H^\ominus(\text{H—H})] - [\Delta_b H^\ominus(\text{O—H}) + \Delta_b H^\ominus(\text{C—O}) + \Delta_b H^\ominus(\text{C—H})]$$

$$= (708 + 436) - (465 + 331 + 415) = -67\ (\text{kJ}\cdot\text{mol}^{-1})$$

由键能计算反应热只适用于气相反应，对于固体或液体参加的反应，需先将它们变成气体，然后才能进行计算，过程比较繁琐。

1.2.6　反应热与温度的关系

一般从热力学手册上查得指定温度和标准状态下，参与反应的各物质的标准生成焓和标准燃烧热的数据，依据这些数据可计算该温度下化学反应的热效应。这个指定温度一般就是 298.15 K，然而绝大多数化学反应并非在 298.15 K 下进行，化学反应的热效应随温度是如何变化的？如何利用 298.15 K 和标准状态时的化学反应热效应（焓变）来计算其他温度和标准状态下的热效应？了解反应热效应与温度的关系就十分必要了。

在等压条件下，若已知下列化学反应在 T_1 时的反应热效应为 $\Delta_r H_m(T_1)$，则该反应在 T_2 时的反应热效应 $\Delta_r H_m(T_2)$ 可用下述方法求得

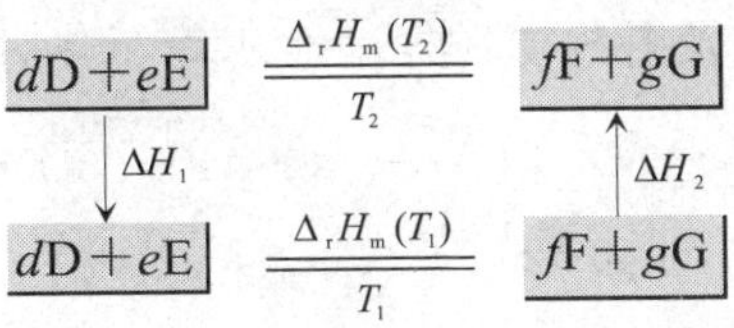

若反应物和生成物中的任何物质由 T_1 变到 T_2 时无相变发生，则

$$\Delta H_1 = \int_{T_2}^{T_1} [dC_{p,m}(\text{D}) + eC_{p,m}(\text{E})]\text{d}T = \int_{T_2}^{T_1} C_{p,m}(\text{反应物})\text{d}T$$

$$\Delta H_2 = \int_{T_1}^{T_2} [fC_{p,m}(\text{F}) + gC_{p,m}(\text{G})]\text{d}T = \int_{T_1}^{T_2} C_{p,m}(\text{生成物})\text{d}T$$

依据盖斯定律有 $\Delta_r H_m(T_2) = \Delta H_1 + \Delta_r H_m(T_1) + \Delta H_2$，即

$$\Delta_r H_m(T_2) = \Delta_r H_m(T_1) + \int_{T_1}^{T_2}\left[\sum C(\text{生成物}) - \sum C(\text{反应物})\right]\text{d}T = \Delta_r H_m(T_1) + \int_{T_1}^{T_2}\Delta_r C_p \text{d}T \qquad (1\text{-}12)$$

式中，ΔC_p 为各生成物等压热容的和与各反应物等压热容的和之差，即

$$\Delta_r C_p = [fC_{p,m}(F) + gC_{p,m}(G)] - [dC_{p,m}(D) + eC_{p,m}(E)] = \sum_B \nu_B C_{p,m}(B)$$

根据热容的定义，也可直接导出式（1-12）。已知 $\left(\dfrac{\partial H}{\partial T}\right)_p = C_p$，则

$$\left(\frac{\partial \Delta_r H}{\partial T}\right)_p = \Delta_r C_p \qquad (1\text{-}13)$$

上式积分后即可得到式（1-12）。式（1-12）、式（1-13）均为基尔霍夫定律（Kirchhoff's law）。

显然，反应热效应随温度变化是由于反应物与生成物的热容不同。若 $\Delta_r C_p = 0$，则反应热不随温度而变；若 $\Delta_r C_p > 0$，则当温度升高时，反应热将增大；若 $\Delta_r C_p < 0$，则当温度升高时，反应热将减小。

温度变化不大时，可将 $\Delta_r C_p$ 视为常数，则式（1-12）可写成

$$\Delta_r H_m(T_2) = \Delta_r H_m(T_1) + \Delta_r C_p (T_2 - T_1) \qquad (1\text{-}14)$$

此时各物质的 C_p 为温度 T_1 ~ T_2 内的平均等压热容。

若反应物和生成物的等压热容与温度有关，其函数关系式为

$$C_{p,m} = a + bT + cT^2$$

则

$$\Delta_r C_p = \Delta_r a + \Delta_r bT + \Delta_r cT^2 \qquad (1\text{-}15)$$

式中

$$\Delta_r a = \sum_B \nu_B a(B), \quad \Delta_r b = \sum_B \nu_B b(B), \quad \Delta_r c = \sum_B \nu_B c(B)$$

将式（1-15）代入式（1-12），积分可得

$$\Delta_r H_m(T_2) = \Delta_r H_m(T_1) + \Delta_r a(T_2 - T_1) + \frac{1}{2}\Delta_r b(T_2^2 - T_1^2) + \frac{1}{3}\Delta_r c(T_2^3 - T_1^3) \qquad (1\text{-}16)$$

若在 T_1 ~ T_2 内，反应物或生成物有相变发生，由于 $C_{p,m}$ 与 T 的关系是不连续的，因而在相变前后进行分段积分，并加上相变潜热。

例 1-6 在 298.15 K 标准状态下，已知葡萄糖在细胞呼吸中的氧化反应、标准摩尔焓变 $\Delta_r H_m(298\ K) = -2801.71\ kJ \cdot mol^{-1}$ 及各物质的标准摩尔等压热容如下：

	$C_6H_{12}O_6(s)$	$+6O_2(g)$	$=$	$6H_2O(l)$	$+6CO_2(g)$
$C_{p,m}^{\ominus}$ / $J \cdot mol^{-1} \cdot K^{-1}$	218.9	29.36		75.30	37.13

假设各物质的 $C_{p,m}^{\ominus}$ 在 298 ~ 310 K 内不变，求生理温度 310 K 时该反应的热效应。

解 $\Delta_r C_p = \sum_B \nu_B C_{p,m}(B) = (6\times75.30 + 6\times37.13) - (218.9 + 6\times29.36) = 279.52(J \cdot mol^{-1} \cdot K^{-1})$

$$\Delta_r H_m(310\ K) = \Delta_r H_m(298\ K) + \int_{298}^{310} \Delta_r C_p dT = -2801.71 + 279.52\times(310-298)\times10^{-3}$$
$$= -2798.36\ (kJ \cdot mol^{-1})$$

在 298 ~ 310 K 内，因温差 12 K 而引起的反应热变化值为 3.35 $kJ \cdot mol^{-1}$。相对误差仅为 0.12%。说明在温度变化不大的情况下，温度对反应热效应的影响微小，可以采用 298 K 下

的数据来近似替代，即 $\Delta_r H_m^\ominus(T) \approx \Delta_r H_m^\ominus(298\ K)$。

例 1-7　$H_2(g)$ 和 $Cl_2(g)$ 的热化学反应式如下，求该反应在 1273 K 时的 $\Delta_r H_m(1273\ K)$。

$$\frac{1}{2}H_2(g)+\frac{1}{2}Cl_2(g) = HCl(g)$$

$$C_{p,m}(H_2,g)/J\cdot mol^{-1} = 26.88+4.35\times10^{-3}T-0.327\times10^{-6}T^2$$

$$C_{p,m}(Cl_2,g)/J\cdot mol^{-1} = 31.70+10.14\times10^{-3}T-4.04\times10^{-6}T^2$$

$$C_{p,m}(HCl,g)/J\cdot mol^{-1} = 28.17-1.81\times10^{-3}T+1.55\times10^{-6}T^2$$

解　$\Delta_r a = 28.17-0.5\times26.88-0.5\times31.70=-1.12$

$\Delta_r b = (-1.81-0.5\times4.35-0.5\times10.14)\times10^{-3} = -9.06\times10^{-3}$

$\Delta_r c = [1.55-0.5\times(-0.327)-0.5\times(-4.04)]\times10^{-6} = 3.734\times10^{-6}$

将上述数据代入式（1-16）得

$$\begin{aligned}\Delta_r H_m(1273\ K) &= -92.31\times10^3+(-1.12)\times(1273-298)+(-9.06\times10^{-3})\times \\ &\quad \frac{1}{2}(1273^2-298^2)+3.734\times10^{-6}\times\frac{1}{3}(1273^3-298^3) \\ &= -97806\ (J\cdot mol^{-1}) = -97.806\ (kJ\cdot mol^{-1})\end{aligned}$$

从 298 K 到 1273 K，温度升高了 975 K，温度变化很大，导致有 5496 $J\cdot mol^{-1}$ 的差值，相对误差也达到 6.0%，所以当温度变化很大时，温度对热效应的影响就不能忽略。

1.3　化学反应的方向

如果一个化学反应已经发生了，反应前后不但有物种的变化，还可能有物质聚集状态的变化（气、液、固，溶剂化等的变化）。驱动这种变化有两个参数：一个与体系的能量变化有关，即反应的焓变 ΔH；另一个与体系的有序度变化有关，即反应的熵变 ΔS。所以，在一定条件下，化学反应进行的方向可以由反应的焓变和熵变来判断。

1.3.1　焓变与自发反应

1. 自发反应和自发过程

在给定条件下，不需要任何外力做功就能自动进行的化学反应或物理变化过程，在热力学中称为**自发反应或自发过程**（spontaneous reaction or spontaneous process）；反之，称为非自发反应或非自发过程。例如，金属锌在稀硫酸溶液中溶解析出氢气为自发反应，热从高温物体传递给低温物体为自发过程。

需要指出的是，在给定条件下的非自发反应并不是一定不能发生的反应，如果外界条件改变或有外力做功，反应也会发生。如碳酸钙在常温、常压下不会自动分解，但当温度升高到 850 °C 以上时即可分解。又如在常压和 0 °C 以上时水不会自动结冰，但若使用冷冻机借助电力做功，可以使水结冰。另一方面，自发反应并不意味着是进行得很快的反应。如氢气与氧气化合生成水的反应在室温下是自发的，但反应很慢，氢气和氧气可以长时间共存而不发生明显的变化；但如果将二者的混合气体点燃或有铂催化剂存在，则立即发生爆炸反应。

综上所述，在给定条件下，任何一个自发反应或自发过程都有一定的进行方向，而它们的逆反应或逆过程则不能自发进行。我们将自发反应或自发过程的这种单向性质或不可自动逆转的性质称为不可逆性。

2. 自发反应或过程与焓变的关系

一般情况下，自发反应或自发过程应向体系焓值降低的方向进行，从体系能量的变化来看，放热反应即 $\Delta H<0$ 的反应，体系能量降低，反应能自发进行。放出的热量越多，体系能量降低得也越多，反应进行得越完全。反之，吸热反应即 $\Delta H>0$ 的反应，一般为非自发。

但是，有很多吸热反应也可以自发进行，比如：

① $H_2O(s) = H_2O(l)$ $\Delta H^\ominus = 6.01\ kJ \cdot mol^{-1}$

② $KNO_3(s) = K^+(aq) + NO_3^-(aq)$ $\Delta H^\ominus = 35\ kJ \cdot mol^{-1}$

③ $N_2O_4(g) = 2NO_2(g)$ $\Delta H^\ominus = 57.2\ kJ \cdot mol^{-1}$

上述反应均为吸热反应，但都能在室温下自发进行。这说明，以焓变作为反应自发性的判据有其局限性。①式中水由固态变成了液态，②式中硝酸钾晶体变成了溶液中的水合离子，而③式中虽然反应前后均为气体，但反应后分子数目增多。这种物质状态的变化或者分子数量的变化可以用熵变来描述，熵变也是决定反应方向的一个重要参数。

1.3.2 熵变与自发反应

将形状和大小相同的两个球用小管道联通，中间用阀门隔开，左球 A 为真空，右球 B 中充满 1 atm（1 atm = 1.01×10^5 Pa）的气体。如果将阀门打开，B 球中的气体将自发地向 A 球中扩散，直到达平衡后两个球中的气体均为 0.5 atm，如图 1-5 所示。这个从图 1-5（a）到（b）的过程是气体分子占有空间增加的过程，也是分子运动自由度增加的过程，实质上，也是体系无序度增加的过程。上述反应①水从固体到液体的变化、②硝酸钾晶体溶于水、③ $N_2O_4(g)$ 分解为 $2NO_2(g)$)的过程，也都是粒子数（可以是分子、原子或离子等质点数）增加的过程，也是体系无序度（混乱度）增加的过程。

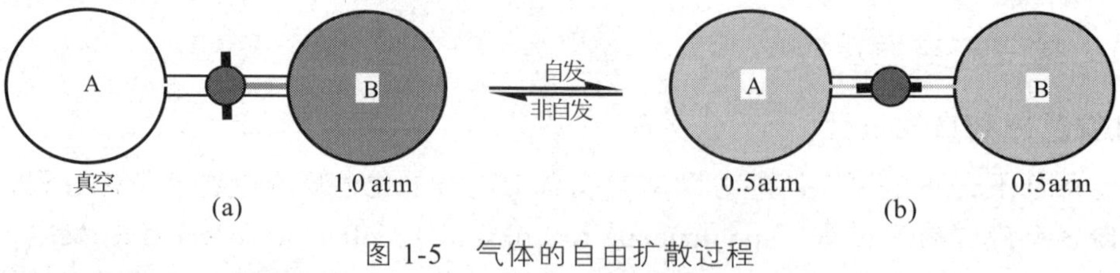

图 1-5 气体的自由扩散过程

1. 熵的定义及其意义

熵（entropy）是体系或物质无序度的量度，用符号 S 表示。体系的无序度越高，其熵值越高。无序度可以用微观状态数来描述，物质的微观状态数越多，无序度越高。熵与微观状态数的关系可以用 Boltzmann 公式来表式：

$$S = k \ln \omega \qquad (1\text{-}17)$$

式中，k 为 Boltzmann 常数，$k = 1.3807 \times 10^{23}\ J \cdot K^{-1}$；$\omega$ 为微观状态数。

为了更直观地表达熵是体系无序度的度量，我们仍然以气体自由扩散为例，如图 1-6 所示，将一个抽成真空的密闭空间分隔为两个体积相同的区域 A 和 B。假设始态时 A 区有 4 个相同的分子，为了识别编号为①②③④，B 区没有分子。现将隔板抽开，由于气体分子的热运动，4 个分子就有可能从 A 区自由扩散到 B 区，也有可能再返回到 A 区，可能的微观状态数分布统计情况，见表 1-2。

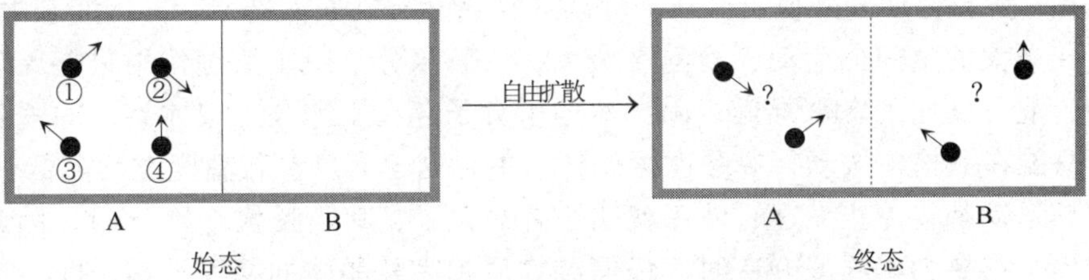

图 1-6　4 个分子自由扩散在两区域分布情况示意图

表 1-2　4 个分子在容器中的分布统计

宏观状态	I		II		III		IV		V	
分布种数/个	B/0	A/4	B/1	A/3	B/2	A/2	B/3	A/1	B/4	A/0
微观状态（分布方式）		①②③④	①	②③④	①②	③④	②③④	①	①②③④	
			②	①③④	①③	②④	①③④	②		
			③	①②④	①④	②③	①②④	③		
			④	①②③	②③	①④	①②③	④		
					②④	①③				
					③④	①②				
微观状态数	1		4		6		4		1	

从表 1-1 可知，分子在两个区域自由扩散后，其分布情况共有 5 种可能的宏观状态（Ⅰ、Ⅱ、Ⅲ、Ⅳ、Ⅴ），而不同的宏观状态的微观状态（分布方式）又各不相同，共有 16 个微观状态（1 + 4 + 6 + 4 + 1 = 16）。其中：Ⅰ、Ⅴ宏观状态各有 1 个微观状态，概率为 1/16；Ⅱ、Ⅳ宏观状态各有 4 个微观状态，概率为 4/16；而Ⅲ这种宏观状态（在两个区域均匀分布）则有 6 个微观状态，概率为 6/16。

我们假设，在孤立系统中任一微观状态出现的概率都是相同的，并把与某一宏观状态相对应的微观状态数称作热力学概率，用 ω 表示。那么，Ⅰ、Ⅴ两种宏观状态的 ω 均为 1，其热力学概率最小，而Ⅲ宏观状态的 ω 为 6，其热力学概率最大。

Ⅲ这种宏观状态的热力学概率最大是很好理解的，因为这种分布最均匀，其混乱度（无序度）最高，孤立系统总是从热力学概率较小的状态向热力学概率较大的状态过渡，此时系统的混乱度（无序度）也提高。所以说，热力学概率是系统分子热运动的混乱度（无序度）的度量。

熵是描述体系混乱度的热力学状态函数，体系所处状态不同，熵值也不同。若将体系始态和终态的熵分别以 S_1 和 S_2 来表示，则体系的熵变为

$$\Delta S = S_2 - S_1$$

$\Delta S>0$，表示体系的熵增加，即体系由混乱度较小的状态转变为混乱度较大的状态；$\Delta S<0$，表示体系的熵减小，混乱度降低，有序度增加了。

2. 标准熵

在标准状态下，随着温度的不同，水有气、液、固三态，373.15 K 是水的沸点，273.15 K 是水的凝固点。随着温度的降低，水分子可以从水蒸气凝结成液态水，再从液态水凝固成冰。气态水分子在更大的空间热运动，混乱度最大；液态水分子由于氢键作用只能局限于液体范围内热运动，混乱度比气态水降低；固态冰的水分子存在于冰晶（或冰笼）的固定结构中，不能移动，只能在晶格中振动，混乱度再降低，更趋向于有序。若温度继续降低到理论 0 K，分子的任何热运动都将停止，这时体系就完全有序化了，其微观状态数 $\omega=1$。因此，**热力学第三定律指出：在热力学温度 0 K 时，任何纯物质的完整晶体的熵等于零**，即

$$S_{\mathrm{m}}^{\ominus}(\text{完整晶体}, 0\ \mathrm{K}) = k\ln(1) = 0 \tag{1-18}$$

假如 1 mol 的某一物质在 100 kPa 下，温度由 0 K 升高到 T K，其熵变为

$$\Delta S_{\mathrm{m}}^{\ominus} = S_{\mathrm{m}}^{\ominus}(T) - S_{\mathrm{m}}^{\ominus}(0)$$

依据热力学第三定律，$S_{\mathrm{m}}^{\ominus}(0)=0$，所以

$$\Delta S_{\mathrm{m}}^{\ominus} = S_{\mathrm{m}}^{\ominus}(T) \tag{1-19}$$

式（1-19）说明，在标准状态和指定温度下，1 mol 物质所具有的熵值，称为该物质的标准摩尔熵，简称标准熵，也叫绝对熵，单位 $\mathrm{J\cdot mol^{-1}\cdot K^{-1}}$。

上述所谓完整晶体，是指纯净而完美的晶体。在热力学 0 K 时，完整晶体中的质点完全停止了运动。完整晶体实际上并不存在，所以熵值为零的状态也是不存在的，这些都是为解决问题的一种理论假设。

热力学第三定律对单质和化合物的标准熵“零基准”做了统一规定，另外还要对水合离子的标准熵做一个统一规定：**在标准状态和指定温度（298 K）下，水合氢离子的标准熵为零**，即

$$S_{\mathrm{m}}^{\ominus}[\mathrm{H^+(aq)},\ 298\ \mathrm{K}] = 0 \tag{1-20}$$

有了水合氢离子的标准熵“零基准”，依据形成水合离子的反应就可以推测和计算其他水合正、负离子的标准熵了。

一些常见物质在 298 K 时的标准摩尔熵，参见附录二。

3. 熵值的一些规律

根据熵的含义及熵值数据，不难发现有如下规律：

（1）同一种物质的熵值，气态最大、液态次之、固态最小。

（2）聚集态相同，复杂分子比简单分子熵值大。

（3）结构相似的物质，相对分子质量大的熵值大。

（4）相对分子质量相同时，分子构型复杂的熵值大。

（5）物质的熵值随温度的升高而增大。

（6）压力对液、固态的熵值影响较小，而对气态的熵值影响较大，压力增大，熵值减小。

以上规律的一些示例见表 1-3。

表 1-3　熵值一些规律示例($S_m^\ominus$/J·mol^{-1}·K^{-1})

（1）	$H_2O(g)$ 188.7	$H_2O(l)$ 69.91	$H_2O(s)$ 39.33		（4）	$C_2H_5OH(g)$ 282	$CH_3OCH_3(g)$ 266.3
（2）	$O(g)$ 160.95	$O_2(g)$ 205.0	$O_3(g)$ 238.8		（5）	CS_2(l, 161 K) 103	CS_2(l, 298 K) 105
（3）	$F_2(g)$ 202.7	$Cl_2(g)$ 223.0	$Br_2(g)$ 245.3	$I_2(g)$ 260.6	（6）	O_2(g, 100 kPa) 205	O_2(g, 600 kPa) 190

4. 化学反应熵变的计算

根据各物质的标准熵 $S_m^\ominus$ 值，可以计算一般化学反应的熵变 $\Delta_r S_m^\ominus$。熵是状态函数，又具有容量性质，与焓变的计算方法类似，即

标准状态下
$$\Delta_r S_m^\ominus = \sum \nu_i S_m^\ominus(\text{生成物}) - \sum \nu_i S_m^\ominus(\text{反应物}) \tag{1-21}$$

例 1-8　在标准状态和 298 K 下，有三个反应式及各物质的标准熵如下，求各反应的 $\Delta_r S_m^\ominus$，并分析熵增与实际反应过程是否一致。

（1）
$$NH_4HCO_3(s) \;=\!=\; NH_3(g) + CO_2(g) + H_2O(g)$$
$S_m^\ominus$/J·mol^{-1}·K^{-1}　　120.9　　192.8　　213.8　　188.8

（2）
$$H_2(g) + Cl_2(g) \;=\!=\; 2HCl(g)$$
$S_m^\ominus$/J·mol^{-1}·K^{-1}　　130.7　　223.1　　186.9

（3）
$$CaCO_3(s) \;=\!=\; CaO(s) + CO_2(g)$$
$S_m^\ominus$/J·mol^{-1}·K^{-1}　　91.7　　38.1　　213.8

解　依据标准状态下反应熵变的计算公式，则有

（1）$\Delta_r S_m^\ominus = (192.8 + 213.8 + 188.8) - 120.9 = 474.5\ (\text{J·mol}^{-1}\text{·K}^{-1})$

（2）$\Delta_r S_m^\ominus = 2 \times 186.9 - (130.7 + 223.1) = 20.0\ (\text{J·mol}^{-1}\text{·K}^{-1})$

（3）$\Delta_r S_m^\ominus = (38.1 + 213.8) - 91.7 = 160.2\ (\text{J·mol}^{-1}\text{·K}^{-1})$

计算结果表明，三个反应都是熵增情况，$\Delta_r S_m^\ominus > 0$，反应（1）和（2）都是自发正向反应，熵增与正向自发方向是一致的；而反应（3），$CaCO_3(s)$在常温常压下不会发生分解，但可以逆向自发进行，说明该反应的熵增与自发方向不一致。

在物质的 $S_m^\ominus(B)$ 及 $C_{p,m}(B)$ 已知的条件下，若温度变化过程中不引起物质的相变，计算等压条件下任意温度化学反应的熵变：

$$\Delta_r S_m^\ominus(T) = \Delta_r S_m^\ominus(298.15) + \int_{298.15}^{T} \frac{\Delta_r C_{p,m}}{T} dT$$

式中，$\Delta_r C_{p,m}$ 为生成物与反应物的等压热容之差，如果温度变化不大，它的积分项值很小，可以忽略，即 $\Delta_r S_m^\ominus(T) \approx \Delta_r S_m^\ominus(298.15)$。

1.3.3 热力学第二定律

上述对于焓变和熵变两个参数对自发过程的影响，我们是孤立分析的，即系统焓降可使反应正向进行，系统熵增也可使反应正向进行。而一个系统在发生化学反应时，这两个参数是同时变化的。如果发生的是焓降熵增变化，两个参数对反应都是一致正向驱动，反应毫无疑问正向进行；如果发生的是焓增熵降变化，两个参数对反应都是正向阻止，反应不可能正向进行；如果发生的是焓降熵降或者焓增熵增变化，则焓变与熵变的驱动方向相反，判断反应进行的方向就发生了困难。这种矛盾的情况，就应该以两者中占优势者来决定反应进行的方向。

为解决这种对立统一的方法，产生了热力学第二定律：**在孤立系统的任何自发过程中，系统的熵总是增加的**，即

$$\Delta S_{孤} > 0 \tag{1-22}$$

热力学第二定律，又称**熵增原理**，孤立系统有自发倾向于混乱度增加的趋势，根据孤立系统熵变的正负性，则可判断反应进行的方向，于是有

$\Delta S_{孤} > 0$	系统正向自发进行
$\Delta S_{孤} < 0$	系统正向非自发进行
$\Delta S_{孤} = 0$	系统处于平衡状态

但是对于封闭系统，上述结论则不适用。如 – 10 °C 的液态水会自动结冰，尽管是熵减少的过程，因为结冰过程中，体系放热到环境中，是焓降过程，焓变在这个变化过程中起主导作用。所以，在应用热力学第二定律讨论反应的自发方向时，不可忽视“孤立系统”这一先决条件。

1.3.4 Gibbs 自由能与反应的自发方向

1. 吉布斯自由能的由来

从热力学第二定律的表达式可知，它仅有熵变一个参数，如何解决反应过程中熵变与焓变的对立统一问题呢？熵增是个热力学宏观统计参数，其微观表现就是热运动增加，相当于是一个做功的过程，所以熵增必须有能量的驱动才能发生，而第二定律的“孤立系统”这一约束条件说明，驱动熵增过程的能量一定来自孤立系统内部。

“孤立系统”是一个理论假设，真正的孤立系统并不存在，系统与环境之间没有物质交换可以做到，但是没有能量交换却做不到，因为系统与环境之间的物理界面必须有介质界壁隔开（如容器壁），而不吸热或绝热的介质不存在。为了解决这个问题，我们可以设想将与系统有物质交换和能量交换的环境也纳入其中（虚线以内），组成一个更大的实际孤立系统，如图 1-7 所示，将系统和环境的能量交换也考虑进去，从而达到孤立系统的条件。

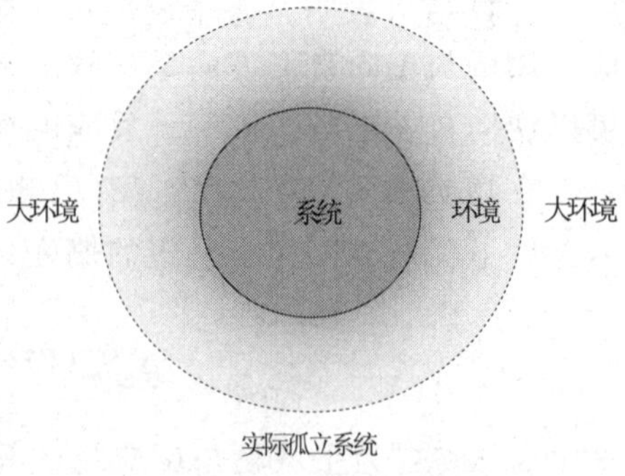

图 1-7 实际孤立系统示意图

这是一个实际的大孤立系统，在这个大系统里的熵变包括了原小系统和小环境两部分的熵变之和，即

$$\Delta S_{孤} = \Delta S_{系} + \Delta S_{环} \tag{1-23}$$

在这个实际大孤立系统内，如果原小系统和小环境发生了能量交换，也仅限于实际孤立系统内的能量交换，与大环境无关，实际大孤立系统的内能并没有发生改变，依据能量守恒定律（热力学第一定律），则有

$$\Delta U_{孤} = Q_{系} + Q_{环} = 0 ,\quad Q_{环} = -Q_{系} = -\Delta H_{系}$$

依据熵变的定义，则有

$$\Delta S_{环} = \frac{Q_{环}}{T} = -\frac{\Delta H_{系}}{T}$$

依据热力学第二定律，在实际大孤立系统中，若过程自发，则有

$$\Delta S_{孤} = \Delta S_{系} + \Delta S_{环} > 0$$

将上述 $\Delta S_{环}$ 代数式代入该式，则有

$$\Delta S_{系} - \frac{\Delta H_{系}}{T} > 0$$

去“系”即有

$$\Delta H - T \cdot \Delta S < 0 \tag{1-24}$$

把 $\Delta H = H_2 - H_1$ 和 $\Delta S = S_2 - S_1$ 代入式（1-24），重组两个状态函数，则有

$$(H_2 - T \cdot S_2) - (H_1 - T \cdot S_1) < 0$$

为此，引入另一个热力学函数 ——**吉布斯自由能**（Gibbs free energy），用符号 G 表示，即

$$G = H - T \cdot S \tag{1-25}$$

因 H 、T 和 S 都是状态函数，它们的组合 G 也是状态函数。对一个等温等压过程，设始、终态的吉布斯自由能分别为 G_1 和 G_2，则吉布斯自由能变为

$$\Delta G = G_2 - G_1 = (H_2 - T \cdot S_2) - (H_1 - T \cdot S_1) = (H_2 - H_1) - T \cdot (S_2 - S_1)$$

即

$$\Delta G = \Delta H - T \cdot \Delta S \tag{1-26}$$

式（1-26）称为**吉布斯-赫姆霍兹方程**（Gibbs-Helmholtz equation），它是通过能量守恒定律，将系统的焓变与熵变两个参数联系起来的重要关系式。

2. 吉布斯自由能变判据

联合式（1-24）和式（1-26）两式可知，吉布斯自由能变 ΔG 为反应能否自发进行的判据。在等温等压过程中，可用 ΔG 来判断过程的自发性，即

$\Delta G < 0$	系统正向自发进行
$\Delta G > 0$	系统正向非自发进行
$\Delta G = 0$	系统处于平衡状态

从式（1-26）可知，吉布斯自由能变 ΔG 是焓变 ΔH 和熵变 ΔS 两个参数的对立统一，ΔG 的正负性由 ΔH 和 ΔS 共同决定，单独考虑 ΔH 或 ΔS 都是片面的。ΔH 越负（焓降）对过程自

发越有利，说明自发过程倾向于降低系统的能量；ΔS 越正（熵增）对过程自发越有利，说明自发过程倾向于增加系统的混乱度。

温度 T 对系统平衡状态的影响：

$$\Delta G = \Delta H - T\Delta S = 0\text{，}\quad T = \frac{\Delta H}{\Delta S}$$

当偏离这一平衡态温度时，平衡则会发生移动，使 $\Delta G < 0$ 时，驱使平衡正向移动；使 $\Delta G > 0$ 时，驱使平衡逆向移动。所以这个温度也是系统正向移动与逆向移动的转化温度，用 $T_{转}$ 来表示。计算时注意 ΔH 与 ΔS 单位的统一。

ΔH 和 ΔS 对自发过程的影响，可分如下 4 种具体情况。

① $\Delta H<0$，$\Delta S>0$　（－，＋）型，焓降熵增过程，两者都有利于正向驱动，任何温度下 $\Delta G<0$，所以过程总是正向自发进行。

② $\Delta H>0$，$\Delta S<0$　（＋，－）型，焓升熵减过程，两者都不利于正向驱动，任何温度下 $\Delta G>0$，所以过程不能正向自发进行。

③ $\Delta H<0$，$\Delta S<0$　（－，－）型，焓降熵减过程，为焓驱熵阻对立组合式，当 $T<T_{转}$ 时，$\Delta G<0$，过程正向自发进行，即低温有利于过程自发进行。

④ $\Delta H>0$，$\Delta S>0$　（＋，＋）型，焓升熵增过程，为焓阻熵驱对立组合式，当 $T>T_{转}$ 时，$\Delta G<0$，过程正向自发进行，即高温下有过程利于自发进行。

为了更好地帮助理解和比较上述四种情况，请参见表 1-4 和图 1-8。

表 1-4　化学反应的 ΔG 与自发性

反应类型	ΔH	ΔS	$\Delta G = \Delta H - T\Delta S$		温度对正向反应自发性的影响
			低温	高温	
类型一	－	＋	－	－	焓降熵增，任何温度下均自发
类型二	＋	－	＋	＋	焓升熵减，任何温度下均非自发
类型三	－	－	－	＋	焓降熵减，$T<T_{转}$ 的低温下自发
类型四	＋	＋	＋	－	焓升熵增，$T>T_{转}$ 的高温下自发

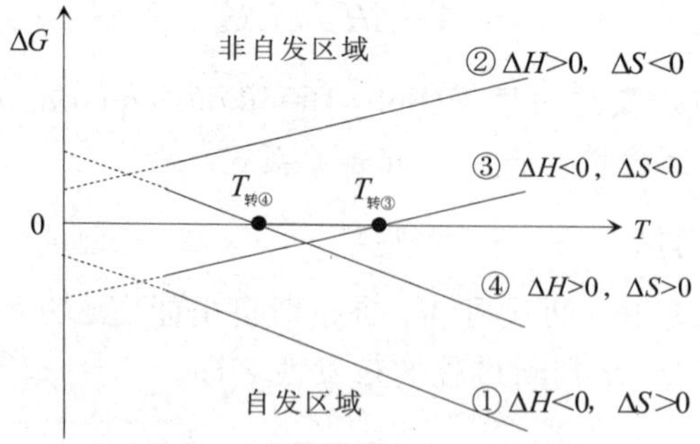

图 1-8　温度对反应自发性的影响

3. ΔG 的物理意义

从上述对吉布斯自由能的推导可知，系统的吉布斯自由能是焓、熵和温度三个状态函数的有机统一组合式，也是状态函数，它来源于热力学第一定律和第二定律的有机统一，可见它对于解决化学热力学问题的重要性。解决热力学问题的关键参数是吉布斯自由能变ΔG，ΔG的物理意义如下：

（1）ΔG是判断反应进行方向——自发方向的判据（在前面已经论述）；

（2）ΔG是判断反应进行程度——化学平衡的依据（见化学平衡内容）；

（3）ΔG是在等温等压过程中，能被用来做有用功的最大值。

下面对第（3）点内容予以阐述：反应的ΔG和非体积功W'的关系，可从热力学第一定律和第二定律推导得到。假设等温等压条件下不仅做体积功（$-p\Delta V$），还做非体积功W'，即做总功$W=-p\Delta V+W'$，依据热力学第一定律，则有

$$\Delta U = Q + W = Q - p\Delta V + W'$$

假如为等温可逆过程，根据热力学第二定律的熵表述$\Delta S = Q_r / T$，故$Q_r = T\Delta S$，代入上式，有

$$\Delta U = T\Delta S - p\Delta V + W'$$

移项得

$$\Delta U + p\Delta V - T\Delta S = W'$$

在等压过程中有

$$\Delta H = \Delta U + p\Delta V$$

则

$$\Delta H - T\Delta S = W'$$

又根据

$$\Delta G = \Delta H - T\Delta S$$

则在等温等压可逆过程中

$$\Delta G = W'$$

热力学已经证明，等温等压可逆过程所做的功最大，用W'_{max}表示，因此

$$\Delta G = W'_{max}$$

此式表示，可逆过程 Gibbs 自由能的减少等于等温等压下系统所做最大非体积功。若$W'_{max}<0$，系统对环境做功，此时$\Delta G<0$，反应自发进行；反之，$W'_{max}>0$，环境对系统做功，此时$\Delta G>0$，反应不能自发进行。

$\Delta G = W'_{max}$关系式的运用举例：在标准状态和 298 K 下，已知下列两个反应及其吉布斯自由能变：

① $CH_4(g) + 2O_2(g) = CO_2(g) + 2H_2O(g)$　　$\Delta G^{\ominus} = -818\ kJ\cdot mol^{-1}$

② $H_2O(l) = H_2(g) + 0.5O_2(g)$　　$\Delta G^{\ominus} = +237.2\ kJ\cdot mol^{-1}$

①式表示在给定条件下，1 mol $CH_4(g)$在理想的可逆燃料电池中，最多能提供 818 kJ 电功；②式说明在给定条件下，$H_2O(l)$不可能自发分解为$H_2(g)$和$O_2(g)$，需要外界对系统做功（电解），要使 1 mol $H_2O(l)$分解，需要提供 237.2 kJ 电功。

例 1-9　已知下列反应在 298 K 和标准状态下的焓变和熵变（表 1-5），判断反应的类型及其自发性。

表 1-5　几个常见化学反应的焓变和熵变值

	化学反应式	$\Delta H^{\ominus}/kJ\cdot mol^{-1}$	$\Delta S^{\ominus}/kJ\cdot mol^{-1}\cdot K^{-1}$
①	$CH_3CH{=}CHCH_3(g) + 0.5O_2(g) = CH_3{=}CHCH{=}CH_3(g) + H_2O(g)$	− 77	+ 0.072
②	$CO(g) = C(s) + 0.5O_2(g)$	+ 111	− 0.090
③	$N_2(g) + O_2(g) = 2NO(g)$	+ 182.6	+ 0.025
④	$N_2(g) + 3H_2(g) = 2NH_3(g)$	− 92.2	− 0.199

解 依据 G-H 方程 $\Delta G^{\ominus}(T)=\Delta H^{\ominus}-T\Delta S^{\ominus}$ 来分析和判断。

① $\Delta G^{\ominus}(T)=-77-0.072T$，属于类型一（ － ＋ ）焓降熵增型。

在任何温度下 $\Delta G^{\ominus}(T)<0$，在标准状态下正向自发（可能性）。实际上该反应太慢，需要使用催化剂。

② $\Delta G^{\ominus}(T)=111+0.090T$，属于类型二（ ＋ － ）焓升熵减型。

在任何温度下 $\Delta G^{\ominus}(T)>0$，即在标准状态和任意温度下正向反应都不能自发进行。

③ $\Delta G^{\ominus}(T)=182.6-0.025T$，属于类型四（ ＋ ＋ ）焓升熵增型。$T_{转}=\Delta H/\Delta S=182.6/0.025=7304\ (K)$。

当 $T>T_{转}$ 时的高温下，$\Delta G^{\ominus}(T)<0$，反应才正向自发进行，低温下不自发反应。

④ $\Delta G^{\ominus}(T)=-92.2+0.199T$，属于类型三（ － － ）焓降熵减型。$T_{转}=\Delta H/\Delta S=(-92.2)/(-0.199)=463\ (K)$。

当 $T<T_{转}$ 时低温下，$\Delta G^{\ominus}(T)<0$，反应才正向自发进行，高温下不自发反应。

4. 标准生成吉布斯自由能

从吉布斯自由能的定义式可知，除温度 T 外，它是焓和熵两个状态函数的组合，说明它也是状态函数，其绝对值也不可知。为了计算系统在等温等压过程中的吉布斯自由能变 ΔG，可采用与解决焓变计算类似的方法，设计吉布斯自由能的两个“零基准”：

（1）**在指定温度（298 K）和标准状态下，规定指定单质的吉布斯自由能为零。并且把在指定温度和标准状态下，由指定单质生成 1mol 某物质的吉布斯自由能变，称为该物质的标准生成吉布斯自由能**，用 $\Delta_f G_m^{\ominus}$ 表示，单位 $kJ\cdot mol^{-1}$。

（2）**在指定温度（298 K）和标准状态下，规定水合氢离子的吉布斯自由能为零。**

有了上述两个吉布斯自由能的“零基准”，则可推测所有物质的标准生成吉布斯自由能。一些物质在 298 K 和标准状态下的标准生成吉布斯自由能列于附录二。值得注意的是，因为标准状态并不包括温度的规定，附录表中数据仅为 298.15 K 温度下的标准状态数据，其他温度和标准状态下的数据，只要符合 $\Delta G=\Delta H-T\Delta S$ 关系，都是该指定温度下的标准生成吉布斯自由能。

5. 吉布斯自由能变的计算

依据吉布斯自由能的定义式、吉布斯自由能的两个“零基准”、吉布斯-赫姆霍兹方程和附录二表格中一些物质的标准生成吉布斯自由能数据等，可以对所有反应过程的吉布斯自由能变进行计算。根据反应系统所给定的具体情况，计算方法分别如下。

（1）在 298 K 和标准状态下，采用附录表格中的 $\Delta_f G_m^{\ominus}(298\ K)$ 数据计算。

$$\Delta_r G_m^{\ominus}(298\ K)=\sum \nu_i \Delta_f G_m^{\ominus}(生成物)-\sum \nu_i \Delta_f G_m^{\ominus}(反应物) \tag{1-27}$$

式中，ν_i 表示反应式中各物质前的系数。注意只有在 298 K 下才能采用该公式计算。

（2）在指定温度和标准状态下，采用附录表格中的 $\Delta_f H_m^{\ominus}(298\ K)$ 和 $S_m^{\ominus}(298\ K)$ 数据计算。

$$\Delta_r H_m^{\ominus}(298\ K)=\sum \nu_i \Delta_f H_m^{\ominus}(生成物)-\sum \nu_i \Delta_f H_m^{\ominus}(反应物) \tag{1-28}$$

$$\Delta_r S_m^\ominus(298\ \text{K}) = \sum \nu_i S_m^\ominus(\text{生成物}) - \sum \nu_i S_m^\ominus(\text{反应物}) \quad (1\text{-}29)$$

在常温常压下，若温度变化不大的情况，温度的变化对反应的焓变和熵变的影响较小，其他温度下的焓变和熵变值，可近似用 298 K 下的值代替，即

$$\Delta_r H_m^\ominus(T) \approx \Delta_r H_m^\ominus(298\ \text{K}),\quad \Delta_r S_m^\ominus(T) \approx \Delta_r S_m^\ominus(298\ \text{K})$$

于是有

$$\Delta_r G_m^\ominus(T) = \Delta_r H_m^\ominus(298\ \text{K}) - T\cdot\Delta_r S_m^\ominus(298\ \text{K}) \quad (1\text{-}30)$$

在 298 K 时

$$\Delta_r G_m^\ominus(298\ \text{K}) = \Delta_r H_m^\ominus(298\ \text{K}) - 298\times\Delta_r S_m^\ominus(298\ \text{K})$$

为了书写简便，一般可将 ΔH 和 ΔS 后的（298 K）省略；但 ΔG 后的温度项则不能省略，必须标明，以示 ΔG 与温度的严密关系。注意式（1-30）中各参数的单位，ΔH 单位 $\text{kJ}\cdot\text{mol}^{-1}$，若 ΔS 单位采用 $\text{J}\cdot\text{mol}^{-1}\cdot\text{K}^{-1}$，则 $T\cdot\Delta S$ 项的单位是 $\text{J}\cdot\text{mol}^{-1}$，需“$\times10^{-3}$”才与 ΔH 单位一致。

（3）在指定温度和非标准状态下，反应的吉布斯自由能变采用范托夫等温方程求解。

我们知道，标准状态的设置是为了解决其他状态计算的“标准平台”，是一种特殊状态，而非标准状态才是真正需要解决的问题，为此，范托夫提出了非标准状态化学反应吉布斯自由能变的计算方法，即范托夫等温方程：

$$\Delta_r G(T) = \Delta_r G_m^\ominus(T) + RT\ln Q \quad (1\text{-}31)$$

式中，$R = 8.315\ \text{J}\cdot\text{mol}^{-1}\cdot\text{K}^{-1}$，为气体摩尔常数；$Q$ 称为反应活度商。

对于任一反应，其活度商表达式为

$$b\text{B} + d\text{D} \longrightarrow e\text{E} + f\text{F}$$

$$Q = \frac{(a_\text{E})^e\cdot(a_\text{F})^f}{(a_\text{B})^b\cdot(a_\text{D})^d} \quad (1\text{-}32)$$

式中，a_i 表示反应系统中各物质的活度。活度商就是反应式中生成物活度的系数幂次方乘积与反应物活度的系数幂次方乘积的比值。

活度可粗略地看成“有效浓度”（物理化学对此有严格的界定），但又与浓度不同，浓度是量纲不为 1 的量，而活度的量纲为 1，热力学上的标准状态就是 $a=1$ 的状态。所以物质的活度也可看作它所处的状态与标准状态相比所得的数值。由于物质在不同状态时标准状态的定义不同，故活度的表达式也就不同，对不同类型的反应，Q 的表达式也有所不同。

①气体反应　理想气体（或低压气体）的活度为气体的分压与标准压力 $p^\ominus$ 的比值，即

$$a = p/p^\ominus,\quad Q = \frac{(p_\text{E}/p^\ominus)^e\cdot(p_\text{F}/p^\ominus)^f}{(p_\text{B}/p^\ominus)^b\cdot(p_\text{D}/p^\ominus)^d}$$

②溶液反应　理想溶液（或稀溶液）的活度是溶液浓度与标准浓度 $c^\ominus$ 的比值，即

$$a = c/c^\ominus,\quad Q = \frac{(c_\text{E}/c^\ominus)^e\cdot(c_\text{F}/c^\ominus)^f}{(c_\text{B}/c^\ominus)^b\cdot(c_\text{D}/c^\ominus)^d}$$

③多相反应　有固体、溶液离子和气体参与的多相反应，以碳酸钙在稀酸中的分解为例：

$$CaCO_3(s) + 2H^+(aq) \longrightarrow Ca^{2+}(aq) + CO_2(g) + H_2O(l)$$

$$Q = \frac{[c(Ca^{2+})/c^\ominus]\cdot[p(CO_2)/p^\ominus]}{[c(H^+)/c^\ominus]^2}$$

这就是多相反应的活度商。由于固体和溶剂的标准状态就是其纯物质本身，活度 $a=1$，在表达式中可不必列入。

例 1-10 已知下列反应在标准状态和 298 K 下各物质的标准生成吉布斯自由能数据如下：

$$2NO(g)+Br_2(g) \Longrightarrow 2NOBr(g)$$

	$2NO(g)$	$Br_2(g)$	$2NOBr(g)$
$\Delta_f G_m^{\ominus}(298\ K)/kJ\cdot mol^{-1}$	87.6	3.1	82.4

求：（1）在 298 K 和标准状态下，反应的方向；

（2）在 298 K 下，$p(NO)=2\ kPa$，$p(Br_2)=100\ kPa$，$p(NOBr)=80\ kPa$，反应的方向。

解 （1）$\Delta_r G_m^{\ominus}(298\ K)=(2\times 82.4)-(2\times 87.6+3.1)=-13.5\ (kJ\cdot mol^{-1})<0$，反应正向进行。

（2）非标准状态下，采用范托夫等温方程计算。

$$Q=\frac{[p(NOBr)/p^{\ominus}]^2}{[p(NO)/p^{\ominus}]^2[p(Br_2)/p^{\ominus}]}=\frac{(80/100)^2}{(2/100)^2\cdot(100/100)}=40^2$$

$$\begin{aligned}\Delta_r G(298\ K)&=\Delta_r G_m^{\ominus}(298\ K)+298\times R\ln Q\\&=-13.5+298\times 8.315\times 10^{-3}\times\ln 40^2=4.78\ (kJ\cdot mol^{-1})>0\end{aligned},$$

反应逆向进行。

例 1-11 煤矿中含有一定量的硫，燃烧时硫被氧化成 $SO_3(g)$ 而排放到环境中，是造成空气污染（酸雨）的主要污染物之一。有人设计在燃煤中掺入生石灰 $CaO(s)$，让 $SO_3(g)$ 与之反应生成 $CaSO_4(s)$，从而使硫被固定在煤渣中，试分析这种固硫方法的可行性。

解 查附录中有关物质在 298 K 和标准状态下的标准生成焓和标准熵数据，列于反应方程式下：

$$SO_3(g) + CaO(s) \Longrightarrow CaSO_4(s)$$

	$SO_3(g)$	$CaO(s)$	$CaSO_4(s)$
$\Delta_f H_m^{\ominus}/kJ\cdot mol^{-1}$	− 395.7	− 634.9	− 1434.5
$S_m^{\ominus}/J\cdot mol^{-1}\cdot K^{-1}$	256.8	38.1	106.5

$$\Delta_r H_m^{\ominus}=(-1434.5)-[-395.7+(-634.9)]=-403.9\ (kJ\cdot mol^{-1})$$

$$\Delta_r S_m^{\ominus}=106.5-(256.8+38.1)=-188.4\ (J\cdot mol^{-1}\cdot K^{-1})$$

反应的 $\Delta_r H_m^{\ominus}<0$、$\Delta_r S_m^{\ominus}<0$，属于类型三（ −， − ）焓降熵减型，低温下自发进行。即

$$\Delta_r G_m^{\ominus}(T)=\Delta_r H_m^{\ominus}-T\Delta_r S_m^{\ominus}<0,\quad T_{转}<\frac{\Delta_r H_m^{\ominus}}{\Delta_r S_m^{\ominus}}=\frac{-403.9}{-188.4\times 10^{-3}}=2144\ (K)=(1871\ °C)$$

燃煤锅炉的燃烧室温度一般在 1200 °C 左右，远低于该反应正向自发进行的最低温度 1871 °C，这种固硫防治空气污染的方法是可行的。

例 1-12 计算下列反应的 $\Delta_r H_m^{\ominus}$、$\Delta_r S_m^{\ominus}$ 和 $\Delta_r G_m^{\ominus}$，从中选择制造丁二烯最合适的反应。

（1） $C_4H_{10}(g) \Longrightarrow C_4H_6(g)+2H_2(g)$ 丁烷脱氢

（2） $C_4H_8(g) \Longrightarrow C_4H_6(g)+H_2(g)$ 丁烯脱氢

（3） $C_4H_8(g)+0.5O_2(g) \Longrightarrow C_4H_6(g)+H_2O(g)$ 丁烯氧化脱氢

解 查表，将各物质的 $\Delta_f H_m^{\ominus}$、$S_m^{\ominus}$ 值列于方程式对应的物质下，然后计算

（1） $C_4H_{10}(g) \Longrightarrow C_4H_6(g)+2H_2(g)$

	$C_4H_{10}(g)$	$C_4H_6(g)$	$2H_2(g)$
$\Delta_f H_m^{\ominus}/kJ\cdot mol^{-1}$	− 124.7	165.5	0

$S_m^\ominus / J \cdot mol^{-1} \cdot K^{-1}$　　　310.0　　　293.0　　　130.7

$\Delta_r H_m^\ominus = (165.5 + 2\times 0) - (-124.7) = 290.2\ (kJ \cdot mol^{-1})$

$\Delta_r S_m^\ominus = (293.0 + 2\times 130.7) - 310.0 = 244.7\ (J \cdot mol^{-1} \cdot K^{-1})$

$\Delta_r G_m^\ominus = 290.2 - 298\times 0.2447 = 217.3\ (kJ \cdot mol^{-1})$

该反应为（ +， + ）型，$\Delta_r G_m^\ominus(298\ K) > 0$，只能在高温下自发进行，转向温度为：

$$T_{转} > \frac{290.2}{244.7\times 10^{-3}} = 1186\ (K)$$

（2）　　　　$C_4H_8\ (g) \rightleftharpoons C_4H_6(g) + H_2(g)$

$\Delta_f H_m^\ominus / kJ \cdot mol^{-1}$　　　1.2　　　165.5　　　0

$S_m^\ominus / J \cdot mol^{-1} \cdot K^{-1}$　　　307.4　　　293.0　　　130.7

$\Delta_r H_m^\ominus = (165.5 + 0) - 1.2 = 164.3\ (kJ \cdot mol^{-1})$

$\Delta_r S_m^\ominus = (293.0 + 130.7) - 307.4 = 116.6\ (J \cdot mol^{-1} \cdot K^{-1})$

$\Delta_r G_m^\ominus = 164.3 - 298\times 0.1166 = 129.6\ (kJ \cdot mol^{-1})$

该反应为（ +， + ）型，$\Delta_r G_m^\ominus(298\ K) > 0$，只能在高温下自发进行，转向温度为：

$$T_{转} > \frac{164.3}{116.6\times 10^{-3}} = 1409\ (K)$$

（3）　　　　$C_4H_8(g) + 0.5O_2(g) \rightleftharpoons C_4H_6(g) + H_2O(g)$

$\Delta_f H_m^\ominus / kJ \cdot mol^{-1}$　　　1.2　　　0　　　165.5　　　241.8

$S_m^\ominus / J \cdot mol^{-1} \cdot K^{-1}$　　　307.4　　　205.2　　　293.0　　　188.8

$\Delta_r H_m^\ominus = (165.5 + 241.8) - (1.2 + 0.5\times 0) = -77.5\ (kJ \cdot mol^{-1})$

$\Delta_r S_m^\ominus = (293.0 + 188.8) - (307.4 + 0.5\times 205.2) = 72.1\ (J \cdot mol^{-1} \cdot K^{-1})$

$\Delta_r G_m^\ominus = -77.5 - 298\times 0.0721 = -99.0\ (kJ \cdot mol^{-1})$

该反应为（ −， + ）型，$\Delta_r G_m^\ominus < 0$，能在任何温度下自发进行。

比较上述结果，反应（1）（2）均为（ +， + ）型，$\Delta_r G_m^\ominus(298\ K) > 0$，常温下不自发，需在高温下才转向自发；反应（3）为（ −， + ）型，$\Delta_r G_m^\ominus < 0$，在任何温度下自发。故选择反应（3）制造丁二烯比较合适。

习　题

一、思考题

1. 指出下列各式成立的条件：

（1）$\Delta U = Q_V$；（2）$\Delta H = Q_p$；（3）$Q_V = Q_p$；（4）$\Delta G = \Delta H$。

2. 说明用下列函数判断反应自发性的条件：

（1）ΔH；（2）ΔS；（3）ΔG；（4）$\Delta G^\ominus$。

3. 判断以下说法是否正确，并说明理由：

（1）放热反应都能自发进行；

（2）$\Delta G^{\ominus}<0$ 的反应都能自发进行；

（3）（ΔH，ΔS）为（+，+）型的反应在高温进行有利；

（4）物质的温度越高，熵值越大。

4. 估计干冰升华过程 ΔH 和 ΔS 的正负号。

5. 用生成焓、键焓或应用热化学定律（Hess 定律）都能求算反应的标准焓变，试比较这三种方法的异同。

6. 对于下列反应，则 $\Delta_f G_m^{\ominus}(MgO) = \Delta_f H_m^{\ominus}(MgO) - T \cdot S_m^{\ominus}(MgO)$，对吗？为什么？

$$Mg(s) + 1/2O_2(g) \;=\!=\!=\; MgO(s)$$

7. 下列反应的 $\Delta_r H_m^{\ominus}$ 是否等于 H_2S 的 $\Delta_f H_m^{\ominus}$？为什么？

$$H_2(g) + S(g) \;=\!=\!=\; H_2S(g)$$

8. 下列反应的 $\Delta_r H_m^{\ominus}$ 是否等于 $-2 \times \Delta_b H^{\ominus}(O—H)$？为什么？

$$H_2(g) + 0.5O_2(g) \;=\!=\!=\; H_2O(g)$$

9. 能否由键焓直接计算 $HF(g)$、$HCl(g)$、$H_2O(l)$ 和 $CH_4(g)$ 的标准生成焓？

10. 欲除去天然气中有毒气体 H_2S，试从热力学数据分析下列两种方法中哪种可行？

① $$H_2S(g) + 0.5O_2(g) \;=\!=\!=\; H_2O(g) + S(\text{正交})$$

② $$H_2S(g) \;=\!=\!=\; H_2(g) + S(\text{正交})$$

二、问答题

1. 与状态函数有关的问题。

（1）什么是状态函数？

（2）一个系统的热力学能 U、焓 H、熵 S 和吉布斯自由能 G 是状态函数，那么它们的变量 ΔU、ΔH、ΔS 和 ΔG 是不是状态函数？说说你的理由。

2. 由于状态函数的绝对值无法测得，为了解决热力学系统的能量计算问题，需要对焓 H、熵 S 和吉布斯自由能 G 等这些状态函数设置“零基准”，就像测量一座山峰的高度，以海平面为“零基准”一样。

（1）请简述三个状态函数的“零基准”内容。

（2）这些“零基准”之间有什么相同和不同的地方？

3. 与标准状态有关的问题。

（1）简述什么是标准状态？气体、液体、固体和溶液的标准状态是如何规定的？

（2）物质存在的实际状态一般都不是标准状态，为什么要设置标准状态？

4. 与热力学第一定律有关的问题。

（1）简述热力学第一定律的内容和表达式；

（2）推导焓 H 和焓变 ΔH 的由来。

5. 与热力学第二定律有关的问题。

（1）简述热力学第二定律的内容和表达式，该定律成立的先决条件是什么？

（2）推导吉布斯自由能 G 和吉布斯自由能变 ΔG 的由来；

（3）熵变与焓变之间，是通过什么条件关联在一起的？

6. 比较下列各对物质的熵值，哪个较大？

（1）O_2，1 mol，298 K，1×10^5 Pa　　O_2，1 mol，373 K，1×10^5 Pa

（2）$H_2O(s)$，0.1 mol，273 K，10×10^5 Pa　　$H_2O(l)$，0.1 mol，273 K，10×10^5 Pa

（3）He，1 g，298 K，1×10^5 Pa　　He，1 mol，298 K，1×10^5 Pa

（4）C_2H_4，n mol，293 K，1×10^5 Pa　　$\text{-}(CH_2)\text{-}_n$，2 mol，293 K，1×10^5 Pa

（5）Li，1 mol，323 K，2×10^5 Pa　　K，1 mol，323 K，2×10^5 Pa

7. 估计下列变化是熵增还是熵减：① NH_4NO_3 爆炸；②水煤气转化；③臭氧生成。

① $$2NH_4NO_3(s) = 2N_2(g)+4H_2O(l)+O_2(g)$$

② $$CO(g)+H_2O(g) = CO_2(g)+H_2(g)$$

③ $$3O_2(g) = 2O_3(g)$$

三、计算题

1. 用保温杯式量热计可测定溶解热。若有 1.50 g NH_4NO_3 溶于 200 g 水，温度降低了 0.551 °C。溶解过程是吸热还是放热？设量热计常数 $C = 46.8\ J\cdot°C^{-1}$，求 NH_4NO_3 的摩尔溶解热（因溶液很稀，可假定其密度和比热容都近似和纯水相等）。

2. 某弹式量热计常数 $C = 826\ J\cdot°C^{-1}$。505 mg 萘（$C_{10}H_8$）和过量 O_2 在钢弹中燃烧所放热量使温度由 25.62 °C 升高到 29.06 °C，水浴中盛有 1215 g 水。求萘燃烧反应的 ΔU 及 $\Delta H^{\ominus}$。

3. 大豆所含脂肪、蛋白质、碳水化合物和水分的组成和发热量列于表 1-6 中，计算 100 g 大豆在人体代谢过程中的总发热量。

表 1-6　大豆中营养物质的组成

	脂肪	蛋白质	碳水化合物	水分
质量分数 w/%	17.2	37.0	28.0	17.8
发热量 Q/kJ·g^{-1}	38	17	17	—

4. 已知：

（a）$$H_2O_2(l) = H_2O(l)+\frac{1}{2}O_2(g)\qquad \Delta H^{\ominus} = -98.0\ kJ\cdot mol^{-1}$$

（b）$$H_2O(l) = H_2O(g)\qquad \Delta H^{\ominus} = +44.0\ kJ\cdot mol^{-1}$$

求：（1）100 g $H_2O_2(l)$ 分解时放热多少？

（2）$$H_2O(g)+\frac{1}{2}O_2(g) = H_2O_2(l)\qquad \Delta H^{\ominus} = ?$$

（3）$$2H_2O_2(l) = 2H_2O(l)+O_2(g)\qquad \Delta H^{\ominus} = ?$$

（4）$$H_2O_2(l) = H_2O(g)+\frac{1}{2}O_2(g)\qquad \Delta H^{\ominus} = ?$$

5. 由以下两个反应热求 NO 的生成焓，并和附录二数据比较。

（1）$$4NH_3(g)+5O_2(g) = 4NO(g)+6H_2O(l)\qquad \Delta H_1^{\ominus} = -1166\ kJ\cdot mol^{-1}$$

（2）$$4NH_3(g)+3O_2(g) = 2N_2(g)+6H_2O(l)\qquad \Delta H_2^{\ominus} = -1531\ kJ\cdot mol^{-1}$$

6. 阿波罗登月火箭用 $N_2H_4(l)$ 做燃料，用 $N_2O_4(g)$ 做氧化剂，燃烧后产物为 $N_2(g)$ 和

$H_2O(l)$。写出配平的化学方程式，利用 $\Delta_f H_m^{\ominus}$（查表）计算 $N_2H_4(l)$ 的摩尔燃烧热。

7. 利用下列各反应热，计算 $N_2H_4(l)$ 的生成焓和燃烧热。

（1） $2NH_3(g) + 3N_2O(g) \longrightarrow 4N_2(g) + 3H_2O(l)$ $\Delta H_1^{\ominus} = -1010\ kJ \cdot mol^{-1}$

（2） $N_2O(g) + 3H_2(g) \longrightarrow N_2H_4(l) + H_2O(l)$ $\Delta H_2^{\ominus} = -317\ kJ \cdot mol^{-1}$

（3） $2NH_3(g) + \frac{1}{2}O_2(g) \longrightarrow N_2H_4(l) + H_2O(l)$ $\Delta H_3^{\ominus} = -143\ kJ \cdot mol^{-1}$

（4） $H_2(g) + \frac{1}{2}O_2(g) \longrightarrow H_2O(l)$ $\Delta H_4^{\ominus} = -286\ kJ \cdot mol^{-1}$

8. 已知反应 $Cu_2O(s) + \frac{1}{2}O_2(g) \longrightarrow 2CuO(s)$

$\Delta G^{\ominus}(400\ K) = -102\ kJ \cdot mol^{-1}$，$\Delta G^{\ominus}(300\ K) = -113\ kJ \cdot mol^{-1}$，求该反应的 $\Delta H^{\ominus}$ 和 $\Delta S^{\ominus}$。

9. 白云石的化学式可写作 $CaCO_3 \cdot MgCO_3$，其热分解性质可看作是 $CaCO_3$ 和 $MgCO_3$ 的混合物遇热分解放出 CO_2，试用热力学数据推论在 600 K 和 1200 K 的分解产物各是什么？

10. 已知各物质的 $\Delta_f H_m^{\ominus}(298\ K)$，求下列两个反应的 $\Delta_r G_m^{\ominus}(298\ K)$，并说明：$SiO_2(s)$ 与 $HF(g)$ 能起反应，而 $SiO_2(s)$ 与 $HCl(g)$ 却不能起反应，为什么。

（1）	$SiO_2(s)$ +	$4HF(g)$ ⟶	$SiF_4(g)$ +	$2H_2O(l)$
$\Delta_f G_m^{\ominus}$ / $kJ \cdot mol^{-1}$	− 856.3	− 275.4	− 1572.8	− 237.1
（2）	$SiO_2(s)$ +	$4HCl(g)$ ⟶	$SiCl_4(g)$ +	$2H_2O(l)$
$\Delta_f G_m^{\ominus}$ / $kJ \cdot mol^{-1}$	− 856.3	− 95.3	− 619.8	− 237.1

11. 在 298 K 下，求下列反应的 $\Delta_r H_m^{\ominus}$、$\Delta_r S_m^{\ominus}$ 和 $\Delta_r G_m^{\ominus}$，并用这些数据讨论利用此反应净化汽车尾气中 NO 和 CO 的可行性。

	$CO(g)$ +	$NO(g)$ ⟶	$CO_2(g)$ +	$\frac{1}{2}N_2(g)$
$\Delta_f H_m^{\ominus}$ / $kJ \cdot mol^{-1}$	− 110.5	91.3	− 393.5	0
$S_m^{\ominus}$ / $J \cdot mol^{-1} \cdot K^{-1}$	197.7	210.8	213.8	191.6
$\Delta_f G_m^{\ominus}$ / $kJ \cdot mol^{-1}$	− 137.2	87.6	− 394.4	0

12. 由锡石矿（主要成分为 SnO_2）炼制金属锡（白锡）可以有以下 3 种方法，按热力学原理应推荐哪一种方法？

（1） $SnO_2(s) \longrightarrow Sn(s) + O_2(g)$

（2） $SnO_2(s) + C(s) \longrightarrow Sn(s) + CO_2(g)$

（3） $SnO_2(s) + 2H_2(g) \longrightarrow Sn(s) + 2H_2O(g)$

13. 在 298 K、标准状态下，计算下列反应的 $\Delta_r H_m^{\ominus}$、$\Delta_r S_m^{\ominus}$ 和 $\Delta_r G_m^{\ominus}$，并讨论用焦炭还原 Al_2O_3 炼制金属铝的可行性。

（1） $2Al_2O_3(s) + 3C(s) \longrightarrow 4Al(s) + 3CO_2(g)$

（2） $Al_2O_3(s) + 3CO(g) \longrightarrow 2Al(s) + 3CO_2(g)$

14. 四氯化钛是制备金属钛的原料，在 900 ~ 1000 °C，由氯气通入二氧化钛和焦炭混合物制得，再经蒸馏提纯。试用热力学计算说明添加焦炭的必要性。

15. 在 298 K、标准状态下，胆矾失去结晶水的风化反应及热力学数据如下：

	$CuSO_4 \cdot 5H_2O(s)$	$CuSO_4(s)$	$5H_2O(g)$
$\Delta_f H_m^\ominus / kJ \cdot mol^{-1}$	-2279.7	-771.4	-241.8
$S_m^\ominus / J \cdot mol^{-1} \cdot K^{-1}$	300.4	109.2	188.8

$$CuSO_4 \cdot 5H_2O(s) = CuSO_4(s) + 5H_2O(g)$$

（1）求 298 K、标准状态下该反应的 $\Delta_r H_m^\ominus$、$\Delta_r S_m^\ominus$ 和 $\Delta_r G_m^\ominus$，判断胆矾是否会风化?

（2）在 298 K 和空气中蒸气压力为 1.59 kPa 时，胆矾是否会风化?

第 2 章　化学热力学——反应的限度

上一章介绍了热力学的几个主要函数，着重讨论了化学反应进行方向的判据问题。本章将讨论化学平衡与化学反应的限度问题，着重介绍用什么参数来描述反应程度，反应程度与 ΔG 的关系，以及影响化学平衡的因素。

2.1　化学平衡

在热力学上，当 $\Delta G < 0$ 时，反应正向自发，这仅仅是一个反应趋势的判断。某反应可能是一个反应趋势很大，反应速率也很快，可瞬间完成的完全反应；也可能是一个反应趋势很大，但反应速率极慢，以至于观察不到生成物的完全不反应；还可能是反应趋势不是很大，反应速率也居于“中等”水平，而且反应物和生成物一直“和平共存”的不完全反应，这就属于化学平衡状态情况，是本章所要阐述的反应限度的问题。下面先介绍化学平衡的概念和特点。

对于正向非自发反应（ $\Delta G > 0$ ），可依据范托夫等温方程

$$\Delta G = \Delta G^{\ominus} + RT\ln Q$$

设计和控制反应系统的温度、各反应物的浓度和压力，使温度 T 和活度商 Q 以适当的值相匹配结合，达到使 $\Delta G < 0$ 的目的，使非自发反应在合理的条件控制下也能够正向进行。

当一个反应的 $\Delta G = 0$ 时，反应处于动态平衡状态，此时正向反应速率与逆向反应速率相等，反应物与生成物的浓度不再发生变化。那么，一个反应从开始至达到平衡，反应的程度是多少？生成物的产率是多少？为此，本章讨论需要引入用于描述反应处于平衡状态的参数——平衡常数（ K ），同时要讨论影响 K 的因素以及 K 的计算。

例如，工业上用焦炭冶炼铁，两个主要反应如下：

$$2C(s) + O_2(g) \xlongequal{\quad} 2CO(g)$$
$$Fe_2O_3(s) + 3CO(g) \xlongequal{\quad} 2Fe(s) + 3CO_2(g)$$

冶炼 1000 kg Fe 需多少焦炭？是否全部的 C(s) 都能转化成 CO(g)，全部的 $Fe_2O_3(s)$ 和 CO(g) 也都能转化成 Fe(s) 和 $CO_2(g)$？答案是否定的。因为对于可逆化学反应，在一定温度和压力条件下，达到化学平衡时反应物与生成物的浓度不再随时间而发生变化。产物的比率可通过平衡常数（ K ）来计算得到。如：对于反应

$$A \underset{k_r}{\overset{k_f}{\rightleftharpoons}} B$$

反应物 A 的浓度[A]随着反应时间的增加逐渐降低，且达到一定浓度后保持不变；而生成物 B 的浓度[B]则随着反应时间的增加逐渐增加，且达到一定浓度后也保持不变［图 2-1(a)］。此时二者处于动态平衡状态，正向反应速率等于逆向反应速率［图 2-1(b)］。对于不同的反应，其处于平衡时各反应物和生成物的浓度是不同的，这种定量关系可以用平衡常数来描述。

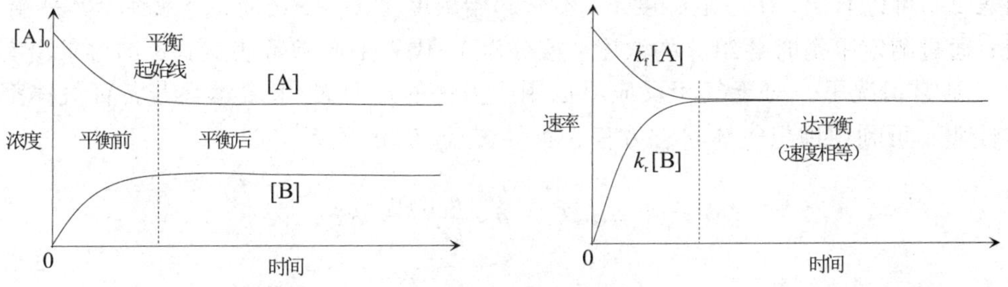

（a）物质浓度与时间的关系　　　　（b）反应速率与时间的关系

图 2-1　反应进度

2.2　平衡常数与反应限度

2.2.1　平衡常数

1. 实验平衡常数

平衡常数是表明化学反应限度的特征常数。对于可逆反应

$$aA + bB \rightleftharpoons cC + dD$$

若反应物和生成物均为气体，温度为 T 达到平衡，各组分的平衡压力 p_i 均为已知，则**压力平衡常数**为

$$K_p = \frac{p_C^c \cdot p_D^d}{p_A^a \cdot p_B^b} \tag{2-1}$$

若在溶液中，反应物和生成物的平衡浓度［X］均为已知，则**浓度平衡常数**为

$$K_c = \frac{[C]^c \cdot [D]^d}{[A]^a \cdot [B]^b} \tag{2-2}$$

K_p、K_c 可由实验测定，称为实验平衡常数，或称经验平衡常数。

例如，对于 $H_2(g)$ 和 $I_2(g)$ 化合生成 $HI(g)$ 的可逆反应

$$H_2(g) + I_2(g) \rightleftharpoons 2HI(g)$$

在 698.5 K 下，不同起始浓度下的各物质的平衡浓度和平衡常数，见表 2-1。

表 2-1　HI(g)生成与分解反应及其平衡常数（698.5 K）

编号	起始浓度/10^{-3}mol·L^{-1}			平衡浓度/10^{-3}mol·L^{-1}			$K_c = \frac{[HI]^2}{[H_2]\cdot[I_2]}$
	$[H_2]_0$	$[I_2]_0$	$[HI]_0$	$[H_2]$	$[I_2]$	$[HI]$	
1	10.677	11.659		1.831	3.129	17.67	54.5
2	11.354	9.044		3.560	1.250	15.59	54.6
3	11.357	7.510		4.565	0.738	13.54	54.5
4	0	0	4.489	0.479	0.479	3.531	54.4
5	0	0	10.692	1.141	1.141	8.410	54.3

由表 2-1 可以看出，在一定温度下，不管起始浓度是多少，反应达平衡后，其平衡常数 K_c 为定值；通过测定平衡时各组分的浓度（或分压），代入平衡常数表达式，即可求出实验平衡常数 K。通常情况下，对于气相反应习惯用压力平衡常数 K_p 来表示。若各种气体都符合理想气体性质，可利用理想气体状态方程，推导 K_c 与 K_p 的关系。

$$pV = nRT \ , \quad p = \frac{n}{V}RT = cRT$$

对于反应前后总计量系数相等的反应：$K_p = K_c$

如
$$H_2(g) + I_2(g) \rightleftharpoons 2HI(g)$$

对于反应前后总计量系数不相等的反应：$K_p = K_c(RT)^{\Delta n(g)}$

式中，指数项 $\Delta n(g)$ 为生成物与反应物气体(g)总计量数之差，R 为气体摩尔常数，其单位由气体分压单位而定。例如

$$N_2(g) + 3H_2(g) \rightleftharpoons 2NH_3(g)$$

$$K_p = \frac{[p(NH_3)]^2}{[p(N_2)]\cdot[p(H_2)]^3} = \frac{[NH_3]^2(RT)^2}{[N_2](RT)\cdot[H_2]^3(RT)^3} = K_c(RT)^{-2}$$

2. 标准平衡常数

平衡常数除可用实验方法测定外，还可通过热力学方法，计算热力学标准状态的平衡常数，简称标准平衡常数，用 $K^{\ominus}$ 表示。若将已测得的平衡时各组分的浓度或分压，分别除以标准浓度（$c^{\ominus}$）或标准压力（$p^{\ominus}$），则得到相对浓度或相对压力，再代入平衡常数表达式，即得到标准平衡常数。

例 2-1 已知合成氨反应在 773 K 建立平衡时，各气体分压如下：

	$N_2(g)$	$+3H_2(g)$	$\rightleftharpoons 2NH_3(g)$
平衡分压/$\times 10^6$kPa	4.17	12.52	3.57

计算该反应的实验平衡常数和标准平衡常数。

解 实验平衡常数：

$$K_p = \frac{[p(NH_3)]^2}{[p(N_2)]\cdot[p(H_2)]^3} = \frac{(3.57\times10^6)^2}{(4.17\times10^6)\times(12.52\times10^6)^3} = 1.56\times10^{-15}(\text{kPa})^{-2}$$

求标准平衡常数，因 $p^{\ominus} = 100\ \text{kPa}$，将数据代入公式，则有

$$K^{\ominus} = \frac{[p(NH_3)/p^{\ominus}]^2}{[p(N_2)/p^{\ominus}]\cdot[p(H_2)/p^{\ominus}]^3} = \frac{(3.57\times10^6/100)^2}{(4.17\times10^6/100)\times(12.52\times10^6/100)^3} = 1.56\times10^{-11}$$

由此可以看出，实验平衡常数有时会出现单位。标准平衡常数量纲为 1，数值上与实验平衡常数往往不同。

如果没有特殊说明，平衡常数一般是指标准平衡常数，符号一般为 $K^{\ominus}$，有时也用 K 来表示。总之，标准平衡常数区别于实验平衡常数的关键是，平衡常数表达式中平衡浓度（或压力）为相对浓度（或相对压力）。另一方面，从热力学数据 $\Delta G_T^{\ominus}$ 求出的平衡常数均为标准平衡常数。

3. 书写平衡常数时注意事项

（1）平衡常数的表达式与反应方程式中各物质的化学计量数（系数）相关，所以方程式的书写不同，则平衡常数值不同。

例如：下列三个反应方程式

①	$N_2O_4(g) \rightleftharpoons 2NO_2(g)$	$K_1^{\ominus}$
②	$2NO_2(g) \rightleftharpoons N_2O_4(g)$	$K_2^{\ominus}$
③	$NO_2(g) \rightleftharpoons \frac{1}{2}N_2O_4(g)$	$K_3^{\ominus}$

273K 时达到平衡状态，如果 $K_1^{\ominus}=0.36$，则有

$$K_2^{\ominus}=\frac{1}{K_1^{\ominus}}=2.78\,,\,K_3^{\ominus}=\left(\frac{1}{K_1^{\ominus}}\right)^{1/2}=1.67$$

（2）纯液体、纯固体参与反应时，其浓度（或分压）可认为是常数，均不写进平衡常数表达式中。

（3）平衡常数 $K^{\ominus}$ 的大小由物质的热化学本性决定，与温度 T 有关，但与反应物浓度（或压力）无关。因为

$$\ln K^{\ominus}=-\frac{\Delta_r G_m^{\ominus}(T)}{RT}=-\frac{\Delta_r H_m^{\ominus}}{RT}+\frac{\Delta_r S_m^{\ominus}}{R}$$

上式说明，在温度一定的情况下，$\Delta_r H_m^{\ominus}(T)\approx\Delta_r H_m^{\ominus}(298\text{ K})$、$\Delta_r S_m^{\ominus}(T)\approx\Delta_r S_m^{\ominus}(298\text{ K})$，$K^{\ominus}$ 可认为是由物质热化学性质决定的常数，即 $K^{\ominus}$ 由物质的热化学本性决定，与温度有关，而与反应物的浓度或压力无关。

化学反应的限度与平衡常数 K：K 反映了在给定温度下反应的限度。K 值大，反应容易进行。一般认为，

①	$K\geqslant 10^{+7}$	正向自发，反应彻底
②	$K\leqslant 10^{-7}$	正向非自发，反应不能进行
③	$10^{-7}<K<10^{+7}$	可控变使反应能一定程度上进行

在通常条件下，对于情况①或情况②，一般不需要进一步改变条件来影响反应的进行。而对于情况③，可以通过改变浓度、压力等条件来促进平衡移动。

2.2.2　平衡常数与 Gibbs 自由能变

1. 用热力学数据求算平衡常数

由上一章热力学的内容可知，一个化学反应的 Gibbs 自由能变 $\Delta G<0$ 时，正向反应自发。但随着反应的进行，逐渐达到平衡，此时反应的 $\Delta G=0$。反应的平衡常数可由以下关系式求得：

$$\Delta G_m^{\ominus}(T)=-RT\ln K^{\ominus} \qquad (2\text{-}3)$$

式中，$\Delta_r G_m^{\ominus}(T)$ 是温度为 T、反应物和生成物的压力均为标准压力（或标准浓度）时的 Gibbs

自由能变。$\Delta_r G_m^{\ominus}(298\ \text{K})$是在标准状态和 298 K 下反应的 Gibbs 自由能变，可查表由标准 Gibbs 生成自由能 $\Delta_f G_m^{\ominus}(298\ \text{K})$来计算得到。对于任意温度下的标准 Gibbs 自由能变 $\Delta_r G_m^{\ominus}(T)$，可由公式 $\Delta_r G_m^{\ominus}(T) = \Delta_r H_m^{\ominus} - T\Delta_r S_m^{\ominus}$ 计算。

例 2-2 在标准状态下，求下列反应在 298 K 和 673 K 两个温度下的平衡常数。

$$N_2(g) + 3H_2(g) \rightleftharpoons 2NH_3(g)$$

解 查表，将 298 K 和标准状态下各物质的热力学参数值列于反应式各物质下方：

	$N_2(g)$	$3H_2(g)$	$2NH_3(g)$
$\Delta_f H_m^{\ominus}/\text{kJ}\cdot\text{mol}^{-1}$	0	0	– 45.9
$S_m^{\ominus}/\text{J}\cdot\text{mol}^{-1}\cdot\text{K}^{-1}$	191.6	130.7	192.8
$\Delta_f G_m^{\ominus}/\text{kJ}\cdot\text{mol}^{-1}$	0	0	– 16.4

在 298 K 下：$\Delta_r G_m^{\ominus}(298\ \text{K}) = 2\times(-16.4) - (0 + 3\times 0) = -32.8\ (\text{kJ}\cdot\text{mol}^{-1})$

$$\ln K^{\ominus} = -\frac{\Delta_r G_m^{\ominus}(T)}{RT} = -\frac{-32.8}{8.315\times 10^{-3}\times 298} = 13.237\ ,\quad K^{\ominus} = 5.61\times 10^{5}$$

在 673 K 下：$\Delta_r H_m^{\ominus} = 2\times(-45.9) - (0 + 3\times 0) = -91.8\ (\text{kJ}\cdot\text{mol}^{-1})$

$\Delta_r S_m^{\ominus} = 2\times 192.8 - (191.6 + 3\times 130.7) = -198.1\ (\text{J}\cdot\text{mol}^{-1}\cdot\text{K}^{-1})$

$\Delta_r G_m^{\ominus}(T) = \Delta_r H_m^{\ominus} - T\cdot\Delta_r S_m^{\ominus} = -91.8 - 673\times(-198.1)\times 10^{-3} = 41.5\ (\text{kJ}\cdot\text{mol}^{-1})$

$$\ln K^{\ominus} = -\frac{\Delta_r G_m^{\ominus}(T)}{RT} = -\frac{41.5}{8.315\times 10^{-3}\times 673} = -7.42\ ,\quad K^{\ominus} = 5.99\times 10^{-4}$$

比较两个温度下的平衡常数可知，高温下平衡常数极大降低，对合成氨转化率是不利的。

2. 起始分压商 Q 的引入

在实际化工合成生产中，反应物和生成物的浓度或压力不可能是标准状态。任意状态下的 Gibbs 自由能变 $\Delta G(T)$ 可由范托夫等温方程求得，即

$$\Delta G(T) = \Delta G^{\ominus}(T) + RT\ln Q \qquad (2\text{-}4)$$

式中，Q 为起始活度商 Q_p 或起始浓度商 Q_c。

例如，合成氨反应式及其 Q_p 和 $K_p^{\ominus}$ 如下：

$$N_2(g) + 3H_2(g) \rightleftharpoons 2NH_3(g)$$

$$Q_p = \frac{[p(NH_3)/p^{\ominus}]^2}{[p(N_2)/p^{\ominus}]\cdot[p(H_2)/p^{\ominus}]^3}\ ,\quad K_p^{\ominus} = \frac{[p_{平}(NH_3)/p^{\ominus}]^2}{[p_{平}(N_2)/p^{\ominus}]\cdot[p_{平}(H_2)/p^{\ominus}]^3}$$

为了简便，可省略下角标“p(等压条件下)”，写成 Q 或 $K^{\ominus}$。

当 $\Delta G(T) = 0$ 时，系统处于平衡状态，则 $\Delta G^{\ominus}(T) = -RT\ln K^{\ominus}$，代入式（2-4），则有

$$\Delta G(T) = -RT\ln K^{\ominus} + RT\ln Q = RT\ln\frac{Q}{K^{\ominus}} \qquad (2\text{-}5)$$

3. 化学反应方向的判断

在非标准状态和指定温度下：

$Q/K^{\ominus}<1$	$\Delta G(T)<0$	正向自发
$Q/K^{\ominus}>1$	$\Delta G(T)>0$	正向非自发
$Q/K^{\ominus}=1$	$\Delta G(T)=0$	平衡状态

合成氨反应中 Q 与 $K^{\ominus}$ 的关系与反应的方向可由图 2-2 示意。

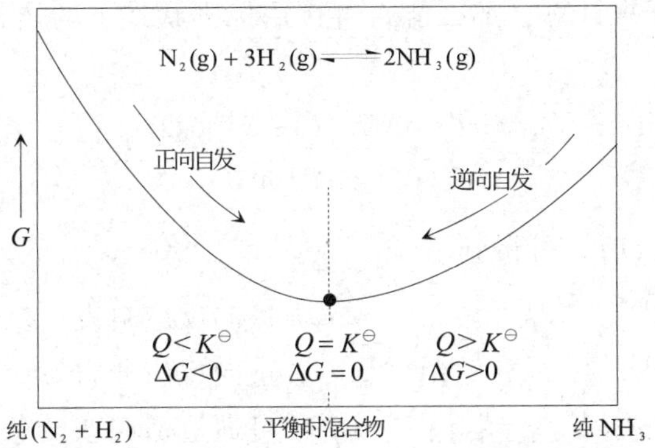

图 2-2　合成氨中 Q 与 K 比较和反应方向

例 2-3　下列反应在 2000 °C 时的 $K^{\ominus}=9.8\times10^{-2}$，判断在下列条件下反应的方向。

		$N_2(g)$ +	$O_2(g)$ $\rightleftharpoons$	$2NO(g)$
（1）	p/kPa	82.1	82.1	1.00
（2）	p/kPa	5.1	5.1	1.6
（3）	p/kPa	2.0×10^3	5.1×10^3	4.1×10^3

解　先求各条件下的 Q，然后再与 $K^{\ominus}$ 比较来判断反应方向。

（1）$Q=\dfrac{[p(NO)/p^{\ominus}]^2}{[p(N_2)/p^{\ominus}]\cdot[p(O_2)/p^{\ominus}]}=\dfrac{(1.0/100)^2}{(82.1/100)\times(82.1/100)}=1.48\times10^{-4}$

$Q/K^{\ominus}=1.48\times10^{-4}/(9.8\times10^{-2})<1$，反应正向自发。

（2）$Q=9.8\times10^{-2}$，$Q/K^{\ominus}=1$，反应处于平衡态。

（3）$Q=1.6$，$Q/K^{\ominus}=1.6/(9.8\times10^{-2})>1$，反应正向非自发（逆向自发）。

例 2-4　由 $MnO_2(s)$ 和 HCl 制备 $Cl_2(g)$，各物质的 $\Delta_f G_m^{\ominus}$ 值如下：

$$MnO_2(s)+4H^+(aq)+2Cl^-(aq) \rightleftharpoons Mn^{2+}(aq)+Cl_2(g)+2H_2O(l)$$

	$MnO_2(s)$	$H^+(aq)$	$Cl^-(aq)$	$Mn^{2+}(aq)$	$Cl_2(g)$	$H_2O(l)$
$\Delta_f G_m^{\ominus}/kJ\cdot mol^{-1}$	−465.1	0	−131.2	−228.1	0	−237.1

（1）标准状态下和 298 K 时，反应能否自发？

（2）若用 12.0 $mol\cdot L^{-1}$ 的 HCl，其他物质仍为标准状态，298 K 时反应能否自发？

解　（1）标准状态下：$\Delta_r G_m^{\ominus}=\sum \nu_i \Delta_f G_m^{\ominus}(生成物)-\sum \nu_i \Delta_f G_m^{\ominus}(反应物)$

$\Delta_r G_m^{\ominus}=[(-228.1)+0+2\times(-237.1)]-[(-465.1)+4\times0+2\times(-131.2)]=25.2\ (kJ\cdot mol^{-1})$

$\Delta_r G_m^{\ominus}>0$，反应非自发。

（2）非标准状态下，可根据范托夫等温方程 $\Delta_r G=\Delta_r G_m^{\ominus}+RT\ln Q$ 来计算

$$Q=\frac{[c(Mn^{2+})/c^{\ominus}]\cdot[p(Cl_2)/p^{\ominus}]}{[c(H^+)/c^{\ominus}]^4\cdot[c(Cl^-)/c^{\ominus}]^2}=\frac{1}{(12.0/1.0)^4\times(12.0/1.0)^2}=3.35\times10^{-7}$$

$\Delta_r G(298\ \text{K}) = 25.2 + 8.315\times10^{-3}\times298\times\ln(3.35\times10^{-7}) = -11.7\ (\text{kJ}\cdot\text{mol}^{-1}) < 0$，反应自发。

上述计算结果说明，一些反应在标准状态下不能进行，但在非标准状态下可以进行。

4. 化学反应限度的判断

上面讨论了一般化学反应可以用平衡常数的大小来判断反应进行的程度。一般情况下，平衡常数可用热力学数据来计算，那么能否直接用标准状态下的热力学数据来判断非标准状态下化学反应的限度？

根据
$$\Delta G(T) = \Delta G^{\ominus}(T) + RT\ln Q \tag{2-6}$$
当 $\Delta_r G(T) = 0$ 时，
$$\Delta G^{\ominus}(T) = -RT\ln K^{\ominus}$$

根据上式 $K^{\ominus}$ 与 $\Delta_r G^{\ominus}(T)$，可得到

$\Delta_r G^{\ominus}(T) \leqslant -40\ \text{kJ}\cdot\text{mol}^{-1}$	$K^{\ominus} \geqslant 10^{+7}$	正向反应自发，反应完全
$\Delta_r G^{\ominus}(T) \geqslant +40\ \text{kJ}\cdot\text{mol}^{-1}$	$K^{\ominus} \leqslant 10^{-7}$	正向反应非自发，逆向可自发
$\Delta_r G^{\ominus}(T) = -40 \sim 40\ \text{kJ}\cdot\text{mol}^{-1}$	$K^{\ominus} = 10^{-7} \sim 10^{+7}$	可通过适当改变条件促使反应进行，有限度

因此，可以用标准状态下的 $\Delta_r G^{\ominus}(T)$ 来大致判断一般化学反应的反应程度。

例 2-5 下列反应的 $\Delta_r G^{\ominus}(298\ \text{K}) = 40.0\ \text{kJ}\cdot\text{mol}^{-1}$。

$$\text{A(s)} \rightleftharpoons \text{B(g)} + \text{C(s)}$$

（1）计算该反应在 298 K 下的 $K^{\ominus}$；

（2）当 B 的分压降为 1.0×10^{-3} kPa 时，正向反应能否自发进行？

解 （1）$\ln K^{\ominus} = -\dfrac{\Delta_r G^{\ominus}}{RT} = -\dfrac{40.0}{8.315\times10^{-3}\times298} = -397.36$

$$K^{\ominus} = 9.48\times10^{-8} \approx 1.00\times10^{-7}$$

在标准状态和 298 K 下，$K^{\ominus}$ 值很小，该反应正向非自发。

（2）$Q = p_B / p^{\ominus} = (1.00\times10^{-3})/100 = 1.00\times10^{-5}$

$$\Delta G(T) = RT\ln\frac{Q}{K^{\ominus}} = 8.315\times10^{-3}\times298\times\ln\frac{1.00\times10^{-5}}{9.48\times10^{-8}} = 11.5\ (\text{kJ}\cdot\text{mol}^{-1}) > 0$$

反应商从 10^{-7} 提高到 10^{-5}，反应仍然正向非自发。

由此说明，用标准状态下的数据来判断非标准状态下的反应时，当 $\Delta G^{\ominus}(T) > 40\ \text{kJ}\cdot\text{mol}^{-1}$ 或 $\Delta G^{\ominus}(T) < -40\ \text{kJ}\cdot\text{mol}^{-1}$ 时，在等温条件下，主要由 $\Delta G^{\ominus}(T)$ 来决定。Q 项的变化相对于 $\Delta G^{\ominus}(T)$ 来说较小，可忽略。即对于一个化学反应，若在标准状态下的 Gibbs 自由能变 $\Delta G^{\ominus}(T) > 40\ \text{kJ}\cdot\text{mol}^{-1}$，一般情况下，改变反应条件也不能使反应正向自发进行；反之，若 $\Delta G^{\ominus}(T) < -40\ \text{kJ}\cdot\text{mol}^{-1}$，该反应正向自发进行且反应比较完全。对于 $\Delta G^{\ominus}(T)$ 在 $-40 \sim 40\ \text{kJ}\cdot\text{mol}^{-1}$，则可通过改变浓度、压力等外部条件，促使反应向设计的方向进行。

2.2.3 多重平衡规则

在一个平衡系统中，若有多个相互关联的平衡同时存在，一种物质可同时参与这些相互关联的平衡，这种现象称为多重平衡。如某系统在 973 K 时，有下列三个平衡存在：

① $SO_2(g)+\frac{1}{2}O_2(g) \rightleftharpoons SO_3(g)$　　$\Delta G_1^\ominus = -RT\ln K_1^\ominus$

② $NO_2(g) \rightleftharpoons NO(g)+\frac{1}{2}O_2(g)$　　$\Delta G_2^\ominus = -RT\ln K_2^\ominus$

③ $SO_2(g)+NO_2(g) \rightleftharpoons SO_3(g)+NO(g)$　　$\Delta G_3^\ominus = -RT\ln K_3^\ominus$

因为，反应③ = 反应① + 反应②，ΔG 具有加和性，即 $\Delta G_3^\ominus = \Delta G_1^\ominus + \Delta G_2^\ominus$，则有

$$-RT\ln K_3^\ominus = -RT\ln K_1^\ominus - RT\ln K_2^\ominus$$

$$\ln K_3^\ominus = \ln K_1^\ominus + \ln K_2^\ominus\text{，}\quad K_3^\ominus = K_1^\ominus \cdot K_2^\ominus$$

该式说明，若干个反应式相加（减），所得的综合反应的平衡常数，等于相关反应的平衡常数之积（商），这就是**多重平衡规则**。

例 2-6　试求在 823 K 时，下列三个反应中，反应③的平衡常数：

① $CO_2(g)+H_2(g) \rightleftharpoons CO(g)+H_2O(g)$　　$K_1^\ominus = 0.14$

② $CoO(s)+H_2(g) \rightleftharpoons Co(s)+H_2O(g)$　　$K_2^\ominus = 67$

③ $CoO(s)+CO(g) \rightleftharpoons Co(s)+CO_2(g)$　　$K_3^\ominus = ?$

解　因为，反应② - 反应①→反应③，则有

$$K_3^\ominus = \frac{K_2^\ominus}{K_1^\ominus} = \frac{67}{0.14} = 4.8\times10^2$$

由于 $K_3^\ominus > K_2^\ominus$，用 CoO 制备 Co 时，用 CO(g) 作还原剂，容易发生 CoO(s) 的还原反应。

2.3　化学平衡的移动

由于外界条件改变，系统从一个平衡状态变化到另一个平衡状态的过程，称为化学平衡的移动。影响化学平衡移动的外界条件有浓度、压力和温度。

2.3.1　浓度对化学平衡的影响

在一定温度下，任意一个化学反应达平衡时，都有 $\Delta G(T)=0$，即

$$\Delta G(T) = \Delta G^\ominus(T) + RT\ln Q\text{，}\quad \Delta G^\ominus(T) = -RT\ln K^\ominus$$

若改变反应物或生成物的浓度，即改变 Q 的数值，则破坏了原平衡，将引起平衡的移动。

例 2-7　在 713 K 时，下列反应的 $K^\ominus = 50.3$。如果改变反应物 $H_2(g)$、$I_2(g)$ 或生成物 HI(g) 的浓度，讨论平衡的移动情况以及转化率的变化。

$$H_2(g)+I_2(g) \rightleftharpoons 2HI(g)$$

解　反应活度商为

$$Q = \frac{[c(HI)/c^\ominus]^2}{[c(H_2)/c^\ominus]\cdot[c(I_2)/c^\ominus]} = \frac{c^2(HI)}{c(H_2)\cdot c(I_2)}$$

$$\Delta G(T) = \Delta G^\ominus(T) + RT\ln Q\text{，}\quad \Delta G^\ominus(T) = -RT\ln K^\ominus$$

Q 随着浓度的变化而变化，比较 Q 与 $K^{\ominus}$ 的大小关系，推测平衡移动情况，列于表 2-2，其中自发方向判断属于定性描述，转化率（ α = 反应物被消耗的量/反应物起始量）属于定量描述。

表 2-2　H_2 和 I_2 化合的反应商 Q 和反应方向

状态	起始浓度/ $mol \cdot L^{-1}$			Q	Q 与 $K^{\ominus}$	自发方向	转化率/%	
	$c_0(H_2)$	$c_0(I_2)$	$c_0(HI)$				H_2	I_2
①	1.00	1.00	1.00	1.00	$Q<K^{\ominus}$	正向	67	67
②	1.00	1.00	0.001	1.0×10^{-6}	$Q<K^{\ominus}$	正向	78	78
③	0.22	0.22	1.56	50.3	$Q=K^{\ominus}$	平衡	0	0
④	0.22	0.22	2.56	135	$Q>K^{\ominus}$	逆向		
⑤	1.22	0.22	1.56	9.07	$Q<K^{\ominus}$	正向	13	73

由表 2-2 数据可知：

（1）$Q/K^{\ominus}$ 的比值决定反应的方向，$Q<K^{\ominus}$ 时，平衡向右移动，反应正向自发；$Q>K^{\ominus}$ 时，平衡向左移动，反应逆向自发。

（2）Q 与 $K^{\ominus}$ 的差值，预示平衡移动的多少，差值越大，平衡移动越大。

（3）增加一种反应物的浓度，可提高另一种反应物质的转化率，此方法生产中常常运用。

（4）标准状态下，$Q=1$，但 $K^{\ominus}$ 不一定等于 1。

2.3.2　压力对化学平衡的影响

固态和液态物质的体积受压力的影响很小，在没有气态物质参与的反应中，压力对化学平衡的影响可忽略。但对有气体参与的反应，压力的影响分为两种情况：一是改变各气体组分的分压，对化学平衡的影响与改变各组分浓度对化学平衡的影响是相同的；二是改变系统总压力，对不同的反应影响不同：增大系统总压力，平衡向气体计量系数减小的方向移动；对于反应前后气体计量系数相同的系统，总压力变化对平衡没有影响，见表 2-3。

表 2-3　系统总压力变化对化学平衡的影响

物质状态	固相	液相	气相 $\Delta\nu(g)=0$	气相 $\Delta\nu(g)\neq 0$
压力的影响	可忽略	可忽略	无影响	有影响

对于下列两个反应式：

① $$H_2(g)+I_2(g) \rightleftharpoons 2HI(g)$$

② $$N_2O_4(g) \rightleftharpoons 2NO_2(g)$$

①式 $\Delta\nu = 2-(1+1)=0$，压力改变对平衡没有影响；②式 $\Delta\nu = 2-1=1$，增大压力，平衡向气体计量系数减小的方向（逆向）移动。

例 2-8　在 325 K 和 100 kPa 时，上述反应②中 N_2O_4 的分解率为 50.2%。若保持温度不变，压力增加到 1000 kPa，N_2O_4 的分解率为多少？

解　设有 1 mol N_2O_4，它的分解率为 α，则

$$N_2O_4(g) \rightleftharpoons 2NO_2(g)$$

	$N_2O_4(g)$	$2NO_2(g)$
起始	1.0	0
平衡	$1.0-\alpha$	2α

平衡时，$n(g)=(1.0-\alpha)+2\alpha=1+\alpha$。设平衡时总压力为 p，两组分的分压为

$$p(N_2O_4)=\frac{1-\alpha}{1+\alpha}\cdot p，\quad p(NO_2)=\frac{2\alpha}{1+\alpha}\cdot p$$

$$K^{\ominus}=\frac{[p(NO_2)/p^{\ominus}]^2}{p(N_2O_4)/p^{\ominus}}=\frac{\left(\frac{2\alpha}{1+\alpha}\cdot p\times\frac{1}{p^{\ominus}}\right)^2}{\frac{1-\alpha}{1+\alpha}\cdot p\times\frac{1}{p^{\ominus}}}=\frac{4\alpha^2}{1-\alpha^2}\cdot\frac{p}{p^{\ominus}}$$

已知 $p=100\ \text{kPa}$，$\alpha=0.502$ 时，$p/p^{\ominus}=1$，代入上式，则有

$$K^{\ominus}=\frac{4\times(0.502)^2}{1-(0.502)^2}\times1=1.35$$

而 $p=1000\ \text{kPa}$ 时，$p/p^{\ominus}=10$，而 $K_p^{\ominus}=1.35$，两者一起代入上式，则有

$$1.35=\frac{4\alpha^2}{1-\alpha^2}\times10$$

得
$$\alpha=0.181<0.502$$

说明增大压力时，平衡向左移动，分解率降低。

2.3.3　温度对化学平衡的影响

浓度和压力变化时，平衡常数 K 值不变，但温度变化时，K 值会改变。因为

$$\Delta_r G_m^{\ominus}(T)=-RT\ln K^{\ominus}，\quad \ln K^{\ominus}=-\frac{\Delta_r G_m^{\ominus}(T)}{RT}$$

而
$$\Delta_r G_m^{\ominus}(T)=\Delta_r H_m^{\ominus}(T)-T\Delta_r S_m^{\ominus}(T)$$

在常温常压下，当温度变化不是很大时，温度对反应焓变和熵变影响微小，可近似认为

$$\Delta_r H_m^{\ominus}(T)\approx\Delta_r H_m^{\ominus}(298\ \text{K})、\Delta_r S_m^{\ominus}(T)\approx\Delta_r S_m^{\ominus}(298\ \text{K})$$

为了书写简便，可略去"298 K"，即

$$\Delta_r G_m^{\ominus}(T)=\Delta_r H_m^{\ominus}-T\Delta_r S_m^{\ominus}$$

于是
$$\ln K^{\ominus}=-\frac{\Delta_r H_m^{\ominus}}{RT}+\frac{\Delta_r S_m^{\ominus}}{R} \tag{2-7}$$

式（2-7）说明，标准平衡常数 $K^{\ominus}$ 由反应系统各物质本身的性质决定，是与温度有关的热力学函数，而与各物质的浓度和压力无关。这里物质本身的性质，是指物质的热化学参数 $\Delta_f H_m^{\ominus}$ 和 $S_m^{\ominus}$，从而推出反应的 $\Delta_r H_m^{\ominus}$ 和 $\Delta_r S_m^{\ominus}$。

温度对化学平衡的影响分两种情况：对于放热反应，$\Delta_r H_m^{\ominus}<0$，降低温度，$K^{\ominus}$ 值增大，

使平衡正向移动，即降温对放热反应有利；对于吸热反应，$\Delta_r H_m^\ominus>0$，升高温度，$K^\ominus$值增大，使平衡正向移动，即升温对吸热反应有利。对于T_1、T_2有

$$\ln K_1^\ominus = -\frac{\Delta_r H_m^\ominus}{RT_1} + \frac{\Delta_r S_m^\ominus}{R}, \quad \ln K_2^\ominus = -\frac{\Delta_r H_m^\ominus}{RT_2} + \frac{\Delta_r S_m^\ominus}{R}$$

两式相减，得

$$\ln\frac{K_2^\ominus}{K_1^\ominus} = \frac{\Delta_r H_m^\ominus}{R}\left(\frac{1}{T_1} - \frac{1}{T_2}\right)$$

上式称为范托夫（van't Hoff）方程式，它有如下应用：

（1）已知T_1时的$K_1^\ominus$，以及$\Delta_r H_m^\ominus$，可求T_2时$K_2^\ominus$；

（2）已知T_1、T_2时的$K_1^\ominus$、$K_2^\ominus$，可求$\Delta_r H_m^\ominus$和$\Delta_r S_m^\ominus$。

2.3.4　范托夫-勒夏特列原理

从以上对浓度、压力、温度等影响化学平衡的因素讨论可知：增加反应物浓度，平衡向生成物方向移动；增加生成物浓度，平衡向反应物方向移动；增加系统总压力，平衡向气体计量系数减小方向移动；升高温度，平衡向吸热方向移动。用一句话来归纳：**改变平衡系统的外界条件时，平衡向着削弱这一改变的方向移动**。这一规律由范托夫（van't Hoff）和勒夏特列（Le Châtelier）总结而来，故称为范托夫-勒夏特列原理，也称为化学平衡移动原理。

习　题

一、思考题

1. 平衡浓度是否随时间变化？是否随起始浓度变化？是否随温度变化？

2. 平衡常数是否随起始浓度变化？转化率是否随起始浓度变化？

3. 气固两相平衡体系的平衡常数与固相存在量是否有关？

4. K变了，平衡位置是否移动？平衡位置移动了，K是否改变？

5. 下列反应在某一温度下达平衡，下列哪一种说法是正确的？

$$2NO(g) + O_2(g) \rightleftharpoons 2NO_2(g)$$

（1）NO(g)、O_2(g)、NO(g)浓度相等；

（2）NO(g)、O_2(g)不再发生反应；

（3）2molNO(g)和 1molO_2(g)发生反应，生成 2molNO_2(g)；

（4）正向反应速率等于逆向反应速率。

6. 对于下列反应，指出下列说法或表示法的错误，并予以改正。

$$CH_4(g) + 2O_2(g) \rightleftharpoons CO_2(g) + 2H_2O(l)$$

（1）$K_c^\ominus = \dfrac{[CO_2]\cdot[H_2O]^2}{[CH_4]\cdot[O_2]^2}$；

（2）$K_c = K_p(RT)^{-2}$

（3）若增加O_2(g)的浓度，反应的$K_c^\ominus$增大；

（4）反应达到平衡时，反应物的浓度与生成物的浓度相等。

7. 下列反应中，①式 $K_{p,1}=x$，则②式 $K_{p,2}$ 应为：（1）x；（2）$1/x$；（3）x^2；（4）$x^{1/2}$。

① $$NO_2(g) \rightleftharpoons NO(g)+0.5O_2(g) \qquad K_{p,1}$$

② $$2NO_2(g) \rightleftharpoons 2NO(g)+O_2(g) \qquad K_{p,2}$$

8. 下列反应达平衡后进行下述变化，对指明的物质有何影响？

$$H_2(g)+I_2(g) \rightleftharpoons 2HI(g) \qquad \Delta H^{\ominus}>0$$

（1）加入一定量的 $I_2(g)$，会使 $I_2(g)$ 的转化率________，HI(g) 的量________；

（2）增大反应器体积，$H_2(g)$ 的量________；

（3）减小反应器体积，HI(g) 的量________；

（4）升高温度，K_p ________；HI(g) 的分压________。

9. 如果降低反应温度或增加压力，下列化学平衡如何移动？

$$2SO_2(g)+O_2(g) \rightleftharpoons 2SO_3(g) \qquad \Delta H^{\ominus}>0$$

$$NH_4Cl(s) \rightleftharpoons NH_3(g)+HCl(g) \qquad \Delta H^{\ominus}>0$$

$$CuO(s)+H_2(g) \rightleftharpoons Cu(s)+H_2O(g) \qquad \Delta H^{\ominus}<0$$

10. 说明下述各概念之间的关系：

（1）平衡常数与反应物的起始浓度；

（2）转化率与反应物的起始浓度；

（3）正、逆反应平衡常数；

（4）$\Delta G^{\ominus}(T)$ 与 $\Delta G(T)$；

（5）实验平衡常数与标准平衡常数。

二、问答题

1. 一个反应的限度就是该反应进行程度的“天花板”，请问这个限度具体是指什么？反应的限度由哪些因素决定，它与系统中各物质的浓度、压力有关吗？

2. 与平衡常数有关的问题。

（1）为什么在一定温度下，某反应处于平衡状态时，反应的 $K^{\ominus}$ 为常数？

（2）在 $K^{\ominus}$ 的表达式中，有浓度、压力参数，$K^{\ominus}$ 怎么会与浓度和压力无关？

3. 请讨论一个反应系统中，在温度变化不是特别大的情况下，ΔH、ΔS 和 T 的变化对化学平衡常数 K 的影响。

三、计算题

1. 将 H_2 与 N_2 按 3∶1 的比例混合置于一容器内反应，400 °C 及 1.00×10^3 kPa 下达平衡，测得混合气体中 NH_3 的体积分数为 3.85%。计算：

（1）反应的 $K_p^{\ominus}$；

（2）在此温度下欲得到 10.0%的 NH_3，需要多大压力；

（3）当总压力增至 1.00×10^4 kPa 时，混合气体中 NH_3 的体积分数。

2. 在 298 K 下，下列反应的 $K_p^{\ominus}=8.9\times10^2$。计算：

$$H_2(g)+I_2(g) \rightleftharpoons 2HI(g)$$

（1）反应的 $\Delta G^{\ominus}(298\ \text{K})$；

（2）当 $H_2(g)$、$I_2(g)$ 和 $HI(g)$ 的分压分别为 0.10、0.10 和 0.010 kPa 时的 $\Delta G(298\ \text{K})$，并判断反应进行的方向。

3. 在某温度下，下列反应达到平衡，总压力 $4.0\times10^3\ \text{kPa}$，$CO_2$ 的摩尔分数为 0.15。计算：

$$C(石墨)+CO_2(g) \rightleftharpoons 2CO(g)$$

（1）温度不变，总压力为 $3.0\times10^3\ \text{kPa}$ 时达平衡，CO_2 的摩尔分数为多少？

（2）温度不变，若使 CO_2 的摩尔分数为 0.20 的总压力为多少？

4. 已知下列平衡的 $K_p^{\ominus}$ 和反应物的初始分压：

	$CO_2(g)$	$+H_2(g)$	$\rightleftharpoons CO(g)$	$+H_2O(g)$	$K_p^{\ominus}=0.380$
起始分压/$\times10^2\ \text{kPa}$	1.01	4.05	0	0	

计算：（1）各组分的平衡分压；（2）的转化率。

5. 下列平衡中有 40% NO 转化成 NO_2，若 NO 的起始浓度为 $0.50\ \text{mol}\cdot\text{L}^{-1}$，试计算 O_2 的起始浓度是多少？

$$NO(g)+\frac{1}{2}O_2(g) \rightleftharpoons NO_2(g) \qquad K_c=1.50\ (\text{mol}\cdot\text{L})^{-1/2}$$

6. 在 3.00 L 容器中，装入等物质的量的 PCl_3 和 Cl_2，在 250℃达平衡时，PCl_3 的分压为 101.3 kPa，$K_p^{\ominus}=1.78$。计算：

（1）起始装入容器中的 PCl_3 和 Cl_2 的物质的量；

（2）PCl_3 的转化率。

7. 下列平衡在 1227 °C 和 1000 °C 下的 $K_p^{\ominus}$ 分别为 2.10×10^3 和 1.60×10^2，问：

$$C(石墨)+CO_2(g) \rightleftharpoons 2CO(g)$$

（1）反应放热还是吸热？

（2）反应的 $\Delta H^{\ominus}$ 是多少？

（3）1227 °C 时 $\Delta G^{\ominus}$ 是多少？

（4）反应的 $\Delta S^{\ominus}$ 是多少？

8. 胆矾在空气中的风化反应为：

$$CuSO_4\cdot5H_2O(s) \rightleftharpoons CuSO_4(s)+5H_2O(g)$$

（1）计算 298 K、标准状态时的 $\Delta G^{\ominus}$ 和 $K_p^{\ominus}$；

（2）若空气的相对湿度为 50%，298 K 时胆矾能否风化？欲使胆矾风化，空气的相对湿度应低于多少？

9. 在 250 °C 时，将等物质的量的 PCl_3 和 Cl_2 通入一密闭容器中混合，两种反应物的初始分压均为 236 kPa，达平衡时测其总压力为 371 kPa。试计算：

（1）反应达平衡时各物质的分压；

（2）反应的平衡常数；

（3）$PCl_3(g)$ 在 250 °C 时分解反应的 $\Delta G^{\ominus}$。

10. 根据 298 K 的标准热力学数据，计算下列相变反应：

$$Br_2(l) \rightleftharpoons Br_2(g)$$

（1）298 K 达平衡时 $Br_2(g)$ 的分压；

（2）相变反应的温度；

（3）300 K 及 400 K 时，相变反应的方向。

11. 根据 298 K 的标准热力学数据，计算下列相变反应：

$$C_6H_6(l) \rightleftharpoons C_6H_6(g)$$

（1）298 K 时苯的饱和蒸气压；

（2）苯的正常沸点；

（3）400 K 时，苯的饱和蒸气压；

（4）298 K 时，$p[C_6H_6(g)] = 4.55\ \text{kPa}$，相变反应能否自发进行？

第 3 章　溶液解离平衡

任何溶液系统，仍然是一个热力学系统，研究溶液系统的解离平衡问题，其实质就是研究溶液解离平衡的限度问题，限度的基础就是热力学平衡常数。无论是酸碱解离平衡、沉淀溶解平衡，还是配位解离平衡，或者它们在一起的多重综合平衡，所有问题都围绕着热力学平衡常数来展开，这是本章的核心内容。

3.1　酸碱质子理论

人们对酸和碱的认识经历了很长一段历史。最初把有酸味、能使蓝色石蕊变红的物质叫酸；有涩味、使红色石蕊变蓝的叫碱。1887 年阿伦尼乌斯（Arrhenius）根据酸碱的电离理论提出：凡是在水溶液中电离出的阳离子皆为 H^+ 的物质叫作酸（acid），电离出的阴离子皆为 OH^- 的物质叫作碱（base）。酸碱电离理论提高了人们对酸碱本质的认识，对化学的发展起了很大作用，而且至今仍然普遍应用。

但这个理论也是有缺陷的。实际上并不是只有含 H^+ 或 OH^- 的物质才具有酸性或碱性，如 $Al_2(SO_4)_3$、NH_4Cl、$FeCl_3$ 等并不含有可电离的 H^+，但它们的水溶液却呈酸性；Na_2CO_3、Na_3PO_4、Na_2S 等并未含有 OH^-，但它们的水溶液也显碱性。酸碱电离理论另一个缺陷是将酸碱概念局限于水溶液体系，由于科学的进步和生产的发展，越来越多的反应在非水溶液中进行，对于非水体系的酸碱性，酸碱电离理论就无能为力了。例如，在液氨中 NH_4Cl 和 $NaNH_2$ 所发生的反应，其实与水溶液中 HCl 和 NaOH 的中和反应十分类似

$$NH_4^+ + NH_2^- \rightleftharpoons 2NH_3$$

这种反应中并不存在 H^+ 和 OH^-，式中的 NH_4^+ 相当于 H_3O^+（或 H^+），而 NH_2^- 则相当于 OH^-。针对这些情况，丹麦化学家布朗斯特（Brønsted）和英国化学家劳莱（Lowry）于 1923 年分别提出了**酸碱质子理论**，也叫布-劳酸碱理论。现先介绍该理论关于酸碱定义以及如何考虑酸碱强弱。

3.1.1　酸碱定义

布朗斯特-劳莱理论认为，**凡是能给出质子的分子或离子称为酸；凡是能与质子结合的分子或离子称为碱**，即酸是质子的给予体（proton donor），碱是质子的接受体（proton acceptor）。例如，HCl、HAc、NH_4^+、HCO_3^-、$Al(H_2O)_6^{3+}$ 等，都能给出质子，都是酸；而 OH^-、Ac^-、NH_3、CO_3^{2-} 等都能接受质子，所以它们都是碱。以反应式来表达酸碱概念，可写成：

$$酸 \rightleftharpoons H^+ + 碱$$
$$HCl = H^+ + Cl^-$$
$$HAc \rightleftharpoons H^+ + Ac^-$$
$$NH_4^+ \rightleftharpoons H^+ + NH_3$$

$$HCO_3^- \rightleftharpoons H^+ + CO_3^{2-}$$
$$Al(H_2O)_6^{3+} \rightleftharpoons H^+ + [Al(OH)(H_2O)_5]^{2+}$$

酸给出质子后余下的那部分就是碱，碱接受质子后就成为酸。以上这种酸与碱的相互依存关系，叫作共轭关系。这些方程式中左边的酸是右边碱的共轭酸（conjugate acid），而右边的碱则是左边酸的共轭碱（conjugate base），彼此联系在一起叫作共轭酸碱对。但这种共轭酸碱对的半反应是不能单独存在的。因为酸并不能自动放出质子，而必须同时存在作为碱的另一物质接受质子后，酸才能变成共轭碱；反之，碱也必须从另外一种酸接受质子后，才能变成共轭酸。例如，酸在水中的电离：

$$\text{酸(1)} + \text{碱(2)} \rightleftharpoons \text{酸(2)} + \text{碱(1)}$$

① $$HCl + H_2O = H_3O^+ + Cl^-$$

② $$HAc + H_2O \rightleftharpoons H_3O^+ + Ac^-$$

③ $$NH_4^+ + H_2O \rightleftharpoons H_3O^+ + NH_3$$

这 3 个电离式中分别包含 2 个共轭酸碱对的半反应，即 HCl、HAc 和 NH_4^+ 作为酸放出 H^+，分别变成共轭碱 Cl^-、Ac^- 和 NH_3。H_2O 接受质子成为共轭酸 H_3O^+。HCl 是强酸，几乎全部电离，逆反应几乎不能进行；而 HAc 和 NH_4^+ 是弱酸，部分电离，生成的 Ac^- 和 NH_3 则作为碱接受质子发生逆反应。碱在水中的电离亦相似，如

④ $$Ac^- + H_2O \rightleftharpoons HAc + OH^-$$

⑤ $$NH_3 + H_2O \rightleftharpoons NH_4^+ + OH^-$$

NH_3 和 Ac^- 作为碱接受了 H_2O 给出的质子而成为共轭酸 NH_4^+ 和 HAc，而 H_2O 失去质子成为共轭碱 OH^-。因 NH_3 和 Ac^- 是较弱的碱，溶液中存在电离平衡。

总之，酸碱质子理论认为，酸和碱是通过给出和接受质子的共轭关系相互依存、相互转化，每一个酸（碱）要表现出它的酸（碱）性必须有另一个碱（酸）同时存在才行。如用“有酸才有碱，有碱才有酸，酸中有碱，碱可变酸”来描述酸碱关系是比较形象的。这是该理论与 Arrhenius 酸碱理论的第一点区别。

该理论把式②至⑤这类平衡称为**弱酸和弱碱的电离平衡**。它们都是弱酸、弱碱与溶剂水分子间质子传递反应的平衡式。按阿伦尼乌斯酸碱理论，式③和式④都是水解反应（hydrolysis），其实它们也是 H^+ 转移的反应。从酸碱质子理论看，它们也是酸碱反应。

该理论扩大了酸碱的范围。盐的概念似乎需要重新认识，许多盐类如 NH_4Cl 中的 NH_4^+ 是酸，NaAc 中的 Ac^- 是碱，“纯碱”和“小苏打”中分别含有碱 CO_3^{2-} 和 HCO_3^-。盐的“水解”其实就是组成它的酸或碱与溶剂 H_2O 分子间质子传递的过程。上述盐中的 Cl^- 和 Na^+ 并不参与电离平衡。

此外，按酸碱质子理论，表 3-1 所列举的某些常见的弱酸和弱碱，既可以是分子型的，也可以是离子型的。另外，表中最后一行所列举的一些弱酸或弱碱既能给出质子作为酸，也能接受质子作为碱，故称其为两性电解质，简称两性物。

表 3-1　水溶液中常见的弱酸、弱碱

类型		弱酸	弱碱
分子型	一元	HF、HNO_2、HAc、HClO、HCN	$NH_3 \cdot H_2O$
	多元	$H_2C_2O_4$、H_2SO_3、H_3PO_4、H_2CO_3、H_2S、H_2SiO_3	$H_2NCH_2CH_2NH_2$(乙二胺)、H_2NNH_2(肼)
阳离子型	一元	NH_4^+、$C_6H_5NH_3^+$	$[Al(OH)(H_2O)_5]^{2+}$
	多元	$Al(H_2O)_6^{3+}$及一些过渡金属水合阳离子	$[Al(OH)_2(H_2O)_4]^+$等
阴离子型	一元	HSO_3^-、$HSiO_3^-$、HCO_3^-、HS^-、HPO_4^{2-}	F^-、NO_2^-、Ac^-、ClO^-、CN^-
	多元	$H_2PO_4^-$、$H_2AsO_4^-$	CO_3^{2-}、PO_4^{3-}、SiO_3^{2-}、S^{2-}等
两性物		H_2O、HSO_3^-、HCO_3^-、HS^-、$HSiO_3^-$、$H_2PO_4^-$、HPO_4^{2-}	

如两性物HCO_3^-：

作为酸　　$HCO_3^- + H_2O \rightleftharpoons H_3O^+ + CO_3^{2-}$

作为碱　　$HCO_3^- + H_2O \rightleftharpoons OH^- + H_2CO_3$

至于HCO_3^-水溶液到底显酸性还是显碱性，则取决于以上两个反应向右进行倾向性的大小。

3.1.2　酸碱强弱

酸碱强弱不仅取决于酸碱本身释放质子和接受质子的能力，同时也取决于溶剂接受和释放质子的能力，因此要比较各种酸、碱的强度必须指定溶剂，最常用的溶剂是水。弱酸弱碱的**电离平衡常数**表示酸碱传递质子能力的强弱。电离平衡常数可由热力学数据求算，如HAc的标准电离平衡常数$K_a^\ominus$可由如下计算：

$$HAc(aq) + H_2O(l) \rightleftharpoons H_3O^+(aq) + Ac^-(aq)$$

$\Delta_f G_m^\ominus/kJ \cdot mol^{-1}$　　-396.46　　-237.13　　　-237.13　　-369.31

$$\Delta_r G_m^\ominus = (-237.13-369.31)-(-396.46-237.13) = 27.15\ (kJ \cdot mol^{-1})$$

$$\ln K_a^\ominus = -\frac{\Delta_r G_m^\ominus}{RT} = -\frac{27.15\times10^3}{8.315\times298} = -10.957,\quad K_a^\ominus = 1.75\times10^{-5}$$

则有
$$K_a^\ominus = \frac{[H_3O^+][Ac^-]}{[HAc]} = 1.75\times10^{-5}$$

平衡常数表达式中，用中括号“[ ]”表示平衡时各物质的活度值，无量纲，它是平衡浓度与标准浓度1.0 mol·L^{-1}的比值。$K_a^\ominus$为弱酸的标准平衡常数，$K_b^\ominus$为弱碱的标准平衡常数。为了简便，可将$[H_3O^+]$简写为$[H^+]$。在手册中可以查到常见的弱酸和弱碱的标准平衡常数值。

共轭酸碱的标准平衡常数的关系，以HAc与Ac^-为例：

①　　$HAc(aq) \rightleftharpoons H^+(aq) + Ac^-(aq)$　　$K_a^\ominus$

②　　$H_2O(l) \rightleftharpoons H^+(aq) + OH^-(aq)$　　$K_w^\ominus$

③　　$Ac^-(aq) + H_2O(l) \rightleftharpoons OH^-(aq) + HAc(aq)$　　$K_b^\ominus$

②－①→③，故有

$$K_b^\ominus = \frac{K_w^\ominus}{K_a^\ominus} \quad 或 \quad K_a^\ominus \cdot K_b^\ominus = K_w^\ominus \tag{3-1}$$

在标准状态和 298 K 下，水的离子积常数 $K_w^\ominus = 1.0\times10^{-14}$。已知弱酸 HAc 的 $K_a^\ominus = 1.75\times10^{-5}$，就可用上式计算共轭碱 Ac^- 的 $K_b^\ominus$，即

$$K_b^\ominus = \frac{K_w^\ominus}{K_a^\ominus} = \frac{1.0\times10^{-14}}{1.75\times10^{-5}} = 5.71\times10^{-10}$$

表 3-2 列举了常见共轭酸碱对及它们在水溶液中的酸常数 K_a 数据。在表中，H_3O^+ 是能存在于水溶液中的最强的质子给予体，在它以下各共轭弱酸按照 $K_a^\ominus$ 递降的次序排列，排在最下面的水是最弱的一种酸；列于表右侧最下面的 OH^- 是能存在于水溶液中最强的质子接受体，在它以上，各共轭弱碱按照 $K_b^\ominus$ 递降的次序排列。共轭酸的酸性越强，其共轭碱就越弱；反之亦然。因此，左侧的共轭酸在水溶液中由上至下酸性依次减弱，相对应的右侧共轭碱在水溶液中的碱性由上至下依次增强。根据表中的排列次序，可以定性地比较各弱酸（碱）的相对强弱。

表 3-2　水溶液中共轭酸碱对和 K_a

共轭酸	共轭碱	K_a	备注
H_3O^+（最强酸）	H_2O（最弱碱）	1	
$H_2C_2O_4$	$HC_2O_4^-$	5.6×10^{-2}	$K_{a,1}$
H_2SO_3	HSO_3^-	1.4×10^{-2}	$K_{a,1}$
HSO_4^-	SO_4^{2-}	1.0×10^{-2}	$K_{a,2}$
H_3PO_4	$H_2PO_4^-$	6.9×10^{-3}	$K_{a,1}$
HF	F^-	6.3×10^{-4}	
HNO_2	NO_2^-	5.6×10^{-4}	
$HC_2O_4^-$	$C_2O_4^{2-}$	1.5×10^{-4}	
HAc	Ac^-	1.75×10^{-5}	
H_2CO_3	HCO_3^-	4.5×10^{-7}	$K_{a,1}$
H_2S	HS^-	8.9×10^{-8}	$K_{a,1}$
HSO_3^-	SiO_3^{2-}	6.3×10^{-8}	$K_{a,2}$
$H_2PO_4^-$	HPO_4^{2-}	6.2×10^{-8}	$K_{a,2}$
HClO	ClO^-	4.0×10^{-8}	
HCN	CN^-	6.2×10^{-10}	
NH_4^+	NH_3	5.6×10^{-10}	
H_2SiO_3	$HSiO_3^-$	1×10^{-10}	$K_{a,1}$
HCO_3^-	CO_3^{2-}	4.7×10^{-11}	$K_{a,2}$
$HSiO_3^-$	SiO_3^{2-}	2×10^{-12}	$K_{a,2}$
HPO_4^{2-}	PO_4^{3-}	4.8×10^{-13}	$K_{a,3}$
HS^-	S^{2-}	1.2×10^{-13}	$K_{a,2}$
H_2O（最弱酸）	OH^-（最强碱）	1.0×10^{-14}	

电解质的相对强弱也常用**电离度** α 表示，它是溶液中已经电离的电解质分子数 N_1 占原来总分子数 N_0 的比例。由于 $N \propto cV$，则有

$$\alpha = \frac{N_1}{N_0} = \frac{c_1}{c_0}$$

电离度 α 的大小与浓度有关，而电离常数 K 则与浓度无关，K 比 α 能更深刻地表明弱酸（碱）电离的本质和能力。K 与 α 的简化关系式可推导如下：

若电解质 HA 的浓度为 $c\ \text{mol}\cdot\text{L}^{-1}$，电离度为 α，那么

$$\text{HA(aq)} \rightleftharpoons \text{H}^+\text{(aq)} + \text{A}^-\text{(aq)}$$

平衡时浓度/$\text{mol}\cdot\text{L}^{-1}$　　$c - c\alpha$　　$c\alpha$　　$c\alpha$

$$K = \frac{[\text{H}^+][\text{A}^-]}{[\text{HA}]} = \frac{c\alpha \cdot c\alpha}{c - c\alpha} = \frac{c\alpha^2}{1-\alpha}$$

当 α 很小时，$1-\alpha \approx 1$，则有

$$K = c\alpha^2,\quad \alpha = \sqrt{\frac{K}{c}}$$

在同一溶剂中，酸碱的相对强弱取决于各酸碱的本性，但同一酸碱在不同溶剂中的相对强弱则由溶剂的性质决定。例如，HAc 在水中为弱酸，而在液氨中则是一个较强的酸，因为液氨接受质子的能力（碱性）比水强，促进了 HAc 的电离，其电离平衡表达式为

$$\text{HAc} + \text{NH}_3\text{(l)} \rightleftharpoons \text{NH}_4^+ + \text{Ac}^-$$

然而 HAc 在液态 HF 中却表现为弱碱，因为液态 HF 酸性更强，HAc 获得质子生成 H_2Ac^+，电离平衡表达式为

$$\text{HAc} + \text{HF} \rightleftharpoons \text{H}_2\text{Ac}^+ + \text{F}^-$$

所以酸碱的相对强弱与溶剂本身的酸碱性也有密切关系。物质的酸碱性在不同溶剂作用下，“强可以变弱，弱也可以变强；酸可以变碱，碱也可以变酸”，这是酸碱质子理论与阿氏酸碱理论的第二点区别，它对研究非水溶液化学显得十分重要。

按酸碱质子理论，酸碱反应都是质子传递反应。溶剂间的质子传递反应称**自耦反应**，溶质和溶剂间的质子传递反应称为**电离反应**，溶质之间的质子传递反应称**中和反应**。这三类反应后面将分别进行讨论。

酸碱质子理论发展了阿氏酸碱概念。它包括了所有显示碱性的物质，但是对于酸仍然限制在可以给出质子的物质上，故酸碱反应也就只能局限于包含质子转移的反应。1923 年美国物理化学家 Lewis 又提出了另一种酸碱概念：“凡是能提供电子对的分子、离子或原子团都叫作碱，凡是能接纳电子对的分子、离子或原子团都叫作酸”。酸碱反应不再是质子的转移，而是碱性物质提供电子对与酸性物质生成配位共价键的反应。故 Lewis 酸碱概念又称酸碱电子论。

Lewis 碱的概念与酸碱质子理论的碱概念有相似之处，碱要接受一个质子，它必定有未共享的电子对。例如在下列反应中 H_2O 分子、NH_3 分子，它们都能提供一对电子给予外来质子生成 H_3O^+、NH_4^+，因此它们也是 Lewis 碱。Lewis 酸的概念扩大了酸的范围，因为能接纳

电子对作为 Lewis 酸的物质不仅是可以给出质子，也可以是金属离子或缺电子的分子等，例如下述反应中的 Cu^{2+} 和 BF_3（圆括号中表示配位原子的孤电子对数）。

Lewis 酸		Lewis 碱	几何构型
H^+Cl^-	+ $H_2O(2:)$ $\rightleftharpoons$	H_3O^+ + Cl^-	三角锥
H^+Cl^-	+ $NH_3(1:)$ $\rightleftharpoons$	NH_4^+ + Cl^-	四面体
Cu^{2+}	+ 4 $NH_3(1:)$ $\rightleftharpoons$	$[Cu(NH_3)_4]^{2+}$	四面体
BF_3	+ $F^-(4:)$ $\rightleftharpoons$	$[BF_4]^-$	四面体

Lewis 酸碱是着眼于物质的结构，但由于很多无机及有机化合物中都存在配位共价键，Lewis 的酸碱概念显得过于广泛，有时不易掌握酸碱特征。在其基础上，20 世纪 60 年代人们又根据 Lewis 酸碱得失电子对的难易程度，将酸分为软酸、硬酸，碱分为软碱、硬碱，以体现各酸碱的特性，并总结出一个软硬酸碱的规则，称软硬酸碱理论。

总之，几种酸碱理论各有其优缺点。一般在处理水溶液体系中的酸碱问题时，可采用酸碱质子理论或阿氏酸碱理论；处理有机化学和配位化学中问题时，则需采用 Lewis 酸碱概念；讨论无机化合物某些性质时，又常采用软硬酸碱规则。作为化学工作者，应该了解一些酸碱概念的演变过程，从而掌握多种主要的酸碱理论及其应用范围。以下几节按酸碱质子理论进行讨论。

3.1.3　水的自耦电离平衡

按 Brønsted-Lowry 酸碱理论，溶剂分子之间的质子传递反应统称为溶剂自耦电离平衡，又称质子自递平衡。水是最常用的溶剂，因此首先必须了解水本身的电离问题。实验证明，纯水有微弱的导电性，这是因为水是一个很弱的电解质，有自耦电离平衡存在（①式），液氨和冰醋酸也有类似的自耦电离平衡（②③式）

①　$H_2O + H_2O \rightleftharpoons H_3O^+ + OH^-$

②　$NH_3 + NH_3 \rightleftharpoons NH_4^+ + NH_2^-$

③　$HAc + HAc \rightleftharpoons H_2Ac^+ + Ac^-$

水分子自耦电离平衡时，一个放出质子作为酸，另一个接受质子作为碱，从而产生少量的 H_3O^+ 和 OH^-，298 K 时，精确实验测得

$$[H_3O^+] = [OH^-] = 1.0\times10^{-7}\,mol\cdot L^{-1}$$

根据化学平衡原理

$$K_w = [H_3O^+][OH^-] = 1.0\times10^{-14} \qquad (3\text{-}2)$$

K_w 称为水的离子积常数，简称为水的离子积，它表示水中 H_3O^+ 和 OH^- 离子浓度的乘积。水的电离是吸热反应，温度越高，K_w 越大（见表 3-3）。

表 3-3　不同温度时水的离子积常数

T/K	273.15	283.15	293.15	297.15	298.15	323.15	373.15
$K_w/\times10^{-14}$	0.1153	0.2915	0.6871	0.9484	1.012	5.309	50.45

由表 3-3 可见，K_w 随温度的升高略有增加。一般在室温时，就采用 $K_w = 1.0\times10^{-14}$。由热力学数据也可以计算水在 298 K 时自耦电离平衡的 K_w：

$$\begin{array}{lcccc} & H_2O(l) + & H_2O(l) \rightleftharpoons & H_3O^+(aq) + & OH^-(aq) \\ \Delta_f G_m^{\ominus}/kJ\cdot mol^{-1} & -237.13 & -237.13 & -237.13 & -157.24 \end{array}$$

$$\Delta_r G_m^{\ominus} = (-237.13-157.24)-(-237.13-237.13) = 78.89\ (kJ\cdot mol^{-1})$$

$$\ln K^{\ominus} = -\frac{\Delta_r G_m^{\ominus}}{RT} = -\frac{79.89\times10^3}{8.315\times298.15} = -32.23$$

$$K^{\ominus} = [H_3O^+][OH^-] = 1.0\times10^{-14}$$

由此可见，水的离子积 K_w 实际上是一个标准电离平衡常数。

因 K_w 不随浓度变化，用式（3-2）便可计算溶液中的 $[H_3O^+]$ 或 $[OH^-]$。如往纯水中加入酸后，使 $[H_3O^+] = 0.10\ mol\cdot L^{-1}$，根据 K_w 关系式，可求得该酸性溶液中 OH^- 离子的浓度

$$[OH^-] = \frac{K_w}{[H_3O^+]} = \frac{1.0\times10^{-14}}{0.10} = 1.0\times10^{-13}\ mol\cdot L^{-1}$$

同理，在 $0.10\ mol\cdot L^{-1}$ NaOH 水溶液中，$[OH^-] = 0.10\ mol\cdot L^{-1}$，则 $[H_3O^+] = 1.0\times10^{-13}\ mol\cdot L^{-1}$。不论是酸性还是碱性溶液中 H_3O^+ 和 OH^- 都是同时存在的，它们浓度的乘积为常数，其中一个离子浓度随另一个浓度增大而减小，但不会等于零。

许多化学反应和几乎全部的生物生理现象都是在 H_3O^+ 离子浓度较小（$10^{-2}\sim10^{-8}\ mol\cdot L^{-1}$）的溶液中进行，一般用 $[H_3O^+]$ 负对数值来表示其强度，以符号 pH 代表，“p” 是 power 的缩写，表示氢离子强度的意思，即

$$pH = -\lg[H_3O^+] \quad 或简写 \quad pH = -\lg[H^+]$$

pH 改变 1 个单位，相应于 $[H_3O^+]$ 改变了 10 倍。$[OH^-]$ 和 K_w 亦可分别用 pOH 和 pK_w 来表示。若对式（3-2）的等号两边各取负对数，则

$$-\lg[H_3O^+] - \lg[OH^-] = -\lg K_w = 14$$

即

$$pH + pOH = 14$$

pH 和 pOH 使用范围一般在 0 ~ 14。在这个范围以外，用浓度（$mol\cdot L^{-1}$）表示酸度和碱度反而更方便。在室温条件下，溶液 pH<7 为酸性，pH>7 为碱性，pH = 7 为中性。

3.2　弱酸弱碱的解离平衡

弱酸、弱碱与溶剂水分子之间的质子传递反应，统称为弱酸弱碱解离平衡。在水溶液中能电离出一个或多个 H^+（或 OH^-）的弱酸（碱）分别称为一元弱酸（弱碱）或多元弱酸（弱碱）。下面分别予以叙述。

3.2.1　一元弱酸弱碱的解离平衡

根据一元弱酸（碱）电离平衡常数及其起始浓度，可计算溶液中的 $[H_3O^+]$ 或 $[OH^-]$。

设一元弱酸 HA 溶液初始浓度为 $c\ mol\cdot L^{-1}$，平衡时 $[H_3O^+] = x\ mol\cdot L^{-1}$，$[A^-] = x\ mol\cdot L^{-1}$，

$[HA]=(c-x)\ mol\cdot L^{-1}$。HA 水溶液的电离平衡式为

$$HA(aq)+H_2O(l) \rightleftharpoons H_3O^+(aq)+A^-(aq) \qquad (完整式)$$

$$HA(aq) \rightleftharpoons H^+(aq)+A^-(aq) \qquad (简写式)$$

平衡浓度/$mol\cdot L^{-1}$　　$c-x$　　x　　x

则有

$$K_a=\frac{[H^+][Ac^-]}{[HAc]}=\frac{x^2}{c-x} \tag{3-3}$$

即

$$x^2+K_a x-K_a c=0$$

得

$$[H^+]=x=\frac{-K_a+\sqrt{(K_a)^2+4K_a c}}{2} \tag{3-4}$$

式(3-4)是计算一元弱酸溶液中$[H^+]$的近似式(忽略了水本身解离对H^+的贡献)。如果$[H^+]=x$值很小，则$c-x\approx c$，式（3-3）可简化为

$$x^2=K_a c$$

则有

$$[H^+]=x=\sqrt{K_a c} \tag{3-5}$$

式（3-5）是计算一元弱酸溶液中$[H^+]$的最简式。

计算一元弱酸溶液中$[H^+]$时，采用式（3-4）还是式（3-5）取决于$c-[H^+]\approx c$是否成立。一般认为，如果$[H^+]<5\%c$，可认为$c-[H^+]\approx c$成立。将$[H^+]<5\%c$代入式（3-3），可得$c/K_a>380$。即当$c/K_a>380$时采用最简式（3-5），$c/K_a<380$时采用近似式（3-4）。

例 3-1　（1）求 0.10 $mol\cdot L^{-1}$ HAc 溶液的 pH，已知 HAc 的$K_a=1.75\times10^{-5}$；

（2）求 0.10 $mol\cdot L^{-1}$ HF 溶液的 pH，已知 HF 的$K_a=6.31\times10^{-4}$。

解　（1）因$c/K_a=0.10/(1.75\times10^{-5})=5.7\times10^3>380$，采用最简式（3-5）计算，即

$$[H^+]=\sqrt{K_a c}=\sqrt{1.75\times10^{-5}\times0.10}=1.32\times10^{-3}\ (mol\cdot L^{-1})$$

$$pH=-\lg[H^+]=-\lg(1.32\times10^{-3})=2.88$$

（2）因$c/K_a=0.10/(6.31\times10^{-4})=158.5<380$，采用近似式（3-4）计算，即

$$[H^+]=\frac{-6.31\times10^{-4}+\sqrt{(6.31\times10^{-4})^2+4\times6.31\times10^{-4}\times0.10}}{2}=7.65\times10^{-3}\ (mol\cdot L^{-1})$$

$$pH=-\lg[H^+]=-\lg(7.65\times10^{-3})=2.12$$

一元弱碱，如$NH_3\cdot H_2O$，电离平衡的简写式为

$$NH_3\cdot H_2O \rightleftharpoons NH_4^+(aq)+OH^-(aq)$$

$$K_b=\frac{[NH_4^+][OH^-]}{[NH_3\cdot H_2O]}$$

当$c/K_b<380$时

$$[OH^-]=\frac{-K_b+\sqrt{(K_b)^2+4K_b c}}{2} \tag{3-6}$$

当$c/K_b>380$时

$$[OH^-]=\sqrt{K_b c} \tag{3-7}$$

例 3-2　计算 0.10 $mol\cdot L^{-1}$ NaAc 溶液的 pH。已知 HAc 的$K_a=1.75\times10^{-5}$。

解 NaAc为强电解质，在水溶液中全部解离为Na^+和Ac^-，Na^+不参与水溶液中酸碱平衡，溶液酸度是由Ac^-参与水解平衡所致，Ac^-是HAc的共轭碱，其水解平衡为

$$Ac^-(aq) + H_2O(l) \rightleftharpoons HAc(aq) + OH^-(aq)$$

$$K_b^\ominus = \frac{K_w^\ominus}{K_a^\ominus} = \frac{1.0\times10^{-14}}{1.75\times10^{-5}} = 5.71\times10^{-10}$$

因为$c/K_b = 0.10/(5.71\times10^{-10}) = 1.75\times10^8 > 380$，采用最简式计算

$$[OH^-] = \sqrt{K_b c} = \sqrt{5.71\times10^{-10}\times0.10} = 7.56\times10^{-6}\ (mol\cdot L^{-1})$$

$$pOH = -\lg(7.56\times10^{-6}) = 5.12$$

$$pH = 14 - pOH = 14 - 5.12 = 8.88$$

3.2.2 多元弱酸弱碱的解离平衡

1. 多元弱酸的解离平衡

多元弱酸在水溶液中的电离是分步进行的。例如，二元弱酸H_2S，第一步电离生成H^+和HS^-；HS^-又发生第二步电离生成H^+和S^{2-}。这两步电离平衡同时存在于溶液中，且有两步电离的平衡常数$K_{a,1}^\ominus$和$K_{a,2}^\ominus$：

① $H_2S + H_2O \rightleftharpoons H_3O^+ + HS^-$ $K_{a,1} = 8.9\times10^{-8}$

② $HS^- + H_2O \rightleftharpoons H_3O^+ + S^{2-}$ $K_{a,2} = 1.2\times10^{-13}$

③ $H_2S + 2H_2O \rightleftharpoons 2H_3O^+ + S^{2-}$ K_a

①＋②→③，根据多重平衡原理，则有

$$K_a = K_{a,1}K_{a,2} = 8.9\times10^{-8}\times1.2\times10^{-13} = 1.1\times10^{-20}$$

K_a为综合平衡常数，在计算中常用到。

三元弱酸H_3PO_4的电离平衡分三步进行，即

① $H_3PO_4 + H_2O \rightleftharpoons H_3O^+ + H_2PO_4^-$ $K_{a,1} = 6.9\times10^{-3}$

② $H_2PO_4^- + H_2O \rightleftharpoons H_3O^+ + HPO_4^{2-}$ $K_{a,2} = 6.2\times10^{-8}$

③ $HPO_4^{2-} + H_2O \rightleftharpoons H_3O^+ + PO_4^{3-}$ $K_{a,3} = 4.8\times10^{-13}$

H_3PO_4的综合平衡常数，依据具体情况计算，H_3PO_4的③式电离很弱，可只考虑①②式综合；PO_4^{3-}作为碱，可只考虑②③式综合。

多元弱酸电离常数都是逐级降低的，一般彼此相差10^4～10^5。由上述电离常数值可见，第二步电离远比第一步困难，而第三步又比第二步困难。这是由于第二步电离要从已经带有1个负电荷的离子中再分出1个正离子H^+，当然比从中性分子中电离出1个H^+要困难得多，而第三步电离就更加困难了。若从浓度对于电离平衡的影响来看，第一步电离出的H^+，对第二、第三步电离出来的H^+具有同离子效应（能抑制第二、第三步的电离）。从数量上看，由第二、第三步电离出的H^+与第一步电离的相比是微不足道的。所以在多元弱酸电离平衡的有关计算中，一般以第一步电离的H^+浓度近似替代溶液中H^+的总浓度，从而使计算过程得到

简化，这是基本的处理方法。

硫酸其实也是分步电离的，第一步是完全电离，而第二步却是不完全电离：

① $$H_2SO_4 + H_2O = H_3O^+ + HSO_4^-$$

② $$HSO_4^- + H_2O \rightleftharpoons H_3O^+ + SO_4^{2-} \qquad K_{a,2} = 1.0\times10^{-2}$$

例 3-3　在 298 K 下，CO_2 在水中的饱和溶液 H_2CO_3 浓度为 $0.031\,mol\cdot L^{-1}$，计算该溶液中 $[H^+]$、$[HCO_3^-]$ 和 $[CO_3^{2-}]$。

解　H_2CO_3 是二元弱酸，其两步电离及其电离平衡常数为

$$H_2CO_3 + H_2O \rightleftharpoons H_3O^+ + HCO_3^- \qquad K_{a,1} = 4.5\times10^{-7}$$

$$HCO_3^- + H_2O \rightleftharpoons H_3O^+ + CO_3^{2-} \qquad K_{a,2} = 4.7\times10^{-11}$$

由于 $K_{a,1} \gg K_{a,2}$，故溶液中的 H^+ 主要来自于第一步电离。

又因　$$c / K_{a,1} = 0.031/(4.5\times10^{-7}) = 6.89\times10^4 > 380$$

则有　$$[H^+] = [HCO_3^-] = \sqrt{K_{a,1}c} = \sqrt{4.5\times10^{-7}\times0.031} = 1.18\times10^{-4}\ (mol\cdot L^{-1})$$

再求解第二步解离平衡所得的 $[CO_3^{2-}]$，上述有 $[H^+] = [HCO_3^-]$，则

$$K_{a,2} = \frac{[H^+][CO_3^{2-}]}{[HCO_3^-]} = [CO_3^{2-}]$$

$$[CO_3^{2-}] = 4.7\times10^{-11}\ (mol\cdot L^{-1})$$

2. 多元弱碱的解离平衡

多元弱碱表面上看似乎不太常见。根据酸碱质子理论，其实凡是多元弱酸的质子被全部解离后剩余的酸根，均为多元弱碱，表 3-4 为常见的多元弱酸和弱碱。

表 3-4　常见的多元弱酸和弱碱

名称	碳酸	氢硫酸	亚硫酸	草酸	酒石酸	柠檬酸	磷酸
多元酸	H_2CO_3	H_2S	H_2SO_3	$H_2C_2O_4$	$H_2C_4H_4O_6$	$H_3C_6H_5O_7$	H_3PO_4
多元碱	CO_3^{2-}	S^{2-}	SO_3^{2-}	$C_2O_4^{2-}$	$C_4H_4O_6^{2-}$	$C_6H_5O_7^{3-}$	PO_4^{3-}

在应用中，一般并没有多元弱碱的解离平衡常数 $K_{b,i}$ 的数据，需通过相应多元弱酸的多级解离平衡常数 $K_{a,j}$，利用酸碱共轭关系求得。例如：

二元弱碱 S^{2-}：$K_{b,1} = \dfrac{K_w}{K_{a,2}}$，$K_{b,2} = \dfrac{K_w}{K_{a,1}}$

三元弱碱 PO_4^{3-}：$K_{b,1} = \dfrac{K_w}{K_{a,3}}$，$K_{b,2} = \dfrac{K_w}{K_{a,2}}$，$K_{b,3} = \dfrac{K_w}{K_{a,1}}$

例 3-4（1）已知 H_2S 的 $K_{a,1} = 8.9\times10^{-8}$，$K_{a,2} = 1.2\times10^{-13}$，推测 Na_2S 溶液两步水解平衡的 $K_{b,1}$ 和 $K_{b,2}$；（2）计算 $0.10\ mol\cdot L^{-1}$ Na_2S 溶液中的 $[OH^-]$、$[HS^-]$ 和 $[S^{2-}]$ 以及 S^{2-} 的解离度 α。

解（1）Na_2S 是强电解质，完全电离为 Na^+ 和 S^{2-}，S^{2-} 则相当于二元弱碱，它在水溶液中发生如下两步水解电离平衡：

$$① \quad S^{2-} + H_2O \rightleftharpoons OH^- + HS^- \quad K_{b,1}$$

$$② \quad HS^- + H_2O \rightleftharpoons OH^- + H_2S \quad K_{b,2}$$

上述①②两式的平衡常数，可通过H_2S的两步解离平衡和H_2O的解离平衡推导获得：

$$③ \quad H_2S \rightleftharpoons H^+ + HS^- \quad K_{a,1}$$

$$④ \quad HS^- \rightleftharpoons H^+ + S^{2-} \quad K_{a,2}$$

$$⑤ \quad H_2O \rightleftharpoons H^+ + OH^- \quad K_w$$

$$⑤ - ④ \rightarrow ① \quad S^{2-} + H_2O \rightleftharpoons OH^- + HS^- \quad K_{b,1}$$

$$⑤ - ③ \rightarrow ② \quad HS^- + H_2O \rightleftharpoons OH^- + H_2S \quad K_{b,2}$$

根据多重平衡规则，①②两式的平衡常数为

$$K_{b,1} = \frac{K_w}{K_{a,2}} = \frac{1.0\times10^{-14}}{1.2\times10^{-13}} = 8.3\times10^{-2}, \quad K_{b,2} = \frac{K_w}{K_{a,1}} = \frac{1.0\times10^{-14}}{8.9\times10^{-8}} = 1.1\times10^{-7}$$

（2）从上述$K_{b,1}$、$K_{b,2}$的值可知，第二步电离很微弱，可将第一步电离出来的OH^-浓度近似当成溶液中OH^-的总浓度，忽略第二步的贡献。设平衡时$[OH^-] = x\ mol\cdot L^{-1}$，则

$$S^{2-} + H_2O \rightleftharpoons OH^- + HS^- \quad K_{b,1}$$

平衡浓度/$mol\cdot L^{-1}$ $\quad 0.10 - x \qquad x \qquad x$

$$K_{b,1} = \frac{[OH^-][HS^-]}{[S^{2-}]} = \frac{x^2}{0.10 - x} = 8.3\times10^{-2}$$

由于$c/K_{b,1} = 0.10/(8.3\times10^{-2}) = 1.2 < 380$，采用近似式计算，即解上述一元二次方程，得

$$[OH^-] = [HS^-] = x = 5.9\times10^{-2}\ mol\cdot L^{-1}, \quad [S^{2-}] = 0.10 - x = 4.1\times10^{-2}\ mol\cdot L^{-1}$$

S^{2-}的电离度为

$$\alpha = \frac{5.9\times10^{-2}}{0.10}\times100\% = 59\%$$

通过以上两例题讨论，可得如下结论：

（1）在多元弱酸溶液中，$[H^+]$主要取决于第一步电离，可忽略第二、第三步电离的贡献值；而二元弱酸H_2A溶液中的$[A^{2-}] \approx K_{a,2}$，与起始浓度无关，$K_{a,2}$越小则酸根浓度越低。

（2）多元弱碱与相应多元弱酸的各级平衡常数之间存在“共轭”关系：对于二元弱碱（如Na_2S、Na_2CO_3），则有$K_{b,1}\cdot K_{a,2} = K_w$、$K_{b,2}\cdot K_{a,1} = K_w$；对于三元弱碱（如$Na_3PO_4$），则有$K_{b,1}\cdot K_{a,3} = K_w$、$K_{b,2}\cdot K_{a,2} = K_w$、$K_{b,3}\cdot K_{a,1} = K_w$。

3.2.3 两性物质的解离平衡

在水溶液中既可进行酸式电离又可进行碱式电离的物质，称为两性物质。例如HCO_3^-、HPO_4^{2-}、$H_2PO_4^-$、NH_4Ac、NH_4CN、$CuSO_4$以及氨基酸等，均为两性物质。两性物质的水溶液究竟是酸性还是碱性，取决于酸式和碱式电离常数大小。

例如，$NaHCO_3$虽然是酸式盐，但其水溶液却显碱性，可由如下三重平衡说明：

$$
\begin{aligned}
&① \quad HCO_3^- + H_2O \rightleftharpoons H_2CO_3 + OH^- \quad && K_1 = 2.2\times10^{-8} \\
&② \quad HCO_3^- \rightleftharpoons CO_3^{2-} + H^+ \quad && K_2 = 4.7\times10^{-11} \\
&③ \quad H^+ + OH^- \rightleftharpoons H_2O \quad && K_3 = 1.0\times10^{14}
\end{aligned}
$$

其中，①式为碱式电离，$K_1 = K_{b,2} = K_w / K_{a,1} = 2.2\times10^{-8}$；

②式为酸式电离，$K_2 = K_{a,2} = 4.7\times10^{-11}$；

③式为中和平衡，$K_3 = 1/K_w = 1.0\times10^{14}$。

定性比较，$K_{b,2} > K_{a,2}$，所以溶液显碱性。

利用多重平衡原理可定量推算，

$$
① + ② + ③ \rightarrow ④ \qquad 2HCO_3^- \rightleftharpoons H_2CO_3 + CO_3^{2-} \qquad K_4 = 1.0\times10^{-4}
$$

$$
K_4 = K_1 \cdot K_2 \cdot K_3 = \frac{K_w}{K_{a,1}} \times K_{a,2} \times \frac{1}{K_w} = \frac{K_{a,2}}{K_{a,1}} = \frac{4.7\times10^{-11}}{4.5\times10^{-7}} = 1.0\times10^{-4}
$$

④式说明，①式 HCO_3^- 水解生成的 OH^-，与②式 HCO_3^- 电离生成的 H^+，强烈中和成水即③式，促使平衡向右移动，因为每生成一个 H_2O 分子，几乎同时有 1 个 H_2CO_3 和 1 个 CO_3^{2-} 生成，可认为两者浓度近似相等，即 $[H_2CO_3] \approx [CO_3^{2-}]$。由 H_2CO_3 的两级解离平衡，则有

$$
K_{a,1} \cdot K_{a,2} = \frac{[H^+][HCO_3^-]}{[H_2CO_3]} \cdot \frac{[H^+][CO_3^{2-}]}{[HCO_3^-]} = \frac{[H^+]^2[CO_3^{2-}]}{[H_2CO_3]} = [H^+]^2
$$

得

$$
[H^+] = \sqrt{K_{a,1} \cdot K_{a,2}} \tag{3-8}
$$

代入数据，得 $[H^+] = \sqrt{4.5\times10^{-7} \times 4.7\times10^{-11}} = 4.6\times10^{-9}\ (mol\cdot L^{-1})$，$pH = 8.34$

计算结果与实验测定相符。其他两性物质也可用类似公式计算。

例 3-5　计算 0.10 $mol\cdot L^{-1}$ NH_4CN 溶液的 $[H^+]$ 和 pH。

解　（1）在 NH_4CN 溶液中，解离出来的 NH_4^+ 为酸、CN^- 为碱，它们的水解为

$$
\begin{aligned}
&① \quad NH_4^+ + H_2O \rightleftharpoons NH_3 + H_3O^+ \quad && K_1 \\
&② \quad CN^- + H_2O \rightleftharpoons HCN + OH^- \quad && K_2
\end{aligned}
$$

①式为酸式解离，②式为碱式解离，则有

$$
K_1 = \frac{K_w}{K_b(NH_3)} = \frac{1.0\times10^{-14}}{1.8\times10^{-5}} = 5.6\times10^{-10}
$$

$$
K_2 = \frac{K_w}{K_a(HCN)} = \frac{1.0\times10^{-14}}{6.2\times10^{-10}} = 1.6\times10^{-5}
$$

$$
[H^+] = \sqrt{K_1 K_2} = \sqrt{5.6\times10^{-10} \times 1.6\times10^{-5}} = 9.5\times10^{-8}\ mol\cdot L^{-1}
$$

$$
pH = 7.02
$$

说明 NH_4CN 溶液几乎显中性。

3.2.4　弱酸弱碱解离平衡的移动

前面已经对弱酸、弱碱这类弱电解质的解离平衡过程进行了比较全面的阐述，了解到解

离平衡常数$K^\ominus$是研究弱酸（$K_a^\ominus$）、弱碱（$K_b^\ominus$）性质的最重要参数。$K^\ominus$是对弱酸、弱碱的本质属性即热力学属性的定量表达，即$K^\ominus$值大小由弱酸、弱碱的热力学属性（$\Delta_f H_m^\ominus$、$S_m^\ominus$）决定，受温度的影响，所以$K^\ominus$是热力学函数，即

$$\ln K^\ominus = -\frac{\Delta_r H_m^\ominus}{RT} + \frac{\Delta_r S_m^\ominus}{R} \tag{3-9}$$

式中，$\Delta_r H_m^\ominus$和$\Delta_r S_m^\ominus$的值由反应系统中各物质的热力学性质决定，在常温下，若温度变化不大，可认为近似常数。所以$K^\ominus$由热力学属性决定，是温度的函数，与弱酸、弱碱的浓度无关，当温度确定后$K^\ominus$则为常数。

弱酸、弱碱的解离平衡和其他一切化学平衡一样，也是暂时的、相对的动态平衡，当外界条件改变时，旧的平衡就被打破，建立新条件下的平衡。从旧平衡到新平衡的过程，就称为平衡的移动。处理弱酸、弱碱解离平衡移动的理论依据，就是平衡常数值在一定温度下是常数，不随浓度的变化而变化。

在纯弱酸、弱碱溶液中，一直存在自身的解离平衡，若往里加入一些其他物质，则这种平衡会被打破，发生平衡的移动。

例如，HAc 溶液存在下列解离平衡：

$$HAc + H_2O \rightleftharpoons H_3O^+ + Ac^- \qquad K_a = 1.8\times10^{-5}$$

在平衡系统中，存在大量 HAc 分子和少量的H^+和Ac^-。若加入少量强电解质 NaAc，它全部解离为Na^+和Ac^-，Na^+以水合离子形式存在，而增加的Ac^-则会与H_3O^+结合形成 HAc，使平衡向左移动，相当于抑制了 HAc 电离，而使其电离度降低。若往该溶液中加入少量 HCl 溶液，它全部解离为H_3O^+和Cl^-，Cl^-以水合离子形式存在，而增加的H_3O^+与Ac^-结合形成 HAc，使平衡向左移动，也抑制了 HAc 的电离，同样使 HAc 电离度降低。

这种由于**在弱电解质溶液中加入含有相同离子的强电解质，而使弱电解质解离度降低的效应，称为同离子效应。**

例 3-6 计算下列溶液的$[H^+]$和α，并比较α的变化情况（忽略体积变化）。

（1）$0.10\ mol\cdot L^{-1}$ HAc 溶液；

（2）$0.10\ mol\cdot L^{-1}$ HAc 溶液 1.00 L，加入 0.10 mol NaAc 固体；

（3）$0.10\ mol\cdot L^{-1}$ HAc 溶液 1.00 L，加入 0.10 mol HCl 溶液。

解 （1）由于$c/K_a = 0.10/(1.8\times10^{-5}) = 5.6\times10^3 > 380$，采用最简式计算

$$[H^+] = \sqrt{K_a \cdot c} = \sqrt{1.8\times10^{-5}\times0.10} = 1.3\times10^{-3}\ (mol\cdot L^{-1})$$

$$\alpha = \frac{[H^+]}{c} = \frac{1.3\times10^{-3}}{0.10} = 1.3\times10^{-2}$$

（2）设平衡时$[H^+] = x\ mol\cdot L^{-1}$，解离平衡为

	HAc $\rightleftharpoons$	H^+ +	Ac^-	$K_a = 1.8\times10^{-5}$
起始/$mol\cdot L^{-1}$	0.10	0	0.10	
平衡/$mol\cdot L^{-1}$	$0.10 - x$	x	$0.10 + x$	

$$K_a = \frac{[H^+][Ac^-]}{[HAc]} = \frac{x \cdot (0.10 + x)}{0.10 - x}$$

x 很小，$0.10 \pm x \approx 0.10$，上式简化为

$$K_a = x = 1.8 \times 10^{-5}\text{，}[H^+] = 1.8 \times 10^{-5}\ mol \cdot L^{-1}$$

$$\alpha = \frac{[H^+]}{c} = \frac{1.8 \times 10^{-5}}{0.10} = 1.8 \times 10^{-4}$$

（3）设平衡时 $[Ac^-] = x\ mol \cdot L^{-1}$，解离平衡为

	$HAc \rightleftharpoons$	H^+	+ Ac^-	$K_a = 1.8 \times 10^{-5}$
起始/ $mol \cdot L^{-1}$	0.10	0.10	0	
平衡/ $mol \cdot L^{-1}$	$0.10 - x$	$0.10 + x$	x	

$$K_a = \frac{[H^+][Ac^-]}{[HAc]} = \frac{(0.10 + x) \cdot x}{0.10 - x}$$

由于 x 很小，所以 $0.10 \pm x \approx 0.10$，则上式简化为

$$[Ac^-] = x = (K_a) = 1.8 \times 10^{-5}\ mol \cdot L^{-1}$$

$$\alpha = \frac{[Ac^-]}{c} = \frac{1.8 \times 10^{-5}}{0.10} = 1.8 \times 10^{-4}$$

以上计算说明，在 HAc 溶液中，无论加入 NaAc 还是 HCl，都是加入了平衡系统中相同的一种离子，使 HAc 的 α 降低为原来的 1/72，即同离子效应强烈地影响弱电解质的解离平衡。

如果在弱电解质溶液中，加入不含相同离子的强电解质，对弱电解质的解离度也会有影响。实验证明，在 1.0 L 0.10 $mol \cdot L^{-1}$ HAc 溶液中，加入 0.10 mol NaCl，会使 HAc 的 α 由 0.013 升高到 0.017。**这种在弱电解质溶液中加入不含相同离子的强电解质，使弱电解质的解离度稍稍增大的效应，称为盐效应**（salt effect）。其实在 HAc 溶液中加入 NaAc 时，既有同离子效应又有盐效应，只是同离子效应比盐效应大得多，故一般只考虑前者而忽略后者。

从酸碱质子理论可知，共轭酸碱对之间只相差一个质子，能够给予质子的是酸，能够接受质子的是碱。对于弱酸 HA 的解离平衡，将 K_a 表达式变形，则有

$$HA + H_2O \rightleftharpoons H_3O^+ + A^-$$

$$K_a = \frac{[H_3O^+][A^-]}{[HA]}\text{，}[H_3O^+] = \frac{[HA]}{[A^-]} \cdot K_a$$

等式两边取负对数

$$pH = pK_a + \lg\frac{[A^-]}{[HA]} \tag{3-10}$$

式（3-10）说明，在一定温度下，由于 K_a 是常数，弱酸的 pH 受共轭酸碱对的平衡浓度的比值 $[A^-]/[HA]$ 的影响，与该比值的对数值呈线性关系。

对于弱碱 B^-（如 Ac^-、In^-、$NH_3 \cdot H_2O$ 等），解离平衡常数为 K_b，采用相同的方法，可推测其 pOH 的关系式：

等式两边取负对数
$$pOH = pK_b + \lg\frac{[HB]}{[B^-]} \tag{3-11}$$

式（3-10）和式（3-11）最重要的应用就是酸碱指示剂的显色和缓冲溶液的应用。

酸碱指示剂是一些结构比较复杂的有机弱酸或弱碱。它们的存在形式随溶液酸度不同而改变，由于不同存在形式具有不同颜色，直观呈现的就是颜色的变化，这是酸碱指示剂因溶液 pH 变化而呈现颜色变化的理论依据。

例如，酚酞是一种有机弱酸，可用 HIn 表示，它随溶液酸度变化的平衡关系式为

$$HIn + H_2O \rightleftharpoons H_3O^+ + In^-$$

式中：HIn 为酸式结构，无色；In^-为碱式结构，紫红色。将 K_a 表达式变形，即

$$K_a = \frac{[H_3O^+][In^-]}{[HIn]},\quad \frac{[In^-]}{[HIn]} = \frac{K_a}{[H_3O^+]}$$

该表达式表明，指示剂的碱式浓度与酸式浓度的比值，由溶液的酸度决定，因为 K_a 是常数。

人的肉眼辨别颜色的能力是极其有限的，对于由两种颜色组成的混合色，当一种颜色的物质浓度是另一种颜色物质浓度的 10 倍以上或 1/10 以下时，只能观察到浓度高的一种颜色，浓度低的另一种物质颜色就观察不到了，就是所谓的“被掩盖”了，如果两种颜色物质的浓度之比介于 10 ~ 1/10，观察到的是混合色。即

$$\frac{K_a}{[H_3O^+]} = \frac{[In^-]}{[HIn]} \leqslant \frac{1}{10},\quad [H_3O^+] \geqslant 10K_a,\quad pH \leqslant pK_a - 1 \qquad \text{呈酸式色}$$

$$\frac{K_a}{[H_3O^+]} = \frac{[In^-]}{[HIn]} \geqslant 10,\quad [H_3O^+] \leqslant K_a/10,\quad pH \geqslant pK_a + 1 \qquad \text{呈碱式色}$$

$$\frac{1}{10} < \frac{K_a}{[H_3O^+]} < 10,\quad pK_a - 1 < pH < pK_a + 1 \qquad \text{呈混合色}$$

$pH = pK_a \pm 1$为指示剂的变色区间，在这个区间之外的 pH 下，要么呈现酸式色，要么呈现碱式色。不同指示剂的 K_a 不同，其变色区间则不同（表 3-5）。在酸碱滴定分析中，除了强酸强碱滴定终点 pH = 7 外，各种酸碱滴定终点的 pH 是不同的，如果一个酸碱滴定终点的 pH 刚好处于某一指示剂的变色区间，该指示剂就可以作为这个酸碱滴定判定终点的指示剂，这是酸碱滴定选择指示剂的基本方法。

表 3-5　几种常见酸碱指示剂的变色范围

指示剂	颜色			pK_a(HIn)	变色 pH 范围（18 °C）
	酸式色	混合色	碱式色		
甲基橙　（弱碱）	红	橙	黄	3.4	3.1 ~ 4.4
甲基红　（弱酸）	红	橙	黄	5.0	4.4 ~ 5.2
溴百里酚蓝（弱酸）	黄	绿	蓝	7.3	6.0 ~ 7.6
酚　酞　（弱酸）	无色	粉红	红	9.1	8.0 ~ 10.0

3.2.5　氢离子浓度的计算方法

上述对酸碱溶液的氢离子浓度或 pH，依据酸碱质子理论、弱电解质的解离平衡，解决了弱酸、弱碱溶液中在一定限制条件下的 H^+ 或 OH^- 的近似式和最简式计算问题，下面扩展讨论它们的精确计算问题。具体计算的依据有物料平衡、电荷平衡和质子条件式，以质子条件式最为简便和常用。

1. **质子条件**

根据酸碱质子理论，酸碱反应的实质是质子传递。**当反应达到平衡时，得到质子后的产物所获得的质子的总物质的量与失去质子后的产物所失去质子的总物质的量相等**，这一原则叫作**质子条件**，其数学表达式称为**质子条件式**，以 PBE 表示。通过质子条件式可推导出溶液 H^+ 浓度的精确计算式。

任何酸碱溶液在确定其质子条件时，先要选择适当的物质作为参考，以它作为考虑质子转移的起点，称为**参考水准**或**零水准**（zero level）。通常选择大量存在于溶液中并参与质子转移的物质作为零水准。然后根据质子转移数相等的数量关系，写出质子条件式。

例如，在一元弱酸 HA 的水溶液中，大量存在并参与质子转移反应的物质是 HA 和 H_2O，因此选它们作为零水准，其质子转移情况为

零水准

$$HA \xrightarrow{-H^+} A^-$$

$$H_3O^+ \xleftarrow{+H^+} H_2O \xrightarrow{-H^+} OH^-$$

式中 H_3O^+（简化为 H^+）是溶液 H_2O 获得质子后的产物，将它写在零水准的一边，而 A^- 和 OH^- 为 HA 和 H_2O 失去质子后的产物，写在零水准的另一边。在同一体系中，质子得失数目相等，因此直接写出质子条件式为

$$[H^+]=[OH^-]+[A^-]$$

在处理多元酸溶液的质子条件时，要考虑平衡物种前的系数。例如，$H_2C_2O_4$ 的质子条件以 $H_2C_2O_4$ 和 H_2O 为零水准，其质子反应为

零水准

$$H_2C_2O_4 \xrightarrow{-H^+} HC_2O_4^-$$

$$H_2C_2O_4 \xrightarrow{-2H^+} C_2O_4^{2-}$$

$$H_3O^+ \xleftarrow{+H^+} H_2O \xrightarrow{-H^+} OH^-$$

其质子条件式为

$$[H^+]=[HC_2O_4^-]+2[C_2O_4^{2-}]+[OH^-]$$

例 3-7　写出下列溶液的质子条件式：（1）$NaNH_4HPO_4$；（2）$HAc(c_1)+NaAc(c_2)$。

解　（1）这是酸式复盐体系，选取 NH_4^+、HPO_4^{2-} 和 H_2O 为零水准，质子转移反应为

零水准

$$
\begin{array}{ccccc}
 & & NH_4^+ & \xrightarrow{-H^+} & NH_3 \\
H_2PO_4^- & \xleftarrow{+H^+} & HPO_4^{2-} & \xrightarrow{-H^+} & PO_4^{3-} \\
H_3PO_4 & \xleftarrow{+2H^+} & HPO_4^{2-} & & \\
H_3O^+ & \xleftarrow{+H^+} & H_2O & \xrightarrow{-H^+} & OH^-
\end{array}
$$

其质子条件式为

$$[H^+]+[H_2PO_4^-]+2[H_3PO_4]=[NH_3]+[PO_4^{3-}]+[OH^-]$$

（2）这是一个共轭体系（缓冲溶液），H_2O 、HAc 和 Ac^- 都参与质子转移的反应，但 HAc 和 Ac^- 为共轭酸碱对，互为失（得）质子后的产物，因此不能把共轭酸碱对的两个组分都选作零水准，而只能选择其中的一种。

若选择 HAc 和 H_2O 为零水准，其质子条件式为

$$[H^+]=[OH^-]+[Ac^-]-c_2$$

若选择 Ac^- 和 H_2O 为零水准，其质子条件式为

$$[H^+]+[HAc]-c_1=[OH^-]$$

选择共轭酸碱对的某一个作为零水准，所得的质子条件式表达形式虽然不同，但是通过物料平衡式，$[HAc]+[Ac^-]=c_1+c_2$，可以得出它们实质是一致的，两种表达式是可以互换的。

2. 酸碱溶液中氢离子浓度的计算

（1）强酸（强碱）溶液

设浓度为 c 的强酸 HB，其在水溶液中质子全部转移为 H_3O^+，质子转移反应和条件式为

$$HB+H_2O \longrightarrow H_3O^+ + B^-$$

$$[H^+]=[OH^-]+c$$

上述质子条件式的意义是，当强酸溶液处于平衡状态时，溶液中 H^+（即 H_3O^+）分别来源于 HB 和 H_2O 的解离，根据平衡原理，则有

$$[H^+]=\frac{K_w}{[H^+]}+c$$

精确式：

$$[H^+]^2-c\cdot[H^+]-K_w=0 \quad (3\text{-}12)$$

按上述精准式计算，需解一元二次方程。如果 $[H^+]>20K_w$，则可忽略式中的 $[OH^-]$，则有

最简式：

$$[H^+]\approx c \quad (3\text{-}13)$$

对于浓度为 c 的强碱溶液，其 $[OH^-]$ 的计算与强酸情况类似，即

$$[OH^-]=c+[H^+]$$

（2）一元弱酸（弱碱）溶液

浓度为 c 的一元弱酸 HA，其质子条件式为

$$[H^+]=[A^-]+[OH^-]$$

$$[H^+]=\frac{[HA]\cdot K_a}{[H^+]}+\frac{K_w}{[H^+]}$$

精确式：
$$[H^+]=\sqrt{[HA]\cdot K_a+K_w} \tag{3-14}$$

式中，$[HA]=\delta(HA)\cdot c$，代入后解方程仍然很麻烦。实际上，可根据具体情况进行合理的处理，采用近似法进行计算。

式（3-14）中，当 $[HA]\cdot K_a \geqslant 20K_w$，可忽略 K_w，即忽略水解离的 H^+，上式简化为

$$[H^+]=\sqrt{[HA]\cdot K_a}=\sqrt{(c-[H^+])K_a}$$

展开得：
$$[H^+]^2+K_a[H^+]-cK_a=0$$

近似式：
$$[H^+]=\frac{-K_a+\sqrt{K_a^2+4cK_a}}{2} \tag{3-15}$$

当 $[H^+]\ll c$，即 HA 的解离度很小时，近似式可进一步简化为

最简式：
$$[H^+]=\sqrt{c\cdot K_a} \tag{3-16}$$

一般在 $c/K_a \geqslant 500$，且 $c\cdot K_a \geqslant 20K_w$ 时，才能用最简式计算 H^+ 浓度。

例 3-8　求下列溶液的 pH：（1）0.10 $mol\cdot L^{-1}$ NH_4NO_3 溶液；（2）0.10 $mol\cdot L^{-1}$ 一氯乙酸溶液。

解　（1）NH_4^+：$K_a=K_w/K_b=5.7\times10^{-10}$

$$c/K_a=0.10/(5.7\times10^{-10})=1.8\times10^8>500,\quad c\cdot K_a=0.10\times5.7\times10^{-10}=5.7\times10^{-11}>20K_w$$

故可用最简式计算：

$$[H^+]=\sqrt{0.10\times5.7\times10^{-10}}=7.5\times10^{-6}(mol\cdot L^{-1}),\quad pH=5.13$$

（2）查表，$K_a=1.38\times10^{-3}$

$$c/K_a=0.10/(1.38\times10^{-3})=72.5<500,\quad c\cdot K_a=0.10\times1.38\times10^{-3}=1.38\times10^{-4}>20K_w$$

故采用近似式计算：

$$[H^+]=\frac{-K_a+\sqrt{K_a^2+4cK_a}}{2}=1.1\times10^{-2}(mol\cdot L^{-1}),\quad pH=1.96$$

（3）多元酸（碱）溶液

以二元酸 H_2A 为例，设其浓度为 c，解离常数为 $K_{a,1}$ 和 $K_{a,2}$，溶液的质子条件式为

$$[H^+]=[HA^-]+2[A^{2-}]+[OH^-]$$

溶液为酸性，$[OH^-]$ 项可略去，再由有关平衡常数得

$$[H^+]=\frac{[H_2A]\cdot K_{a,1}}{[H^+]}+2\frac{[H_2A]\cdot K_{a,1}K_{a,2}}{[H^+]^2}$$

整理得
$$[H^+]=\frac{[H_2A]\cdot K_{a,1}}{[H^+]}\left(1+\frac{2K_{a,2}}{[H^+]}\right) \tag{3-17}$$

若 $K_{a,2}$ 很小，则 $2K_{a,2}/[H^+]\ll 1$，可将其略去，上式可简化为

近似式：$$[H^+]=\sqrt{[H_2A]\cdot K_{a,1}} \qquad (3\text{-}18)$$

这实际上是忽略第二步解离，将二元弱酸当作一元酸处理，如果 $c/K_{a,1}>500$，则可进一步简化为

最简式：$$[H^+]=\sqrt{c\cdot K_{a,1}} \qquad (3\text{-}19)$$

例 3-9 计算 $0.010\ mol\cdot L^{-1}$ 酒石酸溶液的 pH。

解 酒石酸是二元酸，$K_{a,1}=9.1\times 10^{-4}$，$K_{a,2}=4.3\times 10^{-5}$

先按一元酸处理，$c/K_{a,1}=0.010/(9.1\times 10^{-4})=11<500$，故采用近似式计算

$$[H^+]=\frac{-K_{a,1}+\sqrt{K_{a,1}^2+4cK_{a,1}}}{2}$$
$$=\frac{-9.1\times 10^{-4}+\sqrt{(9.1\times 10^{-4})^2+4\times 0.010\times 9.1\times 10^{-4}}}{2}=2.6\times 10^{-3}(mol\cdot L^{-1})$$

此时，$2K_{a,2}/[H^+]=2\times 4.3\times 10^{-5}/(2.6\times 10^{-3})=0.033\ll 1$，所以按一元酸处理是合理的，求得

$$pH=2.59$$

（4）两性物质溶液

两性物质在溶液中既起酸的作用，又起碱的作用，以浓度为 c 的酸式盐 NaHA 为例，溶液的质子条件式为

$$[H^+]+[H_2A]=[A^{2-}]+[OH^-]$$

利用平衡关系式，并整理得

$$[H^+]+\frac{[H^+][HA^-]}{K_{a,1}}=\frac{[HA^-]\cdot K_{a,2}}{[H^+]}+\frac{K_w}{[H^+]}$$

精确式：$$[H^+]=\sqrt{\frac{[HA^-]\cdot K_{a,2}+K_w}{1+[HA^-]/K_{a,1}}} \qquad (3\text{-}20)$$

若 $K_{a,1}$ 与 $K_{a,1}$ 相差较大，可认为 $[HA^-]\approx c$。又若 $K_{a,2}\cdot c\geqslant 20K_w$，可略去 K_w 项，上式简化为

近似式：$$[H^+]=\sqrt{\frac{c\cdot K_{a,2}}{1+c/K_{a,1}}} \qquad (3\text{-}21)$$

再若 $c/K_{a,1}>20$，可忽略分母中的“1”，则进一步简化为

最简式：$$[H^+]=\sqrt{K_{a,1}\cdot K_{a,2}} \qquad (3\text{-}22)$$

例 3-10 计算下列溶液的 pH：（1）$0.050\ mol\cdot L^{-1}\ Na_2HPO_4$；（2）$0.10\ mol\cdot L^{-1}$ 氨基乙酸。

解 （1）查表得 H_3PO_4：$K_{a,1}=7.11\times 10^{-3}$，$K_{a,2}=6.34\times 10^{-8}$，$K_{a,3}=4.79\times 10^{-13}$

$$[H^+]=\sqrt{\frac{c\cdot K_{a,3}+K_w}{1+c/K_{a,2}}}$$

由于 $c\cdot K_{a,3}=0.050\times4.79\times10^{-13}=2.4\times10^{-14}$，与 K_w 值接近，故 K_w 项不能略去。

而 $c/K_{a,2}=0.050/(6.34\times10^{-8})=7.9\times10^5\gg20$，可略去“1”项，因此

$$[H^+]=\sqrt{\frac{c\cdot K_{a,3}+K_w}{c/K_{a,2}}}=\sqrt{\frac{0.050\times4.79\times10^{-13}+1.0\times10^{-14}}{0.050/(6.34\times10^{-8})}}=2.1\times10^{-10}(\text{mol}\cdot\text{L}^{-1}),\quad \text{pH}=9.68$$

（2）氨基乙酸在水溶液中以双极离子形式存在，既能得到质子起碱的作用，又能释放质子起酸的作用，是两性物质，即

$$\underset{\text{氨基乙酸阳离子}}{{}^+NH_3CH_2COOH}\ \underset{K_{a,1}}{\rightleftharpoons}\ \underset{\text{氨基乙酸双极离子}}{{}^+NH_3CH_2COO^-}\ \underset{K_{a,2}}{\rightleftharpoons}\ \underset{\text{氨基乙酸阴离子}}{NH_2CH_2COO^-}$$

通常所说的氨基乙酸是指双极离子形式，作为酸的解离常数是 $K_{a,2}=10^{-9.78}$，作为碱的解离常数是 $K_{b,2}=K_w/K_{a,1}$，其中 $K_{a,1}=10^{-2.35}$。

因为 $c\cdot K_{a,2}=10^{-1}\times10^{-9.78}>20K_w$，$c/K_{a,1}>20$，所以可用最简式计算：

$$[H^+]=\sqrt{K_{a,1}\cdot K_{a,2}}=\sqrt{10^{-2.35}\times10^{-9.78}}=10^{-6.06}(\text{mol}\cdot\text{L}^{-1}),\quad \text{pH}=6.06$$

（5）弱酸及其共轭碱的溶液

设弱酸 HA 及其共轭碱 A^- 的水溶液，其总浓度分别为 c_1 和 c_2。当以 HA 和 H_2O 为零水准时，其质子条件式为

$$[H^+]=[A^-]-c_2+[OH^-]\qquad 或\qquad [A^-]=c_2+[H^+]-[OH^-]$$

当以 A^- 和 H_2O 为零水准时，其质子条件式为

$$[H^+]+[HA]-c_1=[OH^-]\qquad 或\qquad [HA]=c_1+[OH^-]-[H^+]$$

弱酸的解离关系为

$$[H^+]=\frac{[HA]}{[A^-]}\cdot K_a$$

将 HA 和 A^- 的平衡浓度代入，得

精确式：
$$[H^+]=\frac{c_1+[OH^-]-[H^+]}{c_2+[H^+]-[OH^-]}\cdot K_a \tag{3-23}$$

若溶液呈酸性时，$[H^+]\gg[OH^-]$，则式（3-23）简化为

$$[H^+]=\frac{c_1-[H^+]}{c_2+[H^+]}\cdot K_a \tag{3-24}$$

若溶液呈碱性时，$[OH^-]\gg[H^+]$，则式（3-23）简化为

$$[H^+]=\frac{c_1+[OH^-]}{c_2-[OH^-]}\cdot K_a \quad 或 \quad [OH^-]=\frac{c_2-[OH^-]}{c_1+[OH^-]}\cdot K_b \tag{3-25}$$

当弱酸及其共轭碱的分析浓度较大时，即

$$c_1 \gg [OH^-]-[H^+] \quad 或 \quad c_2 \gg [H^+]-[OH^-]$$

则式（3-23）可进一步简化为

最简式：
$$[H^+]=\frac{c_1}{c_2}\cdot K_a \tag{3-26}$$

（6）混合酸溶液

讨论两种情况：强酸和弱酸的混合液；两种弱酸的混合液。

设总浓度为c_1的HCl和总浓度为c_2的弱酸HA的混合液。其质子条件式为

$$[H^+]=c_1+[A^-]+[OH^-]$$

因为是酸性溶液，忽略$[OH^-]$项，并代入平衡常数式得

$$[H^+]=c_1+[A^-]=c_1+\frac{c_2\cdot K_a}{[H^+]+K_a}$$

此式需解一元二次方程，方可求得$[H^+]$。当$c_1 \gg [A^-]$时，此式可简化为$[H^+]=c_1$。

设总浓度分别为c_1和c_2的弱酸HA和HB的混合液，其质子条件式为

$$[H^+]=[A^-]+[B^-]+[OH^-]$$

因为是酸性溶液，忽略$[OH^-]$项，并代入平衡常数式得

$$[H^+]=[A^-]+[B^-]=\frac{[HA]\cdot K_{HA}}{[H^+]}+\frac{[HB]K_{HB}}{[H^+]}$$

$$[H^+]=\sqrt{[HA]\cdot K_{HA}+[HB]\cdot K_{HB}}$$

当两种酸的解离度都较小时，则$[HA]\approx c_1$，$[HB]\approx c_2$，上式可简化为

$$[H^+]=\sqrt{c_1\cdot K_{HA}+c_2\cdot K_{HB}}$$

3.2.6 强电解质溶液

1. 离子氛概念

强电解质在水溶液中应该是全部解离的，其解离度α应等于1。例如，0.10 $mol\cdot L^{-1}$ NaCl溶液中Na^+和Cl^-浓度应均为0.10 $mol\cdot L^{-1}$。但是，当强电解质溶液浓度不是很小时，如此推算与实验事实不符。有人用凝固点下降实验测得0.100 $mol\cdot kg^{-1}$ NaCl的凝固点为–0.349 °C，则可推算溶液中质点的总浓度b：

$$\Delta T_f=K_f\cdot b,\ \ 0.349\ K=1.86\ K\cdot kg\cdot mol^{-1}\cdot b,\ \ b=0.188\ mol\cdot kg^{-1}$$

如果 NaCl 完全解离，溶液质点总浓度应该为 $0.200\ \text{mol}\cdot\text{kg}^{-1}$。由于质点浓度变小，可算得 NaCl 溶液在实验中表现出来的“解离度” α。

	$NaCl \rightleftharpoons$	Na^+ +	Cl^-
起始/ $\text{mol}\cdot\text{kg}^{-1}$	0.100	0	0
平衡/ $\text{mol}\cdot\text{kg}^{-1}$	$0.100-0.100\alpha$	0.100α	0.100α

$$b=(0.100-0.100\alpha)+(0.100\alpha+0.100\alpha)=0.100+0.100\alpha=0.188\,,\quad \alpha=0.88$$

理论上强电解质溶液的解离度应等于 1，但实验测得值却小于 1，这个矛盾可由 1923 年德拜（P.Debye）和休克尔（E. Hückel）提出的强电解质溶液理论得到初步解释。该理论认为强电解质在水溶液中是完全解离的，因此，在强电解质溶液中离子浓度往往较大，离子间平均距离较小。由于静电力相互作用，正离子周围负离子数目大于正离子数目；负离子周围正相反，正离子数目大于负离子数目，在每一离子周围形成了一个带相反电荷的“离子氛”（ionic atmosphere）。由于离子氛的存在，离子的运动受到了牵制，故实际表现出来的离子浓度小于强电解质全部解离时应有的浓度。

强电解质溶液由实验测得的解离度，并非真正的解离度，常称为表观解离度。

2. **活度和活度系数**

粗略地把电解质溶液中离子实际表现出来的“浓度”称为活度（activity）。严格说，活度 a 与浓度之间的关系为

$$a=\gamma\cdot(b/b^{\ominus}) \tag{3-27}$$

式中，b 为质量摩尔浓度；$b^{\ominus}$ 为 $1\ \text{mol}\cdot\text{kg}^{-1}$；$\gamma$ 为**活度系数**（activity coefficient）。若浓度用物质的量浓度表示，可得

$$a=\gamma\cdot(c/c^{\ominus}) \tag{3-28}$$

活度系数 γ 的大小直接反映溶液中离子的自由程度。离子浓度越大，离子所带的电荷越高，离子间相互牵制作用就越大，γ 就越小。当溶液很稀时，离子间相互作用很小，γ 接近 1，这时活度和浓度在数值上几乎相等。

γ 既与溶液中离子浓度有关，又与离子的电荷数有关。为了统一描述这两个物理量对 γ 的影响，提出了**离子强度**（ionic strength）I 的概念。其定义为

$$I=\frac{1}{2}\sum_i b_i z_i^2 \tag{3-29}$$

式中，z_i 代表溶液中 i 离子的电荷数。溶液浓度较稀时也可用物质的量浓度 c 代替质量摩尔浓度 b 进行计算。例如，$0.050\ \text{mol}\cdot\text{kg}^{-1}$ $AlCl_3$ 溶液的离子强度为：

$$I=\frac{1}{2}\sum_i b_i z_i^2=\frac{1}{2}\times 0.050\ \text{mol}\cdot\text{kg}^{-1}\times(3^2+3\times1^2)=0.30\ \text{mol}\cdot\text{kg}^{-1}$$

溶液的离子强度越大，活度系数就越小。但是两者之间至今尚未找到一个令人满意的关系式，一般列表备查。需要指出的是，在电解质溶液的各类平衡计算中，严格说都应该用活

度，只有在很稀的离子溶液中才允许用浓度代替活度，否则误差较大。

对于盐效应会影响解离度，可用活度和活度系数的概念予以解释。HAc 解离平衡关系式严格说应该是

$$HAc \rightleftharpoons H^+ + Ac^-$$

$$K_a^\ominus = \frac{a(H^+)\cdot a(Ac^-)}{a(HAc)} = \frac{\gamma_+[H^+]\cdot\gamma_-[Ac^-]}{[HAc]}$$

加 NaCl 后，随着 I 值升高，γ_+（H^+ 活度）和 γ_-（Ac^- 活度）值下降，因为 $K_a^\ominus$ 值不变，要使上述等式成立，平衡向右移动，促使 $[H^+]$ 和 $[Ac^-]$ 增大，故引起 α 上升（稀溶液中 HAc 的 $\gamma \approx 1$）。

3.3 缓冲溶液

3.3.1 缓冲溶液的组成和性质

从上述弱酸弱碱的解离平衡移动的讨论可知，弱酸 HA 溶液的 pH、弱碱 A^- 溶液的 pOH，除了与其解离平衡常数 K_a、K_b 有关以外，还与其共轭酸碱对浓度之比有关，即

$$pH = pK_a + \lg\frac{[A^-]}{[HA]}, \quad pOH = pK_b + \lg\frac{[HA]}{[A^-]}$$

如果对溶液中的共轭酸碱对浓度比例进行调整，则可获得我们需要的 pH 或 pOH。以 HAc 溶液为例，可加入其强碱盐 NaAc，或加入适量的 NaOH 与 HAc 部分中和，使生成的 NaAc 与剩余的 HAc 组成 $HAc-Ac^-$ 共轭酸碱对，即可实现这种调整。

下面对① HAc 溶液、② NaAc 溶液、③两者等体积混合溶液，三者做一下比较，见表 3-6。

表 3-6　HAc、NaAc 和 (HAc + NaAc) 混合溶液的比较

溶液组成和浓度 $1.0\,mol\cdot L^{-1}$	溶液中各组分的量 $HAc + H_2O$	$\rightleftharpoons$ H_3O^+	$+ Ac^-$	K_a	pH	解离平衡
① HAc 溶液	大量	微量	微量	1.75×10^{-5}	2.38	解离左移达平衡
② NaAc 溶液	微量	微量	大量	1.75×10^{-5}	9.42	解离右移达平衡
③ 两者等体积混合	大量	微量	大量	1.75×10^{-5}	4.76	解离综合达平衡

表中，溶液②是共轭碱溶液，$K_b = K_w / K_a = 5.71\times10^{-10}$，$pOH = 4.58$，$pH = 9.42$。

上述三种体系中，平衡常数 $K_a = 1.75\times10^{-5}$ 是解离平衡的限度依据，它是解决问题的基础。混合溶液③ $pH = 4.76$，居于弱酸 HAc $(pH = 2.38)$ 和弱碱 Ac^- $(pH = 9.42)$ 之间。

三种溶液在组成上的差异：在 HAc 溶液中，HAc 是大量的，解离出来的 H_3O^+ 和 Ac^- 都是微量的；NaAc 溶液中，Ac^- 是大量的，解离平衡后获得的 HAc、H^+（或 OH^-）是微量的；在混合溶液中，共轭酸碱对 $HAc-Ac^-$ 两者都是大量的，H_3O^+ 是微量的，因 Ac^- 的同离子效应而变得比纯 HAc 解离出来的 H_3O^+ 更少量，所以其 pH 也稍高一些。

这种由大量共轭酸和大量共轭碱所组成的混合溶液，具有什么性质呢？

在已知浓度为 1.0 mol·L^{-1} 的 HAc - NaAc 混合溶液 100 mL 中，加入少量 0.10 mol·L^{-1} HCl 溶液或 NaOH 溶液，计算混合溶液的 pH：

加少量 HCl 后：

$$c(\mathrm{HAc})=\frac{1.0\times100+0.10V}{100+V},\quad c(\mathrm{Ac^-})=\frac{1.0\times100-0.10V}{100+V},\quad \mathrm{pH}=\mathrm{p}K_\mathrm{a}^\ominus+\lg\frac{1.0\times100-0.10V}{1.0\times100+0.10V}$$

加少量 NaOH 后：

$$c(\mathrm{HAc})=\frac{1.0\times100-0.10V}{100+V},\quad c(\mathrm{Ac^-})=\frac{1.0\times100+0.10V}{100+V},\quad \mathrm{pH}=\mathrm{p}K_\mathrm{a}^\ominus+\lg\frac{1.0\times100+0.10V}{1.0\times100-0.10V}$$

依据上面两个 pH 计算公式，对 V 取一些适当的值，将计算结果列于表 3-7 中。

表 3-7　HAc-NaAc 混合溶液加少量 HCl 或 NaOH 后 pH 的变化情况

加入试剂	混合溶液	加入 0.10 mol·L^{-1} HCl				加入 0.10 mol·L^{-1} NaOH			
V/mL	0	0.05	0.50	5.00	50.00	0.05	0.50	5.00	50.00
pH	4.76	4.76	4.76	4.75	4.72	4.76	4.76	4.76	4.80

从表 3-7 中数据可知，在 HAc - NaAc 混合溶液中，加入 HCl 的量从 0.05 mL 增加到 50.00 mL，pH 降低了 0.04 个单位，加入 NaOH 的量从 0.05 mL 增加到 50.00 mL，pH 增加了 0.04 个单位。说明在 HAc - NaAc 混合溶液中，加入少量的强酸或强碱之后，混合溶液的 pH 基本维持不变。如果在混合溶液中加入少量的水（稀释），因共轭酸碱对的比值不变，所以该混合溶液的 pH 也维持不变。

这种含有“共轭酸碱对”的混合溶液能缓解加入少量强酸、强碱或水稀释的影响，而保持溶液 pH 不发生显著变化的作用，称为**缓冲作用**，具有这种缓冲能力的溶液称为**缓冲溶液**。

3.3.2　缓冲作用原理和计算

缓冲溶液为什么能够缓解外加少量强酸、强碱带来的影响，而保持 pH 基本不变呢？从酸碱质子理论来看，缓冲溶液是由弱酸与其共轭碱所组成的混合溶液，例如，HAc - NaAc、NH_4Cl - NH_3 和 NaH_2PO_4 - Na_2HPO_4 等都可配制成缓冲溶液。若以 HA 表示弱酸，A^- 表示其共轭碱，依据解离平衡原理，则有

$$\mathrm{HA}+\mathrm{H_2O} \rightleftharpoons \mathrm{H_3O^+}+\mathrm{A^-}$$

$$K_\mathrm{a}=\frac{[\mathrm{H_3O^+}][\mathrm{A^-}]}{[\mathrm{HA}]},\qquad [\mathrm{H_3O^+}]=K_\mathrm{a}\cdot\frac{[\mathrm{HA}]}{[\mathrm{A^-}]} \tag{3-30}$$

由此可见，缓冲溶液能保持 $[H_3O^+]$ 基本不变，其实是加入少量强酸、强碱后仍然能保持共轭酸碱对 $[HA]/[A^-]$ 之值基本不变。从缓冲溶液的组成可知，HA 和 A^- 的起始浓度都比较大，由于同离子效应，HA 的解离度很小，故 $[H_3O^+]$ 很小，而 $[HA]$ 和 $[A^-]$ 均较大。

当加入少量强酸时，由于 H_3O^+ 浓度增加，上述平衡向生成 HA 的方向移动（左移）。在这一过程中 $[A^-]$ 略有减小，$[HA]$ 略有增加，其 $[HA]/[A^-]$ 值变化不大。则 A^- 称为缓冲溶液的抗酸成分。

当加入少量强碱时，溶液中的 H_3O^+ 即与加入的 OH^- 结合，随着 H_3O^+ 浓度降低，平衡向生成 A^- 的方向移动（右移），在这一过程中 $[A^-]$ 略有增加，$[HA]$ 略有减小，其 $[HA]/[A^-]$ 值变化也不大。则 HA 称为缓冲溶液的抗碱成分。

当加水稀释时，由于共轭酸碱对同时稀释，而 $[HA]/[A^-]$ 值基本不变，故 pH 也不变。

若以 $c(HA)$ 和 $c(A^-)$ 分别表示组成缓冲溶液的弱酸和共轭碱的初始浓度，弱酸的解离度本来就不大，加上同离子效应，其解离度变得更小，而使 $[H_3O^+]$ 极小，计算中可忽略，则

$$[HA] = c(HA) - [H_3O^+] \approx c(HA)$$

$$[A^-] = c(A^-) + [H_3O^+] \approx c(A^-)$$

将此代入式（3-30），得

$$[H_3O^+] = K_a \cdot \frac{c(HA)}{c(A^-)} \tag{3-31}$$

等式两边取负对数

$$pH = pK_a + \lg\frac{c(A^-)}{c(HA)} \tag{3-32}$$

将浓度换成物质的量

$$pH = pK_a + \lg\frac{n(A^-)}{n(HA)} \tag{3-33}$$

式（3-32）和式（3-33）都是计算缓冲溶液酸度的基本公式。

例 3-11 在 NaH_2PO_4 - Na_2HPO_4 缓冲溶液中，缓冲对浓度均为 $0.10\ mol \cdot L^{-1}$。计算 pH：

（1）该缓冲溶液；

（2）在 1.0 L 该缓冲溶液中加入 $1.0\ mol \cdot L^{-1}$ HCl 溶液 10 mL；

（3）在 1.0 L 该缓冲溶液中加入 $1.0\ mol \cdot L^{-1}$ NaOH 溶液 10 mL。

解 （1）在该缓冲溶液中，$H_2PO_4^-$ 为弱酸，HPO_4^{2-} 为其共轭碱，解离平衡为

$$H_2PO_4^- + H_2O \rightleftharpoons H_3O^+ + HPO_4^- \qquad K_{a,2} = 6.34 \times 10^{-8}$$

虽然还有 HPO_4^{2-} 的第三级解离，由于 $K_{a,3} = 4.79 \times 10^{-13}$ 特别小，可以忽略，则有

$$pH = pK_{a,2} + \lg\frac{c(HPO_4^{2-})}{c(H_2PO_4^-)} = 7.20 + \lg\frac{0.10}{0.10} = 7.20$$

（2）加入 HCl 后有两个变化：一是总体积增加，二是 H_3O^+ 与 HPO_4^{2-} 结合使其量减小，生成 $H_2PO_4^-$ 使其量增加。为避免因体积变化带来浓度计算的繁琐过程，采用公式（3-33）较简洁，即

$$n(H_2PO_4^-) = 0.10\ mol \cdot L^{-1} \times 1.0\ L + 1.0\ mol \cdot L^{-1} \times 0.010\ L = 0.11\ mol$$

$$n(HPO_4^{2-}) = 0.10\ mol \cdot L^{-1} \times 1.0\ L - 1.0\ mol \cdot L^{-1} \times 0.010\ L = 0.09\ mol$$

$$pH = pK_{a,2} + \lg\frac{n(HPO_4^{2-})}{n(H_2PO_4^-)} = 7.20 + \lg\frac{0.09}{0.11} = 7.11$$

（3）同上述（2）的方法，加入 NaOH 后，HPO_4^{2-} 的量增加，$H_2PO_4^-$ 的量减小，则有

$$pH = 7.20 + \lg\frac{0.10 \times 1.0 + 1.0 \times 0.010}{0.10 \times 1.0 - 1.0 \times 0.010} = 7.29$$

从式（3-32）和式（3-33）可知，缓冲溶液的 pH 由缓冲对组成和缓冲对配比两个因素决

定。缓冲对组成决定了它控制酸度的最佳位置（pK_a），缓冲对配比决定了它控制酸度的范围（$pK_a \pm 1$）。一些常用缓冲溶液控制酸度的最佳位置和控制范围，参见表 3-8。

表 3-8　一些常用缓冲溶液

缓冲溶液	缓冲对	pK_a	pH 缓冲范围(计算值)
HCOOH-NaOH	$HCOOH\text{-}HCOO^-$	3.74	2.74 ~ 4.74
HAc-NaAc	$HAc\text{-}Ac^-$	4.76	3.76 ~ 5.76
$C_6H_4(COO)_2HK\text{-}KOH$	$C_6H_4(COO)_2^-H\text{-}C_6H_5(COO)_2^{2-}$	5.40	4.40 ~ 6.40
$KH_2PO_4\text{-}Na_2HPO_4$	$H_2PO_4^-\text{-}HPO_4^{2-}$	7.21	6.21 ~ 8.21
$NH_4Cl\text{-}NH_3 \cdot H_2O$	$NH_4^+\text{-}NH_3$	9.26	8.26 ~ 10.26
$Na_2B_4O_7\text{-}HCl$	$H_3BO_3\text{-}B(OH)_4^-$	9.27	8.27 ~ 10.27
$NaHCO_3\text{-}Na_2CO_3$	$HCO_3^-\text{-}CO_3^{2-}$	10.33	9.33 ~ 11.33
$Na_2HPO_4\text{-}NaOH$	$HPO_4^{2-}\text{-}PO_4^{3-}$	12.32	11.32 ~ 13.32

（1）缓冲对总浓度对缓冲容量的影响

设有 4 份 HAc - NaAc 缓冲溶液，体积均为 1.0 L，缓冲对配比都是 1∶1，总浓度依次递减，各加入 0.02 mol NaOH 后，pH 的变化情况列于表 3-9 中。从表中数据可知，总浓度越大，缓冲容量就越大，通常总浓度控制在 0.01~1.0 $mol \cdot L^{-1}$。实际应用时，只要满足控制 pH 要求，总浓度不宜太大，以免浪费试剂和对研究系统带来不利的影响。

表 3-9　缓冲对总浓度对缓冲容量的影响

编　号	1	2	3	4
c(总)/$mol \cdot L^{-1}$	1.0	0.40	0.20	0.10
$c(Ac^-)$ ∶ $c(HAc)$	0.50∶0.50	0.20∶0.20	0.10∶0.10	0.05∶0.05
加 NaOH 前的 pH	4.76	4.76	4.76	4.76
加 NaOH 后的 pH	4.79	4.85	4.94	5.13
ΔpH	0.03	0.09	0.18	0.37

（2）缓冲对的配比对缓冲容量的影响

设有 4 份 HAc - NaAc 缓冲溶液，体积均为 1.0 L，总浓度都是 1.0 $mol \cdot L^{-1}$，缓冲对配比依次增大，各加入 0.02 mol NaOH 后，pH 的变化情况列于表 3-10 中。从表中数据可知，缓冲对配比值越接近 1，加碱后 pH 变化越小，缓冲容量越大。当缓冲对配比等于 1 时，$pH = pK_a$。

表 3-10　缓冲对配比对缓冲容量的影响

编　号	1	2	3	4
c(总)/$mol \cdot L^{-1}$	1.0	1.0	1.0	1.0
$c(Ac^-)$ ∶ $c(HAc)$	0.50∶0.50	0.90∶0.10	0.95∶0.05	0.97∶0.03
加 NaOH 前的 pH	4.76	5.71	6.04	6.27
加 NaOH 后的 pH	4.79	5.82	6.27	6.76
ΔpH	0.03	0.11	0.23	0.49

3.3.3 缓冲溶液的配制和应用

依据上述讨论，为了获得最大的缓冲容量，选择缓冲对的 pK_a 等于所配制的 pH 为宜。不过完全匹配要求的缓冲对不易找到，只能尽量接近。一般来说，当 $c(A^-)/c(HA)$ 之值介于 10~0.1时，缓冲溶液的缓冲容量不会太小。如果将 $c(A^-)/c(HA)=10$ 或 0.1分别代入式（3-32），可得缓冲溶液的有效缓冲范围为 $pH = pK_a \pm 1$。一些常用缓冲溶液的缓冲范围参见表 3-8。

以下列举一些选择和配制缓冲溶液的实例。

例 3-12 欲配制 pH = 9.50，$c(NH_3 \cdot H_2O) = 1.0\ mol \cdot L^{-1}$ 的缓冲溶液 1.0 L，问如何用浓氨水（浓度 $15\ mol \cdot L^{-1}$）和固体 NH_4Cl 配制？

解 $NH_4Cl-NH_3 \cdot H_2O$ 缓冲溶液的解离平衡

$$NH_4^+ + H_2O \rightleftharpoons H_3O^+ + NH_3 \qquad K_a = K_w / K_b = 5.56\times10^{-10}$$

$$pH = pK_a + \lg\frac{c(NH_3)}{c(NH_4^+)}$$

$$9.50 = -\lg(5.56\times10^{-10}) + \lg\frac{c(NH_3)}{c(NH_4^+)}, \qquad \frac{c(NH_3)}{c(NH_4^+)} = 1.76$$

已知 $c(NH_3) = 1.0\ mol \cdot L^{-1}$，则 $c(NH_4^+) = \frac{1.0\ mol \cdot L^{-1}}{1.76} = 0.568\ mol \cdot L^{-1}$

需要浓氨水的量：$V(NH_3 \cdot H_2O) = \frac{1.0\ mol \cdot L^{-1} \times 1.0\ L}{15\ mol \cdot L^{-1}} = 0.0667\ L = 66.7\ mL$

需要 NH_4Cl 的量：$m(NH_4Cl) = 0.568\ mol \cdot L^{-1} \times 1.0\ L \times 53.5\ g \cdot mol^{-1} = 30.4\ g$

配制方法：称取 30.4 g 固体 NH_4Cl 溶于约半升水中，加入浓氨水 66.7 mL，加水稀释至 1.0 L，即为需要的缓冲溶液。

例 3-13 用 $1.0\ mol \cdot L^{-1}$ HAc 溶液与 $1.0\ mol \cdot L^{-1}$ NaOH 溶液 100 mL 混合，配制 pH = 4.70 的缓冲溶液，问需要该 HAc 溶液和水各多少毫升？

解 依据题意，NaOH 与过量的 HAc 发生中和反应，生成的 Ac^- 与剩余的 HAc 组成 $HAc-Ac^-$ 缓冲对。

$$K_a = 1.75\times10^{-5}, \quad pH = 4.70, \quad [H_3O^+] = 2.0\times10^{-5}\ mol \cdot L^{-1}$$

$$\frac{[HAc]}{[Ac^-]} = \frac{[H_3O^+]}{K_a} = \frac{2.0\times10^{-5}}{1.75\times10^{-5}} = 1.14$$

$$[Ac^-] = \frac{0.1\ L \times 1.0\ mol \cdot L^{-1}}{1.0\ L} = 0.10\ mol \cdot L^{-1}, \quad [HAc] = 1.14\times0.10 = 0.114\ mol \cdot L^{-1}$$

HAc 的总量为：$n = (0.10 + 0.114)\ mol \cdot L^{-1} \times 1.0\ L = 0.214\ mol$

需要 HAc 体积：$V(HAc) = \frac{0.214\ mol}{1.0\ mol \cdot L^{-1}} = 214\ mL$

需要水的体积：$V(水) = 1000\ mL - (100 + 214)\ mL = 686\ mL$

缓冲溶液在农业、生物和医学领域都有重要的意义。在土壤中含有 $H_2CO_3-NaHCO_3$、$NaH_2PO_4-Na_2HPO_4$ 以及腐殖质酸及其盐等组成的多种缓冲对，所以能使土壤维持在一定的

pH 范围，保证植物的正常生长；而在盐碱地的植物一般不易成活或生长不好，是因为盐碱地没有这些缓冲对存在，其 pH 超出了植物生长的范围。

动植物体内也有复杂的缓冲系统在维持体液的 pH，以保证生命的正常活动。人体的血液系统含有许多缓冲对，主要有 H_2CO_3 - $NaHCO_3$ 、NaH_2PO_4 - Na_2HPO_4 、血浆蛋白-血浆蛋白盐，其中 H_2CO_3 - $NaHCO_3$ 缓冲对起主要作用。当人体新陈代谢过程中产生酸（如乳酸、磷酸等）进入血液时，HCO_3^- 便与其结合生成 H_2CO_3，后者被血液带至肺部，通过呼吸以 CO_2 形式排出体外；当来源于食物的碱性物质（如柠檬酸钠、钾盐、磷酸氢二钠、碳酸氢钠等）进入血液时，血液中的 H^+ 便与之结合，H^+ 的消耗由 H_2CO_3 来补充。血液中的几个缓冲对相互制约，使血液 pH 严格控制在 7.40 ± 0.03 内，稍微超出这个范围，人体就会感觉不适，发生生理紊乱，严重时会危及生命。

在化学及化工生产中，缓冲溶液也有大量应用。化学分析中，EDTA 配位滴定，用缓冲溶液控制 pH 是必不可少的操作。例如，EDTA 滴定钙和镁时，需用 pH = 10 的 NH_4Cl - NH_3 缓冲溶液；滴定铝需用六次甲基四胺缓冲溶液等。在电镀工业中，电镀液的被镀金属离子除了以配合物形式存在外，还必须有缓冲溶液（如 NaH_2PO_4 - Na_2HPO_4 、柠檬酸-柠檬酸钾、琥铂酸-琥铂酸钠、2-萘磺酸-2-萘磺酸钠等）来控制酸度，这样才能使金属镀层致密而均匀。

3.4　酸碱中和反应

在水溶液中，酸与碱之间的质子传递过程就是中和反应，反应进行的程度可由其平衡常数来判断。

1. 强酸强碱的中和反应

例如，HCl 与 NaOH 反应

$$H_3O^+ + OH^- \rightleftharpoons H_2O + H_2O$$

$$K = \frac{1}{[H_3O^+][OH^-]} = \frac{1}{K_w} = \frac{1}{1.0\times10^{-14}} = 1.0\times10^{14}$$

反应的 K 值非常大，反应进行得很完全。当两者等量中和时，溶液显中性，即 pH = 7。

2. 强酸弱碱的中和反应

例如，HCl 与 NaAc 反应

$$H_3O^+ + Ac^- \rightleftharpoons HAc + H_2O$$

$$K = \frac{[HAc]}{[H_3O^+][Ac^-]} = \frac{1}{K_a} = \frac{1}{1.5\times10^{-5}} = 5.7\times10^4$$

反应的 K 值也比较大，反应也较完全。两者等量中和时，溶液呈酸性，pH 与 $c(HAc)$ 有关。

3. 强碱弱酸的中和反应

例如，NaOH 与 HAc 反应

$$HAc + OH^- \rightleftharpoons Ac^- + H_2O$$

$$K=\frac{[Ac^-]}{[OH^-][HAc]}=\frac{1}{K_b}=\frac{K_a}{K_w}=\frac{1.75\times10^{-5}}{1.0\times10^{-14}}=1.8\times10^{9}$$

反应的 K 值很大，中和反应完全。两者等量中和时，溶液呈碱性，其 pOH 与 $c(Ac^-)$ 有关。

4. 弱酸弱碱的中和反应

弱酸与弱碱之间也能发生中和反应，反应进行的程度取决于酸碱的相对强弱，较强酸置换较弱酸。在表 3-2 中，左上方的酸能与右下方的碱进行中和反应，二者在表中位置越远，反应越彻底。弱酸与弱碱的中和反应，一般存在多重平衡，下面以两组实例来介绍处理此类比较复杂问题的方法。

例如，HAc 与 Na_2S 在水溶液中的反应，存在多重平衡：

①	$HAc+H_2O \rightleftharpoons H_3O^+ + Ac^-$	$K_1=K_a=1.75\times10^{-5}$
②	$HS^- + H_2O \rightleftharpoons H_3O^+ + S^{2-}$	$K_2=K_{a,2}=1.2\times10^{-13}$
① - ②→③	$HAc+S^{2-} \rightleftharpoons Ac^- + HS^-$	$K_3=K_1/K_2$

由③式的推导过程，依据多重平衡规则，则有

$$K_3=\frac{K_1}{K_2}=\frac{1.75\times10^{-5}}{1.2\times10^{-13}}=1.5\times10^{8}$$

反应平衡常数很大，中和反应进行得很彻底。两者等量中和时，系统的 pH 计算较复杂，由中和后生成的 Ac^- 与 HS^- 的浓度共同决定。弱碱 S^{2-} 有两级解离，在酸性溶液中仅考虑其一级解离。

再如，将 CO_2 通入 Na_2SiO_3 溶液（水玻璃），可以制备 H_2SiO_3 吗？若可以，则应发生如下反应：

①	$H_2CO_3+SiO_3^{2-} \rightleftharpoons HCO_3^- + HSiO_3^-$	K_1
②	$H_2CO_3+HSiO_3^- \rightleftharpoons HCO_3^- + H_2SiO_3$	K_2

这两个反应都存在多重平衡，依据上述多重平衡处理方法，则有

$$K_1=\frac{K_{a,1}(H_2CO_3)}{K_{a,2}(H_2SiO_3)}=\frac{4.5\times10^{-7}}{2\times10^{-12}}=2.2\times10^{5}$$

$$K_2=\frac{K_{a,1}(H_2CO_3)}{K_{a,1}(H_2SiO_3)}=\frac{4.5\times10^{-7}}{1\times10^{-10}}=4.5\times10^{3}$$

由于 H_2CO_3 酸性大于 H_2SiO_3，两步反应的 K 值都较大，中和反应是能够进行的。

以上介绍了 4 类中和反应，它们的 K 值都很大，所以反应可发生。这也加深了酸碱中和与强弱置换原理的理解，以便利用这些原理，进行化学制备和化学分析。

3.5 沉淀溶解平衡

沉淀的生成与溶解是无机化工生产中常用方法，有的是为了获得目标产物，有的是为了分离纯化产品。例如，在石灰水中循环通入 $CO_2(g)$，使微溶的 $Ca(OH)_2$ 逐步转化为 $CaCO_3$ 沉

淀，经过滤、洗涤、烘干和粉碎，最后获得具有吸附活性的轻质碳酸钙，它在涂料和橡胶中作为优质填料。其反应涉及如下过程：

① $Ca(OH)_2(s) \rightleftharpoons Ca^{2+}(aq) + 2OH^-(aq)$　　K_1

② $CO_2(g) + H_2O(l) \rightleftharpoons H_2CO_3(aq)$　　K_2

③ $H_2CO_3(aq) \rightleftharpoons H^+(aq) + HCO_3^-(aq)$　　K_3

④ $HCO_3^-(aq) \rightleftharpoons H^+(aq) + CO_3^{2-}(aq)$　　K_4

⑤ $CaCO_3(s) \rightleftharpoons Ca^{2+}(aq) + CO_3^{2-}(aq)$　　K_5

⑥ $Ca(OH)_2(s) + CO_2(g) \rightleftharpoons CaCO_3(s) + H_2O(l)$　　K_6

以上反应过程的特征，总是伴随着一种固相物质的消失和另一固相物质的生成，它涉及多重平衡问题。这是喀斯特地貌的形成过程，也是地下溶洞的钟乳、石笋及钙华形成过程。如何判断沉淀与溶解反应的方向？如何使这些反应进行完全？这些都是沉淀溶解平衡需要解决的问题。

3.5.1　溶度积和溶度积规则

1. 溶度积

固态溶质在液态溶剂中溶解后便形成均相溶液。不同溶质在溶剂中的溶解度相差很大，从完全溶解、部分溶解和几乎不溶解的情况都有。严格地说，绝对不溶解的“不溶物”是不存在的，只是溶解多少不同而已。就以水为溶剂而言，习惯上把溶解度小于 0.01 g/100 g H_2O 的物质叫作“难溶物”，这是本小节研究的对象，如表 3-11 中的 4 种物质都属于难溶物。

表 3-11　几种常见的难溶物（298 K）

化合物	AgCl	$BaSO_4$	$CaCO_3$	HgS
s /g·(100 gH_2O)$^{-1}$	1.35×10^{-4}	2.23×10^{-4}	5.80×10^{-4}	1.3×10^{-6}

如将 AgCl(s) 放入水中，晶态表面上的 Ag^+ 和 Cl^- 在极性水分子的作用下，少部分脱离晶体表面而进入溶液，这一过程称为溶解；与此同时，随着溶液中 Ag^+ 和 Cl^- 浓度逐渐增加，在晶体表面的正、负电荷的吸引作用下，它们又会重新返回晶体表面，这一过程称为沉淀。在一定温度下，当沉淀与溶解这两个相反过程的速率相等时，就达到 AgCl(s) 的沉淀溶解平衡，此时的溶液则为该温度下 AgCl(s) 的饱和溶液。

AgCl(s) 虽然难溶，但溶解的部分却完全电离。与弱酸弱碱电离平衡不同，难溶电解质与其饱和溶液中的水合离子之间的沉淀溶解平衡属于多相离子平衡，一方是固相（沉淀），另一方是液相（离子）。由于难溶电解质沉淀溶解平衡时的离子浓度很小，大多数都超出了化学分析的检测限，一般需要通过热力学或电化学等方法来检测和计算其平衡常数、溶解度和离子浓度等。

例如，在 298 K 时，AgCl 的沉淀溶解平衡过程：

$$AgCl(s) \rightleftharpoons Ag^+(aq) + Cl^-(aq)$$

$\Delta_f G_m^{\ominus}$ / kJ·mol^{-1}　　– 109.80　　77.12　　– 131.26

$$\Delta_r G_m^{\ominus} = (77.12 - 131.26) - (-109.80) = 55.66\ (\text{kJ}\cdot\text{mol}^{-1})$$

$$\ln K^{\ominus} = -\frac{\Delta_r G_m^{\ominus}}{RT} = -\frac{55.66\times10^3}{8.315\times298} = -22.46\text{，}\quad K^{\ominus} = 1.76\times10^{-10}$$

$$K^{\ominus} = \frac{a(\text{Ag}^+)a(\text{Cl}^-)}{a(\text{AgCl})}$$

因 $a(\text{AgCl}) = 1$，而 Ag^+ 、Cl^- 浓度很小，其 $\gamma\approx1$，则 $a(\text{Ag}^+) = [\text{Ag}^+]$ 、$a(\text{Cl}^-) = [\text{Cl}^-]$，上式可近似简化为

$$K^{\ominus} = K_{sp}^{\ominus} = [\text{Ag}^+][\text{Cl}^-]$$

对于难溶电解质的沉淀溶解平衡，其平衡常数 $K^{\ominus}$ 称为**溶度积常数**，简称**溶度积**（solubility product），记为 $K_{sp}^{\ominus}$。对于一般难溶盐 $A_nB_m(s)$ 的沉淀溶解平衡，则有

$$A_nB_m(s) \rightleftharpoons nA^{m+}(aq) + mB^{n-}(aq)$$

$$K_{sp}^{\ominus} = [A^{m+}]^n[B^{n-}]^m \tag{3-34}$$

式（3-34）表明，**在一定温度下，难溶电解质在其饱和溶液中，各离子平衡浓度幂的乘积为一常数**。一些常见难溶电解质的 $K_{sp}^{\ominus}$ 见附录三。溶度积和溶解度都反映了难溶电解质的溶解能力，它们之间是可以相互换算的。为了书写简便，有时将“aq”水合离子状态省略。

例 3-14 在 298 K 时，$Ag_2CrO_4(s)$ 的溶解度 s 为 $2.1\times10^{-3}\ \text{g}\cdot(100\ \text{g}\ \text{H}_2\text{O})^{-1}$，求该温度下 $Ag_2CrO_4(s)$ 的 $K_{sp}^{\ominus}$。

解 先将溶解度换算为物质的量浓度。由于是极稀溶液，可认为溶液密度 $\rho = 1.0\ \text{g}\cdot\text{mL}^{-1}$，100 g$H_2O$溶液体积为 $100\ \text{g}/(1.0\ \text{g}\cdot\text{mL}^{-1}) = 0.10\ \text{L}$。$Ag_2CrO_4$ 的相对分子质量为 $331.7\ \text{g}\cdot\text{mol}^{-1}$。

$$s = \frac{2.1\times10^{-3}\ \text{g}}{331.7\ \text{g}\cdot\text{mol}^{-1}\times0.10\ \text{L}} = 6.3\times10^{-5}\ \text{mol}\cdot\text{L}^{-1}$$

$$\text{Ag}_2\text{CrO}_4(s) \rightleftharpoons 2\text{Ag}^+(aq) + \text{CrO}_4^{2-}(aq)$$

平衡浓度/ $\text{mol}\cdot\text{L}^{-1}$　　　　$2s$　　　　s

$$K_{sp}^{\ominus} = [\text{Ag}^+]^2[\text{CrO}_4^{2-}] = (2s)^2\cdot s = 4s^3 = 4\times(6.3\times10^{-5})^3 = 1.0\times10^{-12}$$

例 3-15 已知 298 K 时 AgBr(s) 的沉淀溶解平衡及各物质的热力学函数值如下：

	AgBr(s) $\rightleftharpoons$	$Ag^+(aq)$ +	$Br^-(aq)$
$\Delta_f H_m^{\ominus}/\text{kJ}\cdot\text{mol}^{-1}$	−100.4	105.6	−121.6
$S_m^{\ominus}/\text{J}\cdot\text{mol}^{-1}\cdot\text{K}^{-1}$	107.1	72.7	82.4

（1）计算在 298 K 时 AgBr(s) 的 $K_{sp}^{\ominus}$；

（2）估算在 398 K 下 AgBr(s) 的溶解度。

解　（1）$\Delta_r H_m^{\ominus} = (105.6 - 121.6) - (-100.4) = 84.4\ (\text{kJ}\cdot\text{mol}^{-1})$

$$\Delta_r S_m^{\ominus} = (72.7 + 82.4) - 107.1 = 48.0\ (\text{J}\cdot\text{mol}^{-1}\cdot\text{K}^{-1})$$

$$\Delta_r G_m^{\ominus} = \Delta_r H_m^{\ominus} - T\cdot\Delta_r S_m^{\ominus} = 84.4\times10^3 - 298\times48 = 7.0\times10^4\ (\text{J}\cdot\text{mol}^{-1})$$

$$\ln K_{sp}^{\ominus} = -\frac{\Delta_r G_m^{\ominus}}{RT} = -\frac{7.0\times10^4}{8.315\times298} = -28.25\text{，}\quad K_{sp}^{\ominus} = 5.38\times10^{-13}$$

（2）先求 398K 下的 $\Delta_r G_m^{\ominus}$ 和 $K_{sp}^{\ominus}$，再计算该温度下的溶解度 s

$$\Delta_r G_m^{\ominus} = 84.4\times10^3 - 398\times48 = 6.53\times10^4\ \text{J}\cdot\text{mol}^{-1}$$

$$\ln K_{sp}^{\ominus} = -\frac{\Delta_r G_m^{\ominus}}{RT} = -\frac{6.53\times10^4}{8.315\times398} = -19.73\text{，}\quad K_{sp}^{\ominus} = 2.0\times10^{-9}$$

$$K_{sp}^{\ominus} = [Ag^+][Br^-] = s^2 = 2.0\times10^{-9}\text{，}\quad s = 4.47\times10^{-5}\ \text{mol}\cdot\text{L}^{-1}$$

必须指出，上述 $K_{sp}^{\ominus}$ 与 s 的换算，应满足两个条件：一是难溶电解质的离子在溶液中不发生副反应；二是难溶电解质要一步完全解离。

下面列举一些不满足上述条件而不适用的情况。

（1）从 $CaCO_3(s)$ 溶解下来的 CO_3^{2-} 会发生水解反应，使 $CaCO_3(s)$ 实际溶解度大于由 $K_{sp}^{\ominus}$ 计算所得到的溶解度，因为还有中间的 $HCO_3^-(aq)$ 存在，即 $K_{sp} = K_1K_2$。

①	$CaCO_3(s) + H_2O \rightleftharpoons Ca^{2+} + HCO_3^- + OH^-$	K_1
②	$HCO_3^- \rightleftharpoons H^+ + CO_3^{2-}$	K_2
①＋②→③	$CaCO_3(s) \rightleftharpoons Ca^{2+} + CO_3^{2-}$	K_{sp}

（2）HgS(s) 溶于水的部分主要以分子形式溶解，只有很少量分子电离为离子，它由两步平衡过程组成，即 $K_{sp} = K_1K_2$。

①	$HgS(s) \rightleftharpoons HgS(aq)$	K_1
②	$HgS(aq) \rightleftharpoons Hg^{2+} + S^{2-}$	K_2
①＋②→③	$HgS(s) \rightleftharpoons Hg^{2+} + S^{2-}$	K_{sp}

（3）对于 $Fe(OH)_3(s)$，在水中是分步解离的，解离出来的 $[Fe^{3+}]$ 与 $[OH^-]$ 并非 1∶3 的关系，其实它由三步平衡过程组成，即 $K_{sp} = K_1K_2K_3$。

①	$Fe(OH)_3(s) \rightleftharpoons Fe(OH)_2^+ + OH^-$	K_1
②	$Fe(OH)_2^+ \rightleftharpoons Fe(OH)^{2+} + OH^-$	K_2
③	$Fe(OH)^{2+} \rightleftharpoons Fe^{3+} + OH^-$	K_3
①＋②＋③→④	$Fe(OH)_3(s) \rightleftharpoons Fe^{3+} + 3OH^-$	K_{sp}

上述这些情况，其实都存在着多重平衡过程，需要用多重平衡规则来处理。

2. 溶度积规则

依据化学热力学判断反应或过程进行的方法原理，同样可以判断沉淀溶解平衡的方向和平衡的移动情况。用活度商 Q 表示给定条件下离子浓度幂的乘积，简称离子积，以区别沉淀溶解平衡条件下的溶度积 $K_{sp}^{\ominus}$，比较 Q 与 $K_{sp}^{\ominus}$ 的大小，则有如下溶度积规则：

$Q<K_{sp}^{\ominus}$	不饱和溶液，沉淀将会溶解
$Q>K_{sp}^{\ominus}$	过饱和溶液，将有沉淀析出
$Q=K_{sp}^{\ominus}$	饱和溶液，达沉淀溶解平衡

3.5.2 沉淀的生成和溶解

1. 沉淀的溶解

根据溶度积规则，要使某一离子从溶液中沉淀出来，需要加入一种沉淀剂，使其离子积 $Q>K_{sp}^{\ominus}$，该离子便会从溶液中沉淀下来。既然沉淀没有“绝对不溶”的情况，如何才算沉淀相对完全，则需要做一个界定：

在定性分析中，溶液中残留离子浓度≤10^{-5} mol·L^{-1}时，可认为沉淀完全；

在定量分析中，溶液中残留离子浓度≤10^{-6} mol·L^{-1}时，可认为沉淀完全。

离子从溶液中沉淀下来的完全程度主要取决于生成难溶盐的 $K_{sp}^{\ominus}$ 值。对同类型难溶盐来说，$K_{sp}^{\ominus}$ 越小，沉淀后溶液中残留的离子浓度越低，沉淀越完全。例如，欲沉淀溶液中 Ca^{2+}，在 Na_2SO_4 和 $Na_2C_2O_4$ 沉淀剂中，应选择 $Na_2C_2O_4$，因为 CaC_2O_4 的 $K_{sp}^{\ominus}(2.3\times10^{-9})$ 比 $CaSO_4$ 的 $K_{sp}^{\ominus}(4.9\times10^{-5})$ 更小。此外，沉淀剂加入量也影响沉淀完全程度。下面通过计算来说明这一影响。

例 3-16 计算在 100 mL 0.20 mol·L^{-1} $CaCl_2$ 溶液中，分别加入下列溶液后残留的 $[Ca^{2+}]$。

（1）100 mL 0.20 mol·L^{-1} $Na_2C_2O_4$ 溶液；

（2）150 mL 0.20 mol·L^{-1} $Na_2C_2O_4$ 溶液。

解 （1）等体积混合浓度减半，$c(Ca^{2+})=c(C_2O_4^{2-})=0.10\ \text{mol}\cdot\text{L}^{-1}$，正好完全反应。设平衡时残留 $[Ca^{2+}]=x\ \text{mol}\cdot\text{L}^{-1}$，则 $[C_2O_4^{2-}]=x\ \text{mol}\cdot\text{L}^{-1}$，所以

$$K_{sp}^{\ominus}=[Ca^{2+}][C_2O_4^{2-}]=x^2=2.32\times10^{-9},\quad x=4.82\times10^{-5}$$

得残留的 $[Ca^{2+}]=4.82\times10^{-5}\ \text{mol}\cdot\text{L}^{-1}$。

（2）两者混合反应完全后，剩余 $C_2O_4^{2-}$ 的浓度为

$$c(C_2O_4^{2-})=\frac{0.20\times150-0.20\times100}{150+100}=0.040\ (\text{mol}\cdot\text{L}^{-1})$$

设沉淀溶解平衡时，残留 $[Ca^{2+}]=y\ \text{mol}\cdot\text{L}^{-1}$，则 $[C_2O_4^{2-}]=(0.040+y)\ \text{mol}\cdot\text{L}^{-1}$，即有

$$CaC_2O_4(s) \rightleftharpoons Ca^{2+}+C_2O_4^{2-}$$

平衡浨度/mol·L^{-1} $\qquad y \qquad 0.040+y$

$$K_{sp}^{\ominus}=y\cdot(0.040+y)=2.32\times10^{-9}$$

由于 y 很小，$0.040+y\approx0.040$，所以

$$y=\frac{2.32\times10^{-9}}{0.040}=5.80\times10^{-8}$$

这时残留的 $[Ca^{2+}]=5.80\times10^{-8}\ \text{mol}\cdot\text{L}^{-1}$。

比较上述两种情况可知，过量的沉淀剂对难溶电解质的沉淀溶解平衡具有同离子效应，抑制了沉淀的溶解，从而使溶解度大大降低。

根据同离子效应，为了使溶液中某一离子尽可能地沉淀下来，沉淀剂必须过量。但也不是过量越多越好。太多的沉淀剂有时会导致其他副反应的发生，而适得其反。实验测得 AgCl

在不同 NaCl 溶液中的溶解度见表 3-12。当 Cl^- 浓度较大时，AgCl 的溶解度反而随 Cl^- 浓度增加而增大。其原因是形成了 $[AgCl_2]^-$ 等配离子，使平衡向沉淀溶解的方向移动。一般来说，沉淀剂过量 20%～50%为宜。

表 3-12　AgCl 在不同浓度 NaCl 溶液中的溶解度

NaCl 浓度/ $mol \cdot L^{-1}$	0	0.0039	0.036	0.35	0.50
AgCl 溶解度/ $mg \cdot L^{-1}$	2.0	0.10	0.27	2.4	4.0

2. 沉淀的溶解

根据溶度积规则，只要降低溶液中离子浓度，使 $Q < K_{sp}^{\ominus}$，则会使沉淀溶解。降低离子浓度的方法有：（1）生成弱电解质；（2）氧化还原反应；（3）生成配合物。

许多难溶的弱酸盐可溶于强酸，就在于 H^+ 与弱酸根结合生成难解离的弱酸，从而降低溶液中弱酸根浓度，促使沉淀继续溶解，如碳酸盐、草酸盐。磷酸盐、硫化物等。

例如，$CaCO_3$ 溶于 HCl 溶液的反应

① $CaCO_3(s) \rightleftharpoons Ca^{2+} + CO_3^{2-}$　　K_1

② $H^+ + CO_3^{2-} \rightleftharpoons HCO_3^-$　　K_2

③ $H^+ + HCO_3^- \rightleftharpoons H_2CO_3$　　K_3

④ $H_2CO_3 \rightleftharpoons CO_2(g) + H_2O$　　K_4

⑤ $CaCO_3(s) + 2H^+ \rightleftharpoons Ca^{2+} + CO_2(g) + H_2O$　　K_5

由① + ② + ③ + ④→⑤，则有 $K_5 = K_1K_2K_3K_4$，其中，$K_1 = K_{sp}$，$K_2 = (K_{a,2})^{-1}$，$K_3 = (K_{a,1})^{-1}$，$K_4 > 1$，可以估算

$$K_5 > \frac{K_{sp}}{K_{a,1}K_{a,2}} = \frac{2.8 \times 10^{-9}}{4.45 \times 10^{-7} \times 4.69 \times 10^{-11}} = 1.34 \times 10^8$$

另外，还可以计算在 298 K 标准状态下，⑤式的 $\Delta_r G_m^{\ominus} = -56.0\ kJ \cdot mol^{-1}$，$K^{\ominus} = 6.53 \times 10^9$，说明上述估算结果是合理的。$K_5$ 很大，即 $CaCO_3$ 溶于 HCl 的反应趋势很大，反应很完全。

又如，$Mg(OH)_2$ 溶于 NH_4Cl 溶液的过程

① $Mg(OH)_2(s) \rightleftharpoons Mg^{2+} + 2OH^-$　　K_1

② $NH_3 \cdot H_2O \rightleftharpoons NH_4^+ + OH^-$　　K_2

③ $Mg(OH)_2(s) + 2NH_4^+ \rightleftharpoons Mg^{2+} + 2NH_3 \cdot H_2O$　　K_3

由① − 2 × ②→③，则有 $K_3 = K_1/(K_2)^2$，其中 $K_1 = K_{sp}$，$K_2 = K_b$，所以

$$K_3 = \frac{K_1}{(K_2)^2} = \frac{K_{sp}}{(K_b)^2} = \frac{5.61 \times 10^{-12}}{(1.76 \times 10^{-5})^2} = 1.81 \times 10^{-2}$$

K_3 值不大，但可以通过提高 NH_4^+ 浓度，使其反应商 $Q < K_3$，即 $\Delta G = RT\ln(Q/K_3) < 0$，促使平衡向溶解方向移动，$Mg(OH)_2$ 溶于 NH_4Cl 溶液中。

必须指出，并不是所有的弱酸盐都可溶于强酸，因为在一些 $K_{sp}^{\ominus}$ 很小的弱酸盐的沉淀溶解平衡中加入强酸，并不足以引起平衡向溶解方向移动。

例 3-17 请分析 FeS(s) 和 CuS(s) 溶于 HCl 溶液的可行性。

解 FeS(s) 加强酸溶解，包含以下多重平衡过程

① $FeS(s) \rightleftharpoons Fe^{2+} + S^{2-}$ K_1

② $H^+ + S^{2-} \rightleftharpoons HS^-$ K_2

③ $H^+ + HS^- \rightleftharpoons H_2S(aq)$ K_3

④ $FeS(s) + 2H^+ \rightleftharpoons Fe^{2+} + H_2S(aq)$ K_4

由① + ② + ③→④，则有 $K_4 = K_1K_2K_3$，其中 $K_1 = K_{sp}$，$K_2 = (K_{a,2})^{-1}$，$K_3 = (K_{a,1})^{-1}$，则

$$K_4 = \frac{K_{sp}}{K_{a,1}K_{a,2}} = \frac{6.3\times10^{-18}}{1.07\times10^{-7}\times1.26\times10^{-13}} = 4.67\times10^{2}$$

以相同的方法处理 CuS(s) 的溶解过程，则有

$$K_4 = \frac{K_{sp}}{K_{a,1}K_{a,2}} = \frac{6.3\times10^{-36}}{1.07\times10^{-7}\times1.26\times10^{-13}} = 4.67\times10^{-16}$$

比较两者的平衡常数可知，FeS(s) 可以被 HCl 溶解，而 CuS(s) 不能溶解。

CuS(s) 虽然不能被 HCl 溶解，但可被氧化性强酸 HNO_3 所溶解。其原因是 HNO_3 将沉淀溶解平衡的 S^{2-} 氧化为单质 S，使 $[S^{2-}]$ 大大降低，促使平衡向溶解的方向移动。即

① $CuS(s) \rightleftharpoons Cu^{2+} + S^{2-}$ K_1

② $3S^{2-} + 8H^+ + 2NO_3^- \rightleftharpoons 3S(s) + 2NO(g) + 4H_2O$ K_2

③ $3CuS(s) + 8H^+ + 2NO_3^- \rightleftharpoons 3Cu^{2+} + 3S(s) + 2NO(g) + 4H_2O$ K_3

AgCl(s) 不溶于 HNO_3，但可溶于氨水，因为 Ag^+ 可与 NH_3 形成 $Ag(NH_3)_2^+$ 配离子，使 $[Ag^+]$ 降低，促使平衡向溶解的方向移动。即

① $AgCl(s) \rightleftharpoons Ag^+ + Cl^-$

② $Ag^+ + 2NH_3(aq) \rightleftharpoons Ag(NH_3)_2^+$

③ $AgCl(s) + 2NH_3 \rightleftharpoons Ag(NH_3)_2^+ + Cl^-$

对于 $K_{sp}^{\ominus}$ 极小的沉淀，单一的溶解手段往往不能奏效，需同时降低正、负离子浓度才能使沉淀溶解。例如，HgS(s) 的 $K_{sp}^{\ominus} = 4\times10^{-53}$，是溶度积最小的难溶盐，可溶于王水，就是利用王水的两个成分同时作用，硝酸的氧化性使 S^{2-}(aq) 变成 S(s) 单质，盐酸的 Cl^- 与 Hg^{2+} 形成 $HgCl_4^{2-}$ 配离子，导致 $[Hg^{2+}]$ 和 $[S^{2-}]$ 双双降低，促使平衡向溶解方向移动。即

① $HgS(s) \rightleftharpoons Hg^{2+} + S^{2-}$

② $Hg^{2+} + 4Cl^- \rightleftharpoons HgCl_4^{2-}$

③ $3S^{2-} + 8H^+ + 2NO_3^- \rightleftharpoons 3S(s) + 2NO(g) + 4H_2O$

④ $3HgS(s) + 12Cl^- + 2NO_3^- + 8H^+ \rightleftharpoons 3HgCl_4^{2-} + 3S(s) + 2NO(g) + 4H_2O$

例 3-18 在 298 K 下，将浓度均为 0.20 mol·L^{-1} 的 $MgCl_2$ 溶液和氨水各 100 mL 混合，问：（1）有无沉淀生成？（2）欲阻止沉淀生成，需加入固体 NH_4Cl 多少克？

解 查表可知 $Mg(OH)_2$ 的 $K_{sp}^{\ominus} = 5.6\times10^{-12}$。

（1）等体积混合初始浓度减半：$c(Mg^{2+}) = c(NH_3 \cdot H_2O) = 0.10\ mol \cdot L^{-1}$，则

$$c(OH^-) = \sqrt{K_b^\ominus c} = \sqrt{1.76\times10^{-5}\times0.10} = 1.33\times10^{-3}\ (mol\cdot L^{-1})$$

$$Q = [c(Mg^{2+})/c^\ominus]\times[c(OH^-)/c^\ominus]^2 = (0.10)\times(1.33\times10^{-3})^2 = 1.77\times10^{-7}$$

$Q > K_{sp}^\ominus$，属于过饱和溶液，所以有沉淀生成。

（2）据前面论述和本题题意，有如下沉淀溶解平衡及平衡常数：

$$Mg(OH)_2(s) + 2NH_4^+(aq) \rightleftharpoons Mg^{2+}(aq) + 2NH_3\cdot H_2O(aq) \qquad K = 1.81\times10^{-2}$$

要使平衡向右移动，则需 $Q < K$，即

$$Q = \frac{[c(Mg^{2+})/c^\ominus]\cdot[c(NH_3\cdot H_2O)/c^\ominus]^2}{[c(NH_4^+)/c^\ominus]^2} = \frac{0.10\times(0.10)^2}{[c(NH_4^+)/c^\ominus]^2} < 1.81\times10^{-2}$$

$$c(NH_4^+) > 0.24c^\ominus = 0.24\ mol\cdot L^{-1}$$

需加入 NH_4Cl 的质量至少为

$$0.24\ mol\cdot L^{-1}\times0.20\ L\times53.5\ g\cdot mol^{-1} = 2.57\ g$$

3.5.3　分步沉淀和沉淀的转化

在含有多种阴离子的混合溶液中，若这些阴离子均能与某金属阳离子形成难溶盐沉淀，如果逐步加入该金属离子溶液，则会按照沉淀需要阳离子量最少的阴离子优先沉淀，当它沉淀完全后，才是需要稍多量的第二个阴离子沉淀，直至需要最多量的阴离子最后沉淀，这种先后沉淀的现象称为**分步沉淀**。

在一个沉淀溶解平衡系统中，加入另一种沉淀剂，使原来的沉淀转化为另一种更难溶沉淀的现象，称为**沉淀的转化**。

例 3-19　在浓度均为 $0.010\ mol\cdot L^{-1}$ 的 K_2CrO_4 和 KCl 混合溶液中，逐滴加入 $AgNO_3$ 溶液。已知 $Ag_2CrO_4(s)$ 和 AgCl(s) 的 $K_{sp}^\ominus$ 分别为 1.1×10^{-12} 和 1.8×10^{-10}。问：

（1）CrO_4^{2-} 和 Cl^- 哪个先沉淀？

（2）当第二种阴离子开始沉淀时，第一种阴离子的残留浓度为多少？

解　当 Cl^- 和 CrO_4^{2-} 形成沉淀后，其沉淀溶解平衡分别为

① $$AgCl(s) \rightleftharpoons Ag^+ + Cl^- \qquad K_{sp}^\ominus = 1.8\times10^{-10}$$

② $$Ag_2CrO_4(s) \rightleftharpoons 2Ag^+ + CrO_4^{2-} \qquad K_{sp}^\ominus = 1.1\times10^{-12}$$

（1）AgCl(s) 开始沉淀时，需要的 $[Ag^+]$：

$$K_{sp}^\ominus = [Ag^+][Cl^-]$$

$$1.8\times10^{-10} = [Ag^+]\times0.010,\quad [Ag^+] = 1.8\times10^{-8}\ mol\cdot L^{-1}$$

$Ag_2CrO_4(s)$ 开始沉淀时，需要的 $[Ag^+]$：

$$K_{sp}^\ominus = [Ag^+]^2[CrO_4^{2-}]$$

$$1.1\times10^{-12} = [Ag^+]^2\times0.010,\quad [Ag^+] = 1.0\times10^{-5}\ mol\cdot L^{-1}$$

比较可知，AgCl(s)开始沉淀时需要的$[Ag^+]$更小，所以Cl^-先沉淀。

（2）当CrO_4^{2-}开始沉淀时，$[Ag^+]=1.0\times10^{-5}\ mol\cdot L^{-1}$，残留的$[Cl^-]$为：

$$1,8\times10^{-10}=1.0\times10^{-5}\times[Cl^-]，\ [Cl^-]=1.8\times10^{-5}\ mol\cdot L^{-1}$$

计算结果说明，CrO_4^{2-}开始沉淀时，Cl^-已基本上沉淀完全，实现了分步沉淀的目的。

值得注意的是，AgCl(s)和$Ag_2CrO_4(s)$分别为AB型和A_2B型沉淀，不能以$K_{sp}^{\ominus}$的大小来判定溶解度的大小，需要通过计算后方可进行比较。

例 3-20 分析$CaSO_4(s)$和$BaSO_4(s)$在Na_2CO_3溶液中分别转化为$CaCO_3(s)$和$BaCO_3(s)$的可行性；对不能实现转化的情况，如何通过改变条件来实现转化？

在298 K和标准状态下，四种相关难溶电解质的溶度积见表3-13。

表 3-13 四种难溶电解质的溶度积

难溶电解质	$CaSO_4(s)$	$CaCO_3(s)$	$BaSO_4(s)$	$BaCO_3(s)$
$K_{sp}^{\ominus}$	4.93×10^{-5}	2.8×10^{-9}	1.08×10^{-10}	2.58×10^{-9}

解 $CaSO_4(s)$转化为$CaCO_3(s)$的过程，包含如下多重平衡

$$① \quad CaSO_4(s) \rightleftharpoons Ca^{2+}+SO_4^{2-} \quad K_1$$
$$② \quad CaCO_3(s) \rightleftharpoons Ca^{2+}+CO_3^{2-} \quad K_2$$
$$③ \quad CaSO_4(s)+CO_3^{2-} \rightleftharpoons CaCO_3(s)+SO_4^{2-} \quad K_3$$

由① - ②→③，根据多重平衡规则，则有：

$$K_3=\frac{K_1}{K_2}=\frac{4.93\times10^{-5}}{2.8\times10^{-9}}=1.76\times10^4$$

K_3较大，平衡正向移动趋势较大，$CaSO_4(s)$转化为$CaCO_3(s)$较完全。

同样，$BaSO_4(s)$转化为$BaCO_3(s)$的过程，包含如下多重平衡

$$① \quad BaSO_4(s) \rightleftharpoons Ba^{2+}+SO_4^{2-} \quad K_1$$
$$② \quad BaCO_3(s) \rightleftharpoons Ba^{2+}+CO_3^{2-} \quad K_2$$
$$③ \quad BaSO_4(s)+CO_3^{2-} \rightleftharpoons BaCO_3(s)+SO_4^{2-} \quad K_3$$

由① - ②→③，根据多重平衡规则，则有：

$$K_3=\frac{K_1}{K_2}=\frac{1.08\times10^{-10}}{2.58\times10^{-9}}=\frac{1}{24}$$

K_3值较小，只有少量转化。要使转化反应正向进行，则需③式反应商$Q_3<K_3$，即

$$\frac{[SO_4^{2-}]}{[CO_4^{2-}]}<\frac{1}{24}，\ [CO_3^{2-}]>24[SO_4^{2-}]$$

由①式$BaSO_4$的K_{sp}求得：$[SO_4^{2-}]=1.04\times10^{-5}\ mol\cdot L^{-1}$

$$[CO_3^{2-}]>24\times1.04\times10^{-5}=2.5\times10^{-4}\ (mol\cdot L^{-1})$$

所以，在转化溶液系统中，只要保持CO_3^{2-}的浓度是SO_4^{2-}浓度的24倍以上，即2.5×10^{-4} mol·L^{-1}以上，转化过程就会持续正向进行，直至转化完成。

通过上述分析可知，对于溶度积相差不大的难溶电解质，可通过适当改变条件来实现沉淀的相互转化。

习 题

本章习题中，在没有特别指明的情况下，一般不考虑离子的副反应及混合时的体积效应，溶液密度近似等于纯水密度。溶液体积的法定计量单位是m^3、dm^3和cm^3，为了简便，统一采用L和mL的习惯用法来表示。

一、思考题

1. 若HCl溶液的浓度为$1.0\times10^{-8}\,mol\cdot L^{-1}$，其pH = 8，对吗？

2. 在323 K时水的离子积为5.5×10^{-14}，该温度下水的标准电离平衡常数是多少？

3. 为什么说水溶液中的最强酸是H_3O^+，最强碱是OH^-？硫酸、硝酸和盐酸在水溶液中哪个酸性最强？

4. 如果浓度为c的某酸的解离度α和解离平衡常数K_a已知，在α很小时，有关系式$\alpha=\sqrt{K_a/c}$，此式是否说明溶液越稀，解离出的离子浓度越大？

5. 浓度均为$0.1\,mol\cdot L^{-1}$的HCl和HAc的酸度一样吗？为什么？

6. 何为两性物质？写出其水溶液pH计算的简化式，说明在什么情况下简化式不适用。

7. 酸碱中和反应恰好中和时，体系的pH等于7吗？为什么？

8. 用$0.1\,mol\cdot L^{-1}$ NaOH溶液分别中和10 mL $0.1\,mol\cdot L^{-1}$ HCl和HAc，所需碱量是否相同？为什么？

9. 用$0.1\,mol\cdot L^{-1}$ NaOH溶液分别中和pH = 3的HCl和HAc各10 mL，所需碱量是否相同？为什么？

10. 请区别离子积与溶度积两个概念有何不同？

11. 在下列难溶物中，哪些不能通过K_{sp}计算得到可靠的溶解度数值？

$$BaCO_3,\quad Fe(OH)_3,\quad BaSO_4,\quad AgCl,\quad BaCrO_4$$

12. 比较Ag_2CrO_4在纯水中与在下列情况溶解度的变化：

（1）在$0.10\,mol\cdot L^{-1}$ K_2CrO_4溶液中；（2）在$0.10\,mol\cdot L^{-1}$ KNO_3溶液中。

13. 对于下列事实予以解释：

（1）$CaSO_4$在水中比在$1.0\,mol\cdot L^{-1}$ H_2SO_4中溶解得更多；

（2）$CaSO_4$在KNO_3溶液中比在纯水中溶解得更多；

（3）$CaSO_4$在$Ca(NO_3)_2$溶液中比在纯水中溶解得更少。

14. 何为“沉淀完全”？沉淀完全时溶液中被沉淀离子的浓度是否等于零？

15. 试举例说明要使沉淀溶解，可采用哪些措施？

二、问答题

1. 指出下列物质中哪些可组成共轭酸碱对？哪些是两性物质？举例说明共轭酸碱对中

共轭酸的溶液是否一定显酸性？共轭碱的溶液是否一定显碱性？

$[Fe(H_2O)_6]^{3+}$，$[Cr(H_2O)_5(OH)]^{2+}$，HCO_3^-，CO_3^{2-}，HSO_4^-，$H_2PO_4^-$，HPO_4^{2-}，NH_4^+，NH_3，OH^-，H_2O，S^{2-}，H_2S，HS^-，NO_2^-，Ac^-。

2. 根据酸碱质子理论指出水溶液中最强的酸是什么？最强的碱是什么？在上述题目中，共轭酸的水溶液中哪个酸性最强？在共轭碱的水溶液中哪个碱性最强？

3. 标明下列反应中各个共轭酸碱对，写出其解离平衡常数表达式。

（1） $HCN + H_2O \rightleftharpoons H_3O^+ + CN^-$

（2） $NO_2^- + H_2O \rightleftharpoons OH^- + HNO_2$

（3） $S^{2-} + H_2O \rightleftharpoons OH^- + HS^-$

（4） $PO_4^{3-} + H_2O \rightleftharpoons OH^- + HPO_4^{2-}$

4. 推导下列各反应的平衡常数，指出各反应中的共轭酸碱对及反应进行的方向。

（1） $H_2PO_4^- + H_2O \rightleftharpoons HPO_4^{2-} + H_3O^+$

（2） $HAc + NH_3 \rightleftharpoons NH_4^+ + Ac^-$

（3） $HAc + HS^- \rightleftharpoons H_2S + Ac^-$

（4） $HSO_4^- + Ac^- \rightleftharpoons SO_4^{2-} + HAc$

5. 弱酸、弱碱的解离平衡常数是弱酸、弱碱本身的特征常数，与弱酸、弱碱的浓度无关，请问它由什么因素决定（内因），受什么因素影响？试从化学热力学角度解释之。

6. 在 298 K 时，浓度为 $c_0\ \mathrm{mol\cdot L^{-1}}$ 的某弱酸 HA 的解离度为 α，试推导其解离平衡常数 K_a 的表达式。

7. HAc 溶液与 HAc - NaAc 缓冲溶液都存在下列相同的解离平衡，请以此回答：

$$HAc \rightleftharpoons H^+ + Ac^- \qquad K_a = 1.75\times10^{-5}$$

（1）两个溶液的组成差异；

（2）缓冲溶液的基本性质；

（3）缓冲溶液为什么具有这些性质？

8. 有浓度均为 $0.10\ \mathrm{mol\cdot L^{-1}}$ 的 HCOOH、HAc、H_3PO_4、HCOONa、NaAc、NaH_2PO_4 等 6 种溶液，选取哪两种溶液相混合，可以配制成 pH = 3.50 的缓冲溶液？请说明理由，并表述配制该缓冲溶液的方法。

9. 判断下列说法是否正确：

（1）两种难溶物，K_{sp} 大者，溶解度也大；

（2）AgCl 的 $K_{sp} = 1.77\times10^{-10}$，$Ag_3PO_4$ 的 $K_{sp} = 8.89\times10^{-17}$，在 Cl^- 和 PO_4^{3-} 浓度相同的溶液中，滴加 $AgNO_3$ 溶液，先析出 Ag_3PO_4 沉淀；

（3）在一定温度下，AgCl 饱和溶液中 Ag^+ 和 Cl^- 浓度的乘积是常数。

10. 对于下列事实，请予以解释：

（1）$CaSO_4$ 在水中比在 $1.0\ \mathrm{mol\cdot L^{-1}}$ H_2SO_4 中溶解得更多；

（2）$CaSO_4$ 在 KNO_3 溶液中比在纯水中溶解得更多；

（3）$CaSO_4$ 在 $Ca(NO_3)_2$ 溶液中比在纯水中溶解得更少。

11. Ag_2CrO_4 沉淀很容易转化成 AgCl 沉淀，$BaSO_4$ 沉淀转化为 $BaCO_3$ 沉淀比较困难，而 AgI 沉淀一步直接转化成 AgCl 沉淀几乎不可能。请用多重平衡竞争规则，推导综合平衡常数来解释这种现象。

12. 在标准状态下，推导和计算下列各反应的多重平衡常数，并讨论反应的方向。

（1）$$PbS(s) + 2HAc \rightleftharpoons Pb^{2+} + H_2S + 2Ac^-$$

（2）$$Mg(OH)_2(s) + 2NH_4^+ \rightleftharpoons Mg^{2+} + 2NH_3 \cdot H_2O$$

（3）$$Cu^{2+} + H_2S + 2H_2O \rightleftharpoons CuS(s) + 2H_3O^+$$

13. 在标准状态下，通过推导下列转化反应的综合平衡常数，说明转化能否发生：

（1）$$[Co(CNS)_4]^{2-} + 6NH_3 \rightleftharpoons [Co(NH_3)_6]^{2+} + 4SCN^-$$

（2）$$[FeF_6]^{3-} + 3C_2O_4^{2-} \rightleftharpoons [Fe(C_2O_4)_3]^{3-} + 6F^-$$

（3）$$[Hg(SCN)_4]^{2-} + 4CN^- \rightleftharpoons [Hg(CN)_4]^{2+} + 4SCN^-$$

（4）$$CuCl_4^{2-} + 4NH_3 \rightleftharpoons Cu(NH_3)_4^{2+} + 4Cl^-$$

三、计算题

1. 计算下列溶液的 pH：

（1）$0.10\ mol \cdot L^{-1}$ HCN 溶液；

（2）$0.10\ mol \cdot L^{-1}$ 氯代乙酸（$ClCH_2COOH$）溶液 ($K_a = 1.3 \times 10^{-3}$)；

（3）$0.10\ mol \cdot L^{-1}$ H_2SO_4 溶液。

2. 有机酸（$HC_6H_{11}O_2$）饱和水溶液的质量浓度为 $11.0\ g \cdot L^{-1}$，pH 为 2.94，求此酸的 K_a。

3. 在 298 K、CO_2 气体压力等于 1 个标准大气压时，CO_2 饱和水溶液中，CO_2 的浓度约为 $0.034\ mol \cdot L^{-1}$，计算溶液的 pH 和 $[CO_3^{2-}]$。通常可以把溶入的 CO_2 都当成 H_2CO_3，利用如下平衡式计算

$$H_2CO_3 + H_2O \rightleftharpoons H_3O^+ + HCO_3^- \qquad K_{a,1} = 4.5 \times 10^{-7}$$

4. 一组与 H_2S 解离平衡有关的计算题。

（1）在 101 kPa、20 ℃时，1 体积水可溶解 2.61 体积 H_2S，求饱和 H_2S 水溶液的物质的量浓度。

（2）计算上述饱和 H_2S 水溶液中的 $[H_2O^+]$ 和 $[S^{2-}]$。

（3）如用 HCl 调节溶液的酸度到 pH = 2.00，溶液中的 S^{2-} 浓度又是多少？计算结果说明什么问题？

5. 将 10 g P_2O_5 溶于热水，再冷却至室温并稀释至 500 mL，反应式为

$$P_2O_5 + 3H_2O = 2H_3PO_4 \qquad \text{（加热条件）}$$

计算溶液中的 $[H_3O^+]$、$[H_2PO_4^-]$、$[HPO_4^{2-}]$ 和 $[PO_4^{3-}]$ 各是多少？

6. 一组多元弱碱解离平衡的计算题。

（1）每 100 mL 纯碱溶液中含 5.7g $Na_2CO_3 \cdot 10H_2O$ 时，溶液的 $[CO_3^{2-}]$ 和 pH 各是多少？

（2）$0.10\ mol \cdot L^{-1}$ Na_3PO_4 溶液中，$[PO_4^{3-}]$ 和 pH 各是多少？

7. 将 10 mL $0.30\ mol \cdot L^{-1}$ HAc 与 20 mL $0.30\ mol \cdot L^{-1}$ HCN 混合，计算混合溶液中 $[H_3O^+]$、$[Ac^-]$ 和 $[CN^-]$ 各是多少？

8. 计算下列溶液中 H_3O^+ 和 Ac^- 的浓度：

（1）$0.10\ mol \cdot L^{-1}$ HAc 溶液，加等体积的水；

（2）$0.10\ mol \cdot L^{-1}$ HAc 溶液，加等体积的 $0.050\ mol \cdot L^{-1}$ NaAc；

（3）$0.10\,mol\cdot L^{-1}$ HAc溶液，加等体积的$0.050\,mol\cdot L^{-1}$ HCl；

（4）$0.10\,mol\cdot L^{-1}$ HAc溶液，加等体积的$0.050\,mol\cdot L^{-1}$ NaOH。

9. 酚红是一种常用的酸碱指示剂，其$K_a = 1\times10^{-8}$。它的酸式是黄色的，而它的共轭碱是红色的。问这种指示剂在pH 6、7、8、9、12的溶液中各显什么颜色？

10. 下列各组水溶液等体积混合时，哪些可以作为缓冲溶液，为什么？

（1）$0.20\,mol\cdot L^{-1}$ HCl和$0.20\,mol\cdot L^{-1}$ NaOH；

（2）$0.10\,mol\cdot L^{-1}$ HCl和$0.20\,mol\cdot L^{-1}$ NaAc；

（3）$0.10\,mol\cdot L^{-1}$ HCl和$0.05\,mol\cdot L^{-1}$ $NaNO_2$；

（4）$0.30\,mol\cdot L^{-1}$ HNO_2和$0.15\,mol\cdot L^{-1}$ NaOH。

11. 分别往10 mL pH = 5.00的HCl溶液中加2滴（0.10 mL）$1.0\,mol\cdot L^{-1}$ HCl溶液或2滴$1.0\,mol\cdot L^{-1}$ NaOH溶液后，计算所得溶液的pH各是多少？并将其与HAc - NaAc混合溶液在加入少量酸碱时pH的变化进行对比。

12. 将40.0 mL $0.20\,mol\cdot L^{-1}$ HCl溶液与40.0 mL $0.50\,mol\cdot L^{-1}$ NaAc溶液混合，再平均分成4等份，然后进行如下操作，分别计算操作后混合溶液的pH，计算结果说明了什么问题？

（1）第一份不加任何试剂；

（2）第二份加入1.0 mL $0.50\,mol\cdot L^{-1}$ NaOH；

（3）第三份加入1.0 mL $0.50\,mol\cdot L^{-1}$ HCl；

（4）第四份加入等体积的水。

13. 根据HAc、$NH_3\cdot H_2O$、$H_2C_2O_4$、H_3PO_4 4种酸碱的解离平衡常数，选取其中适当的酸及其共轭碱来配制pH = 7.51的缓冲溶液，其共轭酸碱的浓度比应是多少？

14. 将100.0 mL $0.030\,mol\cdot L^{-1}$ NaH_2PO_4溶液与50.0 mL $0.020\,mol\cdot L^{-1}$ Na_3PO_4溶液混合后，其中磷酸根的主要形式是哪些？该混合液有无缓冲作用，pH是多少？

15. 将某一元弱酸HA溶于未知量水中，并用一未知浓度的强碱去滴定。已知当用去3.05 mL强碱时，溶液pH = 4.00；用去12.91 mL强碱时，pH = 5.00。求该弱酸的K_a是多少？

16. 多元弱酸解离平衡计算：

（1）$0.10\,mol\cdot L^{-1}$ $H_2C_2O_4$溶液的pH及$HC_2O_4^-$、$C_2O_4^{2-}$的浓度；

（2）$0.10\,mol\cdot L^{-1}$ H_2S溶液的pH及HS^-、S^{2-}的浓度。

17. 多元弱碱解离平衡计算。下列各物质溶液均为$0.10\,mol\cdot L^{-1}$，计算各溶液的pH：

（1）$NaHCO_3$溶液；（2）NaH_2PO_4溶液；（3）$NaHSO_4$溶液；（4）Na_2CO_3溶液；（5）Na_2S溶液。

18. 根据下列物质在298K时的溶解度，求其溶度积。

（1）PbI_2在纯水中的溶解度为$7.64\times10^{-2}\ g\cdot(100\ g\ H_2O)^{-1}$；

（2）$BaCrO_4$在纯水中的溶解度为$2.91\times10^{-3}\ g\cdot(L\ H_2O)^{-1}$；

19. 根据下列各物质的K_{sp}数据（表3-14），求其溶解度。

表3-14　三种物质的溶度积

难溶电解质	（1）$BaCO_3$	（2）PbF_2	（3）$Ag_3[Fe(CN)_6]$
溶度积K_{sp}	2.58×10^{-9}	3.3×10^{-8}	9.8×10^{-26}

20. 当 $SrCO_3(s)$ 在 pH = 8.60 的缓冲溶液中达溶解平衡后，溶液中 $[Sr^{2+}] = 2.2\times10^{-4}\ mol\cdot L^{-1}$，试计算 $SrCO_3(s)$ 的溶度积。

21. 298 K 下 $Mg(OH)_2$ 的 $K_{sp} = 5.61\times10^{-12}$，它在饱和溶液中溶解的部分完全电离，计算：

（1）$Mg(OH)_2$ 在水中的溶解度及 Mg^{2+}、OH^- 的浓度；

（2）$Mg(OH)_2$ 在 $0.010\ mol\cdot L^{-1}$ NaOH溶液中 Mg^{2+} 的浓度；

（3）$Mg(OH)_2$ 在 $0.010\ mol\cdot L^{-1}$ $MgCl_2$ 溶液中的溶解度。

22. $0.010\ mol\cdot L^{-1}$ 的 $AgNO_3$ 溶液 1.00 mL 和 $0.010\ mol\cdot L^{-1}$ 的 KCl 溶液 99.00 mL 混合，能否析出沉淀？沉淀后溶液中的 Ag^+ 和 Cl^- 浓度各是多少？

23. 现有 100 mL Ca^{2+} 和 Ba^{2+} 的混合溶液，二者浓度均为 $0.010\ mol\cdot L^{-1}$，问：

（1）用 Na_2SO_4 做沉淀剂能否将 Ca^{2+}、Ba^{2+} 分离？

（2）要使 Ba^{2+} 达到定量沉淀的要求，应加入多少克 Na_2SO_4（忽略溶液体积变化）？

24. 在 $0.10\ mol\cdot L^{-1}$ $FeCl_2$ 溶液中通入 H_2S 气至饱和，欲使溶液不产生 FeS 沉淀，最低酸度应为多少？

25. 现有含 Ni^{2+} 和 Fe^{3+} 浓度均为 $0.010\ mol\cdot L^{-1}$ 的溶液，欲使 $Ni(OH)_2$ 和 $Fe(OH)_3$ 分步沉淀，应控制在什么酸度范围？

26. 将 5.0×10^{-3} mol 的 $BaSO_4(s)$ 加入 10.0 mL $2.0\times10^{-3}\ mol\cdot L^{-1}$ 的 Na_2CO_3 溶液中，搅拌使达平衡，问 $BaSO_4$ 能否全部转化为 $BaCO_3$？

27. 在 $0.10\ mol\cdot L^{-1}$ $CuSO_4$ 溶液中，通 H_2S 气至饱和（$0.10\ mol\cdot L^{-1}$），是否有 CuS 沉淀生成？溶液中残留的 Cu^{2+} 浓度为多少？

28. 在含有 $0.10\ mol\cdot L^{-1}$ Cl^- 及 $1.0\times10^{-3}\ mol\cdot L^{-1}$ I^- 的溶液中加入 $AgNO_3$，问：

（1）哪种离子先沉淀？

（2）欲使两种离子分离，应控制什么条件？

（3）如将 Cl^- 换成同浓度的 Br^-，结果会怎样？（2）与（3）计算结果说明什么问题？

29. 由多重平衡组成的综合平衡常数推导与计算问题：

（1）计算 $PbS(s)$ 在非氧化性强酸中溶解反应的平衡常数。

（2）$PbS(s)$ 能否溶解在 $H_2S(aq)$ 浓度为 $0.050\ mol\cdot L^{-1}$、$[H_3O^+] = 0.30\ mol\cdot L^{-1}$ 的溶液中？

（3）向含 Pb^{2+} 浓度为 $0.10\ mol\cdot L^{-1}$、$[H_3O^+] = 0.30\ mol\cdot L^{-1}$ 的溶液中通 H_2S 气至饱和，Pb^{2+} 能否沉淀完全？

30. 在 50.0 mL $0.10\ mol\cdot L^{-1}$ $AgNO_3$ 溶液中加入等体积的 $6.4\ mol\cdot L^{-1}$ 氨水。

（1）计算平衡时溶液中 Ag^+、$[Ag(NH_3)_2]^+$ 以及 NH_3 的浓度；

（2）在上述溶液中加入 1.0×10^{-3} mol KBr(s)（忽略体积变化），是否有 AgBr 沉淀生成？

（3）欲阻止 AgBr 沉淀生成，在原来的混合溶液中，NH_3 的最低浓度应为多少？

31. 用计算说明 0.10 g 的 AgBr 能完全溶解在下列哪个溶液中？

（1）100 mL $1.0\ mol\cdot L^{-1}$ 的氨水；

（2）100 mL $1.0\ mol\cdot L^{-1}$ 的 $Na_2S_2O_3$ 溶液。

第 4 章　化学动力学基础

为了推动数吨质量的运载火箭升空，必须有强大的推动力，这个推动力来源于火箭燃料快速释放的能量，说明燃料的快速燃烧反应是重要的。把蛋白质食品冷藏在冰箱里，因低温大大降低了蛋白质食物变质的速率而使其保持新鲜，说明降低蛋白质食物变质（生化反应）速率是重要的。这些都说明了化学反应速率的重要性。其实，不同化学反应的速率是千差万别的：如烟花和爆竹的燃放瞬间就可以完成；水溶液中简单离子间的反应可在分秒之内完成；化工反应釜中乙烯的聚合过程按小时计算；塑料和橡胶在室温下的老化按年计算；而自然界中岩石的风化则按百年乃至千万年计算，如喀斯特地貌、溶洞中的钟乳笋钙化奇观、丹霞地质奇观的形成等。化学反应的速率是由哪些因素决定的呢？

从前面的学习中我们知道，许多在热力学上自发趋势很大的反应，实际却进行得很慢，甚至难以进行。比如组成人们身体组织的有机分子（蛋白质、糖类、脂肪、核酸等）有被氧气氧化的趋势，如果这些分子的氧化过程很容易进行，那么地球上就很难有生命存在；所幸的是，这些分子的氧化过程都非常缓慢，在空气中可以稳定存在。

再如，在 298 K 标准状态下，下面两个反应：

① $$N_2(g)+3H_2(g) \xlongequal{\quad} 2NH_3(g) \qquad \Delta_r G_m^{\ominus} = -32.8\ kJ\cdot mol^{-1}$$

② $$NO(g)+CO(g) \xlongequal{\quad} \frac{1}{2}N_2(g)+CO_2(g) \qquad \Delta_r G_m^{\ominus} = -344.8\ kJ\cdot mol^{-1}$$

①式为合成氨反应，从热力学的角度看，在常温常压下该反应发生的可能性很大；从化学平衡的角度看，在常温常压下这个反应的转化率也是很高的（298 K 下 $K^{\ominus} = 5.8\times10^{5}$）。但是它的反应速率极慢，即在常温常压下，不借助其他条件来合成氨是不可能的。

②式是汽车尾气中两种污染气体的反应，从热力学的角度来看，其反应自由能变很大，转化率也很高（298 K 下 $K^{\ominus} = 2.5\times10^{60}$），但是该反应速率极慢，无法付诸实际应用。如果这个反应能够快速进行，则可以很大程度地改善汽车尾气排放对环境的污染。所以，研制高效、经济的催化剂来快速实现这种转化仍然是科学家们感兴趣的课题。

总之，对于一个化学反应，化学平衡和反应速率是研究工作中十分重要的两个方面。仅从热力学的趋势弄清楚是远远不够的，更重要的是控制其反应的速率，来满足生产实践的需要。研究化学反应速率控制机制的学科，称为**化学动力学**（chemical kinetics），它的基本任务是**研究浓度、温度、介质和催化剂等反应条件对化学反应速率的影响，同时阐明化学反应的机制，以及物质结构与它们反应性能之间的关系。**

4.1　化学反应速率

化学反应速率通常用单位时间内反应物浓度的减少或生成物浓度的增加来表示。它是描述反应物或生成物各自浓度随时间的变化关系。比如在溶液中，将 Fe^{3+} 和 Sn^{2+} 混合后会立即发生下面的反应：

$$2Fe^{3+} + Sn^{2+} = 2Fe^{2+} + Sn^{4+}$$

当反应进行到 20 s 时，测得 $[Fe^{2+}] = 1.0\times10^{-3}\,mol\cdot L^{-1}$，即在这段反应时间内，$Fe^{2+}$ 浓度的变化量为 $\Delta[Fe^{2+}] = 1.0\times10^{-3} - 0 = 1.0\times10^{-3}(mol\cdot L^{-1})$。$Fe^{2+}$ 生成的平均速率就可以表示为 Fe^{2+} 的变化量 $\Delta[Fe^{2+}]$ 与反应时间的比值，即 Fe^{2+} 的生成速率（v_1）：

$$v_1 = \frac{\Delta[Fe^{2+}]}{\Delta t} = \frac{1.0\times10^{-3}\,mol\cdot L^{-1}}{20\ s} = 5.0\times10^{-5}\,mol\cdot L^{-1}\cdot s^{-1}$$

在这段时间内，反应的另一生成物 Sn^{4+} 的浓度发生了什么样的变化呢？由于生成两份 Fe^{2+} 才能生成一份 Sn^{4+}，即 Sn^{4+} 浓度变化量 $\Delta[Sn^{4+}]$ 是 Fe^{2+} 浓度变化量 $\Delta[Fe^{2+}]$ 的一半。所以，Sn^{4+} 的生成速率是 $v_2 = 2.5\times10^{-5}\,mol\cdot L^{-1}\cdot s^{-1}$。同样，$Fe^{3+}$ 和 Sn^{2+} 的消耗量分别与 Fe^{2+} 和 Sn^{4+} 的生成量是一致的，即

$$\Delta[Fe^{3+}] = 0 - 1.0\times10^{-3} = -1.0\times10^{-3}(mol\cdot L^{-1}),\quad \Delta[Sn^{2+}] = -5.0\times10^{-4}(mol\cdot L^{-1})$$

所以，在同样反应时间内 Fe^{3+} 和 Sn^{2+} 的平均消耗速率 v_3 和 v_4 分别为

$$v_3 = \frac{\Delta[Fe^{3+}]}{\Delta t} = \frac{-1.0\times10^{-3}\,mol\cdot L^{-1}}{20\ s} = -5.0\times10^{-5}\,mol\cdot L^{-1}\cdot s^{-1}$$

$$v_1 = \frac{\Delta[Sn^{2+}]}{\Delta t} = \frac{-5.0\times10^{-4}\,mol\cdot L^{-1}}{20\ s} = -2.5\times10^{-5}\,mol\cdot L^{-1}\cdot s^{-1}$$

从上面的描述可以看出，用不同反应物或生成物的浓度变化表示化学反应速率时，其数值和正负号均不同。为了让一个化学反应的速率为同一数值，IUPAC 建议采用如下方式表示一个化学反应的速率（v）：

$$aA + bB = gG + hH$$

$$v = -\frac{1}{a}\frac{\Delta[A]}{\Delta t} = -\frac{1}{b}\frac{\Delta[B]}{\Delta t} = \frac{1}{g}\frac{\Delta[G]}{\Delta t} = \frac{1}{h}\frac{\Delta[H]}{\Delta t} \qquad (4\text{-}1)$$

即定义反应物浓度的变化量为负值，生成物浓度的变化量为正值，同时用各反应物或生成物的浓度变化量除以其相应的化学计量系数。这样，计算得到的化学反应速率就是一致的，而且结果为正值，单位为 $mol\cdot L^{-1}\cdot s^{-1}$ 或 $mol\cdot L^{-1}\cdot min^{-1}$ 等。

因此，对于上述氧化反应式，其反应速率就可表示为

$$v = -\frac{1}{2}\frac{\Delta[Fe^{3+}]}{\Delta t} = -\frac{\Delta[Sn^{2+}]}{\Delta t} = \frac{1}{2}\frac{\Delta[Fe^{2+}]}{\Delta t} = \frac{\Delta[Sn^{4+}]}{\Delta t} = 2.5\times10^{-5}\,mol\cdot L^{-1}\cdot s^{-1}$$

例 4-1　有反应式　　$A + 2B = 2C + 2D$

反应物 B 的初始浓度为 $0.50\,mol\cdot L^{-1}$，经过 5.0 min 后 B 的浓度变为 $0.20\,mol\cdot L^{-1}$。试计算该反应在这段时间内的平均速率，以 $mol\cdot L^{-1}\cdot s^{-1}$ 为单位。

解　$\Delta[B] = (0.20 - 0.50)\,mol\cdot L^{-1} = -0.30\,mol\cdot L^{-1}$

$$v = -\frac{1}{3}\frac{\Delta[B]}{\Delta t} = -\frac{1}{3}\times\frac{-0.30\,mol\cdot L^{-1}}{5.0\times60\ s} = 3.3\times10^{-4}\,mol\cdot L^{-1}\cdot s^{-1}$$

上面介绍的化学反应速率是指一定时间内化学反应的平均速率，即反应物和生成物浓度

的变化值与变化时间的比值。其实，化学反应速率会随时间而改变，随着化学反应的进行，各个时刻的反应速率是不一样的。比如，在 H_2O_2 的水溶液中加入少量的 I^-，它很快就会分解而放出 $O_2(g)$：

$$H_2O_2 \xrightarrow{(I^-)} H_2O(l) + \frac{1}{2}O_2(g)$$

在不同时段测定放出 $O_2(g)$ 体积，就可以计算出 H_2O_2 浓度的变化。若有一份初始浓度为 $2.32\ mol \cdot L^{-1}$ 的 H_2O_2 溶液（含少量 I^-），它在分解过程中的浓度变化列入表 4-1 中。

表 4-1　H_2O_2 水溶液在室温的分解

时间 t/s	0	200	400	600	1200	1800	3000
$[H_2O_2]/mol \cdot L^{-1}$	2.32	2.01	1.72	1.49	0.93	0.62	0.25
反应速率/$\times 10^{-3}\ mol \cdot L^{-1} \cdot s^{-1}$		1.56	1.45	1.15	0.85	0.60	0.31

用 H_2O_2 的浓度对时间作图，得到图 4-1。

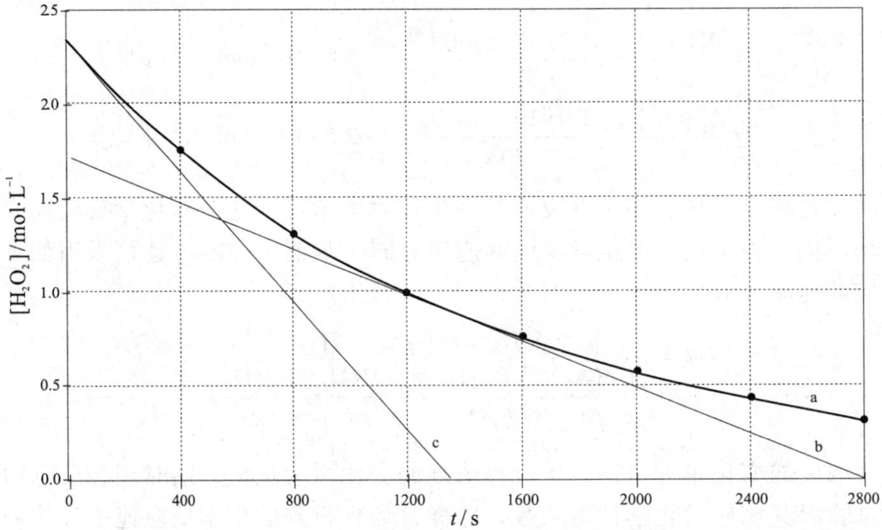

图 4-1　H_2O_2 分解反应的浓度-时间曲线

从表 4-1 可以看出，在 H_2O_2 分解的第一个 200 s，其浓度减少了 $0.31\ mol \cdot L^{-1}$，第二个 200 s 减少了 $0.29\ mol \cdot L^{-1}$，第三个 200 s 减少了 $0.23\ mol \cdot L^{-1}$，以此类推，在 200 s 内的前 100 s 和后 100 s 的速率也是不同的。所以，表 4-1 中列出的均是不同时段的**平均速率**，即

$$\bar{v} = -\frac{\Delta[H_2O_2]}{\Delta t}$$

若将测量的时间间隔无限缩小，平均速率的极限值就是该化学反应在 t 时刻的瞬时速率，即

$$\lim_{\Delta t \to 0}\left(-\frac{\Delta[H_2O_2]}{\Delta t}\right) = -\frac{d[H_2O_2]}{dt}$$

如图 4-1，曲线 a 上各点的反应速率可由该点切线的斜率求得，如切线 b 斜率为：

$$-\frac{1.70\ \mathrm{mol \cdot L^{-1}}}{2800\ \mathrm{s}} = -6.1\times10^{-4}\mathrm{mol \cdot L^{-1} \cdot s^{-1}}$$

平均速率和**瞬时速率**是不同的速率表示法，可视工作需要适当选用。

另外，化学反应具有可逆性，当正反应开始进行时，逆反应也随之发生。所以，在实验中测定的反应速率实际上是正向速率和逆向速率之差，即净反应速率。但是有些化学反应的逆向速率非常小，可看做单向反应，这时人们把反应开始一瞬间的速率称为初始速率。

为了测定反应的速率，需要知道反应物或生成物的浓度随时间的变化量。时间容易获得，但测量化学反应中物质浓度的变化较困难。当可逆反应达到平衡状态时，正、反方向的反应速率相等，即净反应速率为零，平衡浓度不再随时间而变化，其浓度就容易获得，但是在反应达到平衡之前，反应系统中各物质的浓度时刻都在发生变化，这就给浓度的测量带来很大的困难。若用一般的化学分析法测量，取样时必须设法使化学反应立即停止，这种方法误差很大。故常用方法是利用与浓度相关的各种物理性质进行快速测量或连续测量。

例 4-2　化学反应初始速率的求算：对于 H_2O_2 的分解反应，表 4-1 和图 4-1 给出了相应的实验数据，求：（1）此反应的初始速率；（2）$t=100$ s 时 H_2O_2 的浓度。

解　（1）根据前面的讨论，反应浓度随时间变化的曲线上某点切线的斜率就是化学反应在这一时刻的瞬时速率。图 4-1 中直线 c 就是反应起始点 $t=0$ 时刻曲线的切线，其斜率值就等于该反应的初始速率。图中切线 c 与坐标轴的交点为：

纵轴点：$t=0\ \mathrm{s}$，$[\mathrm{H_2O_2}]=2.32\ \mathrm{mol\cdot L^{-1}}$；横轴点：$t=1360\ \mathrm{s}$，$[\mathrm{H_2O_2}]=0\ \mathrm{mol\cdot L^{-1}}$。

$$\text{初始速率}=-(\text{切线斜率})=-\frac{(0-2.32)\ \mathrm{mol\cdot L^{-1}}}{(1360-0)\ \mathrm{s}}=1.7\times10^{-3}\mathrm{mol\cdot L^{-1}\cdot s^{-1}}$$

（2）某时刻的瞬时速率可以用该点切线的斜率来计算，也可以假定该反应速率在一段时间内不变，利用化学反应速率公式直接计算。在这里，假定在（1）中求得的速率在 100 s 的时间内为定值不变，则有

$$1.7\times10^{-3}\mathrm{mol\cdot L^{-1}\cdot s^{-1}}=-\frac{\Delta[\mathrm{H_2O_2}]}{100\ \mathrm{s}},\quad \Delta[\mathrm{H_2O_2}]=-0.171\ \mathrm{mol\cdot L^{-1}}$$

$$\Delta[\mathrm{H_2O_2}]=[\mathrm{H_2O_2}]_t-[\mathrm{H_2O_2}]_0,\quad -0.171\ \mathrm{mol\cdot L^{-1}}=[\mathrm{H_2O_2}]_t-2.32\mathrm{mol\cdot L^{-1}}$$

求得 $[\mathrm{H_2O_2}]_t=2.15\ \mathrm{mol\cdot L^{-1}}$，即 $t=100$ s 时 H_2O_2 的浓度为 $2.15\ \mathrm{mol\cdot L^{-1}}$。

4.2　化学反应速率与浓度的关系

化学动力学的研究目的之一，就是探索反应速率和反应物浓度的内在联系，建立它们之间的函数关系式。从表 4-1 中的数据看出，随着反应的进行，H_2O_2 的浓度逐渐减小，反应速率也逐渐变小。当 H_2O_2 的浓度减少一半时，反应速率也降低一半，这说明反应速率和反应物的浓度呈正比关系，即

$$v=-\frac{\mathrm{d}[\mathrm{H_2O_2}]}{\mathrm{d}t}=k[\mathrm{H_2O_2}] \tag{4-2}$$

其中 k 为反应速率常数，即反应物浓度为单位值时的反应速率。

对于如下反应①，其反应速率表达式与上述表达式有所不同。

$$①\qquad CO(g)+NO_2(g) \rightleftharpoons CO_2(g)+NO(g)$$

选取一系列不同起始浓度的 NO_2-CO 体系进行实验，测定反应初速率，将数据列入表 4-2 中。

表 4-2　反应①的反应物浓度与初速率（673 K）

分组	第一组				第二组				第三组			
$[CO]_0/mol \cdot L^{-1}$	0.10	0.20	0.30	0.40	0.10	0.20	0.30	0.40	0.10	0.20	0.30	0.40
$[NO_2]_0/mol \cdot L^{-1}$	0.10	0.10	0.10	0.10	0.020	0.020	0.020	0.020	0.30	0.30	0.30	0.30
$v_0/mol \cdot L^{-1} \cdot s^{-1}$	0.005	0.010	0.015	0.020	0.010	0.020	0.030	0.040	0.015	0.030	0.045	0.060

分别比较三组实验结果，当各组 NO_2 的浓度相同时，CO 的浓度加倍，反应速率也加倍，也就是说，反应速率与 CO 的浓度成正比；当 CO 的浓度不变时，NO_2 的浓度加倍，反应速率也加倍，即反应速率与 NO_2 的浓度也成正比。因此可以认为，该反应的反应速率与 CO 和 NO_2 浓度的乘积成正比，即

$$v=-\frac{d[NO_2]}{dt}=-\frac{d[CO]}{dt}=k[NO_2][CO] \qquad (4\text{-}3)$$

以上方程式（4-2）和（4-3）表示反应速率与反应物浓度的关系，称之为微分速率方程。早在 19 世纪，挪威化学家古德堡（C.M.Guldberg）和瓦格（P.Waage）就发现了反应速率和反应物浓度之间具有一定的关系。据此，他们提出了反应速率的唯象规律——**质量作用定律**，即在一定的温度下，化学反应的反应速率与各反应物浓度幂的乘积成正比。对于任意反应：

$$aA+bB+\cdots \rightleftharpoons gG+hH+\cdots$$

式中，a，b，…代表方程式配平后的化学计量系数。该反应的反应速率可表示为

$$v=k[A]^m[B]^n\cdots \qquad (4\text{-}4)$$

式中，k 是化学反应在一定温度下的特征常数，它由反应的性质和温度决定，与浓度无关；[A]，[B]，…分别代表反应物的浓度；指数项 m，n，…通常是正整数，但在某些反应中也可能为零、分数或负数。多数情况下，该指数项与反应计量系数 a，b，…无关。

化学反应速率与反应路径有关。有些化学反应的历程很简单，反应物分子相互碰撞，经一步反应就变为生成物，叫**基元反应**；但多数化学反应的历程比较复杂，反应物分子要经过几步，才能转化为生成物，叫**非基元反应**。

基元反应的速率方程比较简单，各浓度的幂与反应物的计量系数一样，即 $m=a$，$n=b$。这样，若上述反应是基元反应，则它的速率方程为

$$v=-\frac{1}{a}\frac{d[A]}{dt}=-\frac{1}{b}\frac{d[B]}{dt}=\cdots=\frac{1}{g}\frac{d[G]}{dt}=\frac{1}{h}\frac{d[H]}{dt}=\cdots=k[A]^a[B]^b \qquad (4\text{-}5)$$

若上述反应是非基元反应，其反应速率方程就比较复杂，浓度的幂和反应物的计量系数不一定相等。比如，过二硫酸铵和碘化钾在水溶液中可以发生如下氧化还原反应：

②　$$S_2O_8^{2-} + 3I^- \rightleftharpoons 2SO_4^{2-} + I_3^-$$

根据表 4-3 中的数据可知，反应速率既与 $S_2O_8^{2-}$ 的浓度成正比，也与 I^- 的浓度成正比，即

$$-\frac{d[S_2O_8^{2-}]}{dt} = k[S_2O_8^{2-}][I^-]$$

而不是

$$-\frac{d[S_2O_8^{2-}]}{dt} = k[S_2O_8^{2-}][I^-]^3$$

表 4-3　反应②式的反应速率（室温）

$[S_2O_8^{2-}]_0/mol \cdot L^{-1}$	0.038	0.076	0.076
$[I^-]_0/mol \cdot L^{-1}$	0.060	0.060	0.030
$\frac{-d[S_2O_8^{2-}]}{dt}/mol \cdot L^{-1} \cdot s^{-1}$	1.4×10^{-5}	2.8×10^{-5}	1.4×10^{-5}

为了更好地描述反应速率，我们还需要引入**反应级数**的概念。若 $m=1$，$n=2$，则对反应物 A 来说是一级的，对反应物 B 来说是二级的，反应的总级数等于 $m+n=3$；若 $m+n=2$，则该反应为二级反应。

要正确写出反应速率与反应物浓度的速率方程，必须要知道速率常数和反应级数。反应级数一般由实验测定，根据反应级数的大小，可以把化学反应分成不同的类型：

（1）具有简单级数的反应，即 m 和 n 是 0 或正整数，$m+n$ 也就是正整数，如果 $m+n=0$，则为零级反应；$m+n=1$，为一级反应；$m+n=2$，为二级反应；以此类推。

（2）具有分数级数的反应，即 m 和 n 中有分数，则 $m+n$ 也是分数。

（3）无法用反应级数归类的反应。

速率常数 k 是由反应物本性决定的特征常数，不同的反应，速率常数不同。对于给定的反应，k 值会随反应温度、催化剂、反应介质等反应条件的不同而不同。与反应物浓度因素相比，k 值的大小是决定反应速率更关键的因素。相同条件下，k 值越大，反应进行得越快。

例 4-3　某温度下，测得反应 $A+B \longrightarrow D$ 的有关实验数据如表 4-4 所示：

表 4-4　某反应的有关实验数据

实验序号	A 的初始浓度/$mol \cdot L^{-1}$	B 的初始浓度/$mol \cdot L^{-1}$	初始速率/$mol \cdot L^{-1} \cdot s^{-1}$
1	1.00×10^{-3}	1.00×10^{-3}	5.60×10^{-6}
2	1.00×10^{-3}	2.00×10^{-3}	1.13×10^{-5}
3	1.00×10^{-3}	6.00×10^{-3}	3.37×10^{-5}
4	2.50×10^{-3}	6.00×10^{-3}	2.25×10^{-4}
5	4.00×10^{-3}	6.00×10^{-3}	5.05×10^{-4}

（1）写出该反应的速率方程，确定反应的级数；

（2）计算速率常数；

（3）求该温度下 $c_A = 6.00 \times 10^{-3}\,mol \cdot L^{-1}$，$c_B = 3.00 \times 10^{-3}\,mol \cdot L^{-1}$ 时的反应速率。

解　（1）设该反应的速率方程为

$$v = k(c_A)^m(c_B)^n\text{，}\quad \ln v = \ln k + m\ln(c_A) + n\ln(c_B)$$

当 c_A 固定时，以 $\ln v$-$\ln(c_B)$ 作图，见图 4-2(a)，直线斜率为 n，得 $n = 1.00 \pm 0.01$，即 $n = 1$；当 c_B 固定时，则以 $\ln v$-$\ln(c_A)$ 作图，见图 4-2(b)，直线斜率为 m，得 $m = 1.97 \pm 0.08$，即 $m = 2$。

因此，该反应的速率方程为 $v = k[A]^2[B]$，反应级数 $m + n = 3$。

（2）以 $\ln v$-$[m\ln(c_A) + n\ln(c_B)]$ 作图，见图 4-2(c)，直线的截距为 $\ln k$：
于是得到：$\ln k = 8.6 \pm 0.2$，即 $k = 5.43 \times 10^3\ \mathrm{L^2 \cdot mol^{-2} \cdot s^{-1}}$
故其速率方程为：$v = 5.43 \times 10^3[A]^2[B]$

（3）当 $c_A = 6.00 \times 10^{-3}\ \mathrm{mol \cdot L^{-1}}$，$c_B = 3.00 \times 10^{-3}\ \mathrm{mol \cdot L^{-1}}$ 时

$$v = 5.43 \times 10^3 \times (6.00 \times 10^{-3})^2 \times (3.00 \times 10^{-3}) = 5.86 \times 10^{-4}(\mathrm{mol \cdot L^{-1} \cdot s^{-1}})$$

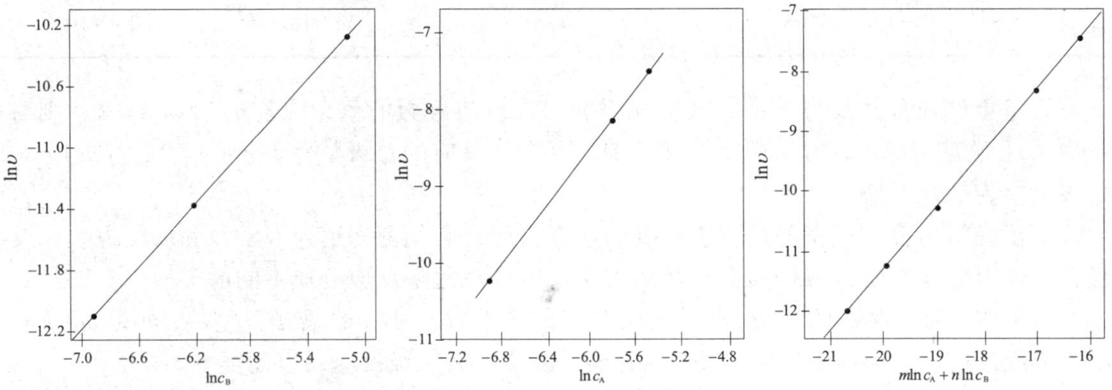

（a）　　（b）　　（c）

图 4-2　例 4-3 图示

4.3　反应级数

具有简单级数的化学反应，按反应级数可以分为一级、二级、三级和零级反应等。各级反应都有特定的“浓度-时间”关系，下面讨论各级反应的特点。

4.3.1　一级反应

凡是反应速率与反应物浓度的一次方成正比的都是一级反应。其方程式和速率方程分别表示为

$$\mathrm{A} \longrightarrow \text{产物}$$

$$v = -\frac{\mathrm{d}[A]}{\mathrm{d}t} = k[A]\text{，}\quad \frac{\mathrm{d}[A]}{[A]} = -k\mathrm{d}t$$

设起始态 $t = 0$ 和终态 t 时，A 的浓度分别为 $[A]_0$ 和 $[A]_t$，对上式积分

$$\int_{[A]_0}^{[A]} \frac{\mathrm{d}[A]}{[A]} = -\int_0^t k\mathrm{d}t$$

$$\ln[A] - \ln[A]_0 = -kt \quad \text{或} \quad \ln[A] = -kt + \ln[A]_0 \qquad (4\text{-}6)$$

可见，在一级反应中，$\ln[A]$ 与 t 呈线性关系，其斜率为 $-k$，截距为 $\ln[A]_0$。另外，因为对数运算是没有单位的，$-k$ 和 t 的乘积也一定没有单位，所以一级反应 k 的单位为“时间 $^{-1}$”，比如 s^{-1}、min^{-1} 等。

如下述反应都是一级反应

$$H_2O_2(aq) \longrightarrow H_2O(l) + \frac{1}{2}O_2(g) \qquad (少量\ I^-)$$

$$(CH_2)_2O(g) \longrightarrow CH_4(g) + CO(g) \qquad (415\ °C)$$

$$\underset{蔗糖}{C_{12}H_{22}O_{11}(aq)} + H_2O \longrightarrow \underset{葡萄糖}{C_6H_{12}O_6(aq)} + \underset{果糖}{C_6H_{12}O_6(aq)}$$

将反应物消耗掉一半所需要的时间称为半衰期，用 $t_{1/2}$ 表示。根据式（4-6）可计算一级反应的半衰期为

$$\ln\frac{[A]}{[A]_0} = \ln\frac{1}{2} = -kt_{1/2}\ ,\quad t_{1/2} = \frac{0.693}{k} \qquad (4\text{-}7)$$

由此可见，一级反应的半衰期是由速率常数决定的，而与反应物的浓度无关。放射性核衰变反应可以看作是一级反应，习惯用半衰期表示核衰变的快慢。

例如下列同位素的放射性核衰变：

$$^{238}_{92}U,\ t_{1/2} = 4.51\times10^9\ 年；\ ^{14}_{6}C,\ t_{1/2} = 5.73\times10^3\ 年；\ ^{32}_{15}P,\ t_{1/2} = 14.3\ 天$$

例 4-4　在 300 K 时，起始浓度为 $0.40\ mol\cdot L^{-1}$ 的 CH_3CH_2Cl 的一级分解反应速率常数是 $2.5\times10^{-3}\ min^{-1}$，问：

（1）反应进行 8 h 之后，CH_3CH_2Cl 浓度是多少？

（2）当 CH_3CH_2Cl 浓度降到 $0.010\ mol\cdot L^{-1}$ 需要多少时间？

（3）CH_3CH_2Cl 分解一半需要多少时间？

解　（1）为了简便，以 A 代表 CH_3CH_2Cl 分子式，它为一级分解反应，根据式（4-6）

$$\ln[A] = \ln[A]_0 - kt = \ln(0.40) - 2.5\times10^{-3}\ min^{-1}\times 8\times 60\ min = -2.12$$

$$[CH_3CH_2Cl] = [A] = 0.12\ mol\cdot L^{-1}$$

（2）$\ln\dfrac{0.010}{0.40} = -2.50\times10^{-3}t$，$t = 1476\ min \approx 25\ h$

（3）求半衰期：$t_{1/2} = \dfrac{0.693}{2.50\times10^{-3}\ min^{-1}} = 277.2\ min = 4.62\ h$

4.3.2　二级反应

凡是反应速率与反应物浓度的二次方成正比的都是二级反应。其方程式和速率方程分别表示为

$$A \longrightarrow 产物$$

$$v = -\frac{d[A]}{dt} = k[A]^2\ ,\quad \frac{d[A]}{[A]^2} = -k dt$$

设起始态 $t = 0$ 和终态 t 时，A 的浓度分别为 $[A]_0$ 和 $[A]_t$，对上式积分

$$\int_{[A]_0}^{[A]} \frac{d[A]}{[A]^2} = -\int_0^t k dt$$

$$\frac{1}{[A]} - \frac{1}{[A]_0} = kt \qquad (4\text{-}8)$$

可见，在二级反应中，$1/[A]$与t呈线性关系，其斜率为k，截距为$1/[A]_0$。k的单位则为“浓度$^{-1}$ × 时间$^{-1}$”，比如$L \cdot mol^{-1} \cdot s^{-1}$等。

二级反应半衰期 $\frac{1}{[A]_0/2} - \frac{1}{[A]_0} = kt_{1/2}$，$t_{1/2} = \frac{1}{k[A]_0}$

这说明二级反应没有确定的半衰期，其长短与反应物的起始浓度相关。

上面讨论中假设只有一个反应物 A，更常见的是有两个反应物，其反应式和速率方程为

$$A + B \longrightarrow 产物$$

$$v = -\frac{d[A]}{dt} = -\frac{d[B]}{dt} = k[A][B]$$

这种形式在数学上变换比较复杂，通常按下面两种方式简化处理：

一种方法是使一种反应物的浓度远大于另一种反应物，若[B]远大于[A]，则可以认为在整个反应过程中 B 的浓度是不变的，这样此反应就可以按照一级反应来处理，即

$$v = -\frac{d[A]}{dt} = k[A][B] = k'[A]$$

这个公式的处理就可以套用一级反应的数学关系，因此，此类反应也称为准一级反应。在实际应用中，很多反应都可以作类似的处理，从而变成比较容易的准一级反应。

另一种方法是等摩尔反应，使两个反应物的浓度相等，这样就可以套用只有一种反应物的二级反应的数学关系。

在溶液中进行的有机化学反应大多属于二级反应，如一些加成反应、取代反应和分解反应等。

例 4-5 乙酸乙酯在 25 ℃时的皂化反应为二级反应：

$$CH_3COOC_2H_5 + NaOH \longrightarrow CH_3COONa + C_2H_5OH \qquad 415\ °C$$

（1）如果乙酸乙酯与氢氧化钠的起始浓度均为$0.0200\ mol \cdot L^{-1}$，反应 25 min 后，碱的浓度变化了$0.0153\ mol \cdot L^{-1}$。试求该反应的速率常数和半衰期。

（2）如果乙酸乙酯与氢氧化钠的起始浓度分别为$0.0200\ mol \cdot L^{-1}$和$0.50\ mol \cdot L^{-1}$，计算需要几分钟可以使乙酸乙酯水解完成（99.9%水解）。

解 （1）两个反应物的浓度相同，而且是等摩尔反应，因此，可以套用只有一个反应物的二级反应数学公式。反应 25min 后，乙酸乙酯与氢氧化钠的浓度为

$$c = (0.0200 - 0.0153) mol \cdot L^{-1} = 0.0047\ mol \cdot L^{-1}$$

代入二级反应数学公式，则有：

$$\frac{1}{c} - \frac{1}{c_0} = kt，\quad \frac{1}{0.0047} - \frac{1}{0.0200} = 25k，\quad k = 6.51\ L \cdot mol^{-1} \cdot min^{-1}$$

$$t_{1/2}=\frac{1}{kc_0}=\frac{1}{6.51\times 0.0200}=7.68\,\text{min}$$

（2）由于碱的初始浓度远远高于酯的浓度（ c_A ），可视其为准一级反应，即

$$v=-\frac{\mathrm{d}c_A}{\mathrm{d}t}=kc_{\text{NaOH}}c_A=k'c_A$$

$$k'=kc_{\text{NaOH}}=(6.51\times 0.50)\,\text{min}^{-1}=3.25\,\text{min}^{-1}$$

由式（4-6），可有

$$\ln\frac{[\text{A}]}{[\text{A}]_0}=-k't\,,\quad 3.25t=\ln\frac{[\text{A}]_0}{[\text{A}]}=\ln\frac{1}{0.1\%}=6.91\,,\quad t=2.1\,\text{min}$$

4.3.3　三级反应

凡是反应速率与反应物浓度的 3 次方成正比的都是三级反应。其方程式和速率方程分别表示为

$$\text{A}\longrightarrow\text{产物}$$

$$v=-\frac{\mathrm{d}[\text{A}]}{\mathrm{d}t}=k[\text{A}]^3\,,\quad \frac{\mathrm{d}[\text{A}]}{[\text{A}]^3}=-k\mathrm{d}t$$

设起始态 $t=0$ 和终态 t 时，A 的浓度分别为 $[\text{A}]_0$ 和 $[\text{A}]_t$，对上式积分

$$\int_{[\text{A}]_0}^{[\text{A}]}\frac{\mathrm{d}[\text{A}]}{[\text{A}]^3}=-\int_0^t k\mathrm{d}t$$

$$\frac{1}{[\text{A}]^2}-\frac{1}{[\text{A}]_0^2}=2kt \tag{4-9}$$

可见，在三级反应中，$1/[\text{A}]^2$ 与 t 呈线性关系，其斜率为 $2k$，截距为 $1/[\text{A}]_0^2$。k 的单位则为“浓度 $^{-2}$ × 时间 $^{-1}$”，比如 $\text{L}^2\cdot\text{mol}^{-2}\cdot\text{s}^{-1}$ 等。

三级反应半衰期　$$\frac{1}{([\text{A}]_0/2)^2}-\frac{1}{([\text{A}]_0)^2}=2kt_{1/2}\,,\quad t_{1/2}=\frac{3}{2k[\text{A}]_0^2}$$

三级反应较少，气相中仅有 5 个，皆与 NO 有关。在乙酸或硝基苯溶液中含有不饱和碳碳双键化合物的加成反应通常也是三级反应。

4.3.4　零级反应

凡是反应速率与浓度的零次方成正比，即与反应物浓度无关的反应，均属零级反应。其方程式和速率方程分别表示为

$$\text{A}\longrightarrow\text{产物}$$

$$v=-\frac{\mathrm{d}[\text{A}]}{\mathrm{d}t}=k[\text{A}]^0=k$$

设起始态 $t=0$ 和终态 t 时，A 的浓度分别为 $[\text{A}]_0$ 和 $[\text{A}]_t$，则

$$[\text{A}]_0-[\text{A}]=kt \tag{4-10}$$

可见，零级反应的速率与反应物浓度无关，[A]和t呈线性关系，其斜率为$-k$，截距为$[A]_0$。k的单位则为“浓度×时间$^{-1}$”，比如$mol\cdot L^{-1}\cdot s^{-1}$等。

零级反应半衰期 $[A]_0-[A]_0/2=kt_{1/2}$，$t_{1/2}=\dfrac{[A]_0}{2k}$

零级反应的半衰期与反应物起始浓度成正比，初始浓度越大，半衰期越长。

某些光化学反应、表面催化反应、电解反应等为零级反应，其反应速率分别与光强、表面状态和通过的电量有关，但与浓度无关。

综上所述，化学反应的级数不同，反应速率变化规律也不同，参见表4-5。

表4-5 不同级数化学反应的速率方程

反应级数	微分形式	积分形式	绘图关系	斜率关系
一级反应	$-\dfrac{d[A]}{dt}=k[A]$	$\ln[A]=\ln[A]_0-kt$	$\ln[A]$-t呈直线	斜率 = $-k$
二级反应	$-\dfrac{d[A]}{dt}=k[A]^2$	$\dfrac{1}{[A]}=\dfrac{1}{[A]_0}+kt$	$\dfrac{1}{[A]}$-t呈直线	斜率 = k
三级反应	$-\dfrac{d[A]}{dt}=k[A]^3$	$\dfrac{1}{[A]^2}=\dfrac{1}{[A]_0^2}+2kt$	$\dfrac{1}{[A]^2}$-t呈直线	斜率 = $2k$
零级反应	$-\dfrac{d[A]}{dt}=k[A]^0=k$	$[A]-[A]_0=-kt$	$[A]$-t呈直线	斜率 = $-k$

4.4 化学反应速率与温度的关系

一般而言，温度越高，化学反应进行得越快，温度越低则进行得越慢，这是化学工作者熟悉的现象，也是生活常识。如夏季室温高，食物很容易腐烂变质，若将其冷藏在冰箱里则可减缓其变质的速度。大米浸泡在常温水中做不成米饭，但加热沸腾则可把生米煮成熟饭，若用高压锅煮饭速度更快，因为高压锅中的水温可达 110 °C。

4.4.1 阿伦尼乌斯公式

化学反应速率的快慢可以用速率常数k来表示，大多数化学反应的速率常数k随温度的升高而增大。一般而言，反应温度升高 10 °C，反应速率增加 2 ~ 4 倍。1889 年，阿伦尼乌斯（Arrhenius）在大量实验结果的基础上，提出了温度与速率常数的定量关系式（指数式与对数式）：

$$k=A\exp\left(-\frac{E_a}{RT}\right),\quad \ln k=-\frac{E_a}{RT}+B \tag{4-11}$$

式中，k是速率常数，R为摩尔气体常数，E_a为活化能，A和B均为常数，这就是阿伦尼乌斯公式的不同表达式。大量事实表明：阿伦尼乌斯公式的适用范围相当广泛，对气相反应、液相反应、复相反应以及在一定温度范围内的酶反应皆适用。

4.4.2　活化能及其计算

阿伦尼乌斯为了解释其经验公式，提出活化能的概念。他认为，反应物分子 R 必须经过一个中间态 R′才能转化为产物 P，即

$$\mathrm{R} \longrightarrow \mathrm{R'} \longrightarrow \mathrm{P}$$

R 和 R′处于动态平衡，从 R 到 R′需要吸收的能量为活化能。他认为，反应物分子相互作用的首要条件是必须相互碰撞，但不是每次碰撞都能发生反应，必须是活化分子（R′）之间的碰撞才可能引起反应。活化分子是指那些比一般分子（R）高出一定能量、足以参加反应的分子。活化分子比一般分子的平均能量所高出的能量称为反应的**活化能**。从式（4-11）可知，用 $\ln k$ 对 $1/T$ 作图，可获得一条直线，其斜率为 $-E_a/R$，截距为 B。这样，我们就可以用图解法来确定反应的活化能，如图 4-3 所示。当然，也可以从图中取不同温度的两点和其对应的速率常数，代入式（4-11）中，两式相减，可得

$$\ln\frac{k_2}{k_1}=\frac{E_a}{R}\left(\frac{1}{T_1}-\frac{1}{T_2}\right) \tag{4-12}$$

该式也称为阿伦尼乌斯公式。式中，k_1 和 k_2 是 T_1 和 T_2 两个热力学温度下对应的反应速率常数，E_a 是反应的活化能，$R=8.315\ \mathrm{J\cdot mol^{-1}\cdot K^{-1}}$。

N_2O_5 的分解反应①：　$N_2O_5 \longrightarrow N_2O_4+\frac{1}{2}O_2(g)$（在 CCl_4 中）

其速率常数 k 与温度的关系，如图 4-3 所示。$T=298\ \mathrm{K}$ 时，即 $1/T=3.36\times10^{-3}\ \mathrm{K^{-1}}$，可从直线上读出 $\ln k=-10.272$，则 $k=3.46\times10^{-5}\ \mathrm{s^{-1}}$。

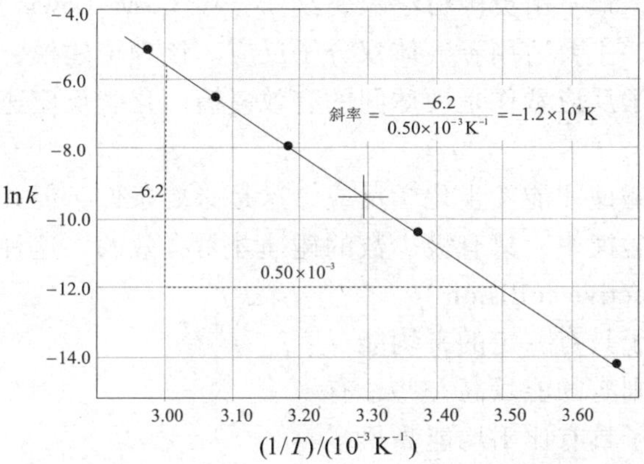

图 4-3　反应①式的速率常数 k 与温度的关系

从式（4-11）的对数式可知，直线斜率为 $-E_a/R$，图示直线的斜率为 $-1.2\times10^4\ \mathrm{K}$，则有

$$E_a=8.315\ \mathrm{J\cdot mol^{-1}\cdot K^{-1}}\times1.2\times10^4\ \mathrm{K}=1.0\times10^5\ \mathrm{J\cdot mol^{-1}}$$

另外，还可以将式（4-12）变换为指数形式，即

$$\frac{k_2}{k_1}=\exp\left[\frac{E_a}{R}\left(\frac{1}{T_1}-\frac{1}{T_2}\right)\right]$$

例 4-6 若 N_2O_5 在 CCl_4 中的分解反应为一级反应，利用图 4-3 的数据计算，当反应的半衰期为 2.00 h 时，反应的温度为多少？

解 对于一级反应，可依据半衰期计算反应的速率常数，即

$$k = \frac{\ln 2}{t_{1/2}} = \frac{0.693}{2 \times 3600\ \text{s}} = 9.63 \times 10^{-5}\ \text{s}^{-1}$$

为了比较，下面采用两种方法来求反应温度：

（1）图解法 要想获得 $k = 9.63 \times 10^{-5}\text{s}^{-1}$ 对应的温度，即 $\ln k = -9.248$ 时的反应温度，找出图 4-3 中直线上十字叉点，对应出此时的温度 $1/T = 3.28 \times 10^{-3}\text{K}^{-1}$，则

$$T = 1/(3.28 \times 10^{-3}\ \text{K}^{-1}) = 305\ \text{K}$$

（2）公式法 设 T_2 是 $k_2 = 9.63 \times 10^{-5}\text{s}^{-1}$ 时的温度，T_1 是已知 k_1 对应的温度。当 $T_1 = 298$ K 时，$k_1 = 3.46 \times 10^{-5}\text{s}^{-1}$，而 $E_a / R = 1.2 \times 10^4\text{K}$。依据式（4-12），则有

$$\frac{1}{T_1} - \frac{1}{T_2} = \frac{R}{E_a} \ln \frac{k_2}{k_1} = \frac{1}{1.2 \times 10^4} \ln \frac{9.63 \times 10^{-5}}{3.46 \times 10^{-5}} = 8.51 \times 10^{-5}$$

$$\frac{1}{T_2} = \frac{1}{298} - 8.51 \times 10^{-5} = 3.27 \times 10^{-3} = \frac{1}{305.8},\quad T_2 = 305.8(\text{K})$$

由于活化能是个宏观量，活化分子的概念比较含糊，因此，寻求对活化能进行微观解释的理论就具有重要意义。现流行的基元反应速率理论是碰撞理论和过渡态理论。

4.4.3 碰撞理论

反应速率理论的创立，最早由英国科学家路易斯（W. C. M. Lewis）于 1918 年提出碰撞理论，也称硬球碰撞理论，主要适用于气体双分子反应。该理论建模，是将气体分子视为没有内部结构的硬球，把化学反应看作是硬球间的有效碰撞，化学反应速率就由这些有效碰撞所决定。

反应物分子必须发生碰撞才能发生化学反应，这是必要条件，但并非每一次碰撞都能导致化学反应。在亿万次的碰撞中，只有极少数的碰撞才是有效的，这种能导致发生化学反应的碰撞称为有效碰撞（effective collision）。

一定温度下，气体分子具有一定的平均能量，但具体到每个分子，则有的能量高一些，有的低一些，只有极少数分子具有比平均能高得多的能量，它们碰撞时能导致原有化学键被破坏而发生反应，这些分子称为活化分子。事实上，气体分子的能量有一个分布。图 4-4 为在一定温度下气体分子的能量分布曲线。

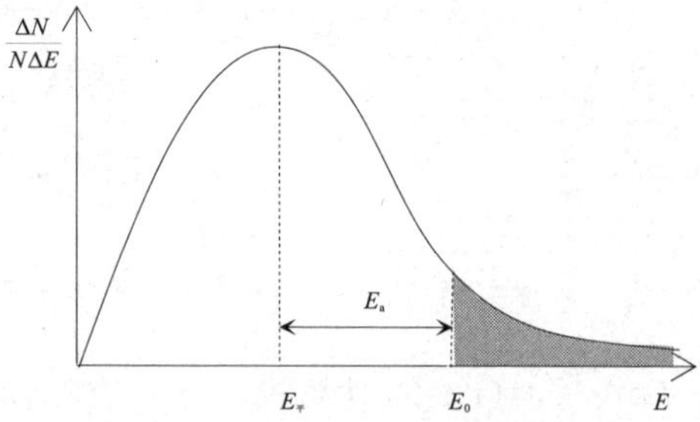

图 4-4 气体分子能量分布曲线

图 4-4 中，横坐标 E 表示分子能量，纵坐标 $\Delta N/(N \cdot \Delta E)$ 表示单位能量间隔的分子分数，称为能量分布函数，其中 ΔN 为能量在 $E \sim (E + \Delta E)$ 之间的分子数，N 为分子总数。$E_平$ 表示在该温度下的分子平均能量，E_0 是活化分子必须具有的最低能量，只有能量高于 E_0 的分子才能产生有效碰撞。活化分子所具有的最低能量与分子的平均能量之差，称为活化能，用符号 E_a

表示，即 $E_a = E_0 - E_平$。活化能可以理解为使 1 mol 具有平均能量的分子变成活化分子所需吸收的最低能量。可以证明，E_0 右侧曲线以下的阴影面积为活化分子所占的分数。反应活化能越大，E_0 的位置越向右移，活化分子所占的分数就小，活化分子数目就越少，因而反应速率就小；反之，如果活化能越小，反应速率就越大。

发生有效碰撞时，反应物分子除了具有足够的能量成为活化分子外，还必须有适当的碰撞方位，否则即使分子的能量极高，也可能是无效的碰撞。例如，NO_2 与 CO 的反应：

$$NO_2(g) + CO(g) \xlongequal{\quad} NO(g) + CO_2(g)$$

只有当 NO_2 中的氧原子与 CO 中的碳原子靠近，并且以适当的方位碰撞（NO_2 为 V 形分子，如沿着 O—C → O ══ N 的方向），才有可能发生反应，从其他任意方向去碰撞 NO_2 分子，则不会发生反应，如图 4-5 所示。因此，碰撞的分子只有同时满足了能量要求和适当的碰撞方位时才能发生反应。

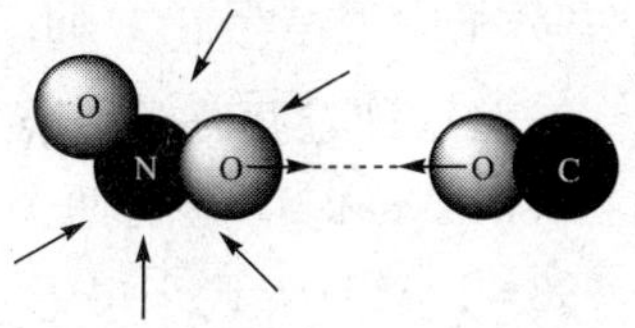

图 4-5 碰撞方位和化学反应

由于碰撞理论的模型过于简化，不涉及分子的内部结构，因此还存在着一定的缺陷，其应用也有一定的局限性。从另一个方面看，这个理论的确从分子水平上解释了一些重要的实验事实，在反应速率理论的建立和发展中起了重要的作用。同时，它的模型直观、形象、物理意义明确，因此简单碰撞理论是一个成功的理论，在反应速率理论的研究中仍然常用。

4.4.4 过渡态理论

过渡态理论又称活化配合物理论。最早是在 1930 年提出，1935 年后经艾林（H. Eyring）等人补充完善。这个理论考虑了物质分子的内部结构及运动状态，从分子水平上更为深刻地阐释了化学反应速率。比碰撞理论前进了一大步。

过渡态理论用量子力学方法对简单反应进行处理，计算反应物分子在相互作用过程中的位能变化，认为反应物在相互接近时要经过一个中间过渡状态，即形成一种活化络合物，然后再转化成产物。这个过渡状态就是活化态，如

$$\underset{\text{反应物(始态)}}{A + BC} \longrightarrow \underset{\text{活化络合物(过渡态)}}{A \cdots B \cdots C} \longrightarrow \underset{\text{生成物(终态)}}{AB + C}$$

过渡态的位能高于始态也高于终态，由此形成一个能垒，如图 4-6 所示。

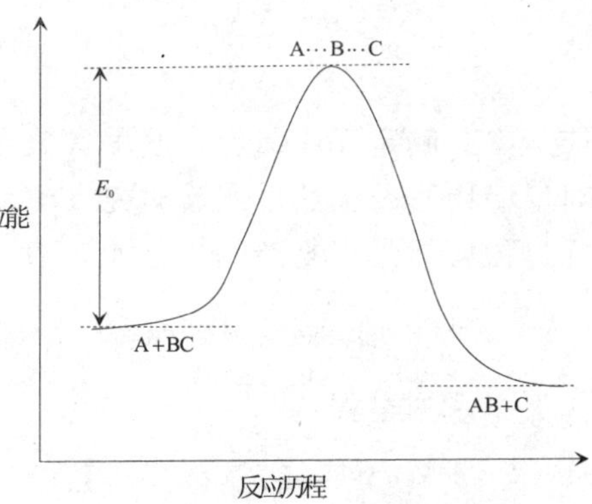

图 4-6 过渡态的位能示意图

过渡态和阿伦尼乌斯活化态的设想是一致的。按照过渡态理论，过渡态和始态的位能差 E_0 就是活化能（$E_0 = E_a + mRT$，mRT 很小，$E_0 \approx E_a$），或者说活化络合物具有的最低能量与反应物分子最低能量之差为活化能。用过渡态理论计算若干典型简单反应的活化能与阿伦尼乌斯实验活化能数值相符。

以基元反应 HI 的分解为例：

$$HI(g) + HI(g) \xlongequal{\quad} H_2(g) + 2I(g)$$

当两个 HI 分子相碰撞时，若连心线的相向平动能足够大，并使两个分子的 H 原子接近，H—I 键伸长，能量升高，而生成过渡态化合物 I···H···H···I。由于不断的振动，H···H 之间微小的收缩就可以自发形成 H_2 分子，同时 H···I 键被拉伸长而断裂，生成 I 原子。过渡态化合物与 HI 分子间能垒为 E_0。如图 4-7 所示。

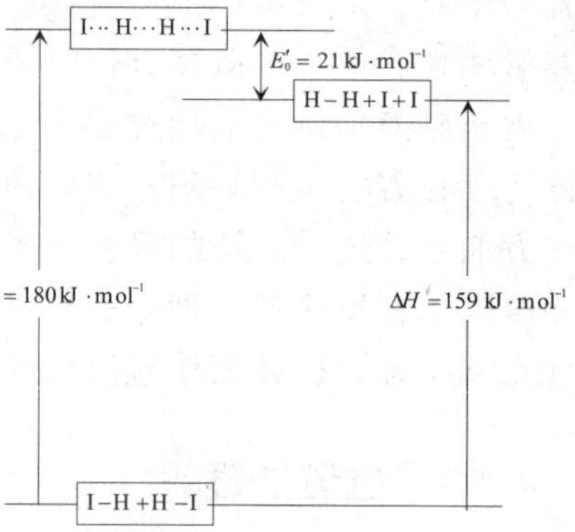

图 4-7　HI 分解过渡态示意图

参照这种过渡态模型进行量子力学计算，E_0 值约为 $180\ kJ \cdot mol^{-1}$，这比两个 HI 分子的键能 $2 \times 298 = 596\ kJ \cdot mol^{-1}$ 小得多。若上述反应先经过 HI 分子断键分别生成两个 H 原子和两个 I 原子，然后 H 原子再结合成 H_2 分子，这样反应途径所需的能垒就高得多。由反应物到生成物的变化途径可以有多种选择，但总是能垒低的途径优先。犹如人群从一个山谷到另一山谷有多种路径可走，而跨越高度最低的路径，则是行人最多的途径。

综上所述，人们在研究温度和反应速率关系时，提出了“活化能”概念，并由实验测定了一些反应的活化能，随后反应速率理论的研究对活化能做出微观的阐明。碰撞理论着眼于相撞“分子对”的相向平动能，而过渡态理论着眼于分子相互作用的位能。它们都能说明一些实验现象，但理论计算与实验结果相符的只限于很少数的简单反应。最近几十年，随着分子束以及激光等新技术的应用，化学反应速率的实验工作和理论研究都有迅速的发展，是当今很活跃的研究领域。

4.5　反应机理

4.5.1　反应机理

化学动力学除了研究反应速率，测定反应级数、速率常数和活化能之外，还要研究反应机理。所谓**反应机理**，就是对反应历程的描述。实验研究发现，虽然化学反应的方程式书写得很简单，但化学反应的实际过程可能是很复杂的。比如 N_2O_5 的分解反应：

$$2N_2O_5(g) \xlongequal{\quad} 4NO_2(g) + O_2(g)$$

研究表明，上述反应经过了如下一系列过程：

第一步	$N_2O_5 \xlongequal{\quad} NO_2 + NO_3$	慢反应过程
第二步	$NO_3 \xlongequal{\quad} NO + O_2$	快反应过程

第三步　　$NO_3 + NO \Longrightarrow 2NO_2$　　快反应过程

这种一个反应中包含多步反应的过程，称为反应历程或反应机理。

像 N_2O_5 的分解这样，一个需要经历多个步骤或过程的化学反应，称为**复杂反应**（complex reaction），其中的每一步反应称为**基元反应**（elementary reaction）。在一个基元反应中，反应物分子都是一步直接转化为生成物。多数的化学反应都是复杂反应，由两个或两个以上的基元反应构成。仅有少数反应是简单反应，即由一步基元反应构成（或者说其本身就是一个基元反应）。

下面继续讨论 N_2O_5 分解的反应机理。在分解过程的三个步骤中，第一步基元反应的速率很慢，而后面两步基元反应的速率相对较快。因此，整个反应的速率取决于第一步的慢反应过程，这一步反应称为总反应的速率控制步骤（rate controlling step），简称**决速步**。决速步的反应速率（$v_{决}$）近似等于总反应的速率（$v_{总}$）。根据质量作用定律，可以写出 N_2O_5 分解反应的速率方程：

$$v_{总} = -\frac{d[N_2O_5]}{dt} \approx v_{决} = k[N_2O_5]$$

这和实验测定得到的速率方程完全一致。

再如，氢气和碘蒸气化合生成碘化氢的反应：

$$H_2(g) + I_2(g) \Longrightarrow 2HI(g)$$

研究证明，其反应机理为：

第一步　　$I_2 \Longrightarrow 2I$　　快反应

第二步　　$H_2 + 2I \Longrightarrow 2HI$　　慢反应（决速步）

由于第二步是决速步，总反应的速率近似等于此步的反应速率，即

$$v \approx k[I]^2[H_2]$$

式中有碘原子的浓度，需要用反应物的浓度来进一步替代。考虑到第一步是快反应，I_2 分子很快解离为活泼碘原子并达到平衡，于是有

$$\frac{[I]^2}{[I_2]_t} = K \quad 即 \quad [I]^2 = K[I_2]_t$$

由于第一步反应会产生足够多的 I 原子供第二步慢反应所需，且 I_2 分子的解离度很小，所以 I_2 的平衡浓度 $[I_2]_t$ 就相当于反应物 I_2 的起始浓度 $[I_2]$，即有

$$[I]^2 = K[I_2]$$

代入上述总反应速率方程，则有

$$v = kK[I_2][H_2] = k'[I_2][H_2]$$

这与实验测定得到的总反应速率方程完全一致。

4.5.2 动力学稳态

复杂反应可以经历几个基元反应的步骤。现在分析下列反应中间产物浓度的变化过程。假定反应物 A 经中间产物 B 最后生成 C，即

$$A \xrightarrow{k_1} B \xrightarrow{k_2} C$$

可以推导出各物种的浓度随时间的变化分别为

$$[A]_t = [A]_0 e^{-k_1 t}，\ [B]_t = [A]_0 \frac{k_1}{k_2 - k_1}\left(e^{-k_1 t} - e^{-k_2 t}\right)，\ [C]_t = [A]_0\left[1 + \frac{1}{k_2 - k_1}\left(k_2 e^{-k_1 t} - k_1 e^{-k_2 t}\right)\right]$$

作浓度-时间曲线（图 4-8），可见中间产物 B 在反应过程中产生，其浓度在反应过程中比较靠前的一段时间内变化很小。而且，这一段 B 浓度基本上保持不变的时间和两个速率常数有关，k_2 比 k_1 大得越多，浓度保持不变出现的时间越早，持续时间越长。

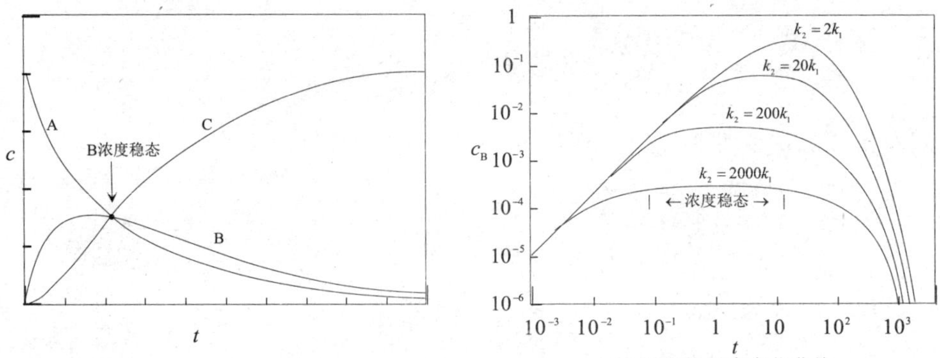

(a)各物种浓度变化曲线 (b)中间产物浓度变化曲线

图 4-8 浓度-时间曲线

这一段时间内 B 保持稳定的原因并不是反应达到热力学平衡，而是此时，生成 B 的速率（$v_1 = k_1[A]$）和 B 转化成 C 的速率（$v_2 = k_2[B]$）相同，即 $v_1 = v_2$，所以

$$\frac{d[B]}{dt} = k_1[A] - k_2[B] \approx 0$$

因为 B 的浓度变化接近于 0，所以 B 能够保持浓度稳定：$c_B \approx$ 常数。

像中间产物 B 的这种浓度暂时保持稳定的现象，称为动力学稳态（steady state）。在生命过程中，动力学稳态是一个普遍存在的现象，特别是存在于由酶催化的反应中。在某些意义上，生命过程也是一种动力学稳态。

4.5.3 稳态近似

以上所考虑的反应机理都有一个实实在在的决速步，只要能确定中间体的浓度，就可以通过决速步的速率方程获得整个反应的速率。但是，在一些多步的复杂反应机理中，可能存在不止一步反应决定着反应的速率。

为了更详细地说明这个问题，我们再来考虑 NO 与 O_2 的反应，但是这次我们对机理中各步的相对反应速率不作任何假设。下面所提出的反应机理，为了更为清楚地表达，我们将第一步可逆反应的正向和逆向反应都写出来了：

$$①\quad NO + NO \xrightarrow{k_1} N_2O_2$$
$$②\quad N_2O_2 \xrightarrow{k_2} NO + NO$$
$$③\quad N_2O_2 + O_2 \xrightarrow{k_3} 2NO_2$$

我们选择机理中可以方便表达反应速率的一步来书写反应速率方程，如第三步，它是一个 O_2 消耗的过程。因此，这个机理下的反应速率可以写成：

$$\text{反应速率} = k_3[N_2O_2][O_2] \tag{4-13}$$

与以前的做法类似，我们必须确定这个方程中中间体 N_2O_2 的浓度，假定 $[N_2O_2]$ 达到一个稳态条件，在这个条件下 N_2O_2 产生和消耗的速率相等，即在整个反应过程中 $[N_2O_2]$ 保持不变。在稳态假设下，可以用 $[NO]$ 来表达 $[N_2O_2]$。

$$\frac{\Delta[N_2O_2]}{\Delta t} = v(N_2O_2\text{形成}) + v(N_2O_2\text{消耗}) = 0$$
$$v(N_2O_2\text{形成}) = -v(N_2O_2\text{消耗})$$

N_2O_2 消耗的速率由两部分组成，方程式②的逆反应和③的正反应，因此，

$$v(N_2O_2\text{消耗}) = -\left(k_3[N_2O_2][O_2] + k_2[N_2O_2]\right)$$

这里，出现了与 N_2O_2 浓度相关的两步反应的反应速率，负号表示浓度的减小。现在，如稳态假设中定义的，N_2O_2 消耗速率的负数与 N_2O_2 生成速率相等，并等于 $k_1[NO]^2$，则

$$k_1[NO]^2 = k_3[N_2O_2][O_2] + k_2[N_2O_2] = [N_2O_2]\left(k_2 + k_3[O_2]\right)$$

可得
$$[N_2O_2] = \frac{k_1[NO]^2}{k_2 + k_3[O_2]} \tag{4-14}$$

将它代入式（4-13），可得

$$\text{反应速率} = k_3[O_2]\frac{k_1[NO]}{k_2 + k_3[O_2]} = \frac{k_1k_3[O_2][NO]^2}{k_2 + k_3[O_2]} \tag{4-15}$$

因此，我们获得了基于稳态分析所提出机理的反应速率方程。这个速率方程比实验中观察到的要更为复杂，这是为什么呢？在执行稳态计算时，对于机理中三步反应的相对速率大小我们没有作任何假设。如果我们现在假设机理中第二步 N_2O_2 消耗的速率比第三步中 N_2O_2 消耗的速率大得多，即

$$k_2[N_2O_2] \gg k_3[N_2O_2][O_2]$$

可得
$$k_2 \gg k_3[O_2]\text{，}\quad k_2 + k_3[O_2] \approx k_2$$

式（4-14）简化为
$$[N_2O_2] = \frac{k_1[NO]^2}{k_2}$$

将它代入速率方程式（4-15），并用 k 代替 k_1k_3/k_2，得到总反应的速率方程为

$$\text{反应速率} = \frac{k_1k_3[O_2][NO]^2}{k_2} = k[O_2][NO]^2$$

对任何反应机理，不考虑决速步存在的稳态分析方法所获得的反应速率方程通常是很复杂的，这种类型的速率方程的应用在下一节中给出了示例。

4.6 催化反应动力学

4.6.1 催化剂和催化作用

一种或多种少量的物质，能使化学反应的速率显著增快，而这些物质本身在反应前后的数量及化学性质都不改变。这种现象称为催化作用（catalysis）。起催化作用的物质称为催化剂（catalyst）。

催化剂可以是有意识加入反应系统的，也可以是在反应过程中自发产生的。后者是一种或几种反应产物或中间产物，称为自催化剂（autocatalyst）。这种现象称为自催化作用（autocatalysis）。例如，$KMnO_4$与草酸反应时生成的Mn^{2+}就是该反应的自催化剂。有时反应系统中一些偶然的杂质、尘埃或反应容器壁等，也具有催化作用。例如，在 473 K，玻璃容器中进行的溴与乙烯的气相加成反应，玻璃容器壁就具有催化作用。

根据反应物、产物和催化剂相态的异同，催化反应可分为均相催化（homogeneous catalys）和多相催化（heterogeneous catalys）两类。前者指催化剂、反应物和产物都为气相或均匀的液相；后者多见于固相催化剂催化气相或液相反应。酶的大小为 10 ~ 100 nm，酶催化反应（反应物和产物多为液相）可视为介于单相催化和多相催化之间。

4.6.2 催化剂的基本特征

（1）催化剂参与化学反应，但在反应前后的数量及化学性质不变。催化剂的物理性质在反应前后可以发生变化，如外观、晶形改变等。

（2）催化剂只能缩短到达平衡的时间，不改变平衡状态，即催化剂不改变平衡常数的数值。由此还可得出一个重要的推论，对于一个对峙反应，催化剂在使正反应加速的同时，也使逆反应加速，而且加速倍数相同。这就为寻找催化剂的实验提供了很大的方便。

（3）催化剂只能使热力学所允许的反应（$\Delta G<0$）加速进行，不能使热力学中所不允许的反应（$\Delta G>0$）发生。

（4）催化剂具有选择性。这里的选择性包括两种情况。一是指不同类型的反应需要选择不同性质的催化剂。例如，氧化反应的催化剂与脱氢反应的催化剂是不同的。二是指对于同样的反应物若选择不同的催化剂，也可能获得不同的产物。例如，250 °C 下乙烯氢化，如果选用 Ag 做催化剂，主要产物是环氧乙烷，而改用 Pd 时主要产物却是乙醛。各种催化剂都有选择性，只是强弱不同而已。一般来说，酶催化剂的选择性最强，配合物催化剂次之，金属催化剂及酸碱催化剂最弱。工业中常用转化为目标物的原料量（m_x）与原料投放总量（m_s）的比值，来量化催化剂的选择性，即

$$\text{选择性} = \frac{m_x}{m_s} \times 100\% \tag{4-16}$$

（5）许多催化剂对杂质很敏感。有时少量的杂质就能显著影响催化剂的效能。在这些物质中，能使催化剂的活性、选择性、稳定性增强者称为助催化剂或促进剂（catalytic accelerator, promoter），而能使催化剂的上述性质减弱者称为阻化剂或抑制剂（inhibitor)。作用很强的阻化剂只要极微的量就能严重阻碍催化反应的进行，这些物质称为催化剂的毒物（poison）。例如，在氢燃料电池中，阳极材料的铂催化剂，极少量的 CO 就可使铂中毒，完全丧失催化活性。

催化剂的中毒可以是永久性的，也可以是暂时性的。后者只要将毒物除去，催化剂的效力仍可恢复。例如，合成氨反应采用铁作催化剂，氧和水蒸气可引起暂时性中毒，而硫化物则可引起永久性中毒。

催化剂的中毒也可以是有选择性的，例如，Cu 可催化乙醇的两步连续反应：

① $$CH_3CH_2OH \rightleftharpoons CH_3CHO + H_2 \quad \text{（Cu 催化）}$$

② $$CH_3CHO \rightleftharpoons CH_4 + CO \quad \text{（Cu 催化）}$$

少量的水可抑制催化反应②，相对增加 CH_3CHO 的产率。

4.6.3　催化机制

催化剂的催化机制随不同的催化剂和催化反应而异。通常是催化剂与反应物分子形成了不稳定的中间化合物或配合物，或发生了物理或化学的吸附作用，从而改变了反应途径，大幅度地降低了反应的活化能 E_a 或增大了指前因子 A，使反应速率显著增大。而在这些不稳定的中间产物继续反应后，催化剂又被重新复原。催化剂生成中间产物的反应机制，可用以下通式表示。设有催化反应

$$A + D \xrightarrow{K} AD$$

式中 K 为催化剂，其催化机制可表达为

① $$A + K \underset{k_2}{\overset{k_1}{\rightleftharpoons}} AK$$

② $$AK + D \xrightarrow{k_3} AD + K$$

式中 AK 为反应物与催化剂生成的中间产物。反应①为快速平衡，反应②为速控步骤，总反应速率方程为

$$\frac{dc(AD)}{dt} = \frac{k_1 k_3}{k_2} c(K)c(A)c(D) = k'c(A)c(D) \tag{4-17}$$

表观速率常数 k'、表观活化能 E_a' 和表观指前因子 A' 分别为

$$k' = \frac{k_1 k_3}{k_2}，\quad E_a' = E_{a,1} + E_{a,3} - E_{a,2}，\quad A' = \frac{A_1 A_3}{A_2} c(K)$$

上述反应机制中活化能可用图 4-9 来示意。图中 E_a 为非催化反应的活化能，E_a' 为催化反应的活化能，各曲线上的峰代表活化分子的平均能量。

应当指出，并非所有能降低活化能的物质都能使反应显著加速而成为催化剂。催化反应的表观指前因子 A' 中含有催化剂浓度 $c(K)$，而在反应系统中 $c(K)$ 通常是很小的。多数催化剂能使反应的活化能降低值在 $80\ kJ \cdot mol^{-1}$ 以上，足以弥补 $c(K)$ 低对反应速率的不利影响。表 4-6 比较了一些催化反应和非催化反应的活化能。

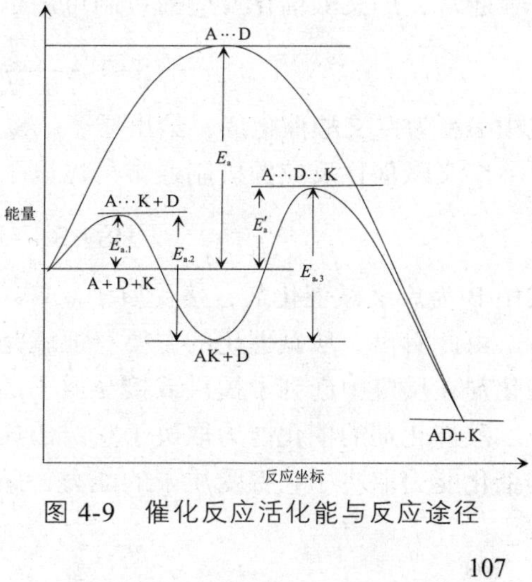

图 4-9　催化反应活化能与反应途径

表 4-6　催化反应和非催化反应的活化能

反应	E_a / kJ·mol^{-1} 非催化反应	E_a / kJ·mol^{-1} 催化反应	催化剂
$2HI \longrightarrow H_2 + I_2$	184.1	104.6	Au
$2H_2O \longrightarrow 2H_2 + O_2$	244.8	136.0	Pt
蔗糖在盐酸溶液中的分解反应	107.1	39.3	转化酶
$2SO_2 + O_2 \longrightarrow 2SO_3$	251.0	62.76	Pt
$3H_2 + N_2 \longrightarrow 2NH_3$	334.7	167.4	$Fe\text{-}Al_2O_3\text{-}K_2O$

4.6.4　酸碱催化

酸碱催化是液相催化中研究得最多、应用得最广泛的一类催化反应。酸碱催化反应通常是离子型反应，其本质在于质子的转移。许多离子型有机反应，如酯的水解、醇醛缩合、脱水、水合、聚合、烷基化等反应，大多可被酸或碱所催化。

酸碱催化可分为两类。一是专属酸碱催化（specific acid-base catalysis），它特指以 H^+（在水溶液中为 H_3O^+，在醇溶液中为 ROH_2^+）或 OH^- 为催化剂的反应；二是广义酸碱催化（general acid-base catalysis），它是根据酸碱质子理论定义的广义酸碱为催化剂的催化发应。根据质子理论，凡能给出质子的物质称为广义酸，凡能接受质子的物质称为广义碱，它们可以是离子，也可以是中性分子。

硝基胺的水解既可被专属碱 OH^- 催化，也可被广义碱 Ac^- 催化，两者的结果相同。

$$NH_2NO_2 + OH^- \longrightarrow NHNO_2^- + H_2O$$
$$NHNO_2^- \longrightarrow N_2O + OH^-$$

或

$$NH_2NO_2 + Ac^- \longrightarrow NHNO_2^- + HAc$$
$$NHNO_2^- \longrightarrow N_2O + OH^-$$
$$HAc + OH^- \longrightarrow Ac^- + H_2O$$

通常，广义酸催化反应的机制可用以下通式表达：

$$S + HA \longrightarrow SH^+ + A^- \longrightarrow P + HA$$

式中 HA 为广义酸催化剂，给出质子。S 为反应物，是广义碱，接受质子。P 为产物。

广义碱催化反应的机制通常可用以下通式表达：

$$HS + B \longrightarrow S^- + HB^+ \longrightarrow P + B$$

式中 B 为广义碱催化剂，接受质子。HS 为反应物，是广义酸，给出质子。

由此看出，酸碱催化的主要特征就是质子的转移。质子转移是一个相当快的过程。酸碱催化剂在反应中起到了提供或接受质子的作用，从而具有催化作用。

酸催化剂的催化能力取决于它给出质子的能力，酸性越强，催化能力也越强。碱催化剂的催化能力取决于它接受质子的能力，碱性越强，催化能力也越强。

许多药物溶液中需加入缓冲剂，有些缓冲剂往往会催化药物的水解，起到广义酸碱的催化作用。如醋酸盐、枸橼酸盐缓冲剂可催化氯霉素的水解，HPO_4^{2-} 对青霉素 G 的水解有催化作用。在处方设计时应选择对药物水解无催化作用的缓冲剂或降低缓冲剂的浓度。

有的反应，如药物水解反应，既可被酸催化，又可被碱催化。其反应速率可表达为

$$-\frac{dc(S)}{dt}=k_0c(S)+k_{H^+}c(H^+)c(S)+k_{OH^-}c(OH^-)c(S)$$

式中 k_0 表示在溶剂参与下反应自身的速率常数，k_{H^+} 和 k_{OH^-} 分别为被酸、碱催化的速率常数，称为酸、碱催化系数。$c(S)$ 表示反应物浓度，$c(H^+)$ 为 H^+ 的浓度，$c(OH^-)$ 为 OH^- 的浓度。令 k 为上述反应的总速率常数

$$k=k_0+k_{H^+}c(H^+)+k_{OH^-}c(OH^-) \tag{4-18}$$

在水溶液中，上式也可表达为

$$k=k_0+k_{H^+}c(H^+)+k_{OH^-}[K_w/c(H^+)] \tag{4-19}$$

水溶液中进行的酸碱催化反应，其反应速率常数与溶液的 pH 密切相关。图 4-10 为上述反应的 k-pH 示意图。

当溶液的 pH 较小时，反应以酸催化为主，$k\approx k_{H^+}c(H^+)$，形成图中曲线的左段；当 pH 较大时，反应以碱催化为主，$k\approx k_{OH^-}c(OH^-)$，形成曲线的右段；pH 居中时，酸或碱催化作用都不大，$k\approx k_0$，形成曲线的中段。

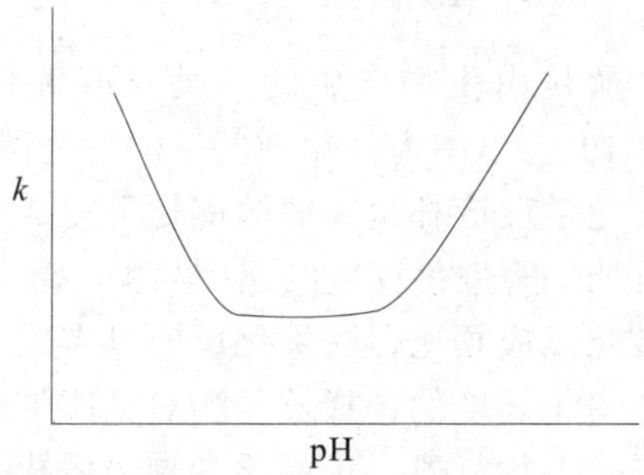

图 4-10　k-pH 的关系图示

将式（4-19）两端对 $c(H^+)$ 微分，并令其为零

$$\frac{dk}{dc(H^+)}=k_{H^+}-\frac{k_{OH^-}K_w}{c^2(H^+)}=0$$

整理后可得使反应速率最慢的（即药物溶液最稳定的）pH，记为 $(pH)_m$

$$(pH)_m=\frac{1}{2}\left(\lg k_{H^+}-\lg k_{OH^-}-\lg K_w\right) \tag{4-20}$$

需要说明的是，药物水解反应的速率常数与 pH 的关系并非都与图 4-10 相同，水解反应机制不同，速率常数与 pH 的关系也不同。

一些药物在一定的 pH 下能进行催化水解反应，如维生素 C、阿司匹林、普鲁卡因的水溶液在配制成溶液时，应注意调节 pH，以保持稳定。调整 pH 稳定的同时要考虑到药物的溶解度、药效和人体的生理适应各个方面。

在酸碱催化反应中，酸或碱催化系数 k_{H^+}、k_{OH^-} 代表了催化剂的催化能力，其值与酸或碱的解离常数 K_a 或 K_b 有关。

对于酸催化反应，k_{H^+} 与 K_a 的关系为：

$$k_{H^+}=G_a(K_a)^{\alpha} \quad 或 \quad \ln k_{H^+}=\ln G_a+\alpha\ln K_a$$

对于碱催化反应，k_{OH^-} 与 K_b 的关系为：

$$k_{OH^-} = G_b(K_b)^{\beta} \quad 或 \quad \ln k_{OH^-} = \ln G_b + \beta \ln K_b$$

式中 G_a、G_b、α、β 都是经验常数，与反应种类、溶剂种类和反应温度有关。α 和 β 的值在 0 ~ 1。上述关系式称为 Brönsted 酸碱催化规则，该规则普遍适用于单相酸碱催化反应。对某一酸催化反应，可用不同的酸做催化剂进行实验，得到不同的酸催化时的 k_{H^+}，以 $\ln k_{H^+}$ 对 $\ln K_a$ 作图得一直线，其斜率为 α，截距为 $\ln G_a$。类似的方法用于碱催化，亦可求得 β 和 $\ln G_b$。利用 Brönsted 酸碱催化规则，可用少数几种催化剂做实验，将其结果推广到其他催化剂，供选择催化剂时参考。

若催化剂为多元的酸或碱，则 Brönsted 酸碱催化规则应进行修正，修正后的公式为

$$\frac{k_{H^+}}{p} = G_a\left(\frac{q}{p}K_a\right)^{\alpha}, \quad \frac{k_{OH^-}}{q} = G_b\left(\frac{p}{q}K_b\right)^{\beta}$$

式中 p、q 分别表示一个酸分子能提供的质子数和一个碱分子能接受的质子数。如：

$$H_2C_2O_4, \ p = 2; \quad C_2O_4^{2-}, \ q = 2$$

4.6.5 酶催化

酶是由生物产生的一种具有催化能力的特殊蛋白质活性大分子，其相对分子质量为 $10^4 \sim 10^6$。以酶为催化剂的反应称为**酶催化反应**（enzyme catalysis）。几乎所有在生物体内进行的化学反应都是在酶的催化下完成的。可以认为，没有酶的催化作用就没有生命活动。实验证明，酶催化反应的速率与酶、底物（substrate)、温度、pH 以及其他干扰物质有关。与一般催化反应相比，酶催化反应具有以下特点：

（1）高度的选择性：酶对其所催化的底物具有较严格的选择性，一种酶仅作用于一种或一类化合物，或一定的化学键，催化一定的化学反应并产生一定的产物。有的酶只对一种物质的某种旋光异构体起作用。如从酵母中分离出来的乳酸脱氢酶，只催化 L-乳酸脱氢生成丙酮酸，而对 D-乳酸则没有影响。普通催化剂无如此高的选择性。

（2）催化效率高：比一般的无机或有机催化剂可高出 $10^8 \sim 10^{12}$ 倍。例如，过氧化氢酶能在 1 s 内分解 1×10^5 个过氧化氢分子，而石油裂解所使用的硅酸铝催化剂在 773 K 条件下，约 4 s 才分解一个烃分子。

（3）反应条件温和：一般催化剂常在高温或高压条件、强酸或强碱性介质下使用。而酶催化反应的条件温和，一般在常温常压进行，介质也是中性或是近中性。

酶催化反应的机制很复杂，解释酶催化反应中底物浓度和反应速率关系的最合理学说是中间产物学说。酶（E）首先与底物（S）结合形成酶-底物复合物（ES，中间产物），此复合物再进一步分解得到产物（P），并重新释放出酶。其过程描述如下

$$E + S \underset{k_2}{\overset{k_1}{\rightleftharpoons}} ES \xrightarrow{k_3} E + P$$

上述机制由**米恰利-门顿**（Michaelis-Menten）等人先后提出。

中间产物 ES 分解为产物 P 的速率很小，为速控步骤，总反应速率方程为

$$r = \frac{\mathrm{d}c(\mathrm{P})}{\mathrm{d}t} = k_3 c(\mathrm{ES}) \tag{4-21}$$

通常在酶催化反应中，酶的浓度比底物浓度小很多：$c(\mathrm{E}) \ll c(\mathrm{S})$，因此 $c(\mathrm{ES}) \ll c(\mathrm{S})$。当反应稳定进行时，中间产物 ES 可按稳态近似法处理

$$-\frac{\mathrm{d}c(\mathrm{ES})}{\mathrm{d}t} = k_1 c(\mathrm{S})c(\mathrm{E}) - k_2 c(\mathrm{ES}) - k_3 c(\mathrm{ES}) = 0 \tag{4-22}$$

$$c(\mathrm{ES}) = \frac{k_1 c(\mathrm{E})c(\mathrm{S})}{k_2 + k_3} = \frac{c(\mathrm{E})c(\mathrm{S})}{K_\mathrm{M}} \tag{4-23}$$

$$K_\mathrm{M} = \frac{c(\mathrm{E})c(\mathrm{S})}{c(\mathrm{ES})}$$

式（4-23）称为 Michaelis-Menten 公式，式中 K_M 称为 Michaelis 常数，此常数可以看作是下列配合反应的不稳定常数：

$$\mathrm{E} + \mathrm{S} \rightleftharpoons \mathrm{ES}$$

令酶的初浓度为 $c_0(\mathrm{E})$，它是游离酶和中间产物的总浓度

$$c_0(\mathrm{E}) = c(\mathrm{E}) + c(\mathrm{ES}) \quad 或 \quad c(\mathrm{E}) = c_0(\mathrm{E}) - c(\mathrm{ES})$$

代入式（4-23)，整理后得

$$c(\mathrm{ES}) = \frac{c_0(\mathrm{E})c(\mathrm{S})}{K_\mathrm{M} + c(\mathrm{S})}$$

代入式（4-21)，得

$$r = \frac{\mathrm{d}c(\mathrm{P})}{\mathrm{d}t} = k_3 c(\mathrm{ES}) = \frac{k_3 c_0(\mathrm{E})c(\mathrm{S})}{K_\mathrm{M} + c(\mathrm{S})} \tag{4-24}$$

式（4-24）即为酶催化反应的速率方程。当底物浓度很小时，$c(\mathrm{S}) \leqslant K_\mathrm{M}$，上式可简化为

$$r = \frac{\mathrm{d}c(\mathrm{P})}{\mathrm{d}t} = \frac{k_3}{K_\mathrm{M}} c_0(\mathrm{E})c(\mathrm{S})$$

对底物为一级反应。

当底物浓度很大时，$c(\mathrm{S}) \geqslant K_\mathrm{M}$，则式（4-24）可简化为

$$r = \frac{\mathrm{d}c(\mathrm{P})}{\mathrm{d}t} = k_3 c_0(\mathrm{E})$$

即反应速率与酶的总浓度成正比，与底物浓度无关，对底物为零级反应。

当 $c(\mathrm{S}) \to \infty$ 时，反应速率趋于最大值 $r_\mathrm{m} = k_3 c_0(\mathrm{E})$，此式所有的酶都与底物结合而生成中间产物。将 $r_\mathrm{m} = k_3 c_0(\mathrm{E})$ 代入式（4-24），得

$$r = \frac{r_\mathrm{m} c(\mathrm{S})}{K_\mathrm{M} + c(\mathrm{S})} \quad 或 \quad \frac{r}{r_\mathrm{m}} = \frac{c(\mathrm{S})}{K_\mathrm{M} + c(\mathrm{S})} \tag{4-25}$$

当 $r = r_\mathrm{m}/2$ 时，$K_\mathrm{M} = c(\mathrm{S})$。即当反应速率为最大速率的一半时，底物的浓度就等于 Michaelis 常数。图 4-11 为反应速率 r 与底物浓度 $c(\mathrm{S})$ 的关系。

在实验过程中很难准确地测得 K_M、r_m 值。将式（4-25）改写为

$$\frac{1}{r} = \frac{K_\mathrm{M}}{r_\mathrm{m} c(\mathrm{S})} + \frac{1}{r_\mathrm{m}} \tag{4-26}$$

此式称为**林纳维佛-伯克**（Lineweicer-Burk）方程。以$1/r$对$1/c(\mathrm{S})$作图，可得一直线，直线斜率为K_M/r_m，截距为$1/r_m$。由此可得常数K_M、r_m值。

K_M是酶催化反应的特征常数，不同的酶K_M不同，同一种酶催化不同的反应时K_M也不同。大多数纯酶的K_M值在$10^{-4}\sim10^{-1}$ mol·L^{-1}，其大小与酶的浓度无关。

例 4-7 在 25 °C 和 pH 7.0 时，肌球蛋白催化 ATP 水解的实验数据列于表 4-7 中：

表 4-7 肌球蛋白催化 ATP 水解的实验数据

$c(\mathrm{ATP})/10^{-6}\mathrm{mol\cdot L^{-1}}$	7.5	12.5	20.0	43.5	62.5	155.0	320.0
$r/10^{-6}\mathrm{mol\cdot L^{-1}\cdot s^{-1}}$	0.067	0.095	0.119	0.149	0.185	0.191	0.195

计算米氏常数K_M。

解 将表中数据取倒数处理，结果列于表 4-8 中：

表 4-8 表 4-7 中数据取倒数处理结果

$[1/c(\mathrm{ATP})]/10\mathrm{mol^{-1}\cdot L}$	0.133	0.080	0.050	0.023	0.016	0.006	0.003
$[1/r]/10\mathrm{mol^{-1}\cdot L\cdot s}$	14.9	10.53	8.40	6.71	5.41	5.24	5.13

以$1/r$-$1/c(\mathrm{TAP})$作图，得一直线，如图 4-12。

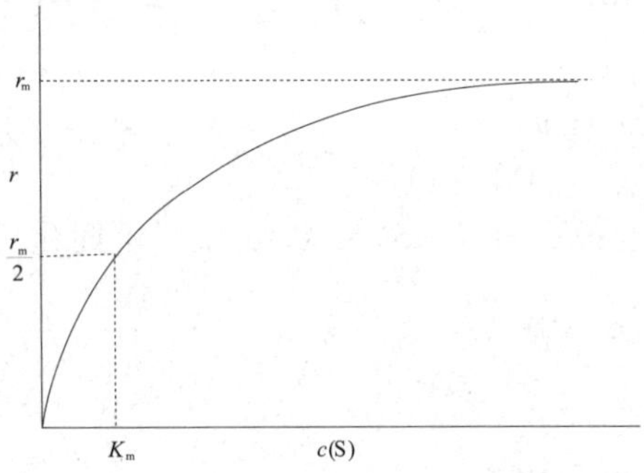

图 4-11 典型酶催化反应速率曲线

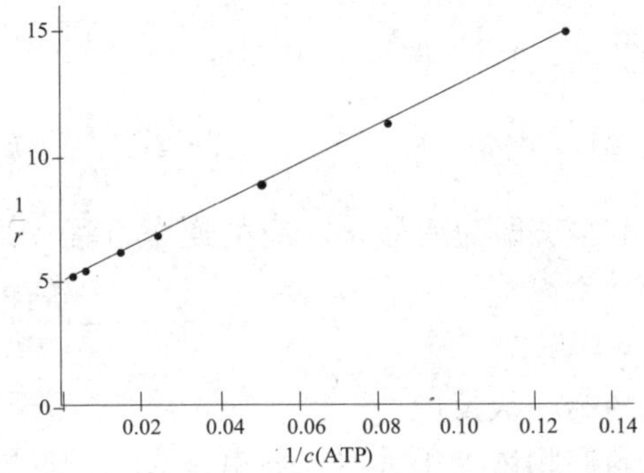

图 4-12 $1/r$-$1/c(\mathrm{ATP})$关系图

其直线斜率为$K_M/r_m = 75.89$ s，截距为$1/r_m = 4.18\times10^6\mathrm{mol^{-1}\cdot L\cdot s}$，两者联立，得米氏常数：

$$K_M = \frac{75.89\ \mathrm{s}}{4.68\times10^6\mathrm{mol^{-1}\cdot L\cdot s}} = 16.8\times10^{-6}\mathrm{mol\cdot L^{-1}}$$

习　题

一、思考题

1. 反应 A ⟶ P，$[\mathrm{A}]_0 = 0.2643\ \mathrm{mol\cdot L^{-1}}$，35 min 后$[\mathrm{A}] = 0.1832\ \mathrm{mol\cdot L^{-1}}$。反应的初始反应速率是多少？分别以$\mathrm{mol\cdot L^{-1}\cdot min^{-1}}$和$\mathrm{mol\cdot L^{-1}\cdot s^{-1}}$表示。

2. 对于下列反应，反应物 A 的消耗速率是$6.2\times10^{-4}\mathrm{mol\cdot L^{-1}\cdot s^{-1}}$。计算：

$$2\mathrm{A} + \mathrm{B} \longrightarrow \mathrm{C} + 3\mathrm{D}$$

（1）此时刻的反应速率；（2）B 消耗的速率；（3）D 生成的速率。

3. 一级反应 A $\longrightarrow$ P，其半衰期为 75 s。对于该反应，判断下面结论的对错：

（1）反应在 150 s 时完成；

（2）150 s 时 A 的剩余量是 75 s 时 A 剩余量的一半；

（3）任何 75 s 时间范围内，A 被消耗的绝对量是相同的；

（4）37.5 s 时，A 被消耗了 1/4。

4. 一个反应在 30 min 内有 50%完成。如果这个反应是一级反应或二级反应，分别需要多长时间使该反应刚好完成 75%?

5. 反应 A $\longrightarrow$ P 有如下数据（表 4-9）：

表 4-9　某反应的实验数据

t/s	0	100	1500	3500
$[A]/mol \cdot L^{-1}$	2.00	1.00	0.50	0.25

不通过具体计算，确定反应的级数。

6. 对下列反应，$T = 599$ K 时 $k = 5.4 \times 10^{-4}\,L \cdot mol^{-1} \cdot s^{-1}$，$T = 683$ K 时 $k = 2.8 \times 10^{-2}\,L \cdot mol^{-1} \cdot s^{-1}$

$$H_2(g) + I_2(g) \longrightarrow 2HI(g)$$

请计算：（1）反应的活化能；（2）什么温度下 $k = 5.0 \times 10^{-3}\,L \cdot mol^{-1} \cdot s^{-1}$。

7. 酶催化反应在有抑制剂（I）存在下被减速，因为抑制剂能很快和酶结合到达平衡：

$$E + I \rightleftharpoons EI$$

请分析当同时有底物和抑制剂存在时，酶催化反应速率和抑制剂总浓度 $[I]_0$ 的关系。

8. 在 CF_2Cl_2 分子中，典型 C－F 键的解离能（BDE）为 $440\,kJ \cdot mol^{-1}$，试计算光裂解 CF_2Cl_2 分子的 C－F 键所需光的最大波长。

9. 根据表 4-10 所列键能数据，排列出断裂该键所需光的最大波长顺序。

表 4-10　几种化学键的键能

化学键	B—F	B—O	C—B	N—H	N—N	N≡N
键能/$kJ \cdot mol^{-1}$	644	515	393	389	15+9	946

二、问答题

1. 用自己的语言来定义或解释下面的名词和符号：

（1）$[A]_0$；　（2）k；　（3）$t_{1/2}$；　（4）零级反应；　（5）催化剂。

2. 简单描述下面的名词、现象或者方法：

（1）活性复合物；　（2）反应机理；　（3）多相催化；　（4）决速步。

3. 解释下面两个名词之间的主要差别：

（1）一级反应和二级反应：

（2）微分速率方程和积分速率方程：

（3）活化能和反应的焓变；

（4）基元反应和总反应；

（5）酶和底物。

4. 当在 H_2 和 O_2 的混合物中引入一个小火花时，会产生高度放热的爆炸反应。在没有火花存在的情况下，H_2 和 O_2 的混合物非常稳定。

（1）请解释上面的不同行为；

（2）解释上面爆炸反应不和火花大小相关的原因。

5. 反应 $A \longrightarrow D$ 有如下的反应进程（图 4-13）。回答下面的问题：

（1）反应一共有多少中间态？

（2）一共有多少个过渡态？

（3）最快的反应步骤是哪一步？

（4）决速步是哪一步？

（5）第一步是吸热还是放热反应？

（6）整个反应是吸热反应还是放热反应？

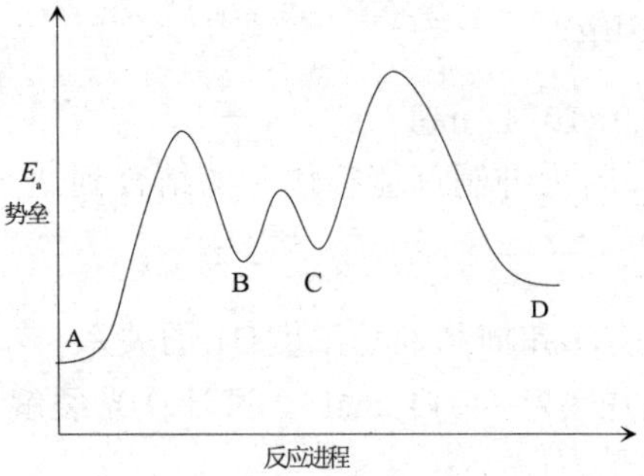

图 4-13　某反应进程

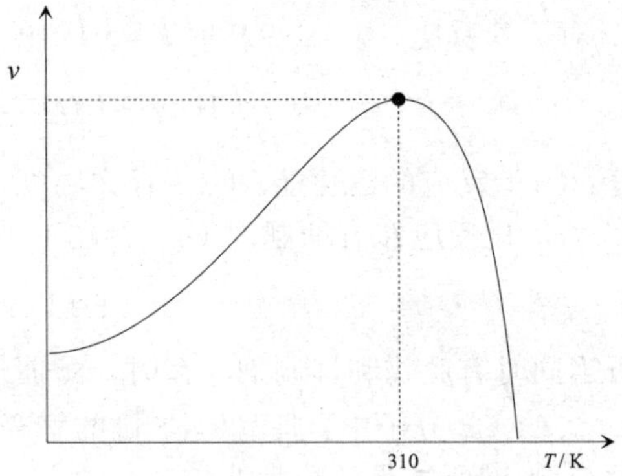

图 4-14　温度对酶催化反应的影响

6. 图 4-14 给出了温度对酶催化活性的影响。请解释为什么会出现这样的曲线。对于人体中的酶，曲线的最高点对应的温度是多少？

三、计算题

1. 反应 $A \longrightarrow P$ 有如下数据：$t = 0$，$[A] = 0.1565\ \text{mol} \cdot \text{L}^{-1}$；$t = 1\ \text{min}$，$[A] = 0.1498\ \text{mol} \cdot \text{L}^{-1}$；$t = 2\ \text{min}$，$[A] = 0.1433\ \text{mol} \cdot \text{L}^{-1}$。

（1）计算 $t = 0 \sim 1\ \text{min}$ 和 $t = 1 \sim 2\ \text{min}$ 内的平均反应速率；

（2）为什么上面两个反应速率不一样？

2. 有下列反应，在 $[A] = 0.3580\ \text{mol} \cdot \text{L}^{-1}$ 时反应速率为 $1.76 \times 10^{-5}\ \text{mol} \cdot \text{L}^{-1} \cdot \text{s}^{-1}$。求：

$$A + 2B \longrightarrow 2C$$

（1）C 生成的速率；

（2）1 min 后 A 的浓度。

3. 对于下列反应，获得的实验数据见表 4-11，请确定该反应的速率方程。

$$2NO(g)+Cl_2(g) \longrightarrow 2NOCl(g)$$

表 4-11　NO 与 Cl_2 反应的实验数据

实验次数	1	2	3
NO 初始浓度/ $mol \cdot L^{-1}$	0.0125	0.0125	0.0250
Cl_2 初始浓度/ $mol \cdot L^{-1}$	0.0255	0.0510	0.0255
初始反应速率/ $mol \cdot L^{-1} \cdot s^{-1}$	2.27×10^{-5}	4.55×10^{-5}	9.08×10^{-5}

4. 一级反应 A$\longrightarrow$P，A 反应 99%时耗时 137 min，求该反应的半衰期。

5. 在 45 °C 下和 CCl_4 中，80 g N_2O_5 发生下列一级反应，其 $k=6.2\times10^{-4}\,s^{-1}$ 。请计算：

$$N_2O_5 \longrightarrow N_2O_4+\frac{1}{2}O_2$$

（1） N_2O_5 还剩 2.5 g 时耗时多少？

（2）在上述时刻，一共获得了多少氧气（ $p=745$ mmHg， $T=45$ °C ）

6. 在 400 s 时间范围内，监测 HI(g) 在 700 K 的分解反应如下，获得数据见表 4-12 中。

$$HI(g) \longrightarrow \frac{1}{2}H_2(g)+\frac{1}{2}I_2(g)$$

表 4-12　HI 分解反应的实验数据

t/s	0	100	200	300	400
[HI]/$mol \cdot L^{-1}$	1.00	0.90	0.81	0.74	0.68

计算：（1）反应级数；（2）反应的速率常数；（3）700 K 时，上述反应的速率方程。

7. 1100 °C 下， NH_3 在热钨丝上的分解数据如表 4-13，求其反应级数和反应速率常数。

表 4-13　NH_3 分解反应的实验数据

$[NH_3]_0$/$mol \cdot L^{-1}$	0.0031	0.0015	0.00068
$t_{1/2}$ / min	7.6	3.7	1.7

8. 在乙醇溶液中，研究下列反应的化学动力学数据，如表 4-14 所示。

$$C_2H_5I+OH^- \longrightarrow C_2H_5OH+I^-$$

表 4-14　C_2H_5I 与碱反应的实验数据

T/K(°C)	288.98（15.83）	305.17（32.02）	33.90（59.75）	363.76（90.61）
k / $L \cdot mol^{-1} \cdot s^{-1}$	5.03×10^{-3}	3.68×10^{-3}	6.71×10^{-3}	1.19×10^{-1}

（1）用作图法计算反应活化能；

（2）用方程法计算反应活化能；

（3）计算 100 °C 时的 k 。

9. 下列一级反应在 20 °C 时的半衰期为 22.5 h，在 40 °C 时半衰期为 1.5 h。

$$N_2O_5(g) \longrightarrow 2NO_2(g) + \frac{1}{2}O_2(g)$$

（1）计算反应活化能；

（2）如果 Arrhenius 指前因子 $A = 2.05 \times 10^{13}\ s^{-1}$，计算 30℃时的反应速率常数。

10. 在某个催化反应中，获得了如表 4-15 所示的底物浓度和时间的关系：

表 4-15　某催化反应的实验数据

t / min	0	20	60	100	160
[S]/mol · L^{-1}	1.00	0.90	0.70	0.50	0.20

请计算在这个底物浓度范围内的酶催化反应级数。

11. 在室温下（20 °C），牛奶变酸需要 60 h；在冰箱中（3 °C），牛奶能储藏 3 倍长的时间。请计算：

（1）牛奶变酸的反应活化能；

（2）在 40 °C 时，牛奶变酸需要多长时间？

12. 硝基胺的分解是一级反应：

$$NH_2NO_2(aq) \longrightarrow N_2O(g) + H_2O(l)$$

15 °C 时其分解半衰期为 23 min。现有 165 mL 硝基胺水溶液（ $0.105\ mol \cdot L^{-1}$ ）分解，多长时间能在水面上收集 50.0 mL N_2O（15 °C，756 mmHg，水的蒸气压为 12.8 mmHg）？

13. 将 CO 通入固定体积的反应容器中，通过测量总压力来研究如下反应的反应动力学，获得数据列于表 4-16 中，请确定反应速率常数。

$$2CO(g) \longrightarrow CO_2(g) + C(s)$$

表 4-16　CO 反应的实验数据

$p_{总}$ / kPa	33.25	31.65	29.79	27.93
t/s	0	398	1002	1801

14. 氯化重氮苯（A）在水中分解生成氮气是一级反应，A 的 $0.071\ mol \cdot L^{-1}$ 水溶液在 50 °C 下分解，在不同时间收集到 N_2 的数据列于表 4-17 中（ $t = \infty$ 时反应完全完成）。

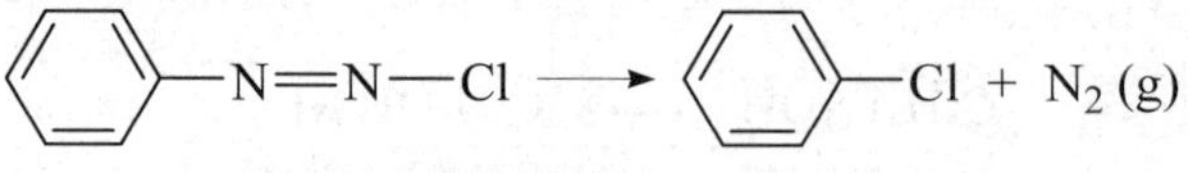

表 4-17　氯化重氮苯在水中分解反应的实验数据

t / min	0	3	6	9	12	15	18	21	24	27	30	∞
V/mL	0	10.8	19.3	26.3	32.4	37.3	41.3	44.3	46.3	48.4	50.4	58.3

（1）将上述表格转换成不同时间 A 的浓度；

（2）分别按以下关系作图：N_2 量-时间，A 的浓度-时间；

（3）在图中确定 21 min 时的反应速率，并与报道值 $1.1 \times 10^{-3}\ mol \cdot L^{-1} \cdot min^{-1}$ 比较；

（4）从图上确定初始反应速率；

（5）写出 A 分解反应（一级反应）的速率方程，并根据（3）和（4）的结果计算速率常数 k；

（6）从图上获得半衰期；

（7）计算获得半衰期；

（8）什么时刻反应完成 75%?

（9）以 $\ln[A]$-t 作图，确定分解过程的确是一级反应；

（10）从（9）所作的图中获得速率常数 k。

15. 蔗糖能在水溶液中转化成葡萄糖和果糖，该反应为一级反应：

$$C_{12}H_{22}O_{11} + H_2O \longrightarrow C_6H_{11}O_6(\text{葡萄糖}) + C_6H_{11}O_6(\text{果糖})$$

在 30 °C 时的半衰期为 2.8×10^5 s 。在强酸水溶液中，反应可以被 H^+ 催化。25 °C 时，在浓度不同的 HCl 溶液中速率常数列于表 4-18 中。

表 4-18　蔗糖水解反应的实验数据

$[HCl]/mol\cdot L^{-1}$	0.50	1.00	1.50	2.00
k/min^{-1}	4.76×10^{-3}	1.20×10^{-2}	2.26×10^{-2}	3.79×10^{-2}

（1）计算 $1.00\ mol\cdot L^{-1}$ HCl 溶液中，蔗糖转化反应的半衰期，并与 30 °C 的半衰期做比较。

（2）比较在 HCl 存在下，对于催化速率的增加和 H^+ 浓度增加，哪个增加快?

（3）令酸函数 $H_0 = -\lg a(H^+)$，其中 $a(H^+)$ 是 H^+ 的活度，对于上述 HCl 溶液，测得酸函数列于表 4-19 中，计算说明 HCl 存在的蔗糖转化中 k 是否与 $a(H^+)$ 成正比。

表 4-19　HCl 酸函数

$[HCl]/mol\cdot L^{-1}$	0.50	1.00	1.50	2.00
H_0	0.20	–0.20	–0.47	–0.60

（4）在低浓度 HCl 溶液中（ $<0.1\ mol\cdot L^{-1}$ ），H^+ 的活度等于 H^+ 的浓度，计算 $0.01\ mol\cdot L^{-1}$ 的 HCl 溶液中，蔗糖转化的速率常数 k 。

16. 血液中血红蛋白分子和氧分子结合并把氧分子带给细胞，其结合的反应为

$$\text{血红蛋白(aq)} + O_2\text{(aq)} \longrightarrow \text{血红蛋白(aq)-}O_2\text{(aq)}$$

它对于血红蛋白和氧均是一级反应。反应的速率常数为 $4\times10^7\ L\cdot mol^{-1}\cdot s^{-1}$ 。若血红蛋白的浓度为 $2\times10^{-9}\ mol\cdot L^{-1}$，氧的浓度为 $5\times10^{-5}\ mol\cdot L^{-1}$，计算氧和血红蛋白结合的初始速率。

17. 在一些细菌进行光合作用过程中，通常会将产生的能量以化学能的方式储存起来。例如，结合磷酸氢根，在酸性环境中将二磷酸腺苷（ADP）转化为高能量的三磷酸腺苷（ATP），化学方程式如下：

$$ADP^{3-} + HPO_4^{2-} + H_3O^+ \longrightarrow ATP^{4-} + 2H_2O \quad \Delta G = +34.5\ kJ\cdot mol^{-1}\ (pH=7)$$

假设叶绿素分子吸收 1 Einstein 的 430 nm 蓝光，在 pH = 7 时将能量从 ADP 完全转化到 ATP。请问：

（1）1 Einstein 的 430 nm 蓝光最多能产生多少分子的 ATP（理论计算）?

（2）如果吸收 700 nm 的红光呢?

第 5 章　电化学基础

电化学是以氧化还原反应系统为基础，研究化学能与电能之间相互转化关系，及其所遵循规律的学科，它是化学热力学与电学原理交叉融合的学科，在两百多年的发展历程中，电化学的理论不断完善，研究内容不断深入，在各领域的应用和作用被不断拓展。许多日用品和化工产品都离不开电化学，一些工业原材料是采用电化学方法生产的（如电解铜、电解铝等），化学电源在汽车动力、移动通信终端、航空航天和生物医学等方面得到非常广泛的应用。

5.1　原电池的热力学基础

5.1.1　产生电流的方法

1. 产生电流的物理方法

从社会文明进步历程角度来看，电的发现无疑是现代工业文明产生的重要基础。电是静止或移动的电荷所产生的物理现象。在现实生活中，电的产生机制给出了很多众所熟知的效应，如摩擦起电、静电感应、电磁感应和雷雨天气的闪电等。电荷的定向移动形成电流，电荷是量子化的微观概念，而电流是个宏观物理概念，它是摩尔级数量的微观电荷移动的宏观表现。

产生电流的物理方法，需要通过电与磁的转换这座“桥梁”，将机械能转换为电能的方式，实现了能量的转换和输送。循着电磁理论的发展轨迹，以麦克斯韦电磁理论为基础，通过电磁转换将机械能转换为电能，产生了发电机，这是通过物理方法产生的交流电，从此创造了电气化工业文明新时代。

2. 产生电流的化学方法

其实最早发现的电流是直流电，它从银锌电堆中产生，是意大利物理学家伏特 1799 年发明的“伏特电堆”。1836 年，英国科学家丹尼尔对“伏特电堆”进行改良，使用稀硫酸做电解液，解决了电池极化问题，制造出第一个不极化，能保持平衡电流的铜锌原电池。后来人们对丹尼尔电池进一步改进，将氧化与还原分开在两个半电池中进行，例如将锌棒插入 $ZnSO_4$ 溶液，铜棒插入 $CuSO_4$ 溶液中，用倒置的 U 形管盐桥将两个溶液连接起来，与外电路一起构成电池回路，成为最经典的原电池模型（图 5-1）。

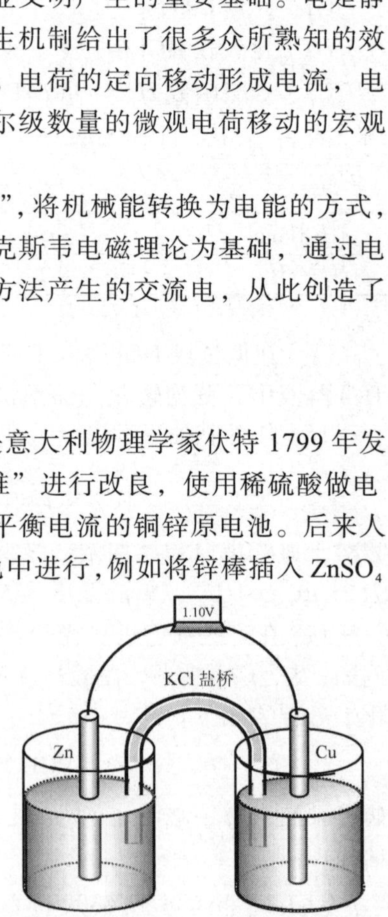

图 5-1　铜锌原电池示意图

自从伏特电堆发明后，对电的研究就从静电跃升到动电，从此人类可以通过化学方法获得电流，这是一次极大的飞跃。这种化学电池获得的电流是直流电，在一定时间内电流强度恒定不变。

物理方法获得的交流电，需要外力给予发电机能量，即将机械能转换为电能。而从化学电池获得的直流电，并不需要外力给予电池能量。按照能量守恒定律，化学电池产生的电能不会凭空产生，一定来源于电池系统内部。下面就从化学热力学角度来研究化学能与电能的转化问题。

5.1.2　原电池的热力学基础

1. 原电池的热力学基础

热力学第二定律告诉我们，在孤立系统的任何自发过程中，系统的熵总是增加的。根据第二定律推导出吉布斯自由能 G 和吉布斯自由能变 ΔG，进一步导出吉布斯-赫姆霍兹方程：

$$\Delta G = \Delta H - T\Delta S$$

据该式可以判断，在等温等压过程中，只有当 $\Delta G < 0$ 时，反应过程是自发的，也可以说 $\Delta G < 0$ 是化学反应自发进行的驱动力。ΔG 的物理意义：它代表在等温等压过程中，能够被用来做有用功的最大值，对于电化学反应而言，反应的吉布斯自由能变就是被用来转化为电功能量的最大值。这是原电池将化学能转化为电能的热力学基础。

为了使反应过程产生的吉布斯自由能变 ΔG 为最大值，就要避免反应过程产生体积功，在理论上规定化学反应过程必须是无限接近可逆平衡过程，这样才能避免产生体积功（机械能），使 ΔG 完全转化为非体积功（电能）。

2. 能斯特方程推导

设电池在发生化学反应时，对环境只做电功，原电池内部所进行的化学反应以及对环境所做的电功，服从热力学基本定律。考虑一个电动势为 E 的原电池，其中进行的电池反应为

$$a\mathrm{A(aq)} + b\mathrm{B(aq)} \xlongequal{\quad} g\mathrm{G(aq)} + d\mathrm{D(aq)}$$

如果在 1 mol 的反应过程中有 z mol 的电子（即 zF 库伦电量）通过电路，检测电池电动势为 E，根据法拉第电功定律，获得的电功为 $W_\mathrm{E} = zFE$，这是由电池反应的吉布斯自由能变 $\Delta_\mathrm{r}G_\mathrm{m}$ 转化而来，依据能量守恒定律，系统吉布斯自由能的减少等于系统对外所做的最大有用功（电功），即 $-\Delta_\mathrm{r}G_\mathrm{m} = W_\mathrm{E}$，于是有

$$\Delta_\mathrm{r}G_\mathrm{m} = -zFE \tag{5-1}$$

如果原电池是在标准状态下工作，则有

$$\Delta_\mathrm{r}G_\mathrm{m}^\ominus = -zFE^\ominus \tag{5-2}$$

上述两式中，$F = 96485\ \mathrm{C \cdot mol^{-1}} = 96485\ \mathrm{J \cdot V^{-1} \cdot mol^{-1}}$，为法拉第常数；$E$ 和 $E^\ominus$ 为原电池在一般状态下和标准状态下的电动势。

依据范托夫等温方程式，上述电池反应在任一状态下有

$$\Delta_\mathrm{r}G_\mathrm{m} = \Delta_\mathrm{r}G_\mathrm{m}^\ominus + RT\ln\frac{[\mathrm{G}]^g[\mathrm{D}]^d}{[\mathrm{A}]^a[\mathrm{B}]^b} \tag{5-3}$$

式中，方括号 $[\mathrm{X}]$ 表示物质 X 的活度数值，无量纲。若 X 是离子，$[\mathrm{X}] = c(\mathrm{X})/c^\ominus$；若 X 是气体，$[\mathrm{X}] = p(\mathrm{X})/p^\ominus$；若 X 是固体或溶剂纯物质，$[\mathrm{X}] = 1$。

将式（5-1）和式（5-2）代入式（5-3），则有

$$E = E^{\ominus} + \frac{RT}{zF}\ln\frac{[G]^g[D]^d}{[A]^a[B]^b} \tag{5-4}$$

式（5-4）被称为原电池电动势的能斯特（Nernst）方程，此方程将化学能与电能联系在一起，它是将化学能转化为电能的定量关系理论基础，建立了原电池电动势（ E ）与物质的电化学本性（ $E^{\ominus}$ ）和物质的量（[X]）之间的定量关系。

能斯特方程是由德国物理学家和物理化学家能斯特发现的，由于对电化学的卓越贡献，能斯特荣获1920年度诺贝尔化学奖。所以说，原电池是将化学能转化为电能的装置。

例如，铜-锌原电池和锌-氢原电池，其电化学反应式及标准电动势 $E^{\ominus}$ 分别为

① $Zn(s) + Cu^{2+}(aq) \Longrightarrow Zn^{2+}(aq) + Cu(s)$ $E^{\ominus} = 1.10\ V$

② $Zn(s) + 2H^{+}(aq) \Longrightarrow Zn^{2+}(aq) + H_2(g)$ $E^{\ominus} = 0.76\ V$

3. **电动势与热力学参数的关系**

上述能斯特方程推导过程的参数变换关系是

$$\Delta S_{孤} < 0 \longrightarrow \Delta G < 0 \longrightarrow E > 0$$

从这个逻辑关系可知，原电池的电动势就是电池反应能否正向进行的判据，它是反应吉布斯自由能变判据的变化形式。如果设计的原电池 $E > 0$，电池反应正向进行；如果 $E < 0$，电池反应不能正向进行（可逆向进行）；如果 $E = 0$，电池反应达到可逆平衡状态。所以，若将氧化还原反应组装成原电池，可通过其电动势正负性来判断氧化还原反应进行的方向。

如果原电池在标准状态下进行反应，则有 $\Delta_r G_m^{\ominus} = -RT\ln K^{\ominus}$，而 $\Delta_r G_m^{\ominus} = -zFE^{\ominus}$，于是有

$$① \ln K^{\ominus} = \frac{zFE^{\ominus}}{RT}; \qquad ② \lg K^{\ominus} = \frac{zE^{\ominus}}{0.05917} \tag{5-5}$$

式中，R 为气体摩尔常数；F 为法拉第常数；②式中 $T = 298\ K$。

可见，只要能准确测量原电池的标准电动势 $E^{\ominus}$，就可以方便地求得电池反应的标准平衡常数 $K^{\ominus}$。这种电化学方法，比采用测定浓度而求得结果的方法来得更方便和准确。

所以，对于任何可组装为原电池的可逆平衡反应，都可以通过测量电动势 E 来求得其标准平衡常数 K，如弱酸、弱碱解离平衡常数 K_a、K_b，难溶电解质的溶度积 K_{sp}，配离子的不稳定常数 K_i（或稳定常数 K_f）等。

例 5-1 在298和K下，依据 $\varphi^{\ominus}$ 求解下列①式的 $\Delta_r G_m^{\ominus}$ 和 $K^{\ominus}$；②式的 K_{sp}

① $Ce^{4+} + Fe^{2+} \Longrightarrow Ce^{3+} + Fe^{3+}$

② $AgCl(s) \rightleftharpoons Ag^{+}(aq) + Cl^{-}(aq)$

解 查 $\varphi^{\ominus}$ 表有：$\varphi^{\ominus}(Fe^{3+}/Fe^{2+}) = 0.771\ V$，$\varphi^{\ominus}(Ce^{4+}/Ce^{2+}) = 1.61\ V$，$\varphi^{\ominus}(Ag^{+}/Ag) = 0.7991\ V$，$\varphi^{\ominus}(AgCl/Ag) = 0.2224\ V$。

（1）将反应式设计成原电池

$$(-)\ Pt|Fe^{3+}, Fe^{2+}||Ce^{4+}, Ce^{3+}|Pt\ (+)$$

$$E^{\ominus}=\varphi^{\ominus}(Ce^{4+}/Ce^{3+})-\varphi^{\ominus}(Fe^{3+}/Fe^{2+})=1.61-0.771=0.839\ (V)$$

$$\lg K^{\ominus}=\frac{1\times 0.839}{0.05917}=14.179\,,\quad K^{\ominus}=1.51\times 10^{14}$$

$$\Delta_r G_m^{\ominus}=-RT\ln K^{\ominus}=-8.315\times 298\times 32.67\times 10^{-3}=-80.95\ (kJ\cdot mol^{-1})$$

（2）AgCl(s)的溶解是非自发的，但逆过程是自发的，可将其逆过程

$$Ag^{+}(aq)+Cl^{-}(aq) \rightleftharpoons AgCl(s)$$

设计成原电池：

$$(-)Ag|AgCl(s)|KCl(1.0\ mol\cdot L^{-1})||AgNO_3(1.0\ mol\cdot L^{-1})|Ag(+)$$

$$E^{\ominus}=\varphi^{\ominus}(Ag^{+}/Ag)-\varphi^{\ominus}(AgCl/Ag)=0.7996-0.2224=0.5762\ (V)$$

$$\lg K^{\ominus}=\frac{zE^{\ominus}}{0.05917}=\frac{0.5772}{0.05917}=9.755\,,\quad K^{\ominus}=5.688\times 10^{9}$$

$$K_{sp}=\frac{1}{K^{\ominus}}=\frac{1}{5.688\times 10^{9}}=1.76\times 10^{-10}$$

5.2　原电池的氧化还原反应基础

5.2.1　原电池的概念性规定

从能斯特方程推导可知，原电池反应的内生推动力是反应的吉布斯自由能变。所以构成原电池必须满足以下条件：一是反应的吉布斯自由能变 $\Delta_r G_m < 0$，这样的反应才能自发进行；二是反应过程中有电荷的移动和电子转移，因此才能在外电路中产生电流；三是两个电极及外电路一起构成回路。前两者是对化学反应的要求，后者是对化学能转化为电能的要求。

从各类化学反应来看，只有自发的氧化还原反应才能满足上述前两个条件。为了建立原电池中电化学的完整理论系统，需要做一些概念性的规定。

在原电池中，由元素的氧化态和还原态构成**电对**，由氧化还原电对物质构成**电极**，又称**半电池**，两个半电池由**盐桥**连接，与外电路一起构成的回路系统，即为**原电池**。

1. 电对的表示和原电池书写

一个氧化还原电对包括同一元素的两种价态，无论是做正极还是做负极，电对的表示方法相同，书写时氧化态写前面，还原态写在后面，中间以“/”分开，即“氧化态/还原态”。

例如，锌电对 Zn^{2+}/Zn，铜电对 Cu^{2+}/Cu，氢电对 H^{+}/H_2 等。

在原电池中，失去电子的电对做负极，发生氧化反应；得到电子的电对做正极，发生还原反应。电极包括元素的氧化态物质和还原态物质组成的电对。若电对是相同的相态（如都是离子），书写时用逗号分开；若电对是不同相态（如一个是固体，一个是离子），则用“|”分开，表示两者间的界面。如果电对中无金属导体，要把电子导出和引入溶液中，需加入一个能够导电而本身不发生氧化还原反应的惰性电极，如金属 Pt 或石墨［C(s)］。根据电对情况，原电池的正、负极写法见表 5-1。

表 5-1　原电池正负极的写法

电对情况	负极半电池写法	正极半电池写法	备注
电对中有金属导体	$(-)\,M\,|\,M^{n+}(c)$	$M^{n+}(c)\,|\,M\,(+)$	M 为金属，X 为非金属 标明浓度、压力或状态
电对中无金属导体	$(-)\,Pt\,|\,M^{n+}(c_1),\ M^{m+}(c_2)$	$M^{n+}(c_1),\ M^{m+}(c_2)\,|\,Pt\,(+)$	
	$(-)\,Pt\,|\,X_2(p)\,|\,X^{n-}(c)$	$X^{n-}(c)\,|\,X_2(p)\,|\,Pt\,(+)$	
	$(-)\,Pt\,|\,X^{n-}(c_1),\ X^{m-}(c_2)$	$X^{n-}(c_1),\ X^{m-}(c_2)\,|\,Pt\,(+)$	

由此规定了原电池的化学表示符号，负极半电池写在左边，正极半电池写在右边，正、负极之间用盐桥连接，盐桥用双竖线“||”表示。例如，铜锌原电池和铁锡原电池分别为：

$$(-)\ Zn\,|\,Zn^{2+}(c_1)\,\|\,Cu^{2+}(c_2)\,|\,Cu\ (+)$$

$$(-)\ Pt\,|\,Sn^{4+}(c_1),\ Sn^{2+}(c_2)\,\|\,Fe^{3+}(c_3),\ Fe^{2+}(c_4)\,|\,Pt\ (+)$$

盐桥是一个倒置的 U 形管，管内充满饱和 KCl 溶液浸泡过的琼脂冻胶，它是两个半电池的正、负电荷迁移的桥梁，故名“盐桥”。电池工作时，盐桥中的阴离子 Cl^- 移向负极半电池，阳离子 K^+ 移向正极半电池，从而使电池的电荷移动构成回路。

2. 电极的类型

第一类电极　主要包括金属电极、气体电极和汞齐电极等。

将金属插入含有该金属离子的溶液中即构成金属电极。例如 Cu(s)插在 $CuSO_4$ 溶液中，当电极做正极或负极时，电极组成和电极反应分别为

铜做正极　$Cu^{2+}|Cu(+)$　　$Cu^{2+} + 2e^- \longrightarrow Cu$

铜做负极　$(-)\ Cu|Cu^{2+}$　　$Cu \longrightarrow Cu^{2+} + 2e^-$

显然，电极上的氧化和还原互为可逆反应。在书写电池半反应的得失电子数时，统一规定：正极反应是“氧化态 + ze^-”，负极反应是“还原态 + ze^-”，显然前者的“ze^-”属于反应物，后者的“ze^-”属于生成物，这是两者的逻辑关系，不可将负极半反应写成“氧化态 − ze^-”就是基于这个逻辑关系。由于电子本来就是负电荷，为了简便，本书统一略去“ze^-”的负电荷符号。

一些活泼的金属，如 Na、K 碱金属不可直接插入这些离子的溶液中，但可以把金属溶于汞，做成汞齐电极。如钠汞齐电极及相应的电极反应为

汞齐电极　$Na^+\,|\,Na(Hg)(a)$

$$Na^+ + Hg(l) + e \longrightarrow NaHg(a)$$

气体电极是由吸附某种气体达平衡的惰性金属片置于含有该种气体元素的离子溶液中构成。金属片在这里不仅起导电作用，还有促进电极平衡的作用，使用最多的是金属铂。常见的气体电极有氢电极、氧电极和氯电极，相应的电极组成及电极反应为

氢电极　$H^+\,|\,H_2|Pt$　　$2H^+ + 2e \longrightarrow H_2$

氧电极　$OH^-\,|\,O_2|Pt$　　$O_2 + 2H_2O + 4e \longrightarrow 4OH^-$

氯电极　$Cl^- | Cl_2 | Pt$　　$2Cl_2 + 2e \longrightarrow 2Cl^-$

第二类电极　包括金属-难溶盐电极和金属-难溶氧化物电极。这类电极容易制备，电极电势较稳定，故在电化学中常被用作标准电极或参比电极。

金属-难溶盐电极是在金属表面覆盖一层该金属的难溶盐，然后浸入含有该难溶盐的负离子溶液中构成。最常见的有甘汞电极和银-氯化银电极，其电极组成和电极反应为

甘汞电极　$Cl^- | Hg_2Cl_2(s) | Hg(l)$　　$Hg_2Cl_2(s) + 2e \longrightarrow 2Hg(l) + 2Cl^-$

氯化银电极　$Cl^- | AgCl(s) | Ag$　　$AgCl(s) + e \longrightarrow Ag + Cl^-$

金属-难溶氧化物电极是在金属表面覆盖一层该金属的氧化物，然后浸在含有 H^+ 或 OH^- 的溶液中构成的。例如，在酸性和碱性介质中的 Hg-HgO 电极：

碱性介质　$OH^- | HgO | Hg(l)$　　$HgO(s) + H_2O + 2e \longrightarrow Hg(l) + 2OH^-$

酸性介质　$H^+ | HgO | Hg(l)$　　$HgO(s) + 2H^+ + 2e \longrightarrow Hg(l) + H_2O$

第三类电极　由惰性金属（如 Pt）插入含有某种离子的两种不同氧化态的溶液中构成。这里的惰性金属仅起导电作用，电极反应只涉及组成电极的溶液中离子间的氧化还原反应，故这类电极又称氧化还原电极。如铁的两种离子组成的电极：

铁离子电极　$Fe^{3+}, Fe^{2+} | Pt$　　$Fe^{3+} + e \longrightarrow Fe^{2+}$

5.2.2　电池的氧化还原反应

1. 电极反应和电池反应

电极上发生的氧化反应或还原反应，称为电极反应。将负极失去电子的氧化反应与正极获得电子的还原反应结合起来（相加消去电子项 ze），即为电池反应式。

例如，铜锌原电池。Zn/Zn^{2+} 电对失去电子，做负极，发生氧化反应①；Cu/Cu^{2+} 电对获得电子，做正极，发生还原反应②；两式相加消除 2e 项，即为电池反应③。

①　$Zn \longrightarrow Zn^{2+} + 2e$

②　$Cu^{2+} + 2e \longrightarrow Cu$

③　$Zn + Cu^{2+} = Zn^{2+} + Cu$

在能斯特方程式中，有一个参数“z”，它表示原电池反应的得失电子数。所以对原电池的氧化还原反应式应该配平，并找出得失电子数，这就需定义清楚物质的氧化数（oxidation number）。

2. 氧化数

氧化还原是一类有电子转移的反应，要配平氧化还原反应方程式，就需要知道反应过程中电子转移的关系。如下述反应：

$$Fe + Cu^{2+} = Fe^{2+} + Cu$$

1 mol Fe 原子失去 2 mol 电子，同时 1 mol Cu^{2+} 得到 2 mol 电子。但在生成 HCl 共价键化合

物的反应里，电子的得失关系就不那么明显：

$$H_2 + Cl_2 \xlongequal{} 2HCl$$

HCl共价键的这对电子，一个来源于H原子，一个来源于Cl原子最外层的单电子，由于Cl的电负性大于H原子，这对电子稍偏离H而靠近Cl，就这对电子的归属，人为地将它归于Cl，所以Cl带电荷–1，H带电荷+1，其实Cl并没有得到一个数量的负电荷，H也没有失去一个数量的负电荷，这种人为规定的电荷数，就是**表观电荷数**。人们把按一定原则分配电子时原子可能带的电荷数称为**氧化数**，所以氧化数属于“表观电荷数”。在HCl分子中H的氧化数为+1，Cl的氧化数为–1，并把氧化数升高的过程叫氧化，氧化数降低的过程叫还原。

现用氧化数概念观察$KMnO_4$中各元素的情况：$KMnO_4$由K^+和MnO_4^-组成，钾离子中K的氧化数为+1；而在MnO_4^-中，Mn原子周围共有8个电子（包括Mn的7个价电子和K贡献的1个电子），因为氧的电负性比锰大得多，所以这8个电子都稍微偏离Mn而靠近O，并没有Mn^{7+}的存在，但是表明7个价电子偏离了Mn。也可以说，在MnO_4^-中Mn的氧化数为+7，O的氧化数为–2。同理，在MnO_2中Mn的氧化数为+4，而在$MnCl_2$中Mn的氧化数为+2。

必须注意，氧化数概念并非纯属人为的形式规定，而是有实验根据的。电化学实验证明，1 mol MnO_4^-还原为MnO_2时需要得到3 mol电子；而还原为Mn^{2+}时，则需得到5 mol电子

$$\overset{+7}{Mn}O_4^- + 4H^+ + 3e \rightleftharpoons \overset{+4}{Mn}O_2 + 2H_2O$$

$$\overset{+7}{Mn}O_4^- + 8H^+ + 5e \rightleftharpoons \overset{+2}{Mn^{2+}} + 4H_2O$$

1 mol Mn的氧化数由+7降为+4，需获得3 mol电子；而由+7降为+2时，则需获得5 mol电子。由此可见，氧化数反映了元素所处的氧化状态，所以氧化数也叫“氧化态”。反应过程中氧化数的变化表明氧化剂和还原剂电子转移或偏移关系。总之，氧化数代表化合物里电子转移和成键电子对偏移情况，在应用氧化数概念时，须遵循以下几条原则：

（1）在单质中元素的氧化数等于零，因为原子间成键电子并不偏离一个原子而靠近另一个原子。

（2）在二元离子化合物中，各元素的氧化数和离子的电荷数相一致。如$MgCl_2$由Mg^{2+}和Cl^-组成，其中Mg的氧化数为+2，而Cl为–1。

（3）在共价化合物中，成键电子对总是向电负性大的元素靠近，所以电负性最大的F元素氧化数总是–1，电负性次大的O元素一般为–2，最常见的H元素一般为+1，然后按照化合物中各元素氧化数代数和等于零（整个分子必定电中性）的原则来确定其他元素的氧化数。如H_2SO_4中，H的氧化数为+1，O为–2，S则为+6；而在H_2SO_3中，S的氧化数则为+4。

氧元素的氧化数一般都是–2，也有少数例外，如在OF_2分子中，由于F的电负性大于O，所以当F的氧化数为–1时，O的氧化数为+2；又如在Na_2O_2中，Na元素电负性小于O，所以Na的氧化数为+1时，O的氧化数为–1，因为过氧化钠由Na^+和O_2^{2-}组成，过氧离子既然由两个氧原子结合为–2价离子，那么O元素的氧化数应为–1；氢元素的氧化数一般为+1，但化合物NaH由Na^+和H^-组成，此时H的氧化数为–1。

此外，氧化数不一定是整数，如在$Na_2S_4O_6$（连四硫酸钠）中，Na的氧化数为+1，O为–2，S则为+2.5。$S_4O_6^{2-}$的结构式及S的氧化数为

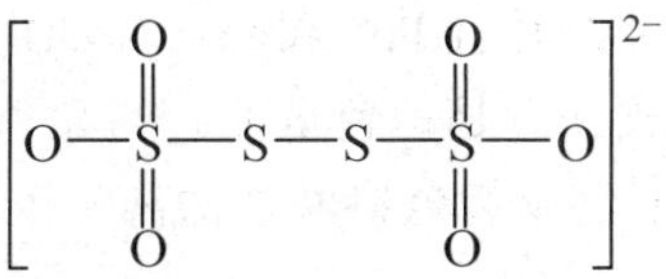

S 的氧化数（平均值）

$$\frac{(+5)+0+0+(+5)}{4}=+2.5$$

式中有 4 个相连的 S 原子，位于中间的 2 个 S 原子左右都以 S—S 键相连接，而 S—S 键上的成键电子对不偏不移，所以氧化数为零；而两侧的 2 个 S 的氧化数为 +5，所以 4 个 S 平均氧化数为 +2.5。可用以下定量反应印证其合理性。

$$I_2 + 2Na_2S_2O_3 \rightleftharpoons Na_2S_4O_6 + 2NaI$$

在 $Na_2S_2O_3$（硫代硫酸钠）中 S 的氧化数为 +2，当 2 mol $Na_2S_2O_3$ 生成 1 mol $Na_2S_4O_6$（其中 S 的氧化数为 +2.5）时，共失去 2 mol 电子，这 2 mol 电子恰好转移给了 1 mol I_2，使它变为 I^-，这是经典定量分析方法"碘量法"的基本反应。

在有机化合物中，C 的氧化数情况较复杂。若某成键电子对偏向 C 原子时，C 的氧化数为 −1；若成键电子对偏离 C 原子时，C 的氧化数为 +1；若成键电子不偏离（如烷烃的碳碳 σ 键），C 的氧化数为 0。

化合物

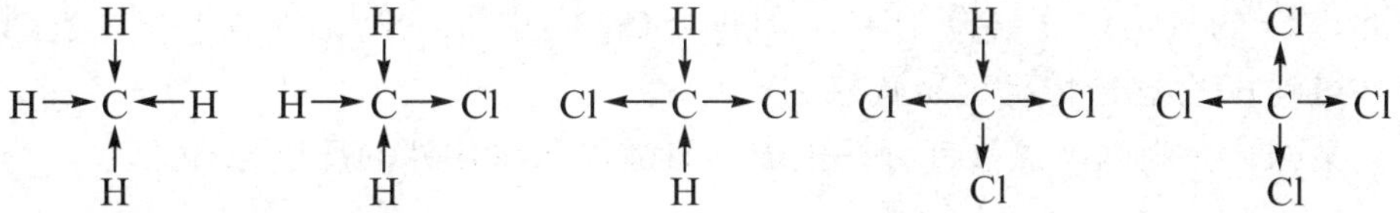

C 的氧化数　　−4　　−2　　0　　+2　　+4

在反应中，氧化数升高的物质称为还原剂，其过程为氧化反应；氧化数降低的物质称为氧化剂，其过程为还原反应。

3. 氧化还原反应式的配平

（1）氧化数升降配平法

对氧化还原反应式的配平，中学化学已有过介绍，这里仅举例说明应注意的几个问题。用氧化数升降的方法来配平氧化还原反应方程式，分三个步骤：根据实验现象确定生成物并注明反应条件；确定有关元素氧化数的变化；按氧化和还原同时发生，电子得失数目必须相等的原则进行配平。水溶液反应根据实际情况用 H^+、OH^-、H_2O 等配平 H 和 O 元素。写离子方程式时，还要注意电荷的配平。

第一步，根据实验现象确定生成物，并注明反应条件。

这是写出正确反应方程式的首要问题。例如将 $FeSO_4$ 溶液加入酸化后的 $KMnO_4$ 溶液中，MnO_4^- 的紫红色褪去，生成了无色的 Mn^{2+}，其离子反应式为

$$5Fe^{2+} + MnO_4^- + 8H^+ \rightleftharpoons 5Fe^{3+} + Mn^{2+} + 4H_2O$$

$$\left(\begin{array}{l} \overset{+2}{Fe^{2+}} \xrightarrow{5\times(-e)} \overset{+3}{Fe^{3+}} \\ \overset{+7}{Mn}O_4^- \xrightarrow{1\times(+5e)} \overset{+2}{Mn^{2+}} \end{array}\right)$$

以上反应是在强酸性介质中进行的，若不顾反应条件而写成

$$5Fe^{2+} + MnO_4^- + 4H_2O \rightleftharpoons 5Fe^{3+} + Mn^{2+} + 8OH^-$$

$$3Fe^{2+} + MnO_4^- + 4H^+ \rightleftharpoons 3Fe^{3+} + MnO_2 + 2H_2O$$

表面上看两式都是配平的，但与事实不符，不能代表上述反应。前一个反应方程式中有 OH^-

生成，若溶液是碱性，MnO_4^-不能被还原成Mn^{2+}，并且Fe^{2+}和Fe^{3+}与OH^-将生成$Fe(OH)_2$和$Fe(OH)_3$沉淀；后一个反应方程式里有MnO_2生成，它是棕色沉淀，与无色溶液不符。

又如，碱性的亚铬酸钠溶液和过氧化氢作用生成黄色铬酸盐的离子反应方程式：

$$2CrO_2^- + 3H_2O_2 + 2OH^- \rightleftharpoons 2CrO_4^{2-} + 4H_2O$$

若写成

$$2CrO_2^- + 3H_2O_2 \rightleftharpoons 2CrO_4^{2-} + 2H^+ + 2H_2O$$

表面上看是配平的，但也与事实不符，既然是碱性溶液，当然在反应式中不应出现H^+，并且在酸性条件下CrO_2^-和CrO_4^{2-}都不能存在。总之，正确写出生成物和反应条件是首要问题。

第二步，确定有关元素氧化数的变化。

这一步是关键，若有错，反应式往往就不能配平，例如，重铬酸钾（$K_2Cr_2O_7$）和浓盐酸起反应放出氯气，溶液颜色变绿（这是Cr^{3+}的特征颜色），其离子反应方程式为

$$Cr_2O_7^{2-} + 6Cl^- + 14H^+ \rightleftharpoons 2Cr^{3+} + 3Cl_2 + 7H_2O \qquad \left(\begin{array}{l} \overset{-1}{Cl^-} \xrightarrow{3\times2(-e)} \overset{0}{Cl_2} \\ \overset{+6}{Cr_2}O_7^{2-} \xrightarrow{2\times(+3e)} \overset{+3}{Cr^{3+}} \end{array}\right)$$

在此，Cr的氧化数由+6降为+3。但每个$Cr_2O_7^{2-}$中含有2个Cr原子，故当$Cr_2O_7^{2-} \rightarrow 2Cr^{3+}$时，总共得到6e，这种情况容易疏忽。

又如，在高温下氯酸钾分解生成高氯酸钾和氯化钾的反应方程式为

$$4KClO_3 = 3KClO_4 + KCl \qquad \left(\begin{array}{l} \overset{+5}{Cl}O_3^- \xrightarrow{3\times(-2e)} \overset{+7}{Cl}O_4^- \\ \overset{+5}{Cl}O_3^- \xrightarrow{1\times(+6e)} \overset{-1}{Cl^-} \end{array}\right)$$

反应物只有$KClO_3$，它既是氧化剂又是还原剂，在$KClO_3$中Cl的氧化数为+5。反应过程中一部分Cl升高为+7，另一部分Cl降低为–1，这类反应叫**歧化反应**，在无机化学里还是很常见的。

第三步，依据氧化剂与还原剂得失电子数目相等的原则配平。

在大多数反应里，这一原则是很清楚的；有少数情况，一种化合物里有两种元素同时参加氧化与还原，那么就必须把氧化数升降关系综合起来一起计算。

例如，三硫化二砷和浓硝酸起反应生成砷酸、硫和一氧化氮，其反应方程式为

$$3As_2S_3 + 10NO_3^- + 4H^+ = 6AsO_3^- + 9S + 10NO + 2H_2O$$

$$\left(\text{失电子：}\overset{+3}{As_2}\overset{-2}{S_3} \xrightarrow{3\times(-10e)} \left\{\begin{array}{l} \xrightarrow{2(-2e)} 2\overset{+5}{As}O_3^- \\ \xrightarrow{3(-2e)} 3\overset{0}{S} \end{array}\right. \text{；得电子：}\overset{+5}{N}O_3^- \xrightarrow{10\times(+3e)} \overset{+2}{N}O\right)$$

在此，As_2S_3中As的氧化数由+3变为+5，S由–2变为0，所以需要同时考虑As和S的失电子数目，才能配平这个反应方程式。结合无机化学的学习，应熟练掌握氧化还原反应方程式的配平。

（2）半反应配平法

半反应配平法，也称半电池法，就是将氧化还原反应分为获得电子的还原过程与失去电子的氧化过程，分列开两个半反应，然后根据得失电子相等的原则，将两个半反应相加和，消去电子项（最小公倍数），并根据实际情况用H^+、OH^-、H_2O等配平H和O元素。例如：

在稀 H_2SO_4 溶液中，$KMnO_4$ 氧化 $Na_2C_2O_4$ 的反应：

$$
\begin{array}{rcll}
MnO_4^- + 5e + 8H^+ & \longrightarrow & Mn^{2+} + 4H_2O & \times 2 \\
C_2O_4^{2-} & \longrightarrow & 2CO_2 + 2e & \times 5 \\
\hline
2MnO_4^- + 5C_2O_4^{2-} + 16H^+ & = & 2Mn^{2+} + 10CO_2 + 8H_2O & +)
\end{array}
$$

在强酸性条件下，$K_2Cr_2O_7$ 氧化 H_2S 溶液析出单质硫：

$$
\begin{array}{rcll}
Cr_2O_7^{2-} + 6e + 14H^+ & \longrightarrow & 2Cr^{3+} + 7H_2O & \times 1 \\
H_2S & \longrightarrow & S + 2e + 2H^+ & \times 3 \\
\hline
Cr_2O_7^{2-} + 3H_2S + 8H^+ & = & 2Cr^{3+} + 3S + 7H_2O & +)
\end{array}
$$

在碱性介质中，ClO^- 与 CrO_2^{2-} 反应生成 Cl^- 和 CrO_4^{2-}：

$$
\begin{array}{rcll}
ClO^- + 2e + H_2O & \longrightarrow & Cl^- + 2OH^- & \times 3 \\
CrO_2^- + 4OH^- & \longrightarrow & CrO_4^{2-} + 3e + 2H_2O & \times 2 \\
\hline
3ClO^- + 2CrO_2^- + 2OH^- & = & 3Cl^- + 2CrO_4^{2-} + H_2O & +)
\end{array}
$$

5.3　电动势和电极电势

5.3.1　电极电势的产生原理

从伏特电堆到丹尼尔电池可知，以盐桥连接的两个半电池，当两个电极的外电路导线接通构成回路时，导线上就有电流通过，说明两个电极之间存在电势差。这个电势差是如何产生的？下面以金属及其盐溶液组成的电极来讨论这个问题。

组成电极的物料有金属和它的盐溶液。金属的存在相态是金属晶体（晶格），金属原子处于晶格中，相对固定不能移动，其最外层电子可以脱离原子的束缚在晶格中自由移动，所以晶格中的金属原子逸出最外层电子则为金属离子，金属离子俘获电子则还原为金属原子。

在金属盐溶液中有水分子、金属阳离子（正离子）和酸根阴离子（负离子）。由于水的极性作用，溶液中的正、负离子都以水合正、负离子形式存在。

当把金属插入它的稀盐溶液中，金属晶格表层上的金属阳离子受到水分子偶极负极的吸引和水合阴离子的吸引，有脱离晶格溶解于溶液的趋势，盐溶液越稀，溶解趋势越大；同时晶格表层的自由电子对水分子偶极正极的吸引和对水合金属阳离子的吸引，使溶液中的金属阳离子有获得电子成为原子而沉积在金属表面的趋势，盐溶液越浓，这种沉积趋势越大。很显然这两种相反作用会瞬间达到一个平衡状态。

如果金属比较活泼，溶解趋势会大于沉积趋势，金属带负电荷，附近溶液带正电荷，见图 5-2（a）；反之，如果金属比较惰性，沉积趋势大于溶解趋势，金属带正电荷，附近溶液带负电荷，见图 5-2（b）。不论哪种情况，金属与其盐溶液都会形成双电层。由于双电层的存在，金属与其盐溶液之间产生了电势差，这个电势差就称为该金属的电极电势，用 $\varphi(M^{z+}/M)$ 表示。如果电极处于标准状态下，则表示为 $\varphi^{\ominus}(M^{z+}/M)$，称为标准电极电势。

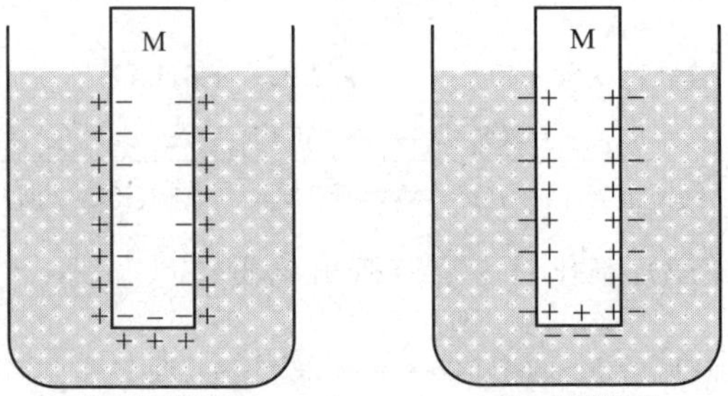

图 5-2　金属的电极电势

5.3.2　电极电势的表达式推导

1. 标准电极电势的规定

依据能斯特方程，原电池处于标准状态下的电动势，称为标准电动势，用 $E^{\ominus}$ 表示，它是正、负极标准电极电势的差值，即

$$E^{\ominus} = \varphi^{\ominus}(+) - \varphi^{\ominus}(-) \tag{5-6}$$

从物理电学原理可知，电路中电阻两端的电压就是电势差，这是个相对差值，为了方便起见，将一个端点接地，并规定接地端的电势为零。如果电流由指定端流过电阻到达接地端，那么测定电阻两端的电势差（简称电压），就是指定端的电势。所以，规定电路中接地点的电势为零，是求电路中其他点电势的零基准，犹如测量山峰高度是依据海拔零基准一样。原电池中的标准电极电势的确定方法也与此类似。1953 年，IUPAC 统一规定"标准氢电极的电极电势为零"作为电极电势的零基准，即

$$\varphi^{\ominus}(H^+/H_2) = 0.0000\ V$$

如果将标准氢电极与被测电极组装为原电池，测定原电池的标准电动势，就可求得该电极的标准电极电势。组装检测标准电极电势的原电池分两种情况：比氢活泼的金属与氢电极组装原电池时，金属电极做负极，氢电极做正极，则有

$$E^{\ominus} = \varphi^{\ominus}(H^+/H_2) - \varphi^{\ominus}(M^{z+}/M)\text{，}\quad \varphi^{\ominus}(M^{z+}/M) = -E^{\ominus}$$

所以活泼金属的标准电极电势都为负值；比氢惰性的金属与氢电极组装原电池时，金属电极做正极，氢电极做负极，则有

$$E^{\ominus} = \varphi^{\ominus}(M^{z+}/M) - \varphi^{\ominus}(H^+/H_2)\text{，}\quad \varphi^{\ominus}(M^{z+}/M) = E^{\ominus}$$

因此不活泼金属的标准电极电势都为正值。根据这种方法，可以测量所有电极的标准电极电势。常用标准电极电势，参见附录四。

2. 电极电势表达式的推导

那么任意状态下的电极电势又如何测量呢？方法与上述标准电极电势的测量方法类似，不同的是，待检测的电极处于非标准状态，参比的仍然是标准氢电极。如果待测金属电极做

正极，标准氢电极做负极，组成原电池：

$$(-)Pt|H_2(100\ kPa)|H^+(1.0\ mol\cdot L^{-1})||M^{z+}(c)|M(+)$$

电池反应式为

$$M^{z+}+\frac{z}{2}H_2(100\ kPa)\longrightarrow M+zH^+(1.0\ mol\cdot L^{-1})$$

若待测电极处于标准状态，而标准氢电极的 $\varphi^{\ominus}(H^+/H_2)=0\ V$ ，则有

$$E^{\ominus}=\varphi^{\ominus}(M^{z+}/M)-\varphi^{\ominus}(H^+/H_2)=\varphi^{\ominus}(M^{z+}/M)$$

若待测电极处于非标准状态，参比电极仍然是标准氢电极，则有

$$E=\varphi(M^{z+}/M)-\varphi^{\ominus}(H^+/H_2)=\varphi(M^{z+}/M)$$

由于氢电极处于标准状态，$[H^+]=1$ ，$[H_2]=1$ ，电池反应商为

$$Q=\frac{[M][H^+]^z}{[M^{z+}][H_2]^{z/2}}=\frac{[M]}{[M^{z+}]}$$

$[M^{z+}]$ 、$[M]$ 分别为氧化态和还原态的活度值。将上述 $E^{\ominus}$ 、E 和 Q 的表达式代入能斯特方程（5-4），则有

$$\varphi(M^{z+}/M)=\varphi^{\ominus}(M^{z+}/M)+\frac{RT}{zF}\ln\frac{[M^{z+}]}{[M]} \tag{5-7}$$

该式就是下列电极反应在一般状态下的电极电势：

$$[\text{氧化态}]+ze\longrightarrow[\text{还原态}]$$

将式（5-7）简写为

$$\varphi=\varphi^{\ominus}+\frac{RT}{zF}\ln\frac{[\text{氧化态}]}{[\text{还原态}]} \tag{5-8}$$

如果电池在 298.15 K 下，将 R 和 F 常数值代入上式，并将自然对数转换为常用对数，则有

$$\varphi=\varphi^{\ominus}+\frac{0.0592}{z}\lg\frac{[\text{氧化态}]}{[\text{还原态}]} \tag{5-9}$$

式（5-8）和式（5-9）称为电极电势的能斯特方程。

在实际测定中，由于标准氢电极对条件要求苛刻，使用十分不便，因此会采用一些比较简单而稳定的电极来替代标准氢电极，这些替代电极就称为参比电极。常用的参比电极为甘汞电极，它是由 Hg 、Hg_2Cl_2 及 KCl 溶液组成，此电极的电势与 KCl 浓度有关，当 KCl 浓度为 $1.0\ mol\cdot L^{-1}$ 时，电极电势 $\varphi^{\ominus}=0.280\ V$ ；如果 KCl 是饱和溶液，电极电势 $\varphi=0.241\ V$ ，称为饱和甘汞电极。其电极符号和电极反应为

$$KCl\ (\text{饱和})|Hg_2Cl_2(s),\ Hg(l)$$

$$Hg_2Cl_2(s) + 2e \rightleftharpoons 2Hg(l) + 2Cl^-(aq)$$

用标准氢电极或甘汞电极做参比电极，与待测电极组成原电池，测定其电动势，就可得到待测电极电势，如果是在标准状态下测定，就可得到待测电极的标准电极电势。

为了更好地查阅和使用附录四中的标准电极电势表格数据，做以下几点说明：

（1）排列顺序：表格按照 $\varphi^{\ominus}$ 的代数值（数据加符号）的顺序由小到大排列的。以标准氢的电极电势为“零基准”，代数值越小者越排在前面，$\varphi^{\ominus}(Li^+/Li) = -3.0401$ V 最小，排在第一位；代数值越大者越排在后面，$\varphi^{\ominus}(F_2/HF) = 3.053$ V 最大，排在最末一位。表格中从前往后看，电对的氧化性依次增强，还原性依次减弱。

（2）强度参数：$\varphi^{\ominus}$ 值是标准状态下电对的固有强度参数，是与实际给定条件无关的值，它反映物质得失电子倾向的大小。电极反应乘以某系数时，其 $\varphi^{\ominus}$ 值不变；电对的氧化态和还原态不会因为电极反应的方向改变而改变，将电极反应颠倒过来写，$\varphi^{\ominus}$ 值也不变。如：

$$Zn^{2+} + 2e \rightleftharpoons Zn \qquad \varphi^{\ominus} = -0.7626 \text{ V}$$

$$2Zn^{2+} + 4e \rightleftharpoons 2Zn \qquad \varphi^{\ominus} = -0.7626 \text{ V}$$

$$Zn \rightleftharpoons Zn^{2+} + 2e \qquad \varphi^{\ominus} = -0.7626 \text{ V}$$

（3）溶液介质：分为酸性溶液和碱性溶液两个表格，查阅时应与所研究的溶液体系酸碱性一致，因为介质的酸碱性不同，电极反应和电池反应都可能不同，所以不能混淆。

5.3.3 标准电极电势的热化学本质

下面讨论标准电极电势的热力学本质问题。以活泼金属的标准电极电势为例，因为其 $\varphi^{\ominus}(M^{z+}/M) = -E^{\ominus}$，结合式（5-2）则有

$$\varphi^{\ominus}(M^{z+}/M) = \frac{\Delta_r G_m^{\ominus}}{zF} = \frac{\Delta_r H_m^{\ominus} - T\Delta_r S_m^{\ominus}}{zF} \qquad (5\text{-}10)$$

式（5-10）说明，标准电极电势是一个在标准状态下与温度有关的热力学参数，因为在常温常压下，$\Delta_r H_m^{\ominus}$ 和 $\Delta_r S_m^{\ominus}$ 可视为常数。所以标准电极电势反映了电极反应的热化学本性。

根据电极电势的能斯特方程式（5-8）可知，金属电极电势的高低主要取决于电极的热化学本性（$E^{\ominus}$ 是主因），受溶液的浓度和温度的影响（[X] 和 T 是次因）。

温度参数 T 结合在对数前的系数中，在常温 298 K 下，系数 $0.0592/z \leqslant 0.0592$，很小；参与电化学反应的各物质的活度[X]结合在对数项 $\lg Q$，也很小。两者的乘积就更小了，所以浓度和温度对电动势的贡献值也很微小。

5.4 电极电势的影响因素

5.4.1 浓度对电极电势的影响

对于电极反应，如果用 Ox 表示氧化态（oxidizing state），用 Red 表示还原态（reducing state），即

$$Ox + ze \rightleftharpoons Red$$

电极电势的能斯特方程为

$$\varphi=\varphi^{\ominus}-\frac{RT}{zF}\ln\frac{[\text{Red}]}{[\text{Ox}]} \quad 或 \quad \varphi=\varphi^{\ominus}+\frac{RT}{zF}\ln\frac{[\text{Ox}]}{[\text{Red}]} \tag{5-11}$$

当温度为 298 K 时，将各常数代入上式，则有

$$\varphi=\varphi^{\ominus}-\frac{0.0592}{z}\lg\frac{[\text{Red}]}{[\text{Ox}]} \quad 或 \quad \varphi=\varphi^{\ominus}+\frac{0.0592}{z}\lg\frac{[\text{Ox}]}{[\text{Red}]} \tag{5-12}$$

式中，[Ox] 和 [Red] 是电对中氧化态与还原态的活度简写式。显然，[Ox] 的大小与 φ 呈正向关系，[Red] 的大小与 φ 呈反向关系。

例如，电对 Fe^{3+}/Fe^{2+}，$\varphi^{\ominus}=0.771\ \text{V}$，若改变 Fe^{3+} 或 Fe^{2+} 的浓度，则电极电势随之改变：

$$\varphi=0.771-0.0592\lg\frac{[\text{Fe}^{2+}]}{[\text{Fe}^{3+}]}$$

在标准状态下，$[\text{Fe}^{3+}]=[\text{Fe}^{2+}]=1$，$\varphi=\varphi^{\ominus}=0.771\ \text{V}$。随着电对中氧化型浓度的增加，电极电势随之增大，即氧化型的氧化能力增强，当 Fe^{3+} 与 Fe^{2+} 的浓度之比为 10∶1，φ 增加 0.0592 V；还原型的浓度增大，φ 减小，还原型的还原能力增强，当 Fe^{3+} 与 Fe^{2+} 的浓度之比为 1∶10，φ 减小 0.0592 V。在标准状态下，Fe^{3+} 可将 I^- 氧化为 I_2（$E^{\ominus}=0.771-0.536=0.235\ \text{V}>0$）。如将 Fe^{3+} 的浓度降至 $5.0\times10^{-5}\ \text{mol}\cdot\text{L}^{-1}$，其他离子浓度仍为 $1.0\ \text{mol}\cdot\text{L}^{-1}$，则

$$\varphi=0.771-0.0592\lg(5.0\times10^{-5})=0.52\ (\text{V})$$

由于 $\varphi(\text{Fe}^{3+}/\text{Fe}^{2+})<\varphi^{\ominus}(\text{I}_2/\text{I}^-)$，所以 Fe^{3+} 不能氧化 I^-，而是 I_2 氧化 Fe^{2+}。

改变氧化型与还原型的浓度比，可改变电对的电极电势。利用氧化型（或还原型）生成沉淀、弱电解质等方式，可有效地改变电对的电极电势。

1. 生成沉淀对电极电势的影响

电对中还原型与氧化型物质生成沉淀时，显著地改变其浓度，也显著地改变两者的浓度之比，从而影响电极电势的变化。

例 5-2（1）在 Cu^{2+}/Cu^+ 半电池溶液中加入 I^-，有 CuI(s) 生成，设平衡后溶液中 Cu^{2+} 及 I^- 的浓度为 $1.0\ \text{mol}\cdot\text{L}^{-1}$，求 $\varphi(\text{Cu}^{2+}/\text{Cu}^+)$。已知 $\varphi^{\ominus}(\text{Cu}^{2+}/\text{Cu}^+)=0.153\ \text{V}$，$K_{sp}(\text{CuI})=1.27\times10^{-12}$；

（2）在 Ag^+/Ag 半电池溶液中加入 Cl^-，则有 AgCl(s) 生成，设平衡后溶液中 Cl^- 的浓度为 $1.0\ \text{mol}\cdot\text{L}^{-1}$，计算 $\varphi(\text{Ag}^+/\text{Ag})$。已知 $\varphi^{\ominus}(\text{Ag}^+/\text{Ag})=0.800\ \text{V}$，$K_{sp}(\text{AgCl})=1.77\times10^{-10}$。

解　（1）该半电池的电极反应及电极电势分别为

$$\text{Cu}^{2+}+\text{e}\rightleftharpoons\text{Cu}^+$$

$$\varphi(\text{Cu}^{2+}/\text{Cu}^+)=\varphi^{\ominus}(\text{Cu}^{2+}/\text{Cu}^+)-0.0592\lg\frac{[\text{Cu}^+]}{[\text{Cu}^{2+}]}$$

CuI(s) 的沉淀溶解平衡为

$$\text{CuI(s)}\rightleftharpoons\text{Cu}^+(\text{aq})+\text{I}^-(\text{aq})$$

$$K_{sp}=[\text{Cu}^+][\text{I}^-]，\ 1.27\times10^{-12}=[\text{Cu}^+]\times1.0，\ [\text{Cu}^+]=1.27\times10^{-12}(\text{mol}\cdot\text{L}^{-1})$$

$$\varphi(Cu^{2+}/Cu^{+}) = 0.153 - 0.0592\lg\frac{1.27\times10^{-12}}{1.0} = 0.857\ (V)$$

实际上，在 Cu^{2+} 和 Cu^{+} 溶液中加入 I^{-} 后，Cu^{2+}/Cu^{+} 中的 Cu^{+} 已转化为 CuI(s)，在此条件下组成了一个新电对 Cu^{2+}/CuI，电极反应为

$$Cu^{2+} + I^{-} + e \rightleftharpoons CuI(s)$$

由于平衡溶液中 Cu^{2+} 及 I^{-} 的浓度为 $1.0\ mol\cdot L^{-1}$，则有

$$\varphi(Cu^{2+}/Cu^{+}) = \varphi(Cu^{2+}/CuI) = 0.857\ (V)$$

可见，电对 Cu^{2+}/CuI 的 $\varphi^{\ominus}$ 值取决于 $\varphi^{\ominus}(Cu^{2+}/Cu^{+})$ 及 CuI(s) 的 K_{sp}，它们之间的关系为

$$\varphi^{\ominus}(Cu^{2+}/CuI) = \varphi^{\ominus}(Cu^{2+}/Cu^{+}) - 0.0592\lg K_{sp}(CuI) \qquad (5\text{-}13)$$

（2）该半电池的电极反应及电极电势分别为

$$Ag^{+} + e \rightleftharpoons Ag$$
$$\varphi(Ag^{+}/Ag) = \varphi^{\ominus}(Ag^{+}/Ag) + 0.0592\lg[Ag^{+}]$$

AgCl(s) 的沉淀溶解平衡为

$$AgCl(s) \rightleftharpoons Ag^{+}(aq) + Cl^{-}(aq)$$
$$[Ag^{+}][Cl^{-}] = K_{sp},\quad [Ag^{+}]\times1.0 = 1.77\times10^{-10},\quad [Ag^{+}] = 1.77\times10^{-10}(mol\cdot L^{-1})$$
$$\varphi(Ag^{+}/Ag) = \varphi^{\ominus}(Ag^{+}/Ag) + 0.0592\lg[Ag^{+}] = 0.800 + 0.0592\lg(1.77\times10^{-10}) = 0.223\ (V)$$

由于平衡时溶液中 Cl^{-} 浓度为 $1.0\ mol\cdot L^{-1}$，则有

$$\varphi(Ag^{+}/Ag) = \varphi^{\ominus}(AgCl/Ag) = 0.223\ (V)$$

由此得到

$$\varphi^{\ominus}(AgCl/Ag) = \varphi^{\ominus}(Ag^{+}/Ag) + 0.0592\lg K_{sp}(AgCl) \qquad (5\text{-}14)$$

从示例可知，当电对中还原型生成沉淀，电对的电极电势增大，电对中氧化型的氧化能力增强，还原型的还原能力减弱；当电对中氧化型生成沉淀，电对的电极电势降低，氧化型的氧化能力减弱，还原型的还原能力增强。

根据式（5-13）、式（5-14）可由难溶盐的 K_{sp} 计算难溶盐电极的标准电极电势；反之，也可由标准电极电势计算难溶盐的 K_{sp}。

2. 生成弱电解质对电极电势的影响

若电对中氧化型或还原型生成弱电解质，电极电势也发生变化。

例 5-3　根据 $\varphi^{\ominus}(Pb^{2+}/Pb) = -0.126\ V$ 可知，H^{+} 可氧化 Pb 发生以下反应

$$2H^{+}(aq) + Pb = Pb^{2+}(aq) + H_2(g)$$

若在氢电极溶液中加入 NaAc，并使平衡后溶液中 HAc 及 Ac^{-} 浓度为 $1.0\ mol\cdot L^{-1}$，H_2 的压力为 100 kPa，上述反应能自发进行吗？

解　已知 HAc 的 $K_a = 1.75\times10^{-5}$，加入 NaAc 后，氢电极溶液中存在以下平衡

$$HAc(aq) \rightleftharpoons H^{+}(aq) + Ac^{-}(aq)$$

当 HAc 及 Ac^- 浓度为 $1.0\ mol\cdot L^{-1}$，

$$K_a = \frac{[H^+][Ac^-]}{[HAc]} = \frac{[H^+]\times 1.0}{1.0} = [H^+] = 1.75\times 10^{-5}$$

根据式（5-12），且 $[H_2] = p(H_2)/p^\ominus = 1$，则有

$$\varphi(H^+/H_2) = \varphi^\ominus(H^+/H_2) - \frac{0.0592}{2}\lg\frac{[H_2]}{[H^+]^2} = 0 - \frac{0.0592}{2}\lg\frac{1}{1.75\times 10^{-5}} = -0.281\ (V)$$

由于 $\varphi(H^+/H) < \varphi^\ominus(Pb^{2+}/Pb)$，所以上述反应不能自发进行，而其逆反应可以自发进行：

$$Pb^{2+}(aq) + H_2(g) \rightleftharpoons 2H^+(aq) + Pb$$
$$E = \varphi^\ominus(Pb^{2+}/Pb) - \varphi(H^+/H) = 0.155\ (V)$$

因 HAc 及 Ac^- 浓度为 $1.0\ mol\cdot L^{-1}$，$p(H_2) = 100\ kPa$，故有

$$\varphi(H^+/H_2) = \varphi^\ominus(HAc/H_2) = -0.281\ V$$

即
$$\varphi^\ominus(HAc/H_2) = \varphi^\ominus(H^+/H_2) - 0.0592\lg\frac{1}{K_a(HAc)} = 0.0592\lg K_a(HAc)$$

可知，对于生成一般的弱酸 HA，$\varphi^\ominus(HA/H_2)$ 与 $K_a(HA)$ 的关系为

$$\varphi^\ominus(HA/H_2) = \varphi^\ominus(H^+/H_2) + 0.0592\lg K_a(HA) \quad (5\text{-}15)$$

若测得弱酸电对的 $\varphi^\ominus$，可以计算弱酸的 K_a；反之，已知 K_a，则可计算 $\varphi^\ominus(HA/H_2)$。

3. 形成配合物对电极电势的影响

电对中的氧化型或还原型生成配合物时，与生成沉淀一样，会显著地降低有关离子的浓度，从而改变电极电势。例如

$$Cu^{2+}(aq) + 2e \rightleftharpoons Cu \qquad \varphi^\ominus = 0.342\ V$$

加入氨水，形成 $[Cu(NH_3)_4]^{2+}$ 配离子使 Cu^{2+} 浓度减小，电极电势随之降低。此时形成了新电对 $[Cu(NH_3)_4]^{2+}/Cu$，电极反应及电极电势为

$$[Cu(NH_3)_4]^{2+} + 2e \rightleftharpoons Cu + 4NH_3 \qquad \varphi^\ominus = -0.032\ V$$

例 5-4　在 Fe^{3+}、Fe^{2+} 浓度都为 $1.0\ mol\cdot L^{-1}$ 的溶液中加入 NaF，使反应后溶液中 F^- 的平衡浓度为 $1.0\ mol\cdot L^{-1}$。计算电对 Fe^{3+}/Fe^{2+} 的电极电势。此时 Fe^{3+} 能否氧化 I^-？

解　如果 Fe^{3+} 与 F^- 形成了 FeF_3 配合物（FeF_3 是 $Fe(H_2O)_3F_3$ 配合物的简写），则

$$Fe^{3+} + 3F^- \rightleftharpoons FeF_3$$

因为 FeF_3 的 $K_{稳}$ 较大，而且溶液中 F^- 是过量的，所以可认为 Fe^{3+} 已全部转化为 FeF_3。平衡时各组分的浓度为

$$[FeF_3] = 1.0\ mol\cdot L^{-1},\quad [F^-] = 1.0\ mol\cdot L^{-1},\quad [Fe^{3+}] = x\ mol\cdot L^{-1}$$

$$K_{稳} = \frac{[FeF_3]}{[Fe^{3+}][F^-]^3} = \frac{1.0}{x\cdot(1.0)^3} = 1.13\times 10^{12},\quad [Fe^{3+}] = x = 8.8\times 10^{-13}$$

根据 Nernst 方程，则有

$$\varphi(Fe^{3+}/Fe^{2+}) = \varphi^{\ominus}(Fe^{3+}/Fe^{2+}) - 0.0592\lg\frac{[Fe^{2+}]}{[Fe^{3+}]} = 0.771 + 0.0592\lg(8.8\times10^{-13}) = 0.057\ (V)$$

可见在 NaF 存在下，Fe^{3+}/Fe^{2+} 电对的电极电势下降了。此时 Fe^{3+} 的氧化能力小于 I_2，所以能发生 I_2 氧化 Fe^{2+} 的反应

$$2Fe^{2+} + I_2 \rightleftharpoons 2Fe^{3+} + 2I^-$$

5.4.2 酸度对电极电势的影响

酸度对电极电势的影响，实际上也是浓度对电极电势的影响。所不同的是，酸度对电极电势的影响较大，甚至可以改变反应的方向。

例如，$K_2Cr_2O_7$ 是一种常用的氧化剂，其电极反应及电极电势表达式为

$$Cr_2O_7^{2-} + 14H^+ + 6e \rightleftharpoons 2Cr^{3+} + 7H_2O \qquad \varphi^{\ominus} = 1.36\ V$$

$$\varphi(Cr_2O_7^{2-}/Cr^{3+}) = \varphi^{\ominus}(Cr_2O_7^{2-}/Cr^{3+}) - \frac{0.0592}{6}\lg\frac{[Cr^{3+}]^2}{[Cr_2O_7^{2-}][H^+]^{14}}$$

可见 H^+ 浓度以 $14\lg[H^+]$ 的倍数影响 φ。如果保持 $Cr_2O_7^{2-}$ 和 Cr^{3+} 浓度为 $1.0\ mol\cdot L^{-1}$，则有

$$\varphi(Cr_2O_7^{2-}/Cr^{3+}) = 1.36 + 0.1381\times\lg[H^+] = 1.36 - 0.1381\times pH$$

当 $pH = 3.0$ 时，$\varphi = 0.946\ V$；$pH = 7.0$ 时，$\varphi = 0.393\ V$

在上述电极反应中，由于 H^+ 浓度的指数较大，因此对 φ 值影响也较大。这就说明 $K_2Cr_2O_7$ 的氧化能力受酸度的影响强烈：在酸性溶液中它是强氧化剂，在中性溶液中的氧化能力减弱很多，在碱性介质中以 CrO_4^{2-} 形式存在的 Cr (Ⅵ)已不具有氧化性。

$$CrO_7^{2-} + 4H_2O + 3e \rightleftharpoons 2Cr(OH)_3 + 5OH^- \qquad \varphi^{\ominus} = -0.13\ V$$

例 5-5 已知 $\varphi^{\ominus}(H_3AsO_4/HAsO_2) = 0.560\ V$，$\varphi^{\ominus}(I_2/I^-) = 0.536\ V$，在标准状态下，$H_3AsO_4$ 可氧化 I^-，发生以下反应：

$$H_3AsO_4 + 2H^+ + 2I^- \rightleftharpoons HAsO_2 + I_2 + 2H_2O$$

若使 $[H^+] = 1.0\times10^{-7} mol\cdot L^{-1}$，其他物质浓度均为 $1.0\ mol\cdot L^{-1}$，H_3AsO_4 还能氧化 I^- 吗？

解 电对 $H_3AsO_4/HAsO_2$ 的电极反应及电极电势表达式为

$$H_3AsO_4 + 2H^+ + 2e \rightleftharpoons HAsO_2 + 2H_2O$$

$$\varphi = \varphi^{\ominus} - \frac{0.0592}{2}\lg\frac{[HAsO_2]}{[H_3AsO_4][H^+]^2}$$

除 H^+ 外，由于其他物质浓度均为 $1.0\ mol\cdot L^{-1}$，则有

$$\varphi = \varphi^{\ominus} + 0.0592\lg[H^+] = 0.560 + 0.0592\lg(1.0\times10^{-7}) = 0.146\ (V)$$

酸度对 $\varphi^{\ominus}(I_2/I^-)$ 无影响，因为 $\varphi(H_3AsO_4/HAsO_2) < \varphi^{\ominus}(I_2/I^-)$，所以 H_3AsO_4 不能氧化 I^-，而是

I_2 氧化 $HAsO_2$。酸度变化改变反应的方向（酸性下正向，中性或碱性下逆向）:

$$H_3AsO_4 + 2H^+ + 2I^- \rightleftharpoons HAsO_2 + I_2 + 2H_2O$$

如果在溶液中加入 $NaHCO_3$ 使成弱碱性，反应可定量地进行，利用此反应可测定砷含量。

酸度不仅可以改变反应的方向，有时还影响氧化还原反应的产物。例如用 $KMnO_4$ 氧化 Na_2SO_3，在不同酸性介质中的反应为:

较强酸性介质　$2MnO_4^- + 6H^+ + 5SO_3^{2-} \rightleftharpoons 2Mn^{2+} + 5SO_4^{2-} + 3H_2O$

弱酸至弱碱性　$2MnO_4^- + H_2O + 3SO_3^{2-} \rightleftharpoons 2MnO_2 + 3SO_4^{2-} + 2OH^-$

较强碱性介质　$2MnO_4^- + 2OH^- + SO_3^{2-} \rightleftharpoons 2MnO_4^{2-} + SO_4^{2-} + H_2O$

许多在水溶液中进行的氧化还原反应，都与溶液的酸度有关。如将电对的 φ 与 pH 的关系作图，称 φ-pH 图。根据实际需要，可以绘制各种元素的 φ-pH 图，应用这些图可以说明元素的各种氧化态稳定存在的区域。以下介绍与水有关的两个电对的 φ-pH 图。

水参与氧化还原反应时，既可作氧化剂，又可作还原剂。

（1）当水作氧化剂时析出 H_2，在酸性介质中:

$$2H^+ + 2e \rightleftharpoons H_2 \qquad \varphi^{\ominus} = 0$$

$$\varphi(H^+/H_2) = \varphi^{\ominus}(H^+/H_2) - \frac{0.0592}{2}\lg\frac{[H_2]}{[H^+]^2}$$

当 $p(H_2) = p^{\ominus}$ 时，$[H_2] = p(H_2)/p^{\ominus} = 1$

$$\varphi(H^+/H_2) = 0 + 0.0592\lg[H^+] = -0.0592\text{pH}$$

在碱性介质中:

$$2H_2O + 2e \rightleftharpoons H_2 + 2OH^- \qquad \varphi^{\ominus} = -0.8277\ \text{V}$$

$$\varphi(H_2O/H_2) = \varphi^{\ominus}(H_2O/H_2) - \frac{0.0592}{2}\lg\frac{[H_2][OH^-]^2}{[H_2O(l)]}$$

当 $p(H_2) = p^{\ominus}$ 时，$[H_2] = p(H_2)/p^{\ominus} = 1$，而 $[H_2O(l)] = 1$

$$\varphi(H_2O/H_2) = -0.8277 - 0.0592\lg[OH^-] = -0.8277 + 0.0592\text{pOH} \approx -0.0592\text{pH}$$

上述情况说明，水作氧化剂时，在酸性及碱性溶液中，φ 与 pH 的变化关系相同。

以 pH 为横坐标，电极电势 φ 为纵坐标作图，得到一条截距为零、斜率为 -0.0592 的直线（图 5-3 中的 b 线），此线是电对 $H^+(H_2O)/H_2$ 的 φ-pH 线，称氢线，以“H_2”表示。

（2）当水作还原剂时析出 O_2，在酸性介质中:

$$O_2 + 4H^+ + 4e \rightleftharpoons 2H_2O \qquad \varphi^{\ominus} = 1.23\ \text{V}$$

$$\varphi(O_2/H_2O) = \varphi^{\ominus}(O_2/H_2O) - \frac{0.0592}{4}\lg\frac{[H_2O]^2}{[O_2][H^+]^4}$$

当 $p(O_2) = p^{\ominus}$ 时，$[O_2] = 1$，而 $[H_2O(l)] = 1$

$$\varphi(O_2/H_2O) = 1.23 + 0.0592\lg[H^+] = 1.23 - 0.0592\text{pH}$$

在碱性介质中：

$$O_2 + 2H_2O + 4e \rightleftharpoons 4OH^- \qquad \varphi^{\ominus} = 0.401\ \mathrm{V}$$

$$\varphi(O_2/OH^-) = \varphi^{\ominus}(O_2/OH^-) - \frac{0.0592}{4}\lg\frac{[OH^-]^4}{[O_2][H_2O]^2}$$

当 $p(O_2) = p^{\ominus}$ 时，$[O_2]=1$，而 $[H_2O(l)]=1$

$$\varphi(O_2/OH^-) = 0.401 - 0.0295\times\lg[OH^-] = 0.401 + 0.0592\mathrm{pOH} = 1.23 - 0.0592\mathrm{pH}$$

上述情况说明，水做还原剂时，在酸性及碱性溶液中，φ 与 pH 的变化关系也相同。

同样，以 pH 为横坐标，φ 为纵坐标作图，得到一条截距为 1.23、斜率为 −0.0592 的直线（图 5-3 中的 a 线），此线是电对 $H^+(H_2O)/OH^-$ 的 φ-pH 线，称氧线，以“O_2”表示。

图 5-3 中的 H_2-b 线与 O_2-a 线是根据 Nernst 方程计算结果作出的，而实验测定得到的 H_2 及 O_2 析出的电极电势比计算值约差 0.5 V，这可能是由于 H_2、O_2 释放的速率缓慢。所以考虑动力学原因，H_2 线和 O_2 线都各自向外平移 0.5 V，得到两条虚线，即图 5-3 中的 b′ 及 a′ 线。

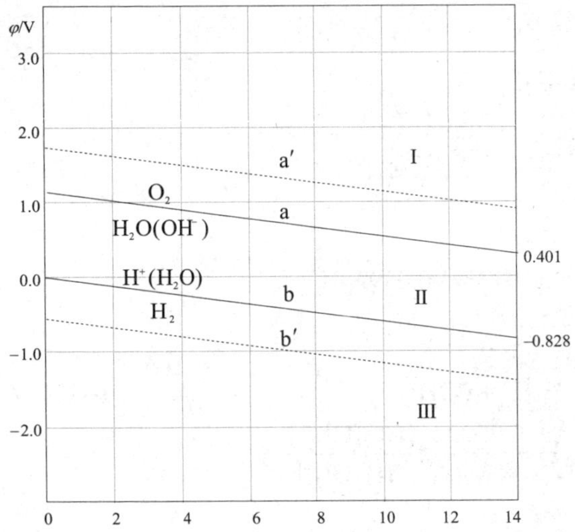

图 5-3 水的 φ-pH 图

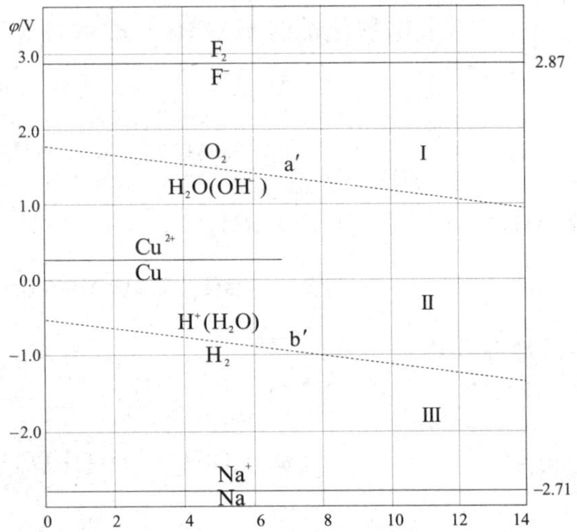

图 5-4 水和某电对的 φ-pH 图

图 5-3 中，a′、b′ 两条线将水的 φ-pH 图分成了三个区域，Ⅰ、Ⅲ两个区是水的不稳定区，Ⅱ是水的稳定区。由此，可判断电对在水中的稳定性。如果某电对的电极电势高于电对 $O_2/H_2O(OH^-)$ 的电极电势，则该电对的氧化型可将水氧化放出 O_2，例如 F_2/F^- 电对的电极反应为

$$F_2 + 2e \rightleftharpoons 2F^- \qquad \varphi^{\ominus} = 2.87\ \mathrm{V}$$

因电极反应与 H^+ 或 OH^- 无关，所以在 φ-pH 图上是一条平行于横轴的直线，落在水的不稳定区Ⅰ区内（图 5-4）。说明 F_2 在水中不能稳定存在，F_2 与 H_2O 强烈作用放出 O_2：

$$F_2 + 2H_2O = 2HF + O_2$$

如果某电对的电极电势低于电对 $H^+(H_2O)/H_2$ 的电极电势，则该电对的还原型可将水还原放出 H_2，例如电对 Na^+/Na 的电极反应为

$$Na^+ + e \rightleftharpoons Na \qquad \varphi^\ominus = -2.71\ V$$

在 φ-pH 图上落在水的不稳定区Ⅲ区内，说明 Na 遇水强烈反应，放出 H_2

$$2Na + 2H_2O = 2NaOH + H_2$$

如果电对的电极电势处于 a′和 b′间的Ⅱ区内，则电对与水不发生反应，电对的氧化型和还原型在水中都能稳定存在。例如，Cu^{2+}/Cu、Fe^{3+}/Fe^{2+} 电对中的 Cu^{2+}、Fe^{3+}、Fe^{2+} 在酸性水溶液中都可以稳定存在。

应该指出，用 φ-pH 图来判断物质在水中是否稳定存在，是从热力学角度考虑的。因此，这种判断只说明可能性，而不表示必然性。

5.5　电极电势和电动势的应用

前面已经论述过，原电池的电动势来源于自发氧化还原反应的吉布斯自由能变，即原电池是化学能与电能的转化系统。若采用逆向思维，根据原电池的电动势，也可以反向研究氧化还原反应的热化学状态函数，因为热量的直接测量相对比较繁琐和困难，但是原电池的电动势测量相对比较容易和简单。

5.5.1　电极电势的应用

1. 比较氧化剂和还原剂的强弱

例如，已知如下 6 个电对，在 298 K、标准状态下的标准电极电势如表 5-2 所示：

表 5-2　几个常见电对的标准电极电势

电对	MnO_4^-/Mn^{2+}	O_2/H_2O	Cl_2/Cl^-	Br_2/Br^-	I_2/I^-	Fe^{3+}/Fe^{2+}
$\varphi^\ominus$/V	1.507	1.229	1.358	1.066	0.536	0.771

由此可比较氧化型物质的氧化能力强弱为

$$MnO_4^- > Cl_2 > O_2 > Br_2 > Fe^{3+} > I_2$$

还原型物质的还原能力强弱为

$$I^- > Fe^{2+} > Br^- > H_2O > Cl^- > Mn^{2+}$$

2. 选择合适的氧化剂、还原剂

在某溶液中含有 Br^- 和 I^-，若只氧化 I^- 而不氧化 Br^-，如何选择氧化剂？查 $\varphi^\ominus$ 表知：

$$\varphi^\ominus(Br_2/Br^-) = 1.087\ V,\quad \varphi^\ominus(I_2/I^-) = 0.536\ V。$$

而 $\varphi^\ominus$ 表中电极电势值在上述两者之间的电对有

$$\varphi^\ominus(Fe^{3+}/Fe^{2+}) = 0.771\ V,\quad \varphi^\ominus(HNO_2/NO) = 0.996\ V$$

所以，选择 Fe^{3+} [$Fe_2(SO_4)_3$]或 NO_2^- ($NaNO_2$)做氧化剂是合适的。

3. 判断氧化还原反应的方向

应用两个电对之间 $\varphi^{\ominus}$ 或 φ 的差值，可以判断在标准状态或非标准状态下氧化还原反应自发进行的方向。

例如，已知 $\varphi^{\ominus}(ClO_3^-/Cl_2)=1.47\ V$，$\varphi^{\ominus}(Fe^{3+}/Fe^{2+})=0.771\ V$，可知在标准状态下，能正向自发进行的氧化还原反应为

$$ClO_3^- + 5Fe^{2+} + 6H^+ \xlongequal{\quad} \frac{1}{2}Cl_2 + 5Fe^{3+} + 3H_2O$$

即由强氧化剂（φ 高的氧化型）和强还原剂（φ 低的还原型）反应生成弱还原剂和弱氧化剂。

处于中间氧化态的物质在一定条件下能发生歧化反应。如

$$\varphi_a^{\ominus}/V \quad MnO_4^- \xrightarrow{0.558} MnO_4^{2-} \xrightarrow{2.24} MnO_2 \xrightarrow{0.91} Mn^{3+} \xrightarrow{1.54} Mn^{2+} \xrightarrow{-1.185} Mn$$

因为 $\varphi^{\ominus}(MnO_4^{2-}/MnO_2) \gg \varphi^{\ominus}(MnO_4^-/MnO_4^{2-})$，还原性 $MnO_4^{2-}>MnO_4^-$，氧化性 $MnO_4^{2-}>MnO_2$，根据氧化还原反应进行的方向，可以发生下面的反应：

$$3MnO_4^{2-} + 4H^+ \xlongequal{\quad} 2MnO_4^- + MnO_2 + 2H_2O$$

$$E^{\ominus} = \varphi^{\ominus}(MnO_4^{2-}/MnO_2) - \varphi^{\ominus}(MnO_4^-/MnO_4^{2-}) = 2.24 - 0.558 = 1.68\ (V)$$

在此反应中，MnO_4^{2-} 既是氧化剂又是还原剂，而且只有 Mn 的氧化数发生变化，所以 MnO_4^{2-} 在酸性溶液中能发生歧化反应。同理，Mn^{3+} 在酸性介质中也能发生如下歧化反应：

$$2Mn^{3+} + 2H_2O \xlongequal{\quad} MnO_2 + Mn^{2+} + 4H^+$$

$$E^{\ominus} = \varphi^{\ominus}(Mn^{3+}/Mn^{2+}) - \varphi^{\ominus}(MnO_2/Mn^{3+}) = 1.54 - 0.91 = 0.63\ (V)$$

4. 计算未知电对的电极电势

电对的电极电势除可用于标准电极组成电池，通过测电动势的方法得到外，还可根据已知电对的 $\varphi^{\ominus}$ 及吉布斯自由能变计算获得。

例 5-6 由 $\Delta_f G_m^{\ominus}$ 值计算下列电极反应的 $\varphi^{\ominus}$：

$$\begin{array}{lcccc} & ClO_3^-(aq) + 6H^+(aq) + 6e & \rightleftharpoons & Cl^-(aq) + 3H_2O(l) \\ \Delta_f G_m^{\ominus}/kJ\cdot mol^{-1} & -8.0 \qquad\quad 0 & & -131.2 \quad -237.1 \end{array}$$

$$\Delta_r G_m^{\ominus} = [(-131.2) + 3\times(-237.1)] - [(-8.0) + 6\times 0] = -834.5\ (kJ\cdot mol^{-1})$$

$$\varphi^{\ominus}(ClO_3^-/Cl^-) = -\frac{\Delta_r G_m^{\ominus}}{zF} = -\frac{-834.5}{6\times 96.5} = 1.44\ (V)$$

此计算结果与标准电极电势表中数据一致。

例 5-7 已知 $\varphi^{\ominus}(BrO_3^-/BrO^-)=0.54\ V$，$\varphi^{\ominus}(BrO_3^-/Br_2)=0.52\ V$，计算 $\varphi^{\ominus}(BrO^-/Br_2)$

解 三个电对的电极反应分别为

① $$BrO_3^- + 2H_2O + 4e \rightleftharpoons BrO^- + 4OH^-$$

② $$BrO_3^- + 3H_2O + 5e \rightleftharpoons \frac{1}{2}Br_2 + 6OH^-$$

③ $$BrO^- + H_2O + e \rightleftharpoons \frac{1}{2}Br_2 + 2OH^-$$

由②－①→③，则有

$$\Delta G_3^{\ominus}=\Delta G_2^{\ominus}-\Delta G_1^{\ominus}\text{，}\quad -z_3F\varphi_3^{\ominus}=-z_2F\varphi_2^{\ominus}-(-z_1F\varphi_1^{\ominus})\text{，}\quad z_3\varphi_3^{\ominus}=z_2\varphi_2^{\ominus}-z_1\varphi_1^{\ominus}$$

$$\varphi_3^{\ominus}=\frac{z_2\varphi_2^{\ominus}-z_1\varphi_1^{\ominus}}{z_3}=\frac{5\times0.52-4\times0.54}{1}=0.44\ (\mathrm{V})$$

故电极电势是强度量，不具加和性，即 $\varphi_3^{\ominus}\neq\varphi_2^{\ominus}-\varphi_1^{\ominus}$。而为何电动势 $E^{\ominus}=\varphi_+^{\ominus}-\varphi_-^{\ominus}$？因为：

$$-zFE^{\ominus}=-z_+F\varphi_+^{\ominus}-(-z_-F\varphi_-^{\ominus})\text{，}\quad z=z_+=z_-$$

上述三个电对，是由同一元素的不同氧化态组成的，它们之间的关系可用下面的元素电势图表示：

$$\varphi_\mathrm{b}^{\ominus}/\mathrm{V}\quad \mathrm{BrO_3^-}\xrightarrow{0.54}\mathrm{BrO^-}\xrightarrow{0.44}\mathrm{Br_2}\qquad(\mathrm{BrO_3^-}\to\mathrm{Br_2}:\ 0.52)$$

元素电势图是将同一元素的不同物种，按氧化态从高到低的顺序排列，两物种间用横线相连，将其对应电对的 $\varphi^{\ominus}$ 标注在横线上面。又如，元素氯在酸性介质中的元素电势图为

$$\varphi_\mathrm{a}^{\ominus}/\mathrm{V}\quad \mathrm{ClO_4^-}\xrightarrow{1.189}\mathrm{ClO_3^-}\xrightarrow{1.214}\mathrm{HClO_2}\xrightarrow{1.645}\mathrm{HClO}\xrightarrow{1.611}\mathrm{Cl_2}\xrightarrow{1.358}\mathrm{Cl^-}$$

元素电势图中的任一电对所对应的电极反应，都可以由其他电对所对应的电极反应，通过多重平衡关系得到。因此，可以利用元素电势图，由已知电对的 $\varphi^{\ominus}$ 计算未知电对的 $\varphi^{\ominus}$。

例 5-8　已知氯元素部分电势图如下，求其 $\varphi_4^{\ominus}$。

$$\varphi_\mathrm{a}^{\ominus}/\mathrm{V}\quad \mathrm{HClO_2}\xrightarrow{1.645}\mathrm{HClO}\xrightarrow{1.611}\mathrm{Cl_2}\xrightarrow{1.358}\mathrm{Cl^-}\qquad(\mathrm{HClO_2}\to\mathrm{Cl^-}:\ \varphi_4^{\ominus})$$

解　电极反应为

①	$\mathrm{HClO_2+2H^++2e \rightleftharpoons HClO+H_2O}$	$\varphi_1^{\ominus}=1.645\ \mathrm{V}$
②	$\mathrm{HClO+H^++e \rightleftharpoons \frac{1}{2}Cl_2+H_2O}$	$\varphi_2^{\ominus}=1.611\ \mathrm{V}$
③	$\mathrm{\frac{1}{2}Cl_2+e \rightleftharpoons Cl^-}$	$\varphi_3^{\ominus}=1.358\ \mathrm{V}$
④	$\mathrm{HClO_2+3H^++4e \rightleftharpoons Cl^-+2H_2O}$	$\varphi_4^{\ominus}=?$

由①＋②＋③→④，则有

$$\varphi_4^{\ominus}=\frac{z_1\varphi_1^{\ominus}+z_2\varphi_2^{\ominus}+z_3\varphi_3^{\ominus}}{z_4}=\frac{2\times1.645+1\times1.611+1\times1.358}{4}=1.565\ (\mathrm{V})$$

熟练掌握此方法后，可由元素电势图直接写出计算未知电对 φ 的计算式。

5.5.2　电池电动势的应用

难溶盐的溶度积 K_sp 一般很小，不能用直接测定溶液中离子浓度的方法来计算，但可以设计电池，测定电动势来间接计算。除此之外，弱酸的 K_a、配位化合物的稳定常数等也常用

测定电动势的方法得到。

例 5-9 在 298 K 时测得下列电池 $E=0.728\ \text{V}$，$\varphi^{\ominus}(Ag^+/Ag)=0.800\ \text{V}$，计算 AgBr 的 K_{sp}。

$$(-)Ag,\ AgBr(s)|Br^-(1.0\ mol\cdot L^{-1})\,||\,Ag^+(1.0\ mol\cdot L^{-1})|Ag(+)$$

解 已知 $E=0.728\ \text{V}$，由题意知 $E=\varphi^{\ominus}(Ag^+/Ag)-\varphi^{\ominus}(AgBr/Ag)$，则有

$$\varphi^{\ominus}(AgBr/Ag)=\varphi^{\ominus}(Ag^+/Ag)-E=0.800-0.728=0.072\ (\text{V})$$

根据式（5-14），得

$$\varphi^{\ominus}(AgBr/Ag)=\varphi^{\ominus}(Ag^+/Ag)+0.0592\lg K_{sp}$$

$$0.072=0.800+0.0592\lg K_{sp}，\ \lg K_{sp}=-12.30，\ K_{sp}=5.0\times10^{-13}$$

或者，依据电池反应是正、负极反应的加和，其平衡常数与电动势的关系来求解

① $Ag^+ + e \rightleftharpoons Ag$ （正极）

② $Ag + Br^- \rightleftharpoons AgBr(s) + e$ （负极）

③ $Ag^+ + Br^- \rightleftharpoons AgBr(s)$ （电池）K

$$\lg K=\lg\frac{1}{K_{sp}}=\frac{zE}{0.0592}=\frac{1\times0.728}{0.0592}=12.30，\ K_{sp}=5.0\times10^{-13}$$

例 5-10 在 298 K 时，下列电池中物质浓度单位为 $mol\cdot L^{-1}$，已测得各电池电动势。

① $(-)Cu,\ CuI(s)\,|\,I^-(1.0)\,||\,Cu^{2+}(0.10)\,|\,Cu(+)$ $E_1=0.380\ \text{V}$

② $(-)Pt,\ H_2(p^{\ominus})|HA(1.0),\ A^-(1.0)\,||\,H^+(1.0)|H_2(p^{\ominus}),\ Pt(+)$ $E_2=0.551\ \text{V}$

③ $(-)Pt,\ H_2(p^{\ominus})|HA(0.10),\ A^-(0.20)\,||\,KCl(\text{饱和})\,|\,Hg_2Cl_2(s)|Hg,\ Pt(+)$ $E_3=0.241\ \text{V}$

④ $(-)Cu|Cu(NH_3)_4^{2+}(1.0),\ NH_3(1.0)\,||\,H^+(1.0)|H_2(p^{\ominus}),\ Pt(+)$ $E_4=0.035\ \text{V}$

计算电池中：① CuI 的 K_{sp}；② HA 的 K_a；③ HA 的 K_a 及 pH；④ $Cu(NH_3)_4^{2+}$ 的 $K_{稳}$

解 ①正极为 Cu^{2+}/Cu 电极，其电极电势为

$$\varphi_+=\varphi^{\ominus}(Cu^{2+}/Cu)+\frac{0.0592}{2}\lg[Cu^{2+}]=0.342+\frac{0.0592}{2}\lg(0.10)=0.31\ (\text{V})$$

负极为 Cu^+/Cu 电极，存在原电池氧化平衡（失电子）和难溶电解质解离平衡，则有

$$\varphi(Cu^+/Cu)=\varphi^{\ominus}(Cu^+/Cu)+0.0592\lg[Cu^+]=0.521+0.0592\lg[Cu^+]$$

$$E=\varphi_+-\varphi_-，\ 0.380=0.31-(0.521+0.0592\lg[Cu^+])$$

$$\lg[Cu^+]=-9.983，\ [Cu^+]=1.0\times10^{-10}$$

$$K_{sp}=[Cu^+][I^-]=(1.0\times10^{-10})\times0.010=1.0\times10^{-12}$$

②正极为标准氢电极，$\varphi_+=\varphi^{\ominus}(H^+/H_2)=0$；

负极为 HA 弱酸溶液，存在原电池的氧化平衡（失电子）和弱酸解离平衡，则有

$$\varphi_-=\varphi(H^+/H_2)=\varphi^{\ominus}(H^+/H_2)+\frac{0.0592}{2}\lg\frac{[H^+]^2}{[H_2]}$$

$$[H_2]=p(H_2)/p^\ominus=1\text{，}\quad K_a=\frac{[H^+][A^-]}{[HA]}=\frac{[H^+]\times 1}{1}=[H^+]$$

$$\varphi_-=\varphi(H^+/H_2)=0.0592\lg[H^+]=0.0592\lg K_a$$

$$E=\varphi_+-\varphi_-\text{，}\quad 0.551=0-0.0592\lg K_a\text{，}\quad \lg K_a=9.3074\text{，}\quad K_a=4.93\times10^{-10}$$

③正极为饱和甘汞电极，$\varphi_+=\varphi(Hg_2Cl_2/Hg)_{饱和}=0.241\text{ V}$；
负极与上述②类似，且 $[H_2]=p(H_2)/p^\ominus=1$，则有

$$\varphi_-=\varphi^\ominus(H^+/H_2)+\frac{0.0592}{2}\lg\frac{[H^+]^2}{[H_2]}=0.0592\lg[H^+]$$

$$E=\varphi_+-\varphi_-\text{，}\quad 0.540=0.241-0.0592\lg[H^+]$$

$$pH=-\lg[H^+]=\frac{0.540-0.241}{0.0592}=5.05\text{，}\quad [H^+]=8.9\times10^{-6}$$

$$K_a=\frac{[H^+][A^-]}{[HA]}=\frac{8.9\times10^{-6}\times0.20}{0.10}=1.78\times10^{-5}$$

④正极为标准氢电极，$\varphi_+=\varphi^\ominus(H^+/H_2)=0$；
负极为铜氨配离子溶液，存在原电池氧化平衡（失电子）和配离子解离平衡，则有

$$\varphi_-=\varphi^\ominus(Cu^{2+}/Cu)+\frac{0.0592}{2}\lg[Cu^{2+}]=0.340+\frac{0.0592}{2}\lg[Cu^{2+}]$$

$$E=\varphi_+-\varphi_-\text{，}\quad 0.035=0-\left(0.340+\frac{0.0592}{2}\lg[Cu^{2+}]\right)$$

$$\lg[Cu^{2+}]=-12.67\text{，}\quad [Cu^{2+}]=2.14\times10^{-13}$$

$$K_{稳}=\frac{[Cu(NH_3)_4^{2+}]}{[Cu^{2+}][NH_3]^4}=\frac{1.0}{2.14\times10^{-13}\times(1.0)^4}=4.67\times10^{12}$$

5.5.3　测定热力学函数变

将化学反应设计成原电池后，通过电池电动势的测定，可以求得反应的吉布斯自由能变，这是化学能转化为电能的热化学基础，还可以根据热力学中的一些基本公式，精确地求得相应化学反应的其他热力学函数的变化。这里有个基本条件需要满足，就是可逆电池。

1. 电池反应的焓变和熵变

根据热力学中的吉布斯-亥姆霍兹方程

$$G=H-TS\text{，}\quad dG=dH-d(TS)$$

$$S=-\left(\frac{\partial G}{\partial T}\right)_p\text{，}\quad \Delta_r S_m=-\left(\frac{\partial(\Delta_r G_m)}{\partial T}\right)_p$$

在等温等压下，$(\Delta_r G_m)_{T,p}=-zFE$，代入上式，得到

$$\Delta_r S_m=zF\left(\frac{\partial E}{\partial T}\right)_p \qquad (5\text{-}16)$$

式（5-16）中，电动势对温度的偏微分$(\partial E/\partial T)_p$称为电池电动势的温度系数，可由实验测定。

已知等温条件下，$\Delta_r G_m = \Delta_r H_m - T\Delta_r S_m$，$(\Delta_r G_m)_{T,p} = -zFE$，$W'_{max} = -zFE$，将后两式代入前式，则有

$$\Delta_r H_m = -zFE + zFT\left(\frac{\partial E}{\partial T}\right)_p \tag{5-17}$$

电池电动势及温度系数的测量可以得到很精确的结果，故用电化学方法所得到的热力学函数变化量，比热力学方法测得的数据更准确。

2. 电池可逆放电反应过程的热效应

已知一定温度下，$Q_r = T\Delta_r S_m$，将式（5-16）代入，得

$$Q_r = zFT\left(\frac{\partial E}{\partial T}\right)_p \tag{5-18}$$

Q_r即为电池可逆放电时反应的热效应，由电池电动势温度系数的正负号，可确定电池恒温可逆放电时是吸热还是放热，即

$(\partial E/\partial T)_p > 0$，则$Q_r > 0$，电池工作时从环境吸热；

$(\partial E/\partial T)_p < 0$，则$Q_r < 0$，电池工作时向环境放热；

$(\partial E/\partial T)_p = 0$，则$Q_r = 0$，电池工作时不吸不放热。

须指出的是，在电池中化学反应做了非体积功（电功），压力一定下电池可逆放电时的热效应不等于体系的$\Delta_r H_m$，两者的关系可由式（5-17）和式（5-18）得出，即

$$\Delta_r H_m = -zFE + Q_r \tag{5-19}$$

或

$$Q_r = \Delta_r H_m + zFE = \Delta_r H_m + W'_{max} \tag{5-20}$$

即可逆电池的反应热等于其化学反应的焓变和电池所做的最大电功之和。

例 5-11 298 K 时，下列电池的电动势$E = 1.228\ \text{V}$，温度系数$(\partial E/\partial T)_p = -8.49\times10^{-4}\ \text{V}\cdot\text{K}^{-1}$

$$\text{Pt}|\text{H}_2(p^{\ominus})|\text{H}_2\text{SO}_4(0.01\ \text{mol}\cdot\text{kg}^{-1})|\text{O}_2(p^{\ominus})|\text{Pt}$$

试写出该电池的电池反应，并求算该温度下电池反应的$\Delta_r G_m$、$\Delta_r H_m$、$\Delta_r S_m$及可逆放电时的热效应Q_r。

解 电极和电池反应为

负极 $$\text{H}_2(p^{\ominus}) \rightleftharpoons 2\text{H}^+(a_{\text{H}^+}) + 2\text{e}$$

正极 $$\frac{1}{2}\text{O}_2(p^{\ominus}) + 2\text{H}^+(a_{\text{H}^+}) + 2\text{e} \rightleftharpoons \text{H}_2\text{O(l)}$$

电池 $$\text{H}_2(p^{\ominus}) + \frac{1}{2}\text{O}_2(p^{\ominus}) \rightleftharpoons \text{H}_2\text{O(l)}$$

$\Delta_r G_m = -zFE = -2\times96500\times1.228\times10^{-3} = -237.0\ (\text{kJ}\cdot\text{mol}^{-1})$

$\Delta_r S_m = zF(\partial E/\partial T)_p = 2\times96500\times(-4.89\times10^{-4}) = -163.9\ (\text{J}\cdot\text{mol}^{-1}\cdot\text{K}^{-1})$

$$\Delta_r H_m = \Delta_r G_m + T\Delta_r S_m = -237.0 + 298 \times (-163.9 \times 10^{-3}) = -285.8\ (kJ \cdot mol^{-1})$$

$$Q_r = T\Delta_r S_m = 298 \times (-163.9 \times 10^{-3}) = -48.8\ (kJ \cdot mol^{-1})$$

5.6 电　解

5.6.1　电解对化学发展的意义

上述内容已对原电池的基本原理做了比较详细的论述，说明原电池就是一个将自发进行的氧化还原反应的化学能转化为电能的装置。如果给非自发反应系统施加一个足够大的电流，是否可以使这种反应也能够进行呢？早期科学家的探索给出了肯定的回答，这就是与原电池工作原理相反的电解池。

电解的本来意义是通过电流的作用使化学物质发生分解得到单质。这种意义的电解对化学的发展曾经做出过巨大贡献。

早在 1661 年波义耳定义了元素，凡不能分解为更简单的物质者为元素，即现代意义的“单质”。然而，在使用电解这种手段之前，人们实际得到的元素（单质）的数目十分有限，特别是，人们不清楚许多金属氧化物究竟是不是元素（单质）。19 世纪初，人们将电流这种新手段引入化学研究，才使化学家对元素的认识突飞猛进。

在获得原电池的 19 世纪初，英国化学家戴维（H. Davy）就用伏特电堆产生的电流开创了电化学研究，他做了一个从未有过的 250 个电池串联的巨大电堆，在各种化合物的水溶液或熔融物中通过强大的电流，寻找尚未发现的元素，先后发现了钾、钠、钡、镁、钙、锶、锂和硼等元素（单质），大大增多了元素的品种；戴维还从氯（Cl_2）不能被电解而得出其是单质的结论，由此证实氯化氢的组成中没有氧只有氢和氯，得出“酸之源”不是氧而是氢的结论，对化学的发展起到至关重要的作用。尽管戴维从氟化物已认识到氟的存在，但是，直到 19 世纪末法国人莫瓦桑电解氟氢化钾的氢氟酸溶液得到单质氟才算发现了氟（莫瓦桑因而获得诺贝尔化学奖）。在 18 世纪，由氢气和氧气化合的产物是水的实验证明了水不是单质，但直接的证据还是在 19 世纪 30 年代把水电解为氢气和氧气。

19 世纪晚期，铝的电解成功使铝从英国女王皇冠的饰物变成日常用具。最近，有人发明了电解法直接从 TiO_2 得到金属钛，一旦此法工业化，将真正实现钛是 21 世纪金属的梦想。因此，科学的进展在相当大的程度上依赖于技术的进步，特别是出现像电流和电解这样的新手段。

应该指出，化学的发展早就扩大了电解的定义，凡是通入电流在电极上发生氧化还原反应，都可以称为电解，产物不一定是单质。电解的介质可以是酸性、碱性、盐溶液，也可以是非水溶剂，还可以是熔融物质。目前，电解工业已是重要的化工行业。贵金属的精炼，生产烧碱、氯气、碱金属都靠电解。尤其是各种电器的电机核心部件的铜导线对高纯金属铜的需求，完全依赖于电解铜工业的发展，各种机械零部件的致密镀层由电镀工业来完成。

电解与电镀是将电流通过电解质溶液在电极上发生氧化还原反应的过程。在讨论电解前必须先分清电解池与原电池的根本区别，见表 5-3。

表 5-3　原电池与电解池的比较

项目	原电池	电解池
能量转化	化学能转化为电能。	电能转化为化学能。
反应性质	电池反应的自由能为负值，反应是自发的，体系向外界做有用功。	电池反应的自由能为正值，反应是非自发的，外界向体系做有用功。
电流方向	电子由负极流出到外电路再回到正极，溶液负电荷由正极移向负极，形成电流回路。	电子由外电源负极流入阴极，阴离子在阳极释放电子回到电源正极，形成电流回路。
电极性质	负极释放电子发生氧化反应，正极获得电子发生还原反应	阴极提供电子发生还原反应，阳极释放电子发生氧化反应

5.6.2　电解和电解池

电解是环境对系统做电功的电化学过程，在电解过程中，电能转变为化学能。例如，水在 298K 标准状态下的分解反应：

$$H_2O(l) \xlongequal{\quad} H_2(g)+\frac{1}{2}O_2(g) \qquad \Delta_r G_m^{\ominus}=237.19\ \text{kJ}\cdot\text{mol}^{-1}$$

因为 $\Delta_r G_m^{\ominus}>0$，所以在没有非体积功的情况下，反应不能自发进行。但是，根据热力学原理 $\Delta_r G_m\leqslant 0$ 知道，如果环境对上述系统做非体积功（如电功），就有可能进行水的分解反应。所以，电解是一种利用外加电能的方法迫使非自发反应也能进行的重要手段，实现电解的装置称为电解池。图 5-5 是在硫酸介质中电解水的电解池原理示意图，硫酸介质主要起导电作用，以克服纯水不导电的问题。

在电解池中，与直流电源的负极相连的极叫作阴极，与直流电源的正极相连的极叫作阳极。电子从外加电源负极流出，沿导线进入电解池的阴极；另一方面，电子又从电解池的阳极离去，沿导线流回电源正极。这样在阴极上电子过剩，在阳极上电子缺少，电解液（或熔融液）中的正离子移向阴极，在阴极上得到电子发生还原反应；负离子移向阳极，在阳极上释放电子发生氧化反应（或者阳极金属直接释放电子发生氧化反应）。在电解池的两极反应中，氧化态物质得到电子或还原态物质释放电子的过程都叫作放电。通过电极反应这一特殊形式，使金属导线中电子导电与电解质溶液中离子导电联系起来。

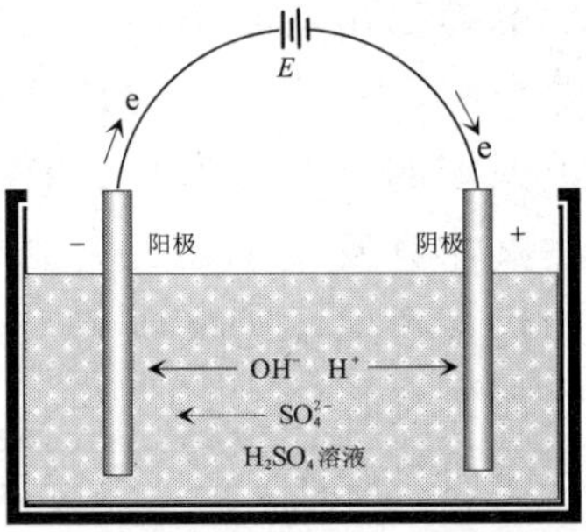

图 5-5　电解池装置示意图

5.6.3　分解电压和超电势

1. 理论分解电压和实际分解电压

当电解进行时，直流电通过电解质溶液，阳离子向阴极迁移，在电极上发生还原反应；阴离子向阳极迁移，在电极上发生氧化反应。电解过程中使两个电极连续不断地发生氧化还原反应所需的最小电压，称为分解电压。由实验测得的分解电压称为实际分解电压，由电化学反应推导所得分解电压称为理论分解电压。下面分别讨论这两种电压的由来。

以电解水为例，电解装置如图 5-6 所示。由于水的导电性很差，需加入 Na_2SO_4 作为导电介质，实际上是 0.100 $mol \cdot L^{-1}$ Na_2SO_4 溶液，以铂片为电极。接通电路，然后使外电压从零开始逐步提高，记录流经电解池的电流随电压增加的变化情况，如图 5-7 所示。当外加电压很小时，电解池中几乎没有电流通过。随着外加电压的增大，电流略有增加，但电极上观察不到电解的发生。当电压增大到某一临界值 D 点后，电流呈急剧线性上升趋势（DM），这时两电极可明显观察到有小气泡连续逸出。作 DM 的反向延长线与电压横轴相交，交点所对应的电压值，就是电解池的实际分解电压 $E_{分解}$。

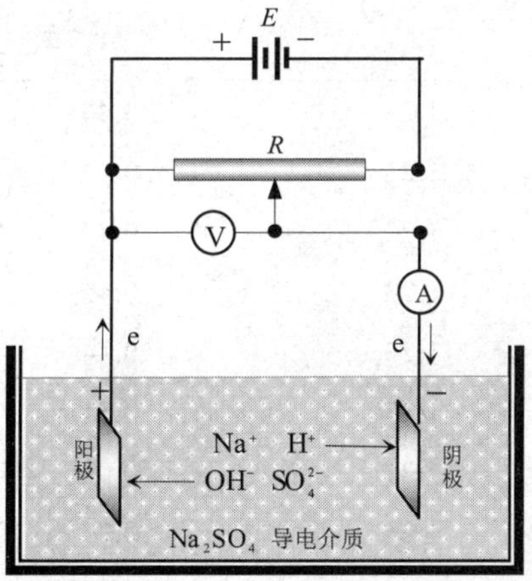

图 5-6　分解电压测定装置示意图

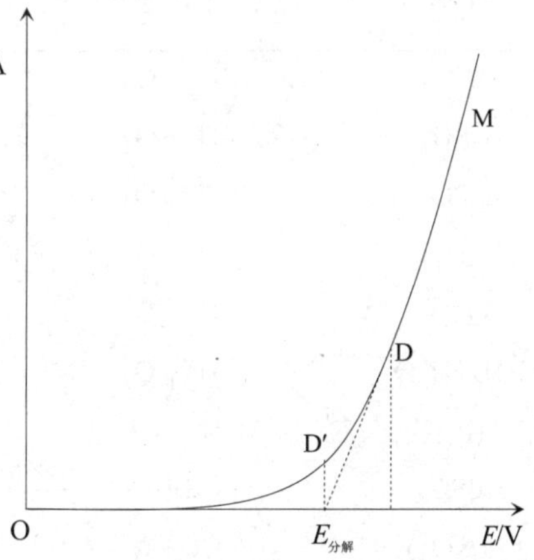

图 5-7　测定分解电压时的电压-电流曲

从电解曲线可知，*OD′* 曲线段变化很缓慢，按理说在外加电压小于 $E_{分解}$ 时是没有电流通过电解池的，实际上有微弱电流通过，这是电解池中的电解质离子导电所致。*DD′* 曲线段开始可观察到电极有气体逸出现象，*D* 点之后再增加外加电压，通过电解池的电流呈线性关系直线上升，两个电极会有大量气体逸出，电解顺利进行。两个电极上进行的反应为

阴极　$2H^+(aq) + 2e = H_2(g)$

阳极　$H_2O(l) = 2H^+(aq) + \frac{1}{2}O_2(g) + 2e$

电解反应　$H_2O(l) = H_2(g) + \frac{1}{2}O_2(g)$

而部分氢气和氧气分别吸附在铂电极表面，组成了一个副生氢氧原电池：

$$Pt|H_2(p^{\ominus})|Na_2SO_4(0.100\ mol \cdot L^{-1})|O_2(p^{\ominus})\,|\,Pt$$

这个原电池将产生一个与外加电压相抗衡的反向电动势，它就是电解的理论值 $E_{理论}$。下面推导该理论值的大小。

在 298 K 下，0.1 $mol \cdot L^{-1}$ Na_2SO_4 溶液中，$[H^+] = [OH^-] = 1\times10^{-7}$，$[H_2] = [O_2] = 1$。副生原电池的电极电势分别为

氧电极　$\varphi(O_2/OH^-) = \varphi^{\ominus} - \frac{0.05917}{2}\lg\frac{[OH^-]^2}{[H_2O][O_2]^{1/2}} = 0.401 - 0.05917\lg(1\times10^{-7}) = 0.815\ (V)$

氢电极 $\varphi(H^+/H_2)=\varphi^{\ominus}-\dfrac{0.05917}{2}\lg\dfrac{[H^+]^2}{[H_2]}=0-0.05917\lg(1\times10^{-7})=-0.414\ (V)$

电动势 $E_{理论}=0.815-(-0.414)=1.23\ (V)$

所以电解水的理论分解电压是 1.23 V，外加电压若低于该值，电解水的反应就不可能发生。表 5-4 列出了一些电解质溶液的分解电压。

表 5-4 几种电解质溶液的分解电压（光亮铂电极）

电解质溶液（浓度 $\frac{1}{z}$ $mol\cdot L^{-1}$）	电解产物（阴极＋阳极）	实际分解电压 $E_{实际}/V$	理论分解电压 $E_{理论}/V$	差值 $\Delta E=(E_{实际}-E_{理论})/V$
HNO_3	H_2+O_2	1.69	1.23	0.46
H_2SO_4	H_2+O_2	1.67	1.23	0.44
H_3PO_4	H_2+O_2	1.70	1.23	0.47
NaOH	H_2+O_2	1.69	1.23	0.46
KOH	H_2+O_2	1.67	1.23	0.44
$NH_3\cdot H_2O$	H_2+O_2	1.74	1.23	0.51
HCl	H_2+Cl_2	1.34	1.37	0.06
$CdSO_4$	$Cd+O_2$	2.03	1.26	0.77
$Cd(NO_3)_2$	$Cd+O_2$	1.98	1.25	0.73
$CoCl_3$	$Co+O_2$	1.78	1.69	0.09
$CuSO_4$	$Cu+O_2$	1.49	0.51	0.98
$NiSO_4$	$Ni+O_2$	2.09	1.10	0.90
$AgNO_3$	$Ag+O_2$	0.70	0.04	0.66
$ZnSO_4$	$Zn+O_2$	2.55	1.60	0.95

实验中测得的实际分解电压比理论分解电压要高出许多，一般高于 1.7 V，下面就来分析实际分解电压高于理论分解电压的原因。

2. **电极的极化**

若电解时电极上没有电流通过，则电极处于平衡状态，电池电动势及电极电势均为可逆状态，此时

$$E_{可逆}=\varphi_{可逆,阳}-\varphi_{可逆,阴} \tag{5-21}$$

当有电流通过时，电池的平衡状态受到破坏，电极电势也随之偏离可逆值，且随着电极上电流密度的增加，电极反应的不可逆程度越来越大，其电极电势偏离可逆值也越来越大。这种有电流通过电极时，电极电势偏离可逆平衡值的现象，称为电极的极化。

电极的极化现象产生的原因有多种，其中以浓差极化和电化学极化最为重要。

（1）**浓差极化** 在一定电流密度下，若电极反应速率较快，而离子迁移速率较慢，将导

致电极附近溶液的浓度与溶液本体（即远离电极的均匀溶液）中不同，从而引起电极电势与可逆电极电势发生偏离。这种由于浓度差所造成的极化称为浓差极化。

现以两支银电极插入 $AgNO_3$ 溶液中进行电解的情况为例说明。当有电流通过时，阴极发生的电极反应为 $Ag^+ + e \longrightarrow Ag$ 。由于电极附近溶液中的 Ag^+ 很快沉积到电极上，而本体溶液中的 Ag^+ 来不及扩散到电极附近加以补充，造成阴极附近的溶液中 Ag^+ 的浓度 $c(Ag^+)$ 小于本体溶液中 Ag^+ 的浓度 $c'(Ag^+)$，其结果如同将银电极插入一浓度较小的溶液中。若把浓度近似看成活度，即 $[Ag^+] = c(Ag^+)/c^{\ominus} = c(Ag^+)$（仅为数值相等，无量纲），则可分为电极上有无电流通过两种情况：

无电流通过 $\varphi_{可逆，阴} = \varphi^{\ominus}_{Ag^+/Ag} + \dfrac{RT}{F}\lg c(Ag^+)$

有电流通过 $\varphi_{不可逆，阴} = \varphi^{\ominus}_{Ag^+/Ag} + \dfrac{RT}{F}\lg c'(Ag^+)$

因为 $c'(Ag^+) < c(Ag^+)$，所以 $\varphi_{可逆，阴} < \varphi_{不可逆，阴}$。同理阳极极化的结果将使 $\varphi_{可逆，阳} > \varphi_{不可逆，阳}$。即浓差极化的结果，使得阴极的电极电势比可逆值低，阳极的电极电势比可逆值高。

浓差极化是由于离子扩散速率跟不上电极反应速率而产生的，因此可通过提高离子扩散速率的方式来降低浓差极化，如搅拌溶液或升高温度。

（2）**电化学极化** 通常电极反应是由多个连续步骤完成的，整个电极反应的速率取决于最慢的一步，而该步往往需要比较高的活化能。因此，在电解时，为了使电极上的反应能顺利进行，就必须通过增加外加电压的途径给予反应体系一定的能量。这就使得阴极电势较其可逆电极电势更低一些，阳极电势较其可逆电极电势更高一些。这种由于电极反应动力学的原因而形成的电极电势与可逆电极电势间的偏离现象，称为电化学极化。

3. 超电势

（1）**超电势** 由上所述，因电极的极化，实际电解时，要使正离子在阴极得到电子析出产物，外加的阴极电势必须比可逆电极电势更负一些；要使负离子在阳极失去电子析出相应产物，则外加的阳极电势必须比可逆电极电势更正一些。电极极化的程度，可以用超电势或过电势来度量，其符号为 η。为了保证超电势是一正值，阴极和阳极的超电势分别定义为

$$\eta_{阴} = \varphi_{可逆，阴} - \varphi_{不可逆，阴}，\quad \eta_{阳} = \varphi_{不可逆，阳} - \varphi_{可逆，阴} \qquad (5\text{-}22)$$

由浓差极化和电化学极化所形成的超电势分别称为浓差超电势和电化学超电势。实际电解时，在电流密度不是很大的情况下，实际分解电压应为

$$E_{实际} = \varphi_{可逆，阳} - \varphi_{不可逆，阴} = (\varphi_{可逆，阳} + \eta_{阳}) - (\varphi_{可逆，阴} - \eta_{阴}) = (\varphi_{可逆，阳} - \varphi_{可逆，阴}) + (\eta_{阳} + \eta_{阴})$$

而 $E_{理论} = \varphi_{可逆，阳} - \varphi_{可逆，阴}$，故有

$$\Delta E_{超} = E_{实际} - E_{理论} = \eta_{阳} + \eta_{阴} \qquad (5\text{-}23)$$

由于超电势的存在，为了使电解顺利进行，施加的实际电压必须大于理论分解电压。表 5-5 列出了三种气体在一些电极上的超电势值。

表 5-5　$H_2/O_2/Cl_2$ 在一些电极上的超电势(298 K)*

电解质溶液	电极材料	电流密度/ $A\cdot m^{-2}$				
		10	100	1000	5000	50000
0.5 $mol\cdot L^{-1}$ H_2SO_4 溶液释放 $H_2(g)$	Ag	0.097	0.13	0.30	0.48	0.69
	Fe	—	0.56	0.82	1.29	—
	石墨	0.002	—	0.32	0.60	0.73
	光亮 Pt	0.0000	0.16	0.29	0.68	—
	镀 Pt	0.0000	0.030	0.041	0.048	0.051
	Zn	0.48	0.75	1.06	1.23	—
1.0 $mol\cdot L^{-1}$ KOH 溶液释放 $O_2(g)$	Ag	0.58	0.73	0.96	—	1.13
	Cu	0.42	0.58	0.66	—	0.79
	石墨	0.53	0.90	1.09	—	1.24
	光亮 Pt	0.72	0.85	1.26	—	1.49
	镀 Pt	0.40	0.52	0.64	—	0.77
饱和 NaCl 溶液释放 $Cl_2(g)$	石墨	—	—	0.25	0.42	0.53
	光亮 Pt	0.008	0.03	0.054	0.161	0.236
	镀 Pt	0.006	—	0.026	0.05	—

摘自：J. A. 迪安. 兰氏化学手册[M]. 尚久方，等，译. 北京：科学出版社，1991.

（2）**超电势的影响因素**　一般来说，金属析出的超电势较小，而气体析出的超电势较大，而且与电极材料、电流密度、电极表面的状态及电解质的性质和浓度等因素有关。下面讨论前两种主要因素。

①**电极材料**：实验证明，当同一气体在不同电极上逸出时，其超电势的数值相差很大。如 H_2 在 Pt 电极上逸出时，超电势很小，但在如 Hg、Pb 等电极上逸出时，超电势却相当大。其他气体也有类似现象。

②**电流密度**：实验证明，对任何电极，气体的超电势均随电流密度的增加而增大。1905 年，塔菲尔（Tafel）在研究氢的活化过电势时，提出了超电势与电流密度的定量关系

$$\eta = a + b\ln[j] \tag{5-24}$$

式中，$[j]$ 为电流密度 j 约除单位 $A\cdot m^{-2}$ 后的数值，a、b 为经验常数。a 是单位电流密度时的超电势值，与电极材料、电极表面状态、溶液组成和实验温度等有关。对不同的电极材料，b 的数值则相差不大，室温下约为 0.050 V。

例 5-12　在 298 K 标准状态下，用 Pt 做电极，以一定的电流密度电解含有浓度均为 1 $mol\cdot L^{-1}$ 的 Zn^{2+} 和 Fe^{2+} 的中性溶液。若 H_2 在 Pt、Zn、Fe 上的超电势分别为 0.29 V、0.40 V 和 0.70 V。试确定 H^+、Zn^{2+} 和 Fe^{2+} 三种离子的析出顺序。设离子的活度系数均为 1。

解　三种离子的电极反应和标准电极电势分别为

$2H^+ + 2e \longrightarrow H_2$，$\varphi^{\ominus}(H^+/H_2) = 0.0000$ V

$Zn^{2+}+2e \longrightarrow Zn$，$\varphi^{\ominus}(Zn^{2+}/Zn)=-0.763\ V$

$Fe^{2+}+2e \longrightarrow Fe$，$\varphi^{\ominus}(Fe^{2+}/Fe)=-0.440\ V$

三种离子的析出电势为

$$\varphi(Zn^{2+}/Zn)=\varphi^{\ominus}(Zn^{2+}/Zn)+\frac{0.0592}{2}\lg[Zn^{2+}]=-0.763+\frac{0.0592}{2}\lg 1=-0.763\ (V)$$

$$\varphi(Fe^{2+}/Fe)=\varphi^{\ominus}(Fe^{2+}/Fe)+\frac{0.0592}{2}\lg[Fe^{2+}]=-0.440+\frac{0.0592}{2}\lg 1=-0.440\ (V)$$

$$\varphi(H^{+}/H_2)=\varphi^{\ominus}(H^{+}/H_2)+\frac{0.0592}{2}\lg[H^{+}]^2-\eta_{H_2-Pt}=0+\frac{0.0592}{2}\lg(10^{-7})^2-0.29=-0.704\ (V)$$

还原电势的代数值越大，其氧化态越容易还原而析出，所以 Fe 先析出。当 Fe 析出后，H_2 在 Fe 上的析出电势为

$$\varphi(H^{+}/H_2)=\varphi^{\ominus}(H^{+}/H_2)+\frac{0.0592}{2}\lg[H^{+}]^2-\eta_{H_2-Fe}=0+\frac{0.0592}{2}\lg(10^{-7})^2-0.409=-0.814\ (V)$$

Fe 析出后，比较此时 Zn 电极和氢电极的电极电势，前者代数值更大，可知 Zn 先析出。所以，三种离子析出的顺序为 Fe^{2+}、Zn^{2+}、H^{+}。

5.7　化学电源

从电化学原理来说，凡是能自发进行的氧化还原反应，都可以组装成化学电源。但具体应用上，还要考虑电源的效率、循环性、安全性、环保性以及经济成本等因素。因此真正能达到实用的电源并不多。化学电源可以按正负极材料和电解质进行分类，称为电池系列分类法，如锌锰电池、锌氧化银电池、铅酸蓄电池、镍氢电池、锂离子电池、氢氧燃料电池等；也可以按电池的工作性质和使用特征进行分类，如原电池（一次电池）、蓄电池（二次电池）、燃料电池等。下面就几种典型的化学电源的电化学原理作一简单介绍。

5.7.1　原电池（一次电池）

1. 锰锌干电池

锰锌干电池是最早广泛使用的一次性电池。其结构为圆柱形，以锌皮做圆筒骨架，它又是负极，中央的炭棒是正极导体，两者之间填满了 MnO_2、NH_4Cl、$ZnCl_2$ 和炭黑组成的糊状物电解质，最大电压为 1.55 V。其电极反应为

负极　$Zn(s) \rightleftharpoons Zn^{2+}(aq)+2e$

正极①　$2MnO_2(s)+H_2O(l)+2e \rightleftharpoons Mn_2O_3(aq)+2OH^{-}(aq)$

②　$NH_4^{+}(aq)+OH^{-}(aq) \rightleftharpoons NH_3(g)+H_2O(l)$

③　$Zn^{2+}(aq)+2NH_3(g)+2Cl^{-}(aq) \rightleftharpoons [Zn(NH_3)_2]Cl_2(s)$

正极是一个组合综合反应，由于 NH_3 在电极上的富集会引起电压的下降，同时因为是酸性介质，金属 Zn 也会缓慢溶解，其寿命减短。目前，常使用 NaOH 或 KOH 代替 NH_4Cl 电解

质，称碱性电池。其正极反应同上，而负极反应为

$$Zn(s) + 2OH^-(aq) \rightleftharpoons Zn(OH)_2(s) + 2e$$

碱性电池在结构上采用与普通电池相反的电极结构，增大了正负极间的相对面积，而且用高导电性的氢氧化钾溶液替代了氯化铵、氯化锌溶液，负极锌也由片状改变成粒状，增大了负极的反应面积，加之采用了高性能的电解锰粉，所以电池性能得到很大提高。一般来说，同等型号的碱性电池的容量和放电时间是普通电池的 3 ~ 7 倍，低温性能两者差距更大。碱性电池更适用于大电流连续放电和要求高的工作电压的用电场合，特别适用于照相机、闪光灯、剃须刀、电动玩具、CD 播放机、大功率遥控器、燃气灶点火用途等。

2. 锂电池（一次电池）

锂电池的种类很多，除均采用金属锂做负极外，其他电极材料及电解质等都不相同。典型的锂电池有锂碘电池和锂二氧化锰电池。

（1）锂碘电池　具有电池电势高（约 3 V）、电容量较大和使用时间长等特点，常用于心脏起搏器。其正极材料为聚 2-乙烯吡啶（ P_2VP ）和 I_2 的复合物，电解质是固态薄膜状的碘化锂。电极反应为：

负极　$$2Li(s) \rightleftharpoons 2Li^+(aq) + 2e$$

正极　$$2Li^+(aq) + P_2VP \cdot nI_2(s) + 2e \rightleftharpoons 2LiI(s) + P_2VP \cdot (n-1)I_2(s)$$

（2）锂二氧化锰电池　简称为锂锰电池，具有电池电势高（约 3 V）、比能量大、放电电压稳定等特点，是目前产量最高、用途最广的锂一次电池，已广泛应用于助听器、计算器、电子表、照相机等电子产品中。锂锰电池使用二氧化锰为正极，以碳酸丙烯酯（PC）和乙二醇二甲醚（DME）为电解质，其电池符号和电极反应为

$$(-)Li \mid LiClO_4, PC\text{-}DME \mid MnO_2 \mid C(+)$$

负极　$$Li(s) \rightleftharpoons Li^+(aq) + e$$

正极　$$Li^+(aq) + MnO_2(s) + e \rightleftharpoons LiMnO_2(s)$$

3. 银锌电池

1799 年意大利科学家伏特（Volta）发明的“伏特电堆”就是银锌电池的雏形，也是电池的鼻祖。目前商品银锌电池正极为氧化银，负极为锌，电解液为氢氧化钾溶液。电极和电池反应为：

负极　$$Zn(s) + 2OH^-(aq) \rightleftharpoons Zn(OH)_2(s) + 2e$$

正极　$$Ag_2O(s) + H_2O(l) + 2e \rightleftharpoons 2Ag(s) + 2OH^-(aq)$$

电池　$$Zn(s) + Ag_2O(s) \rightleftharpoons ZnO(s) + 2Ag(s)$$

银锌电池的电池电势为 1.8 V。由于电池内的电解质量很少，电极间的距离可以靠得很近，通常做成体积很小的纽扣状电池。因此，电池的比能量大，能大电流放电，同时耐震，可用作宇宙航行、人造卫星、火箭等的电源，也通常用于手表、助听器、计算器和电子秤等。其缺点是价格昂贵，使用寿命较短。

5.7.2　蓄电池（二次电池）

1. 铅酸蓄电池

铅酸蓄电池是目前大规模应用的动力电池。它由正极板群、负极板群、电解液和容器等组成。正极板是棕褐色的二氧化铅（PbO_2），负极板是灰色的绒状铅（Pb），以 35% 的硫酸水溶液为电解质。在此强酸介质中，HSO_4^- 为主要存在型态。其放电过程的电极和电池反应为

① $Pb(s) + HSO_4^- \rightleftharpoons PbSO_4(s) + H^+ + 2e$　　负极

② $PbO_2(s) + 3H^+ + HSO_4^- + 2e \rightleftharpoons PbSO_4(s) + 2H_2O(l)$　　正极

③ $PbO_2(s) + Pb(s) + 2H^+ + 2HSO_4^- \rightleftharpoons 2PbSO_4(s) + 2H_2O(l)$　　电池

$$E = \varphi(PbO_2/PbSO_4) - \varphi(PbSO_4/Pb) = 1.74 - (-0.28) = 2.02\ (V)$$

随着蓄电池的放电，正负极板都沉积出 $PbSO_4$，同时电解液中的硫酸逐渐减少，浓度变稀，因此需要外接电源进行充电。充电反应为

④ $PbSO_4(s) + H^+ + 2e \rightleftharpoons Pb(s) + HSO_4^-$　　负极

⑤ $PbSO_4(s) + 2H_2O(l) \rightleftharpoons PbO_2(s) + 3H^+ + HSO_4^- + 2e$　　正极

⑥ $2PbSO_4(s) + 2H_2O(l) \rightleftharpoons PbO_2(s) + Pb(s) + 2H^+ + 2HSO_4^-$　　电池

$$E = -0.28 - 1.74 = -2.02\ (V)$$

显然，后三式充电反应是前三式放电反应的逆过程，理论上，外电路施加的直流充电电压必须高于 2.02 V，充电反应才能持续进行。

铅酸蓄电池正负极上的 Pb^{2+} 是微量的，它与 HSO_4^-（或 SO_4^{2-}）形成 $PbSO_4(s)$。

放电时，负极上的铅（Pb）失去电子，氧化成二价铅［Pb（Ⅱ）］，与 HSO_4^- 形成 $PbSO_4(s)$，随着反应的进行，电解液中的 HSO_4^- 与 Pb^{2+} 不断形成 $PbSO_4(s)$，结晶在极板上（①式）。正极在放电时，四价铅［Pb（Ⅳ）］得到电子，还原成二价铅［Pb（Ⅱ）］（②式）。放电时，电解液中的 HSO_4^- 不断被消耗，是硫酸浓度逐渐降低的过程。

充电时，负极上硫酸铅中的二价铅［Pb（Ⅱ）］被还原成铅（Pb），硫酸析出进入电解液（④式）。正极充电时，硫酸铅中的二价铅［Pb（Ⅱ）］失去电子，被氧化成四价铅［Pb（Ⅳ）］，形成二氧化铅（PbO_2）（⑤式）。充电时，电解液中 HSO_4^- 不断被释放出来，是硫酸浓度逐渐增大的过程。

在电池组中，为了阻止电极间的短路，电极间需要加绝缘的隔膜，分别将正极板和负极板连接，组成一个电池。比如，一个 12 V 的电池由 6 个正极板和 6 个负极板组成，单一极板电压为 2 V。铅酸蓄电池为汽车启动的电源，其结构如图 5-8 所示。

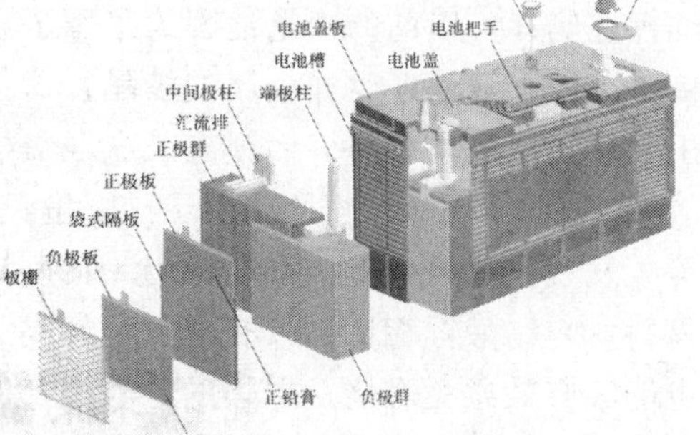

图 5-8　汽车启动用铅酸蓄电池结构

铅酸蓄电池的优点是放电时电动势较稳定，缺点是比能量（单位重量所蓄电能）小，对环境腐蚀性强。铅蓄电池的工作电压平稳，使用温度及使用电流范围宽，能充放电数百个循环，储存性能好，

造价较低，广泛用于燃油汽车的弱电启动电源，电动汽车、电动自行车的动力电源等。

2. 镍镉电池

镍镉电池最早应用于手机、笔记本电脑等设备，它具有良好的大电流放电特性，耐过度充放电能力强，维护简单。其电池符号和放电的电极反应为

$$(-)Cd\,|\,Cd(OH)_2\,|\,KOH\,|\,Ni(OH)_2\,|\,NiO(OH)(+)$$

负极 $$Cd(s)+2OH^-(aq) \rightleftharpoons Cd(OH)_2(s)+2e$$

正极 $$2NiO(OH)(s)+2H_2O(l)+2e \rightleftharpoons 2Ni(OH)_2(s)+2OH^-(aq)$$

其电池电势为 1.4 V。镍镉电池最致命的缺点是，在充放电过程中如果处理不当，会出现严重的“记忆效应”，寿命大大缩短。此外，镉是有毒的，因而镍镉电池不利于生态环境的保护。众多的缺点使得镍镉电池已基本被淘汰出数码设备电池的应用范围。

3. 镍氢电池

在上述镍镉电池的负极中以吸氢材料（如 $LaNi_5$ 合金等）代替金属镉，即为镍氢电池。其放电的电极反应为：

负极 $$MH(s)+OH^-(aq) \rightleftharpoons M(s)+H_2O+e$$

正极 $$NiO(OH)(s)+H_2O(l)+e \rightleftharpoons Ni(OH)_2(s)+OH^-(aq)$$

式中，M 为储氢合金，MH 为吸附了氢原子的储氢合金。其电动势为 1.4 V。

随着消费者和产业的环保意识增强，镍氢电池已成为碱性电池的良好替代品。电动汽车、电动自行车、摩托车和玩具是对镍氢电池需求最强劲的应用领域。便携电子以及数码相机等耗电量较高的产品，也推动了对镍氢电池及电池组件的需求。镍氢电池与镍镉电池一样，都有记忆效应。

4. 锂离子电池

锂离子蓄电池是在锂电池的基础上发展起来的，而关于锂电池的研究其实是很早的，可以追溯到 20 世纪 50 年代中期，并于 70 年代实现商业化，当时便广泛应用于军事工业及民用小型电器中。锂离子电池与锂电池相比有许多共同之处，例如这两种电池的正极都使用了一种能使锂离子自由嵌入和脱出的金属氧化物或硫化物，而电解质则采用了有机溶剂-无机盐体系；不同之处在于锂离子电池的负极是采用了同样可使锂离子自由嵌入和脱出的碳材料代替纯锂金属片。以前的锂电池因为采用了金属锂作为负极，在充电的过程中金属锂很容易在负极上沉积，从而产生锂金属的**枝晶**，这种枝晶很可能会刺穿隔膜导致电池内部短路，以致放出大量热量发生爆炸；而锂离子电池负极的改进则极大地提高了电池的安全可靠性。

对锂离子电池的研究起步于 20 世纪 80 年代末。1983 年 M. Thackeray、J. Goodenough 等人发现具有低成本、性能稳定、良好导电性以及锂离子扩散性能的锰尖晶石是优良的正极材料。与钴酸锂相比，具有分解温度高、氧化性弱的优点，因此即使出现短路或者过充电，也能够有效避免燃烧、爆炸的危险。1989 年，A. Manthiram 和 J. Goodenough 发现利用聚合阴离子的正极产生的电压更高。1991 年，索尼公司发布了第一个商用锂离子电池，这是具有

划时代意义的研究进展。接下来的时间里，锂离子电池促进了电子产品突飞猛进的发展。而且以钴酸锂作为正极材料的电池仍是当今社会便携电子器件的主要电源。1996 年 Padhi 和 Goodenough 团队发现具有橄榄石型结构的磷酸盐，磷酸锂铁（$LiFePO_4$）就是典型代表，它比传统的正极材料更安全，因为耐高温以及耐过充电性能远优于传统锂离子电池材料。因此，磷酸锂铁已成为当前主流的大电流放电的动力锂电池的正极材料。

（1）锂离子电池工作原理

锂离子电池正负极活性物质，均采用具有自由脱嵌锂离子功能的层状或隧道结构的活性材料，正负极材料具有不同的脱嵌锂电位。

正极材料通常采用插锂化合物，如层状结构的 $LiMO_2$（M = Co、Ni、Mn 等）、尖晶石结构的 $LiMn_2O_4$、橄榄石结构的 $LiMPO_4$（M = Co、Ni、Mn、Fe 等）或 $Li_3M_2(PO_4)_3$（M = V、Fe、Zr、Ti）等。

负极材料则采用电位接近金属锂电位的可嵌锂物质，如焦炭、石墨、锂过渡金属氮化物、过渡金属氧化物等。

电解质盐主要有 $LiPF_6$、$LiAsF_6$ 和 $LiClO_4$ 等。溶剂主要有碳酸乙烯酯（EC）、碳酸丁烯酯（BC）、碳酸丙烯酯（PC）、碳酸二乙酯（DEC）、碳酸二甲酯（DMC）等。

锂离子电池体系的电池符号、电极反应和电池总反应为

$$(-)C_n \mid LiPE_6\text{-}EC + DMC \mid LiM_xO_y(+)$$

负极　$$nC + xLi^+ + xe \rightleftharpoons Li_xC_n$$

正极　$$LiMO_z \rightleftharpoons Li_{1-x}MO_2 + xLi + xe$$

电池　$$LiMO_z + nC \rightleftharpoons Li_{1-x}MO_z + Li_xC_n$$

锂离子电池反应的实质是一个浓差电池，其工作电压与电极材料中锂离子的浓度有关。在电池充电时，锂离子从正极材料的晶格中脱出来，穿过了电解质溶液和隔膜嵌入负极材料的晶格中，正极处于贫锂状态；在电池放电时，就会向与上述过程相反的方向进行，锂离子从负极材料的晶格中脱出来，穿过电解质溶液后，再嵌入正极材料的晶格中，正极便会处于富锂状态。其工作原理如图 5-9 所示。

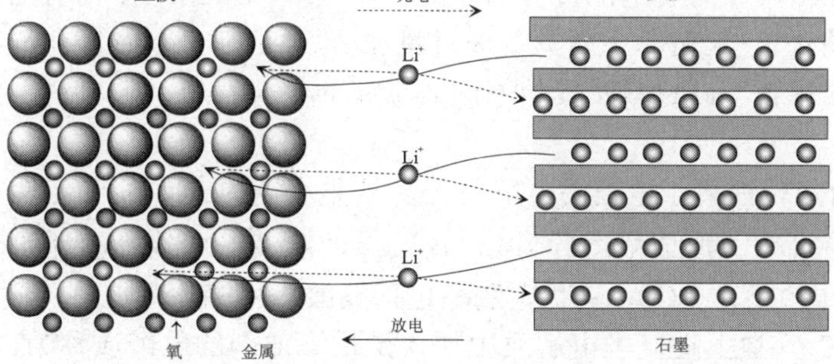

图 5-9　锂离子电池工作原理示意图

为了使电荷在充放电的过程中能够保持平衡，锂离子在正负极之间脱嵌的同时，有数量相等的电子通过外电路进行迁移，使正负极之间发生氧化还原反应，使电池保持了一定的电

位。正常充放电的情况下，锂离子在正负极之间反复脱嵌，一般情况下，不会破坏晶体的结构，材料的晶体结构基本不会发生变化。从充放电的可逆性来看，锂离子电池中正负极之间的反应是一种理想的可逆反应。由于在充放电的过程中，锂离子在正负极之间脱嵌的反复运动就像是摆来摆去的摇椅，所以锂离子电池被形象地叫作“摇椅电池”。

（2）锂离子电池的特点

锂离子电池与其他传统二次电池（如铅酸电池、镍镉和镍氢电池）相比，具有比能量较高、功率大、无记忆效应、使用寿命长等优点，是继镍镉电池、金属氢化物镍电池之后的第三代可充电“绿色电池”。

（3）锂离子电池的结构

锂离子电池是以两种不同的能够可逆地嵌入和脱出锂离子的嵌锂化合物分别作为电池的正极和负极的二次电池体系。锂离子电池的主要构成材料包括电解液、隔膜、正负极材料等。

①**正极材料**。近年来，经过不断研究改进锂离子电池负极材料及电解液，已经得到很大的进展，而正极材料的研究进展相对较慢，这成为制约锂离子电池整体性能进一步提高及成本继续下降的关键因素。因此开发具有高比容量、高安全性、循环性好、价格低廉且制备工艺简单的新型正极材料是目前国内外锂离子电池，尤其是动力型锂离子电池发展的热点。作为锂离子电池正极材料应选择具有高嵌入电位的嵌锂化合物。材料应该尽可能多地嵌入脱出锂离子、保证其具有高容量、较大的锂离子扩散系数以便电池能快速充放电。在性质上，在所规定的充放电电压范围内，能够与电解质溶液电化学相容，同时具有温和的电极过程动力学、高度的可逆性，从而保证容量的保持。在结构上，要有利于锂离子传输的通道，即具有层状或者隧道结构。几种锂离子电池正极材料性能比较见表 5-6。

表 5-6　几种锂离子电池正极材料性能比较

正极材料	$LiCoO_2$	$LiNiO_2$	$LiMnO_2$	$LiNi_{0.8}Co_{0.2}O_2$	$LiNi_{0.7}Co_{0.2}Mn_{0.1}O_2$	V_2O_5 凝胶	$LiFePO_4$
理论容量/$mA\cdot h\cdot g^{-1}$	274	274	148	275	—	—	170
可逆容量/$mA\cdot h\cdot g^{-1}$	130～140	190～220	约 120	180	140～150	150	—

②**负极材料**。用作锂离子电池负极材料的种类很多，根据主体相的化学组成可分为金属类负极材料（已淘汰）、无机非金属类负极材料和金属-无机非金属复合负极材料等。无机非金属材料主要是碳材料、硅材料及其他不同非金属的复合材料。碳材料主要包括石墨类和非石墨类碳材料。

③**电解液**。商业化锂离子电池的电解质大多是非水性的，将 $LiPF_6$ 溶解在环状碳酸酯和链状碳酸酯的混合溶剂中，形成浓度约为 1.0 $mol\cdot L^{-1}$ 的溶液。可选择的环状碳酸酯包括碳酸乙烯酯（EC）、碳酸丙烯酯（PC）；链状碳酸酯包括碳酸二甲酯（DMC）、碳酸甲乙酯（EMC）、碳酸二乙酯（DEC）。在上述基本电解质中加入少量添加剂的电解质称为“功能性电解质”，每种添加剂都有各自特殊的作用。将添加剂以最优配比加入电解质中，可以使电解质获得一系列特殊功能。根据工作原理，分为负极成膜添加剂、正极保护添加剂、过充电保护添加剂、浸润性添加剂、阻燃添加剂和其他添加剂，以使锂离子电池达到功能优良，又安全可靠。

④**隔膜**。隔膜作为锂电池四大材料之一，并不参与电池中的电化学反应，但却是锂电池

中关键的内层组件，它是整个电池组件中附加值最高的部分（高达成本的 1/5）。电池的容量、循环性能和充放电电流密度等关键性能都与隔膜有着直接的关系，隔膜性能的改善对提高锂电池的综合性能起着重要作用。在锂电池中，隔膜吸收电解液后，可隔离正、负极，以防止短路，但同时还要允许锂离子的传导。而在过度充电或者温度升高时，隔膜还要有高温自闭性能，以阻隔电流传导防止爆炸。

动力电池对隔膜的要求更高，通常采用复合膜。根据不同的物理、化学特性，锂电池隔膜材料可以分为：织造膜、非织造膜（无纺布）、微孔膜、复合膜、隔膜纸、碾压膜等几类。聚烯烃材料具有优异的力学性能、化学稳定性和相对廉价的特点，因此聚乙烯、聚丙烯等聚烯烃微孔膜在锂电池研究开发初期便被用作锂电池隔膜。商品化锂电池隔膜材料主要采用聚乙烯、聚丙烯微孔膜。

隔膜作为锂电材料中技术壁垒最高的一种高附加值材料，其技术难点在于造孔的工程技术、基体材料以及制造设备。其中造孔的工程技术包括隔膜造孔工艺、生产设备以及产品稳定性。基体材料包括聚丙烯、聚乙烯材料和添加剂。高端产品特别是动力电池对隔膜的一致性要求极高，除了厚度、面密度、力学性能这些基本要求外，对隔膜微孔的尺寸和分布的均一性也有很高的要求。因为微孔的尺寸和分布直接影响到隔膜的孔隙率、透气性、吸液率。

5.7.3　燃料电池

燃料电池（fuel cell）是一种把燃料和电池两种概念结合在一起的装置，是一种将燃料的化学能直接转化为电能的发电装置。从表面上看燃料电池有正负极和电解质，像一个蓄电池，但实质上它并不能“储电”，而是一个发电机。燃料主要是氢气，其次是甲醇、甲烷、天然气和汽油等燃料小分子气体，目前研究和应用比较成熟的是氢燃料电池。

与常见的原电池（包括一次电池和二次电池）相比，有如下差异：燃料电池的正极和负极都需要催化剂，而原电池不需要。原电池的正极物质和负极物质一直留存在电池中，不需要加入物质，也不排出物质；而燃料电池的燃料气和氧化剂（空气或氧气）需要持续输入，并不断排出生成物。所以燃料电池更像是一个发电工作站。

燃料电池核心部件由阳极、阴极、电解质三个基本单元构成。电解质介于阳极和阴极之间，具有双重作用：传导离子，阻止燃料和氧化剂直接接触。酸性电解质传输的导电离子是 H^+（质子），碱性电解质传输的导电离子是 OH^-。阳极是燃料发生氧化反应的场所，阴极是氧化剂发生还原反应的场所。燃料电池中从化学能到电能的全部转换过程都是通过这三个基本单元来完成的。

1. 酸性电解质燃料电池

酸性电解质燃料电池的工作原理，如图 5-10 所示。氢气作为燃料被连续地输送到燃料电池的阳极，在阳极电催化剂的作用下，发生电化学氧化反应（阳极反应①式），生成质子，同时释放出两个自由电子。质子通过酸性电解质从阳极传递到阴极，自由电子则通过电子导体从阳极流经负载后传递到阴极。在阴极上，氧气在催化剂的作用下，发生电化学还原反应（阴极反应②式），即与从电解质传递过来的质子和从外电路传递过来的电子结合生成水分子。总的电池反应为③式，与氢气和氧气的燃烧反应是一样的。

① $$H_2 \rightleftharpoons 2H^+ + 2e \qquad \varphi_-^\ominus = 0.00\ V$$

② $$\frac{1}{2}O_2 + 2H^+ + 2e \rightleftharpoons H_2O \qquad \varphi_+^\ominus = 1.23\ V$$

③ $$H_2 + \frac{1}{2}O_2 \rightleftharpoons H_2O \qquad E^\ominus = 1.23\ V$$

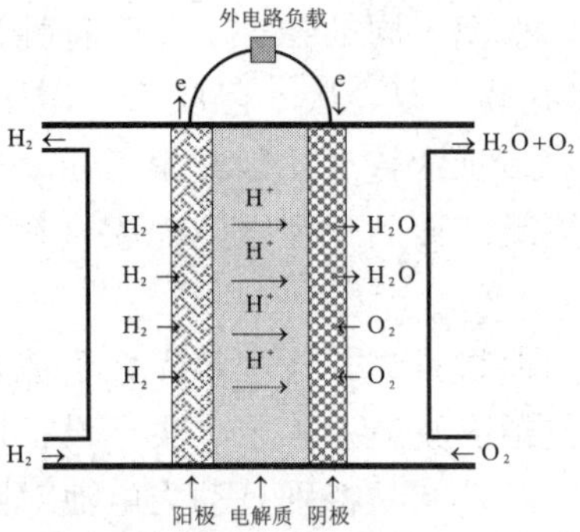

图 5-10 酸性电解质燃料电池基本原理示意图

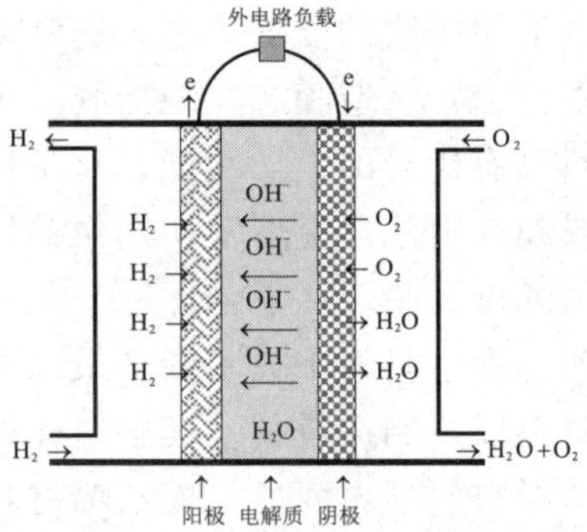

图 5-11 碱性电解质燃料电池基本原理示意图

2. 碱性电解质燃料电池

一般采用 KOH 或 NaOH 作为电解质溶液。在碱性电解质中，传输的是 OH^-，氧化还原反应比在酸性电解质中容易。采用氢气作为燃料，纯氧或脱除 CO_2 的空气作为氧化剂。一般以 Pt-Pd/C、Pt/C、Ni 等对氢具有较好催化活性的电催化剂制备的多孔气体扩散电极作为氢电极，而采用对氧的电化学还原具有较好催化活性的 Pt/C、Ag 等电催化剂制备的多孔气体扩散电极作为氧电极。电池工作原理如图 5-11 所示。

氢气进入气室到达阳极后，在阳极催化剂作用下，失去 2 个电子，与阴极传输过来的 OH^- 结合生成 H_2O，电池阳极反应为④式；氧气进入气室到达阴极后，在阴极催化剂作用下，得到 2 个电子，还原生成 OH^-，电池阳极反应为⑤式；OH^- 通过隔膜到达阳极，其总反应为⑥式。

④ $$H_2 + 2OH^- \rightleftharpoons 2H_2O + 2e \qquad \varphi_-^\ominus = -0.828\ V$$

⑤ $$\frac{1}{2}O_2 + 2H^+ + 2e \rightleftharpoons 2OH^- \qquad \varphi_+^\ominus = 0.401\ V$$

⑥ $$H_2 + \frac{1}{2}O_2 \rightleftharpoons H_2O \qquad E^\ominus = 1.229\ V$$

氢气与氧气燃烧反应时，两者直接接触，释放出的是热能。而在燃料电池中，氢气和氧气并无直接接触，它们的氧化和还原在各自的电极上进行，由于两个电极反应的电势不同，从而在两个电极间产生电势差，推动电子从电势低的阳极向电势高的阴极流动，并释放出电能。所以，燃料电池是一个能量转化装置，只要源源不断地提供燃料和氧化剂，燃料电池就能持续发电。

从燃料电池的工作原理不难发现，可以作为燃料电池的燃料和氧化剂的物质有很多种。但目前常用的燃料是氢气，氧化剂则是来自空气中的氧气。原因主要是氢气电化学氧化反应快，空气成本低且可直接取自电池的周围环境；电池的唯一排放物为水，从而实现零污染排放，符合当今对洁净能源转换技术的要求。但是自然界并不存在氢气，氢以化合物的形式存在于水、石油、天然气等之中。如何能够从这些物质中经济环保地提取氢气，对燃料电池技术的大规模应用是非常重要的。

作为一种发电装置，燃料电池与现在广泛使用的热机（蒸汽机和内燃机）及其他发电方式相比，具有效率高、污染低、噪声低、使用范围广、机动灵活等特点。

3. 质子交换膜燃料电池

将燃料电池的阳极、阴极和电解质三单元核心部件做成一套组件，由质子交换膜将电池分隔成阴极室和阳极室两部分，交换膜是骨架，交换膜的两面被多孔扩散层紧贴着，构成扩散层电极，扩散层电极具有双层结构，即扩散层和催化层。催化层主要是催化燃料的氧化反应和氧化剂的还原反应。涂敷有阴极电催化剂的一面构成扩散层阴极，另一面涂敷有阳极电催化剂构成扩散层阳极。

不难看出，做交换膜燃料电池的技术核心在于两方面：一是在催化层上如何更好地将 H_2 解离为 H^+（质子）释放出电子，将 O_2 更好地俘获 H^+ 成为 OH^-；二是更好地传输 H^+ 或 OH^- 增强电池的导电性。这些工作都需要在做交换膜燃料电池核心三单元中完成。

习　题

一、思考题

1. 分别确定下列化合物中指定元素的氧化数。

（1）S：	K_2S	$Na_2S_2O_3$	$Na_2S_4O_6$	Na_2SO_3	$Na_2S_2O_7$	$Na_2S_2O_8$
（2）Cr：	$CrCl_2$	CrO_3	$NaCrO_2$	$K_2Cr_2O_7$	CrO_5	
（3）O：	O_2	Na_2O	KO_2	KO_3	Na_2O_2	
（4）H：	H_2	H_2O	CaH_2	NaH		

2. 改正以下化学方程式写法上的错误：

（1）　$2Cr^{3+} + 2Cl_2 + 8OH^- \xlongequal{\quad} 2CrO_4^{2-} + 6Cl^- + 8H^+$

（2）　$Cr_2O_7^{2-} + 7H_2O + 6Fe^{2+} \xlongequal{\quad} 2Cr^{3+} + 6Fe^{3+} + 14OH^-$

（3）　$Pb(Ac)_2 + ClO^- + H_2O \xlongequal{\quad} 2H^+ + 2Ac^- + PbO_2 + Cl^-$

3. 举例说明原电池的组成，盐桥在原电池中的作用。不用盐桥能否组成原电池？

4. 若将铁皮和锌片分别插入稀酸中，它们都与酸反应放出 H_2。若将它们同时放入一个盛稀 H_2SO_4 的容器中，并用导线相连，有何现象？

5. 什么是电极电势？能否测定电极电势的绝对值？什么是标准电极电势？$\varphi^\ominus$ 表中列出的各电对的 $\varphi^\ominus$ 值表示什么含义？

6. 什么是参比电极？用标准氢电极和甘汞电极做参比电极，分别测定同一电对的标准电极电势，$\varphi^\ominus$ 值是否相等？

7. 根据下列反应，设计一个能自发进行的原电池，写出电极反应和电池反应，并指出电子流和电流的方向。

$$I_2 + 2Fe^{2+} \xlongequal{\quad} 2I^- + 2Fe^{3+} \qquad \Delta G^\ominus = 45.3\ kJ \cdot mol^{-1}$$

8. 对于标准电极电势，若已知①式，则有②式，对不对？

① $Fe^{3+} + e \rightleftharpoons Fe^{2+}$ $\varphi^{\ominus} = 0.771\ V$

② $2Fe^{3+} + 2e \rightleftharpoons 2Fe^{2+}$ $\varphi^{\ominus} = 1.452\ V$

9. 以下两个电池反应的电动势（$E^{\ominus}$）、平衡常数（$K^{\ominus}$）是否相等？

① $Sn^{2+} + 2Fe^{3+} = Sn^{4+} + 2Fe^{2+}$

② $\frac{1}{2}Sn^{2+} + Fe^{3+} = \frac{1}{2}Sn^{4+} + Fe^{2+}$

10. 比较下列电对 $\varphi^{\ominus}$ 值的大小：

（1）Ag^+/Ag　　$AgCl/Ag$　　$AgBr/Ag$　　AgI/Ag

（2）H^+/H_2　　HF/H_2　　HAc/H_2　　HCN/H_2

11. 指出下列电池中哪几个可发生自发的氧化还原反应？如电池反应为非自发，如何使其转变为自发？

（1）$(-)Cu|Cu^{2+}(1.0\ mol\cdot L^{-1})||H^+(1.0\ mol\cdot L^{-1})|H_2(100\ kPa), Pt(+)$

（2）$(-)Pt|Fe^{2+}(1.0\ mol\cdot L^{-1})$，$Fe^{3+}(1.0\ mol\cdot L^{-1})||Br^-(1.0\ mol\cdot L^{-1})|Br_2(l), Pt(+)$

（3）$(-)Pt$，$H_2(100\ kPa)|HAc(1.0\ mol\cdot L^{-1})||H^+(1.0\ mol\cdot L^{-1})|H_2(100\ kPa), Pt(+)$

12. 现有①②两个氧化还原反应，通过以下哪个条件能判断反应①比反应②进行得完全？

（1）$E_1^{\ominus} > E_2^{\ominus}$；（2）$E_1 > E_2$；（3）$K_1^{\ominus} > K_2^{\ominus}$；（4）$n_1E_1^{\ominus} > n_2E_2^{\ominus}$。

13. 已知溴的电势图如下：

$$\varphi_a^{\ominus}/V\quad BrO_3^- \xrightarrow{1.46} HBrO \xrightarrow{1.57} Br_2 \xrightarrow{1.07} Br^-$$

（1）写出电对 $BrO_3^-/HBrO$、$HBrO/Br_2$、Br_2/Br^- 的电极反应；

（2）哪两个电对间可发生歧化反应？写出反应式。

14. 判断下列说法是否正确：

（1）电对中的氧化型和还原型为共轭关系；

（2）$\Delta G^{\ominus}>0$ 的氧化还原反应不能组成自发电池；

（3）温度越高，电极电势越大；

（4）pH 增大，电极电势增大。

二、问答题

1. 有关电极电势的问题。

（1）电极电势是如何产生的？

（2）产生电极电势、电动势的“驱动力”是什么？

2. 电化学的基本方程——能斯特方程是如何推导出来的？

3. 解答电极电势应用问题时，有哪些基本方法？

4. 用氧化数法配平下列方程式：

（1）$KMnO_4 + H_2C_2O_4 + H_2SO_4 \longrightarrow MnSO_4 + CO_2$

（2）$CuS + HNO_3 \longrightarrow Cu(NO_3)_2 + NO + S$

（3）$[Cr(OH)_4]^- + HO_2^- \longrightarrow CrO_4^{2-} + H_2O + OH^-$

（4）$K_2MnO_4 + H_2O \longrightarrow MnO_2 + KMnO_4 + KOH$

（5）　$S_2O_8^{2-}+Mn^{2+}+H_2O \longrightarrow MnO_4^-+SO_4^{2-}+H^+$

5. 用半反应法配平下列方程式：

（1）　$I_2+OH^- \longrightarrow I^-+IO_3^-$

（2）　$H_2O_2+Fe^{2+}+H^+ \longrightarrow Fe^{3+}+H_2O$

（3）　$MnO_4^-+SO_3^{2-}+OH^- \longrightarrow MnO_4^{2-}+SO_4^{2-}$

（4）　$Cr_2O_7^{2-}+H^++H_2S \longrightarrow Cr^{3+}+S$

（5）　$S_2O_3^{2-}+I_2 \longrightarrow S_4O_6^{2-}+I^-$

6. 写出下列原电池在标准状态下（ $c=1.0\ mol\cdot L^{-1}$ ， $p=100\ kPa$ ）的电极和电池反应：

（1）$(-)Fe|Fe^{2+}(c)||H^+(c)|H_2(p),\ Pt(+)$

（2）$(-)Pt,\ H_2(p)|H^+(c)||Cr_2O_7^{2-}(c),\ Cr^{3+}(c),\ H^+(c)\,|\,Pt(+)$

7. 根据下列氧化还原反应设计原电池，写出电池符号（离子 $c=1.0\ mol\cdot L^{-1}$ ）：

（1）　$2Ag^++Zn = 2Ag+Zn^{2+}$

（2）　$2Fe^{3+}+Sn^{2+} = 2Fe^{2+}+Sn^{4+}$

8. 在标准状态下，若将下列各组电对组成原电池，根据 $\varphi^\ominus$ 判断，哪个电对为正极？哪个电对为负极？写出电极反应和电池反应。

（1）O_2/H_2O 、H^+/H_2 ；

（2）$K_3AsO_4/KAsO_2$ 、I_2/I^-（酸性介质）

9. 根据附录四中 $\varphi^\ominus$ 的大小，将下列物质按氧化性由强到弱的次序排列，把括号内的物质按还原性由强到弱的次序排列：

$K_2Cr_2O_7(Cr^{3+})$　$FeCl_3$（Fe^{2+}）　Cl_2（Cl^-）　$CuSO_4$（Cu）　H^+（H_2）　Br_2（Br^-）

$KMnO_4$（Mn^{2+}）　$SnCl_4$（Sn^{2+}）　I_2（I^-）　F_2（F^-）　Al^{3+}（Al）　Mg^{2+}（Mg）

10. 在 Cu^{2+} 、Zn^{2+} 、Sn^{2+} 混合液中，选择 Cu 、Pb 、Cd 、Sn 、KI 中哪个做还原剂：

（1）只还原 Sn^{2+} 、Cu^{2+} ，而不还原 Zn^{2+} ；

（2）只还原 Cu^{2+} ，而不还原 Sn^{2+} 、Zn^{2+} 。

11. 根据 $\varphi^\ominus$ 表，判断下列各组物质间能否发生反应，写出配平的反应方程式。

（1）溴加到 $FeSO_4$ 溶液中；

（2）铜丝插到 $1.0\ mol\cdot L^{-1}$ HCl 溶液中；

（3）H_2O_2 加到酸性 $KMnO_4$ 溶液中；

（4）$Cl_2(g)$ 通到 NaOH 溶液中。

12. 在含有相同浓度的 Fe^{2+} 及 I^- 的混合溶液中，逐滴加入 $K_2Cr_2O_7$ 溶液，哪种离子先被氧化，为什么？

13. 将 Fe 片放入 $CuSO_4$ 溶液中， Fe 片被氧化成 Fe^{2+} 还是 Fe^{3+} ？

14. 通过比较有关电对的标准电极电势来解释以下问题，并写出反应式。

（1）H_2S 水溶液为什么不能长期存放？

（2）配制 $SnCl_2$ 溶液时，除加 HCl 外，为何还要加入 Sn 粒？

（3）为什么可用 $FeCl_3$ 溶液来腐蚀印刷电路铜板？

（4）为什么 HNO_3 与 Fe 反应得到的是 Fe^{3+} 而不是 Fe^{2+} ？

（5）Ag 不能从 HCl 中置换出 H_2，为什么它可从 HI 酸中置换出 H_2？

三、计算题

1. 根据有关电对的 $\varphi^\ominus$ 值，计算以下反应在 298 K 时的 $\Delta G^\ominus$。

（1）　$Cr_2O_7^{2-} + 6Fe^{2+} + 14H^+ \rightleftharpoons 2Cr^{3+} + 6Fe^{3+} + 7H_2O$　　$\Delta G_1^\ominus = ?$

（2）　$MnO_2 + 4H^+ + 2Br^- \rightleftharpoons Mn^{2+} + Br_2 + 2H_2O$　　$\Delta G_2^\ominus = ?$

2. 已知下列两反应在 298 K、标准状态下的 $\Delta G^\ominus$ 值：

（1）　$H_2(g) + \frac{1}{2}O_2(g) \rightleftharpoons H_2O(l)$　　$\Delta G^\ominus = -237.2\ kJ \cdot mol^{-1}$

（2）　$H_2S(aq) + \frac{1}{2}O_2(g) \rightleftharpoons S(s) + H_2O(l)$　　$\Delta G^\ominus = -209.3\ kJ \cdot mol^{-1}$

将它们分别设计为原电池，计算它们的 $E^\ominus$ 及 $\varphi^\ominus(S/H_2S)$。

3. 计算下列反应的平衡常数，哪个反应进行得最完全，哪个反应进行得最不完全？

（1）　$Fe^{3+} + Ag \rightleftharpoons Fe^{2+} + Ag^+$

（2）　$Ni + Sn^{2+} \rightleftharpoons Ni^{2+} + Sn$

（3）　$Cr_2O_7^{2-} + 6Fe^{2+} + 14H^+ \rightleftharpoons 2Cr^{3+} + 6Fe^{3+} + 7H_2O$

4. 写出电极反应（1）（2）的 Nernst 方程，并计算其电极电势；写出电池反应（3）（4）的 Nernst 方程，并计算其电动势。

（1）　$ClO_3^- + 6H^+ + 6e \rightleftharpoons Cl^- + 3H_2O$

已知 $c(ClO_3^-) = c(Cl^-) = 1.00\ mol \cdot L^{-1}$， $c(H^+) = 0.100\ mol \cdot L^{-1}$

（2）　$PbO_2(s) + SO_4^{2-} + 4H^+ + 2e \rightleftharpoons PbSO_4 + 2H_2O$

已知 $c(SO_4^{2-}) = 0.100\ mol \cdot L^{-1}$， $c(H^+) = 1.00\ mol \cdot L^{-1}$

（3）　$MnO_2(s) + 2Br^- + 4H^+ \rightleftharpoons Mn^{2+} + Br_2(l) + 2H_2O$

已知 $c(Br^-) = c(Mn^{2+}) = 0.100\ mol \cdot L^{-1}$， $c(H^+) = 5.00\ mol \cdot L^{-1}$

（4）　$MnO_2(s) + H_2O_2 + 2H^+ \rightleftharpoons Mn^{2+} + O_2(g) + 2H_2O$

已知 $c(H_2O_2) = c(H^+) = 1.00\ mol \cdot L^{-1}$， $c(Mn^{2+}) = 0.200\ mol \cdot L^{-1}$， $p(O_2) = 100\ kPa$

5. 实验测得下列电池的电动势 E 的值，分别计算两电池中 Cu^{2+} 的浓度。

（1）$(-)Zn|Zn^{2+}(0.50\ mol \cdot L^{-1}) \| Cu^{2+}(c) | Cu(+)$　　$E = 0.96\ V$

（2）$(-)Cu|Cu^{2+}(c) \| Ag^+(0.50\ mol \cdot L^{-1}) | Ag(+)$　　$E = 0.48\ V$

6. 已知 $\varphi^\ominus(PbSO_4/Pb) = -0.359\ V$， $\varphi^\ominus(Pb^{2+}/Pb) = -126\ V$，计算 $PbSO_4$ 的 K_{sp}

7. 在标准状态下，已知 HCN 的 $K_a = 4.93 \times 10^{-10}$，计算下列电极的 $\varphi^\ominus$：

$$2HCN + 2e \rightleftharpoons H_2 + 2CN^-$$

8. 已知 Ag_2CrO_4 的 $K_{sp} = 1.11 \times 10^{-12}$，计算 $\varphi^\ominus(Ag_2CrO_4/Ag)$。

9. 应用以下元素电势图，判断标准状态下 Hg_2^{2+}、I_2 能否发生歧化反应。写出自发反应的方程式，并计算其平衡常数。

（1）$\varphi_a^\ominus / V$　　$Hg^{2+} \xrightarrow{0.920} Hg_2^{2+} \xrightarrow{0.797} Hg$；

（2）$\varphi_b^\ominus / V$　　$IO^- \xrightarrow{0.445} I_2 \xrightarrow{0.536} I^-$。

10. 根据下列元素电势图，计算指定电对的 $\varphi^\ominus$：①/③、①/④、①/⑤、①/⑥。

$$\varphi_A^\ominus(V)\quad \underset{①}{ClO_4^-} \xrightarrow{1.189} \underset{②}{ClO_3^-} \xrightarrow{1.214} \underset{③}{HClO_2} \xrightarrow{1.645} \underset{④}{HClO} \xrightarrow{1.611} \underset{⑤}{Cl_2} \xrightarrow{1.358} \underset{⑥}{Cl^-}$$

11. 在酸性介质中，已知电极①的 $\varphi_a^{\ominus}$，求在碱性介质中电极②的 $\varphi_b^{\ominus}$。

① $SO_4^{2-} + 4H^+ + 2e \xlongequal{\quad} H_2SO_3 + H_2O$　　$\varphi_a^{\ominus} = 0.172\ V$

② $SO_4^{2-} + H_2O + 2e \xlongequal{\quad} SO_3^{2-} + 2OH^-$　　$\varphi_b^{\ominus} = ?$

12. 已知 $\varphi^{\ominus}(MnO_4^-/Mn^{2+}) = 1.507\ V$，$\varphi^{\ominus}(MnO_2/Mn^{2+}) = 1.224\ V$，计算下列电极的 $\varphi_b^{\ominus}$：

$$MnO_4^- + 2H_2O + 3e \xlongequal{\quad} MnO_2(s) + 4OH^-$$

13. 向下列电池负极加入过量的 K_2CrO_4 溶液，使 Ag^+ 完全生成 $Ag_2CrO_4(s)$ 后，剩余的 CrO_4^{2-} 浓度为 $0.10\ mol \cdot L^{-1}$，298 K 时测得电池电动势为 0.26 V，计算 $Ag_2CrO_4(s)$ 的 K_{sp}。

$$(-)Ag \mid Ag^+(0.010\ mol \cdot L^{-1}) \parallel Ag^+(0.10\ mol \cdot L^{-1}) \mid Ag(+)$$

14. 已知下列电池在 298 K 时测电动势为 0.26 V，计算溶液的 pH。

$$(-)Pt, H_2(100\ kPa)|H^+(x\ mol \cdot L^{-1}) \parallel Cu^{2+}(0.10\ mol \cdot L^{-1}) \mid Cu(+)$$

15. 向下列电池负极加入足够量的 F^-，使 Fe^{3+} 与 F^- 完全反应，生成 FeF_6^{3-}（Fe^{2+} 不与 F^- 配位），并使 F^- 的平衡浓度为 $0.10\ mol \cdot L^{-1}$，298 K 时测得电池电动势为 0.57 V。

$$(-)Pt \mid Fe^{3+}(1.0\ mol \cdot L^{-1}), Fe^{2+}(1.0\ mol \cdot L^{-1}) \parallel Ag^+(0.10\ mol \cdot L^{-1}) \mid Ag(+)$$

查找有关热力学数据，计算：

（1）FeF_6^{3-} 的 $K_{稳}$；

（2）电池反应的 $\Delta G^{\ominus}$ 和 ΔG；

（3）电池反应的平衡常数。

16. 已知下列原电池，向正极加入 Cl^-，使 Ag^+ 全部生成 $AgCl(s)$，并使 Cl^- 的平衡浓度为 $1.0\ mol \cdot L^{-1}$；向负极加入 $NH_3 \cdot H_2O$（忽略体积变化），使 Cu^{2+} 全部生成 $Cu(NH_3)_4^{2+}$，并使 NH_3 的平衡浓度为 $1.0\ mol \cdot L^{-1}$，298 K 时测得电池电动势为 0.326 V。查找有关数据，计算：

$$(-)Cu \mid Cu^{2+}(0.010\ mol \cdot L^{-1}) \parallel Ag^+(0.10\ mol \cdot L^{-1}) \mid Ag(+)$$

（1）$Cu(NH_3)_4^{2+}$ 的 $K_{稳}$；

（2）电池反应（加入 Cl^-、NH_3 后）的 $\Delta G^{\ominus}$ 和 ΔG；

（3）电池反应平衡常数。

第 6 章　原子结构基础

从 19 世纪初开始，当人类探知物质世界奥秘的视角从宏观世界转向微观世界时，注定这是一段推动人类文明进步的科学发展史。现在我们仰望微观世界的星空，都是科学家们耀眼的星光，照亮我们人类进步的道路，我们以敬仰之心，来学习微观世界的奥秘。

追问与反思是古希腊哲学的灵魂，探究客观物质的终极组成就是这条哲学原理思路的延续，最后追问到构成物质的最小单元就是“原子”，它源于希腊语“atom”，即“不可再分的部分”之意。所以长期以来原子被认为是组成物质不可分割的最小微粒。现代原子结构模型，从道尔顿实心球模型起，直到薛定谔电子云模型，历经了 120 余年的发展历程，其发展简史请参见表 6-1。

表 6-1　原子结构模型简史

模型创立时间及创立者	核心内容
1803 年，道尔顿 实心球模型	①原子是不能再分的粒子。 ②同种元素的原子的各种性质和质量都相同。 ③原子是微小的实心球体。
1904 年，汤姆森 枣糕模型	①电子是平均的分布在整个原子上的，就如同散布在一个均匀的正电荷的海洋之中，它们的负电荷与那些正电荷相互抵消。 ②在受到激发时，电子会离开原子，产生阴极射线。
1911 年，卢瑟福 行星模型	①原子的大部分体积是空的。 ②在原子的中心有一个很小的原子核。 ③原子的全部正电荷在原子核内，且几乎全部质量均集中在原子核内部。带负电的电子在核外空间进行绕核运动。
1913 年，波尔 原子壳式模型	①原子中的电子在有确定半径的圆周轨道上绕原子核运动，不辐射能量。 ②在不同轨道上运动的电子具有不同的能量，且能量是量子化的，轨道能量值随量子数 n 的增大而升高。 ③当电子从一个轨道跃迁到另一个轨道时，才会辐射或吸收能量。如果辐射或吸收的能量以光的形式表现并被记录下来，就形成了光谱。
1920 年，薛定谔-海森堡 量子力学-电子云模型	①电子绕核运动形成一个带负电荷的云团，具有波粒二象性的微观粒子在一个确定时刻其空间坐标与动量不能同时测准，即海森堡不确定性原理。 ②电子在核外的运动规律可由薛定谔方程来描述，方程的合理解为波函数，也就是原子轨道，电子云就是电子在原子轨道上的存在几率的形象描述。

6.1　原子核外电子运动的特点

6.1.1　波尔原子模型

从 19 世纪末开始，人们试图从理论上解释原子光谱现象，发现经典电磁理论和有核原子模型与原子光谱实验结果发生尖锐矛盾。其一，根据经典电磁理论，绕核高速旋转的电子将不断以电磁波的形式释放能量，这将导致电子自身能量不断减少，绕核旋转半径逐渐萎缩，最终电子会落在原子核上，导致原子自身湮灭，这与原子稳定存在事实相矛盾。其二，根据经典电磁理论，电子自身能量逐渐减少，电子绕核旋转的频率也要逐渐改变，辐射电磁波的频率将随着旋转频率的逐渐改变而连续变化，因而原子光谱应该是连续光谱，这与原子光谱是线状光谱也是严重不符的。

1913 年丹麦物理学家波尔（N. Bohr）在普朗克（M. Planck）量子论、爱因斯坦（A. Einstein）光子学说和卢瑟福（E. Rutherford）有核原子模型的基础上，提出了原子壳模型，其学说要点如下：

（1）原子模型

原子核外的电子沿着某些特定的圆形轨道绕核运动，它既不向外辐射能量，也不吸收能量。处于最低能量状态的是基态，其余状态皆为激发态。

（2）轨道量子化

这些特定的电子轨道的角动量不是任意的，而是量子化的，符合一定条件的，即轨道角动量 L 必须等于 $h/2\pi$ 的整数倍，也称波尔量子化条件，即

$$L = mvr = n \cdot \frac{h}{2\pi} = n\hbar \tag{6-1}$$

式中，m 为电子质量；v 为电子运动速度；h 为普朗克常数；n 为量子数，取正整数。

在这些特定轨道上运行的电子具有固定能量 E_n，其大小只取决于量子数 n。若原子核电荷数为 z，则电子运行的轨道半径 r_n 及其相应的能量 E_n 分别为

$$r_n = 52.9\frac{n^2}{z}\ \text{(pm)},\quad E_n = -2.18\times10^{-18}\frac{z^2}{n}\ \text{(J)} = -13.6\frac{z^2}{n}\ \text{(eV)} \tag{6-2}$$

这个关系式适用于单电子运动体系，如 ${}_1H$、${}_2He^+$、${}_3Li^{2+}$、${}_4Be^{3+}$等。可见 n 决定轨道能量，被称为主量子数。当 $n=1$ 时，原子处于基态；当 $n>1$ 时，原子处于激发态。对于氢核，$z=1$，当 $n=1$，$r_1 = 52.9\ \text{pm}$，称为波尔半径，记为 a_0，它被定义成原子单位长度。当 $n=\infty$ 时，$E_n = 0$。可见氢原子的电离能应为 13.6 eV。

（3）光谱频率

电子在离核越远的轨道上运动，其能量越大。在正常情况下，原子中的各电子尽可能处于离核较近的轨道上，这时电子的能量最低，即电子处于基态。当原子从外界获得能量时（如灼热、放电、辐射等），电子可以跃迁到离核较远的轨道上，即电子被激发到高能级的轨道上，这时原子和电子处于激发态。处于激发态的电子不稳定，可以跃迁到离核较近的低能级轨道上，并以发射光子的形式释放能量，即释放光能。这个被释放的光频率取决于高、低能级轨道的能量差 ΔE。根据爱因斯坦光子学说，原子中的电子在不同轨道之间发生跃迁是原子线状光谱的直接原因，特定频率为 ν 的光子能量 $h\nu$ 可表示为

$$h\nu = \Delta E = E_2 - E_1 = 2.18\times10^{-18}\left(\frac{1}{n_1^2} - \frac{1}{n_2^2}\right) \tag{6-3}$$

式中，$h = 6.626\times10^{-34}\ \text{J}\cdot\text{s}$。从式（6-3）即可推导出氢光谱的各条光谱线的频率与波长，与实验测定值十分吻合，从而很好地解释了氢光谱产生的原因。

波尔原子模型冲破了经典物理量连续变化的传统观念束缚，第一次将量子论引入原子体系，建立了原子的近代模型。波尔理论成功地解释了原子的发光现象、氢原子光谱的规律性，并为化学键的电子理论奠定了基础。然而对于稍复杂的两电子体系及原子光谱的精细结构等问题，波尔模型便解释不了。波尔理论引入了量子化条件，一只脚已经踏入量子力学的大门，但仍受经典力学的束缚。要正确地描述微观电子的运动规律，必须靠革命性的量子力学理论才能解决，这要从电子等微观粒子运动的波粒二象性这一重要特征说起。

6.1.2 微观粒子的运动特点

在 17 世纪末，牛顿（N. Newton）和惠更斯（C. Huygens）分别提出了光的微粒说和波动说。自此光的本质是波还是粒子问题就一直争论不休。随着对光的干涉、衍射和光电效应等实验现象了解的深入，人们认识到光既具有波的性质，又具有粒子的性质，即光具有波粒二象性。

（1）物质波

爱因斯坦应用普朗克的量子理论，提出了光子学说，成功地解释了光电效应。光不仅具有波动性，同时具有粒子性，即光呈波粒二象性。根据爱因斯坦的质能方程 $E = mc^2$ 和普朗克的假设 $E = h\nu$，则有

$$E = mc^2 = h\nu = h\frac{c}{\lambda}, \quad \lambda = \frac{hc}{mc^2} = \frac{h}{mc} = \frac{h}{p} \tag{6-4}$$

式中，c 为电磁波在真空中的传播速度，即光速；λ 为光子的波长；p 为光子的动量。

能量和动量是表征粒子性的物理量，频率和波长是表征波动性的物理量，将粒子性和波动性通过普朗克常数定量地联系在一起，从而成功地揭示了光的波粒二象性本质。波粒二象性是光的属性：在一定条件下，波动性比较明显，例如光在空间传播过程中发生干涉、衍射现象，就突出表现出光的波动性；在另一条件下，粒子性比较明显，当光与物质接触进行能量交换时，就突出表现出光的粒子性，如光电效应。

1924 年，法国物理学家德布罗意（L. de Broglie）在他的博士学位论文中首次提出“物质波”的概念，大胆假设实物微粒也应像光子一样具有波粒二象性，他将式（6-4）中的光速改写为速度，得到：

$$p = mv = \frac{h}{\lambda}, \quad \lambda = \frac{h}{mv} \tag{6-5}$$

该式表示，质量为 $m/(\mathrm{kg})$、运动速度为 $v/(\mathrm{m \cdot s^{-1}})$ 的物质具有波长为 $\lambda/(\mathrm{m})$ 的波动性。λ 是物质波的波长。可预测质量为 $m = 9.11\times10^{-31}\,\mathrm{kg}$、速度为 $v = 10^6\,\mathrm{m \cdot s^{-1}}$ 的电子运动波长：

$$\lambda = \frac{h}{mv} = \frac{6.63\times10^{-34}}{9.11\times10^{-31}\times10^{6}} = 7.28\times10^{-10}(\mathrm{m})$$

它应属于 X 射线波长范围。显然用这样的电子束代替 X 射线做衍射实验，可获得衍射条纹。1927 年，戴维孙-革末的电子衍射实验完全证实了电子具有波动性，他们用一束电子流经加速并通过金属单晶（晶体中质点按一定方式周期排列，相当于一个光栅），可以清楚地观察到

电子衍射图样，根据电子衍射图，计算得到的电子射线波长与德布罗意关系式预期的波长一致。随后发现的质子、中子等微粒的波动性更是印证了微观物质普遍具有波粒二象性的特征，人们将微观粒子所具有的波称为德布罗意波或物质波。波粒二象性是微观粒子的运动特征，这是微观粒子区别于宏观物质的地方，因此描述电子等微粒的运动规律不能沿用经典的牛顿力学，而要用描述微粒运动的量子力学。

（2）几率波

在描述一般宏观物体的运动状态时，经典力学可以同时准确地确定其任何时刻所在位置和动量。然而对于微观粒子却不能这样。电子衍射实验说明，具有相当波动性的微粒通过狭缝时，狭缝越窄，在屏上所产生的衍射图像散布得越宽。可把衍射条纹视为由一个个电子穿过这个一定宽度的狭缝到达屏幕的不同位置所组成的。对于具体的每一个电子，人们无法得知某时刻它究竟落在哪个确切的位置，或者说它所具有的动量是不确定的。德国物理学家海森堡（W. Heisenburg）推测出粒子位置的不确定程度 Δx 和动量的不确定程度 Δp 应符合以下关系式：

$$\Delta x \cdot \Delta p \geqslant \frac{h}{4\pi} \tag{6-6}$$

该式被称为不确定关系式。它表明具有波动性的微观粒子和宏观质点具有完全不同的特点，不能同时确定它们的坐标和动量。位置的准确度越大（ Δx 越小），其动量的准确度越小（ Δp 越大）；反之亦然。其乘积至少等于常数 $h/4\pi$ 。原子的线性尺寸在 10^{-10} m，合理的坐标精确度 Δx 可认为在 10^{-11} m。由此可估算出原子中电子速度的不确定量 Δv ：

$$\Delta v \geqslant \frac{h}{4\pi \cdot m \cdot \Delta x} = \frac{6.63\times10^{-34}}{4\times3.14\times9.11\times10^{-31}\times10^{-11}} = 5.8\times10^{-6}\ (\mathrm{m\cdot s^{-1}})$$

而电子的速度为 $10^{-6}\,\mathrm{m\cdot s^{-1}}$，说明在电子位置精确确定后，其速度误差与原速度本身在同一数量级上，误差非常之大，即准确度很差。

宏观物体的运动状态可用轨道、速度等物理量来描述。但电子等微观粒子与宏观物质不同，它具有波粒二象性，没有确定的轨道。那么怎样来描述电子等微观粒子的运动状态呢？

依据电子衍射实验，若电子流较强，即单位时间里射出的电子多，则很快得到明暗相间的衍射条纹；若电子流强度相当小，电子一个一个地从阴极灯丝飞出，这时底片上会出现一个一个的点，显示出电子具有粒子性，而且难以预料下一个电子会射在什么位置。但随着时间的持续，对于大量电子的行为进行累计，便呈现深浅不一的衍射条纹，显出电子的波动性。因此，电子波动性可看作是电子粒子性的统计结果，对于微观粒子的运动，虽然不能同时准确地测出单个粒子的位置和速度（动量），但它在某个区域内出现的机会多，在某个区域内出现的机会少，却是有一定规律的。从电子衍射的明暗相间的环纹看，深条纹处电子出现的次数多，浅条纹处次数少，显然这是无数电子的集合统计行为。所以说电子的运动可以用统计性的规律去研究。

要描述电子运动的统计性规律，需要在这一规律的因变量和自变量之间搭建一个数学模型，找到这个图像在空间和时间相互联系的函数关系式，这种函数就是描述微观粒子运动的波函数 ψ 。对于机械波是用波函数 ψ 来描述它的运动规律的。比如一个沿 x 方向传播，具有

振幅 A 、频率 ν 、波长 λ 的平面波，通常可用余弦函数来表示：

$$\psi = A\cos 2\pi\left(\frac{x}{\lambda}-\nu t\right)$$

这种波是振幅波，它的振幅与空间位置无关，即空间各处振幅都是一样的。该波的强度应正比于 $|\psi|^2$ 或 A^2。若振幅加大到 $2A$，其强度将增大到 $4|\psi|^2$ 或 $4A^2$，是原强度的 4 倍，这已是另一状态的波了。我们用波函数 ψ 来描述波动性的微粒电子的运动状态，与光子类似：光的波动性表明，光的强度正比于光波的波函数的平方或振幅的平方；光的微粒性表明，光的强度正比于光子的密度。显然，光的波函数正比于光子密度。对于电子波的波函数可以沿用光子的二象性观念，于是电子波函数的平方 $|\psi|^2$ 正比于电子出现的几率。实际上，$|\psi|^2$ 描述的是电子在空间某处单位体积内出现的几率，即几率密度。空间某点 $|\psi|^2$ 值越大，则电子在该处出现的几率密度越大；$|\psi|^2$ 越小，则它在该处单位体积内出现的几率越小。作为一个微粒，它在整个空间出现的几率的总和应为 1，因而微粒在空间各点出现的几率只取决于它在空间各点的强度的比例，而不取决于强度的绝对大小。

6.2 核外单电子体系运动描述

6.2.1 薛定谔方程

上述微观粒子运动是具有波粒二象性的，符合海森堡的不确定原理，其运动规律要用量子力学来研究。要对电子出现在空间区域的几率进行描述，需建立一个函数，将空间变量有机地结合在一起，这就是波函数 ψ，它是空间坐标 x、y、z 三个变量，以及与微粒的质量、能量（含动能和势能）等固有参数相联系的函数。1926 年奥地利物理学家薛定谔就建立了微观粒子的这种函数关系式，这就是著名的薛定谔方程，其表达形式为

$$\frac{\partial^2\psi}{\partial x^2}+\frac{\partial^2\psi}{\partial y^2}+\frac{\partial^2\psi}{\partial z^2}+\frac{8\pi^2 m}{h^2}(E-V)\ \psi = 0 \qquad (6\text{-}7)$$

式中，h 为普朗克常数；m 为微粒质量；E 为粒子总能量（动能 + 势能）；V 为势能；xyz 为粒子的三维空间坐标；ψ 为描述微粒运动状态的波函数。

薛定谔方程是一个二阶偏微分方程，求解这个方程，可得到描述微观粒子运动状态的波函数 ψ，这是近代量子力学的理论基础。

对于受向心力场作用而绕核旋转的电子运动方程，在求解时采用球坐标（r，θ，φ）更方便，它与直角坐标系有如下关系（图 6-1）：

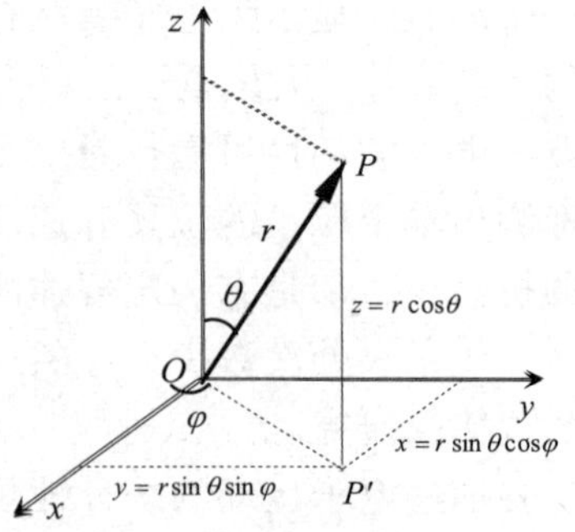

图 6-1 球坐标与直角坐标的关系

$$x = r\sin\theta\cos\varphi,\quad y = r\sin\theta\sin\varphi,\quad z = r\cos\theta$$

$$r^2 = x^2 + y^2 + z^2$$

取值范围，θ: $0\to\pi$；φ: $0\to 2\pi$；r: $0\to\infty$。经

过变换之后，势能的表达式中只涉及一个变量 r。这样用球坐标 $\psi(r,\theta,\varphi)$ 来描述的波函数与直角坐标系描述的波函数形式不同，但十分方便，可以精确求解。由于波动方程的导出和求解涉及较深的数学基础，在此不介绍求解过程，以下仅介绍方程求解后得到的一些重要结论。

6.2.2　薛定谔方程的解

薛定谔方程的解，是一系列多变量波函数 ψ 的具体函数表达式，它与所描述粒子的运动情况在空间某范围内出现的几率密切相关，令

$$\psi\ (r,\theta,\varphi) = R(r)\cdot Y(\theta,\varphi) \tag{6-8}$$

式中，$R(r)$ 称为波函数 ψ 的径向部分；$Y(\theta,\varphi)$ 称为波函数 ψ 的角度部分，它可变换为

$$Y(\theta,\varphi) = \Theta(\theta)\cdot\Phi(\varphi)$$

将它代入式（6-8），则有

$$\psi\ (r,\theta,\varphi) = R(r)\cdot\Theta(\theta)\cdot\Phi(\varphi) \tag{6-9}$$

将式（6-9）代入球坐标系转换后的薛定谔方程中，可以得到 3 个分别只含有一个变量的常微分方程。求解 3 个常微分方程 $R(r)$、$\Theta(\theta)$、$\Phi(\varphi)$，在求解这 3 个常微分方程的过程中，为了保证解的合理性，需要引入 n，l，m 三个量子数。

波函数 ψ 是一个 3 变量 (r,θ,φ) 和 3 参数 (n,l,m) 的函数。解氢原子薛定谔方程可得到各原子轨道波函数的表达式。氢原子的几个最简单波函数的径向部分和角度部分，见表 6-2。

表 6-2　氢原子的几个简单波函数的径向部分和角度部分

$\psi\ (r,\theta,\varphi)$	$R(r)$	$Y(\theta,\varphi)$	轨道	备注
ψ_{1s}	$A\cdot\dfrac{2}{\exp(\rho/2)}$	$\dfrac{1}{\sqrt{4\pi}}$	1s	$\rho=\dfrac{2zr}{na_0}$
ψ_{2s}	$\dfrac{A}{2\sqrt{2}}\cdot\dfrac{2-\rho}{\exp(\rho/2)}$	$\dfrac{1}{\sqrt{4\pi}}$	2s	$A=\left(\dfrac{z}{a_0}\right)^{3/2}$
$\psi_{2p,z}$	$\dfrac{A}{2\sqrt{6}}\cdot\dfrac{\rho}{\exp(\rho/2)}$	$\sqrt{\dfrac{3}{4\pi}}\cos\theta$	$2p_z$	z 为核电荷数，氢核 $z=1$
$\psi_{2p,x}$	$\dfrac{A}{2\sqrt{6}}\cdot\dfrac{\rho}{\exp(\rho/2)}$	$\sqrt{\dfrac{3}{4\pi}}\sin\theta\cos\varphi$	$2p_x$	n 为主量子数 a_0 为波尔半径，$a_0=52.9\ \text{pm}$
$\psi_{2p,y}$	$\dfrac{A}{2\sqrt{6}}\cdot\dfrac{\rho}{\exp(\rho/2)}$	$\sqrt{\dfrac{3}{4\pi}}\sin\theta\sin\varphi$	$2p_y$	

6.2.3　（3 + 1）个量子数

确定一个电子的运动状态，需考虑以下因素：电子运动的能量，原子轨道的形状和它在空间的取向以及电子的自旋状态。由解薛定谔方程引入的是 3 个量子数 n，l，m，经过实验发现，电子运动还有一个自旋特征并不在解薛定谔方程范围内，称为自旋量子数 m_s，一起组成 4（3 + 1）个量子数，都有十分明确的物理意义，它们共同确定核外电子的运动状态。

1. 主量子数(n)

主量子数 n 的取值为 1, 2, 3, ⋯等正整数。n 越大，电子离核的平均距离越远，能级越高。将 n 相同的各原子轨道看作同一电子层，在光谱学中用大写英文字母 K, L, M, N, O, P 分别代表 $n = 1, 2, 3, 4, 5, 6$ 的电子层。因此，主量子数有两个重要意义，一是描述原子中电子出现几率最大区域离核的远近；二是决定体系电子能量的高低。对于多电子原子，核外电子的能量除了取决于主量子数以外，还与原子轨道的形状有关。对氢原子或类氢离子（核外只有一个电子）来说，其电子的能量为

$$E_n\ /\mathrm{eV} = -13.6 \times \frac{z^2}{n^2} \tag{6-10}$$

从氢原子和类氢离子的能级公式可看出，主量子数 n 决定了其电子的能量 E_n。

2. 角量子数(l)

角量子数 l 决定电子运动角动量的大小。电子绕核运动时，不仅具有一定的能量，而且也具有一定的角动量。它的大小与原子轨道（或电子云）形状有密切的关系。

角量子数 l 的取值为 0, 1, 2, ⋯, $(n-1)$，它受主量子数 n 的限制，是从 0 到 $(n-1)$ 的整数，共有 n 个取值，与其对应的光谱学符号和轨道形状，见表 6-3。

表 6-3　角量子数与其对应的光谱学符号和轨道形状

角量子数 l	0	1	2	3	⋯	$(n-1)$
光谱学符号	s	p	d	f	⋯	—
轨道形状	球形	哑铃形	花瓣形	（复杂）	⋯	—

角量子数 l 的物理意义是决定原子轨道的形状，也决定同一电子层中具有不同的亚层。例如 $n=4$，l 有 4 种取值（0, 1, 2, 3），说明核外第 4 层有 4 种形状不同的原子轨道，这种同层中（n 相同）不同形状的轨道称为亚层。

在多电子原子中，电子的能量 E 不仅取决于 n，而且还与 l 有关，即由 n 和 l 共同决定。n 相同 l 不同的原子轨道，l 越大，其能量 E 越高。例如第 4 层轨道：

$$E_{4\mathrm{s}} < E_{4\mathrm{p}} < E_{4\mathrm{d}} < E_{4\mathrm{f}}$$

综合角量子数 l 的物理意义：一是代表电子亚层；二是与 n 一起决定多电子原子的能量；三是决定电子运动角动量大小，即决定原子轨道（或电子云）的形状。

3. 磁量子数(m)

实验表明，原子光谱在外加磁场作用下发生能级分裂，磁量子数 m 决定在磁场作用下，电子绕核运动的角动量在磁场方向上的分量大小，它反映了原子轨道在空间的不同取向。

磁量子数 m 的取值为 0, ±1, ±2, ±3, ⋯, $\pm l$，共 $(2l+1)$ 个取值。例如，$l=1$ 时，有 $m=0$，$m=+1$，$m=-1$，表示 p 轨道共有 3 种空间取向。。

磁量子数 m 与轨道能量无关，上述 3 种不同取向的轨道其能量相等，称为三重简并轨道。

4. 自旋量子数(m_s)

前面已述及波尔理论虽然成功地解释了氢原子光谱的规律性，但无法解释氢原子光谱的精细结构，即在高分辨率的分光镜下观察氢原子光谱，会发现每一条谱线又分为几条波长相差甚微的一组谱线。例如，在无外磁场时，电子由 2p 轨道跃迁到 1s 轨道，在低分辨率分光镜下观察是一条谱线，而在高分辨率分光镜下观察，却是靠得很近的两条谱线。2p 和 1s 各只有一个能级，这种跃迁只能产生一条谱线，无法用 n，l，m 这 3 个量子数予以解释。

1925 年，荷兰的乌伦贝克（G. Uhlenbeck）和哥德斯密特（S. Goudsmit）在分析实验结果与采用上述三个量子数解释不了的情况下，提出了电子自旋的假设：电子除了绕核做高速运动之外，还有自身旋转运动。电子的自旋方式只有两种，即自旋量子数 $m_s = \pm 1/2$，通常用“↑”和“↓”表示。

综上所述，原子中每个电子的运动状态可以用 n，l，m，m_s 4 个量子数来描述。根据量子数之间的联系和制约关系可知，每一个电子层中，由于原子轨道形状的不同，可有不同的分层；又由于原子轨道在空间伸展方向不同，每一个分层中可有几个不同方向的原子轨道；每一个原子轨道又可有两个电子处于自旋方式不同的状态。4 个量子数确定之后，电子在核外空间的运动状态就确定了。

氢原子轨道与三个量子数的关系，参见表 6-4。

表 6-4　氢原子轨道与 3 个量子数的关系

主量子数 n	角量子数 l	磁量子数 m	轨道名称	轨道数	容纳电子数
1	0	0	1s	1	2
2	0	0	2s	1 + 3 = 4	8
	1	−1，0，+1	2p		
3	0	0	3s	1 + 3 + 5 = 9	18
	1	−1，0，+1	3p		
	2	−2，−1，0，+1，+2	3d		
4	0	0	4s	1 + 3 + 5 + 7 = 16	32
	1	−1，0，+1	4p		
	2	−2，−1，0，+1，+2	4d		
	3	−3，−2，−1，0，+1，+2，+3	4f		

6.3　波函数和电子云

波函数 ψ 是量子力学中描述核外电子在空间运动状态的数学表达式。一定的波函数表示一种电子的运动状态，量子力学中常借用经典力学中描述宏观物体运动的“轨道”概念，把波函数 ψ 叫作原子轨道。波函数 ψ 是一个抽象的数学逻辑关系式，并没有明确的物理意义，但它的绝对值的平方 $|\psi|^2$ 却有明确的物理意义，它表示空间某处单位体积内电子出现的几率，即几率密度。电子在空间分布的几率密度形象，称为电子云。

6.3.1 波函数

上述已经将波函数 ψ 转化成球坐标的径向函数 $R(r)$ 和角度函数 $Y(\theta,\varphi)$ 两部分，在空间上难以同时画出两部分图形，但我们可以分开来讨论和描述两部分的函数图像。

1. 波函数的角度分布图

波函数 ψ 的角度部分是 $Y(\theta,\varphi)$，它的分布图是将径向部分视为常数来考虑不同方向上 ψ 的相对大小。如果将 $Y(\theta,\varphi)$ 随 θ,φ 变化作图，可得到波函数的角度分布图。这种分布图只与 l,m 有关，与 n 无关。例如，$l=0$，$m=0$ 的角度函数表示的是 s 轨道，此时 $Y_s=Y_{0,0}=$ 常数，即 $(4\pi)^{-1/2}$，不随 θ,φ 的变化而变化，故呈球面。又如，$l=1$，$m=0$ 的角度函数表示的是 p_z 轨道，$2p_z$，$3p_z$，$4p_z$ 的原子轨道角度部分相同，$Y_{p,z}=Y_{1,0}=$ 常数 $\cdot\cos\theta$，角度分布图沿 z 轴呈双曲面。通过类似的方法可以画出 s，p_x，p_y，d 等原子轨道的角度分布图，如图 6-2 所示。

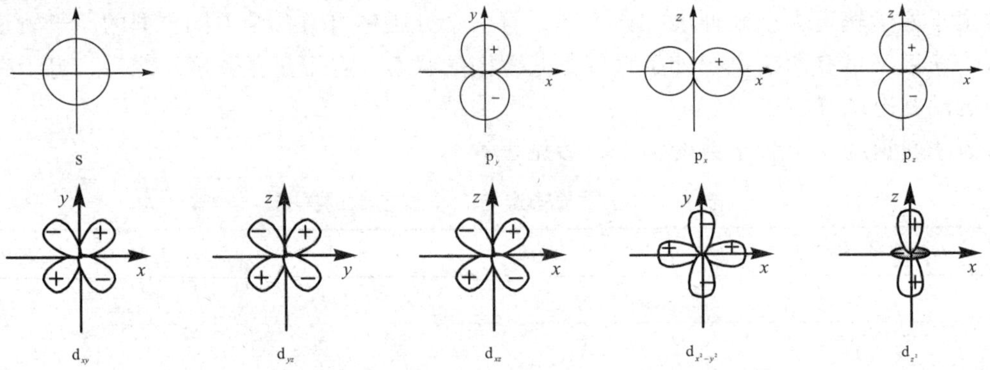

图 6-2　s、p、d 轨道角度分布剖面图

角度分布图着重说明轨道函数的极大值出现在空间的方位，利用它便于直观地讨论共价键成键方向；轨道函数在空间的正负值可以用于判断原子相互靠近时是否能有效地成键。

2. 电子云的径向分布图

波函数绝对值的平方 $|\psi|^2$ 的物理含义是几率密度，就是电子云密度。电子云径向分布图通常把电子云的角度分布 $Y^2(\theta,\varphi)$ 视为常数来讨论其径向分布 $R^2(r)$。一个离核距离为 r、厚度为 Δr 的薄层球壳，球壳面积为 $4\pi r^2$，故薄层球壳的体积为 $4\pi r^2\Delta r$，如图 6-3 所示。

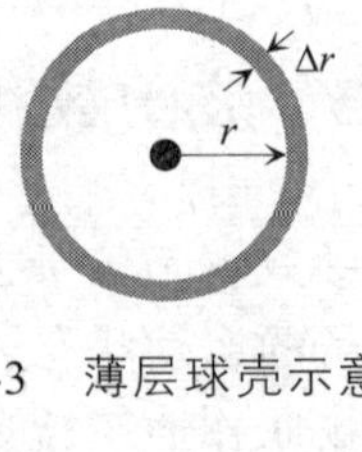

图 6-3　薄层球壳示意图

因为几率密度为 $|\psi|^2$，故在这个球壳体积中出现电子的几率为 $4\pi r^2|\psi|^2\Delta r$，将它除以 Δr，即得单位厚度球壳中的几率 $4\pi r^2|\psi|^2$。由于将 $Y^2(\theta,\varphi)$ 视为常量，所以可将电子云的径向分布函数表达为：$D(r)=4\pi r^2R^2(r)$。

以 $D(r)$ 为纵坐标，r 为横坐标作图，得到电子云的径向分布图。图 6-4 和图 6-5 为氢原子电子云各种运动状态的径向分布图。

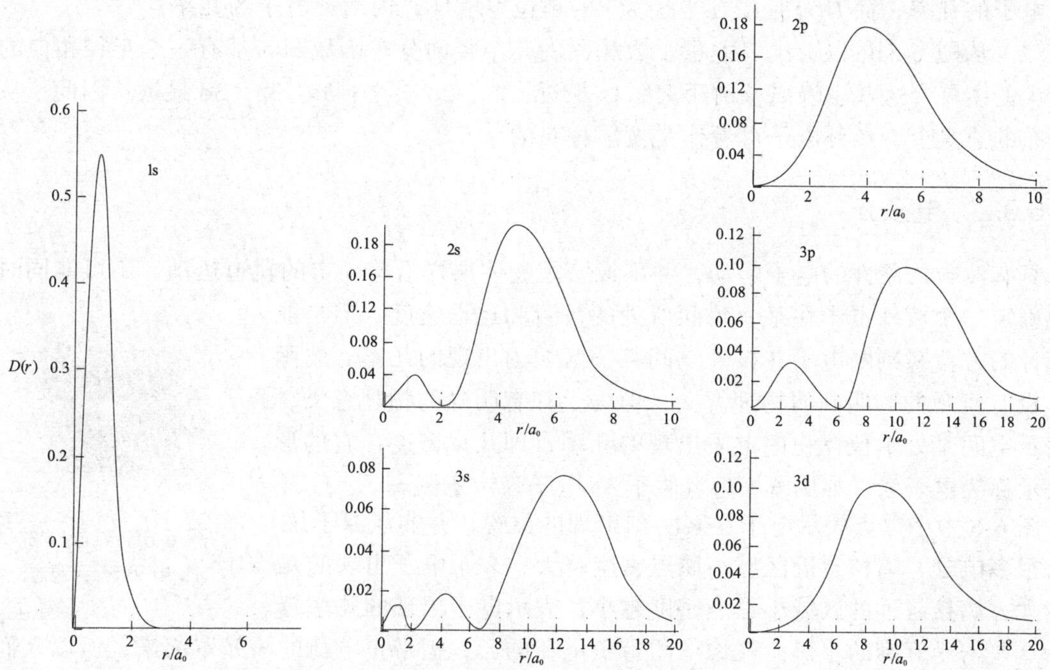

图 6-4　氢原子电子云 s/p/d 的径向分布图

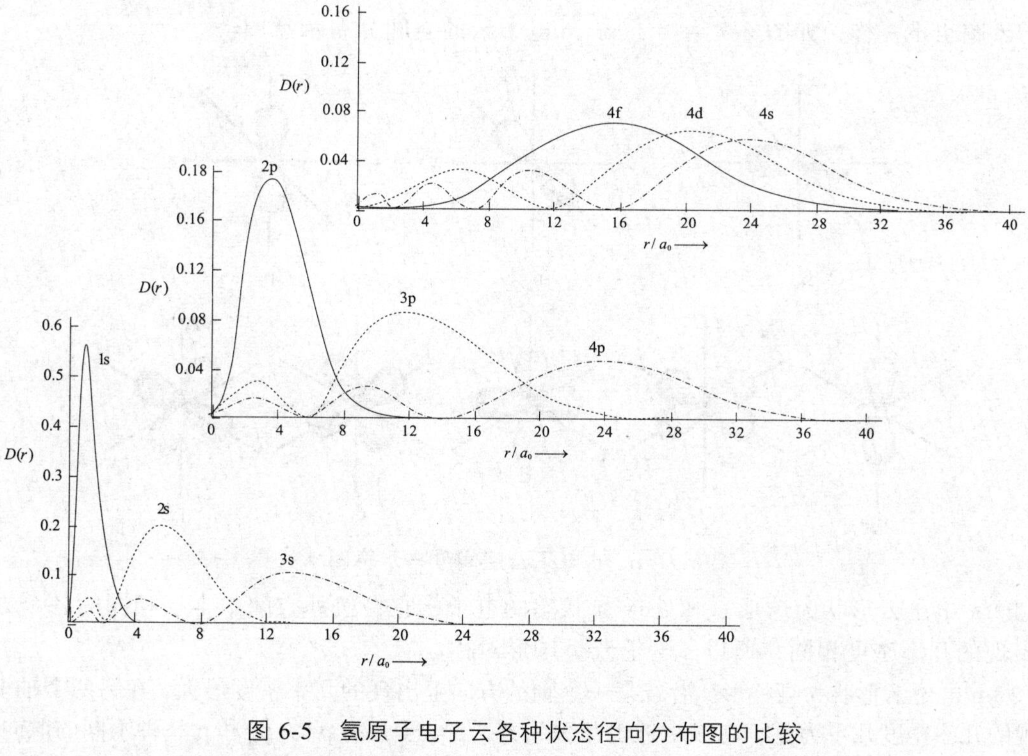

图 6-5　氢原子电子云各种状态径向分布图的比较

对于径向分布函数及其图形，应注意以下几点：

（1）$D(r)$ 与 $|\psi|^2$ 的物理意义不同，$|\psi|^2$ 为几率密度，指在核外空间某点附近单位体积内

出现电子的几率，而 $D(r)$ 是指在半径为 r 的单位厚度球壳内出现电子的几率。

（2）从图 6-5 可以看出，主量子数相同的几个径向分布函数图，都有一个半径相似的几率最大的主峰。这些主峰离核的距离，1s 最近；2s，2p 次之；3s，3p，3d 最远。因此，从径向分布的意义上，核外电子可看作是按层分布的。

6.3.2 电子云

具有波粒二象性的电子运动，并不像宏观物体那样沿着固定的轨道运动。不可能同时准确地确定一个核外电子在某一瞬间所处的位置和运动速度，但是能用统计的方法来判断电子在核外空间某一区域内出现的几率。波函数 ψ 没有直观的、明确的物理意义，但 $|\psi|^2$ 却有明确的物理意义，它表示空间某处单位体积内电子出现的几率，即几率密度，它的形象表示称为电子云。如图 6-6 为氢原子 1s 电子云示意图。

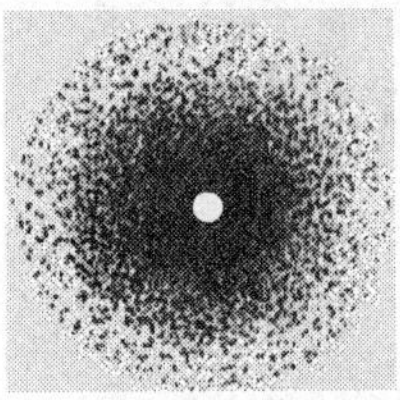

图 6-6　氢原子的 1s 电子云示意图

图 6-6 中小黑点表示电子在某时刻出现的位置，并非氢原子核外有很多电子，离核越近区域小黑点密度越大，表示电子出现的几率越大；离核越远的区域小黑点密度越小，表示电子出现的几率越小。这些密密麻麻的小黑点就像一团带负电荷的云，把带正电荷的核笼罩起来，所以人们就形象化地把它称为电子云。

处于不同运动状态的电子，它们的波函数 ψ 各不相同，其 $|\psi|^2$ 也各不相同。$|\psi|^2$ 的图像，即电子云图也不一样，如图 6-7 给出了 p、d 电子云的空间分布示意图。

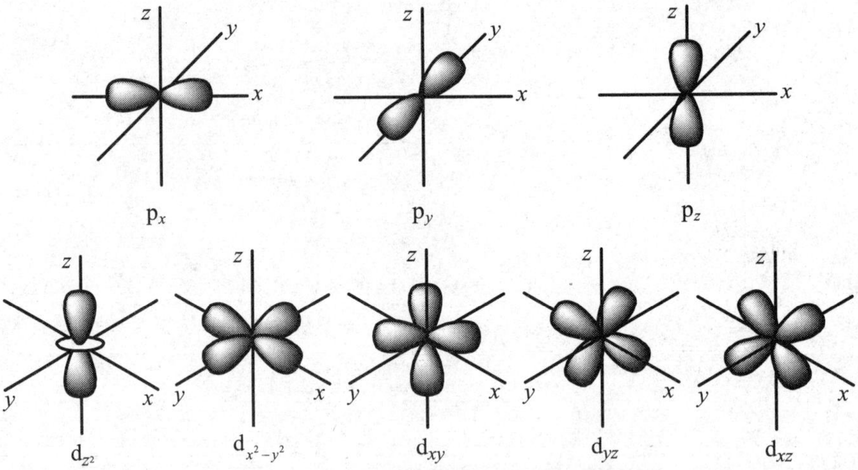

图 6-7　p、d 电子云空间分布示意图

（1）s 电子云形状为球形。凡处于 s 状态的电子，它在核外空间中半径相同的各个方向能够出现的几率密度相同，所以 s 电子云呈球形对称。

（2）p 电子云形状为哑铃形。沿着某一个轴的方向上出现的几率密度最大，在另两个轴上电子出现的几率密度几乎为零，在核附近也几乎为零，p 电子云有 p_x、p_y 和 p_z 3 种不同的取向。

（3）d 电子云形状为花瓣形。在核外空间中有 5 种分布。其中 d_{xy}、d_{yz} 和 d_{xz} 3 种电子云彼此互相垂直，各有 4 个波瓣，分别在 xy、yz 和 xz 平面内，而且沿坐标轴的夹角平分线方向分布。$d_{x^2-y^2}$ 电子云形状和上面 3 种电子云形状一样，也分布在 xy 平面上，只是 4 个波瓣沿坐标轴分布。d_{z^2} 电子云沿 z 轴在 xy 平面上有一个环形分布。

（4）f 电子云形状较为复杂，它在核外空间有 7 种不同分布，在此不作介绍。

6.4　核外多电子体系运动描述

按照薛定谔的波函数理论，电子在核外空间一定位置出现的几率比较集中的区域，就是电子层，人们在实验中发现，核外多电子原子体系的运动状态，情况更复杂，虽然基本遵循波函数理论，但总有些偏离。究其原因是：带正电荷的原子核对离核远近不同的电子作用（库仑作用力）并不是完全均等的，呈近强远弱的趋势，对同层电子的作用，核电荷数越多，作用也越强；核外多电子都是带负电荷的微粒，它们本身之间也有相互作用，致使核电荷对外层电子的作用被内层电子云屏蔽了一些而梯次降低，其电子层越多，梯次降低越多。这些问题搞清楚后，才能发现核外多电子体系的运动规律，建立起核外多电子排布规则。

6.4.1　屏蔽效应和钻穿效应

1. 屏蔽效应

在多电子体系中，对某一指定电子运动状态的描述，应综合考虑，该电子不仅受到核的库仑引力，还受到邻近其他电子的斥力。因电子都在高速运动着，电子之间的斥力相当复杂，导致偏离波函数。有一种中心力场模型近似处理方法，它把多电子原子中其他电子对指定电子的排斥作用，近似地看作从原子中心发出对该电子的排斥作用，这就相当于抵消了一部分核电荷对该电子的吸引。对该电子产生实际作用的电荷，称为**有效核电荷**（effective nuclear charge）。核电荷被抵消的部分，叫作**屏蔽常数**（screening constant）。多个电子产生的屏蔽作用具有加和性，所以有效核电荷数的计算方法为

$$z^* = z - \sum_{i=1}^{n-1} \sigma_i \tag{6-11}$$

式中，z 为核电荷数；z^* 为有效核电荷数；n 为电子数；σ_i 为 i 电子的屏蔽常数。

这种由核外其他电子抵消部分核电荷对指定电子吸引的作用，称为**屏蔽效应**（screening effect）。在上述假设的基础上，可将多电子原子中某指定电子的能量公式修正为

$$E = -2.179 \times 10^{-18} \left(\frac{z_{\text{eff}}}{n} \right)^2 (\text{J}) \tag{6-12}$$

$\sum \sigma$ 值可根据美国科学家斯莱特（J. C. Slater）提出的如下规则进行近似计算。

（1）将原子中的电子分成以下几组：

［1s］［2s,2p］［3s,3p］［3d］［4s,4p］［4d］［4f］［5s,5p］［5d］…

（2）位于被屏蔽电子右边的各组电子，对被屏蔽电子的 $\sigma = 0$，即外层电子对内层电子没有屏蔽作用。

（3）1s 轨道上的两个电子之间的 $\sigma = 0.30$，其余各组组内电子之间 $\sigma = 0.35$。

（4）被屏蔽的电子为 ns 或 np 时，主量子数为 $(n-1)$ 的各电子对它的 $\sigma = 0.85$，$(n-2)$ 及更内层的各电子的 $\sigma = 1.00$。

（5）被屏蔽电子为 nd 或 nf 时，位于它左边各组电子对它的 $\sigma = 1.00$ 。

例 6-1 求下列指定电子所受的屏蔽常数值 $\sum\sigma$ 和有效核电荷数 z^*：

（1）$_{13}$Al 的电子排布式为 $1s^22s^22p^63s^23p^1$，它的 3p 电子；

（2）$_{21}$Sc 的电子排布式为 $1s^22s^22p^63s^23p^63d^14s^2$，它的 3p 和 3d 轨道上的某一电子。

解 注意同组电子数，若指定电子所在组电子数共 m 个，则同组电子数为 $(m-1)$。

（1）3p 的某一个电子：同组电子 2 个，$(n-1)$ 层电子 8 个，$(n-2)$ 层电子 2 个。

$$\sum\sigma = 0.35\times2+0.85\times8+1.00\times2=9.50,\quad z^*=13-9.50=3.50$$

（2）3p 某一电子：同组电子 7 个，$(n-1)$ 层电子 8 个，$(n-2)$ 层电子 2 个。

$$\sum\sigma = 0.35\times7+0.85\times8+1.00\times2=11.25,\quad z^*=21-11.25=9.75$$

3d 的某 1 个电子：位于它的左边电子 18 个。

$$\sum\sigma = 1.00\times18=18,\quad z^*=21-18.0=3.0$$

斯莱特经验规则是较粗略的，对于 $n \leqslant 4$ 的轨道准确性较好，当 $n > 4$ 时则误差较大。屏蔽常数 σ 除了与主量子数 n 有关外，还与角量子数 l 有关。这要从钻穿效应来解释。

2. 钻穿效应

从电子云径向分布图可见，主量子数 n 较大的电子在离核较远的地方出现概率大，但在较近的地方也有少部分出现的概率。这种外层电子向内层少部分概率深入的效应，称为**钻穿效应**（penetration effect）。钻穿效应主要表现在穿入内层的小峰上。峰的数目 $[n-l]$ 越多，钻穿效应越大。如果钻穿效应大，电子云深入内层的概率大，内层对它的屏蔽效应则变小，使 σ 值变小，z^* 变大，能量降低。所以对多电子原子而言，n 值相同，l 值不同的电子亚层，其能量高低的次序为

$$E_{ns} < E_{np} < E_{nd} < E_{nf}$$

6.4.2 核外多电子排布规律

基于多电子运动体系中的电子存在屏蔽效应和钻穿效应，核外多电子的运动在基本遵循波函数基本规律的基础上，又有不同电子层的亚层轨道电子能级之间出现交错重叠的现象。经研究，核外多电子体系的运动遵循如下三原则。

1. 泡利不相容原理

1925 年，瑞士籍奥地利物理学家泡利（W. E. Pauli）在研究和解释碱金属的“双重谱线”基础上，提出了量子力学的又一重要原理，即泡利不相容原理。其内容有如下三种表述方式：

（1）在同一原子中，不可能存在 4 个量子数完全相同的电子。

（2）在同一原子中，不可能存在所处运动状态完全相同的电子。

（3）每一轨道只能容纳自旋方向相反的 2 个电子。

这三种说法是相互等效的，从一种说法可推证出其他说法。

2. 能量最低原理

在不违背泡利不相容原理的前提下，电子在各轨道上的排布方式应使整个原子能量处于

最低状态。这就是能量最低原理。

原子能量的高低除取决于轨道能量外，还与电子之间相互作用能有关。综合考虑这些因素，我国化学家徐光宪提出用 $(n+0.7l)$ 的数值来判断原子能量的高低。

例如，$_{19}$K 原子的最后一个电子填充在 3d 还是 4s 轨道使原子体系能量较低？

$E_{3d} = 3 + 0.7 \times 2 = 4.4$；$E_{4s} = 4 + 0.7 \times 0 = 4.0$。$E_{3d} > E_{4s}$，所以 K 原子的最后一个电子应填充在 4s 轨道，使原子体系能量较低。依据 $(n+0.7l)$ 可绘制粗略的电子轨道填充能级图，如图 6-8 所示，图中黑色小方块表示轨道。多电子体系的填充顺序为

1s，2s，2p，3s，3p，4s，3d，4p，5s，4d，5p，6s，4f，5d，6p，7s，5f，…

1939 年，美国著名化学家鲍林（L.C.Pauling）经过精确计算，将原子轨道分为七个能级组，并绘制了电子填充顺序图，如图 6-9 所示。图中每一条横线代表一个能级，电子按照这些能级从低到高的顺序填充。

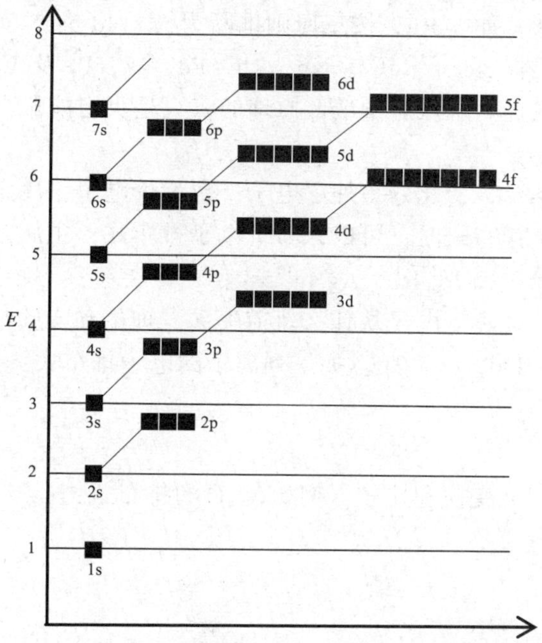

图 6-8　徐光宪近似能级图

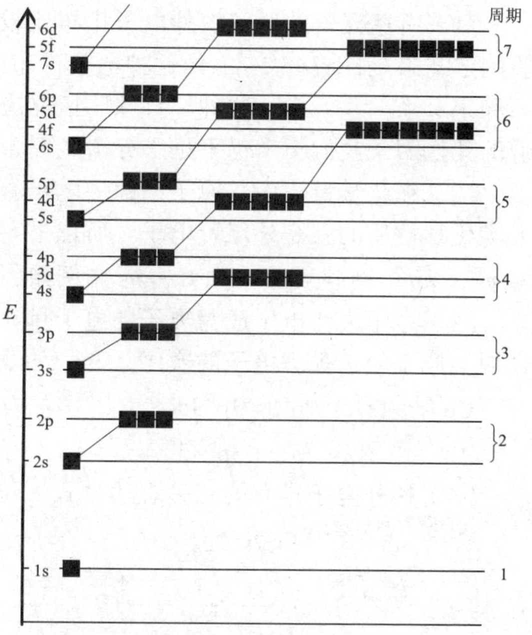

图 6-9　鲍林近似能级图

3. 洪特规则

能量相同的轨道，称为**简并轨道**（degenerate orbitals），如 3 种 p 轨道是一组简并轨道，5 种 d 轨道也是一组简并轨道。德国理论物理学家洪特（F. Hund）根据大量光谱实验数据总结出一个规律，即在简并轨道上排布电子时，总是优先以自旋相同的方式分别占据不同的轨道。因为这种排布方式使原子的总能量最低。例如，$_6$C 和 $_7$N 的电子排布：

电子式排布	$_6$C	$1s^2$	$2s^2$	$2p^2$			$_7$N	$1s^2$	$2s^2$	$2p^3$		
	①	↑↓	↑↓	↑	↑		①	↑↓	↑↓	↑	↑	↑
轨道式排布	②	↑↓	↑↓	↑↓			②	↑↓	↑↓	↑↓	↑	
	③	↑↓	↑↓	↑	↓		③	↑↓	↑↓	↑	↓	↑

在上述三种轨道式排布中，②③式 p 轨道的电子之间的斥力都比①式大，①式为能量最低状态，而②③式却不是能量最低状态。所以，洪特规则实质上也属于能量最低原理。

作为洪特规则的补充，当简并轨道处于全满、半满或全空（即 $p^6/d^{10}/f^{14}$；$p^3/d^5/f^7$ 或 $p^0/d^0/f^0$）状态时，能量较低，比较稳定。

有了以上三条规则，绝大多数元素的原子核外电子排布式都可确定。例如，$_{21}Sc$ 电子排布式为下列①式，书写格式为②式；$_{29}Cu$ 电子排布式为下列③式，而不是④式。

① $1s^2 2s^2 2p^6 3s^2 3p^6 4s^2 3d^1$　能量从低到高排列；

② $1s^2 2s^2 2p^6 3s^2 3p^6 3d^1 4s^2$　按电子层顺序书写；

③ $1s^2 2s^2 2p^6 3s^2 3p^6 3d^{10} 4s^1$　d 轨道接近全满时填充全满，符合洪特规则；

④ $1s^2 2s^2 2p^6 3s^2 3p^6 3d^9 4s^2$　d 轨道接近全满时而非全满，违背洪特规则。

在进行原子核外电子排布时，需注意以下几点：

（1）有些元素的原子核外电子排布比较复杂，如 $_{44}Ru$，按三原则推断为 $[Kr]4d^6 5s^2$，实验测定结果是 $[Kr]4d^7 5s^1$。像这种电子排布“特殊”的元素还有 Nb，Rh，Pd，W，Pt 及 La 系和 Ac 系一些元素。这种“特殊”情况应该说仍然服从能量最低原理的，只是决定能量高低的其他因素我们至今仍不是十分清楚罢了。

（2）在化学反应中，原子的内层电子基本不变，变化的是外层电子，也称价电子，决定元素化学性质的就是外层价电子。所以书写电子排布式时，可以只写价电子排布式：主族元素 ns，np；副族元素 $(n-1)d$，ns。例如，K $4s^1$，Cr $3d^5 4s^1$，Ag $4d^{10} 5s^1$。

（3）原子失去电子成为离子的电子排布式，取决于电子从什么轨道失去。理论和实验都证明，原子轨道失去电子的次序是 np，ns，$(n-1)d$，$(n-2)f$。如下列离子的电子排布式：

Cu^{2+}：$1s^2 2s^2 2p^6 3s^2 3p^6 3d^9$；

As^{3+}：$1s^2 2s^2 2p^6 3s^2 3p^6 3d^{10} 4s^2$。

（4）核外电子排布的三种表述方式，可以相互变换和比较。例如，$_8O$ 的排布式：

电子式　$1s^2 2s^2 2p^4$

轨道式　$\underline{\uparrow\downarrow}$　$\underline{\uparrow\downarrow}$　$\underline{\uparrow\downarrow}$　$\underline{\uparrow}$　$\underline{\uparrow}$

量子式　$\left(1, 0, 0, \pm\frac{1}{2}\right)$　$\left(2, 0, 0, \pm\frac{1}{2}\right)$　$\left(2, 1, 1, \pm\frac{1}{2}\right)$　$\left(2, 1, 0, +\frac{1}{2}\right)$　$\left(2, 1, -1, +\frac{1}{2}\right)$

从上述三种表述方式可以看出，电子式排布对电子的存在状态描述相对比较粗略，只能区分亚层轨道的电子数量；轨道式排布进一步明确了亚层电子的两种自旋状态；量子式排布是最完善的描述，它是对每一个电子运动状态的精确描述，也是电子排布三原则的综合体现。

6.5　元素周期律

1869 年俄国化学家门捷列夫（D. Mendeleev）对当时发现的 63 种元素的性质进行归纳和比对，发现化学元素之间的内在联系，按原子量递增把化学元素排成序列，元素的性质发生周期性的递变规律，这就是元素的周期律。将元素的这一递变规律排列成表，就是元素周期表。随着当时预言的元素被相继发现，元素周期律得到进一步的补充、完善和发展，充分显示出元素周期律的发现，在化学发展史上具有里程碑式的意义。下面就从原子核外电子排布的规律性，即从原子结构层次来揭示元素周期律的深层次科学内涵。

6.5.1　核外电子层结构和元素周期表

1. 元素的周期

元素所属的周期，往往是由其基态原子能量最高的电子所在的能级组的序号来确定的。主量子数 n 增加一个数值，就增加一个能级组，也就增加一个新的电子层，而每一个能级组就相当于周期表中的一个周期。各周期中元素数目是相应能级组中原子轨道可容纳的电子总数。其中第一周期只有氢、氦 2 种元素，称为特短周期。第二、第三周期各有 8 种元素，称为短周期。第四、第五周期分别由 19 号元素钾和 37 号元素铷开始，它们分别包含了 3d, 4s, 4p 及 4d, 5s, 5p 轨道，比第二、第三周期多填入 10 个电子。第四、第五周期各有 18 种元素，称为长周期。第六周期元素从 55 号元素铯开始，共有 32 种元素，称为特长周期，其中从 57 号元素镧到 71 号元素镥，新增的电子依次填充到 4f 轨道，这 15 种元素习惯上统称为镧系元素。第七周期从 87 号元素钫开始，其中包括从 89 号元素锕到 103 号元素铹共 15 种锕系元素。从元素周期律推测，第七周期也应有 32 种元素，现在明确的有 26 种，还有一些超大原子量的元素在核聚变反应中被陆续发现、获得，所以第七周期又称不完全周期。

2. 元素的族

按照元素周期表，从左到右共有 18 列，包括 16 个族：7 个主族、7 个副族、Ⅷ族和零族。主族从ⅠA 到ⅦA，最后一个电子填入 ns 或 np 轨道，价电子总数等于其族数。副族元素从ⅠB 到ⅦB，最后一个电子填入轨道 $(n-1)$d 或 $(n-2)$f 轨道，副族元素也称为过渡元素（镧系元素和锕系元素因有 f 电子，也称为内过渡元素）。零族元素是稀有气体元素，其最外层已经填满，呈稳定结构。Ⅷ族包括 3 列元素，虽然最后一个电子填在 $(n-1)$d 轨道，但它们外围电子的构型是 $(n-1)d^{6\sim10}ns^{0,1,2}$，电子总数是 8 ~ 10。大部分元素在化学反应中的氧化态不等于族数。

3. 元素的分区

根据元素最后一个电子填充的能级不同，可以将周期表中的元素分为 5 个区，实际上是把价电子构型相似的元素集中分在一个区，如图 6-10 所示。

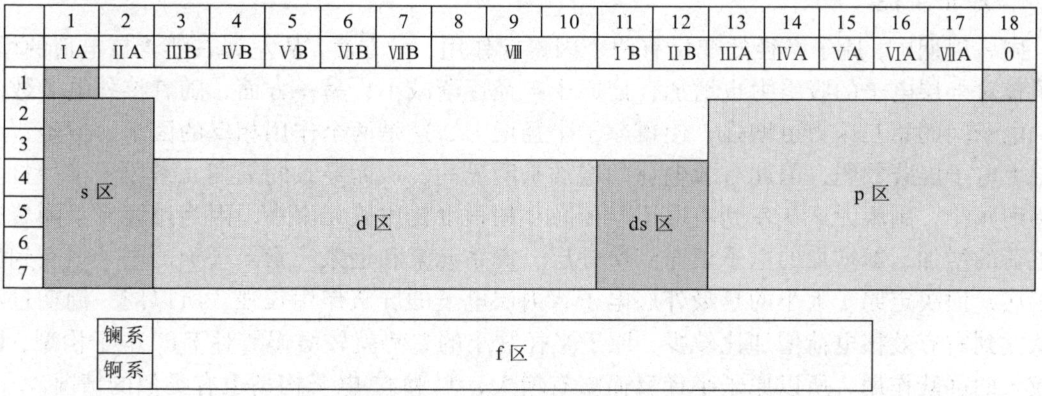

图 6-10　周期表中元素的分区

（1）s 区元素：最后一个电子填充在 s 轨道上，包括ⅠA、ⅡA 族，价层电子构型为 $ns^{1\sim2}$，属于活泼金属。

（2）p 区元素：最后一个电子填充在 p 轨道上，包括ⅢA ~ ⅦA 族和零族，价层电子构型为 $ns^2np^{1\sim6}$。

s 区和 p 区元素的族数，等于价层电子中 s 电子数与 p 电子数之和，若和为 8，则为零族元素。

（3）d 区元素：最后一个电子填充在倒数第二层即 $(n-1)$ 层的 d 轨道上，包括ⅢB ~ ⅦB 族和Ⅷ族。价层电子构型一般为 $(n-1)d^{1\sim8}ns^2$。这些元素常有可变的氧化态。

（4）ds 区元素：价层电子构型为 $(n-1)d^{10}ns^{1\sim2}$，即次外层 d 轨道是充满的，最外层轨道上有 1~2 个电子，包括ⅠB 和ⅡB 族，在周期表中处于 p 区和 d 区之间。ds 区元素的族数，等于价层电子中 ns 的电子数。d 区和 ds 区都属于过渡金属。

（5）f 区元素：最后一个电子填充在 f 轨道上，价层电子构型为 $(n-2)f^{0\sim14}(n-1)d^{0\sim1}ns^2$，包括镧系和锕系元素，称为内过渡元素。$(n-2)f$ 中的电子由未充满向充满过渡。

因此已知元素的原子序数即可推知电子结构及其在周期表中的位置。

例如，已知 $z=76$，则它在 $_{54}Xe$ 与 $_{86}Rn$ 之间，为第六周期，其原子实应为[Xe]，其最外能级组 6s4f5d6p 中应有 $76-54=22$ 个电子，应为 $6s^24f^{14}5d^6$，属第Ⅷ族第一列元素 $_{76}Os$：$[Xe]4f^{14}5d^66s^2$。当然，也可从某元素所处的周期与族来推知其电子构型、元素名称及 z 值。

6.5.2 元素性质的周期性

原子结构决定元素的性质，原子电子层结构的周期性变化导致元素性质的周期性变化。

1. 核外电子构型

元素的化学性质很大程度上取决于价电子构型。除第一周期元素外，凡基态呈稀有气体构型，即填满的 np^6 电子构型者是最稳定结构。同族各元素的外层都有相似的电子构型，因而价态和氧化值相似，化学性质相似。其中过渡元素电子除填入 $(n-1)d$ 或 $(n-2)f$ 轨道外，常还有一两个更容易丢失的 ns 电子，因而它们既有共同的价态，又有各自的多种氧化态，可形成多种价态的化合物，且常呈现独特的颜色。

2. 原子半径

同一周期中，原子半径的变化有两个因素起作用，一方面，从左到右随着核电荷的增加，原子核对外层电子的吸引力也增加，使原子半径逐渐减小；另一方面，随着核外电子数的增加，电子间的相互斥力也增强，使得原子半径增大，这是两个作用相反的因素。但是，由于同层上电子屏蔽较弱，因此有效电荷的增加是明显的，从而导致同周期元素原子半径自左向右逐渐减小，副族元素从左到右原子半径减小的程度比主族元素小，因为过渡元素随着原子核电荷的增加，新增加的电子填充到次外层，镧系元素和钢系元素新增加的电子填充到倒数第三层，而决定原子大小的是最外层电子，内层电子的屏蔽作用较强，所以同一周期过渡元素从左到右有效核电荷增加比较少，原子半径减小的趋势就较缓慢。对于 d^{10} 电子构型，因为有较大的屏蔽作用，所以原子半径反而略有增大，f^7 和 f^{14} 电子构型也有类似的情况。

各元素的原子半径数据，详见表 6-5。

表 6-5　原子半径周期表

H 30																	He 140
Li 152	Be 111											B 86	C 77	N 70	O 66	F 64	Ne 154
Na 186	Mg 160											Al 143	Si 118	P 108	S 106	Cl 99	Ar 188
K 231	Ca 197	Sc 161	Ti 145	V 131	Cr 125	Mn 118	Fe 124	Co 125	Ni 126	Cu 128	Zn 133	Ga 123	Ge 122	As 121	Se 117	Br 114	Kr 198
Rb 243	Sr 215	Y 180	Zr 160	Nb 147	Mo 136	Tc 135	Ru 133	Rh 135	Pd 138	Ag 144	Cd 149	In 151	Sn 140	Sb 145	Te 137	I 133	Xe 217
Cs 265	Ba 217	La 183	Hf 156	Ta 143	W 137	Re 138	Os 134	Ir 136	Pt 139	Au 144	Hg 151	Tl 170	Pb 175	Bi 155	Po 167	At 145	Rn
Fr 270	Ra 220	Ac 188	Rf	Db	Sg	Bh	Hs	Mt	Ds	Rg	Cn	Nh	Fl	Me	Lv	Ts	Og

镧系	La 183	Ce 182	Pr 182	Nd 181	Pm 183	Sm 180	Eu 199	Gd 180	Tb 177	Dy 178	Ho 176	Er 176	Tm 176	Yb 199	Lu 174
锕系	Ac 188	Th 179	Pa 163	U 156	Np 155	Pu 159	Am 173	Cm 174	Bk 168*	Cf 186	Es 186	Fm 167*	Md 173*	No 176*	Lr 161*

摘自：Lange's Handbook of Chemistry. 16 ed. 2005: 1.151-1.156. 金属半径配位数为 12；当配位数为 8、6、4 时，半径值分别乘以 0.97、0.96、0.88；稀有气体为范德华半径(pm)。表中数据有修约。

*摘自：CRC handbook of Chemistry and Physics. 91st ed. 2010: 9-49 ~ 9-50. 为原子共价半径(pm)。

将上述原子半径周期表中的数据，以原子序数为横坐标，原子半径为纵坐标，绘制成原子半径随原子序数变化的规律曲线，如图 6-11 所示。

同一主族中，从上到下虽然核电荷的增加有使原子半径减小的作用，但元素原子的电子层数增多起主要作用，所以从上到下原子半径增大。副族元素因为“镧系收缩”的影响，情况比较复杂。镧系元素随着原子序数的增加，电子填充到 4f 轨道，由于 4f 轨道对外层电子的屏蔽作用使有效核电荷增加更为缓慢，从 La 到 Lu 原子半径从 169 pm 减小到 156 pm，每增加一个核电荷，半径平均递减约 1 pm，半径减小的幅度很小。镧系收缩的结果是其后面的各过渡元素的原子半径都相应地缩小，使它们与上一周期同族元素的原子半径十分接近，如 Zr 和 Hf，Nb 和 Ta，Mo 和 W 等，在性质上极为相似，常以共生矿在地球上共存，分离极其困难。

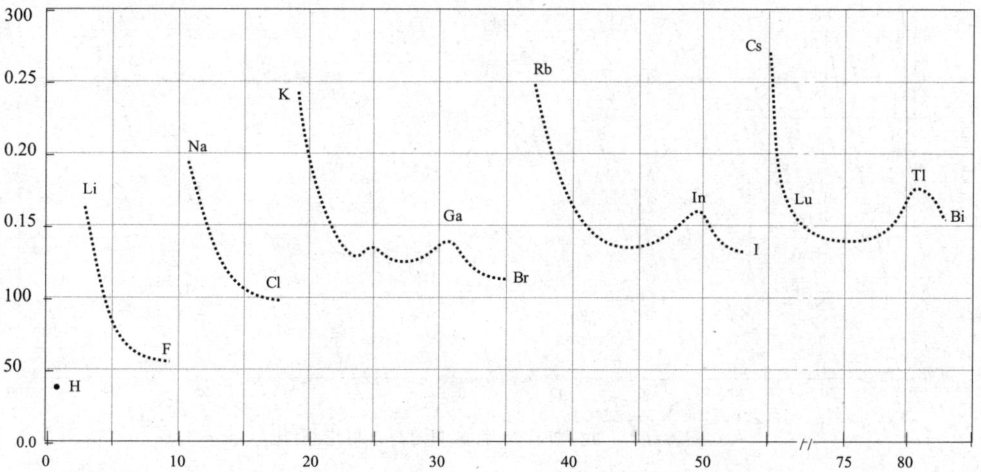

图 6-11　原子半径 r 随原子序数 z 变化规律

3. 电离能

基态气体原子失去一个电子，变成气态正离子所需的能量，称为该元素的第一电离能 I_1。从正一价气态离子再失去一个电子形成正二价气态离子，所需要的能量叫作第二电离能 I_2，以此类推。电离能的大小反映原子失去电子的难易。电离能越大，失电子越难。元素各级电离能的大小顺序为 $I_1 < I_2 < I_3 < \cdots$。各元素第一电离能，见表 6-6。

表 6-6　元素第一电离能周期表

H 1374.8																	He 2485.7
Li 545.1	Be 942.6											B 838.9	C 1138.4	N 1469.4	O 1376.8	F 1761.5	Ne 2180.2
Na 519.6	Mg 773.0											Al 605.2	Si 824.2	P 1060.2	S 1047.4	Cl 1311.1	Ar 1593.3
K 438.9	Ca 618.0	Sc 663.3	Ti 690.3	V 682.0	Cr 684.1	Mn 751.6	Fe 800.7	Co 796.8	Ni 772.4	Cu 781.1	Zn 949.7	Ga 606.5	Ge 798.6	As 989.7	Se 985.9	Br 1194.4	Kr 1415.4
Rb 422.3	Sr 575.8	Y 628.5	Zr 670.7	Nb 683.3	Mo 717.0	Tc 736.0	Ru 744.2	Rh 754.1	Pd 842.9	Ag 765.9	Cd 909.3	In 585.0	Sn 742.5	Sb 870.3	Te 910.9	I 1056.6	Xe 1226.3
Cs 393.7	Ba 529.9	La 563.8	Hf 690.0	Ta 763.3	W 795.0	Re 792.0	Os 853.1	Ir 906.6	Pt 905.8	Au 932.7	Hg 1055.3	Tl 617.5	Pb 749.8	Bi 736.6	Po 850.6	At	Rn 1086.7
Fr 411.8	Ra 533.6	Ac 522.7	Rf	Db	Sg	Bh	Hs	Mt	Ds	Rg	Cn	Nh	Fl	Me	Lv	Ts	Og

锕系	La 563.8	Ce 560.0	Pr 533.3	Nd 558.6	Pm 564.3	Sm 570.6	Eu 573.2	Gd 621.8	Tb 592.8	Dy 600.4	Ho 608.7	Er 617.5	Tm 625.2	Yb 632.3	Lu 548.6
镧系	Ac 522.7	Th 637.6	Pa 595.5	U 626.2	Np 633.5	Pu 609.2	Am 604.0	Cm 605.7	Bk 626.6	Cf 635.1	Es 649.1	Fm 657.2	Md 665.2	No 672.3	Lr 495.4

摘自：David R Lide. CRC Handbook of Chemistry and Physics. 90th ed. 2009—2010. 单位 $kJ \cdot mol^{-1}$。

元素的第一电离能更为重要，是衡量元素原子失电子能力和元素金属性的一种尺度。将上述元素第一电离能周期表中的数据，以原子序数为横坐标、第一电离能量为纵坐标，绘制成电离能随原子序数变化的曲线，如图 6-12 所示，可以更直观地了解到第一电离能的周期变化规律。

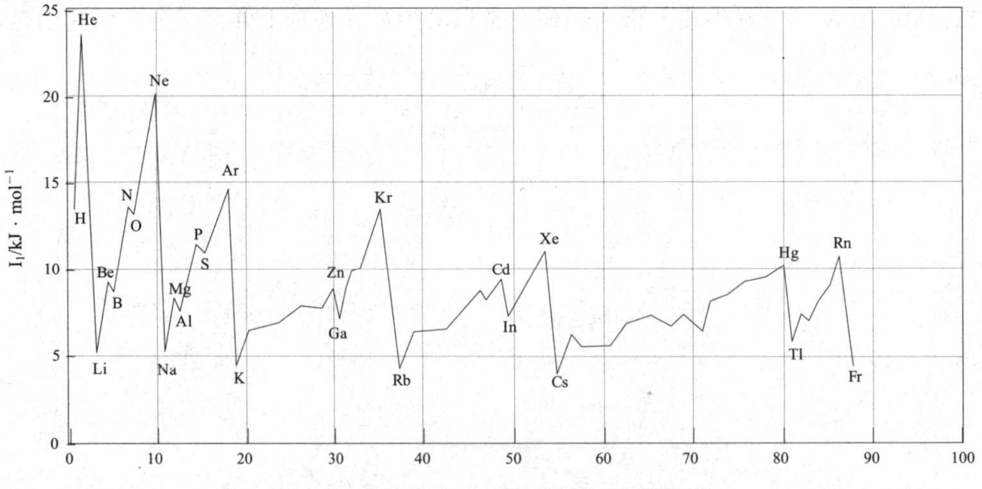

图 6-12　元素第一电离能的周期性变化

电离能的大小主要取决于原子核电荷数、原子半径和电子构型。电子层数相同的元素，核电荷越多，半径越小，原子核对外层电子引力越大，因此越不易失去电子，电离能越大。

各周期中稀有气体的电离能最大，其部分原因就是它们的原子具有稳定的 8 电子结构。

在同一周期中，元素的第一电离能从左到右总的趋势是依次增大，但也有反常情况。这与电子处于充满或半充满时构型较为稳定有关，如 $I_1(\mathrm{B}) < I_1(\mathrm{Be})$，$I_1(\mathrm{O}) < I_1(\mathrm{N})$ 等。

在同一主族中，从上到下电子层数增加，原子核和对外层电子引力减小，半径增大，电离能相应递减。除了核电荷和原子半径之外，电子构型对电离能的影响也很大。副族元素的电离能变化缓慢，而且规律性不明显，因为它们新增加的电子填入的是 $(n-1)\mathrm{d}$ 或 $(n-2)\mathrm{f}$ 轨道，而最外层基本相同。

电离能数据除了可以说明元素的金属活泼性之外，也可以说明元素所呈现的氧化态。例如 Na 易形成 +1 氧化态，Mg 容易形成 +2 氧化态，其电离能数据比较及分析，参见表 6-7。

表 6-7　Na 和 Mg 电离能与氧化态的关系

电离能/$\mathrm{kJ\cdot mol^{-1}}$	I_1	I_2	I_3	数据比较分析
Na	496	4562		I_2 是 I_1 的 9 倍多，失去最外层一个电子容易，再失去内层电子较难，易形成 +1 价氧化态
Mg	738	1451	7733	I_1 与 I_2 接近，I_3 是 I_1 的 10 倍，说明失去最外层两个电子容易，再失去内层电子难，易形成 +2 价氧化态

4. 电子亲和能

元素气态原子在基态时得到一个电子形成气态一价负离子所放出的能量称为电子亲和能，用 E_1 表示。也有第一、二、三电子亲和能之分。元素的电子亲和能数值越小，表示原子得到电子的倾向越大，非金属性也越强。

一般元素的第一电子亲和能为负值，表示得到一个电子形成负离子时放出能量；也有的元素 E_1 为正值，表示得电子时要吸收能量，说明该元素的原子变成负离子非常困难。元素的第二电子亲和能一般为正值，说明由负一价的气态离子变成负二价的气态离子也要吸热。碱金属和碱土金属的电子亲和能都是正的，说明它们形成负离子的倾向很小，非金属性很弱。电子亲和能是元素非金属性的一种标度。目前已知元素的电子亲和能数据较少，测定的准确性也较差。元素的第一电子亲和能数据，参见表 6-8。

表 6-8　元素的第一电子亲和能

H 76.2																	He ~
Li 62.5	Be ~											B 28.3	C 127.6	N ~	O 147.7	F 343.8	Ne ~
Na 55.4	Mg											Al 43.8	Si 138.5	P 75.5	S 210.0	Cl 365.3	Ar ~
K 50.7	Ca 2.5	Sc 19.0	Ti 8.0	V 53.1	Cr 67.3	Mn ~	Fe 15.3	Co 66.9	Ni 116.9	Cu 124.9	Zn ~	Ga 43.5	Ge 124.7	As 82.3	Se 204.3	Br 340.1	Kr ~
Rb 49.1	Sr 4.9	Y 31.0	Zr 43.1	Nb 90.3	Mo 75.6	Tc 55.6	Ru 106.2	Rh 115.0	Pd 56.8	Ag 133.5	Cd ~	In 30.3	Sn 112.4	Sb 105.8	Te 199.3	I 309.3	Xe ~
Cs 47.7	Ba 14.7	La 47.5	Hf ~	Ta 32.6	W 82.4	Re 15.2	Os 111.2	Ir 158.1	Pt 215.1	Au 233.4	Hg ~	Tl 20.2	Pb 36.8	Bi 95.2	Po 192.1	At 283.1	Rn ~
Fr 46.5	Ra 10.1	Ac 35.4	Rf	Db	Sg	Bh	Hs	Mt	Ds	Rg	Cn	Nh	Fl	Mc	Lv	Ts	Og

镧系	La 47.5	Ce 96.5	Pr 97.3	Nd	Pm	Sm	Eu 87.4	Gd	Tb	Dy	Ho	Er	Tm 104.0	Yb −2.0	Lu 34.4
锕系	Ac	Th	Pa	U	Np	Pu	Am	Cm	Bk	Cf	Es	Fm	Md	No	Lr

摘自：David R Lide. CRC Handbook of Chemistry and Physics. 90th ed. 2009—2010.

注：① “~” 表示 “不稳定”。② 无数据表示 “未测得”。③ 单位 $\mathrm{kJ\cdot mol^{-1}}$。

5. **电负性**

鲍林在 1932 年提出了电负性的概念，即把原子在分子中吸引成键电子的能力，叫作电负性。电负性反映了元素的金属性和非金属性的相对强弱。电负性通常用 χ 来表示，鲍林把氟的电负性指定为 4.0，通过热化学的数据以及分子的键能计算和对比，得到其他元素的电负性数值，参见表 6-9。因此电负性是一个相对数值。

表 6-9　元素的电负性

H 2.2																	He –
Li 0.98	Be 1.57											B 2.04	C 2.55	N 3.04	O 3.44	F 3.98	Ne –
Na 0.93	Mg 1.31											Al 1.61	Si 1.90	P 2.19	S 2.58	Cl 3.16	Ar –
K 0.82	Ca 1.00	Sc 1.36	Ti 1.54	V 1.63	Cr 1.66	Mn 1.55	Fe 1.83	Co 1.88	Ni 1.91	Cu 1.90	Zn 1.65	Ga 1.81	Ge 2.01	As 2.18	Se 2.55	Br 2.96	Kr –
Rb 0.79	Sr 0.95	Y 1.22	Zr 1.33	Nb 1.60	Mo 2.16	Tc 2.10	Ru 2.20	Rh 2.28	Pd 2.20	Ag 1.93	Cd 1.69	In 1.78	Sn 1.96	Sb 2.05	Te 2.10	I 2.66	Xe 2.60
Cs 0.79	Ba 0.89	La 1.10	Hf 1.3	Ta 1.5	W 1.7	Re 1.9	Os 2.2	Ir 2.2	Pt 2.4	Au 2.4	Hg 1.9	Tl 1.8	Pb 1.8	Bi 1.9	Po 2.0	At 2.2	Rn –
Fr 0.7	Ra 0.9	Ac 1.1	Rf	Db	Sg	Bh	Hs	Mt	Ds	Rg	Cn	Nh	Fl	Me	Lv	Ts	Og

锕系	La 1.10	Ce 1.12	Pr 1.13	Nd 1.14	Pm –	Sm 1.17	Eu –	Gd 1.20	Tb –	Dy 1.22	Ho 1.23	Er 1.24	Tm 1.25	Yb –	Lu 1.0
镧系	Ac 1.1	Th 1.3	Pa 1.5	U 1.7	Np 1.3	Pu 1.3	Am 1.3	Cm 1.3	Bk 1.3	Cf 1.3	Es 1.3	Fm 1.3	Md 1.3	No 1.3	Lr

摘自：James G Speight. Lange's Handbook of Chemistry. 16th ed. 2005.

注：标度/Pauling 电负性。

根据电负性的大小，可以评价元素的金属性和非金属性。一般来说，非金属元素的电负性在 2.0 以上，金属元素的电负性数据在 2.0 以下，但 2.0 并不是金属元素和非金属元素的界限，因为元素的金属性和非金属性并没有严格的界限。

元素的电负性也是呈周期性变化的。在同一周期中，从左到右电负性递增，元素的非金属性逐渐增强。在同一主族中，从上到下电负性递减，元素的金属性依次增加。元素周期表的左下角元素铯电负性最小，右上角的元素氟则最大。

习　题

一、思考题

1. 如何用氢原子玻尔模型解释氢原子的线状光谱？玻尔模型对原子结构理论的发展有何贡献？理论本身有何局限性？

2. 什么是波粒二象性？证明光及微观粒子具有波粒二象性的实验基础是什么？波粒二象性的联系式是什么？

3. 量子力学如何描述原子中电子的运动状态？

4. 一个“原子轨道”需用几个量子数来描述，各量子数的取值及物理意义是什么？

5. 下列各组量子数组合中，合理的是哪些？

（1）3, 3, 0, $\frac{1}{2}$；（2）2, 3, 1, $\frac{1}{2}$；（3）3, 1, 1, $-\frac{1}{2}$；（4）2, 0, 1, $-\frac{1}{2}$。

6. 填空题

（1）$n=3$，电子层内可能有的原子轨道数是______________。

（2）$n=4$，电子层内可能有的运动状态数是______________。

（3）$n=6$，电子层内可能有的能级数是______________。

（4）$l=3$，能级的简并度是______________。

7. 试说明下列现象发生的原因：

（1）能级分裂；（2）能级交错；（3）屏蔽效应；（4）钻穿效应。

8. 指出下列各类元素原子电子构型的特点：

（1）同一周期元素；（2）同一主族元素；（3）同一副族元素；（4）ds 区元素。

9. 填空题

（1）24 号元素的电子构型是________，价电子构型是________，位于第________周期、________族，元素符号是________。

（2）M^+的电子构型为[Kr]$4d^{10}$，其价电子构型为________，位于第________周期、________族、________区，原子序数为________。

10. 什么是屏蔽效应和钻穿效应？当 $n=3$ 时，最多可容纳 $2n^2$ 个电子，那么第三周期为何只有 8 种元素而不是 18 种？

11. 周期表中的区、族是如何划分的？各区、族外层电子构型有什么特征？

12. 解释下列名词：

（1）电离能；（2）电子亲和能；（3）电负性；（4）共价半径；（5）vander Waals 半径；（6）镧系收缩。

13. 为什么电离能均为正值，而电子亲和能却有正负之分？

14. 用电子亲和能还是用电负性来衡量原子吸引成键电子的能力？用什么来判断元素金属性、非金属性的强弱？

15. 指出下列叙述是否正确：

（1）价电子排布为 ns^1 的元素是碱金属元素；

（2）Ⅷ族元素的电子排布为 $(n-1)d^0ns^2$；

（3）氟是最活泼的非金属元素，故其电子亲和能最大；

（4）K 和 Fe 的 $E_{3d}>E_{4s}$。

二、问答题

1. 简述多电子原子的核外电子排布的基本原则。

2. 写出 $n=4$ 主层中各个电子的 n、l、m 量子数与轨道符号，并指出各亚层中的轨道数和最多能容纳的电子数、总的轨道数和电子数（列表表示）。

3. 用原子轨道符号表示下列各套量子数。

（1）$n=2$，$l=1$，$m=-1$；

（2）$n=4$，$l=0$，$m=0$；

（3）$n=5$，$l=2$，$m=0$。

4. 假定有下列电子的各套量子数，指出哪几套不可能存在，并说明原因。

（1）$\left(3,\ 2,\ 2,\ \frac{1}{2}\right)$；　（2）$\left(3,\ 0,\ -1,\ \frac{1}{2}\right)$；　（3）$(2,\ 2,\ 2,\ 1)$；

（4）$\left(2,\ -1,\ 0,\ \frac{1}{2}\right)$；　（5）$\left(2,\ 0,\ -2,\ \frac{1}{2}\right)$；　（6）$(1,\ 0,\ 0,\ 0)$。

5. 第四周期中，基态原子中有 2 个未成对电子的元素有哪些？写出其符号及名称。

6. 用 s、p、d、f 等符号表示 Al，Cr，Fe^{2+}，As，Ag^{+}，Pb^{2+}等原子或离子的核外电子构型，判断它们属于第几周期、第几主族（或副族）元素。

7. 在表 6-10 中，以（1）为范例，填充各题的空白：

表 6-10　第 7 题表格

元素符号		原子序数 z	电子构型
（1）	Na	11	$1s^2 2s^2 2p^6 3s^1$
（2）			$1s^2 2s^2 2p^6 3s^2 3p^3$
（3）	Zr	40	$[Kr]4d^{(\ )}5s^2$
（4）			$[Kr]4d^{(\ )}5s^2 5p^4$
（5）			$[Kr]4d^{(\ )}5s^{(\ )}5p^5$
（6）	Bi	83	$[Xe]4f^{(\ )}5d^{(\ )}6s^2 6p^{(\ )}$

8. 画出 V、Si、Fe 的电子轨道图，并指出这些原子各有几个未成对电子？

9. 在表 6-11 中，已知元素在周期表中的位置，写出它们的价层电子构型和元素符号。

表 6-11　第 9 题表格

序号	在周期表中位置	价电子构型	元素符号
（1）	第四周期ⅣB 族		
（2）	第四周期ⅥB 族		
（3）	第五周期ⅥA 族		
（4）	第六周期ⅡA 族		

10. 价层电子构型满足下列条件之一的是哪一类或哪一种元素？

（1）具有 2 个 p 电子；

（2）有 2 个量子数为 $n=4$ 和 $l=0$ 的电子，6 个量子数为 $n=3$ 和 $l=2$ 的电子；

（3）3d 为全充满、4s 只有 1 个电子的元素。

11. 完成表 6-12。

表 6-12　第 11 题表格

序号	量子数			轨道符号	轨道角度分布图	电子云径向分布图
	n	l	m			
1				2s		
2	3	0				
3				$3p_z$		
4	2					
5	3					

12. 据理判定下列各对原子（或离子）中，哪一个半径大：

H 与 He，Ba 与 Sr，Sc 与 Ca，Cu 与 Ni，Zr 与 Hf，La 与 Gd，S^{2-} 与 S，Na 与 Al^{3+}，Fe^{2+} 与 Fe^{3+}，Pb^{2+} 与 Sn^{2+}。

13. 试说明下列等电子离子的离子半径值为什么在数值上有差别：

（1）F^-(133 pm)，O^{2-}(140 pm)；

（2）Na^+(102 pm)，Mg^{2+}(72 pm)，Al^{3+}(54 pm)。

14. 解释下列现象：

（1）Na 的第一电离能小于 Mg，而 Na 的第二电离能却大大超过 Mg。

（2）Na^+和 Ne 是等电子体，为什么它们的第一电离能的数值差别较大？

［Ne(g) $I_1 = 21.6$ eV，Na^+(g) $I_1 = 47.3$ eV］

（3）Be 原子的第一、二、三、四各级电离能（I）分别为 899, 1757, 1.484×10^4，2.100×10^4 $kJ\cdot mol^{-1}$。解释各级电离能逐渐增大并有突跃的原因。

15. 下列不同原子的价电子构型，其中第一电离能最大的是（　），第一电离能最小的是（　）。

	2s	2p				2s	2p		
（1）	↑↓	___	___	___ ；	（2）	↑↓	↑	___	___ ；
（3）	↑↓	↑↓	↑	↑ ；	（4）	↑↓	↑	↑	↑ 。

16. 判断常温下，以下气相反应能否自发发生，并计算（2）的反应热。

（1）　$Na + Rb^+ \longrightarrow Na^+ + Rb$

（2）　$F^- + Cl \longrightarrow F + Cl^-$

（3）　$N^+ + O \longrightarrow N + O^+$

（4）　$Br^- + I \longrightarrow Br + I^-$

三、计算题

1. 根据 Balmer 氢原子可见光谱经验公式，计算：

（1）Balmer 系中波长最长的谱线 n 和 λ(pm) 各为多少？

（2）Balmer 系中某谱线的波长为 3.798×10^5 pm，其 n 是多少？

（3）Balmer 系中波长最短的谱线 n 和 λ(pm) 各为多少？波长以 nm 表示，是多少？

2. 根据 Bohr 理论，计算第五个 Bohr 轨道半径（nm）和在此轨道上的能量。

3. （1）计算氢原子中的电子由 $n = 4$ 能级跃迁到 $n = 3$ 能级时发射光的频率和波长；

（2）该辐射的波长属于电磁波的哪一个光谱区？

4. 光解作用使 NO_2 分解为 NO 和原子氧。分解所吸收的能量为 304 $kJ\cdot mol^{-1}$，问此能量相当于波长是多少的电磁波？

5. 试根据 Bohr 理论求证单电子离子（或原子）如 He^+ 与 Li^{2+} 在第 n 态的能量表达式如下，此处 z 为核电荷数，$B = 2.179\times10^{-18}$ J。在此基础上，求 He^+ 的电离能（分别以 $J\cdot atom^{-1}$ 和 $J\cdot mol^{-1}$ 表示）。

6. 计算下列光子的质量和能量：

（1）波长为 401400 pm 相当于钾的紫光的光子；

（2）波长为 0.20 pm 的 γ 射线光子。

7. 如果一束电子的 de Broglie 波长为 1 nm，则其速度应该是多少？

8. 设子弹质量为 10 g，速度为 $1000\,m\cdot s^{-1}$。根据 de Broglie 式和不确定性关系式，用计算说明宏观物质主要表现为粒性，它们的运动服从经典力学规律（设子弹速度的不确定程度为 $\Delta v_x = 10^{-3}\,m\cdot s^{-1}$）。

9.（1）计算 1.00 g 气态 Cl 原子完全转化为气态 Cl^- 所释放的能量（以 kJ 为单位表示）。已知 Cl 原子的电子亲和能为 $3.6\ eV\cdot atom^{-1}$。

（2）计算氢原子的电离能，试根据氢原子能级图的数据并以 $eV\cdot atom^{-1}$ 为单位表示。

第 7 章　分子结构基础

本章主要讨论分子中原子间的相互作用力以及化学键的性质，介绍离子键、共价键、金属键三种化学键，讨论分子间的作用力、氢键以及物质性质与物质结构之间的关系。

7.1　离子键理论

1916 年，德国化学家科塞尔（Kossel）根据惰性气体原子具有稳定结构的事实提出了离子键理论。他认为，当电离能较小的金属原子与电子亲和能较大的非金属原子靠近时，前者易失去外层电子成正离子（cation），后者易获得电子成负离子（anion），这样正、负离子便都具有类似稀有气体原子的稳定结构。它们之间靠静电引力结合在一起而生成离子化合物。这种正负离子间的静电吸引力叫作离子键。如碱金属、碱土金属原子与卤素、氧族原子靠近时，即形成离子键。

Kossel 的观点与离子化合物在熔融之后或在水溶液中具有导电性的事实相符合。此外，由于 X 射线衍射实验能直接测出晶体中各质点的电子相对密度，可以证明氯化钠晶体是由具有 10 个电子的钠离子和 18 个电子的氯离子按一定方式排列而成，因此晶体中存在正负离子及离子间的成键本质是静电引力就毫无疑义了。本节将依次讨论离子键的特点、强度和各类离子的特征。

7.1.1　离子键的特点

由于离子键的本质是静电引力，所以离子键的主要特点是既没有方向性，也不具饱和性。例如可以把 NaCl 晶体中的 Na^+ 和 Cl^- 看成是带电的小球，这些小球在空间各个方向上吸引异性电荷离子的能力都是等同的，所以形成的离子键就没有一定方向。NaCl 晶体中每个 Cl^- 和 6 个相邻的 Na^+ 相接触，而在 CsCl 晶体中每个 Cl^- 则和在它周围的 8 个 Cs^+ 相接触（图 7-1）。正负离子周围邻接的异性电荷离子数目主要取决于正负离子的相对大小，而与它所带的电荷多少并无直接关系。只要周围空间许可，一个负（正）离子可以尽量多地吸引正（负）离子，所以说离子键不具有饱和性。此外，无论是 NaCl 或 CsCl 晶体，中心离子如 Na^+ 和最邻近的 6 个 Cl^- 相互吸引外，还可以与远层的若干 Na^+ 和 Cl^- 相互排斥和吸引。从这个意义上讲，离子键更不具有饱和性了。

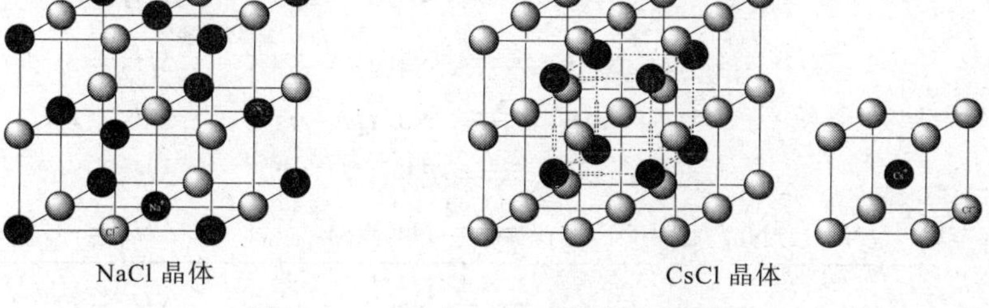

图 7-1　NaCl 与 CsCl 晶体示意图

在通常条件下，离子化合物是由正负离子通过离子键交替连接而构成的晶体物质。我们无法从晶体中划分出单个孤立的NaCl分子，只能把整个晶体看成是一个巨大的分子，在晶体中 Na 和 Cl 的摩尔比为 1 : 1。所以说，符号 NaCl 仅是氯化钠晶体的化学式，实际上并不代表氯化钠的分子式。

7.1.2　离子键的强度

离子键的强度可用晶格能（lattice energy），也称点阵能的大小来衡量。晶格能表示相互远离的气态正离子和负离子结合成 1 mol 离子晶体时所释放的能量，或 1mol 离子晶体解离成自由气态离子时所吸收的能量。在热化学计算中正向反应释放的能量和逆向反应吸收的能量，数值相同，符号相反，取其绝对数值称为晶格能（U）。例如对于以下晶体生成反应，焓变 ΔH 的负值就是晶格能 U 。

$$mM^{x+}(g)+xX^{m-}(g) \xlongequal{\quad} M_mX_n(s)$$
$$-\Delta H = U \qquad (7\text{-}1)$$

晶格能数值的大小常用来比较离子键的强度和晶体的稳定性。

玻恩（Born）与哈伯（Haber）设计了一个热化学循环，利用这一循环，就可以根据实验数据间接求算晶体的晶格能。例如，设计 NaCl 晶体参与图 7-2 所示的热化学循环。

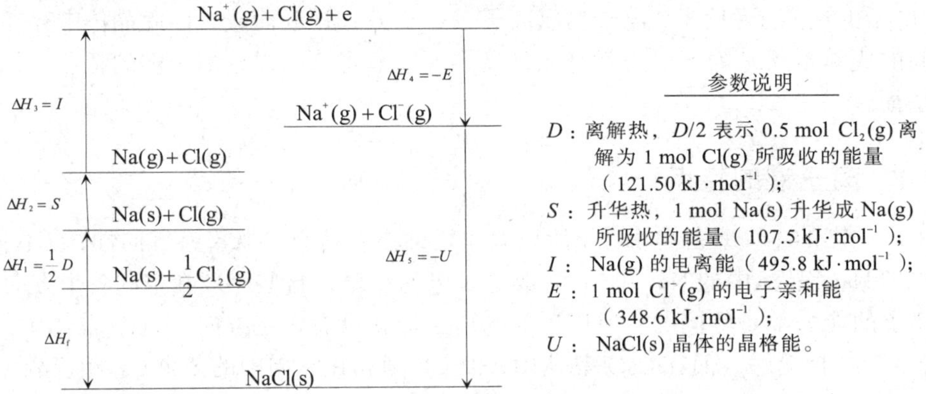

图 7-2　Born-Haber 循环计算晶格能示意图

根据热化学赫斯（Hess）定律，以上五步能量变化的总和应该等于 1 mol Na(s) 和 1/2 mol Cl_2(s) 直接化合，生成 1 mol NaCl(s) 释放出的能量，即 NaCl 的生成焓 ΔH_f（$-411.2\ kJ\cdot mol^{-1}$）。以上 Born-Haber 循环中的热化学方程式表示如下：

$$\frac{1}{2}Cl_2(g) \xlongequal{\quad} Cl(g) \qquad \Delta H_1=\frac{D}{2}$$
$$Na(s) \xlongequal{\quad} Na(g) \qquad \Delta H_2 = S$$
$$Na(g) \xlongequal{\quad} Na^+(g)+e \qquad \Delta H_3 = I$$
$$Cl(g)+e \xlongequal{\quad} Cl^-(g) \qquad \Delta H_4 = -E$$
$$+)\quad Na^+(g)+Cl^-(g) \xlongequal{\quad} NaCl(s) \qquad \Delta H_5 = -U$$
$$Na(s)+\frac{1}{2}Cl_2(g) \xlongequal{\quad} NaCl(s) \qquad \Delta H_f = Q$$

$$\Delta H_f = \sum \Delta H_i = \frac{1}{2}D + S + I + (-E) + (-U)$$

所以

$$U = -\Delta H_f + \frac{1}{2}D + S + I - E \tag{7-2}$$

即 NaCl(s) 晶格能

$$U = 411.2 + 121.5 + 107.5 + 495.8 - 348.6 = 787.4\ \text{kJ} \cdot \text{mol}^{-1}$$

晶格能也可从理论上进行计算。根据库仑定律，电荷分别为 $+z_1$e 和 $-z_2$e 的正负离子间吸引力和正负离子间电子排斥力达平衡时，相邻正负离子间距为 r_0（称为平衡距离），体系位能（V）的最小值为 $V(r_0)$，由此可推算出晶格能理论表示式：

$$U = -V(r_0) = \frac{N_A A z_1 z_2 e^2}{4\pi\varepsilon_0 r_0}\left(1 - \frac{1}{n}\right) \tag{7-3}$$

式中，N_A 是阿伏加德罗（Avogadro）常数；A 称为马德隆（Madelung）常数，它与晶格的类型（包括原子配位数）有关；n 是与原子的电子构型有关的因子；z_1、z_2 为离子电荷数。

式（7-3）中 U 主要由晶体中 z_1、z_2 和 r_0 的大小来决定，由此式计算得 NaCl 晶体的晶格能 $U = 769\ \text{kJ} \cdot \text{mol}^{-1}$，与实验值 $787\ \text{kJ} \cdot \text{mol}^{-1}$ 相比，相差不大。如果充分考虑到实验误差以及理论计算中还需加上一些修正因素，那么这个结果是令人满意的。它表明用离子键理论处理 NaCl 晶体结构基本上是合理的，也说明离子键本质上是以库仑静电引力为基础的。其他碱金属卤化物晶体的处理也有类似结果。

根据晶格能理论可知，在晶体类型相同时，晶格能与正负离子电荷数成正比，而与它们的平均距离 r_0 成反比。离子化合物的晶格能越大，正负离子间结合力越强，相应晶体的熔点越高，硬度越大，热膨胀系数和压缩系数越小。表 7-1 列举了一些常见的晶体结构均为 NaCl 型离子化合物的熔点、硬度随离子电荷 z 及 r_0 变化的情况，其中离子电荷的变化影响最突出。

表 7-1　离子电荷 z 及 r_0 对晶格能 U 和晶体熔点、硬度的影响

NaCl 型离子化合物	z	r_0/pm	U/kJ·mol^{-1}	mp/°C	Mohs 硬度
NaF	1	231	923	993	3.2
NaCl	1	282	787	801	2.5
NaBr	1	298	747	747	＜2.5
NaI	1	323	704	661	＜2.5
MgO	2	210	3791	2852	6.5
CaO	2	240	3401	2614	4.5
SrO	2	257	3223	2430	3.5
BaO	2	256	3054	1918	3.3

物质的硬度可按莫氏（Mohs）硬度标准（分 10 级）来表示。表 7-2 列出了 10 种不同硬度的物质以及它们分属的 10 个 Mobs 硬度等级。近年有人建议增加一些硬材料作为标准，将 10 等级扩展为 15 等级。等级越高，物质越坚硬。凡硬度较高的物质，其尖端均可在硬度较低物质的表面划出刻痕。金刚石的硬度最高（旧标 10 级，新标 15 级），它可以在硬度较低的

物质表面划出刻痕。用以上原则，可以确定其他物质的硬度。如欲确定 MgO 的硬度，经刻痕实验，它能刻划正长石，而本身又能被石英所刻划，则其硬度在 6 ~ 7（旧标）。

表 7-2 一些物质的 Mohs 硬度

物质名称	化学式	Mohs 硬度 旧标	Mohs 硬度 新标	物质名称	化学式	Mohs 硬度 旧标	Mohs 硬度 新标
滑石	$Mg_3(OH)_2[Si_2O_5]_2$	1	1	黄玉	$Al_2(F,OH)_2SiO_4$	8	9
石膏	$CaSO_4 \cdot 2H_2O$	2	2	锌光晶石	$ZnAl_2O_4$		10
方解石	$CaCO_3$	3	3	玻璃态锆石	ZrO_2		11
萤石	CaF_2	4	4	玻璃态氧化铝	$\alpha\text{-}Al_2O_3$	9	12
磷灰石	$Ca_5F(PO_4)_3$	5	5	碳化硅	SiC		13
正长石	$K[AlSi_3O_6]$	6	6	碳化硼	BC		14
玻璃态硅石	SiO_2		7	金刚石	C	10	15
石英	SiO_2	7	8				

7.1.3 离子键的特点

离子化合物的性质与离子键的强度有关，而离子键的强度又与离子的电荷、离子的构型和离子的半径有密切关系。

1. 正负离子电荷

离子电荷指原子在形成离子化合物的过程中失去或获得的电子数，它与各元素原子的电子构型有关。例如ⅠA、ⅡA、ⅢA 族金属元素与ⅦA 族卤素、ⅥA 氧族等非金属元素化合生成离子化合物时，金属原子失去外层电子，形成带正电荷的 Na^+、Mg^{2+}、Al^{3+} 等离子，而非金属原子获得电子，形成带负电荷的 X^-、O^{2-}、S^{2-} 等离子。

2. 离子构型

简单负离子最外层一般具有稳定的 8 电子构型（如 F、O 等离子），正离子最外层电子构型见表 7-3，其中 9 ~ 17 电子为最外层不饱和结构离子。

表 7-3 正离子最外层电子构型

电子构型	2e	8e	18e	(18+2)e	(9 ~ 17)e
示例	Li^+ Be^{2+}	Na^+ K^+ Ca^{2+}	Ag^+ Zn^{2+} Hg^{2+}	Pb^{2+} Sn^{2+}	Fe^{2+} Fe^{3+} Cr^{3+} Mn^{2+}

3. 离子半径

离子和原子一样，它们的电子云连续分布在核的周围而没有确定边界，严格地说，离子半径是不能确定的，但是在晶体中，正负离子间保持一定的平衡核间距离（r_0），这样就显示出离子有一定的大小。我们可以将正负离子看做一个个有一定半径的带电小球，它们堆积在一起构成晶体。因此可以把离子半径看做是一种接触半径，它反映离子在晶体中显现出来的大小。晶体中相邻正负离子间的平衡距离 r_0 可由 X 射线衍射法测定。假定 r_0 等于正负离子半径之和，若知道了负离子的半径，就可推算出正离子的半径。

如何才能得到负离于的半径？半个多世纪以来，科学家们先后提出了几种方案，下面分别简单介绍：

1920 年 Lande 首先考虑到负离子一般比正离子大。在大多数晶体中正负离子相互接触而负离子则彼此分开，见图 7-3（a）。但在有些晶体中，负离子要比正离子大得多，以致负离子与负离子直接接触，而正离子则填充在负离子堆积的空隙之中（正负离子相互接触或不相接触），如图 7-3（b）所示，这时由实验测定所得到的负离子间距离的一半，就是该负离子的半径了。

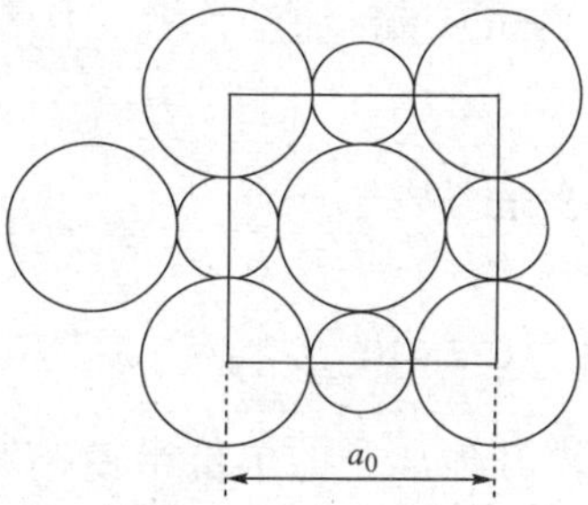

（a）正负离子接触，负离子之间不接触

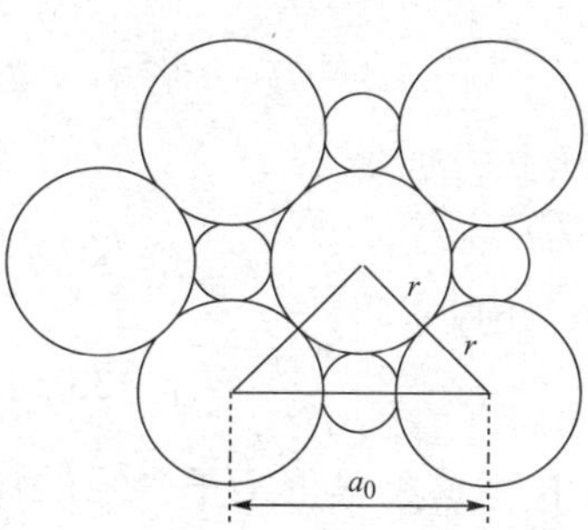

（b）正负离子接触，负离子之间也接触

图 7-3　晶体中正负离子接触情况

例如，表 7-4 所列几种 NaCl 型结构的化合物，其中相邻两个正负离子间的距离 $r_0 = a_0/2$ 是可以用 X 射线衍射实验直接测定的。

表 7-4　几种 NaCl 型结构的化合物的 r_0

化合物	MgO	MnO	MgS	MnS	MgSe	MnSe
$r_0(= a_0/2)$/pm	210	224	260	259	273	273

比较表 7-4 中 r_0 的大小可见：Mg—O 和 Mn—O 的 r_0 不同（差值 14pm，即为 Mg^{2+} 和 Mn^{2+} 的半径差）；而 Mg—Se 和 Mn—Se（或 Mg—S 和 Mn—S）的 r_0 很接近，表明硫化物或硒化物中负离子与负离子直接接触，而正离子 Mg^{2+} 或 Mn^{2+} 位于负离子空隙中，根据图 7-3（b），Lande 利用下面简单的几何关系计算出 S^{2-} 和 Se^{2-} 负离子的半径。若设正负离子的半径分别为 r_+ 与 r_-，则

$$a_0^2 = (2r_-)^2 + (2r_-)^2 = 8r_-^2 ,\quad a_0 = 2\sqrt{2} \cdot r_- = 2r_0 ,\quad r_- = r_0 / \sqrt{2}$$

$$r_{S^{2-}} = 260 / \sqrt{2} = 184\ (\text{pm}) ,\quad r_{Se^{2-}} = 273 / \sqrt{2} = 193\ (\text{pm})$$

以 S^{2-}（或 Se^{2-}）的半径为基准，晶体中凡能与 S^{2-}（或 Se^{2-}）直接接触的正离子半径 r_+ 就可由 r_0 减去 S^{2-}（或 Se^{2-}）的半径得到。再由这样得到的正离子半径，可进一步推算其他一些负离子的半径，从而得到第一批正负离子的半径数据。

1927 年戈尔德施米特（Goldschmidt）采用他人利用正负离子对光折射能力不同而求得的

F^-半径 133 pm 和 O^{2-} 半径 132 pm 为基准，再按实验求得的 r_0（正负离子间距离）推出近百种离子半径数据，称之为 Goldschmidt 数据。

1960 年美国著名化学家鲍林（Pauling）从另一角度根据离子半径与离子有效核电荷（z^*）成反比的规则出发，首先测得碱金属和卤素等电子离子对（Na^+F^-、K^+Cl^-等）的离子半径

$$r_{Na^+}=\frac{C}{z^*_{Na^+}}=\frac{C}{6.50}\text{，}\quad r_{F^-}=\frac{C}{z^*_{F^-}}=\frac{C}{4.50}$$

式中，C 为比例常数，z^* 由斯莱特（Slater）规则求算。则

$$6.5r_{Na^+}=4.5r_{F^-}\text{，}\quad r_0=r_{Na^+}+r_{F^-}=231\ \text{pm}\ \text{（实验值）}$$

解上述联立方程，即得

$$r_{Na^+}=95\ \text{pm}\text{，}\quad r_{F^-}=135\ \text{pm}$$

以同样方法，还可求得

$$r_{K^+}=133\ \text{pm}\text{，}\quad r_{Cl^-}=181\ \text{pm}\qquad C\approx 614$$

Pauling 再用这种单价离子半径的计算式和 C 值去求其他离子的单价半径，例如

$$r_{Mg^{2+}}=\frac{614}{7.50}=82\ (\text{pm})\text{，}\quad r_{O^{2-}}=\frac{614}{3.50}=176\ (\text{pm})$$

由于 Mg^{2+} 和 O^{2-} 是二价离子，在相同距离的同型晶体中正负离子的引力显然比单价离子大，进行高价离子在晶体中的压缩效应校正后，得

$$r_{Mg^{2+}}=65\ \text{pm}\text{，}\quad r_{O^{2-}}=140\ \text{pm}$$

由此求得 Mg^{2+} 和 O^{2-} 离子之和（205 pm）与实验值（210 pm）仅有 2%的误差。Pauling 就以 $r_{O^{2-}}=140\text{pm}$ 为基准，由实验 r_0 推算其他所有离子半径。Pauling 离子半径广泛被采用。

在 1968 年拉德（Ladd）用电子云密度图提出较新的离子半径数据之后，1976 年香农（Shannon）等进一步采用高分辨 X 射线衍射法求得上千种氧化物和氟化物中正负离子间距离（r_0），并以 Pauling 的 $r_{O^{2-}}=140$ pm、Goldschmidt 的 $r_{F^{2-}}=133$ pm 为基准，或以 $r_{O^{2-}}=126$ pm、$r_{F^-}=119$ pm 为基准，且考虑离子在晶体中配位数、电子自旋情况、几何构型等影响，经多次修正，推算出一套较完整的离子半径数据。因正负离子半径和实验测定的核间距离吻合得最好，故称有效离子半径。

由于离子半径只是一个近似的概念，本身并无明确的界线，上述各种离子半径的划分方案都是在一定假设下推得的结果，其目的都是使推得的正负离子半径的加和值能尽可能地与实验测得的各种化合物中正负离子间距离接近。离子半径划分方案各有优缺点，各套离子半径都是自洽的，但不要同时用不同方案的数据。根据使用时不同的要求，用哪一套半径都是可以的。当然有效离子半径概括的数据较多、较精确，目前应用也较广。

离子半径的大小，主要是由核电荷对核外电子吸引的强弱所决定的。从离子半径表中可以看到，配位数相同晶体中，负离子的半径一般比正离子大，例如 Na^+ 和 F^- 的总电子数相等，配位数为 6 的 Na^+ 半径是 102 pm，F^- 半径是 133 pm，几乎所有负离子半径均在 130 ~ 250 pm，

正离子半径则在 10 ~ 170 pm。

同一元素不同价态的正离子，电荷越少的离子其半径越大。例如，铁离子半径 $Fe^{2+} > Fe^{3+}$ 。

同族元素离子半径从上到下递增，例如，碱金属离子半径：$Li^+ < Na^+ < K^+ < Rb^+ < Cs^+$ ；卤离子半径：$F^- < Cl^- < Br^- < I^-$ 。

同一周期的离子半径随离子电荷增加而减小，例如，$Na^+ < Mg^{2+} < Al^{3+}$ 。

与上述离子半径变化规律相联系，还有一个对角规则，即周期表中某元素与其紧邻的右下角或左上角元素的离子半径相近，例如配位数为 6 的下列离子对半径相近（表 7-5）。

表 7-5　几种离子对的半径

离子对	Li^+	Mg^{2+}	Sc^{3+}	Zr^{4+}	Ti^{4+}	Nb^{5+}
r/pm	76	72	75	72	61	64

这些半径相近的离子容易相互置换，在矿物中这些元素往往共生在一起。

离子键理论可以很好地说明离子化合物的形成和特性，但不能说明相同原子如何形成单质分子（如 O_2 ，N_2 等），也不能说明电负性相近的元素原子如何形成化合物分子（如 H_2O ，NH_3 等）。为了描述这类分子的本质和特征，提出了共价键理论。共价键理论涉及经典路易斯（Lewis）学说和近代的价键理论及分子轨道理论等，后面各节中分别介绍。

7.2　经典 Lewis 学说

Lewis 学说是基于惰性气体原子外围电子具有 ns^2np^6（包括 $1s^2$）的稳定结构而提出的。1916 年，Lewis 通过对实验现象的归纳总结，提出分子中原子之间可以通过共享电子对而使分子中的每一个原子具有稳定的惰性气体电子结构，这样形成的分子称为共价分子。

原子通过共用电子对而形成的化学键，称为共价键（covalent bond)。如果用黑点代表原子的价电子（即最外层 s，p 轨道上的电子），则可以用表 7-6 中的 Lewis 结构图描述分子的形成情况。

表 7-6　几种分子的共价键结构式

分子式	H_2	O_2	N_2	OH^-	NH_3	CH_4
共价键结构式	H—H	:Ö=Ö:	:N≡N:	[:Ö—H]⁻	H—N(H)—H（N 上一对孤对电子）	H—C(H)(H)—H

为了方便，用一根短线代替一对共享价电子，表示原子间的共价成键，两根短线代表共享两对电子形成双键（double bond），三根短线代表叁键（triple bond）。分子中两原子间共享电子对的对数叫作键级（bond order），原子中未参与成键的电子对称为孤对电子（lone pair electrons）。表 7-7 给出实验测得的 N_2 、O_2 和 F_2 的键长（bond length）和键能，键长为共价分子中两个成键原子的核间距离。不同键级化学键之间的键长和键能存在显著差异。一般键级越高，原子之间的结合力越强，键能越大，键长越短。

表 7-7　实验测得的 N_2、O_2 和 F_2 的键长

参数	单位	N_2	O_2	F_2
键级		3	2	1
键能	$kJ\cdot mol^{-1}$	941	495	159
键长	pm	110	121	142

Lewis 结构规则又称八**隅体规则**（octet rule），如何书写 Lewis 结构？归纳如下：

（1）计算分子或离子的总价电子数目 n（含离子的电荷数），保证所有的价电子都出现在 Lewis 结构中。

（2）画出分子或离子的骨架结构。确定中心原子和端基原子，用短线将它们连接起来，每根短线代表一对电子。**一般原则：电负性小的原子为中心原子，电负性大的原子为端基原子**。

具体而言：①碳原子总是作为中心原子；②氢原子总是作为端基原子（硼烷中除外）；③卤素原子通常为端基；④氧原子一般为端基，当分子或离子中存在氢原子时，可以形成 OH 基团作为端基，在有机化合物中，氧原子可能作为中心原子；⑤一般无机小分子更倾向于采用紧凑而对称的结构，有机分子可以形成链状结构。

（3）剩余电子分配：根据成键情况得出骨架连接所需电子数 m，剩余的价电子数则为 $(n-m)$。将剩余的电子成对首先分配给端基原子使其满足 8 电子要求（H 为 2 电子），多余的电子分配给中心原子。

（4）8 电子检查：检查中心原子的电子数，如果仍不满足 8 电子要求，则需要移动端基原子的电子对，使端基和中心原子共享电子，以满足中心原子的要求。这也意味着，中心原子和端基原子之间可以形成双键或叁键。

按照上述规则，可以画出很多常见分子的 Lewis 结构。

例 7-1　画出甲醛 HCHO 的 Lewis 结构。

解　计算总价电子数：$n=1+4+1+6=12$。

①画出结构骨架，原子间成键用短线连接。

②计算结构骨架原子之间连接所用电子数：$m=3\times2=6$。剩余电子数为 $(12-6)=6$，将这 3 对 6 个电子分配给端基的氧原子。

③计算各原子周围的电子数，O 有 8 个，H 有 2 个，满足要求；但 C 只有 6 个，不满足 8 电子要求，将 O 的一对电子移到 O 和 C 之间，形成双键。

④至此，便画出了甲醛 HCHO 的 Lewis 结构。画出的具体过程见表 7-8。

表 7-8　HCHO 的 Lewis 结构画法过程

序号	①	②	③	④
画法过程	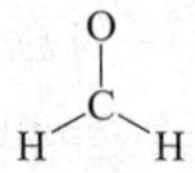	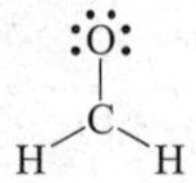	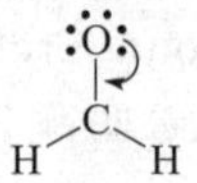	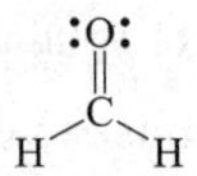

对于有些分子或离子有可能写出两种或多种 Lewis 结构，如何判断哪种结构更为合理？

可根据下述形式电荷规则进行判断：

（1）计算各原子的形式电荷：

$$\begin{pmatrix}\text{原子形式}\\\text{电荷数}\end{pmatrix}=\begin{pmatrix}\text{原子中固有}\\\text{的价电子数}\end{pmatrix}-\begin{pmatrix}\text{单独被该原子}\\\text{占有的电子数}\end{pmatrix}-\frac{1}{2}\begin{pmatrix}\text{共享电子}\\\text{的数目}\end{pmatrix}$$

（2）判断：能量最低的结构通常是各原子形式电荷数最小的结构（一般在 +1 和 −1 之间），特别是所有原子的形式电荷都等于零的结构；同号电荷的原子不能都邻接；一般情况下，形式负电荷归属于电负性较大的元素，形式正电荷归属于电负性较小的元素。

根据形式电荷的大小和分布，通常可得到一种合理结构，但有时候仍可能得到多于一种的结构。这就需要结合分子或离子所处的具体环境及其他参数进行判断。

例 7-2　画出 SCN^- 的 Lewis 结构。

解　计算总价电子数：$n=6+4+5+1=16$。

①画出结构骨架，原子间成键用短线连接。

②计算结构骨架原子之间连接所用电子数：$m=2\times2=4$。剩余电子数为 $(16-4)=12$，将这 12 个电子分配给端基的 N 原子和 S 原子。

③计算各原子周围的电子数，N 和 S 均有 8 个，满足要求；但 C 只有 4 个，不满足 8 电子要求，需要从 N 和 S 上将电子对移到 N—C 或 S—C 之间。如何移动电子对有不同的方法，较为合理的两种办法是：

从 N 和 S 上各移一对电子，得到结构式③-(a)；从 N 上移两对电子而 S 的电子不动，得到③-（b）（表 7-9）。这两种结构都符合 Lewis 规则，那种更合理？

表 7-9　SCN^- 的 Lewis 结构推测过程

序号	①	②	③-(a)	③-(b)
画法过程				

④计算形式电荷，见表 7-10：

表 7-10　SCN^- 中原子的形式电荷计算过程

结构式	③-(a)	③-(b)
C 的形式电荷	$4-4=0$	$4-4=0$
N 的形式电荷	$5-4-2=-1$	$5-2-3=0$
S 的形式电荷	$6-4-2=0$	$6-6-1=-1$

从形式电荷看，两种结构也都有合理性；结合电负性进行比较，N 比 S 电负性大，那么(a)更合理一些。在实际体系中，随周围环境的不同，(b)也有可能出现。例如，当 SCN^- 用 N 和正离子结合时，采用结构(a)；当 SCN^- 用 S 和正离子结合时，则采用结构(b)。

Lewis 八隅体规则能够初步解释很多主族元素化合物的成键情况，也可以作为进一步几何结构分析的基础，至今仍然受到广泛重视。但是，由于 Lewis 规则起源于早期人们对于少数主族元素的了解，因此具有较大的局限性。

（1）Lewis 结构未能阐明共价键的本质和特性。例如，它不能说明为什么共用电子对就能使两个原子牢固结合。

（2）八隅体规则的例外很多。八隅体能较好地适用于第二周期元素的原子，而其他周期某些元素的原子并不完全遵守此规则。例如，第三周期的磷和硫所形成的 PCl_3、H_2S 等分子符合八隅体规则，但 PCl_5、SF_6 等分子，中心原子周围价电子数不再是 8，而分别是 10 或 12。又如，实验证明 BeF_2、BF_3 中心原子是以单键与 F 相连接，故中心原子价电子数分别是 4 与 6。再如，NO 和 NO_2 是含奇数价电子的分子。上述这些结构列于表 7-11。

表 7-11　一些不符合 Lewis 八隅体规则的分子结构

中心原子价电子数	>8		<8		奇数	
分子式	PCl_5	SF_6	BeF_2	BF_3	NO	NO_2
结构式	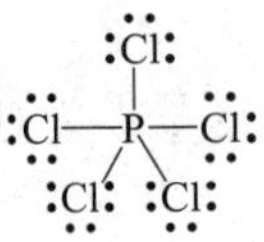	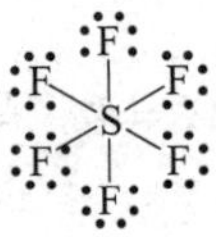	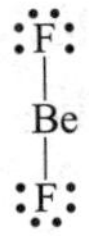	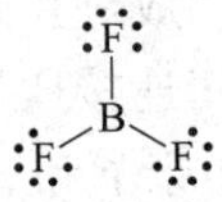	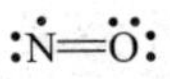	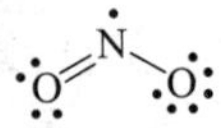

（3）不能解释某些分子的一些性质。含有未成对电子的分子通常是顺磁性的（即它们在磁场中表现出磁性）。人们熟悉的氧分子，其 Lewis 结构式应是①式中不含未成对电子，但实验测得氧分子是顺磁性的，若把 O_2 的结构式改写成②式，虽可说明 O_2 的顺磁性，但又不符合八隅体规则，且与氧分子键能和键长的实验数据不相吻合。

① 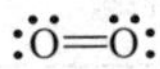　　② 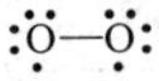

另外，如表 7-12 所示的 NO_2、NO_3^-、SO_2、SO_3 的 Lewis 结构式中，都含有 2 个或 2 个以上不同的 N—O 或 S—O 键。

表 7-12　一些含有 2 个或 2 个以上不同键的分子结构

分子式	NO_2	SO_2	NO_3^-	SO_3
结构式	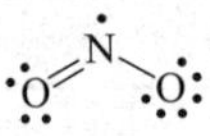	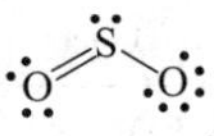	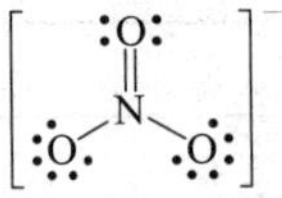	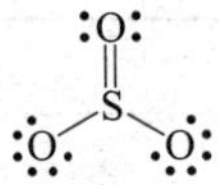

但由实验测得上述每个分子或离子中不仅各个 N—O 或 S—O 键键长相等，而且它们的键长介于单、双键之间。

上述这些问题可用价键理论和分子轨道理论给予回答。

7.3　价键理论

1927 年德国化学家 Heitler 和 London 首先把量子力学应用到分子结构中，后来 Pauling 等人又加以发展，建立了现代价键理论，简称 VB 理论，又称电子配对理论。它进一步阐明了共价键本质，并可解释更多的实验现象。

7.3.1　共价键的本质和特点

Heitler 和 London 用量子力学来处理 H 原子形成 H_2 分子的过程,得到 H_2 分子的能量与核间距离关系曲线，如图 7-4 所示。假设 A、B 两个氢原子的电子自旋相反，那么当它们相互接近时两个原子轨道发生重叠，核间电子云密度增大。此时 A 原子的电子不但受 A 原子核的吸引，而且也要受到 B 原子核的吸引；同理，B 原子的电子也同时受到 B 原子核和 A 原子核的吸引。整个体系的能量低于两个 H 原子单独存在时的能量。在核间距离达到平衡距离 R_0 时，体系能量达到最低点。然而如果两个原子核进一步靠近，由于原子之间以及电子云之间的库仑斥力逐渐增大，又会使体系能量升高。两个氢原子在平衡距离 R_0 处形成稳定的 H_2 分子，这种状态称为 H_2 分子的基态。基态 H_2 分子中的两个电子自旋相反，这是 Pauli 原理的要求，一对自旋相反的电子相当于 Lewis 结构中的一个单键，R_0 即 H_2 分子单键的键长（分子中两个氢原子的核间距离），实验测得 $R_0 = 74\text{pm}$；H_2 分子在平衡距离时有最低的能量，它与两个氢原子相比，能量降低的数值近似等于 H_2 分子的键能（$D_e \approx 458\ \text{kJ} \cdot \text{mol}^{-1}$）。如果两个氢原子的电子自旋平行，它们相互靠近时，由量子力学原理可证明将会产生相互排斥作用，使体系能量高于两个单独存在的氢原子能量之和。它们越是靠近，能量越升高，这样不能形成稳定的 H_2 分子，最终自发解离成两个游离氢原子，这种不稳定的状态称为 H_2 分子的排斥态。

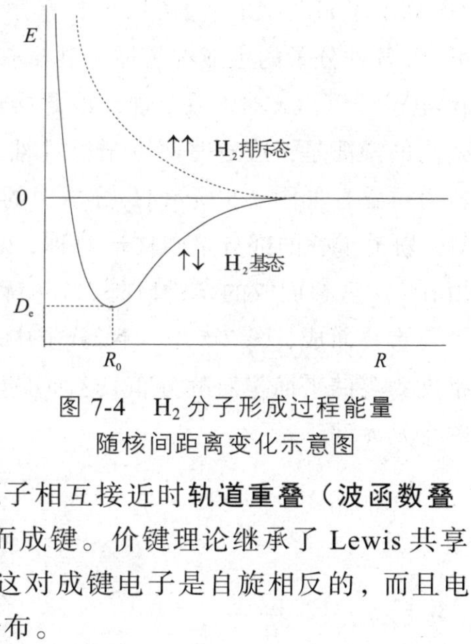

图 7-4　H_2 分子形成过程能量随核间距离变化示意图

综上所述，价键理论认为共价键的本质是由于原子相互接近时**轨道重叠（波函数叠加）**，原子间通过共用自旋相反的电子对使能量降低而成键。价键理论继承了 Lewis 共享电子对的概念，但它在量子力学理论的基础上，指出这对成键电子是自旋相反的，而且电子不是静止的，是运动的，并在核间有较大的概率分布。

共价键的主要特点是具有饱和性和方向性。

1. 饱和性

共价键是由原子间轨道重叠、原子共有电子对形成的，每种元素原子所能提供的成键轨道数和形成分子所需提供的未成对电子数是一定的，所以在共价分子中每个原子成键的总数或以单键连接的原子数目也就一定，这就是所谓共价键的饱和性。例如第二周期元素的原子形成共价分子时，最多只能有 4 个共价键，因为这些元素的价原子轨道最多是 4（1 个 s 和 3 个 p）。当价电子数小于价轨道数时，成键时已成对的电子可以被激发到空轨道上成为未配对电子以形成共价键。例如 Be（$2s^2$）形成 2 个共价键，B（$2s^2 2p^1$）能形成 3 个共价键，C（$2s^2 2p^2$）能形成 4 个共价键。此外，原子的空轨道也可被其相邻原子的孤对电子填入形成共价配键，如 BF_4^- 的生成。但当价电子数大于价轨道数时，成对电子不可能再被激发，生成的共价分子中就含有孤对电子了。

第三周期原子价轨道数是 9，已成对的电子不仅可以被激发到空 p 轨道上，而且还可以激发到 d 轨道上，生成如 PCl_3、PCl_5、SF_4、SF_6 等分子。原子能提供空轨道接受外来电子对形成共价配键的有 Al 和 Si，生成如 AlF_6^{3-}、SiF_6^{2-}。但实验表明，第三周期元素的原子形成共价分子时，最多只能有 6 个共价键，这与它们成键时所需能量和原子周围空间大小有关。第四、五、六周期元素原子形成共价键的情况更为复杂。总之，按价键理论，元素原子可能形成的共价键数与原子的价轨道数和价电子数有关，并不受 Lewis 八隅体的限制。

2. 方向性

原子中 p、d、f 等原子轨道在空间有一定的取向（s 轨道例外），形成共价键时，各原子轨道总是尽可能沿着电子出现概率最大的方向重叠成键，以尽量降低体系能量。这样，一个原子与周围原子形成的共价键就有一定的方向（或角度），这就是所谓共价键的方向性。图 7-5 列出了 H_2、Cl_2、HCl、N_2 等分子的形成过程，以示共价键的方向性和键型差别。由图可见，各种分子的生成都是原子轨道按一定方向相互重叠的结果，各原子未配对的 s、p_x、p_y、p_z 电子可以沿 x 轴（或 y 轴）彼此接近，形成 s-s、p_x-p_x、s-p_x、s-p_y 等共价单键，它们共同的特征是：成键时两原子沿键轴（两个原子核的连线）方向，以“头碰头”的方式发生轨道重叠，如图 7-5 所示 H_2 分子中的 s-s 键，Cl_2 分子中的 p_x-p_x 键，HCl 分子中的 s-p_x 键等。轨道重叠的部分呈圆柱形对称，由此生成的共价键称为 σ 键。但在 N_2 分子中除了有一个由 p_x-p_x 重叠而成的 σ 键以外，还有两个 π 键是由两个 N 原子的 p 轨道以“肩并肩”方式，平行重叠而成，图 7-5 中，N_2 分子中的 p_z-p_z 和 p_y-p_y 键，其特点是电子云对一个通过键轴、密度为零的平面呈对称分布，这种重叠后生成的键称为 π 键。N_2 分子中的叁键，一个是 σ 键，两个是 π 键。

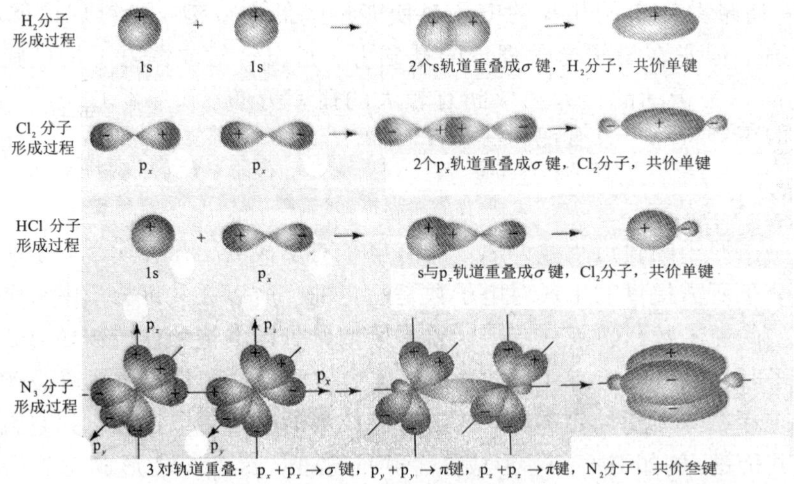

图 7-5　四种共价键分子形成示意图

7.3.2 杂化轨道

价键理论简明地描述了共价键的本质并且解释了共价键的特点，但在解释分子的空间结构时却遇到困难。近代实验结果表明，某些共价分子中各个键的键长、键角（bond angle）彼此相等，从中心原子的核出发，通过两个键合原子的核，分别画出两条直线，这两条直线相交的内角称为键角。例如 C 的价电子是 $2s^2 2p^2$，它和 H 形成 CH_4 时的 4 个共价键键长、键角都是完全等同的。在 BCl_3、$BeCl_2$ 等分子中也有类似的情况（图 7-6）。当时价键理论还不够完善，尚不能解释这个矛盾。

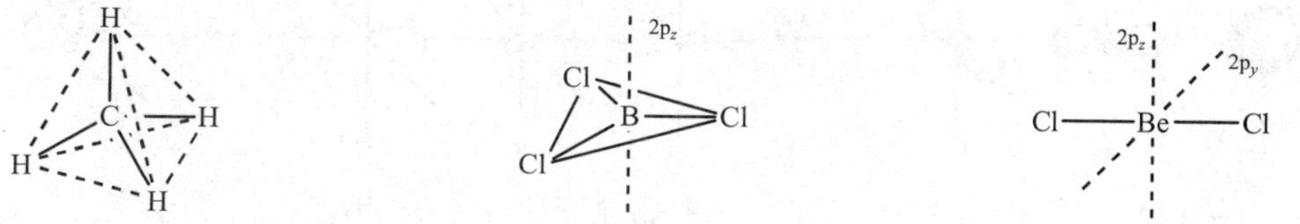

$_6C$：$2s^2 2p_x^1 p_y^1 p_z^0$ $_5B$：$2s^2 2p_x^1 p_y^0 p_z^0$ $_4Be$：$2s^2 2p_x^0 p_y^0 p_z^0$

CH_4 正四面体 BCl_3 平面三角形 $BeCl_2$ 直线形

图 7-6 CH_4、BCl_3、$BeCl_2$ 分子的几何构型

为了解释这一实验现象，Pauling 提出的**杂化**（hybridization）概念丰富和发展了价键理论。从电子具有波动性、波可以叠加的量子力学观点出发，他认为：在同一个原子中能量相近的不同类型（s,p,d,⋯）的几个原子轨道波函数可以相互叠加，而组成同等数目的能量完全相同的杂化原子轨道。

1. 杂化轨道分类

根据组合的原子轨道数目和类型的差别，常见的有以下几种杂化轨道。

（1）sp 杂化轨道 由 1 个 s 轨道和 1 个 p 轨道组合，产生 2 个等同的 sp 杂化轨道，每 1 个杂化轨道中含有(1/2)个 s 轨道和(1/2)个 p 轨道的成分。图 7-7 描述了这类分子的形过程，Be 原子中的 1 个 2s 电子被激发到 2p 轨道，能量和形状都不相同的 2s 和 2p 轨道由于杂化而形成 2 个完全等同的 sp 杂化轨道，Be 原子就是通过这样的 2 个 sp 杂化轨道分别与氯原子的轨道重叠，形成 2 个 sp-p 的 σ 键，而形成 $BeCl_2$ 分子。因为 2 个 sp 杂化轨道间的夹角是 180°，所以 $BeCl_2$ 分子具有直线形的空间结构，且该直线垂直于 yz 平面，即垂直于 $2p_y$ 和 $2p_z$ 空轨道构成的平面。

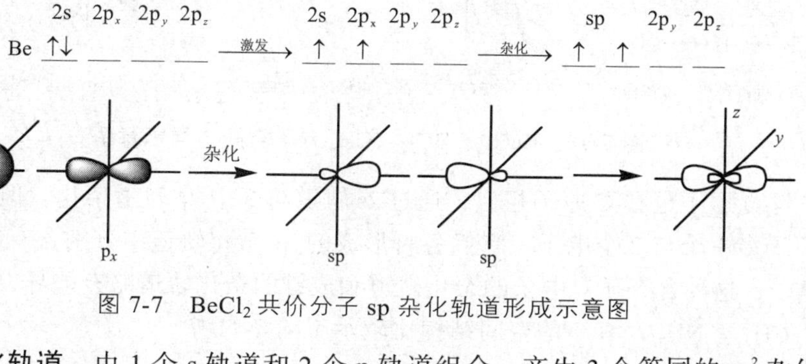

图 7-7 $BeCl_2$ 共价分子 sp 杂化轨道形成示意图

（2）sp^2 杂化轨道 由 1 个 s 轨道和 2 个 p 轨道组合，产生 3 个等同的 sp^2 杂化轨道，每

1 个 sp^2 杂化轨道中含有(1/3)个 s 轨道和(2/3)个 p 轨道的成分。B 原子就是通过 3 个 sp^2 杂化轨道分别与 3 个 Cl 原子的 2p 轨道重叠形成 BCl_3 分子的。由图 7-8 可见，BCl_3 分子的形成过程与 $BeCl_2$ 分子十分相似。由于 3 个 sp^2 杂化轨道间的夹角为 120°，所以 BCl_3 分子为平面三角形，该三角形平面垂直于 z 轴，即垂直于 $2p_z$ 空轨道的伸展方向。

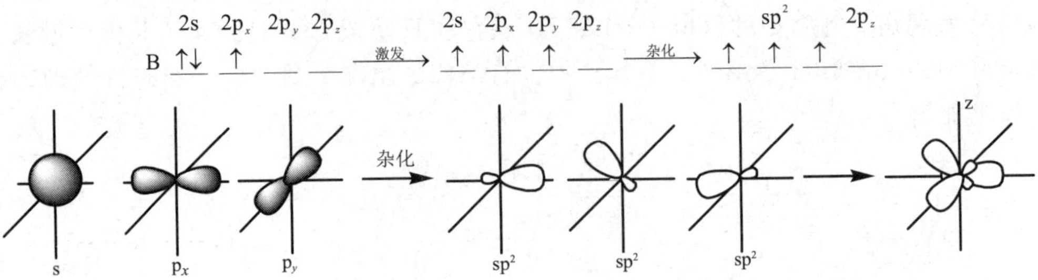

图 7-8　BCl_3 共价分子 sp 杂化轨道形成示意图

（3）sp^3 杂化轨道　由 1 个 *n*s 轨道和 3 个 *n*p 轨道组合产生 4 个等同的 sp^3 杂化轨道，每 1 个 sp^3 杂化轨道含有(1/4)个 s 轨道和(3/4)个 p 轨道的成分。CH_4 分子就是 C 原子通过 4 个 sp^3 杂化轨道与 4 个 H 原子的 1s 轨道重叠成键而生成，由于 4 个 sp^3 杂化轨道间的夹角是 109.5°，所以 CH_4 分子的空间结构为四面体形，见图 7-9。

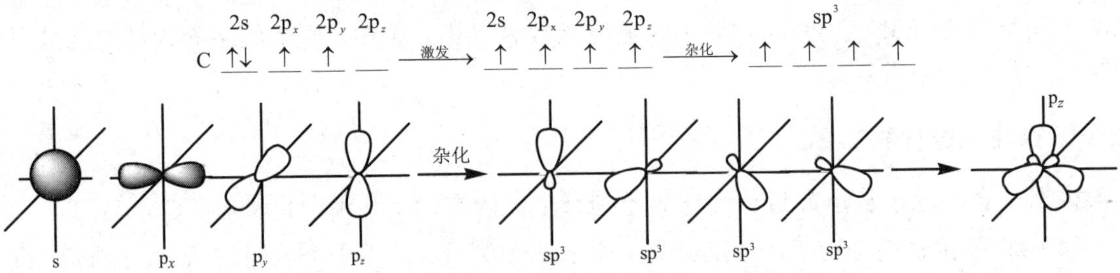

图 7-9　CH_4 分子 sp^3 杂化轨道形成示意图

上述形成的 $BeCl_2$、BCl_3、CH_4 分子的空间结构如图 7-10 所示。

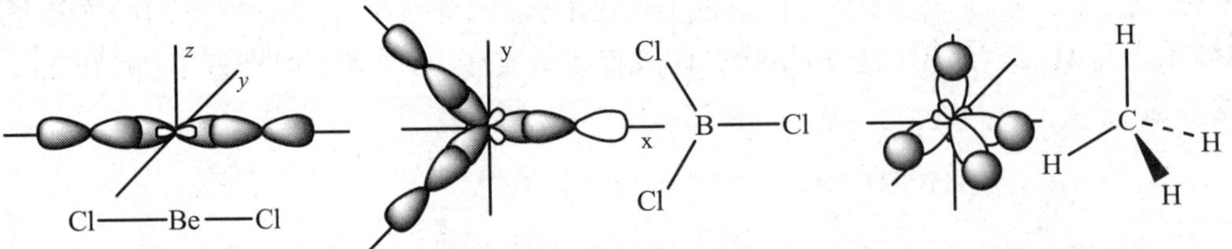

$BeCl_2$：*x* 轴直线形，键角180°　　BCl_3：平面三角形，键角120°　　CH_4：正四面体，键角109°28′

图 7-10　$BeCl_2$、BCl_3、CH_4 分子空间结构示意图

N 原子与 O 原子也和 C 原子相似，通过 2s 轨道与 3 个 2p 轨道杂化，但由于 N、O 原子分别比 C 原子多 1 个与 2 个电子，它们各自形成的 sp^3 杂化轨道中分别含有未成键的一对与两对孤对电子，这种含有孤对电子的杂化轨道和成键的杂化轨道略有差异，称它们为不等性杂化轨道。CH_4、NH_3、H_2O 的空间结构比较示于图 7-11 中。

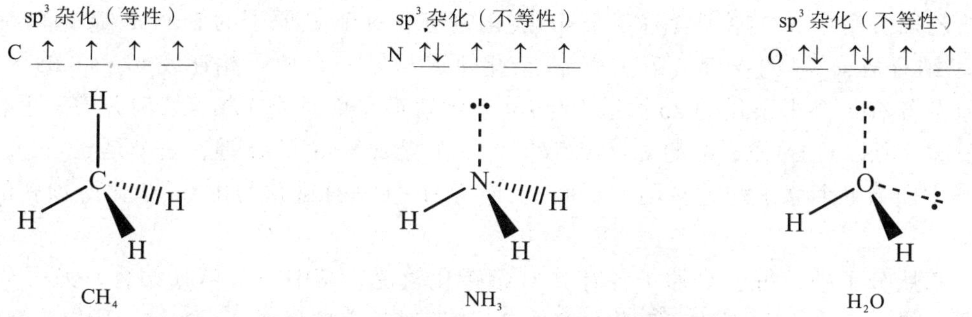

图 7-11　CH_4、NH_3、H_2O 空间结构图

（4）sp^3d、sp^3d^2 杂化轨道　第三周期元素的原子由于 d 轨道能参与成键，所以还能生成由 s、p、d 三种轨道组合的 sp^3d 和 sp^3d^2 等轨道。PCl_5、SF_6 等分子的 P、S 原子就是通过这些杂化轨道与 Cl 原子或 F 原子的原子轨道重叠而生成的，如图 7-12 所示。

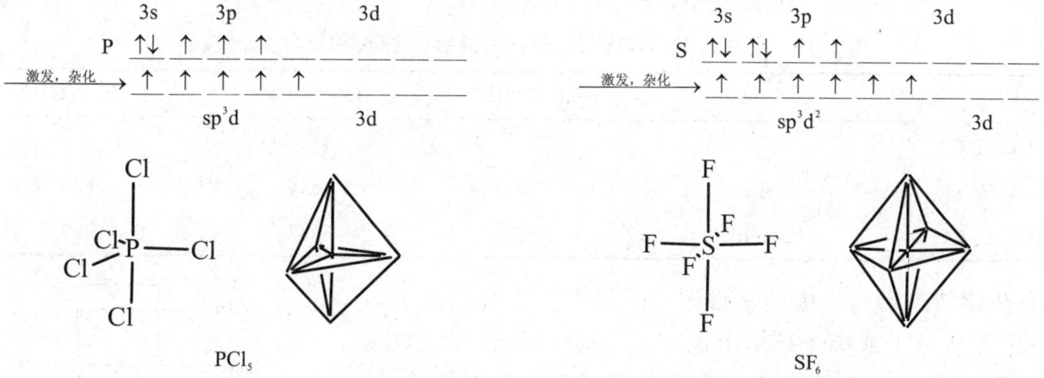

图 7-12　PCl_5、SF_6 共价分子 sp^3d、sp^3d^2 杂化轨道形成示意图

在 PCl_5 分子中，3 个 sp^3d 杂化轨道互成 120°位于一个平面上，另外 2 个 sp^3d 杂化轨道垂直于这个平面、所以 PCl_5 分子的空间构型为三角双锥形。SF_6 分子中 6 个 sp^3d^2 轨道指向八面体的 6 个顶点，4 个 sp^3d^2 轨道在同一平面上夹角互成 90°，另外 2 个垂直于平面，所以 SF_6 分子的空间构型为正八面体。

以上 5 种杂化轨道是最常见的，过渡元素原子 ns、np 轨道与 $(n-1)$d 轨道形成的其他类型杂化轨道，将在配合物一章中介绍。但需要注意，不是任何原子轨道都可以相互杂化、只有那些能量相近的原子轨道在分子形成过程中才能有效地杂化。例如 2s 和 2p 可以杂化，但 1s 轨道和 2p 轨道能量相差较大，电子激发所需的能量不能为成键时释出的能量所补偿，它们的杂化就难于实现了。

有机分子的结构也可用杂化轨道说明。例如，乙烷、乙烯和乙炔分子如下：

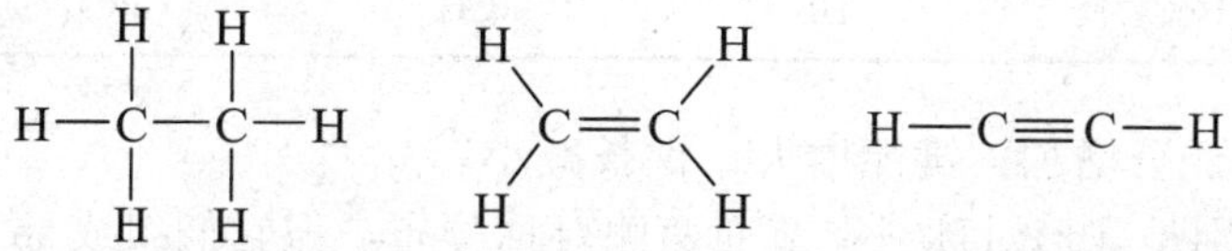

（1）乙烷分子中，每个 C 原子有 4 个 sp^3 杂化轨道，3 个与 H 原子结合成 3 个 sp^3-s 的 σ 键，第四个 sp^3 杂化轨道则与另一个 C 结合成 sp^3-sp^3 的 σ 键。丙烷和丁烷以及所有的直链与带支链的烷烃类化合物，都是以 C 原子的四面体向 sp^3 轨道与氢或相邻 C 原子连接成键。

（2）乙烯分子中，C 原子含有 3 个 sp^2 杂化轨道。每个 C 原子的 2 个 sp^2 杂化轨道与 2 个 H 原子结合成 sp^2-s 的 σ 键，第三个 sp^2 杂化轨道与另一 C 原子相连成 sp^2-sp^2 的 σ 单键，2 个 C 原子各有 1 个未杂化的 2p 轨道（与 sp^2 杂化轨道平面垂直）相互“肩并肩”重叠而形成 1 个 π 键。所以 C_2H_4 分子中的 C═C 双键，一个是 sp^2-sp^2 的 σ 键，一个是 p_z-p_z 的 π 键。乙烯分子中所有 6 个原子均处在同一平面上，而且 H—C—H 键角与由 sp^2 杂化所预料的 120° 相近。

（3）乙炔分子中，每个 C 原子各有 2 个 sp 杂化轨道，其中一个与 H 结合，另一个与 C 结合形成 σ 键，每个 C 原子中未杂化的 2 个 2p 轨道对应重叠形成 2 个 π 键，所以 C_2H_2 分子的 C≡C 叁键中，1 个是 sp-sp 的 σ 键，2 个是 p_z-p_z 和 p_y-p_y 的 π 键。乙炔分子中的 4 个原子在一条直线上。

上述三个分子 C—C 的键级、键长及键能的关系都已为实验所证明，如表 7-13 所示，当 C—C 键级增加时，键长缩短、键能增强。

表 7-13　乙烷、乙烯与乙炔分子的键级、键长和键能的比较

参数	单位	H_3C-CH_3	$H_2C=CH_2$	$HC\equiv CH$
CC 键级		1	2	3
CC 键长	pm	154	134	120
CC 键能	$kJ\cdot mol^{-1}$	368	682	962

有杂化轨道参与形成的多重键，不仅存在于有机分子中，一些无机分子或离子结构中也有完全类似情况。以 CO_2 分子为例，C 原子以 2 个 sp 杂化轨道分别与 2 个 O 原子的 p 轨道（含有未成对电子）形成 2 个 sp-p 的 σ 键，C 原子再以 2 个未杂化的 p 轨道分别与 2 个 O 原子的另一 p 轨道“肩并肩”形成 2 个 p-p 的 π 键（图 7-13）。

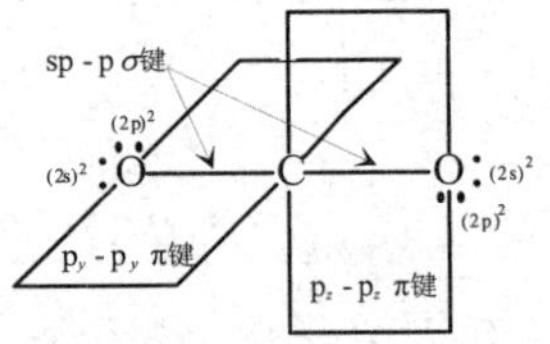

图 7-13　CO_2 分子结构示意图

2. 杂化轨道的主要特征

（1）杂化轨道具有确定的方向性。一些典型化合物的杂化轨道的方向性参数见表 7-14。

表 7-14　典型化合物杂化轨道的方向性

杂化轨道	2 个 sp	3 个 sp^2	4 个 sp^3	5 个 sp^3d	6 个 sp^3d^2
键角	180°	120°	109.5°	90°，120°	90°
几何构型	直线形	平面三角形	四面体形	三角锥形	正八面体形
示例	$BeCl_2$	BF_3	CH_4	PCl_5	SF_6

（2）杂化轨道 s 成分增加，键能增大，键长减小。

s 和 p 电子云分别是球形对称或在节面两侧对称分布。但它们组成 sp 杂化轨道后，电子云密集于一端，另一端分布很少，以电子云密度大的一端与其他原子成键，使轨道重叠部分增大，形成的分子更加稳定，见表 7-15。

表 7-15　杂化轨道中 s 成分增加对键长和键能的影响

分子或基团	CH 基	C_2H_6	C_2H_4	C_2H_2
杂化轨道/s 占比	≈ p /0	sp^3 / s$\frac{1}{4}$	sp^2 / s$\frac{1}{3}$	sp / s$\frac{1}{2}$
C－H 键长/pm	112	109	108	106
C－H 键能/$kJ \cdot mol^{-1}$	≈ 337	410	427	523

由表 7-15 中数据可知，与 p 轨道对比，各杂化轨道成键的键能随 s 成分增加而增大：

$$p < sp^3 < sp^2 < sp$$

7.3.3　共振体

杂化轨道理论的引入的确可以解释很多共价分子的几何结构，但是仍然有一些共价分子结构不能解释，特别是电子离域体系。其中苯的结构就是一个典型例子，根据价键理论，每个碳原子都采取 sp^2 杂化，分子结构应当为 Kekule 型结构-①式，单键双键交替成六元环，那么似乎应该有不同的键长。但实际上苯具有等边平面六边形均匀结构-②式。为解释此现象，在 1931—1933 年间，Pauling 引入了共振体的概念。Pauling 认为，苯这类分子的真实结构是两种或两种以上结构的共振结果-③式。

①苯的 Kekule 结构

②苯的均匀结构

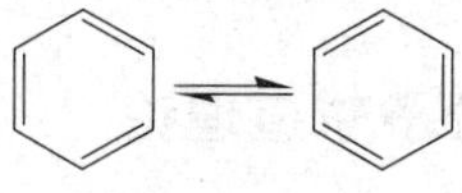
③苯共振体

例如 NO_2 分子，其结构既不是表 7-16 中的左式，也不是右式，而是这两个结构式的叠加结果（平均中间状态）。左式和右式就称为 NO_2 分子的两个共振体。这是符合实验事实的，一般 N—O 单键和 N═O 双键的键长分别是 136 pm 和 115 pm，但实验测得 NO_2 分子中 2 个 N—O 键键长相等且是单键和双键键长的中间值 120 pm。

表 7-16　几个分子或离子的共振体

NO_2	SO_2（O_3 同）	NO_3^-（SO_3、CO_3^{2-} 同）
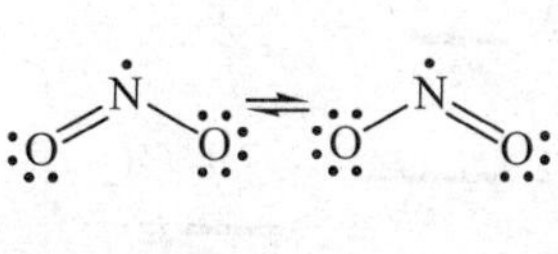	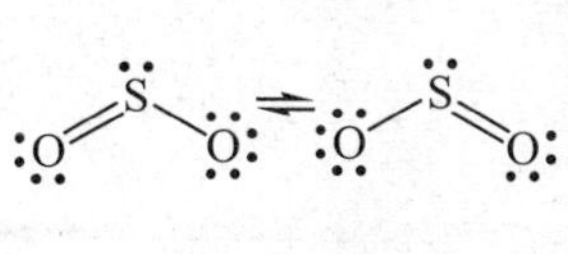	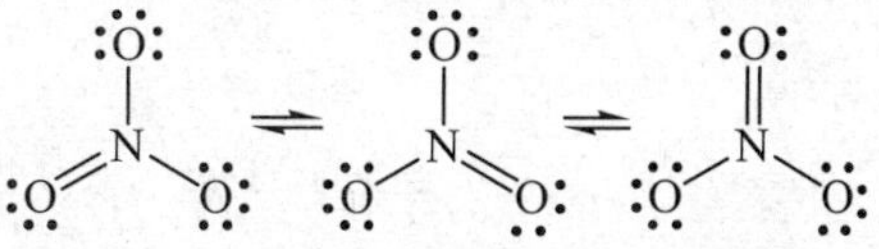

共振结构概念建立在经典结构概念的基础上，它能解释一些实验现象，特别对讨论有机分子的结构和性质很有帮助。它扩大了电子配对的概念。前已述及价键理论过分强调了成键电子对的定域性（即电子只能在成键的两个原子之间运动），但实际上电子可以离域运动（即电子可以在成键的两个原子间的范围以外运动）。在书写分子的共振结构时，虽然不能移动原子，但在结构式中可以移动电子，这种做法反映了电子的离域性。有几种合理的 Lewis 结构，

就可能有几种共振体。

共振论在 20 世纪 50 年代曾经引起国内外化学界的激烈争论，争论的焦点在于共振论的主观印迹比较明显。但是，在下面的分子轨道理论中可以发现，共振论以及杂化轨道理论都可以在分子轨道理论里找到对应的原理(原子轨道线性组合)。从理论角度来看，价键理论建立在电子对成键的基础上，因此属于电子定域图像；而分子轨道理论建立于离域的分子轨道基础之上，因此属于电子离域图像。为使定域的价键理论能解释说明离域分子的结构，引入共振论是必然的一步。

价键理论在继承经典 Lewis 结构概念的基础上，应用量子力学对 Lewis 八电子规则的缺陷做出了补充和说明，其基本内容包括：

(1)原子间轨道重叠，共用自旋相反的电子对，共价键具有饱和性和方向性。

(2)原子内能量相近的轨道可组合成杂化轨道，使轨道成键能力增大，杂化轨道解释了分子几何构型。

(3)共振概念可以解释一些用经典结构式难以解释的问题，反映了电子的离域性。

价键理论不能解释为什么最简单的 O_2 分子具有顺磁性，为什么单电子 H_2^+ 和三电子 He_2^+ 能存在，也不能解释一些复杂分子结构与性能的关系。下面用分子轨道理论来讨论这些问题。

7.4 分子轨道理论

7.4.1 分子轨道理论

分子轨道理论是由 Mulliken、Hund 等人在 1932 年前后提出来的。它的基本观点大致可归纳为以下三方面。

(1)分子轨理论是把分子看作一个整体，其中电子不再从属于某一个原子，而是在整个分子势场范围内运动，因此，分子中的电子运动状态应该用分子轨道波函数(简称分子轨道)来描述；各个分子轨道可近似地用组成它的电子的原子轨道波函数 $\psi_1,\psi_2,\cdots,\psi_n$ 线性组合得到，如双原子分子的分子轨道波函数可表达为原子轨道玻函数 ψ_1 和 ψ_2 的线性组合，即

$$\psi=\psi_1\pm\psi_2$$

在一个分子中，分子轨道的数目等于组成分子的各原子的原子轨道数目之和。例如，第二周期某元素组成双原子分子时：2 个 1s 轨道可以组合成 2 个分子轨道；2 个 2s 轨道也组合成 2 个分子轨道；6 个 p 轨道可组合成相应的 6 个分子轨道，见表 7-17。分子轨道能级排列见图 7-14 所示。

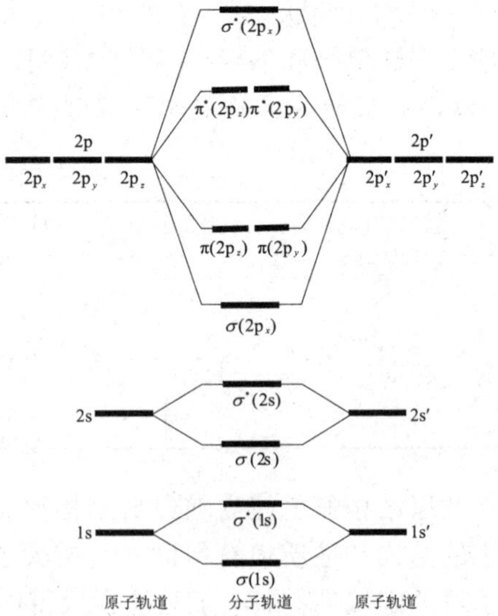

图 7-14　分子轨道能级示意图

表 7-17　同核双原子分子轨道形成表

同核原子轨道			分子轨道	
原子轨道	原子轨道		成键轨道-能量降低	反键轨道-能量升高
1s	1s	$\xrightarrow{组合}$	$\sigma(1s)$	$\sigma^*(1s)$
2s	2s	$\xrightarrow{组合}$	$\sigma(2s)$	$\sigma(2s)$
$2p(p_xp_yp_z)$	$2p(p_xp_yp_z)$	$\xrightarrow{组合}$	$\sigma(2p_x)+\pi(2p_y)+\pi(2p_z)$	$\sigma^*(2p_x)+\pi^*(2p_y)+\pi^*(2p_z)$

所以这两个原子的 10 个原子轨道共组成 10 个分子轨道，其中凡是不带星号的 σ 和 π 分子轨道，由于电子在两核间出现的概率较大，电子同时受两核吸引，故其能量低于原子轨道能量，它们通称为成键分子轨道；带星号的 σ^* 和 π^* 分子轨道，由于电子在两核的左右两侧出现概率较大，核间节面处电子云密度等于零，因此两核共同吸引电子的能力减弱，故其能量总是比相应原子轨道能量高，都称为反键分子轨道，在图 7-14 中将这些分子轨道按能量高低，排列成分子轨道能级图，图中每一个短横表示一个分子轨道。

（2）原子轨道有效组合成分子轨道必须满足三条原则：对称性匹配原则，能量近似原则和最大重叠原则。

对称性匹配原则　原子轨道波函数相互叠加组成分子轨道时，要像波叠加一样需考虑位相的正负号，σ 和 π 成键分子轨道都是由两个原子轨道波函数同号区域（正值与正值部分，负值与负值部分）相重叠而成（$\psi=\psi_1+\psi_2$）；σ^* 和 π^* 反键分子轨道则是由波函数异号区域（正与负，负与正）相重叠而成（$\psi=\psi_1-\psi_2$）。这就是所谓对称性匹配原则。

第二周期各元素同核双原子分子的分子轨道能高低和能级顺序均有所不同，从左到右随着各元素原子核电荷递增，内层原子轨道离核越近，2s - 2p 能级差 $\Delta E_{2s\text{-}2p}$ 也越大，见表 7-18 数据。因此对于 O_2 或 F_2 双原子分子来说，一个原子的 2s 电子和另一个原子的 2p 电子相互作用的可能性可以完全不考虑；而对于 B、C、N 等原子，2s - 2p 能级差较小，当形成分子时，$2s_1$-$2p_{x,1}$ 和 $2s_2$-$2p_{x,2}$ 相互作用使 $\sigma(2s)$ 和 $\sigma(2p_x)$ 兼有 s 和 p_x 的性质，所以 $\sigma(2p_x)$ 能量升高位于 $\pi(2p_z)$ 和 $\pi(2p_y)$ 之上。分子轨道能级高低可以由分子光谱实验确定，实验结果与理论计算值大致相符。因此，各分子的分子轨道能级高低正像各元素原子轨道能级一样，并不是一成不变而是随分子不同而异。以上情况见图 7-15 所示。

表 7-18　第二周期双原子分子有关参数

分子	Li_2	$(Be)_2$	B_2	C_2	N_2	O_2	F_2
$\Delta E(2s\text{-}2p)/kJ\cdot mol^{-1}$	—	—	569.3	82639	1118	1449	1816
键长/pm	267	—	159	134	110	121	142
键能/$kJ\cdot mol^{-1}$	110	—	292	602	941	492	159
未成对电子数	0	0	2	0	0	2	0
键级	1	0	1	2	3	2	1

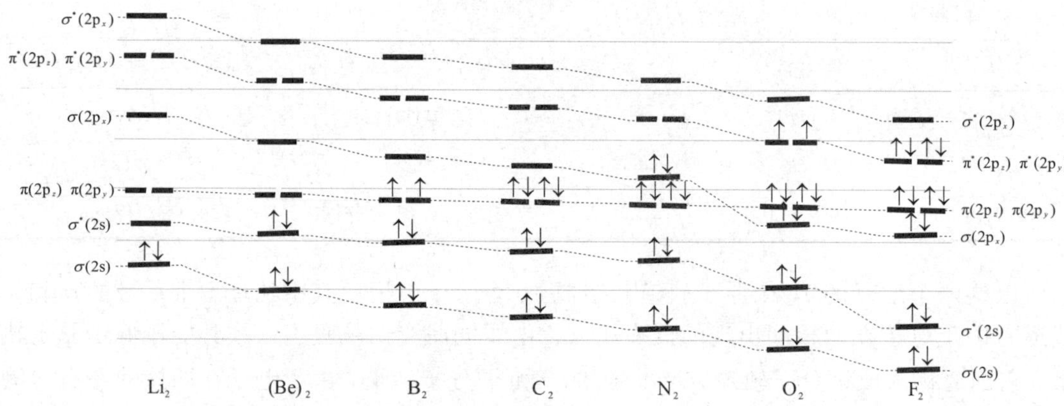

图 7-15　第二周期双原子分子轨道能级比较示意图

能量近似原则　是指只有能量相近的原子轨道才能组合成有效的分子轨道。如图 7-14 所示，同核双原子分子中，2 个原子能量等同的 1s（或 2s 、2p）轨道组合成分子轨道；而内层的 1s 轨道不可能和能量相差很大的 2s 、2p 轨道组合成分子轨道；至于 2s 和 2p 轨道之间能否进行组合，取决于 2s 和 2p 原子轨道间能量差是多少。这个能量差则随原子不同而异。

最大重叠原则　是指两个原子轨道要有效组成分子轨道，必须尽可能地多重叠，以使成键分子轨道的能量尽可能降低。

（3）电子在分子轨道上的排布也遵循原子轨道电子排布的同样原则，即每个分子轨道最多能容纳 2 个自旋相反的电子（Pauli 原理）；电子总是尽量先占据能量最低的轨道，只有当能量较低的轨道填满以后，才开始填入能量较高的轨道（能量最低原理）；当电子填入两个或多个等能量的轨道（简并分子轨道）时，电子总是先以自旋相同的方式分占这些轨道直到半充满（Hund 规则）。

7.4.2　几种单质的双原子分子结构

为了具体说明分子轨道理论的基本概念，下面介绍几种单质的双原子分子结构，并与价键理论相比较。

（1）H_2 **分子**　两个氢原子的 1s 原子轨道组成组成 $\sigma(1s)$ 及 $\sigma^*(1s)$ 分子轨道时，两个电子以自旋反平行的方式优先填入能量低的 $\sigma(1s)$ 成键分子轨道，而 $\sigma^*(1s)$ 反键轨道是空置的［图 7-16(a)］，这就是氢分子的基态。

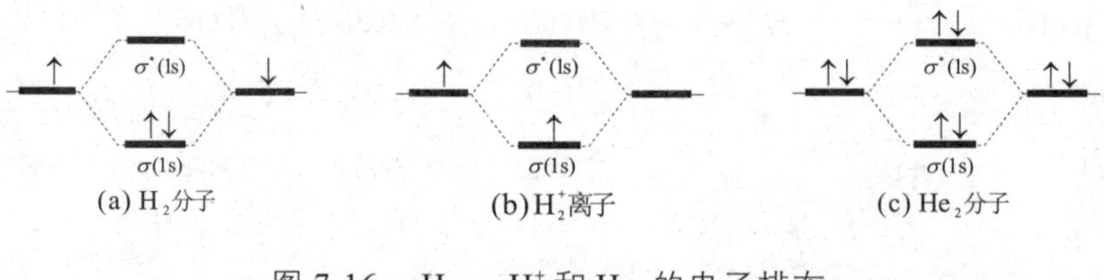

图 7-16　H_2 、H_2^+ 和 He_2 的电子排布

（2）H_2^+ **离子**　从 H_2 电离出一个电子得到 H_2^+ 离子，其中只有一个未配对电子填在成键轨道上［图 7-16(b)］，称为单电子键。H_2^+ 离子的存在是 Lewis 电子配对和价键理论成键概念所

不能解释的，但用分子轨道理论很容易理解。

（3）He_2 **分子**　两个氦原子的 1s 原子轨道上已经各有一对自旋相反的电子，当它们组成分子时，两对电子分别占据成键轨道和反键轨道［图 7-14（c）］，两者能量相互抵消，不能成键。因此 He_2 分子实际上是不存在的。

（4）O_2 **分子**　氧是第二周期元素，除了 1s 轨道外，它的 2s 、2p 轨道也组成相应的分子轨道，O_2 分子中的 16 个电子分别填入各 O_2 分子轨道，见图 7-17 所示。

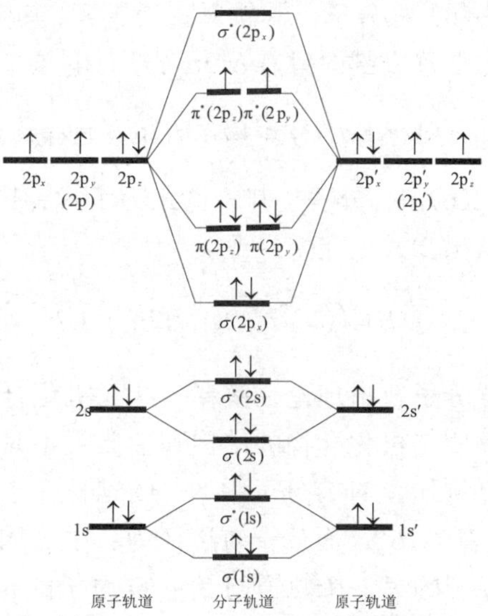

图 7-17　O_2 分子轨道和原子轨道能量关系

由图示可见，$\sigma(1s)$ 和 $\sigma^*(1s)$，$\sigma(2s)$ 和 $\sigma^*(2s)$ 两对成键和反键轨道都充满电子，这两类轨道由于能量降低和升高互相抵消，对成键没有贡献；实际上有效成键的只有 $\sigma(2p_x)$、$\pi(2p_z)$ 和 $\pi(2p_y)$ 的 3 对电子和居于反键 π^* 轨道上能量最高的两个电子。根据 Hund 规则，后面这 2 个电子自旋平行分占反键 $\pi^*(2p_z)$ 和 $\pi^*(2p_y)$ 轨道，这样的排布可用轨道式来表示：

$$KK\sigma(2s)^2\sigma^*(2s)^2\sigma(2p_x)^2\pi(2p_z)^2\pi(2p_y)^2\pi^*(2p_z)^1\pi^*(2p_y)^1$$

O_2 分子的这种电子排布方式是分子轨道理论获得成功的一个突出例子。如按价键理论，O_2 的成键式是①式，其中所有电子都已配对，不存在自旋平行电子，无法解释 O_2 分子具有顺磁性这个实验事实。但按分子轨道理论观点，是由 2 个 p 电子形成的 σ 键，而 $\pi(2p_z)^2\pi^*(2p_z)^1$ 和 $\pi(2p_y)^2\pi^*(2p_y)^1$ 各有 3 个电子，可称之为 2 个三电子 π 键。因此可以写成②或③式，每个三电子 π 键有 2 个电子在成键 π 轨道上，1 个电子在反键 π^* 轨道上。未配对电子的存在，可以很好解释 O_2 分子具有顺磁性。

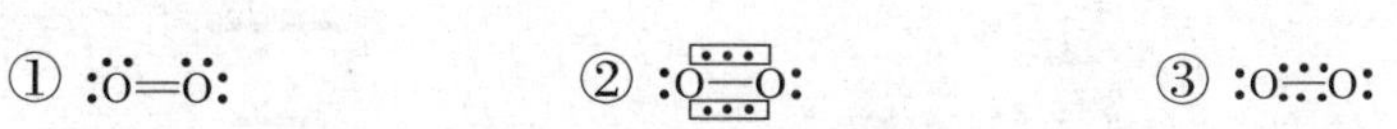

在价键理论中，以键的数目来表示键级；在分子轨道理论中则以成键价电子数与反键价电子数之差（即净的成键电子数）的一半来表示分子的键级，即

$$键级=\frac{成键电子数-反键电子数}{2}$$

根据键级计算，H_2 分子的键级 = (2 − 0)/2 = 1，形成一个单键；He_2 分子的键级 = (2 − 2)/2 = 0，所以 He_2 分子不能稳定存在。而 O_2 分子中的 2 个三电子 π 键相当于 1 个共价单键［因为(4 个成键电子 − 2 个反键电子) / 2 = 1］，再加 $\sigma(2p_x)$ 键，总共约相当一个双键。实验测得 O_2 分子的键能和键长的数据（见表 7-18，分别为 492 kJ·mol^{-1} 和 121 pm）大致与典型的双键（如乙烯的双键）接近。由此可见，分子轨道理论对氧分子性质（磁性、键能、键长等）的说明是比较成功的，而价键理论对此却无能为力。

（5）F_2 **分子**　其轨道式为①式，其中 2 个反键 π^* 轨道和 2 个成键 π 轨道的作用相互抵消，实际有效成键的只有 $\sigma(2p_x)$ 一对电子。这和 F_2 的价键结构②式完全相当。

① $KK\sigma(2s)^2\sigma^*(2s)^2\sigma(2p_x)^2\pi(2p_z)^2\pi(2p_y)^2\pi^*(2p_z)^2\pi^*(2p_y)^2$　　② :F̤—F̤:

（6）N_2 **分子**　其轨道式为①式，其中对成键有贡献的是 1 个 σ 键、2 个 π 键。这和 N_2 价键结构②式也完全一致。

① $KK\sigma(2s)^2\sigma^*(2s)^2\sigma(2p_x)^2\pi(2p_z)^2\pi(2p_y)^2$　　② :N≡N:

分子轨道理论在解释一些无机化合物中较复杂的异核双原子或多原子分子（或离子）以及一些有机化合物的结构和性质关系时，提出离域 π 键概念，更加显示其优越性。

例如，NO_2 分子中 N—O 键长介于单键与双键之间，价键理论只能采用共振结构来说明（见表 7-16），而分子轨道认为：中心 N 原子用 sp^2 杂化轨道与 2 个 O 原子组成 2 个 σ 键，但 N 原子的另一个轨道与 2 个 O 原子的 p 轨道都垂直于 NO_2 分子的平面。3 个相互平行的 p 原子轨道组成 3 个 π 键分子轨道［图 7-18(左上)，包括成键、反键和非键］，每一个分子轨道上的 π 电子（原来固有或被激发的）都不再局限于 2 个原子之间，而为分子中 3 个原子所共有，故称之为离域 π 键（或称大 π 键），它们共同以符号 π_3^3 来表示（右下标为 3 个原子，右上标为 3 个电子）。由于离域 π 键的存在，NO_2 中每个 NO 键都具有某些双键特征，键长介于单键与双键之间。

又如，用价键理论解释苯分子中 6 个 C—C 键键长相等这一实验事实时，也必须求助于共振概念。而根据分子轨道理论 6 个 C 原子的 6 个 p 轨道可以形成 6 个分子轨道，其中 3 个是成键轨道，3 个是反键轨道，6 个 p 电子放在 3 个成键轨道上［图 7-18(右上)］，由此形成了苯分子的 π_6^6 离域大 π 键。其中 6 个电子由 6 个 C 原子共有，所以每个 C—C 间的键长都相等，并介于单键与双键之间。

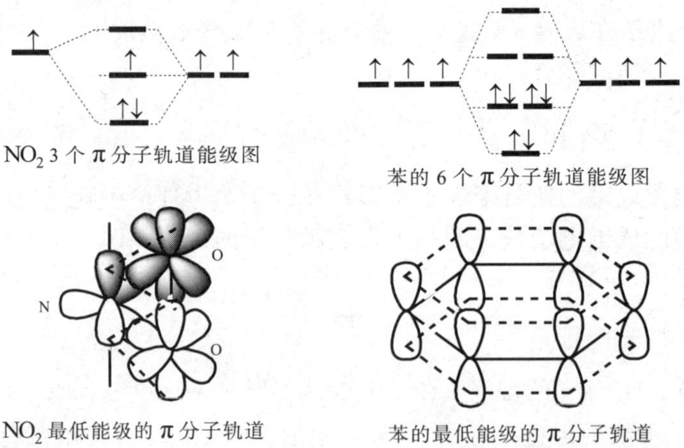

图 7-18　NO_2 及 C_6H_6 分子离域 π 键示意图

综合上述，共价键理论经历了 Lewis 学说、价键理论和分子轨道理论等各个阶段。这是一个历史发展的过程，但并不能说现代的分子轨道理论已经可以完全代替价键理论。实际上，这两种理论各具优缺点：价键理论将共价键看作两个原子之间的定域键，反映了原子间直接的相互作用，虽不全面，但却形象直观而易于与分子的几何构型相联系，因此得到化学家的广泛应用；分子轨道理论着眼于分子的整体性，数学形式更完整，可对那些价键理论不能说明的问题给予较合理的解释。例如，它成功解释了三电子键和单电子键的存在，并且通过电子离域概念令人满意地处理了大量多原子 π 键体系。但是分子轨道理论的缺点是不够直观，不易与实际情况联系起来。随着计算机技术的发展和普及，目前分子轨道理论的发展较快，应用较广。

7.5　价层电子对互斥理论

价键杂化轨道理论可以解释和预见分子的空间构型，但是一个分子究竟采取哪种类型的杂化轨道，在不少情况下难以预言。1940 年 Sidgwick 等人在归纳了许多已知的分子几何构型后，提出价层电子对互斥理论（valence shell electron pair repulsion，简称 VSEPR）。他们认为："分子的共价键（单键、双键或叁键）中的电子对以及孤对电子由于相互排斥作用而趋向尽可能彼此远离，分子尽可能采取对称的结构"。所以，VSEPR 法仅需依据分子中成键电子对及孤电子对的数目，便可定性判断和预见分子属于哪一种几何构型。

下面按价电子成键特点分三种类型来讨论。

7.5.1　AX_n 型

分子的中心原子 A 周围只有 *n* 个以单键邻接的原子 X（或 *n* 个单键电子对）而没有孤电子对存在时，一般只要知道 *n* 的数目（1 ~ 6）就可预测分子构型和相应键角。

例如，在 AX_n 型 CCl_4 分子的 Lewis 结构式中，共有 4 对成键电子，没有孤对电子，当它们分别占据四面体 4 个顶点位置而彼此远离时，相互排斥力最小，分子最稳定，所以电子对几何分布和分子构型都呈正四面体。

AX_n 型 PF_6^-，其 Lewis 结构式中只有 6 对成键电子，当它们处于八面体 6 个顶角位置，分子最稳定。所以，电子对几何分布和离子构型都是正八面体。

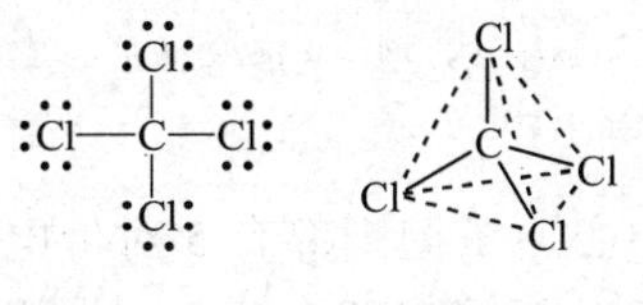

AX_4

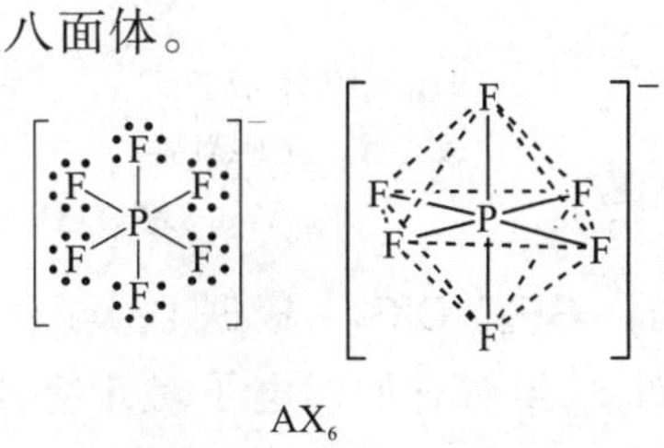

AX_6

由此推测，AX_n 型分子共有表 7-19 所示 5 种基本类型。

表 7-19　AX_n 型分子的 5 种分子构型

AX_n	AX_2	AX_3	AX_4	AX_5	AX_6
分子构型	直线	平面三角形	正四面体	三角双锥	正八面体

7.5.2　$A(E_m)X_n$ 型

分子的中心原子 A 周围不仅有 *n* 个邻接原子（X）的成键电子对，还有 *m* 个孤电子对（E）。

在这种情况下预测分子构型时除需知 X 的数目外，还需知 E 的数目及其作用。根据 VSEPR 法，在具体应用时有以下几条规则：

（1）有孤电子对存在，分子中价层电子对的几何分布情况一般仍然保持上述 5 种基本类型（电子对尽可能彼此远离），但分子的构型就不限于这 5 种类型了，因为描绘分子构型时不包括孤电子对，也就是说，分子的形状是由中心原子与相应邻接原子来决定。

（2）孤电子对的存在影响分子基本构型中的键角而使分子变形，这是由于孤电子对只受一个原子核的束缚，电子云偏向中心原子一侧，从而对邻近的成键电子有较强的排斥作用，使邻近键角发生变化。

（3）电子对之间排斥力大小为①式，电子对与中心原子形成键角排斥力大小为②式：

① 孤对-孤对＞孤对-键对＞键对-键对

② 90°排斥力＞120°排斥力＞180°排斥力。

因此在分子（或离子）的几种可能的几何构型中，以含 90°角孤电子对-孤电子对排斥作用和含 90°角孤电子对-成键电子对排斥作用数目最少的构型是分子较稳定的构型。

下面用这些规则来分析一些具体例子。

CH_4，NH_3，H_2O　已知 CH_4 分子为正四面体，键角∠HCH 为 109.5°。而 NH_3 分子因有 3 个成键电子对、1 个孤电子对，则 NH_3 分子构型是通过 N 原子与 3 个 H 原子相连接而成，它不再是正四面体而是三角锥形分子。由于孤电子对的排斥作用，NH_3 中的键角∠HNH 小于 109.5°，实验测得为 107°。H_2O 分子中 O 原子有两对孤电子对，O 原子只能与 2 个 H 原子连接得到一个平面构型的 H_2O 分子，称为 V 形或弯曲形。此两对孤电子对排斥作用更强，H_2O 中键角∠HOH 就更小，为 104.5°。比较这 3 种分子（图 7-19），它们的中心原子都有 4 对电子，电子对几何分布都为四面体形，但因有孤电子对存在,，分子构型由 1 种变为 3 种了。

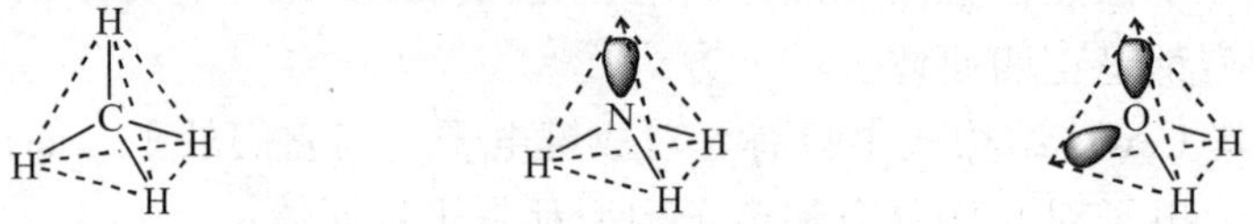

CH_4，∠HCH＝109.5°　　NH_3，∠HNH＝107°　　H_2O，∠HOH＝104.5°

AX_4 型，正四面体　　$A(E)X_3$ 型，三角锥形　　$A(E_2)X_2$ 型，V 形/弯曲形

图 7-19　三种分子的构型和键角比较

PCl_5，SF_4，ClF_3　根据 Lewis 结构，这 3 种分子的中心原子周围都有 5 对价电子（包括孤电子对）。虽然它们的电子对几何分布均为三角双锥构型，但因有孤电子对，分子构型可以有以下 3 种：三角双锥，变形四面体和 T 形（图 7-20）。

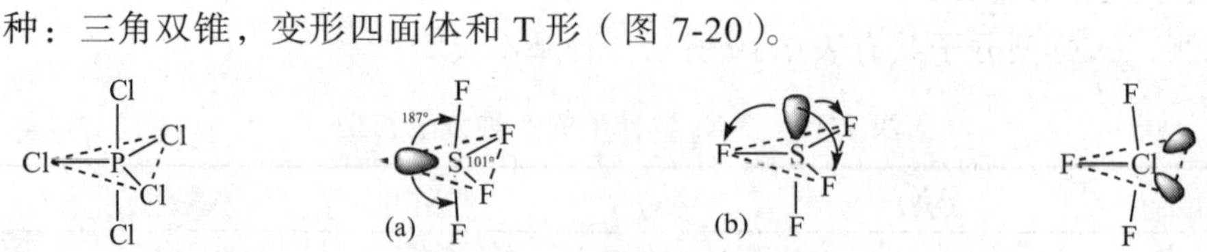

PCl_5（AX_5 型），三角锥　　SF_4［$A(E)X_4$ 型］，变形四面体　　ClF_3［$A(E_2)X_3$ 型］，T 形

图 7-20　三种卤化物分子构型和键角比较

孤电子对在上述分子中总是位于三角双锥中三角平面的角上，而不是位于三角双锥的顶部。根据 VSEPR 法规则，以 SF_4 分子为例，不难说明：若孤电子对位于三角平面的一角，如

图 7-20（a），分子中存在 2 个 180°的孤电子对对成键电子的排斥作用；若孤电子对位于三角双锥顶部，如图 7-20（b）所示，则存在 3 个 90°角的孤电子对对成键电子对的排斥作用。排斥作用越小，分子越稳定，SF_4分子中电子对显然以(a)的方式排列为好。SF_4分子构型（不包括孤电子对）实际是一个变形的四面体，由于孤电子对对键角有影响，所以实验测得位于水平方向的∠FSF 键角不再是 120°，而是 101.5°；轴线方向∠FSF 键角也不再是 180°，而是 187°。由于 90°角孤电子对孤电子对排斥力最大，所以 ClF_3 分子的稳定构型只能是 T 形。

总之，孤电子对的存在改变了分子构型的基本类型，增加了电子对间的排斥力，影响了分子中的键角。

7.5.3　具有双键或叁键的 AX_n 型

当中心原子（A）和邻接原子（X）之间通过双键或叁键结合成 AX_n 分子时，VSEPR 法仍然适用。这时可将双键或叁键当做一个电子对来看待，单电子键也按一对电子处理。

AX_2 型的 CO_2 分子，其 Lewis 结构为：

:Ö=C=Ö:

可将 C═O 之间的双键当做一对电子，则 C 的周围相当于两对成键电子对。根据电子对互斥作用这两组电子应分布在 C 原子的两侧，其构型类同于 $BeCl_2$ 分子，因此 CO_2 分子结构为直线形。

AX_3 型的 SO_3 分子构型是平面三角形。AX_2E 型的 SO_2 分子呈 V 形。AX_4 型的 SO_4^{2-} 则是四面体形（可以把中心 S 原子周围看成有 4 对电子），如下所示。

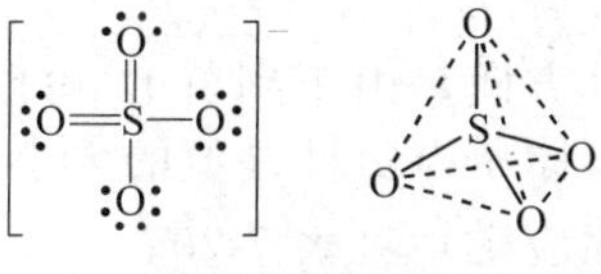

SO_4^{2-} 四面体形

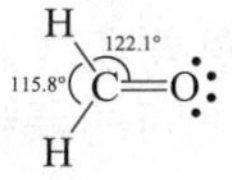

甲醛

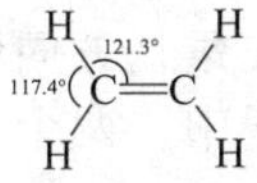

乙烯

双键和叁键存在时，因分子中的多重键部分电子密度高，排斥作用更强，使相应的键角有所增加。例如，实验测得甲醛和乙烯分子中键角不再是平面三角形的 120°，甲醛分子中∠HCO = 122.1°（增大），∠HCH = 115.8°（减小）；在乙烯分子中 ∠HCC = 121.3°（增大），∠HCH = 117.4°（减小）。

用 VSEPR 法判断由第一、二、三周期元素所组成的一些分子（或离子）的几何构型确实比较简单和方便，并且用这个方法几乎与用杂化轨道法判断分子构型所得结果完全吻合。但用此法判断少数含单电子的分子（或离子）以及由ⅤA、ⅥA 族元素形成的一些分子（或离子）构型时与实验结果常有出入，而且也不能很好说明各分子构型中键形成的原因和键的相对稳定性。在这方面仍需依赖价键理论和分子轨道理论。

以上各共价键理论在表征共价键或描述共价分子结构时都用到了键级、键能、键长、键角等物理参量，它们统称为分子结构参数或键参数（bond parameter），这些实验数据在创立化学键理论过程中也起过十分重要的作用。分子结构参数还包括偶极矩及键矩，它们与分子的极性和键的极性有关，很多键参数都可以直接或间接地通过分子光谱获得。下一节介绍分子的极性和分子光谱的初步概念。

7.6 分子的极性

相同原子组成的双原子分子（如单质气体分子）没有极性，而不同原子组成的分子（如 HCl 、NH_3 等）大部分都有极性。原因在于不同种原子电负性的差别，正、负电荷中心不相重合，在原子间就形成了极性共价键，相应的分子为极性分子。一般说来，原子的电负性差值越大，键的极性也越强。所以对双原子分子来说，共价键的极性决定了分子的极性。

但在多原子分子中，键的极性和化合物的极性并不完全一致。例如在 H_2O 和 NH_3 分子中，O—H 和 N—H 键都是极性键，H_2O 分子是弯曲形的，NH_3 分子是三角锥形的，所以它们都是极性分子。然而在 CH_4 分子中，虽然每一个 C—H 键都是极性键，但是由于 4 个 H 原子四面体向对称地分布在 C 原子周围，整个分子的正、负电荷重心仍相重合，所以 CH_4 分子是非极性的。CCl_4 分子也是如此。CO_2 和 CS_2 分子呈直线形对称结构，它们也是非极性分子。因此，多原子分子的极性不仅与键的极性有关，还与分子构型的对称性有关。

分子极性强弱，可以用偶极矩（μ）表示。偶极矩是表示分子电荷分布情况的一个物理量，等于极性分子正负电荷之重心间的距离 d（又称偶极长）与偶极电荷量 q 的乘积，即

$$\mu = qd \tag{7-4}$$

由于分子中原子间距离数量级是 10^{-8} cm，电子电量数量级是 10^{-10} esu（静电单位），过去把 10^{-10} esu 作为偶极矩 μ 的单位，称为“Debye”（德拜），以 D 表示，$1\,\mathrm{D} = 10^{-18}\,\mathrm{cm\cdot esu}$。偶极矩的 SI 制单位是 C·m（库仑·米），换算关系为：

$$1\,\mathrm{esu\cdot cm} = 3.336\times10^{-12}\,\mathrm{C\cdot m}，\ 1\,\mathrm{D} = 3.336\times10^{-30}\,\mathrm{C\cdot m}$$

偶极矩是一个矢量，方向由负到正（化学上曾规定其方向是由正到负），可以通过实验测得。

双原子分子中，两个原子间的偶极矩称为键矩。原子电负性差值的大小可决定双原子分子的键矩大小。例如，卤化氢的原子电负性差值与相应键矩见表 7-20。

表 7-20 卤化氢的 X—H 键矩

卤化氢	HF	HCl	HBr	HI
电负性差/$\chi_{卤素}-\chi_{氢}$	1.8	1.0	0.8	0.5
键矩值/D	1.91	1.08	0.80	0.42

对多原子分子来说，偶极矩 μ 是分子中所有化学键键矩的矢量和。如实验测得 CO_2 和 CCl_4 分子的 μ 都等于零，这表示 CO_2 分子中 2 个 C = O 键和 CCl_4 中 4 个 C – Cl 键键矩之矢量和分别为零，这是由于它们为直线形和四面体形对称结构［图 7-21（a）（b）］。对于 H_2O 分子，实验测得 $\mu = 1.85$ D，即 2 个 O—H 键矩（μ_{O-H}）矢量和[①]不等于零。故可以认为 H_2O 是一个非对称结构的极性分子［图 7-21（c）］，可见 μ 的数值与分子结构的对称性密切相关。多数分子都可通过测定偶极矩来判断其构型，其中 $\mu = 0$ 的分子必定都是结构对称的非极性分子，而 $\mu \neq 0$ 的分子则为结构不对称的极性分子，而且分子的极性随 μ 的增大而增强。

① 注释：根据矢量加和规则，可以由实验测得的 H_2O 分子偶极矩值推算 O—H 的键矩：$\mu_{H_2O} = 2\mu_{O-H}\cos(\theta/2)$，$1.85 = 2\mu_{O-H}\cos(105°/2)$，$\mu_{O-H} = 1.51$ D

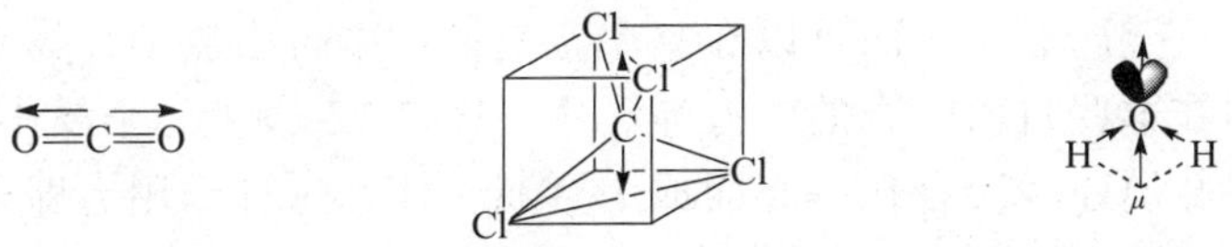

(a) $\mu=0$　　(b) $\mu=0$　　(c) $\mu\neq 0$

图 7-21　CO_2、CCl_4、H_2O 的键矩加和情况

需注意，键长 R 与偶极长 d 是两种不同的概念。用现代实验技术可以测定分子的键长 R（即分子中原子间的距离）以及分子的偶极矩 μ，但无法单独测定偶极长 d 及偶极电荷量 q。

此外，由表 7-21 所列各种卤化氢的键长 R 和偶极矩 μ 数据可见，从 HF 到 HI，虽然 R 增大，但 μ 却依次减小。这是因为从 F 到 I 原子的电负性降低，偶极长 d 减小的缘故。

现假设 HX 分子中 H 原子的电子完全偏向于卤素原子一边形成典型的离子键，偶极电荷就应该是一个电子的电荷量，$e=1.60\times10^{-19}$ C（或 4.80×10^{-10} esu），此时键长 R 应等于偶极长 d，故由计算可得 $\mu_{计}=eR$，它与实验测定的 $\mu_{实}$ 不相等，有人建议用 $(\mu_{实}/\mu_{计})\times100\%$ 来表示分子的电价性（或离子性）百分数。由表 7-21 列出的数据可见，H 只有 5%的离子性，而 HF 是 41%。这是偶极矩的另一个用途。

表 7-21　卤化氢的电价性比较

分子	键长 R/pm	偶极矩计算值 $\mu_{计}/10^{-30}$ C·m	偶极矩实测值 $\mu_{实}/10^{-30}$ C·m	离子性分数 $(\mu_{实}/\mu_{计})$/%
H_2	74.6	11.9（3.54D）	0.00	0
F_2	142	22.7（6.80D）	0.00	0
HI	160	25.6（7.67D）	1.40（0.42D）	5
HBr	141	22.6（6.77D）	2.67（0.80D）	12
HCl	127	20.3（6.10D）	3.606（1.08D）	18
HF	91.7	14.7（4.41D）	6.37（1.91D）	41

在分子光谱中，紫外-可见光谱是化学键中的价电子和孤对电子的能级跃迁引起的光谱，孤对电子、π 键电子和 σ 键电子对不同波长产生吸收。红外光谱是由分子的振动-转动能级跃迁引起的光谱，伸缩振动能级跃迁与化学键的极性密切相关，极性键和极性分子的对称伸缩振动能够吸收红外线，产生吸收峰，极性越大吸收峰越强；而非极性键和对称非极性分子的对称伸缩振动却不吸收线，无吸收峰。核磁共振谱是由于 ^{1}H、^{13}C 等的核磁矩能级跃迁引起的，其化学位移是分子中结构环境信息的反映。上述三种光谱，都与分子的组成、化学键、空间结构等密切相关，光谱信息都受分子的诱导效应、共轭效应、化学键极性等因素综合影响。从这些光谱中可获得诸多结构信息，所以光谱分析是分子结构研究的重要手段。

7.7　金属键理论

元素周期表中约有 4/5 元素属于金属元素。除金属汞在室温下呈液态外，所有金属在室温下都是固体，且通常以多晶形式存在，其共同特征是：具有金属光泽、能导电传热、富有延展性，金属的特性是由金属内部特有的化学键性质所决定的。

金属原子的半径都比较大，价电子数目较少，因此与非金属原子相比，原子核对其本身价电子或其他原子电子的吸引力都较弱，电子容易脱离金属原子成为自由电子或离域电子，这些电子不再属于某一金属原子，而可以在整个金属晶体中自由流动，为整个金属所共有，留下的正离子就浸泡在这些自由电子的“海洋”中［图 7-22（a）］。金属中这种自由电子与正离子间的作用力将金属原子胶合在一起而成为金属晶体，这种作用力即称为金属键。

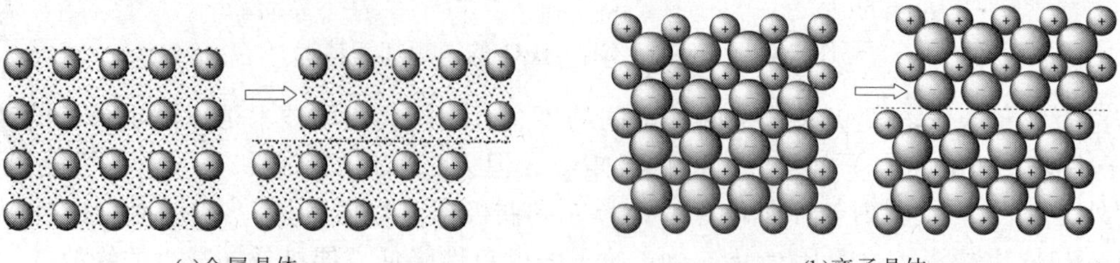

(a)金属晶体　　(b)离子晶体

图 7-22　外力作用下两种晶体内部结构的变化

金属的特性和其中存在着自由电子有关，自由电子并不受某种具有特征能量和方向的键的束缚，所以它们能够吸收并重新发射很宽波长范围的光线，使金属不透明而具有金属光泽。

自由电子在外加电场的影响下可以定向流动而形成电流，使金属具有良好导电性，由于自由电子在运动中不断地和金属正离子碰撞而交换能量，当金属一端受热，加强了这一端离子的振动，自由电子就能把热能迅速传递到另一端，使金属整体的温度很快升高，所以金属具有好的传热性。又由于自由电子的胶合作用，当晶体受到外力作用时，金属正离子间容易滑动而不断裂，所以金属经机械加工可压成薄片和拉成细丝，表现出良好的延展性和可塑性。对比离子晶体就不具有这些性质了，当外力作用时离子层发生移动，使得相同电荷的离子靠近，由于斥力增加，导致离子晶体碎裂，如图 7-22（b）所示。

经典的自由电子“海洋”概念虽能解释金属的某些特性，但关于金属键本质的更加确切的阐述则需借助近代物理的能带理论。能带理论把金属晶体看成一个大分子，这个分子由晶体中所有原子组合而成。由于各原子的原子轨道之间相互作用，便组成一系列相应的分子轨道，其数目与形成它的原子轨道数目相同。根据分子轨道理论，一个气态双原子分子 Li_2 的分子轨道是由 2 个 Li 原子的原子轨道（$1s^2 2s^1$）组合而成，2 个 Li 原子所提供的 6 个电子在分子轨道中的分布如图 7-23（a）所示，成键价电子对占据 $\sigma(2s)$ 分子成键轨道，而 $\sigma^*(2s)$ 反键轨道没有电子填入。现在若有 n 个 Li 原子聚积成金属晶体大分子，则各价电子波函数将相互重叠而组成 n 个分子轨道，其中一半低能级分子轨道有电子占据，而另一半较高能级的分子轨道是空置的，如图 7-23（b）所示。

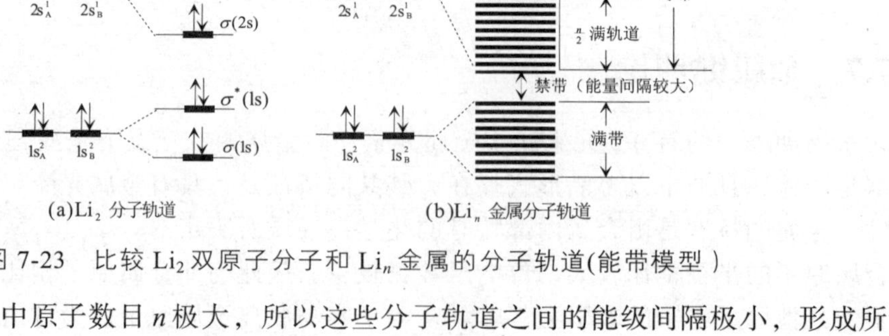

(a)Li_2 分子轨道　　(b)Li_n 金属分子轨道

图 7-23　比较 Li_2 双原子分子和 Li_n 金属的分子轨道(能带模型）

由于金属晶体中原子数目 n 极大，所以这些分子轨道之间的能级间隔极小，形成所谓能带（energy band）。由已充满电子的原子轨道所形成的低能量能带，称为满带；由未充满电子的能级所组成的高能量能带，称为导带；满带与导带之间的能量间隔较大，电子不易逾越，故又称为禁带或禁区。

价电子半充满的导带相当于生成了较稳定的金属键，价电子在这一系列离域分子轨道中无规则的运动贯穿于整个晶体，从而将无数金属正离子联系在一起。金属成为导体也是由于价电子能带尚未充满，其中有很多能量相近的空轨道，故在外电场作用下，电子被激发到未充满的轨道中向一个方向运动形成电流。温度增加，使金属晶格中的正离子热振动加剧，电子与它们碰撞的频率增加，从而使导电能力降低。

金属键强弱与各金属原子的大小、电子层结构等许多因素密切有关，这是一个比较复杂的问题。金属键强弱可以用金属原子化热来衡量。金属原子化热是指 1 mol 金属变成气态原子所需要吸收的能量（如 298 K 时的气化热）。一般说来金属原子化热的数值较小时，这种金属的质地较软，熔点较低；而金属原子化热数值较大时，这种金属质地较硬而且熔点较高。各金属原子化热和熔点数据，参见表 7-22。

表 7-22　金属原子化热和熔点

序数	原子	原子化热 $\Delta_f H_m$/kJ·mol^{-1}	熔点 /°C	序数	原子	原子化热 $\Delta_f H_m$/kJ·mol^{-1}	熔点 /°C
3	Li	159.3	180.5	43	Tc	585.2	2157
4	Be	324.0	1287	44	Ru	650.6	2333
11	Na	107.5	97.79	45	Rh	556	1964
12	Mg	147.1	650	46	Pd	376.6	1554.8
13	Al	330.0	660.3	47	Ag	284.9	961.78
19	K	89.0	63.5	48	Cd	111.8	321.07
20	Ca	177.8	842	49	In	243	156.6
21	Sc	377.8	1541	50	Sn	301.2	231.93
22	Ti	473	1668	51	Sb	264.4	630.63
23	V	514.2	1910	55	Cs	76.5	28.5
24	Cr	397	1907	56	Ba	177.8	727
25	Mn	283.3	1246	57	La	402.1	920
26	Fe	415.5	1538	72	Hf	619	2233
27	Co	428.4	1495	73	Ta	782	3017
28	Ni	430.1	1455	74	W	849.8	3422
29	Cu	337.4	1084.6	75	Re	774	3185
30	Zn	130.4	419.5	76	Os	787	3033
31	Ga	254	29.77	77	Ir	669	2446
32	Ge	372	938.15	78	Pt	565.7	1768.2
37	Rb	80.9	39.3	79	Au	368.2	1064.18
38	Sr	163.6	777	80	Hg	61.38	−38.83
39	Y	474.7	1522	81	Tl	182.2	304
40	Zr	608.8	1854.7	82	Pb	195.2	327.46
41	Nb	721.3	2477	83	Bi	209.6	271.41
42	Mo	658.1	2623				

注：① 原子化热（298 K 标准状态下）数据。摘自：CRC Handbook of Chemistry and Physics. 91st ed. 2010: 9-63.

② 熔点数据，摘自相同资料的 12-205～206。

7.8 分子间作用力和氢键

7.8.1 分子间作用力

1. 分子间弱作用力理论

前面我们讨论了三类化学键（离子键、共价键、金属键），它们都是分子内部原子间的强作用力，原子通过这些化学键结合成各种分子和晶体。但除了这些原子间较强的作用力以外，分子与分子之间还存在一种比化学键弱得多的相互作用力，就是靠这种分子间作用力，气体分子才能凝聚成相应的液体和固体。1873 年，范德华（van der Waals）就发现实际气体的行为偏离理想气体。范德华气体方程式中的修正项与分子间作用力有关，后来人们就把这种分子间作用力称为范德华引力，它包括分子间的取向力、诱导力、色散力等。取向力和诱导力的的产生示意图，参见图 7-24 所示。

（1）取向力

这是指极性分子和极性分子之间的作用力。极性分子是一种偶极子，它们具有正负两极。当两个极性分子相互靠近时，同极排斥，异极相吸，使分子按一定的取向排列，如图 7-24（a），从而使化合物处于一种比较稳定的状态。这种固有偶极子之间的静电引力叫作取向力（又称库仑力、定向力或偶极力）。

（2）诱导力

这是发生在极性分子和非极性分子之间以及极性分子和极性分子之间的作用力，又称 Debye 力。当极性分子与非极性分子相遇时，极性分子的固有偶极所产生的电场，使非极性分子电子云变形（即电子云偏向极性分子偶极的正极），结果使非极性分子正负电荷重心不再重合，从而形成诱导偶极子，如图 7-24（b）。极性分子固有偶极与非极性分子诱导偶极间的这种作用力称为诱导力。在极性分子之间，由于它们相互作用，每一个分子也会由于变形而产生诱导偶极，使极性分子极性增加，从而使分子之间的相互作用力也进一步加强。

（3）色散力

非极性分子（O_2、N_2 和稀有气体原子等）在一定条件下也都可以液化或固化，说明它们的分子间也存在一定作用力。通常情况下非极性分子的正电荷与负电荷重心是重合的，但在核外电子的不断运动以及原子核的不断振动过程中，就有可能在某一瞬时产生电子与核的相对位移，造成正负电荷重心分离，产生瞬时偶极。这种瞬时偶极可使和它相邻的另一非极性分子产生瞬时诱导偶极，于是两个偶极处在异极相邻的状态，而产生分子间吸引力（图 7-25），这种由于分子不断产生瞬时偶极而形成的作用力叫作色散力（dispersion force），又称 London 力。虽然瞬时偶极存在的时间极短，但异极相邻的状态却是不断地重复出现，使得分子之间始终存在这种作用力。

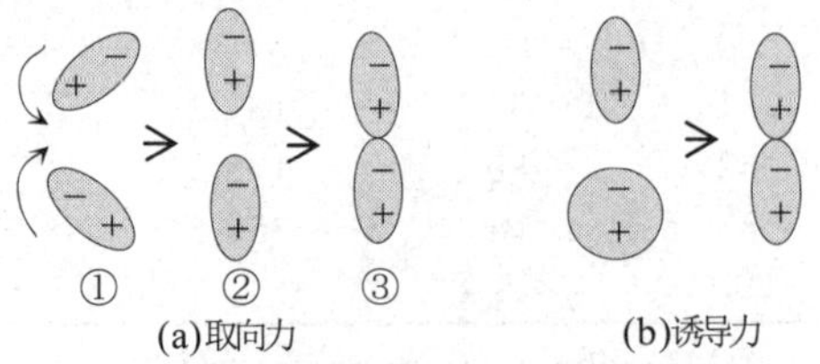

图 7-24 取向力和诱导力的产生

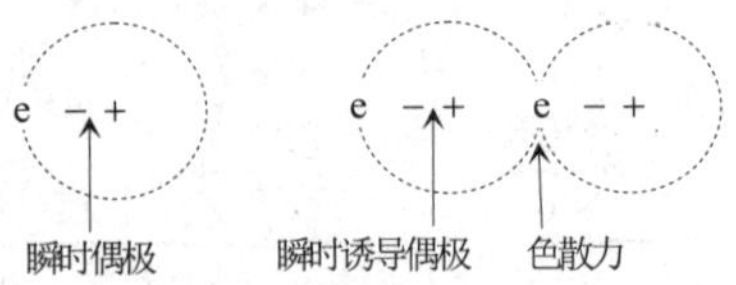

图 7-25 非极性分子相互作用时的情况

综上所述，分子间的作用力可分为 3 种：在非极性分子之间只有色散力的作用；而在极性分子和非极性分子之间有诱导力和色散力的作用；在极性分子之间，除了有取向力的作用外，还有色散力和诱导力的作用。根据量子力学计算结果，一些分子这 3 种作用力的能量分配情况列于表 7-23 中。除极少数强极性分子外（如 HF 、 HO_2 ），大多数分子间的作用力以色散力为主，可见色散力是普遍存在于各种分子之间的。

表 7-23　分子间作用能的分配

分子	偶极矩 $/10^{-30}C\cdot m$	取向力 $/kJ\cdot mol^{-1}$	诱导力 $/kJ\cdot mol^{-1}$	色散力 $/kJ\cdot mol^{-1}$	总作用力 $/kJ\cdot mol^{-1}$
Ar	0.00	0.00	0.00	8.50	8.50
CO	0.39	0.003	0.008	8.75	8.75
HI	1.40	0.025	0.113	25.87	26.00
HBr	2.67	0.69	0.502	21.94	23.11
HCl	3.60	3.31	1.00	16.83	21.14
NH_3	4.90	13.31	1.55	14.95	29.60
H_2O	6.17	36.39	1.93	9.00	47.31

分子间作用力就其本质来说是一种静电力，只有在分子相距超近（ $< 500\ pm$ ）时才起作用；当分子稍微远离时，分子间作用力迅速减弱（与分子间距离的六次方成反比）。根据量子力学理论计算，取向力和诱导力都与分子的偶极矩平方成正比，亦即分子的极性越强，作用力也越大。诱导力还与被诱导的非极性分子或极性分子本身的变形性有关，如分子中各原子外层电子数目较多，电子离核较远，则在邻近原子静电力作用下越易变形，原子相互吸引也越强。色散力大小主要与相互作用分子的变形性有关，一般说来，分子的体积越大，其变形性也越大，分子间的色散力随之增强。除了取向力与温度有关（温度越高，取向力越弱）以外，其余两种作用力受温度的影响不大。

分子间作用力比化学键弱得多。化学键键能为 $100\sim600\ kJ\cdot mol^{-1}$ ；而分子间作用力一般在 $2\sim20\ kJ\cdot mol^{-1}$ ，比化学键键能小 1 ~ 2 个数量级。分子间作用力一般没有方向性和饱和性，只要分子周围空间允许，当气体分子凝聚时，它总是吸引尽量多的其他分子于其正负两极周围。

分子间作用力大小与物质的物理化学性质，如沸点、熔点、气化热、熔化热、溶解度、黏度等密切有关。例如，卤素单质的熔点随相对分子质量增大而依次升高，见表 7-24。在常温下 F_2 、 Cl_2 是气体， Br_2 是液体，而 I_2 是固体。因为它们都是非极性分子，分子间色散力随相对分子质量增加、分子变形性增大而加强。

表 7-24　卤素的熔点与沸点

卤素	F_2	Cl_2	Br_2	I_2
熔点/°C	−219.6	−101.5	−7.25	113.6
沸点/°C	−188.1	−34.04	58.8	185.2

稀有气体从 He 到 Xe 在水中溶解度依次增加，见表 7-25，也是因为由 He 到 Xe 原子体积逐渐增加，致使水分子与稀有气体间的诱导力依次加大。烷烃的熔点与沸点随相对分子质量和分子体积加大而依次增加。

表 7-25 稀有气体溶解度的变化

气体	He	Ne	Ar	Kr	Xe
溶解度/$mL \cdot L^{-1}$ H_2O（20 °C）	13.8	14.7	37.9	73.0	110.9

此外，当分子借范德华引力相互靠近时，其接近程度是有限的。因为分子相互非常接近时，电子云又会互相排斥而使分子远离。引力和斥力达成平衡时，分子间保持一定的接触距离。相邻两个分子中相互接触的那两个原子的核间距离的一半叫作范德华半径。例如在 Cl_2 晶体中，相邻两个 Cl_2 分子相互接触的两个 Cl 原子核间距离约为 360 pm，它的一半 180 pm 就是 Cl_2 的范德华半径。Cl_2 的范德华半径比 Cl 的共价半径 99 pm 大得多（图 7-26）。掌握这些数据对研究分子的立体模型和性质是不可缺少的。

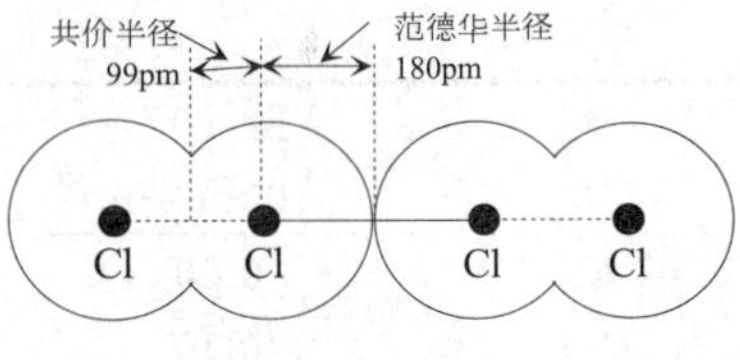

图 7-26 范德华半径示意图

除了对于物质物理性质影响之外，在化学前沿日益走向精细和深入的今天，分子间作用力对于分子组装、分子器件以及蛋白质折叠等新兴领域也有着特殊的意义。范德华力是一种近程发挥作用，而远程衰减很快的静电力。人们相信，蛋白质和酶等大分子的生物功能与它们的构象密切相关，而这些令人叹为观止的、高度有序的三维结构几乎完全是依靠范德华力及氢键建立起来的。然而，直到今天人们对于范德华力的了解仍非常有限，仍然不能准确地给出范德华力的数学形式，也不能准确预测它们所导致的结果。这主要是因为这些相互作用力太微弱了，因而从事这个方面的研究工作，无论对于实验化学家还是理论化学家都是异常艰巨的挑战。

2. 分子间弱作用力的应用

以上对分子间的三种弱作用力，我们在理论上是单独介绍，实际上它们在物质系统的表现并非孤立起作用，而往往是取向力、诱导力和色散力综合起作用的，只是因为物质系统的组成结构不同，某种弱作用力起主导作用，其他弱作用力起辅助作用。对复杂混合物系统的分离，是化工生产和化学分析的重要课题。根据被分离对象的不同，目的不同，可采用化学分离法、萃取分离法、吸附分离法和色谱分离法等。

（1）化学分离法

以化学反应为基础的分离方法，该分离法的前提条件是，被分离的两组分之间的某些化学性质差别特别大，某组分可与反应试剂发生反应，而另一组分跟反应试剂不发生化学反应。这种能够用于分离的反应，要么是生成沉淀的反应，用过滤或离心的方法进行分离，要么是生成气体逸出而得到分离，要么是生成惰性物质，以区别于被分离的其他组分而分离，等等。它是通过强作用力（离子键、共价键和金属键）的不同而实现分离目的的。既然需要化学反应，很显然被分离物有可能变成新物质，需要再经过一定的反应才能“还原”为原来被分离的组分，这些都是该方法的缺陷。

（2）萃取分离法

萃取方法依据萃取的目标物和萃取相的不同，以及增加萃取效率的一些物理方法，分为溶剂萃取、胶团萃取、超声萃取、微波萃取和超临界流体萃取等。萃取的基本原理就是利用被分离组分在互不相容的两相之间悬殊的溶解度差异而实现分离的。萃取分离的最基本原理就是相似相容原理，即极性物质溶于极性溶剂中，非极性物质溶于非极性溶剂中，这种分子间的极性作用力，包括氢键、偶极力和诱导偶极力等弱作用力，非极性作用力主要是色散力。

（3）吸附分离法

吸附分离的场所就是吸附床，由具有吸附表面活性中心的吸附剂构成，依据被分离物质的聚集状态不同，分为气体吸附法和液体吸附法。吸附分离的作用力，主要包括氢键和范德华力。它是利用被分离组分被吸附剂牢固吸附（吸附作用力大），而其他组分不被吸附（吸附作用力几乎没有）而分离的方法。

（4）色谱分离法

上述三种分离方法，均为静态分离法，被分离对象（样品中的不同组分）的化学性质或物理性质相差悬殊。而色谱分离方法，它是一种动态物理分离方法，被分离对象属于化学组成、结构和性质相差很小的情况。色谱系统包括对样品组分进行保留的固定相，和携带组分向前移动的流动相组成，且固定相和流动相之间互为惰性。它是利用组分在固定相和流动相中的分配系数的差异而实现分离的。

而导致被分离组分在两相中分配系数差异的作用力，就是分子间的弱作用力，由于被分离组分之间的组成、结构和性质相近，导致它们的弱作用力的差异也非常小，所以上述经典的静态分离方法是无法分离的。而在色谱分离系统中，可在流动相的带动下，将这种差异累积放大，在最后动态中达到分离的目的。在色谱中，分子间的弱作用力是一种非常巧妙的“中庸”作用力，既不能太强（作用力太强组分洗脱不下来），也不能太弱（作用力太弱组分移行速度没有区别），既有保留作用又能够被洗脱，则为刚刚好的作用力。

7.8.2　氢　键

氢键是一种存在于分子之间、也存在于分子内部的作用力，比化学键弱而比范德华力强。例如，在氧族氢化物的熔点、沸点递变规律中，H_2O 显得特殊；NH_3 在氮族氢化物中，HF 在卤族氢化物中都有类似情况，而 CH_4 在碳族氢化物中则不然。前 3 个含氢化合物的“特殊性”，都缘于分子间存在氢键。Ⅳ～ⅦA 族元素氢化物熔点、沸点变化情况，参见图 7-27 所示。

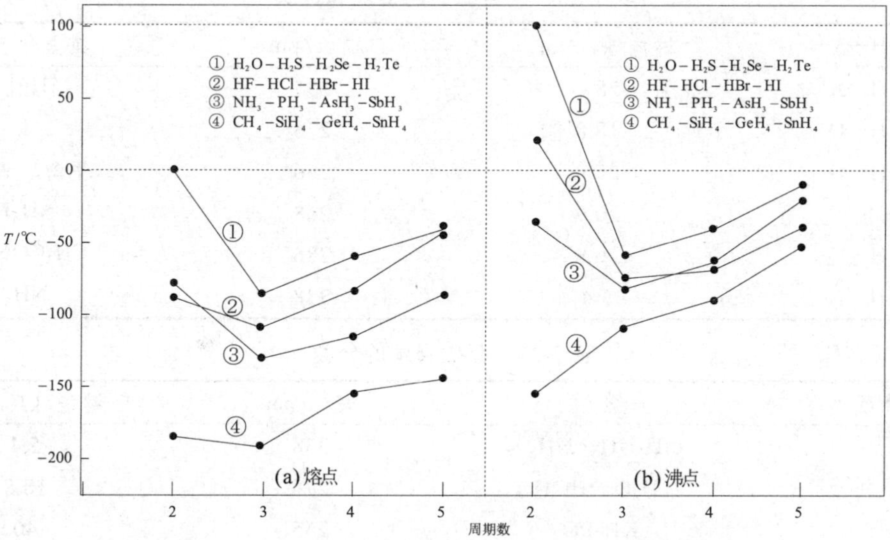

图 7-27　Ⅳ～ⅦA 族元素氢化物熔点沸点变化

氢键是指分子中与高电负性原子 X 以共价键相连的 H 原子，和另一分子中一个高电负性原子 Y 之间所形成的一种弱键，结构如下所示：

$$X—H\cdots Y$$

X、Y 均是电负性高、半径小的原子，最常见的原子有 F、O 和 N，电负性分别为 4.0、3.4 和 3.0。当 H 原子和 F、O、N 以共价键结合成 HF、H_2O 和 NH_3 分子时，成键的共用电子对强烈地偏向于 F、O、N 原子一边，使得 H 原子几乎成为“裸质子”，由于质子的半径特别小（30 pm），它可以把另一分子中的 F、O 或 N 原子吸引到它的附近而形成氢键。氢键的特征有以下两点：

（1）它比化学键弱很多，但比范德华引力稍强。其键能是指由 X—H···Y—R 分解成 X—H 和 Y—R 所需的能量，在 10 ~ 40 $kJ \cdot mol^{-1}$ 内。氢键键长是指 X—H···Y 中 X 原子中心到 Y 原子中心的距离，它比范德华半径之和要小，但比共价键键长（共价半径之和）要大得多。

表 7-26 列出了几种常见氢键的键能和键长：F－H···F 的氢键最强，O—H···O 次之，其余由强至弱的顺序为 N—H···F、N—H···O、N—H···N 等。Cl 的电负性和 N 相同，但半径比 N 大，只能形成极弱氢键（O—H···Cl），O—H···S 氢键更弱。另外，C 因电负性甚小，一般不形成氢键。所以，氢键的强弱与 X、Y 的电负性和半径大小有密切关系。

（2）传统上认为氢键具有方向性和饱和性，但是，普通氢键一般以静电力为主，而静电作用没有方向性和饱和性，因此氢键并不具有共价键那样的方向性或饱和性。氢键的方向性和饱和性更类似于偶极相互作用。常见的氢键键角接近 180°（氢键的键角不都是 180°，特别是分子内氢键），氢键中氢的配位数多数为 2。近年以来也有实验和理论证明，某些超强氢键具有接近共价键的键长和键能，显示出共价性。因此，关于氢键的本质问题目前仍然有争议。

由表 7-26 和表 7-27 可以看到，氢键的键长和键能范围是相当大的，也就是说，很多化合物之间可以形成或强或弱的氢键。新近发现的一些极端的例子包括 C—H 与适当的氢键受体形成氢键，π 电子也可以作为质子受体与质子给体形成氢键。

表 7-26　一些氢键的键能和键长

X—H···Y	键能/$kJ \cdot mol^{-1}$	键长/pm	典型化合物
F—H···F	28.1	255	$[HF]_n$
O—H···O	18.8	276	冰
O—H···O	25.9	266	甲醇、乙醇
N—H···F	20.9	268	NH_4F
N—H···O	20.9	286	CH_3CONH_2
N—H···N	5.4	338	NH_3

表 7-27　氢键强度的分类

氢键强度分类	举例	键长/pm	键能/$kJ \cdot mol^{-1}$
弱	$H_2NH\cdots NH_2$	338	5.4
中强	$H_2O\cdots HOH$	276	18.8
强	KH_2PO_4	255	40
超强	$H_2OH^+\cdots OH_2$	240	150

有的分子可形成双分子氢键环状结构，增加了氢键的稳定性，如下列两个环状氢键：

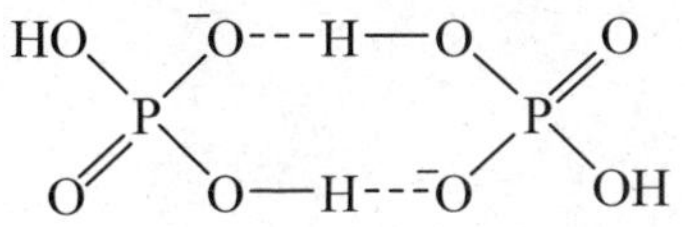

$H_2PO_4^-$ 环状氢键结构

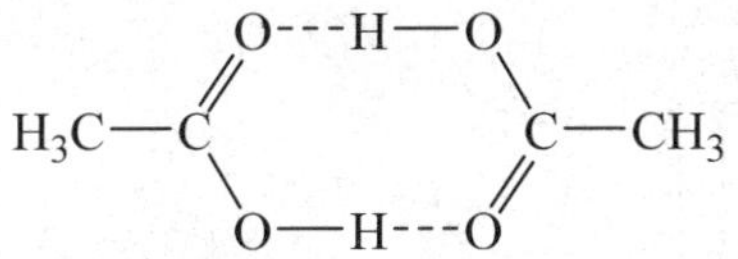

CH_3COOH 环状氢键结构

由于氢键的存在，冰和水具有很多不寻常的性质。例如冰结构中每个 H 都参与形成氢键，使 H_2O 分子之间构成一个四面体向的骨架结构，如图 7-28 所示。

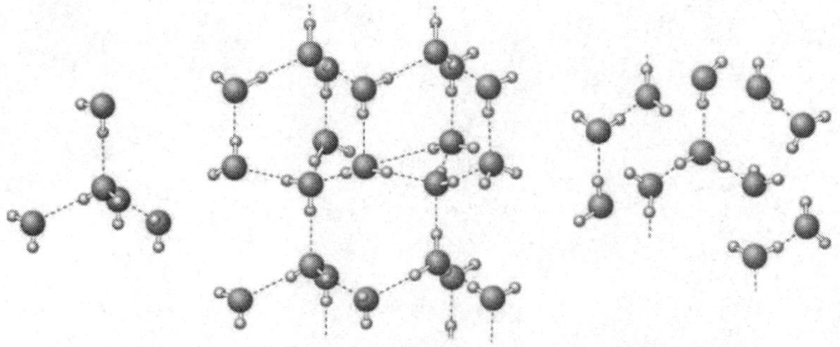

冰分子四面体结构　　冰的立体网状结构　　冰融化使空隙减小

图 7-28　冰的四面体骨架结构

在冰的结构中，因 O 的配位数是 4，每一个 O 原子周围有 4 个 H 原子：其中 2 个 H 是共价结合，另外 2 个 H 离得稍远，是氢键结合。由此形成一个有很多“空洞”的结构，从而使冰的密度小于水。所以，冰是浮在水面上的。正是由于氢键造成的这一重要自然现象，才使冬季江湖中一切生物免遭冻死。当冰在冰点融化时，部分氢键被破坏，冰的整体骨架结构崩塌而变成仍由氢键连接的水分子小团簇，或者说低温液态水就是这些水分子氢键小团簇的集合体。实验测得冰的熔化热只有 $5.0\ kJ\cdot mol^{-1}$，它约占氢键键能（$18.8\ kJ\cdot mol^{-1}$）的 30%，可见冰刚融化后的水中仍有许多类似冰的以氢键结合的 $[H_2O]_n$ 小团簇。随着温度的升高，水中小团簇也不断被破坏，使水的体积进一步收缩，密度又增大；但如果温度再升高，由于热膨胀，又使水的密度降低，在 4 °C 时水的摩尔体积最小、密度最大（$1.000\ g\cdot mL^{-1}$）。在液态水的升温过程中总会涉及水中氢键的断裂，需要付出额外的能量，因此水相对于其他液体而言，具有很大的比热容，甚至升温到 100 °C，因水中仍有足够多的氢键存在，使得水的蒸发热大于其他液体。

在分子生物学中，氢键对于生命体内的蛋白质的稳定性和 DNA 大分子的双螺旋结构是至关重要的。氢键在蛋白质和 RNA 及 DNA 大分子中的作用，往往与其他化学键一起，构成生命物质复杂体系的综合作用。

首先，构成蛋白质分子的化学键可分为共价键和非共价键。共价键包括肽键、二硫键、酯键和配位键等，非共价键（次级键）包括氢键、离子键、范德华力和疏水作用等。氢键是次级键中最早被发现的一种键，在蛋白质构象的维持中起重要作用。例如，蛋白质的 α 螺旋的形成、β折叠中肽链与肽链之间的结合。

在 α 螺旋结构中，在同一肽链内相邻的螺圈之间形成氢键，由第 n 个氨基酸残基的羰基氧（—CO）与第 $n+4$ 个氨基酸残基的氨基氢（—NH）之间形成的，氢键封闭环内的原子数为 13 个，氢键的取向几乎与螺旋中心轴平行，如图 7-29 所示。

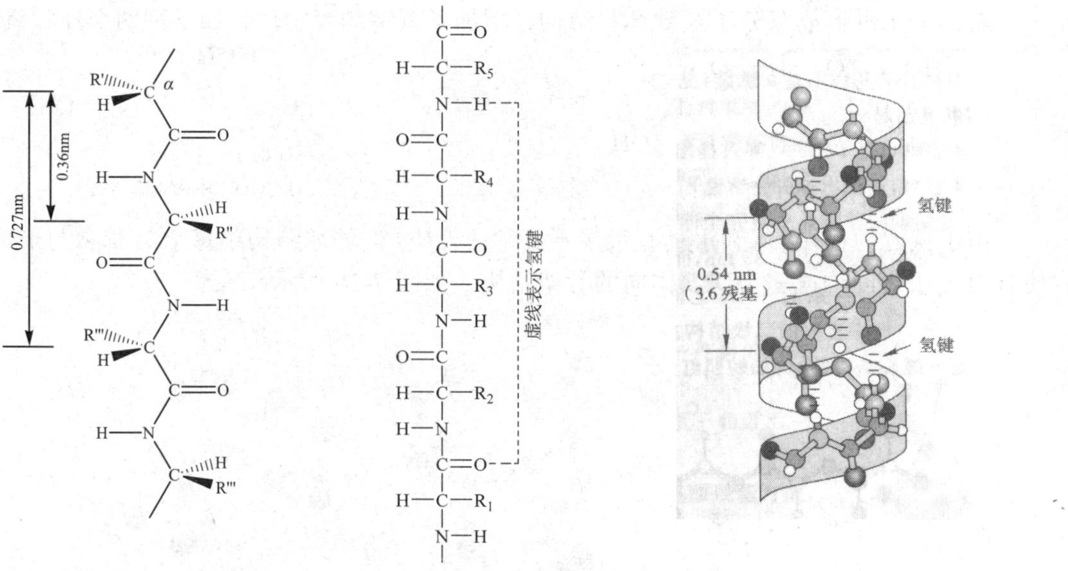

（a）肽链骨架　　（b）氢键展开　　（c）螺旋结构

图 7-29　蛋白质 α 螺旋结构与氢键

β 折叠结构与 α 螺旋结构的差异是，α 螺旋结构肽链是卷曲的棒状螺旋，而 β 折叠结构的肽链几乎是完全伸展的，邻近链以相同或相反方向平行排列成片状（如下所示）。两个氨基酸残基之间的轴心距离为 0.35 nm，而 *α* 螺旋的轴心距为 0.15 nm。β 折叠结构的氢键是由邻近两条肽链一条的—CO 与另一条的—NH 之间所形成，而 α 螺旋结构的氢键是由同一多肽链的—CO 与—NH 之间形成的。

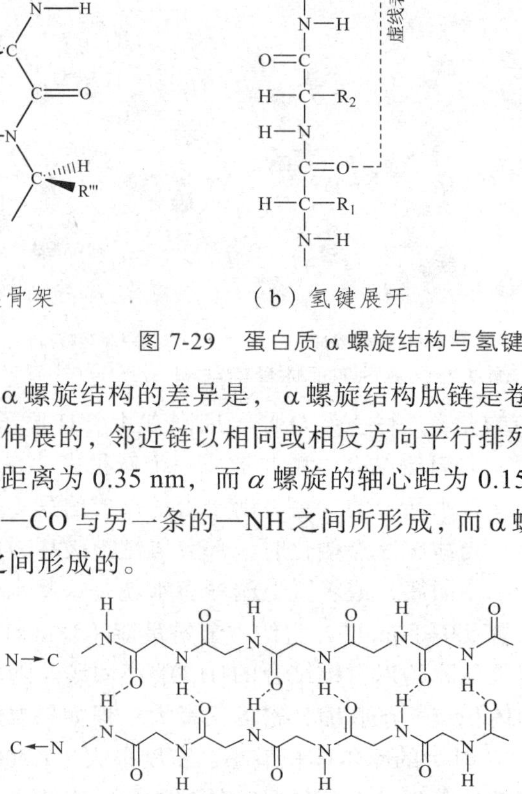

(A)
反平行 β 折叠结构，肽链的 N 端一顺一倒地排列

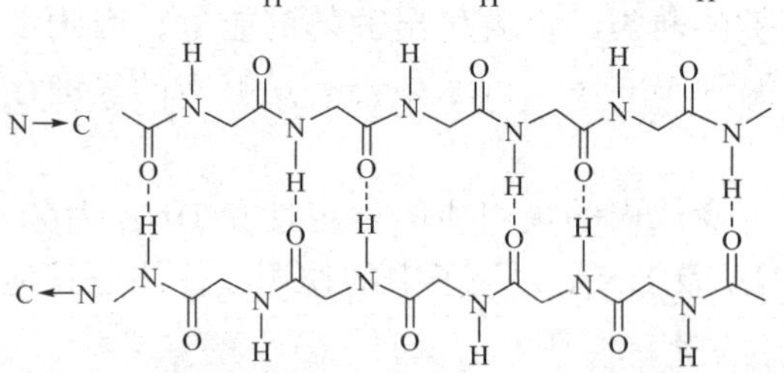

(B)
平行 β 折叠结构，所有肽链的 N 末端都在同一侧

其次，组成 RNA 和 DNA 大分子的最小组分是磷酸、*β*-D-核酸、*β*-D-脱氧核酸、嘌呤碱和嘧啶碱，这些是形成氢键的物质基础。

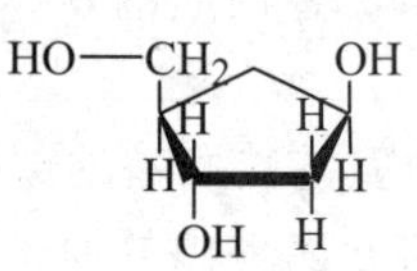

D-脱氧核糖

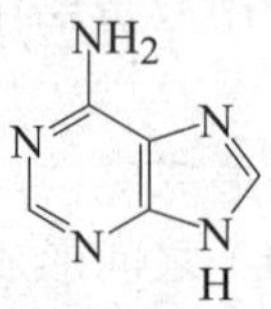

腺嘌呤

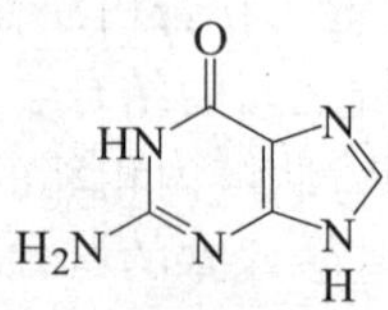

鸟嘌呤（酮式）

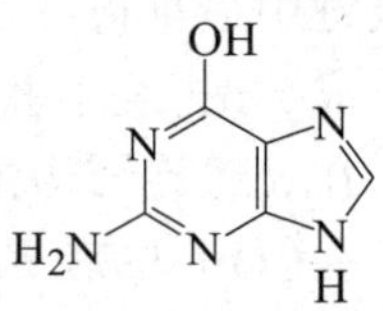

鸟嘌呤（烯醇式）

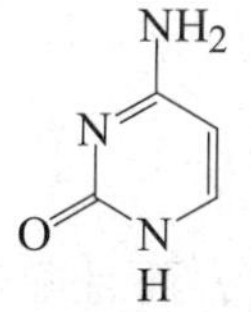
胞嘧啶

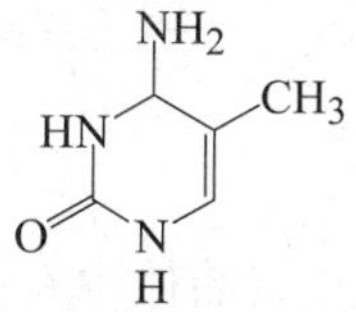
胸腺嘧啶

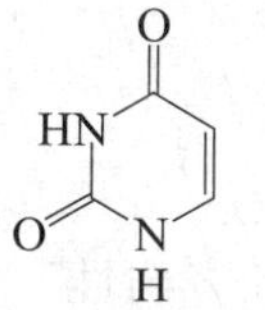
尿嘧啶（酮式）

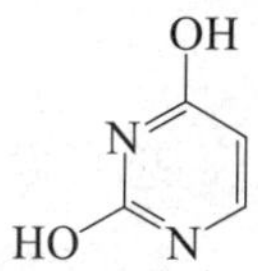
尿嘧啶（烯醇式）

DNA 双螺旋结构的稳定性，主要依靠氢键、碱基堆积力和离子键三种作用力来维持，其中的氢键作用力是双螺旋结构稳定性的基础。在 DNA 双螺旋结构中两条对应长链之间的碱基对是严格配对而不能有丝毫差错。其中腺嘌呤-胸腺嘧啶（A-T）间由 2 个氢键相连，鸟嘌呤-胞嘧啶（G-C）间有 3 个氢键相连，G-C 比 A-T 更稳定。由氢键连接的碱基对平面，并不是平行于双螺旋结构的中心轴的，而是垂直于该中心轴的，为 DNA 双螺旋”结构的稳定性提供立体保障。

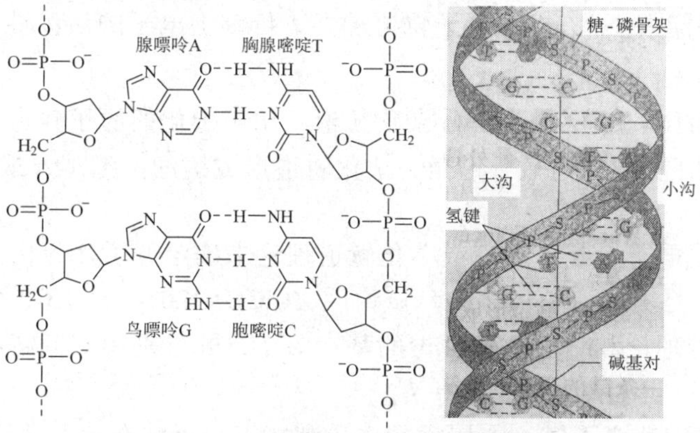

图 7-30　DNA 双螺旋结构与氢键

氢键不仅能存在于分子之间，也能存在于一些小分子内部，形成分子内氢键。例如邻硝基苯酚可以形成分子内氢键（表 7-28），而间、对位硝基苯酚则不能形成分子内氢键。由于分子内氢键的生成，减少了分子间的氢键作用，致使前者的熔、沸点明显低于后两者。

表 7-28　分子内氢键对化合物沸点的影响

化合物名称	邻-硝基苯酚	间-硝基苯酚	对-硝基苯酚	邻-苯酚醛	间-苯酚醛	对-苯酚醛
结构	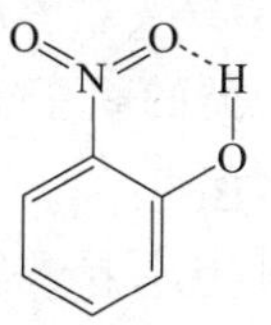	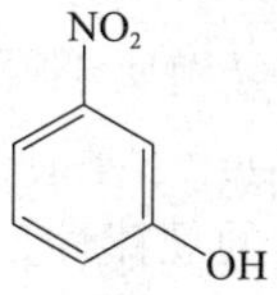		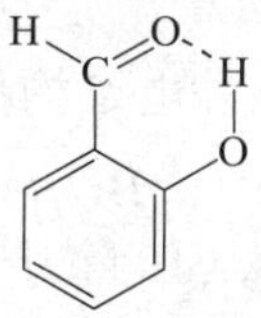	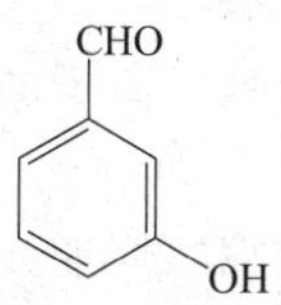	
熔点/°C	45	96	114	−7	103	114

总之，氢键相当普遍地存在于许多化合物与溶液之中。虽然氢键键能不大，但在许多物质如水、醇、酚、酸、氨、胺、氨基酸、蛋白质、碳水化合物、氢氧化物、酸式盐、碱式盐、结晶水合物等的结构与性能关系的研究过程中，氢键的作用是绝不可忽视的。由于氢键的特殊性，近年来关于氢键本质以及氢键性质的研究进展很快。人们对于氢键在生物分子、酶催化反应、分子组装以及材料性质等领域中的潜在应用寄予了极大的热情，也越来越关注这些曾经被忽视的分子间（内）弱作用力所具有的巨大潜力。

习　题

一、思考题

1. “离子键没有饱和性和方向性”和“离子在一定晶体中有一定配位数，而且配位的异电荷离子位置一定（有四面体向和八面体向等）”，这两种说法是否矛盾？

2. 我们在使用许多无机固体试剂，如 NaCl、$AgNO_3$、Na_2CO_3 等时，常计算其“分子量”，在这些场合，“分子量”一词是否确切？如不确切，为什么在化学计算中又可以这样做？确切的名词应是什么？

3. 离子半径的周期变化有哪几条重要规律？试简单解释之。

4. 共价键饱和性和方向性的根源是什么？

5. 从以下诸方面比较 σ 键和 π 键：原子轨道的重叠方式，成键电子的电子云分布，原子轨道的重叠程度（键能大小），成键原子轨道种类，价键上电子的活泼性，电子云是否集中，容易不容易被极化。

6. 从以下诸方面比较 sp^3、sp^2、sp 杂化轨道：用于杂化的原子轨道，s 和 p 的成分，杂化轨道数，杂化后剩下的 p 轨道数，键角，杂化轨道形成键的类型（σ 或 π），轨道上电子的几何分布，键能大小。

7. 试比较用价层电子对互斥理论或杂化轨道理论来确定分子几何构型的优缺点。

8. 为什么 $COCl_2$ 是平面三角形结构？试说明 $\angle ClCO>120°$，而 $\angle ClCCl<120°$。

9.（1）简述价键理论和分子轨道理论的基本要点，并分别用它们解释 H_2、O_2、F_2 分子的结构。

（2）试比较共价键和离子键、金属键的本质和特点，反映在有关单质及化合物性质上有何不同？

10. 判断下列说法是否正确，为什么？

（1）分子中的化学键为极性键，则分子为极性分子；

（2）范德华力是属于一种较弱的化学键；

（3）氢化物分子间能形成氢键。

二、问答题

1. 写出下列各离子的核外电子构型，并指出它们分别属于哪一类的离子构型：

Al^{3+}，Fe^{2+}，Bi^{2+}，Cd^{2+}，Mn^{2+}，Hg^{2+}，Ca^{2+}，Br^-。

2. 试总结第二周期元素（Li 除外）生成共价单键的规律性，并填入表 7-29 中：

表 7-29　第二周期元素生成共介单键的规律性总结

第二周期元素	Be	B	C	N	O	F
元素的电子层结构						
最外层的总轨道数						
成键时最高未配对电子数						
成键后最高孤电子对对数						
成键后余下的空轨道数						

3. 画出下列各分子（或离子）的 Lewis 结构：

CO_2　　Cl_2CO　　ClO_3^-　　PH_4^+　　HO_2^-　　CN^-

$F_2N—NF_2$　　$H_2C{=}CHCl$　　$HO—NO_2$　　$H_3C—CHO$　　N_2O_3

4. 画出 Si、P、S 在生成 SiF_4、PCl_3、SF_4 三种化合物时的杂化轨道类型（注明是等性或不等性）。

5. 指出下列各分子中各个 C 原子所采用的杂化轨道：

（1）CH_4　　（2）C_2H_2　　（3）C_2H_4

（4）H_3COH　　（5）CH_2O　　（6）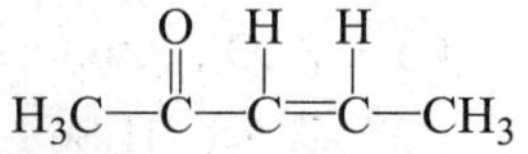

6. （1）指出在 OF_2、NF_5、XeF_4 中，可能存在的分子及其几何构型；

（2）NH_3 是极性分子，N 原子以何种杂化轨道成键，最多会有几原子共面？

7. 含碘的化合物常用来制备防腐和消毒用的药物，其中某一种碘化合物的分子式是 HC_4NI_4，请写出它的 Lewis 结构（其中 4 个碳和 1 个氮组成五元环）。

8. 蛋白质是由多肽链组成，多肽链的基本单元如下所示。注明各原子间是什么类型的键，并由此推测 6 个原子能共平面的主要原因。

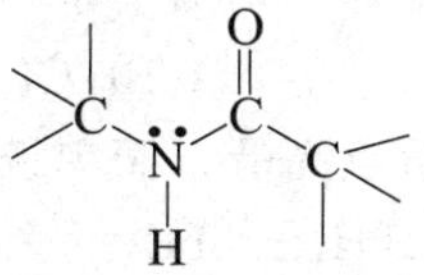

9. 写出下列分子或离子可能的共振体：

（1）NO_2^- 和 O_3　　（2）SO_3 和 CO_3^{2-}

10. 写出所有第二周期同核双原子分子的分子轨道表示式，其中哪些分子不能稳定存在？哪些分子是顺磁性，哪些是反磁性？

11. 画出 NO 分子轨道能级图（能级高低次序与 N_2 相似），分别写出 NO、NO^+ 的分子轨道表示式，计算键级，比较稳定性，并解释之。

12. 试用价层电子对互斥理论，判断下列分子或离子的空间几何构型：

NO_2　　NF_3　　SO_3^{2-}　　ClO_4^-　　CS_2

BO_3^{3-}　　SiF_4　　H_2S　　AsO_3^{3-}　　ClO_3^-

13. 填充表 7-30：

表 7-30　几种分子或离子的 VSEPR 参数总结

分子或离子	中心原子 杂化轨道类型	电子对几何分布	分子几何构型 （中英文名称）	VSEPR 符号
H_2S				
$SbCl_5$				
ICl_3				
AlF_6^{3-}				
XeF_4				

14. 根据价层电子对互斥理论，写出 NH_2OH 、CH_3COOH 、CH_3OCH_3 几种分子的几何构型，并注明每一个键的键型和键角的大概数值。

15. 光化烟雾中最有害的化合物有过氧化乙酰基硝酸酯和丙烯醛，其分子骨架分别如下，试粗略画出其几何构型和 Lewis 结构，指明各键角约为多少。

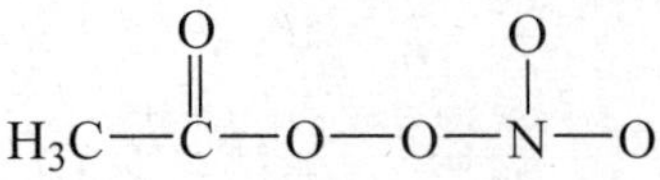
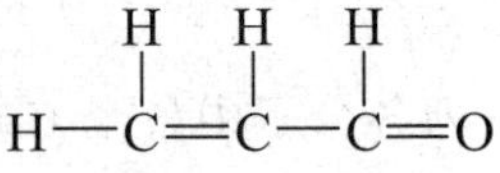

16. 判断下列各组化合物中，哪种化合物键的极性较大：

（1）ZnO， ZnS　　（2）HI， HBr， HCl， HF

（3）H_2S， H_2Se， H_2Te　　（4）NH_3， NF_3

（5）F_2O， H_2O

17. 指出上述第 12 题所有分子（或离子）中哪些是偶极子？哪些是非偶极子？

18. 判断下列各组分子之间存在什么形式的分子间作用力：

（1）H_2S　　（2）CH_4　　（3）Ne 与 H_2O

（4）CH_3Br　　（5）NH_3　　（6）Br_2 与 CCl_4

19. 按沸点由低到高的顺序依次排列下列两个系列中的各个物质，并说明理由。

（1）H_2， CO， Ne， HF；　　（2）CI_4， CF_4， CBr_4， CCl_4

20. 比较下列各组中两种物质的熔点高低，简单说明原因：

（1）NH_3， PH_3　　（2）PH_3， SbH_3　　（3）Br_2 与 ICl

三、计算题

1. 试由以下数据画出 Born-Haber 循环，并计算氯化钾的晶格能（$kJ\cdot mol^{-1}$）。

① $K(s) \longrightarrow K(g)$　　$\Delta H_1 = 89\,kJ\cdot mol^{-1}$

② $Cl_2(g) \longrightarrow 2Cl(g)$　　$\Delta H_2 = 243\,kJ\cdot mol^{-1}$

③ $K(g) \longrightarrow K^+(g) + e$　　$\Delta H_3 = 419\,kJ\cdot mol^{-1}$

④ $Cl(g) + e \longrightarrow Cl^-(g)$　　$\Delta H_4 = -349\,kJ\cdot mol^{-1}$

⑤ $K(s) + \frac{1}{2}Cl_2(g) + e \longrightarrow KCl(s)$　　$\Delta H_5 = -436.5\,kJ\cdot mol^{-1}$

2. 根据 BaO 生成焓及其他数据，按 Born-Haber 循环计算氧的第二电子亲和能（Ba 的 $I_2 = 10.00\,eV$，BaO 的晶格焓为 $3054\,kJ\cdot mol^{-1}$）

3. 根据查得的 NH_4Cl (cr)生成焓、晶格焓（$-663\,kJ\cdot mol^{-1}$）以及其他必要数据组成循环，计算气态 NH_3 的质子亲和焓。

4. 利用键能数据估算：

（1）P_4 原子化能；　　（2）金刚石气化热；　　（3）冰的气化热。

第 8 章　配位化学基础

8.1　配合物基础知识

8.1.1　配合物的概念与组成

1. 配合物的发现

1798 年法国化学家 Tassaert 在研究钴的化合物时，进行了如下反应：

$$CoCl_2+6NH_3 = CoCl_2 \cdot 6NH_3$$

$$4CoCl_2 \cdot 6NH_3 + O_2 + 4NH_4Cl = 4CoCl_3 \cdot 6NH_3 + 4NH_3 + 2H_2O$$

$$2(CoCl_3 \cdot 6NH_3)+6KOH = Co_2O_3+12NH_3+6KCl+3H_2O \quad \text{（沸腾）}$$

$$CoCl_3 \cdot 6NH_3+ AgNO_3 = AgCl+ Co(NO_3)_3 \cdot 6NH_3$$

他研究发现，$CoCl_2 \cdot 6NH_3$ 与 $CoCl_2$ 的性质，既有相同的，也有不同的；$CoCl_3 \cdot 6NH_3$ 也是如此，这种化合物不同于常见的化合物，使化学界大为震惊，氨分子是以什么形式存在于化合物中的？当时的化学理论无法解释，一直困扰着化学家们 100 余年。直到 1892 年，由瑞典苏黎世联邦工业大学一位 26 岁讲师维尔纳（Alfred Werner），经过对过渡金属-氨化合物的结构研究后，提出了著名的配位理论，才揭开配位化合物形成的奥秘，从此，配合物的研究和应用得到空前的发展，成为四大基础化学交叉融合新兴学科——配位化学，应用领域涉及各种学科，为科学技术的发展和进步作出了杰出贡献。

上述化学组成为 $CoCl_2 \cdot 6NH_3$、$CoCl_3 \cdot 6NH_3$ 的化合物，称为配位化合物（Coordination compound）。为了区别非配合物，将两个配合物化学式和名称表述如下：

$[Co(NH_3)_6]Cl_2$	$[Co(NH_3)_6]Cl_3$
二氯化六氨合钴（Ⅱ）	三氯化六氨合钴(Ⅲ)

配合物的核心是方括号“[ ]”所标示的部分，称为配位实体，又称内界，方括号外的部分称为外界。以配合物 $[Co(NH_3)_6]Cl_2$ 为例，各部分名称参见图 8-1 所示。

图 8-1　配合物各部分名称

在配合物中，中心离子（中心原子）和配体的配位原子以配位键相连接，内界与外界以离子键结合。配体中参与配位的原子个数，称为配位数，如果配体只有一个配位原子，配位原子数与配体数相同，如果配体中不止一个配位原子，则两者数目不同。配离子的电荷数等于组成它的简单离子电荷数的代数和，整个配合物是电中性的。

配离子的书写方法，一般是在其方括号的右上角标明离子电荷，如 $[Cu(NH_3)_4]^{2+}$、$[Co(NH_3)_6]^{3+}$、$[Co(NH_3)_5Br]^{2+}$，前两者内界只有一种配位体，可简写为 $Cu(NH_3)_4^{2+}$、$Co(NH_3)_6^{3+}$，多种配位体的离子不能采用这种简写方法。

组成配合物的两个基本条件，一是有提供空轨道的中心离子（或中心原子），主族元素和副族过渡金属元素都可以作为中心离子（或中心原子），但以后者居多，前者较少；二是能够提供孤对电子的配位体中的配位原子。如果配位体只有一个配位原子，它形成的配合物称为单齿配合物，如果有两个及以上配位原子，它形成的配合物称为多齿配合物，也就是螯合物。

2. **配合物的类型**

（1）简单配合物

只含有一个配位原子的配体称为单齿配体，由单齿配体和中心原子所形成的配合物称为单齿配合物。如$[Ag(NH_3)_2]Cl$、$[Cu(NH_3)_4]SO_4$、$[Cu(NH_3)_4]SO_4 \cdot H_2O$、$K_3[Fe(CN)_6]$、$K_2[PtCl_4]$和$Na_3[AlF_6]$等。

（2）螯合物

将乙二胺或者氨基乙酸分别与硫酸铜化合，生成的化合物均是螯合物。因为这两个配位体中有两个配位原子，与中心原子形成两个配位键，犹如螃蟹的两只大钳脚把食物牢牢钳住一样，所以形象地称为螯合物，螯合物一般具有环状结构（如下所示）。

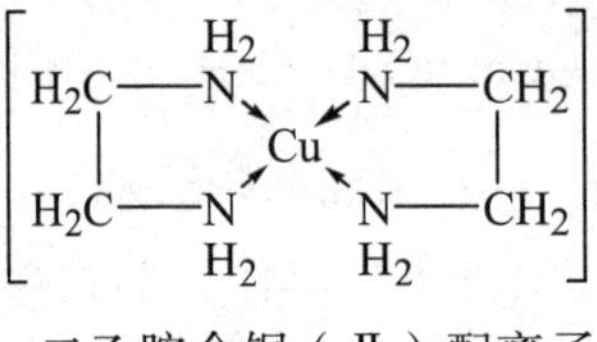

二乙胺合铜（Ⅱ）配离子

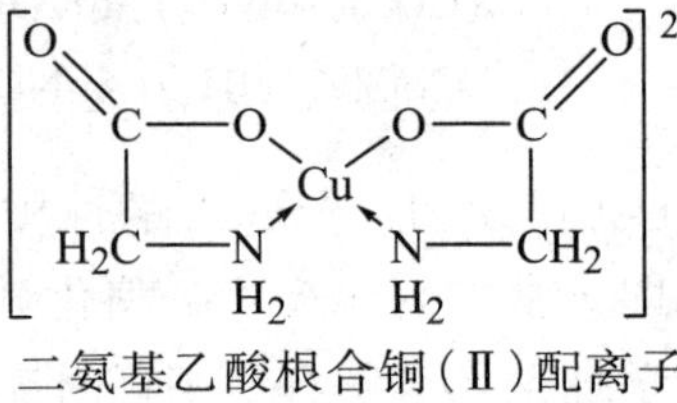

二氨基乙酸根合铜(Ⅱ)配离子

（3）特殊配合物

①金属羰基配合物 为金属元素与CO结合的产物，一般中心原子的氧化数较低，有的甚至等于零，如$Ni(CO)_4$；有的呈负氧化态，如$Na[Co(CO)_4]$；有的呈正氧化态，如$[Mn(CO)_5Br]$。这些都是单个中心原子的，还有两个及以上中心原子的金属羰基配合物，如$Fe_2(CO)_9$和$Fe_3(CO)_{12}$等，为多核配合物。

②族状配合物（族合物） 含有多个金属，且有金属-金属键的配合物，如$Co_4(C_5H_5)_4H_4$和$(W_6Cl_{12})Cl_4$等。生成族合物的金属原子主要是过渡金属，它们生成的趋势与该金属在周期表中的位置、氧化态以及配体性质等条件有关。第二、三过渡系金属元素比第一过渡系金属元素生成族合物的能力强。在同种元素中，低氧化态容易形成族合物

③有机金属配合物 为有机基团与金属原子之间生成碳-金属键的化合物，有两种情况：

一是碳-金属σ键配合物，包括烷基、芳基、乙炔基等与金属形成的σ键配合物，还可含有CO、CN—、PR_3等配体的配合物。如$(CH_3)_6Al_2$、C_6H_5HgCl、$HC \equiv CAg$等。

二是金属与碳形成不定域配键的配合物，包括烯烃、炔烃、芳烃、环戊二烯等配合物，如蔡斯（Zeise）盐、二戊铁和二苯铬，结构式如下。

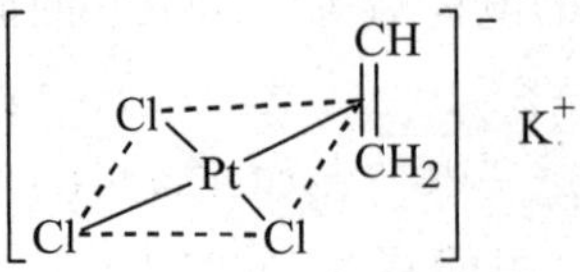

（蔡斯盐）

三氯·（乙烯）合铂(Ⅳ)酸钾

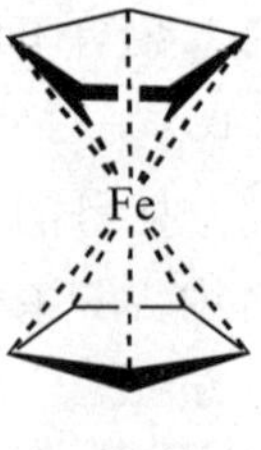

二戊铁

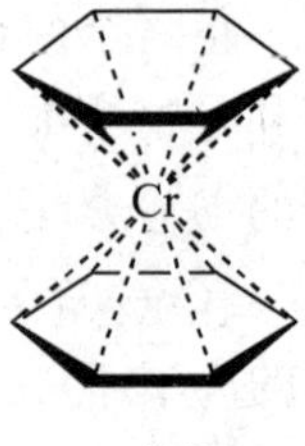

二苯铬

④大环配合物　一类在环状配位体上有 O、N、S、P 或 As 等多个配位原子的多齿配合物。其配体结构和性质非常特殊，有冠醚、穴醚和球醚等。有些大环配合物对光、电、热很敏感，具有光能转换功能，以及识别、选择性传输、催化和生命活性等功能，可作为分子、电子器件和敏感元件。

例如，卟啉是由四个吡咯环组成的刚性大环，环上具有不同侧链取代基（R），环平面上有不定域π电子能调节 4 个 N 原子的配位能力，负二价的阴离子卟啉能和过渡金属铁、镁形成稳定的卟啉铁（Ⅱ）、卟啉镁（Ⅱ），它们分别是血红蛋白、叶绿素的活性部位。

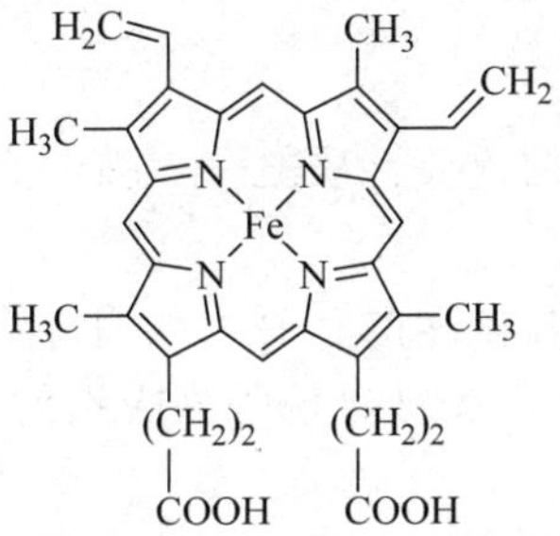

Fe-原卟啉Ⅸ

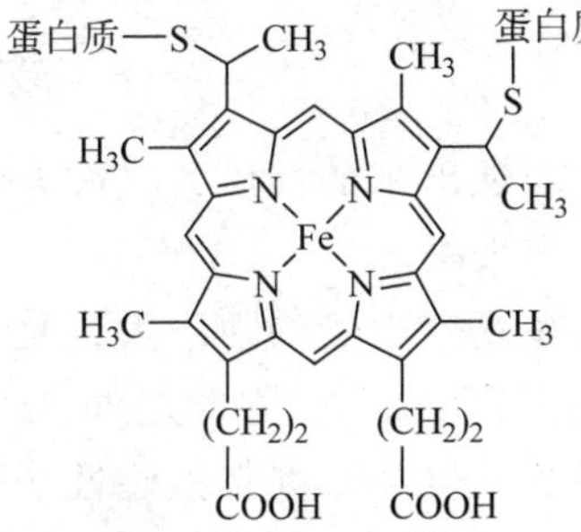

细胞色素

卟啉铁配合物

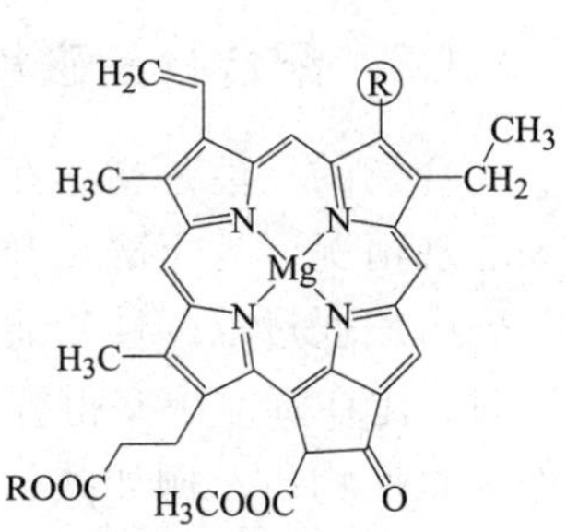

R 为 3,7,11,15-四甲基-十六烷基

叶绿素的结构

8.1.2　配合物的命名方法

1. 配位实体命名

（1）对配位实体命名时，配体名称列在中心原子之前，不同配体名称之间用圆点“·”分开，最后一个配体之后缀以“合”字。

（2）在配位实体中配体数目用倍数词头二、三、四表示。

（3）中心原子的氧化数用带圆括号的罗马数字表示。例如：

$[Pt(NH_3)_4]^{2+}$	$[Au(CN)_2]^-$
四氨合铂（Ⅱ）配离子	二氰合金（Ⅰ）配离子

2. 配合物命名

若配位实体为阳离子（配阳离子）化合物，命名时与无机盐命名一样，外层的阴离子命名在先。若为配阴离子化合物，则在配阴离子和外层阳离子之间用“酸”连接。例如：

$[Ag(NH_3)_2]Cl$	$K_3[Fe(CN)_6]$	$[Cu(NH_3)_4]SO_4$	$Na[B(NO_3)_4]$
氯化二氨合银（Ⅰ）	六氰合铁（Ⅲ）酸钾	硫酸化四氨合铜（Ⅱ）	四硝酸根合硼（Ⅲ）酸钠

3. 配体命名次序

（1）对配体命名时，先阴离子，后中性配体，最后正离子配体。

（2）无机配体和有机配体都有时，先命名无机配体，后命名有机配体，书写时把有机配体置于圆括号中。例如：

$[Cr(H_2O)_5Br]Cl_2$	$K_3[Cu(en)Cl_4]$	$[Pt(en)Cl_2]$
二氯化溴·五水合铬(III)	四氯·（乙二胺）合铜（Ⅱ）酸钾	二氯·（乙二胺）合铂（Ⅱ）

4. 多核配合物命名

在桥基前冠以希腊字母 μ-，桥基多于一个时，用二(μ-)、三(μ-)表述。例如：

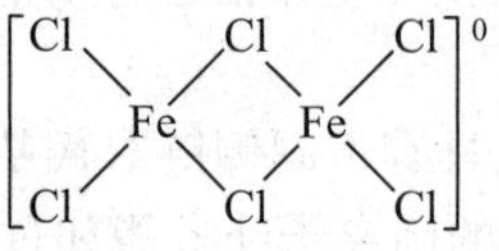

二(μ-氯)·四氯合二铁(III)

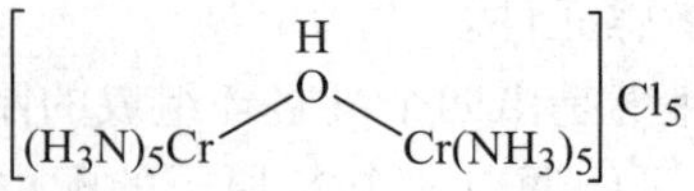

五氯化 μ-羟·二[五氨合铬(III)]

8.1.3 配合物的磁性

配合物的磁性是指它在磁场中表现出来的性质，是配合物的重要性质之一。按照它们在磁场表现情况分为反磁性和顺磁性两大类。

磁力线通过反磁性物质时，比在真空中受的阻力大，是相互排斥的；磁力线通过顺磁性物质时，比在真空中来得容易，是相互吸引的。除此之外，还有一类被磁场强烈吸引的物质，叫作铁磁性物质，例如铁、钴、镍及其合金，都是铁磁性物质。

这些磁性表现主要与物质内部的电子自旋有关。若这些电子都是偶合的，由电子自旋产生的磁效应彼此抵消，这种物质在磁场中表现出反磁性。反之，有未成对电子存在时，电子自旋产生的磁效应不能抵消，这种物质就表现出顺磁性。

多数物质都是反磁性的，最典型的是氢分子，因为它的两个自旋方式相反的电子偶合成键。顺磁性物质都含有未成对电子，如 O_2、NO、NO_2、ClO_2 和 d 区元素中许多金属离子，以及由它们组成的简单化合物和配合物。

顺磁性物质的分子中，如含有不同数目的未成对电子，则它们在磁场中产生的效应也不同，这种效应可以由实验测出。通常把顺磁性物质在磁场中产生的磁效应，用磁矩来表示，表示符号为 μ/B.M.。物质的磁矩与分子中未成对电子数有如下的近似关系：

$$\mu=\sqrt{n(n+2)} \qquad (8\text{-}1)$$

未成对电子数（n）	0	1	2	3	4	5
磁矩估算值 μ/B.M.	0	1.73	2.83	3.87	4.90	5.92

未成对电子数（n）的判定：将原子态外层电子构型的电子总数，减去离子态外层电子构型的电子总数，如果没有 s^1 电子失去，则 n = 差值（也是离子的电荷数）；如果有 s^1 电子失去，则 n = 差值 − 1。因为 s^1 电子就是 1 个未成对电子，它若失去了，自然要扣除。例如：

$_{24}$Cr（0）	$3d^54s^1$	$_{24}$Cr（Ⅲ）	$3d^24s^1$	差值 = (5 + 1) − (2 + 1) = 3	n = 3
$_{26}$Fe（0）	$3d^64s^2$	$_{24}$Fe（Ⅲ）	$3d^34s^2$	差值 = (6 + 2) − (3 + 2) = 3	n = 3
$_{28}$Ni（0）	$3d^84s^2$	$_{28}$Ni（Ⅱ）	$3d^64s^2$	差值 = (8 + 2) − (6 + 2) = 2	n = 2
$_{29}$Cu（0）	$3d^{10}4s^1$	$_{29}$Cu（Ⅱ）	$3d^94s^0$	差值 = (10 + 1) − (9 + 0) = 2	n = 2 − 1 = 1

磁矩实测值与估算值略有出入，但基本相符。一些过渡金属配合物的磁矩列于表 8-1 中。

表 8-1　一些过渡金属配合物的磁矩*

电子组态	配合物	未成对电子数 n	估算值 μ/B.M.	实测值 μ/B.M.
d^1	VCl_4	1	1.73	1.63
	$[Cr(en)_3]Cl_3 \cdot 3H_2O$	3	3.87	3.83
d^3	$K_3[Mo(SCN)_6] \cdot 4H_2O$	3	3.87	3.79
	$[(C_2H_5)_4N]_2 \cdot ReCl_6$	3	3.87	3.62
d^4	$K_3[Mn(ox)_3] \cdot 3H_2O$	4	4.90	4.79
d^5	$[(C_2H_5)_4N]_2 \cdot [MnCl_4]$	5	5.92	5.94
	$K_3[Fe(ox)_3]$	5	5.92	5.95
	$[(C_6H_5)_3CH_3P][FeCl_4]$	5	5.92	5.93
d^6	$[Fe\{[(CH_3)_2N]_3PO\}_4](ClO_4)_2$	4	4.90	5.19
d^7	$[(CH_3)_4N]_2[CoCl_4]$	3	3.87	4.74
	$K_2Pb[Co(NO_2)_6]$	1	1.73	1.81
d^8	$[Ni(dmso)_6](ClO_4)_2$	2	2.83	3.36
d^9	$K_2Cu(SO_4)_2 \cdot 6H_2O$	1	1.73	1.93

注：*B.M.为波尔磁子，是磁矩的单位。$1B.M.=9.274\times10^{-24}J \cdot T^{-1}$

物质的磁性通常借助磁天平测定。反磁性物质在磁场中由于受到磁场力的排斥作用而使重量减轻，顺磁性物质在磁场中受到磁场力的吸引而使重量增加。由物质的增重计算磁矩大小，从而确定未成对电子数。

8.2　配合物结构基础

8.2.1　配合物的异构现象

配合物的异构现象（isomerism）是配合物的重要性质之一，它是指配合物的化学组成完全相同，但原子间的空间排列方式或连接方式不同而引起的结构和性质不同的一些现象。异构现象不仅影响配合物的物理和化学性质，且与其稳定性和键性质也有密切的关系。配合物的异构现象可分为两大类：立体异构现象和结构异构现象。

1. 立体异构现象

配合物的立体异构是指配合物的中心离子（或原子）相同、配体相同、内外界相同，只是配体在中心体周围空间排列方式不同的一些配合物，它们可分为几何异构体和旋光异构体，后者又称为对映体异构体。

（1）几何异构

几何异构体主要发生在配位数为 4 的平面正方形配合物和配位数为 6 的正八面体配合物中，在配位数为 2、3 或 4（正四面体）的配合物中是不可能存在的。这类配合物的配体围绕中心体可以占据不同的位置，常分为顺式（*cis-*）和反式（*trans-*）两种异构体。

在平面正方形配合物中，研究最多的是 Pt（Ⅱ）和 Pd（Ⅱ）配合物，因为两者性质稳定，反应速率慢。例如二氯二氨合铂（Ⅱ）有顺式和反式两种异构体，前者称为顺铂，是一种抗癌药物。

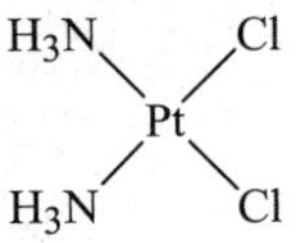

顺式

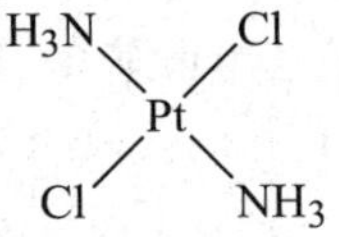

反式

对于平面正方形配合物异构体的数目：MAB、MABC 均为 2 个，MABCD 为 3 个（M 为中心原子、A ~ D 为不同配体）。

在正八面体配合物[MA_6]中，若单齿配体 A 被别的单齿配体 B 顺序取代时，则所生成的配合物异构体的种类，参见图 8-2。

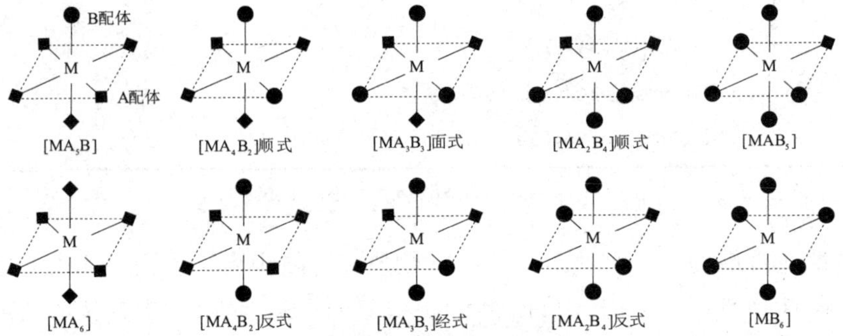

图 8-2 [MA_xB_y]($x+y=6$)异构体

从图 8-2 可知，[MA_4B_2]、[MA_3B_3]、[MA_4B_2]各有两种几何异构体。[MA_4B_2]与[MA_4B_2]实际上是相同的情况，两种异构体根据配位位置：顺式是 1,2-异构体，反式是 1,6-异构体。而[MA_3B_3]的两种异构体的 3 个 A 和 3 个 B，如果各占八面体的一个三角形面的顶点，称为面式（*fac-*）或顺-顺式；如果各占八面体的位置分布形如地球的经纬线，称为经式（*mer-*）或顺-反式。例如下面两个实例。

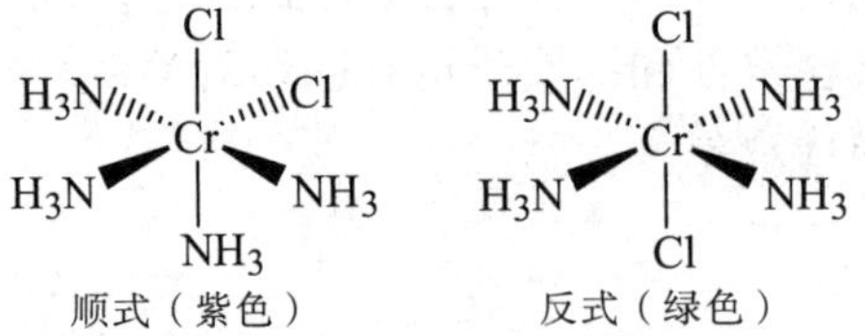

[$CrCl_2(NH_3)_4$]$^+$的顺、反异构体

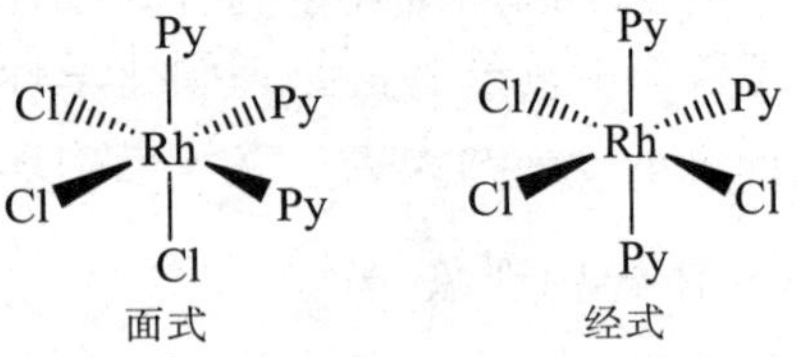

[$RhCl_3(Py)_3$]的经式、面式异构体

对于正八面异构体的数目：[MA_4B_2]、[MA_3B_3]、[MA_4BC]均为 2 个，[MA_2BC_3]为 3 个，[$MA_2B_2C_2$]为 5 个。

（2）旋光异构

旋光异构体是指异构体的对称关系类似人的左手和右手，它们是互成镜像的对映关系。在 d 区元素中，简单的旋光异构体例子是金属离子和三个二齿配体形成的配合物。例如，草酸根所形成的配合物。

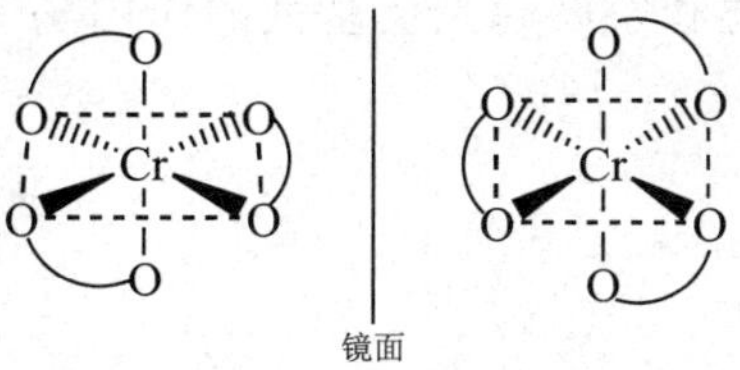

$[Cr(C_2O_4)_3]^{3-}$的旋光异构体（互成镜像）

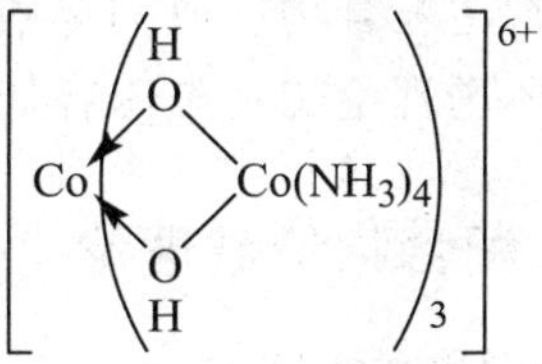

第一个无机配体的旋光异构体

最先研究清楚的无机配体旋光异构体为$[CoL_3]^{6+}$，配体 L 是顺-$[Co(NH_3)_4(OH)_2]^+$离子。

旋光异构体的物理和化学性质完全相同，可是两者使平面偏振光发生的方向由相反的偏转，分别称为右旋体和左旋体（符号分别用 D、L 表示）。在合成药物中，有一大类旋光异构体药物，俗称手性药物。例如，沙丁胺醇是一种治疗支气管炎哮喘的药物，非常有效。但它的左旋体药效是右旋体的 80 倍，并且右旋体具有许多不良副反应。又如常用的盐酸左旋氧氟沙星抗菌药的抗菌活性约为普通氧氟沙星的 2 倍等。所以研究手性药物的结构，分离两个对映体，是保证手性药物安全、有效的前提条件。

2. 结构异构现象

结构异构是指配合物的实验式相同，但成键原子的连接方式不同而形成的异构体。

（1）解离异构　由于配合物中的阴离子存在内界、外界的位置不同，因而它们在水溶液中解离出的离子也不相同。例如：

$$[Co(NH_3)_5Br]SO_4\text{（紫色）} \rightleftharpoons [Co(NH_3)_5Br]^{2+} + SO_4^{2-}$$
$$[Co(NH_3)_5SO_4]Br\text{（红色）} \rightleftharpoons [Co(NH_3)_5SO_4]^{+} + Br^{-}$$

（2）水合异构　在解离异构体中，若变化位置的配体为不带电荷的 H_2O 分子，称其为水合异构体。例如：

$[Cr(H_2O)_6]Cl_3$	$[Cr(H_2O)_5Cl]Cl_2 \cdot H_2O$	$[Cr(H_2O)_4Cl_2]Cl \cdot 2H_2O$
紫色	绿色	绿色

（3）配体异构　如果有两个配体互为异构体，则其生成相应的配合物也就互为配体异构体。例如：

$L = H_2N-CH_2-CH(NH_2)-CH_3$　　$[CoCl_2L_2]Cl$

$L' = H_2N-CH_2-CH_2-CH_2-NH_2$　　$[CoCl_2L'_2]Cl$

（4）键合异构　当有些配体能用两种或多种方式与中心体键合，这种配合物称为键合异构体。例如：

$[Co(NH_3)_5NO_2]^{2+}$（内为硝基），$[Co(NH_3)_5ONO]^{2+}$（内为亚硝酸根离子）。

（5）配位异构　配位异构他是指在配合物中阳离子和阴离子两者都是配体，但其中配体的分配可以改变，因而产生不同异构体。例如：

$$\begin{cases}[Co(NH_3)_6][Cr(CN)_6]\\ [Cr(NH_3)_6][Co(CN)_6]\end{cases} \quad \begin{cases}[Pt^{2+}(NH_3)_4][Pt^{4+}Cl_6]\\ [Pt^{4+}(NH_3)_4][Pt^{2+}Cl_6]\end{cases} \quad \begin{cases}[Cr(NH_3)_6][Cr(SCN)_6]\\ [Cr(NH_3)_4(SCN)_2][Cr(NH_3)_2(SCN)_4]\end{cases}$$

为了说明配合物的立体结构、反应、光谱和磁性质，化学家们相继提出了各种配合物成键的理论来阐述配合物形成的本质，对配位化学的建立和发展起到奠基性的作用。下面对价键理论和晶体场理论的基本内容作简要的介绍。

8.2.2 配合物价键理论

1. σ 配键和 π 配键

在配合物中，化学键的本质是配位键。若形成 σ 键的一对电子由配体一方提供时，称为 σ 配键。σ 配键数实际上就是配合物中原子的配位数，也是可容纳电子对的空轨道数。若配体与金属中心离子除生成 σ 键外，配位原子中未成键的 π 轨道中有电子对（如 O^{2-}、Cl^- 等），能够和金属离子中合适的 π 轨道生成配体→金属 π 键，称为给予 π 键。这种键减少了金属离子的正电荷，对形成配合物有利，并可稳定金属离子的较高氧化态。如 $[CrO_4]^{2-}$ 等酸根负离子中就有这种 π 配键。另一种 π 配键在化合物中极为重要。如若中心原子和配体已形成稳定的 σ 键，而中心原子有自由的 d 电子对，配体也有空的 p 或 d 轨道，则这时可形成反馈 π 键。它的形成键负电荷从中心原子上减少，而使形成的配合物更加稳定。

2. 内轨和外轨型配合物

配合物的配位键是一种极性共价键，因而具有一定的方向性和饱和性。以 $[Zn(NH_3)_4]^{2+}$ 为例，配体 NH_3 的电子构型和配离子四面体结构如下：

配体电子构型

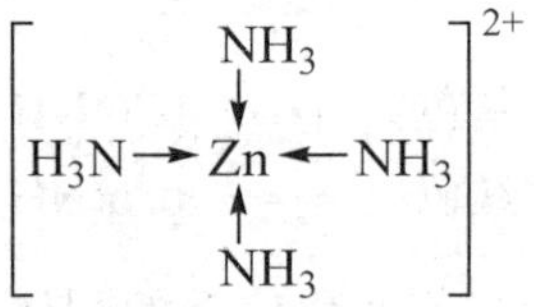

配位键组成

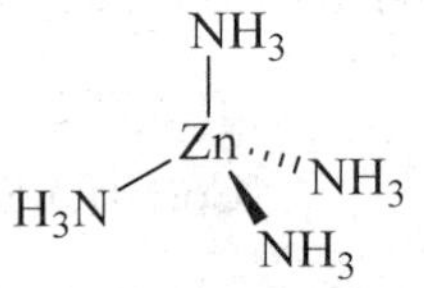

配离子四面体

从配体电子构型可知，NH_3 有一对孤对电子，Zn^{2+} 有 4s 和 4p 共 4 个空轨道①。如果两者是简单地直接结合，形成的配位键应该是一个 s 轨道键和三个 p 轨道键②。而事实上两者结合时形成了四面体结构，显然四个配位键是相同的，说明两者是以 4 个 sp^3 杂化轨道形式结合③，并且以正四面体空间布局方式排列。

	3s	3p	3d	4s	4p	
① Zn^{2+} 空轨道	↑↓	↑↓ ↑↓ ↑↓	↑↓ ↑↓ ↑↓ ↑↓ ↑↓	__	__ __ __	
② N 孤对电子简单填入空轨道	↑↓	↑↓ ↑↓ ↑↓	↑↓ ↑↓ ↑↓ ↑↓ ↑↓	••	•• •• ••	
③ N 孤对电子填入杂化轨道	↑↓	↑↓ ↑↓ ↑↓	↑↓ ↑↓ ↑↓ ↑↓ ↑↓	••	•• •• ••	sp^3 杂化

若中心离子 d 轨道未充满电子，形成配合物时的情况则比较复杂。例如 Fe^{2+}，其 3d 能级上有 6 个电子，d 电子分布服从洪特规则，即在等价轨道中，自旋单电子数越多，状态就越稳定。在形成 $[Fe(H_2O)_6]^{2+}$ 配离子时，中心离子的电子层不受配体影响。H_2O 中配位原子氧的孤对电子进入 Fe^{2+} 的 4s、4p 和 4d 空轨道，形成 sp^3d^2 杂化轨道，几何构型为八面体。

这种中心离子仍保持自由离子状态的电子结构，配体的孤对电子仅进入外层空轨道而形成 sp、sp^2、sp^3 或 sp^3d^2 等外层杂化轨道的配离子，称为外轨型配离子，由此形成外轨型配合物。例如，$[Zn(NH_3)_4]^{2+}$ 和 $[Fe(H_2O)_6]^{2+}$ 都是外轨型配离子，其盐为外轨型配合物。

在形成 $[Fe(CN)_6]^{4-}$ 配离子时，配体 CN^- 的电子式为 $[:C\equiv N:]^-$，它对中心离子 d 电子的作

用特别强，能将 Fe^{2+}的电子“挤成”只占 3 个 d 轨道并均自旋配对，使 2 个 d 轨道空出来。6 个 CN^-中配位原子碳的孤对电子进入 Fe^{2+}的 3d，4s 和 4p 空轨道形成的 d^2sp^3 杂化轨，以八面体几何构型排布。因它的单电子数为零，故无磁性。像 dsp^2、d^2sp^3 等内层杂化轨道的形成，是由中心离子的电子结构改变，未成对的电子重新配对，从而在内层腾出空轨道来，用这种键型结合的配离子，称为内轨型配离子，它的配合物称为内轨型配合物。

以上关于配离子键型结构的叙述可以表示如下：

	3d	4s	4p	4d	
① Fe^{2+}空轨道	↑↓ ↑ ↑ ↑ ↑	_	_ _ _	_ _ _ _ _	
② $[Fe(H_2O)_6]^{2+}$	↑↓ ↑ ↑ ↑ ↑	••	••••••	•••• _ _ _	sp^3d^2 杂化
③ $[Fe(CN)_6]^{4-}$	↑↓ ↑↓ ↑↓ •• ••	••	•• •• ••	_ _ _ _ _	d^2sp^3 杂化

实验表明，中心离子与配位原子电负性相差很大时，易生成外轨型配合物，电负性相差较小时，则生成内轨型配合物。如配位离子 F^-、H_2O 常生成外轨型；CN^-、NO_2^- 等生成内轨型；NH_3、RNH_2、Cl^- 等有时为外轨型，有时为内轨型。增加中心离子电荷，有利于形成内轨型，如 $Co(NH_3)_6^{2+}$ 外轨型，而 $Co(NH_3)_6^{3+}$ 为内轨型。

对 sp^3d^2 和 d^2sp^3 杂化轨道与其几何构型的探讨。

（1）按照杂化轨道原理，这两种杂化轨道，各自都具有 6 个能量相同杂化轨道，每个杂化轨道最多可以容纳 1 对来自配位原子的孤对电子，且自旋配对，从而形成八面体的几何构型。

（2）从几何构型不难看出，形成八面体的 6 个配位键其实并不完全相同，形成八面体中间四边形顶点的 4 个配位键是相同的，可并为一组，形成八面体上下两个顶点的配位键是相同的，可并为另一组。如此就与上述 6 个能量相同的杂化轨道相矛盾了。

（3）d 轨道与 s、p 轨道能量相差比较大，不足以形成 sp^3d^2 和 d^2sp^3 杂化轨道，只能形成 sp^3+d^2 和 d^2+sp^3 的“半杂化”轨道，sp^3 是杂化轨道，d^2 是原来的两个空轨道。在这两种轨道中，4 个 sp^3 杂化轨道形成八面体中间四边形的 4 个顶点，2 个 d^2 轨道形成八面体的上下两个顶点，这是相同的。不同的是，sp^3+d^2 轨道属于外轨型，d^2+sp^3 轨道属于内轨型。

一般可用磁性实验来判断是内轨型还是外轨型。因为物质的磁性与组成物质的原子（或分子）中的电子运动有关。磁性可用磁天平测出。磁矩与原子或离子中未成对电子数有关，可用下列关系式估算。

$$\mu/\mu_B=\sqrt{n(n+2)}$$

式中，μ 为磁矩，单位 $A\cdot m^2$（安·米 ²）；$\mu_B=9.274\times10^{-24}\,A\cdot m^2$，称为波尔磁子，$n$ 为未成对电子数。磁矩的估算值与实验值基本相符（见表 8-1）。因此测定配合物的磁矩就可以了解中心离子的电子结构。形成外轨型配合物，电子结构没有发生变化，未成对电子数不变；形成内轨型配合物时，中心离子的电子结构大多发生变化，未成对电子数也发生改变。例如，$[Fe(H_2O)_6]^{2+}$ 实测 $\mu/\mu_B=5.0$，估算 $\mu/\mu_B=\sqrt{4\times6}=4.9$，推测未成对电子数 $n=4$；$[Fe(CN)_6]^{4-}$ 实测 $\mu/\mu_B=0$，说明没有磁性，估算 $\mu/\mu_B=\sqrt{0\times2}=0$，$n=0$，推测没有不成对电子。

对于未成对电子位于 4f 轨道上的稀土元素，估算值与实测值相差很大，上述估算方法就不适用了。现将配合物原子轨道杂化和配合物分子几何构型及其例子列于表 8-2 中。

表 8-2 配合物原子轨道杂化和几何构型

配位数	轨道	几何构型	配离子类型	示例
2	sp	直线形	外轨型	$[Ag(CN)_2]^-$
3	sp^2	三角形	外轨型	$[HgI_3]^-$
4	sp^3	正四边形	外轨型	$[Zn(NH_3)_4]^{2+}$
4	dsp^2	平面正方形	内轨型	$[PtCl_4]^{2-}$
6	sp^3d^2	正八面体	外轨型	$[Fe(H_2O)_6]^{2+}$
6	d^2sp^3	正八面体	内轨型	$[Fe(CN)_6]^{4-}$

8.2.3 配合物的晶体场理论

晶体场理论把配体看作点电荷（或偶极子），重点考虑配体静电场对金属 d 轨道能量的影响，主要讨论中心原子的 d 电子在配体作用下的效应。晶体场能较合理地解释配合物的磁性质和光谱，是研究配合物的重要理论。但由于只考虑中心原子的电子构型，未考虑配体的结构，故不能适用于烯烃配合物和零价金属配合物。

1. 简并态 d 轨道的分裂

晶体场理论认为，在过渡金属离子（原子）与四周配体的结合完全依靠于静电作用，这种作用是纯粹的静电排斥和吸引，不交换电子，即不形成任何共价键。最初，未受电场影响的自由金属离子（原子）的 5 个 d 轨道能量相等（简并态），在配体作用下，d 轨道能量都增高了。若配体引起的电场是球形对称的，d 轨道仍为简并态；若在配体非球对称电场作用下，d 轨道就发生分裂，有的能量升高，有的能量降低，见图 8-3 所示。

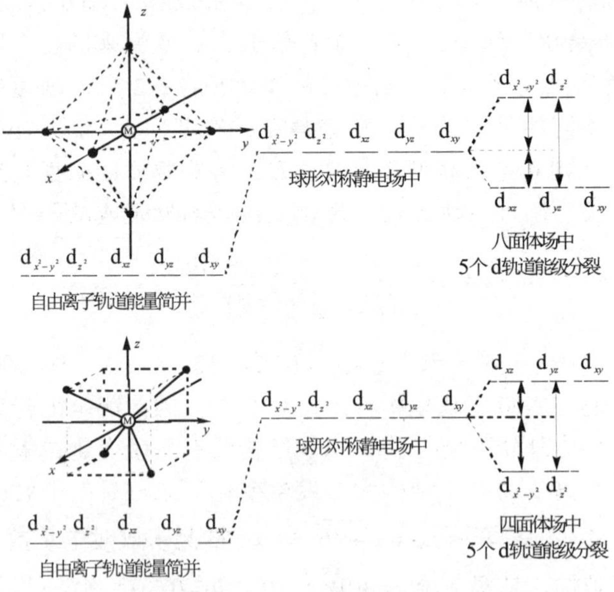

图 8-3 不同构型配合物的中心离子 d 轨道的分裂

在正八面体配合物中，六个配体所造成的晶体场叫作正八面体场。设金属中心离子处于三维坐标原点，当六个配体分别沿着 $\pm x$、$\pm y$、$\pm z$ 方向靠近中心离子时，d_{z^2} 和 $d_{x^2-y^2}$ 轨道处于迎头相顶状态。这些轨道上的电子受配体静电场排斥作用，因而能量比八面体场的平均能量高。而 d_{xy}、d_{yz}、d_{zx} 三个轨道却正好插在配体空隙中间，因而能量比八面体场的平均能量低。这样原来 5 个简并态 d 轨道分裂成两组，一组是能量较高的 d_{z^2} 和 $d_{x^2-y^2}$ 轨道，称为 d_γ 或 e_g 轨道；另一组是能量降低的 d_{xy}、d_{yz}、d_{zx} 轨道，称为 d_ε 或 t_{2g} 轨道（见图 8-4）。

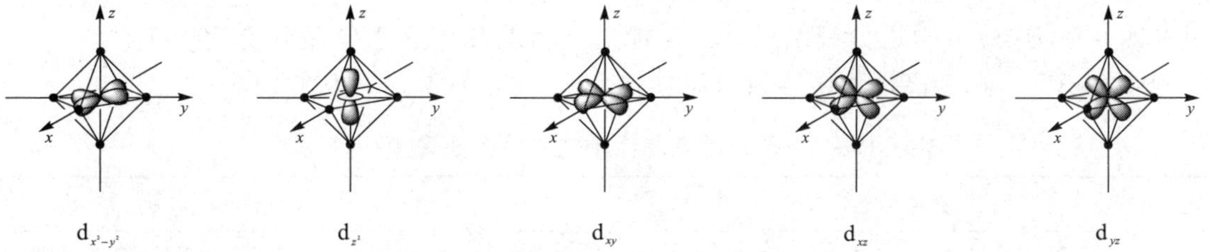

图 8-4　正八面体对 5 个 d 轨道的作用

在正四面体配合物中，四个配体靠近金属中心离子时，它们和中心离子 d_{xy}、d_{yz}、d_{zx} 轨道靠得较近［见图 8-5（a）］，而与 d_{z^2} 和 $d_{x^2-y^2}$ 轨道离得较远。因此，中心离子的 d_{xy}、d_{yz}、d_{zx} 轨道的能量比平均能高，而与 d_{z^2} 和 $d_{x^2-y^2}$ 轨道的能量比平均能低。这和八面体场中 d 轨道的分裂情况正好相反。

再如平面正方形配合物，四个配体分别沿 $\pm x$、$\pm y$、$\pm z$ 方向向中心离子靠近，$d_{x^2-y^2}$ 迎头相顶，能量最高，d_{xy} 次之，d_{z^2} 又次之，d_{zx} 和 d_{yz} 能量最低［见图 8-5（b）］。

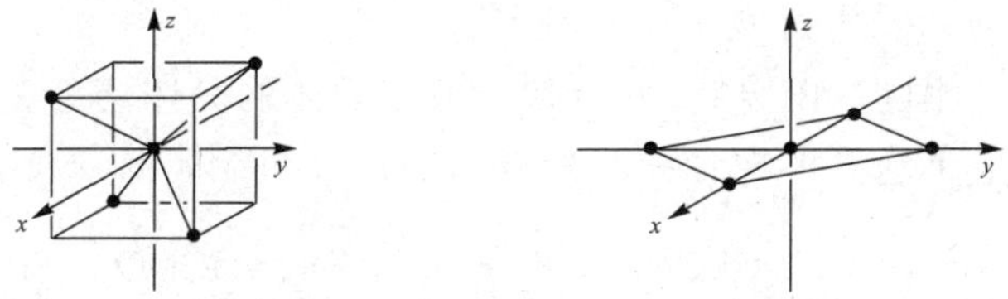

（a）正四面体场　　（b）平面正方形场

图 8-5　两种晶体场对金属原子 d 轨道的作用

2. 晶体场分裂

晶体场分裂的程度可用分裂能 ΔE 来表示，它可以用配离子的紫外-可见吸收光谱数据计算出来，因为吸收光子的能量就是 d 轨道分裂后的高、低能级差，这是产生吸收光谱的根本原因。用 ΔE_8 和 ΔE_4 分别表示八面体场和四面体场的分裂能。

正八面体只有一个参变数，d_γ 和 d_ε 的能量差 $\Delta E_8 = E_{d,\gamma} - E_{d,\varepsilon} = 10Dq$。量子力学指出，在外场作用下，d 轨道在分裂过程中应保持总能量不变。设在未分裂时，对应于球形对称场，d 轨道能量为零。d_γ 两个轨道共 4 个电子，d_ε 三个轨道共六个电子，故有下列方程组及其解：

$$\begin{cases} E_{d,\gamma} - E_{d,\varepsilon} = 10Dq \\ 4E_{d,\gamma} + 6E_{d,\varepsilon} = 0 \end{cases} \xrightarrow{\text{解得}} \begin{cases} E_{d,\gamma} = +6Dq \\ E_{d,\varepsilon} = -4Dq \end{cases}$$

可见在八面体中，d 轨道分裂结果是：d_γ 能量升高 $6Dq$，d_ε 能量降低 $4Dq$。

在正四面体配体进攻的方向和八面体场中的位置不同，故 d 轨道受到配体的排斥作用不像八面体那样强烈。根据计算，在同种配体和配体接近中心离子的距离相同时，正四面体场中 d 轨道分裂能 ΔE_4 仅是八面体场 ΔE_8 的 4/9，四面体中 d_γ 和 d_ε 轨道能量降低刚好和八面体场相反，故有下列方程组及其解：

$$\begin{cases} E_{d,\varepsilon} - E_{d,\gamma} = (4/9)\times 10Dq \\ 6E_{d,\varepsilon} + 4E_{d,\gamma} = 0 \end{cases} \xrightarrow{\text{解得}} \begin{cases} E_{d,\gamma} = -2.67Dq \\ E_{d,\varepsilon} = +1.78Dq \end{cases}$$

可见在四面体场中，d 轨道分裂结果是：d_ε 能量升高 1.78Dq，d_γ 能量降低 2.67Dq。

现将在不同对称性晶体场中 d 轨道能级相对值（Dq 值）列于表 8-3。

表 8-3　不同对称性晶体场中 d 轨道能量（Dq）

配位数	晶体场对称性	$d_{x^2-y^2}$	d_{z^2}	d_{xy}	d_{yz}	d_{zx}
1	配体沿 x 方向：直线形	−3.14	5.14	−3.14	0.57	0.57
2	配体沿 x 方向：直线形	−6.28	10.28	−6.28	1.14	1.14
3	配体在 xy 平面：三角形	5.46	−3.21	5.46	−3.86	−3.86
4	正四面体	−2.67	−2.67	1.78	1.78	1.78
5	平面正方形	12.28	−4.28	2.28	−5.14	−5.14
6	正八面体	6.00	6.00	−4.00	−4.00	−4.00

八面体分裂能 ΔE_8 值取决于下列因素：

（1）配体的晶体场分裂能力

金属离子生成构型相同的配合物，其分裂能值随配体的晶体场分裂能力强弱不同而不同。根据正常价态的金属离子八面体配合物的光谱数据，可知配体的分离能力强弱次序如下：

$$\underset{\text{最小}}{I^-} < \underset{0.76}{Br^-} < \underset{0.80}{Cl^-} < \underset{\text{N配位}}{SCN^-} < \underset{0.90}{F^-} < \underset{\text{能量相当}}{\text{尿素}/OH^-/HCOO^-} < \underset{0.98}{C_2O_4^{2-}} <$$

$$\underset{1.00(\text{标准})}{H_2O} < \underset{1.25}{\text{吡啶}/EDTA/NH_3} < \underset{1.30}{\text{乙二胺}} < \underset{0.80}{-NO_2} < \underset{1.7}{CN^-}$$

这个次序叫作“分光化学序”，配体下方数据表示该配合物相对于水合物的 ΔE_8 值。例如，$[MF_6]^{(6-z)-}$ 和 $[M(NH_3)_6]^{z+}$ 分别为 $[M(H_2O)_6]^{z+}$ 的 0.9 倍和 1.25 倍。当然，仅从静电作用是不能说明这种次序的。例如，$F^- < H_2O$，而 $H_2O \ll CN^-$。

（2）中心离子价态

配体相同时，ΔE_8 值取决于中心离子的价态。中心离子价态越高，则 ΔE_8 值越大。金属离子价态 +3 比 +2 的 ΔE_8 值大 40%～60%。

3. 晶体场稳定化能和磁矩

对系统金属离子而言，由于晶体场强度不同，可分为弱场和强场两种。前者由于晶体场排斥作用较弱，中心离子的电子结构前后没有变化，未成对电子数不变，总的自旋平行电子数较多，可称**高自旋配合物**；后者由于晶体场作用强，一般 d 电子多已自旋成对，总的自旋平行电子数较少，故可称**低自旋配合物**。

由于晶体场的作用，d 电子进入分裂轨道后，比在未分裂轨道前能量降低的值，称为**晶**

体场稳定化能。这种能量越大，该配合物越稳定。例如，Fe^{3+}的正八面体，5 个 d 电子排布：

在弱场中是 3 个在 d_ε，2 个在 d_γ，其稳定化能为：$E=(-4Dq)\times3+(6Dq)\times2=0$

在强场中是完全在 d_ε，稳定化能为：$E=(-4Dq)\times5=-20Dq$

这表示分裂前后总能量减少，配合物稳定。经类似计算，配离子的稳定化能列于表 8-4。

表 8-4　晶体场中过渡金属离子的稳定化能（$-Dq$）

晶体场强度		弱场（高自旋）			强场（低自旋）		
几何构型		八面体	四面体	平面正方形	八面体	四面体	平面正方形
d 轨道电子数	1	4	2.67	5.14	4	2.67	5.14
	2	8	5.34	10.28	8	5.34	10.28
	3	12	3.56	14.56	12	8.01	14.56
	4	6	1.78	12.28	16	10.68	19.70
	5	0	0	0	20	8.90	24.84
	6	4	2.67	5.34	24	6.12	29.12
	7	8	5.34	10.28	18	5.34	26.84
	8	12	3.56	14.56	12	3.56	24.56
	9	6	1.78	12.28	6	1.78	12.28

配离子中单电子可以决定磁矩的大小。那么配合物是高自旋还是低自旋是如何决定的？

自由金属离子的 5 个 d 轨道的能量是相等的，按洪特规则，电子进入 d 轨道尽可能占据 d 空轨道而自旋平行。如果要迫使两个电子“挤进”同一轨道而自旋相反，库仑力就增加，要消耗一定的成对能 ΔE_p。气态自由金属离子的 ΔE_p 值可由理论计算，在配离子中由于晶体场的影响，ΔE_p 值降低 10%～20%。表 8-5 的数值按自由金属离子的 ΔE_p 值乘以 85%计算。

表 8-5　若干金属离子和配体的 ΔE_p 值/ cm^{-1} *

3d 电子数	金属离子	ΔE_p	ΔE_p				
			$6\,F^-$	$6\,H_2O$	$6\,NH_3$	3-乙二胺	$6\,CN^-$
4	Cr^{2+}	20 000	—	13 900	—	—	—
4	Mn^{3+}	23 800	—	21 000	—	—	—
5	Mn^{2+}	21 700	—	7 800	9 100	—	—
5	Fe^{3+}	26 500	—	13 700	—	—	—
6	Fe^{2+}	15 000	—	10 400	—	—	33 000
6	Co^{3+}	17 000	13 000	18 600	23 000	23 300	34 000
7	Co^{2+}	19 100	—	9 300	10 100	11 000	—

注：*能量单位以波数 cm^{-1} 来表示，$1\ cm^{-1}=1.239\ 77\times10^{-4}\ eV=11.96\ J\cdot mol^{-1}$。

对于配合物的磁矩，晶体场理论的解释可以 Fe^{2+}配合物为例。在 Fe^{2+}的 6 个 d 电子中，有 2 个成对、4 个单电子。它在配体场中分裂为 d_ε 和 d_γ 两组，d 电子的排列受 ΔE_8 和 ΔE_p 两个因素的影响：ΔE_8 使 d 电子先排满能量较低的轨道；ΔE_p 使 d 电子尽量占空轨道且自旋平行。从表 8-5 中可见，在 $[Fe(H_2O)_6]^{2+}$ 中，ΔE_8（10 400 cm^{-1}）< ΔE_p（15 000 cm^{-1}），为弱场，电子排布和自由金属离子的排布相同，属于高自旋配合物，故为顺磁性。在 $[Fe(CN)_6]^{4-}$ 中，ΔE_8（33 000 cm^{-1}）> ΔE_p（15 000 cm^{-1}），为强场，6 个电子全部“挤入” d_ε 而成对，属于低自旋配合物，故为反磁性。

由此可见，配合物的高自旋或低自旋的规律是：

①凡是 $\Delta E_p > \Delta E_8$，为高自旋；凡是 $\Delta E_p < \Delta E_8$，为低自旋。

② F^- 的配合物总是 $\Delta E_p > \Delta E_8$，为高自旋。

③所有金属水合物离子，皆为 $\Delta E_p > \Delta E_8$，为高自旋（$[Co(H_2O)_6]^{3+}$ 除外）。

④有反馈 π 键的配体（如 CN^-），$\Delta E_p < \Delta E_8$，都是低自旋的。

了解电子排布情况不仅可计算磁矩，而且也和稳定化能的计算有关。

4. 晶体场理论的应用

（1）配合物的稳定性

Co^{3+}（d^4）半径 63 pm，Fe^{3+}（d^5）半径 63 pm，两者电荷也相同，为何前者配合物比后者稳定？由表 8-4 可见，在八面体中，Co^{3+}的稳定化能在弱场和强场中分别是 4Dq 和 24Dq。而 Fe^{3+}的稳定化能分别为 0Dq 和 20Dq。故不论是弱场和强场，稳定化能总是 $Co^{3+} > Fe^{3+}$。故前者配合物比后者稳定。

（2）说明配合物的颜色

由于晶体场的影响，d 轨道发生分裂，d 电子吸收能量后从低能级跃迁到高能级，吸收的能量等于分裂能 ΔE_8。例如，在水溶液中，实验测得 $[Ti(H_2O)_6]^{3+}$ 在波长 492.7 nm 附近区域有一个强吸收带，它吸收了蓝黄光，呈现紫红色（图 8-6）。因为这时在 t_{2g} 上一个电子跃迁到 e_g 轨道（图 8-7）。

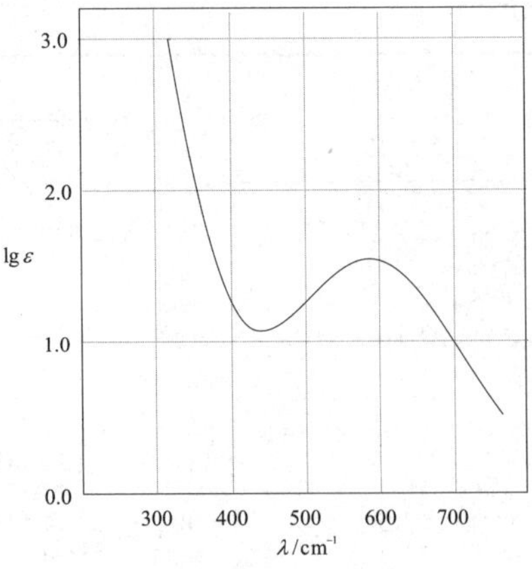

图 8-6 $[Ti(H_2O)_6]^{3+}$的吸收光谱

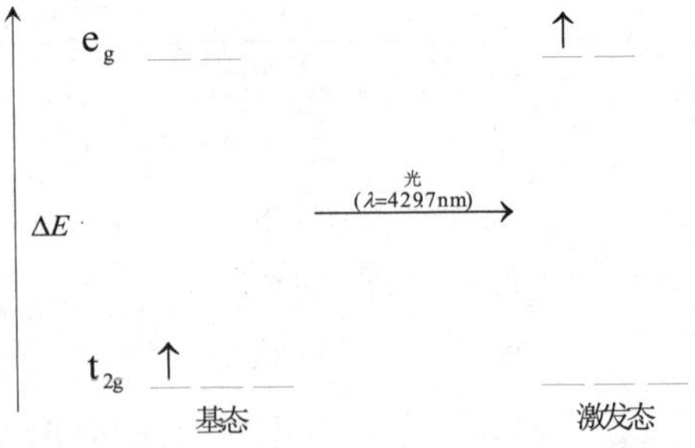

图 8-7 d-d 电子跃迁$[Ti(H_2O)_6]^{3+}$呈紫红

（3）说明配合物的磁性

$[Ni(NH_3)_6]^{2+}$ 为顺磁性，$[Ni(CN)_4]^{2-}$ 为反磁性。前者为八面体，Ni^{2+} 的电子分别占据一个 d_{z^2} 和一个 $d_{x^2-y^2}$，故为顺磁性。而后者为平面正方形，$d_{x^2-y^2}$ 能量高，CN^- 的配体场强，故 Ni^{2+} 的

电子只能在 d_{xy} 中成对，没有单电子，为反磁性。

（4）水合能偏差的校正

第四周期的金属元素离子 M^{z+}，由气态转为无限稀释水溶液中的水合离子 $[M(H_2O)_6]^{z+}$ 时的水合能 $\Delta_h H^{\ominus}$，是下式的焓变。

$$M^{z+}(g)+6H_2O(l) \; = \; [M(H_2O)_6]^{z+}(aq)$$

简单水合离子模型按静电理论计算，其水合能随 d 电子数从 0→10，即有 $Ca^{2+} \rightarrow Zn^{2+}$ 呈直线关系，因为随着核电荷数增加，3d 层逐渐收缩变小，放出的水合能就越大。但水合能的实验值并非完全如此，而是在 Cr 和 Cu 处有两个峰值，如图 8-8 所示。$[Ca(H_2O)_6]^{2+}$（d^0）、$[Mn(H_2O)_6]^{2+}$（d^5）和 $[Zn(H_2O)_6]^{2+}$（d^{10}）的晶体场稳定化能皆为零，故三者的水合能基本都落在直线上。其他离子在弱场中，若扣除晶体场稳定化能，也几乎都落在直线上；在强场中，需扣除稳定化能和电子成对能，也基本符合此规律。

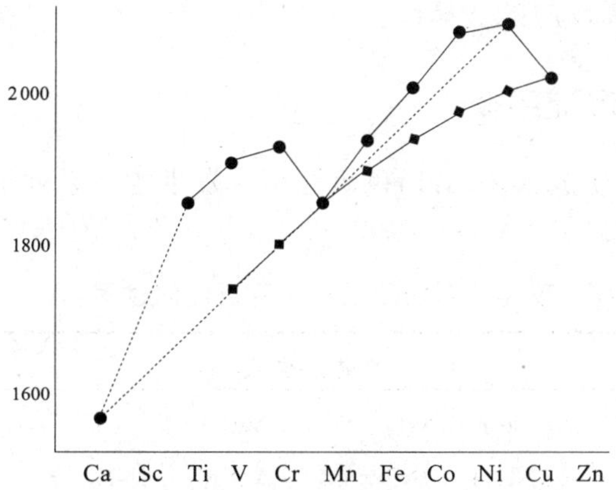

图 8-8　从钙离子到锌离子的水合能

8.3　配位平衡的移动

金属离子 M^{n+} 和配位体 L^- 在水溶液中形成配离子 $ML_x^{(n-x)+}$，存在如下平衡：

$$M^{n+} + xL^- \rightleftharpoons ML_x^{(n-x)+}$$

当向溶液中加入其他可能与 M^{n+} 或 L^- 发生各种化学反应的试剂时，势将导致配位平衡发生移动，其结果是原溶液中各组分的浓度发生变化。这一过程所涉及的是配位平衡与其他各种化学平衡相互联系的多重平衡，下面结合实例讨论有关这些多重平衡问题。

8.3.1　配位平衡与酸碱平衡

许多配位体是弱酸根（弱碱），如 F^-、CN^-、SCN^-、CO_3^{2-}、$C_2O_4^{2-}$ 等，它们在酸性增加的条件下（如外加更强的酸）则会生成共轭酸，使配位平衡发生移动。例如，配合物 FeF_3 存在配位平衡①式，当使 $[H_3O^+]>0.5\ mol\cdot L^{-1}$ 时，配位剂 F^-（弱碱）则与 H_3O^+ 结合生成 HF（共轭酸），②式正向移动，使 F^- 浓度降低，导致配位平衡①式逆向解离移动，即

① $Fe^{3+} + 3F^- \rightleftharpoons FeF_3$

② $F^- + H_3O^+ \rightleftharpoons HF + H_2O$

配合物越不稳定，配位体的酸越弱，则配离子越容易被加入的酸所解离。在不同的 pH 条件下，Fe^{3+} 与水杨酸根（用 HL^- 表示）可生成如下系列有色螯合物：

pH = 2～3　$Fe^{3+} + HL^- \rightleftharpoons Fe(L)^+ + H^+$　（紫红）

pH = 4～5　$Fe(L)^+ + HL^- \rightleftharpoons Fe(L)_2^- + H^+$　（红褐）

pH ≥ 9　$Fe(L)_2^- + HL^- \rightleftharpoons Fe(L)_3^{3-} + H^+$　（黄色）

用缓冲溶液控制溶液的 pH，使 Fe^{3+} 与 HL^- 基本上只生成某一种组成的螯合物，再用紫外-可见光度法获该螯合物紫外-可见吸收光谱，确定其最大吸收峰位置，测定 Fe^{3+} 的浓度。

又如，Zn^{2+}、Ca^{2+} 可与 EDTA 生成螯合物 ZnY^{2-}、CaY^{2-}，但它们的稳定性不同（$\lg K_{稳}$ 分别为 16.4 和 11.0）。若控制溶液的 pH 在 4 ~ 5，则 EDTA 只与 Zn^{2+} 反应，而不与 Ca^{2+} 作用，这样就能利用控制酸度提高反应的选择性。

8.3.2 配位平衡与沉淀平衡

下面是 Ag^+ 与 Cl^- 结合生成 AgCl(s) 白色沉淀后，发生的一系列沉淀平衡与配位平衡的转化移动过程，如表 8-6 所示。

表 8-6　AgCl 发生系列反应的过程

反应现象	平衡方程式	综合平衡常数
（1）白色沉淀溶解	$AgCl(s) + 2NH_3 \rightleftharpoons Ag(NH_3)_2^+ + Cl^-$	K_1
（2）生成淡黄色沉淀	$Ag(NH_3)_2^+ + Br^- \rightleftharpoons AgBr(s) + 2NH_3$	K_2
（3）淡黄色沉淀溶解	$AgBr(s) + 2SO_3^{2-} \rightleftharpoons Ag(S_2O_3)_2^{3-} + Br^-$	K_3
（4）生成黄色沉淀	$Ag(S_2O_3)_2^{3-} + I^- \rightleftharpoons AgI(s) + 2S_2O_3^{2-}$	K_4
（5）黄色沉淀溶解	$AgI(s) + 2CN^- \rightleftharpoons Ag(CN)_2^- + I^-$	K_5
（6）生成黑色沉淀	$2Ag(CN)_2^- + S^{2-} \rightleftharpoons Ag_2S(s) + 4CN^-$	K_6

反应（1）实际上包含如下两个平衡过程：

① $AgCl(s) \rightleftharpoons Ag^+ + Cl^-$　$K_{sp} = 1.77\times10^{-10}$

② $Ag^+ + 2NH_3 \rightleftharpoons Ag(NH_3)_2^+$　$K_{稳} = 1.1\times10^7$

由① + ②→(1)式，根据多重平衡遵循的规律，则有

$$K_1 = \frac{[Ag(NH_3)_2^+][Cl^-]}{[NH_3]^2} = K_{sp}\cdot K_{稳} = 1.77\times10^{-10}\times1.1\times10^7 = 2.0\times10^{-3}$$

反应（2）实际上也包含如下两个平衡过程：

① $Ag(NH_3)_2^+ \rightleftharpoons Ag^+ + 2NH_3$　$K_{不稳} = 1/K_{稳}$

② $AgBr(s) \rightleftharpoons Ag^+ + Br^-$　$K_{sp} = 5.35\times10^{-13}$

由① - ②→(2)式，根据多重平衡遵循的规律，则有

$$K_2 = \frac{[NH_3]^2}{[Ag(NH_3)_2^+][Br^-]} = \frac{K_{不稳}}{K_{sp}} = \frac{1}{K_{sp} \cdot K_{稳}} = \frac{1}{5.35 \times 10^{-13} \times 1.1 \times 10^7} = 1.7 \times 10^5$$

同理，可推导其余 4 个方程的综合平衡常数，一并列于下面：

$$K_1 = 2.0 \times 10^{-3}，\ K_2 = 1.7 \times 10^5，\ K_3 = 15.5，\ K_4 = 4.0 \times 10^2，\ K_5 = 1.1 \times 10^5，\ K_6 = 9.4 \times 10^6$$

其中（6）式由如下两个平衡过程构成：

①　　$Ag(CN)_2^- \rightleftharpoons Ag^+ + 2CN^-$　　$K_{不稳} = 1/K_{稳}$

②　　$Ag_2S(s) \rightleftharpoons 2Ag^+ + S^{2-}$　　$K_{sp} = 5.35 \times 10^{-13}$

由 2 × ① - ②→（6）式，根据多重平衡遵循的规律，则有

$$K_2 = \frac{[CN^-]^4}{[Ag(CN)_2^-]^2[S^{2-}]} = \frac{(K_{不稳})^2}{K_{sp}} = \frac{1}{K_{sp} \cdot (K_{稳})^2} = \frac{1}{6.3 \times 10^{-50} \times (1.3 \times 10^{21})^2} = 9.4 \times 10^6$$

在上述 6 个反应中，除（1）式外，5 个综合平衡常数都较大，平衡都是正向移动，实现沉淀平衡与配位平衡的逐级转化。（1）式的综合平衡常数虽然不大，只要有浓氨水存在，就会将 AgCl 白色沉淀逐级溶解转化为配离子，使反应正向进行，直至沉淀基本溶解完全。

例 8-1　（1）欲使 1.0×10^{-4} mol 的 AgCl 完全溶解，生成 $Ag(NH_3)_2^+$，至少需要 1.0 mL 多大浓度的氨水？（2）欲使 1.0×10^{-4} mol 的 AgI 完全溶解，至少需要 1.0 mL 多大浓度的氨水？需要 1.0 mL 什么浓度的 KCN 溶液？

解　（1）假设 1.0×10^{-4} mol 的 AgCl(s) 被 1.0 mL 氨水完全溶解，则生成的 $Ag(NH_3)_2^+$ 和 Cl^- 浓度均为 0.10 mol·L⁻¹，设氨水的平衡浓度为 x mol·L⁻¹，则有

	$AgCl(s) + 2NH_3 \rightleftharpoons$	$Ag(NH_3)_2^+$	$+ Cl^-$	$K_1 = 2.0 \times 10^{-3}$
平衡浓度/mol·L⁻¹	x	0.10	0.10	

利用上述（1）式推导结果，得

$$K_1 = \frac{0.10 \times 0.10}{x^2} = 2.0 \times 10^{-3}，\ x = 2.24，\ [NH_3] = 2.24\ mol \cdot L^{-1}$$

此为了维持平衡需要的氨水的浓度，而生成 1.0×10^{-4} mol $Ag(NH_3)_2^+$ 需消耗 2.0×10^{-4} mol NH_3。故共需 NH_3 的浓度为

$$c(NH_3) = \frac{2.24\ mol \cdot L^{-1} \times 1.0 \times 10^{-3}\ L + 2.0 \times 10^{-4}\ mol}{1.0 \times 10^{-3}\ L} = 2.44\ mol \cdot L^{-1}$$

（2）同理，可计算出溶解 AgI(s) 所需氨水的理论浓度为 3.3×10^3 mol·L⁻¹，如此高的氨水浓度实际上不存在，所以 AgI(s) 不可能被氨水溶解。若改用 KCN 溶液，可计算溶解沉淀所需的最低 KCN 浓度：

	$AgI(s) + 2CN^- \rightleftharpoons$	$Ag(CN)_2^-$	$+ I^-$	$K_5 = 1.1 \times 10^5$
平衡浓度/mol·L⁻¹	x	0.10	0.10	

利用上述（5）式推导结果，得

$$K_5=\frac{0.10\times0.10}{x^2}=1.1\times10^5,\quad x=3.0\times10^{-4},\quad [CN^-]=3.0\times10^{-4}\,mol\cdot L^{-1}$$

故共需 KCN 的浓度为 $(3.0\times10^{-3}+0.20)\ mol\cdot L^{-1}\approx0.20\ mol\cdot L^{-1}$。显然需要 KCN 浓度并不大，说明 AgI(s) 很容易被 KCN 所溶解。

例 8-2 计算 AgBr(s) 在 $1.0\ mol\cdot L^{-1}$ 氨溶液中的溶解度。

解 设其溶解度为 $s=x\ mol\cdot L^{-1}$，其综合平衡为

$$AgBr(s)+2NH_3 \rightleftharpoons Ag(NH_3)_2^+ + Br^- \qquad K=?$$

平衡浓度/ $mol\cdot L^{-1}$　　$1.0-2x$　　x　　x

根据多重平衡原理推导，则有

$$K=K_{sp}\cdot K_{稳}=5.35\times10^{-13}\times1.1\times10^5=5.9\times10^{-8}$$

$$K=K_{sp}\cdot K_{稳}=\frac{x\cdot x}{(1.0-2x)^2}=5.9\times10^{-8}$$

因 K 很小，x 也很小，$1.0-2x\approx1.0$，则有

$$x^2=5.9\times10^{-8},\quad x=2.4\times10^{-4},\quad s=2.4\times10^{-4}\,mol\cdot L^{-1}$$

说明 AgBr(s) 在氨水中的溶解度很小，即 AgBr(s) 难溶于氨水中。

8.3.3 配位平衡与氧化还原平衡

配位平衡与氧化还原平衡也可以相互影响。铁或锌能和盐酸起反应，放出氢气，铜或金则不能。铜能和硝酸发生氧化还原反应，而金还是不能。金只能与浓硝酸和盐酸（1+3）体积混合酸（俗称王水）起反应，这是因为 $AuCl_4^-$ 配离子的生成使 NO_3^- 的氧化能力增强了，Au 不溶于 HNO_3，而溶于 HNO_3 和 HCl 组成的混合酸，可用下述多重平衡的计算加以说明。

例 8-3 已知下述前三式条件，计算后两式的平衡常数，推测 Au 不溶于 HNO_3，而溶于王水的原因。

① $Au^{3+}+3e \rightleftharpoons Au$　　$\varphi_1^\ominus=1.52\ V$

② $NO_3^-+4H^++3e \rightleftharpoons NO+2H_2O$　　$\varphi_2^\ominus=0.96\ V$

③ $Au^{3+}+4Cl^- \rightleftharpoons AuCl_4^-$　　$K_{稳}=3\times10^{26}$

④ $Au+4H^++NO_3^- \rightleftharpoons Au^{3+}+NO+2H_2O$　　$K_4=?$

⑤ $Au+4H^++NO_3^-+4Cl^- \rightleftharpoons AuCl_4^-+NO+2H_2O$　　$K_5=?$

解 对于④式：由② - ①→④，根据多重平衡的电动势原理，则有

$$\Delta G_4=\Delta G_2-\Delta G_1,\quad E_4^\ominus=\varphi_2^\ominus-\varphi_1^\ominus=0.96-1.52=-0.56\ (V)$$

$$\lg K_4^\ominus=\frac{zE_4^\ominus}{0.0592}=\frac{3\times(-0.56)}{0.0592}=-28.378,\quad K_4^\ominus=4.2\times10^{-29}$$

$K_4^\ominus$ 很小，表明 Au 与 HNO_3 几乎不反应。

对于⑤式：由④ + ③→⑤，根据多重平衡的平衡常数原理，则有

$$K_5^{\ominus} = K_4^{\ominus} \cdot K_{稳} = 4.2\times10^{-29}\times3\times10^{26} = 1.3\times10^{-2}$$

这是标准状态下酸浓度为 $1.0\ \text{mol}\cdot\text{L}^{-1}$ 时的综合平衡常数计算值，不算大，也不是太小，当采用王水高浓度酸时，该值会大大增加，使 Au 在王水中的溶解得以实现。

例 8-4　有些 $K_{稳}$ 是借助电化学方法测定的，实验组装了下列电池（浓度单位 $\text{mol}\cdot\text{L}^{-1}$，加入 KNO_3 是为了使两个半电池溶液中离子强度相同，正、负离子浓度均为 $0.025\ \text{mol}\cdot\text{L}^{-1}$），测得电池电动势为 0.40 V，即可求得 $Ag(NH_3)_2^+$ 的 $K_{稳}$。

$$(-)Ag\,|\,AgNO_3(0.025),\ \ NH_3\cdot H_2O(1.0)\,\|\,AgNO_3(0.010),\ \ KNO_3(0.015)\,|\,Ag(+)$$

解　该电池属于 Ag^+ 的浓差电池

$$\varphi_+ = \varphi^{\ominus} + 0.0592\lg c_+(Ag^+)\ ,\quad \varphi_- = \varphi^{\ominus} + 0.0592\lg c_-(Ag^+)$$

$$E = \varphi_+ - \varphi_- = 0.0592[\lg c_+(Ag^+) - \lg c_-(Ag^+)]$$

$$\lg c_-(Ag^+) = \lg(0.010) - \frac{0.40}{0.0592} = -8.757\ ,\quad c_-(Ag^+) = 1.75\times10^{-9}$$

在电池负极中，配位平衡为

$$Ag^+ + 2NH_3 \rightleftharpoons Ag(NH_3)_2^+$$

平衡浓度/$\text{mol}\cdot\text{L}^{-1}$　　c_-　　$1.0-0.05$　　0.025

$$K_{稳} = \frac{[Ag(NH_3)_2^+]}{[Ag^+][NH_3]^2} = \frac{0.025}{1.75\times10^{-9}\times(0.95)^2} = 1.6\times10^7$$

8.3.4　配合物之间的转化和平衡

多数过渡金属离子的配合物都有颜色，可用这些特征颜色来鉴定离子的存在。但一种配合试剂有时能同时与两种金属离子生成不同颜色的配离子，就要相互干扰。例如钴盐溶液中若含有少量杂质三价铁离子，加入 NH_4SCN 试剂鉴定 Co^{2+} 时，就会同时发生下述两个配位平衡：

$$Co^{2+} + 4SCN^- \rightleftharpoons Co(NCS)_4^{2-}\qquad（蓝紫色）$$

$$Fe^{3+} + SCN^- \rightleftharpoons Fe(NCS)^{2+}\qquad（血红色）$$

为了消除 Fe^{3+} 对 Co^{2+} 的干扰，可加入 NH_4F，使 Fe^{3+} 与 F^- 生成更稳定的无色 FeF_3 配合物，而将 Fe^{3+} 掩蔽起来。这种配合物之间的转化，主要取决于两个配合物稳定常数的差别。这种转化平衡是两个配位平衡①②的综合平衡③，即

① $$Fe^{3+} + SCN^- \rightleftharpoons Fe(NCS)^{2+}\qquad K_{稳,1} = 8.9\times10^2$$

② $$Fe^{3+} + 3F^- \rightleftharpoons FeF_3\qquad K_{稳,2} = 1.2\times10^{12}$$

③ $$Fe(NCS)^{2+} + 3F^- \rightleftharpoons FeF_3 + SCN^-\qquad K_3 = ?$$

由② - ①→③，根据多重平衡原理，则有

$$K_3 = \frac{K_{稳,2}}{K_{稳,1}} = \frac{1.2\times10^{12}}{8.9\times10^2} = 1.3\times10^9\ ,\quad K_3 = \frac{[FeF_3][SCN^-]}{[Fe(NCS)^{2+}][F^-]^3} = 1.3\times10^9$$

设达到平衡后，$[SCN^-]=1.0\,mol\cdot L^{-1}$，$[F^-]=1.0\,mol\cdot L^{-1}$，代入上式，则有

$$\frac{[FeF_3]}{[Fe(NCS)^{2+}]}=1.3\times10^9$$

可见溶液中 $Fe(NCS)^{2+}$ 几乎全部转化为 FeF_3 了。

由以上实例分析可见，在水溶液中，酸碱平衡、沉淀溶解平衡、氧化还原平衡和配位平衡往往是相互联系，共存于同一体系中的。化学家们巧妙地利用它们移动平衡位置，进行制备、分离和测量等各种化学工作。

8.4 配合物的应用简介

配合物具有花样繁多的成键模式、奇异的空间构型和独特的物理性质，在生产和科研方面已有许多应用。例如，早至古代铬(Ⅲ)的配合物用于鞣革，过渡金属螯合物用于染色。特别是近年来许多配合物展现出光、电、磁、生物等独特的功能，成为一类极富实际意义的功能性配合物。以功能性配合物为基础可以组装成具有更丰富的物理特性的分子材料和纳米材料，并为分子器件和分子机器开辟了良好的前景。鉴于配合物在各领域中的应用不胜枚举，现仅择少数例子加以介绍。

8.4.1 在分析分离中的应用

金属离子形成配合物后，一是与原金属离子的性质差异扩大，二是使不同金属离子的配合物之间的性质差异扩大，这些扩大差异的性质有颜色、溶解度、稳定性等。这为金属离子的分析、分离创造了良好的条件。

在定性分析中，对金属离子的定性鉴别，采用了大量形成特殊颜色配合物的方法。例如，丁二肟在氨溶液中与 Ni^{2+}形成形成桃红色螯合物沉淀，可鉴定 Ni^{2+}。

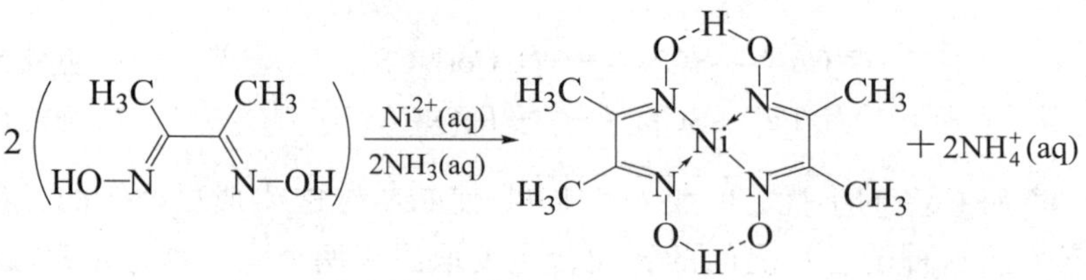

在地质勘探样品、工程地质水样（含矿泉水）等金属离子分析测试中，EDTA 配位滴定法测定 Ca^{2+}、Mg^{2+}、Fe^{3+}、Al^{3+}、Cu^{2+}、Zn^{2+}等是最常用的容量分析法，EDTA 与这些金属离子一般形成 1∶1 的螯合物，在适当的酸度和掩蔽剂条件下，都可获得符合要求的测定结果。详细情况见配位滴定法一节内容。

在紫外可见分光光度法定量分析中，利用金属离子与配位剂（显色剂）形成的配合物进行光度分析，可测定一些金属元素和非金属元素含量，参见表 8-7。

表 8-7　用于分光光度法测定的元素及其配体

序号	被测元素	配体（显色剂）
1	Fe（Ⅲ）	百里酚蓝，5-磺基水杨酸
2	Fe（Ⅱ）	邻二氮菲
3	Al（Ⅲ）	铬天青 S，铝试剂
4	Ti（Ⅳ）	二安替比林甲烷
5	Co（Ⅲ）	三乙烯四胺（橙红色配合物），4-[(5-氯-2-吡啶)偶氮]-1,3-二氨基苯
6	Cu（Ⅱ）	铜试剂（二乙基二硫代氨基甲酸钠）
7	Ni（Ⅱ）	丁二酮肟，4-(2-吡啶偶氮)-间苯二酚等
8	Cr（Ⅵ）	二苯碳酰二肼
9	Au（Ⅰ）	硫代米氏酮
10	Si（Ⅳ）	硅钼蓝
11	P（Ⅴ）	磷钒钼黄，铋磷钼蓝
12	Cl（－Ⅰ）	硫氰酸汞

工业锅炉结垢问题，是因为天然硬水中含有的大量 Ca^{2+}、Mg^{2+}形成了碳酸盐和硫酸盐沉淀所致。若加入少量聚磷酸盐（$Na_2P_3O_{10}$）与 Ca^{2+}、Mg^{2+}形成配合物，可防止锅炉结垢。

在 20 世纪 40 年代前后，处于原子能与火箭发展初期，亟需大量核燃料和高纯度铀与稀土的化合物，这一需求促进了配位化学对有关分离、分析方法的研究。例如，EDTA 和稀土离子生成的配合物稳定性差，用离子交换技术成功地分离性质极为相似的 13 个稀土元素，从而代替了传统的分级分离法。

表 8-8　La（Ⅲ）和 Lu（Ⅲ）的氢氧化物和配合特性质差异比较

金属	La	Lu	
氢氧化物溶解度 /$mol \cdot L^{-1}$	1.8×10^{-5}	1.3×10^{-6}	溶解度相差约 13 倍
EDTA 配合物的稳定常数/($\lg\beta$)	15.90	19.33	稳定性相差 $10^{3.43}$ 倍

从表 8-8 数据可知，La（Ⅲ）和 Lu（Ⅲ）的 EDTA 配合物稳定性差异比其氢氧化物溶解度差异明显扩大很多，配合物的形成为分离提供了有利条件。

由于配体种类多样、结构多变，通过配体剪裁和设计，可得到对金属离子优良的分析和分离试剂。例如，以磷酸三丁酯为基础的磷氧萃取剂，在硝酸介质中借助氧原子和 UO_2^{2+} 生成配合物，改变烷基可对获得好的分离效果。

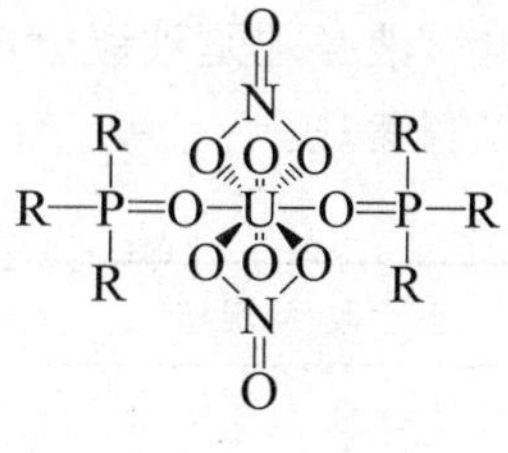

$$UO_2^{2+}+2TBP(org)\longrightarrow[UO_2(NO_3)_2(TBP)_2](org)$$

磷氧萃取剂不仅是 UO_2^{2+} 的优良萃取剂，经修饰后也可成为稀土的萃取剂。我国徐光宪院士建立的串级萃取法解决了镨钕分离等难题，并且投入稀土元素分离生产，为我国的稀土工业发展做出了重要贡献。

在湿法冶金中的羟与肟萃取剂，它是水杨醛肟的衍生物，在 pH 3.5 ~ 9.5 时可定量萃取铜，在 pH 8.3 ~ 10 时可定量萃取镍，对其他金属离子几乎无干扰，已在湿法冶金中得到应用。

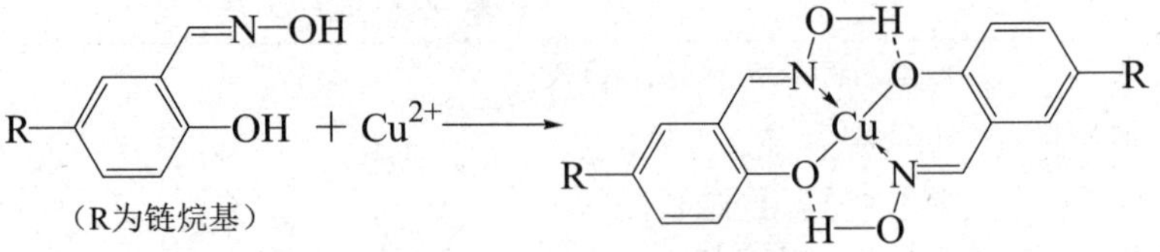

大环化合物作为萃取剂比非环化合物有更大的优越性。冠醚、穴醚等可用于碱金属和碱土金属以及镧系离子的分离。大环硫醚在硫脲存在下能从 Pt^{2+}的氧化物溶液中萃取铂。

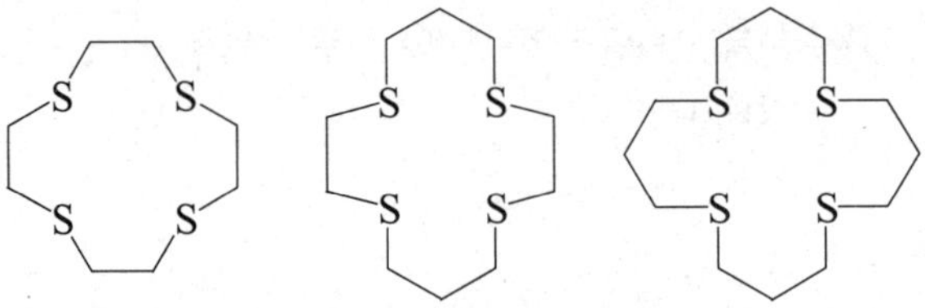

8.4.2 在电镀工艺中的应用

电镀的一般原理过程：将镀件接入电解槽外电路的负极，并没入电镀液中充当阴极。接通电源后，外电路的电子从负极出来流向阴极，电解槽中的金属阳离子因电场作用移向阴极，在阴极（镀件）表面获得电子而被还原为金属原子，并沉积在镀件表面，当镀件表面被沉积金属完全包裹时，就形成了一层金属镀膜。电镀的目的是为了增强和改善镀件（机械器件、电子器件和首饰制品等）的物理化学性能，如提高防腐性、耐磨性、导电性、反光性及增进美观等作用。

电镀时必须使用被镀金属离子的配合物盐，而不能直接使用金属离子的无机盐溶液。如果使用金属离子的无机盐溶液，电镀开始时游离态金属离子浓度很高，电镀时沉积速度很快，随着电镀的进行，金属离子浓度逐渐减小，沉积速度也随之下降，致使出现镀层的致密程度不够、镀层不均匀等工艺问题。所以保证电镀液中金属离子的浓度相对稳定是电镀工艺的基本要求。采用高稳定性的配合物就能够解决这个问题。因为高稳定性的配合物解离出来的游离态金属离子浓度很低，始终维持在一个低浓度水平，从而控制被镀金属沉积速度，达到镀层致密均匀的工艺要求。

表 8-9 列举各类镀金液的特性，表 8-10 为一些贵金属电镀液的配方实例。从两表可看出电镀液必须是被镀金属离子的配合物溶液，外加缓冲溶液控制体系 pH 是两个最重要的工艺控制参数。

表 8-9 各类镀金液的特性

镀金方法	金配体	电镀液 pH	镀层外观	用途
酸性镀金（硬质金）	$K[Au(CN)_2]$	弱酸性 pH 3 ~ 5	光亮	连接器、接点、端子、首饰
中性镀金（软质金）	$K[Au(CN)_2]$	中性 pH 6-9	无光亮	线路板、半导体
氰化镀金	$K[Au(CN)_2]$	碱性 pH 10 ~ 13	光亮	首饰、装饰物件
无氰镀金	$Na_3[Au(SO_3)_2]$	中性 pH 6 ~ 8	无光亮	金线路图形、线路板
无氰镀金	$Na_3[Au(SO_3)_2]$	碱性 pH 8 ~ 12	光亮	金线路图形、线路板

表 8-10　碱性合金电镀液的组成和操作条件

合金种类	电镀液基本组成及浓度/$g\cdot L^{-1}$	操作条件
金-铜合金	氰化金钾/12；氰化铜钾/7；硫氰化钾/10，二吡啶羧酸/8	70 °C，$0.4\ A\cdot dm^{-2}$
金-银合金	氰化金钾/15；氰化银钾/3；氰化镍钾/20；氰化钴钾/10；氰化钾/80；氨水/20	15 °C，$0.6\ A\cdot dm^{-2}$
金-锡合金	氰化金钾/30；硝酸亚锡/7；焦磷酸钾/100	25 °C，$1.0\ A\cdot dm^{-2}$
金-铜-镉合金	氰化金钾/15；氰化铜钾/200；氰化镉钾/5；L-谷氨酸/50	70 °C，$1.0\ A\cdot dm^{-2}$

8.4.3　在织物染色中的应用

在古代人们用手工方法将植物色素直接作为染料来印染布料，但植物染料附着力不强，颜色暗淡，是由于染料分子和织物以氢键或范德华力相连，所以很容易脱色。现代纺织工业在染色过程中加入金属离子形成配合物后，染料的牢固度大大增加，显示出鲜艳的颜色。这是由于形成配合物后，其中金属与织物以配位共价连接或沉积在织物上，并将吸收光波长位移到可见区，使光吸收增强也大大增加，从而生成出五彩缤纷的布料来。

例如，普鲁士蓝 $KFe[Fe(CN)_6]$、樱草素 $K_3[Co(NO_2)_6]\cdot 6H_2O$（黄色）都被用作染料。在 1704 年普鲁士某染料厂，一个工人用兽皮和牛血在铁锅中煮，经水解出 CN^-，再和 Fe（Ⅲ、Ⅱ）作用得到蓝色染料。我国《诗经》有“缟衣茹藘”的记载，“茹藘”就是茜草，当时用茜草的根和白矾（黏土）制成牢固度很高的红色染料，后来称为茜素染料，即存在于茜草根中的 1,2-二羟基-9,10-蒽醌和白矾（黏土）中的 Al^{3+}、Ca^{2+} 生成的红色配合物对织物有强的附着力，这是最早的媒染染料。在长沙马王堆 1 号墓出土的深红色绢，经鉴定就是用茜素红媒染染料染色的。

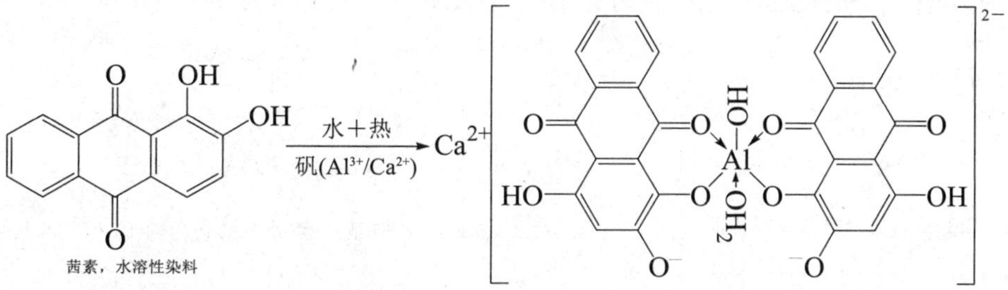

此后，金属配合物作为染料得到很大的发展。例如，偶氮染料、酞菁染料大量用于染色和塑料中。酞菁合铜（Ⅱ）呈现美丽的蓝色；酞菁合钛和金属偶氮配合物分别用于激光打印和喷墨打印技术中。

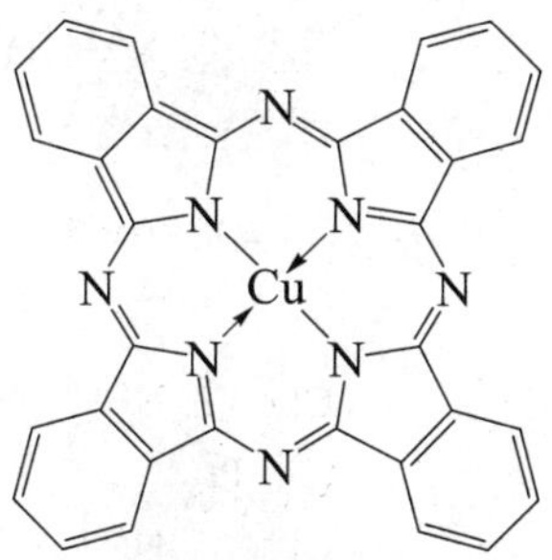

酞菁合铜（II）

8.4.4　在合成催化中的应用

有机金属配合物已成为有机合成的常用试剂。例如，$Na_2[Fe(CO)_6]$能将卤代烷转变成烷烃、醛、酮、羧酸和酰卤。

$$Na[Fe(CO)_4]\xrightarrow{RX}[RFe(CO)_4]\xrightarrow{H^+}RH$$

20 世纪 60 年代石油工业兴起，有机金属配合物在均相催化中起着重要作用，可将石油和煤转变成重要的工业原料，它可直接作为催化剂或中间体参与反应。如氢化反应中的 Wilkinson 催化剂，$[RuCl(PPh_3)_3]$甲醇羰基化反应中的 Monsanto 过程和 $[RhI_2(CO)_2]^-$ + CH_3I为催化剂，以及 Ziegler 和 Natta 用于烯烃聚合的 $TiCl_4$ 和 Et_2AlCl 混合物的烯烃聚合催化剂等。

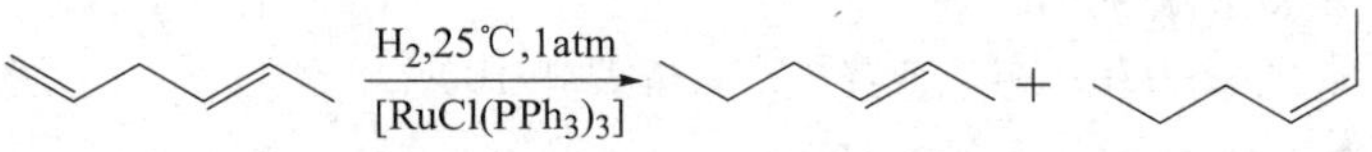

$$CH_3OH + CO \xrightarrow{[RhI_2(CO)_2]^- + CH_3I,\ 1atm} CH_3COOH$$

2010 年美国科学家 R. F. Heck 和日本科学家 E. L. Negishi 及 A. Suzuki 利用钯的催化交叉偶合反应合成复杂的似天然的有机分子，可应用于制药、电子工业和各种先进材料。

有机金属配合物作为催化剂的反应大多在溶液中的分子间进行，反应分子易于研究和修饰，对发展高选择性的成键十分有利，其优点是传统的多相催化剂不能够比拟的。由于生产需要，合成化学有大的发展，在此期间新配合物不断涌现，被誉为无机化学的“文艺复兴”。

8.4.5　在生物医学中的应用

许多无机化合物都有生物活性，大量生化反应因金属离子的存在而得以进行。在中药方中，石膏 $CaSO_4$ 有清热作用，芒硝 $NaNO_3$ 作泻药用，砷的化合物用于治疗梅毒，锑的化合物用于治疗血吸虫病等。金属药物的作用与体内的配合物形成有关，例如：

2,3-二巯基丙醇是汞的解毒剂，由于它的两个巯基是软碱，和软酸 Hg^+ 及 Hg^{2+} 生成很稳定的螯合物，能将汞离子排出到体外；Au(Ⅰ)的一个螯合物口服药，可用于治疗关节炎，十分有效；钒(Ⅳ)配合物能模拟胰岛素功能，有治疗糖尿病的作用；Zn(Ⅱ)的环胺配合物对抗艾滋病毒有疗效；铂的配合物用于治疗癌症已经发展为三代铂系配合物。

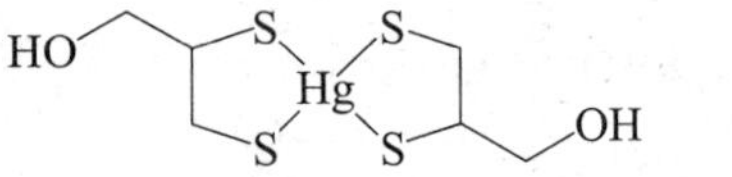

二（2,3-二巯基丙醇）合汞（Ⅱ）

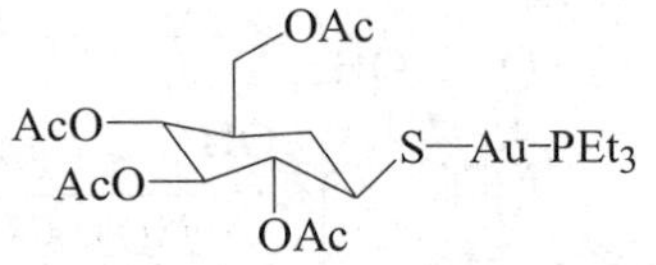

(2,3,4,6-四-σ-乙酰基-1-硫-β-吡喃葡萄糖-S)·(三乙基膦)合金(I)

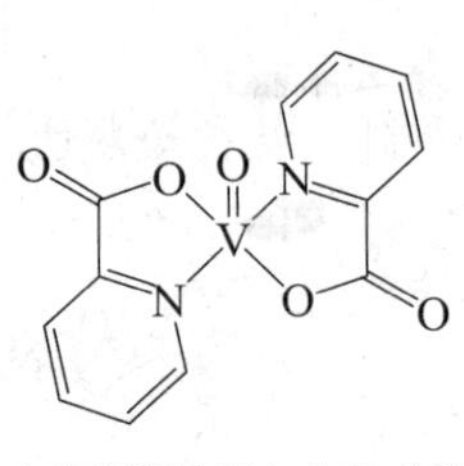

二（吡啶甲酸根）合钒（Ⅳ）

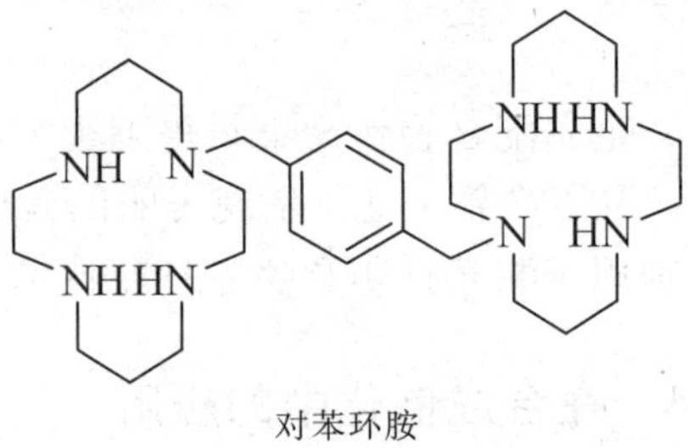

对苯环胺

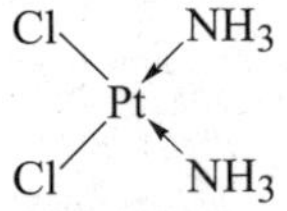

顺式-二氯二氨合铂（Ⅱ）
顺铂（Cisplatin）

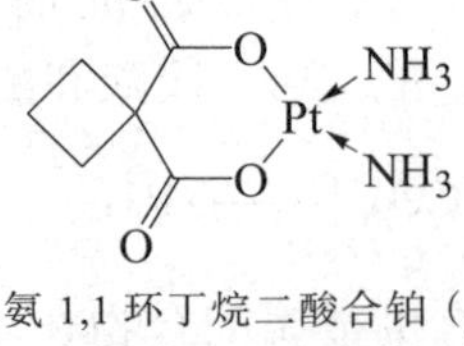

顺二氨 1,1 环丁烷二酸合铂（Ⅱ）
卡铂（Carboplatin）

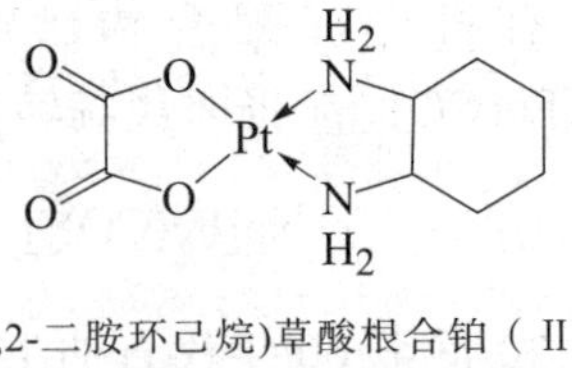

(1,2-二胺环己烷)草酸根合铂（Ⅱ）
奥沙利铂（Oxaliplatin）

8.4.6　在生物转化中的应用

在生物体内存在的金属离子尽管量很少，但是它们和卟啉、蛋白质等生物大分子配位结合，表现出多种独特的功能，哺乳动物体内约有 70%的铁与卟啉形成配合物，卟啉环上取代基不同，金属离子不同，轴向配体不同，显示的功能各异。它们是生物体内酶和蛋白质的活性部分。据统计，土壤中仅有 5%的细菌被人们所认识，它们通过体内酶的作用转化废物成人们所需要的物质。在已知 1000 多种酶中，1/3 以上含有金属离子，它们以配合物的形式存在，作为酶的活性中心。配合物在模拟生物转化方面是一个重要课题，可以用配合物模拟生物作用，将低廉物质转化有用的产品。

在工业上合成氨，用氧化铁作为催化剂，需要高温高压条件，产率也仅为 15% ~ 20%：

$$N_2(g)+3H_2(g)\xrightarrow{\text{氧化铁催化剂}}2NH_3(g)$$

这种高能耗低产率生产方式仍然是获得氨氮的主要工业生产方式。而地球上植物生长每年需氮 100 Mt，其中 80%以上来自固氮酶的作用，它的固氮转化作用是在常温常压下进行的，转化效率之高是一般合成氨反应所不能比拟的。固氮酶含有两种蛋白质，一种是 Fe-Mo 蛋白，起着氮的固定和还原作用；另一种是铁硫蛋白，起着电子传递作用。它们都可分别看作铁和钼-铁多核配合物，目前虽已合成许多过渡金属分子氮配合物，如 $[Ru(NH_3)_6(N_2)]Cl_2$ 及其他固氮体系，但是模拟固氮酶作用，常温常压下还原成可利用的氨氮，却一直没有被突破。

植物纤维中含有大量木质素芳香高聚物，造纸制浆过程中作为废液被排放出去，既污染了环境，又浪费了自然资源。从白腐菌中分离出来的木质素酶（包括木质素过氧化物酶和锰过氧化物酶）能使木质素降解，是自然界唯一依赖 HO 催化单电子氧化大量有机底物的金属酶。通过木质素降解的研究，可使木质素转变成醇、酮、生物蛋白、有机肥料等。木质素酶中含有卟啉铁（Ⅲ）作为活性中心，人们用铁（Ⅲ）和锰（Ⅲ）的卟啉化合物作为降解模型进行研究，模型物的相对分子质量小，扩散性能好，易于穿透木质素，已证实模拟体系用于处理木材片有较好的去木质素能力。

甲烷是稳定的惰性分子，甲烷单加氧酶（Methane mono-oxygenase，MMO）能选择性地羟化各种非活性的 C—H 键。例如，转化 CH_4 成 CH_3OH，MMO 的活性中心可看成是 Fe（Ⅱ）的双核配合物，其间用羟基、谷氨酸根和乙酸根桥联，目前 MMO 的结构还不十分清楚，但用配合物进行模拟的工作已引起注意。

绿色植物的叶绿素的光合作用为人类的能量储存和转化提供了启示。叶绿素的活性中心可看成镁（Ⅱ）的配合物。叶绿素作为天线能吸收光能产生激发态，并作为电子给予体，转移电子到近邻的电子受体，经多步复杂的反应产生 CO_2 和水，然后通过光化学反应转变为碳水化合物。人们设想模拟叶绿素利用太阳能驱动光化学反应，将其中大部分入射的光能储存于产物中，然后通过催化剂以热或电的形式释放能量。配合物如多吡啶、卟啉、树状形配合物都有类似叶绿素吸收光和转移电子的功能，有的还兼具催化剂的功能。

8.4.7　在纳米技术和分子器件的应用

纳米材料尺寸在 1 ~ 100 nm 会展现出特别功能和对尺寸敏感的特性，因为尺度不同引起分子或原子中主要的相互作用力不同，导致物质性能及运动规律发生变化，纳米粒子有大的比表面积，引起催化性质的增强。例如，纳米铂黑催化剂可使乙烯催化反应的温度从 600 °C 降到室温。纳米粒子导致的磁性和电热传递方式的改变也引起人们的注意。纳米技术可为控制催化、传感功能、分子电路及制造各种能量转换元件，提高太阳能、化学能、电能的转化效率等应用提供广阔前景。

配位化学在纳米技术的发展中起着独特作用。配合物花样繁多，结构奇异，成键方式独特，功能各异，利用超分子自组装的方法以配合物作为模块可得到性质奇特的分子元件。例如穴醚与 Eu（Ⅲ）的穴合物具有光能转换功能。

生物配合物后能增强对紫外光的吸收，并转换成荧光发射。四苯基卟啉 Zn（Ⅱ）的衍生物是一个高稳定性的记忆分子，将它载在硅片上有储存信息的功能，是计算机储存元件的候选者。许多受体-底物体系具有分子开关、分子导线等功能，将它们从小到大逐个组装成纳米尺度的超分子聚集体，产生的纳米器件或纳米机器等新型器件，用于处理和储存信息，将会对发展超小型计算机铺平道路。因为通过纳米技术可使计算机硬盘和软盘的储存密度大大提高，总体储存能力提高 1 ~ 10 倍。将特定功能的配合物作为前体，组装成结构有序的的分子器件，它需要配体剪裁、配合物的设计、合成和超分子自组装等基础研究，要获得实际应用还任重道远。

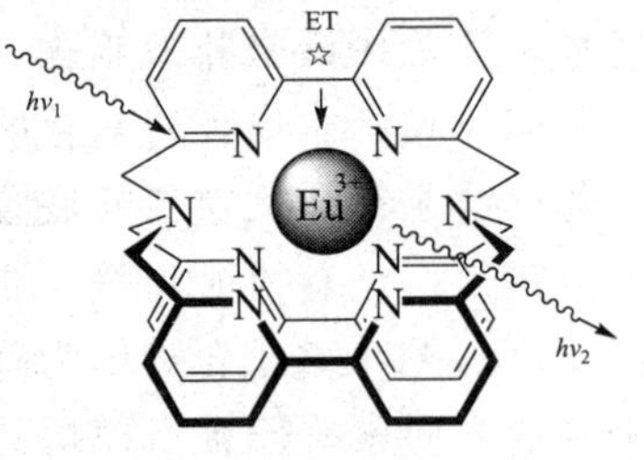

Eu（Ⅲ）穴醚合物的光转换

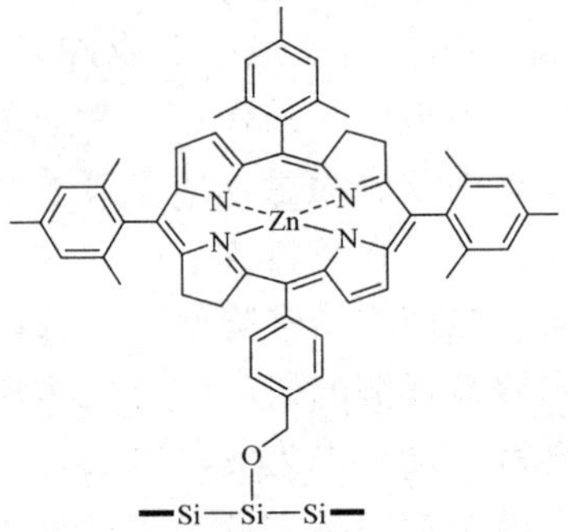

四苯基卟啉 Zn（Ⅱ）的衍生物

习　题

一、思考题

1. 哪些元素的离子或原子容易形成配合物中心体？哪些分子或离子常作为配合物的配位体？它们形成配位化合物时需具备什么条件？

2. 在 $[Cu(NH_3)_4]SO_4$ 和 $K_3[Fe(CN)_6]$ 晶体的水溶液中含有哪些离子或分子，写出电离式。

3. 试标出下列各配合物的中心离子、配位体以及配位离子的电荷数：

（1）$K_4[Fe(CN)_6]$　　（2）$Na_3[AlF_6]$

（3）$[CoCl_2(NH_3)_3(H_2O)]Cl$　　（4）$[PtCl_4(NH_3)_2]$

4. 以下各配合物中心离子的配位数是 6，若假定它们的浓度都是 $1.0\times10^{-3}\ mol\cdot L^{-1}$，试指出各溶液导电能力大小的顺序，并解释之：

（1）$[CrCl_2(NH_3)_4]Cl$　　（2）$[Pt(NH_3)_6]Cl_4$

（3）$K_2[PtCl_6]$　　（4）$[Co(NH_3)_6]Cl_3$

5. 解释下列现象，写出反应方程式：

（1）$Mg(OH)_2$ 和 $Zn(OH)_2$ 混合沉淀物如用氨水处理，$Zn(OH)_2$ 溶解而 $Mg(OH)_2$ 不溶。

（2）NaOH 加入 $CuSO_4$ 溶液中生成浅蓝色的沉淀；再加入氨水，浅蓝色沉淀溶解成为深蓝色溶液，如用 H_2SO_4 处理此溶液又能得到浅蓝色溶液。

6. $K_2[PtCl_6]$ 及 $K_2[PtCl_4]$ 两种配合物晶体中，配离子分别按面心立方晶格和简单四方晶格排列，能否画出它们的晶胞。

7. 价键理论和晶体场理论的基本要点各是什么？后者比前者有何优点？

8. 已经测知水溶液中的 Co（Ⅱ）形成一种带有 3 个未成对电子、具有顺磁性的八面体配离子。下面哪一种说法与上述结论一致，并说明理由。

（1）$Co(H_2O)_6^{2+}$ 晶体场分裂能（Δ）大于成对能（P）；

（2）d 轨道分裂后，电子填充情况是 $(t_{2g})^5(e_g)^2$；

（3）d 轨道分裂的电子填充情况是 $(t_{2g})^6(e_g)^1$。

9. 配离子与弱酸（碱）、难溶物在纯水中电离或溶解的情况有何区别？

10. 比较下列配离子电对与相应的简单离子电对的 $\varphi^\ominus$，是升高还是降低？为什么？

（1）$\varphi^\ominus(Cu(NH_3)_4^{2+}/Cu)$ 与 $\varphi^\ominus(Cu^{2+}/Cu)$；

（2）$\varphi^\ominus(Fe(CN)_6^{3-}/Fe(CN)_6^{4-})$ 与 $\varphi^\ominus(Fe^{3+}/Fe^{2+})$。

11. 指出下列说法是否正确：

（1）配离子的电荷数等于中心离子的电荷数；

（2）配位体的数目就是中心离子的配位数；

（3）配合物的中心体都是金属离子。

二、问答题

1. 在表 8-11 中填写配合物的各要素：

表 8-11　一些配合物的参数

配合物	中心离子及价数	配位体	配位数	配离子电荷数	配合物名称
（1）$K_2[PtCl_6]$					
（2）$K_4[Fe(CN)_6]$					
（3）$[Ag(NH_3)_2]Cl$					
（4）$[CrCl_2(H_2O)_4]Cl$					
（5）$[Co(NO_2)_3(NH_3)_3]$					
（6）$K_2Na[Co(ONO)_6]$					
（7）$Ni(CO)_6$					
（8）$[Co(en)_3]Cl_3$					

2. 无水 $CrCl_3$ 和氨作用能形成两种配合物，组成相当于 $CrCl_3 \cdot 6NH_3$ 及 $CrCl_3 \cdot 5NH_3$。加入 $AgNO_3$ 溶液能从第一种配合物水溶液中将几乎所有的氯沉淀为 AgCl，而从第二种配合物水溶液中仅能沉淀出相当于组成中含氯量 2/3 的 AgCl。加入 NaOH 并加热时两种溶液都无氨味。

试从配合物的形式推算出它们的内界和外界，并指出配离子的电荷数、中心离子的价数和配合物的名称（列表）。

3. 根据配合物的名，在表 8-12 中称写出它们的化学式：

表 8-12　配合物的名称和化学式

配合物名称	配合物化学式
（1）二硫代酸合银(Ⅰ)酸钠	
（2）四硫氰二氨合铬(Ⅲ)酸铵	
（3）四氯合铂(Ⅱ)酸六氨合铂(Ⅱ)	
（4）硫酸氯·氨·二(乙二胺)合铬(Ⅲ)	
（5）二氯·(草酸根)·(乙二胺)合铁(Ⅲ)离子	

4.（1）指出在下列化合物中，哪些可能作为有效的螯合剂。

①　H_2O　②　HO—OH　③ 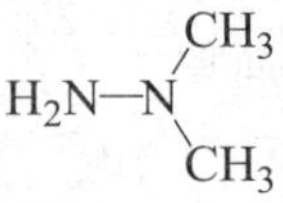　④ 

（2）下列配合物具有平面四方或八面体几何构型，问其中哪种 CO_3^{2-} 作为螯合剂？

① $[Co(CO_3)(NH_3)_5]^+$　② $[Co(CO_3)(NH_3)_4]^+$

③ $[Pt(CO_3)(en)]$　④ $[Pt(CO_3)(NH_3)(en)]$

5. 画出下列物质的几何图形：

（1）$[CuCl(H_2O)_3]^+$（平面四方形）　（2）$Pt(en)_2^{2+}$（平面四方形）

（3）顺式-$[CoBrCl(NH_3)_4]^+$　（4）反式-$NiCl_2(H_2O)_2$

（5）反式-$[CrCl_2(en)_2]^+$

6. 下列配合物各有多少种几何异构体？（M代表金属离子，A、B、C 代表配位体）

（1）MA_4BC　（2）MA_3B_2C

（3）$MA_2B_2C_2$　（4）MA_2BC（四面体形）

（5）MA_2BC（平面四方形）

7. 给出下列各配离子的空间构型和可能有的异构体：

（1）$[FeCl_4(en)]^-$　（2）$[FeCl_2(ox)(en)]^-$

（3）$[Fe(ox)_3]^{3-}$　（4）$[Fe(EDTA)]^{2-}$

8. 指出下列各物质有无异构现象，如有异构现象，分别属于哪一类的异构？

（1）$[Zn(NH_3)_4][CuCl_4]$　（2）$[Fe(CN)_5SCN]^{4-}$

（3）$[PtCl_3(py)]^-$　（4）$[Cr(OH)_2(NH_3)_4]^+$

9. 下列铂金属配合物，可以作为活性抗癌试剂（所有反式异构体抗癌无效），实验测得它们都是反磁性物质。试用价键理论画出这些配合物的杂化轨道图，它们是内轨型，还是外轨型配合物？各采用哪种类型的杂化轨道？

（1）*cis*-$PtCl_4(NH_3)_2$　（2）*cis*-$PtCl_2(NH_3)_2$　（3）*cis*-$PtCl_2(en)$

10. 用价键模型绘出轨道图，以表示中心离子的电子结构，其中后三者是高自旋物质。

（1）$Ag(NH_3)_2^+$　（2）$Cu(NH_3)_4^{2+}$

（3）CoF_6^{3-}　　　　　　（4）MnF_6^{4-}

（5）$Mn(NH_3)_6^{2+}$

11. 实验测得 $Co(NH_3)_6^{3+}$ 呈反磁性，$Co(NH_3)_6^{2+}$ 为顺磁性（磁矩 $\mu = 4.5\mu_B$），完成表 8-13：

表 8-13　$Co(NH_3)_6^{3+}$ 和 $Co(NH_3)_6^{2+}$ 分对的几项参数

配合物		$Co(NH_3)_6^{3+}$	$Co(NH_3)_6^{2+}$
价键理论	中心离子杂化类型		
	几何形状		
晶体场理论	场的相对强弱		
	中心离子 d 电子排布		
磁矩计算值（μ_B）			

12. 表 8-14 中离子在强、弱八面体晶体场中各有多少未成对电子？绘图说明 t_{2g} 和 e_g 电子数目。

表 8-14　几种离子在八百体晶体场中的电子数

离子		强八面体场（绘图）	未成对电子数	弱八面体场（绘图）	未成对电子数
Cr^{3+}	$3d^3$				
Cr^{2+}	$3d^4$				
Mn^{2+}	$3d^5$				
Fe^{2+}	$3d^6$				
Co^{3+}	$3d^6$				
Co^{2+}	$3d^7$				

13. 现有物质如下：① $[CrCl_2(H_2O)_4]^+$，② $Na_3[Co(NO_2)_6]$，③ $[Al(C_2O_4)_3]^{3-}$，④ $K[Fe(en)(C_2O_4)Cl_2]$，⑤ $K_2[Zn(CN)_4]$，请指出：

（1）其中哪些可能会显示颜色？哪些具有反磁性？

（2）④的名称及中心离子配位数。

（3）②与⑤的中心离子采用的杂化轨道。

三、计算题

1. 写出下列反应的方程式，并计算反应平衡常数。

（1）碘化银溶解在 NaCN 水溶液中；

（2）溴化银微溶在 NH_3 水中，但当酸化溶液时又析出沉淀（分别写出两个方程式）。

2. 往硝酸银溶液中加入过量的 $NH_3 \cdot H_2O$，达平衡时 $[NH_3 \cdot H_2O] = 1.0\ mol \cdot L^{-1}$。求此时 $Ag(NH_3)_2^+$、$Ag(NH_3)^+$、Ag^+ 各离子浓度的比值。已知：

$$Ag^+ + NH_3 \rightleftharpoons Ag(NH_3)^+ \qquad K_1 = 2.2 \times 10^3$$

3. 某溶液由表 8-15 中前三个组分组成，用计算说明有无第四组分 $Cu(OH)_2(s)$ 生成。

表 8-15　某溶液组成

溶液组分	$NH_3 \cdot H_2O$	NH_4Cl	$Cu(NH_3)_4^{2+}$	$Cu(OH)_2(s)$
浓度/ $mol \cdot L^{-1}$	0.10	0.10	0.15	（是否有沉淀？）
平衡常数	$K_b = 1.8 \times 10^{-5}$		$K_{稳} = 2.1 \times 10^{13}$	$K_{sp} = 2.6 \times 10^{-19}$

4. 计算 AgBr 在 $1.00\ mol \cdot L^{-1}$ $Na_2S_2O_3$ 中的溶解度。浓度为 $1.00\ mol \cdot L^{-1}$ $Na_2S_2O_3$ 溶液 500 mL 可溶解 AgBr 多少克？

5. 分别计算 $Zn(OH)_2$ 溶于氨水生成 $Zn(OH)_4^{2-}$ 和 $Zn(NH_3)_4^{2+}$ 时的平衡常数 K 。若控制 $NH_3 \cdot H_2O$ 和 NH_4^+ 的平衡浓度均为 $0.10\ mol \cdot L^{-1}$，则 $Zn(OH)_2$ 溶于 $NH_3 \cdot H_2O$ 中主要生成哪一种配离子？ $Zn(OH)_4^{2-}$ 和 $Zn(NH_3)_4^{2+}$ 浓度比值是多少？

6. 电极反应①的 $\varphi^{\ominus} = 1.52\ V$，若向溶液中加入足够的 Cl^- 以形成 $AuCl_4^-$，当溶液中 Cl^- 和 $AuCl_4^-$ 浓度均为 $1.00\ mol \cdot L^{-1}$，电极电势降为 $1.00\ V$ 。试计算反应②的配位平衡常数 $K_{稳}$

①　　$Au^{3+} + 3e \rightleftharpoons Au$

②　　$Au^{3+} + 4Cl^- \rightleftharpoons AuCl_4^-$

7. 向含有 Fe^{3+} 和 Fe^{2+} 浓度相等的溶液中加入 KCN(s)，且使 $[CN^-] = 1.0\ mol \cdot L^{-1}$，计算这时下列电极反应的电极电势是多少？

$$Fe^{3+} + e \rightleftharpoons Fe^{2+}$$

8. 已知下列两个反应，查找必要的数据，回答下列问题：

①　　$Au^+ + e \rightleftharpoons Au$　　$\varphi^{\ominus} = 1.70\ V$

②　　$4Au^+ + 8CN^- + 2H_2O + O_2 \rightleftharpoons 4Au(CN)_2^- + 4OH^-$

（1）计算反应②的平衡常数。

（2）在中性条件下，反应②溶液中氰化物浓度 $c(HCN) + c(CN^-) = 0.10\ mol \cdot L^{-1}$，$Au(CN)_2^-$ 浓度为 $0.10\ mol \cdot L^{-1}$ 。若向溶液中通入 101.3 kPa 的空气，计算反应②的 ΔG 。

9. 将 20.0 mL $0.025\ mol \cdot L^{-1}$ 的 $AgNO_3$ 溶液与 2.0 mL $1.0\ mol \cdot L^{-1}$ 的 $NH_3 \cdot H_2O$ 混合，所得溶液中 $Ag(NH_2)_2^+$ 的浓度是多少？在此溶液中再加 2.0 mL $1.0\ mol \cdot L^{-1}$ 的 KCN，若忽略 CN^- 水解，求所得溶液中 $Ag(NH_2)_2^+$ 的浓度是多少？配位反应的方向与配合物稳定性关系如何？

10. 有关电对在标准状态下的电极电势，通过计算来判断下列歧化反应能否发生：

（1）　　$2Cu^+ \rightleftharpoons Cu^{2+} + Cu$

（2）　　$2Cu(NH_3)_2^+ \rightleftharpoons Cu + Cu(NH_3)_4^{2+}$

11. 利用过量无色的 $Cu(NH_3)_2^+$、$NH_3 \cdot H_2O$ 混合液与 O_2 发生反应生成有色 $Cu(NH_3)_4^{2+}$ 的方法，可以测量 N_2、O_2 混合气中 O_2 的含量。取体积为 8.00 L 的一容器使其充满 N_2、O_2 混合气（压力为 101 kPa，温度 298 K），然后向其中加入 500 mL 的 $Cu(NH_3)_2^+$、$NH_3 \cdot H_2O$ 混合液。经过摇振使液气充分混合反应后，用比色法测得 $Cu(NH_3)_4^{2+}$ 的浓度为 $2.35 \times 10^{-3}\ mol \cdot L^{-1}$（设反应过程中混合液的体积不变）。

（1）写出测量中所发生的化学反应方程式；

（2）求所写反应方程式的平衡常数；

（3）求算 N_2、O_2 混合气中 O_2 的体积分数；

（4）向该混合液中加入铜屑，可使其保存不变色，为什么？

第 9 章　滴定分析基础

9.1　概　述

以物质的化学反应为基础的分析方法，称为化学分析法，它分为化学定性分析和化学定量分析两类。

化学定性分析，它是根据物质的化学反应过程中出现的现象和特征来鉴定物质的化学组成的分析方法。从中学阶段的初等化学入门开始，直至现代化学研究的前沿，都一直伴随着化学定性分析的内容，在此不再展开赘述。

化学定量分析，它是以物质在化学反应中有确定的式量关系为理论依据，通过被测试样与检测试剂的用量关系，来测定物质组成中各组分的相对含量的方法，称为化学定量分析法。化学分析法所用仪器相对较简单，应用广泛，从理论到实际应用都相当成熟，发展时间久远，常被称为经典分析方法。

化学定量分析主要包括重量分析、酸碱滴定分析、配位滴定分析、氧化还原滴定分析和沉淀滴定分析等。重量分析法是通过适当的化学方法或物理化学方法，将被测组分经过一定的步骤从试样中离析出来，称其质量，进而计算出该组分的含量。重量分析法在地质勘查样品分析中常用，如地质样品中 SiO_2 含量测定，水质样品的水不溶物、水可溶物总量测定等都属于重量分析。重量分析法原理简单，但是操作过程繁琐。沉淀滴定法是利用沉淀反应来进行的滴定分析方法，由于沉淀终点不容易判断，测试中很少应用。鉴于此，这两种方法就不予介绍了。

下面介绍酸碱滴定、配位滴定和氧化还原滴定三种容量分析方法。

9.2　酸碱滴定法

9.2.1　酸碱滴定的基本原理

为了简便起见，我们以强酸与强碱的滴定为例，来了解滴定过程中溶液 pH 的变化情况。强酸与强碱相互滴定的反应为典型的中和反应，即

$$H^+(aq) + OH^-(aq) =\!=\!= H_2O(l)$$

反应的平衡常数称为滴定反应常数，以 K_t 表示，则有

$$K_t = \frac{[H_2O]}{[H^+][OH^-]} = \frac{1}{K_w} = 1.00\times10^{14}$$

这是酸碱滴定中滴定反应常数的最大值，说明强酸和强碱的反应非常完全。

滴定过程一般以已知浓度的标准溶液作为滴定剂，以未知溶液浓度作为被滴定溶液。所以，酸碱滴定有两种滴定方式：

（1）碱滴定酸方式。以碱为已知浓度的标准溶液，滴定未知浓度的酸，溶液体系的 pH

变化是从 pH<7 → pH = 7 → pH>7 的过程，即由酸性→中性→碱性的过程；

（2）酸滴定碱方式。以酸为已知浓度的标准溶液，滴定未知浓度的碱，溶液体系的 pH 变化是从 pH>7 → pH = 7 → pH<7 的过程，即由碱性→中性→酸性的过程。

很显然，在酸碱滴定过程中，pH = 7 应该为滴定的理论终点。由于酸、碱和生成的盐在溶液中都是无色透明的，在滴定过程中，我们是无法准确地判断滴定反应终点的。为此，需要借助酸碱指示剂来判断滴定终点。

如果酸是被滴定的溶液，设其浓度为 c_x（未知浓度）、体积为 V_x（定量移取）；而碱是作为滴定剂的标准溶液，其浓度为 c_s（标准浓度）、滴定时消耗体积为 V_s（终点判断），则酸碱滴定的计量关系为

$$c_x \times V_x = c_s \times V_s \quad 或 \quad c_x = \frac{c_s \times V_s}{V_x}$$

从上式可以看出，在滴定分析中，欲使测定结果准确（c_x），定量快速的滴定反应是基础（等式），准确的标准溶液浓度是保证（c_s），清晰明确的终点指示和判断是关键（V_s）。

9.2.2 酸碱滴定过程中的 pH 变化规律和滴定曲线

1. 强酸强碱滴定

在酸碱滴定反应过程，我们先来探讨在没有指示剂的情况下，溶液系统的 pH 变化情况。以 0.100 0 $mol \cdot L^{-1}$ NaOH 溶液滴定 0.100 0 $mol \cdot L^{-1}$ HCl 溶液为例。移取 HCl 体积 $V_a = 20.00$ mL，消耗 NaOH 体积用 V_b 表示，滴定过程中 pH 的变化情况可分为如下四个阶段：

（1）滴定前，溶液中只有 HCl，$[H^+] = 0.1000$，$pH = -\lg[H^+] = 1.00$。

（2）滴定开始至化学计量点前，溶液中以剩余的 HCl 的量来计算 pH，即

$$[H^+] = 0.1000 \times \frac{V_a - V_b}{V_a + V_b}, \quad pH = -\lg[H^+]$$

例如，当 V_b 为 18.00 mL 时 $pH = 2.28$；为 19.98 mL 时 $pH = 4.30$，等等。

（3）滴定反应在化学计量点时，溶液呈中性，$[H^+] = [OH^-] = 1.00 \times 10^{-7}$，$pH = 7.00$。

（4）化学计量点后，继续滴定，溶液中则以过量的 NaOH 来计算 pH，则有

$$[OH^-] = 0.1000 \times \frac{V_b - V_a}{V_b + V_a}, \quad pH = 14 - \lg[OH^-]$$

例如，当 V_b 为 20.02 mL 时 $pH = 9.70$；为 22.00 mL 时 $pH = 11.70$，等等。

如此逐一计算，将计算结果列于表 9-1。

以 NaOH 加入量（体积）为横坐标，以相应的溶液 pH 为纵坐标作图，就得到强碱滴定强酸过程的溶液 pH 随碱加入量的变化曲线，即酸碱滴定曲线，如图 9-1 所示。滴定曲线中 pH 突跃范围在 4.30 ~ 9.70。

从表中数据和图示曲线可以看出，滴定开始时，溶液中存在大量 HCl，加入的 NaOH 溶液对系统的 pH 改变不大，曲线较平缓。随着滴定的进行，溶液 pH 的变化较前稍有增大。当加入的 NaOH 溶液为 19.98 mL，距化学计量点仅差 0.02 mL 时，溶液 pH 为 4.30。当滴定的 NaOH 体积超过化学计量点 0.02 mL 时，溶液的 pH 为 9.70。在化学计量点前后，滴定剂的量增加了 0.04 mL，溶液就由酸性突变为碱性，产生了 $\Delta pH = 5.4$ 的突跃。之后，再加入 NaOH 溶

液时，pH 变化又逐渐减小，曲线变得平缓。

表 9-1　NaOH 溶液滴定 HCl 溶液过程中的 pH 变化情况

NaOH 加入量 V_b/mL	HCl 剩余量 (V_a-V_b)/mL	NaOH 剩余量 (V_b-V_a)/mL	溶液的$[H^+]$ /mol·L^{-1}	溶液 pH 计算值	加酚酞后溶液颜色变化情况
0.00	20.00		1.00×10^{-1}	1.00	无色
10.00	10.00		3.33×10^{-2}	1.48	
18.00	2.00		5.26×10^{-3}	2.28	
19.80	0.20		5.02×10^{-4}	3.30	
19.98	0.02		5.00×10^{-5}	4.30	pH 突跃范围从无色到红色
20.00	0.00		1.00×10^{-7}	7.00	
20.02		0.02	2.00×10^{-10}	9.70	
20.20		0.20	2.00×10^{-11}	10.70	红色
22.00		2.00	2.10×10^{-12}	11.70	
40.00		20.00	5.00×10^{-13}	12.50	

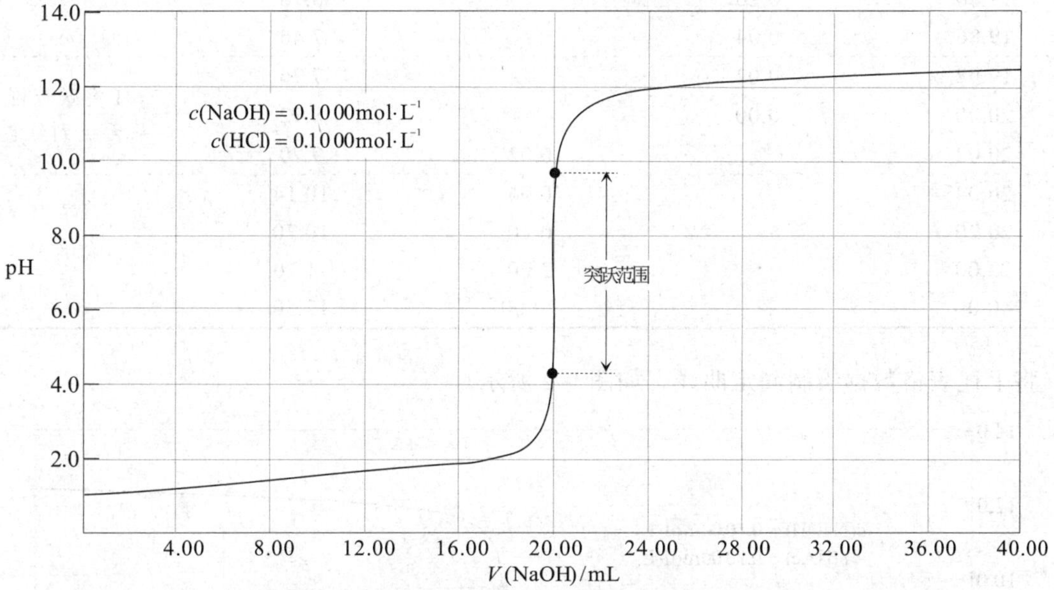

图 9-1　NaOH 溶液滴定 HCl 溶液的滴定曲线

如果以 HCl 溶液为滴定剂来滴定 NaOH 溶液，则会获得与上述过程正好相反的 pH 变化规律，在此就不再赘述了。

2. 强碱（强酸）滴定弱酸（弱碱）

强碱滴定弱酸的过程与强碱滴定强酸过程大致相同，但 pH 变化要复杂一些。现以 NaOH 滴定 HAc 为例，分析滴定过程中溶液的规律。滴定的基本反应及反应常数分别为：

$$OH^-(aq)+HAc(aq) \Longrightarrow Ac^-(aq)+H_2O(l) \qquad K_t=\frac{K_a}{K_w}=1.75\times10^9$$

设 NaOH 和 HAc 溶液浓度均为 0.100 0 mol·L^{-1}，定量移取 HAc 溶液体积为 20.00 mL，简要介绍计算方法。

（1）滴定前为纯 HAc 溶液，可计算该弱酸 pH = 2.88 。

（2）滴定开始至化学计量点前，滴定反应生成的 Ac^- 与剩余的 HAc 组成 HAc-Ac^- 缓冲溶液，依据缓冲溶液的情况来计算 pH 。

（3）化学计量点时，HAc 全部被中和生成 Ac^-，此时就计算 Ac^-（弱碱）溶液的 $[OH^-]$，即可求得 pH = 8.73 。

（4）化学计量点后，溶液中就有过剩的 NaOH，而 Ac^- 解离所得 OH^- 相对于 NaOH 而言很少，可以忽略不计，计算此时的 $[OH^-]$，即可得相应的 pH 。

将上述计算过程所得数据列于表 9-2。

表 9-2　NaOH 溶液滴定 HAc 溶液过程中的 pH 变化情况

NaOH 加入量 V/mL	HAc 剩余量 V/mL	NaOH 剩余量 V/mL	溶液 pH 计算值	加酚酞后溶液颜色变化情况
0.00	20.00		2.87	无色
18.00	2.00		5.71	
19.80	0.20		6.76	
19.86	0.04		7.46	
19.98	0.02		7.76	pH 突跃范围从无色到红色
20.00	0.00		8.72	
20.02		0.02	9.70	
20.04		0.04	10.14	红色
20.20		0.20	10.70	
22.00		2.00	11.70	
40.00		20.00	12.50	

将上述表格数据绘制滴定曲线，如图 9-2 所示。

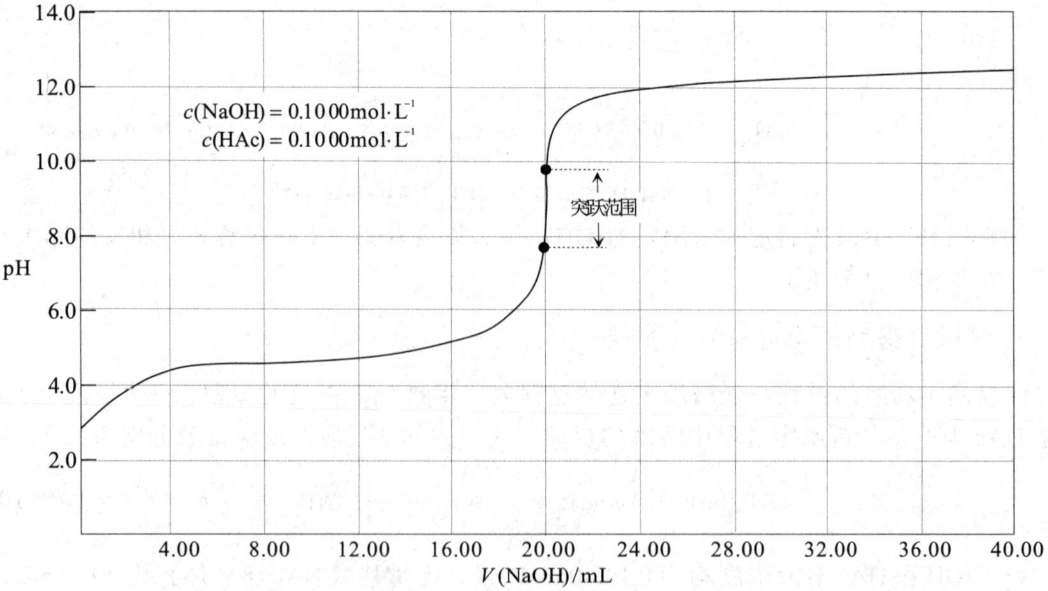

图 9-2　NaOH 溶液滴定 HAc 溶液的滴定曲线

从上述数据和滴定曲线图可知，与滴定强酸相比，该滴定弱酸的曲线起点高，因为 HAc 是弱酸，滴定开始后，pH 增加较快，曲线斜率较大，说明反应刚开始生成少量的 Ac^- 抑制了 HAc 的解离。当继续滴入 NaOH 溶液，使 NaAc 浓度不断增加，与溶液中剩余的 HAc 组成缓冲溶液体系，使 pH 变化变慢，当 50% HAc 被滴定时，溶液 $pH = pK_a$，溶液的缓冲容量最大，曲线斜率最小。滴定到近化学计量点时，剩余的 HAc 浓度减小，缓冲作用减弱，溶液 pH 变化又加快。到化学计量点时，滴定产物 Ac^- 是弱碱，溶液呈碱性。滴定 pH 突跃较小，为 7.76 ~ 9.70，$\Delta pH = 1.94$。化学计量点后，溶液 pH 的变化规律与滴定强酸时相似。

9.2.3　酸碱指示剂的显色原理

酸碱指示一般为有机弱酸或弱碱，其特性是它们的酸式结构和碱式结构具有不同颜色。当溶液 pH 改变时，指示剂获得质子转化为酸式或失去质子转化为碱式，从而引起溶液颜色的变化。如甲基橙和酚酞都是有机弱酸，它们在水溶液中存在的平衡和颜色变化情况如下：

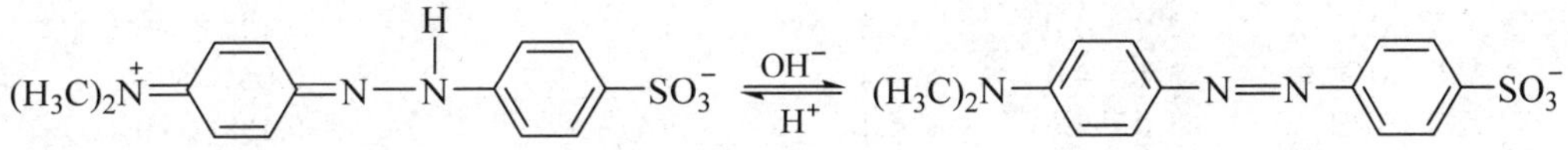

（红色）　　　　　　　　　　　　　　（黄色）

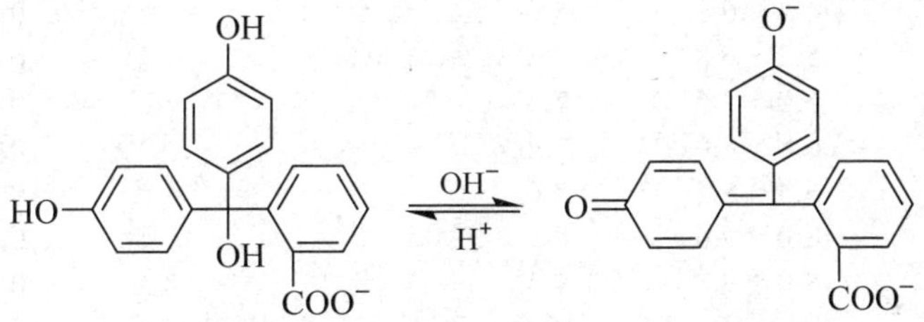

（无色）　　pK_a=9.1　　（红色）

指示剂的酸式 HIn 和碱式 In^- 在水溶液中的解离平衡及其解离平衡常数 K_{HIn} 如下：

$$HIn \rightleftharpoons H^+ + In^-$$

$$① \ K_{HIn} = \frac{[H^+][In^-]}{[HIn]} \quad 或 \quad ② \ \frac{[In^-]}{[HIn]} = \frac{K_{HIn}}{[H^+]}$$

从上述②式可知，指示剂的碱式和酸式的浓度比值取决于 K_{HIn} 和 $[H^+]$ 的比值，在一定温度下 K_{HIn} 是常数，说明溶液颜色的变化由溶液 $[H^+]$ 所决定。

需要指出的是，人的肉眼辨别颜色的能力有一定的限度，一般说来，当一种颜色相当于另一种颜色深度 10 倍或者 1/10 倍的浓度时，只能辨认浓度大的存在形式的颜色，而不能辨认浓度小的存在形式的颜色。因此，指示剂颜色变化与溶液 pH 有如下关系：

$$\frac{[In^-]}{[HIn]} = \frac{K_{HIn}}{[H^+]} \leqslant \frac{1}{10}，[H^+] \geqslant 10K_{HIn}，pH \leqslant pK_{HIn} - 1（呈酸式色）$$

$$\frac{[In^-]}{[HIn]} = \frac{K_{HIn}}{[H^+]} \geqslant 10，[H^+] \leqslant \frac{K_{HIn}}{10}，pH \geqslant pK_{HIn} + 1（呈碱式色）$$

$$\frac{1}{10} \leqslant \frac{[In^-]}{[HIn]} = \frac{K_{HIn}}{[H^+]} \leqslant 10，pK_{HIn} - 1 \leqslant pH \leqslant pK_{HIn} + 1（呈混合色）$$

为了更直观地表达指示剂的显色与溶液 pH 的关系，可参见如图 9-3 所示。

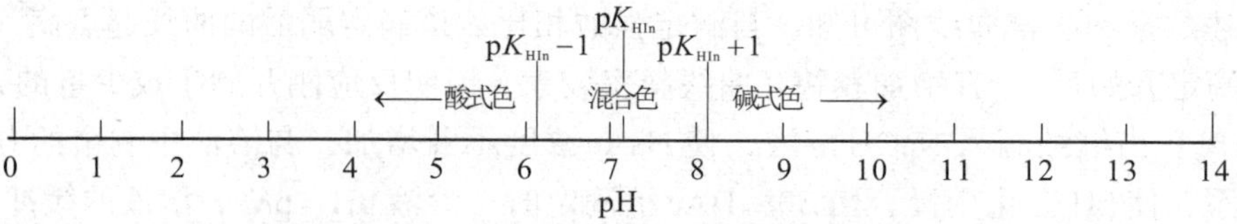

图 9-3　某指示剂显色与溶液 pH 的关系示意图

当$[In^-]=[HIn]$时，$pH=pK_{HIn}$，通常称之为指示剂的理论变色点，该点变色最敏锐。而在$pH=pK_{HIn}\pm1$的范围内，可看到指示剂颜色的过渡色（混合色），称为指示剂的变色范围。实际上人眼观察到的指示剂变色范围与理论值有区别，因为人眼对各种颜色的敏感度不同，且两种颜色之间会相互掩盖。例如，甲基橙$pK_{HIn}=3.4$，理论变色范围为 pH 2.4~4.4，实际测得变色范围是 pH 3.1~4.4。常用酸碱指示剂见表 9-3。

表 9-3　常用酸碱指示剂及其变色范围

指示剂	变色范围 pH	pK_{HIn}	HIn 酸式色	In^- 碱式色	指示剂浓度与介质
百里酚蓝 TB*	1.2 ~ 2.8	1.7	红	黄	0.1%的 20%①
甲基黄 MY	2.9 ~ 4.0	3.3	红	黄	0.1%的 90%①
甲基橙 MO	3.1 ~ 4.4	3.4	红	黄	0.05%的②
溴酚蓝 BPB	3.0 ~ 4.6	4.1	黄	蓝紫	0.1%的 20%①
溴甲酚绿 HCG	3.8 ~ 5.4	4.9	黄	蓝	0.1%的② + ④
甲基红 MR	4.4 ~ 6.2	5.0	红	黄	0.1%的 60%①
溴甲酚紫 BCP	5.2 ~ 6.8	—	黄	紫	0.1%的②
溴百里酚蓝 BTB	6.0 ~ 7.6	7.3	黄	蓝	0.1%的 20%①或③
中性红 PR	6.8 ~ 8.0	7.4	红	黄橙	0.1%的 60%①
酚红 PR	6.4 ~ 8.2	8.0	黄	红	0.1%的 60%①或③
百里酚蓝 TB**	8.0 ~ 9.6	8.9	黄	蓝	0.1%的 20%①
酚酞 PP	8.0 ~ 9.8	9.1	无	红	0.1%的 90%①
百里酚酞 TP	9.4 ~ 10.6	10.0	无	蓝	0.1%的 90%①

注：*第一级解离；**第二级解离；① 乙醇溶液；② 水溶液；③ 钠溶液；④ 每 100 mg 指示剂加 0.05 mol/L NaOH 溶液 2.9 mL。

为缩小指示剂的变色范围，可采用混合指示剂，它利用颜色之间的互补作用，具有颜色改变较为敏锐和变色范围较窄的特点。混合指示剂可分为两类：一类是由两种或两种以上的指示剂混合而成；另一类是由某种指示剂与另一种惰性染料（不受 pH 影响）混合而成的。常用混合酸碱指示剂见表 9-4。

表 9-4　若干常用酸碱混合指示剂

指示剂溶液的组成	变色点 pH	酸色	碱色	备注
1 份 0.1%甲基黄① + 1 份 0.1%亚甲基蓝①	3.25	蓝紫	绿	pH 3.2 蓝紫，pH 3.4 绿色
1 份 0.1%甲基橙② + 1 份 0.25%靛蓝二磺酸钠②	4.1	紫	黄绿	pH 4.1 灰色
3 份 0.1%溴甲酚绿① + 1 份 0.2%甲基红①	5.1	紫红	蓝绿	pH 5.1 灰色，颜色变化敏锐
1 份 0.1%溴甲酚绿钠盐② + 1 份 0.1%氯酚红钠盐②	6.1	黄绿	蓝紫	pH 5.4 蓝绿/5.8 蓝/6.0 蓝紫
1 份 0.1%中性红① + 1 份 0.1%亚甲蓝①	7.0	蓝紫	绿	pH 7.0 蓝紫
1 份 0.1%甲酚红钠盐② + 3 份 0.1%百里酚蓝钠盐②	8.3	黄	黄紫	pH 8.2 玫瑰色，pH 8.4 紫色
1 份 0.1%酚酞① + 2 份 0.1%甲基绿①	8.9	绿	紫	pH 8.8 浅蓝，pH 9.0 紫色
1 份 0.1%酚酞① + 1 份 0.1%百里酚酞①	9.9	无	紫	pH 9.6 玫瑰色，pH 10.0 紫色
2 份 0.1%百里酚酞② + 1 份 0.1%茜素黄②	10.2	无	紫	—

注：①乙醇溶液；②水溶液。

9.2.4　酸碱指示剂选择和滴定终点判断

在掌握酸碱滴定过程中 pH 变化规律和终点 pH 位置的情况下，结合酸碱指示剂的变色原理，下面讨论如何选择指示剂，如何判断滴定终点的问题。

（1）强酸碱的滴定，终点为中性，pH = 7。选择的指示剂的显色范围能够覆盖 pH = 7 的皆可，指示剂的 pK_{HIn} 越接近 pH = 7 越好。如果是碱滴定酸，终点时指示剂由酸式色变为碱式色，如果是酸滴定碱，终点时指示剂由碱式色变为酸式色。

（2）强酸滴定弱碱，终点为酸性，pH<7。选择指示剂的显色范围在酸性范围，并能覆盖终点 pH，指示剂的 pK_{HIn} 越接近终点 pH 越好。终点时，指示剂由碱式色变为酸式色。

（3）强碱滴定弱酸，终点为碱性，pH>7。选择指示剂的显色范围在碱性范围，并能覆盖终点 pH，指示剂的 pK_{HIn} 越接近终点 pH 越好。终点时，指示剂由酸式色变为碱式色。

在滴定分析中，正确地选择指示剂是十分重要的。指示剂的选择主要以滴定的化学计量点 pH 位置和 pH 突跃范围为依据，凡是指示剂变色范围全部或部分覆盖滴定 pH 突跃范围内的指示剂，都可以用来指示滴定终点，尤其以指示剂的 pK_a 与化学计量点时的 pH 重合，指示剂变色最敏锐，是最佳的指示剂。对指示剂的具体选择，可参考表 9-3 和表 9-4，更直观选择也可参考图 9-4 进行选择。

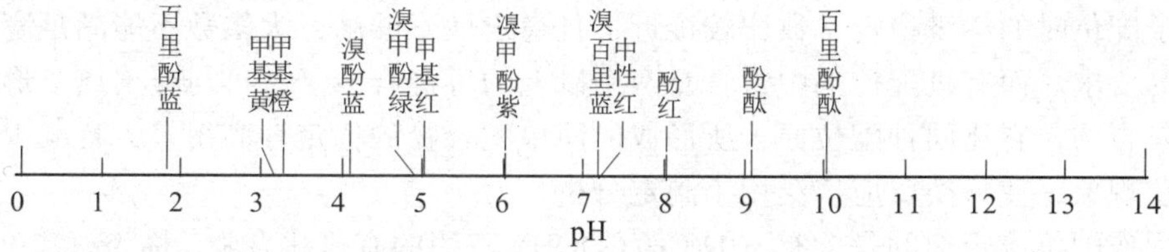

图 9-4　常用指示剂显色最佳位置在 pH 标尺上的排序

指示剂的变色范围越窄越好，这样在化学计量点时，微小 pH 的改变可使指示剂变色敏锐，酸碱滴定中选择的指示剂的 pK_{HIn} 值应尽可能接近化学计量点的 pH，以减小终点误差。各种指示剂的 pK_{HIn} 不同，其变色范围和变色特点也不同。

综上所述，指示剂选择方法如下：

（1）强碱滴定强酸，化学计量点时 pH = 7，pH 突跃在中性附近，选择指示剂在上述 pH 标尺排序的中部选择，如酚酞（滴至红色）、甲基红（滴至橙色）、甲基橙（滴至黄色）指示剂均可。

（2）强碱滴定弱酸，化学计量点时 pH>7，pH 突跃在碱性范围，选择指示剂在上述 pH 标尺排序的右边选择，即在碱性区间显色的指示剂，如酚酞、百里酚蓝等，而甲基橙和甲基红则不适用。

（3）强酸滴定弱碱，化学计量点时 pH<7，pH 突跃在酸性范围，选择指示剂在上述 pH 标尺排序的左边选择，即在酸性区间显色的指示剂，如甲基红、溴甲酚紫、溴甲酚蓝和甲基橙等指示剂。

当以指示剂确定终点时，人的肉眼对指示剂变色的判断至少有 ± 0.2 个 pH 单位内对颜色观察的不确定性，由此引起的误差称为终点观察误差。为使滴定终点与化学计量点只相差 ± 0.2 个 pH 单位（即突跃范围至少有 0.4 个 pH 单位），应满足 $cK_a \geqslant 10^{-8}$ 这一限制条件，它是判断某一元弱酸能否被强碱直接准确滴定的判据。这个判据是在规定终点观察不确定性为 ± 0.2 个 pH 单位，允许终点观察误差为 ± 0.1%的前提下确定的。显然，某一元弱碱能否被强碱直接准确滴定的判据是 $cK_b \geqslant 10^{-8}$ 。

对于某些不能直接准确滴定的极弱酸（碱），可以采用如下方法进行滴定：利用某些化学反应使弱酸强化；利用沉淀反应使某些弱酸强化；使弱酸（碱）转变为共轭碱（酸）。

常见多元酸多数是弱酸，在水溶液中分步解离，滴定中需要解决的问题是有几个 H^+ 可被准确滴定，能否分步滴定以及如何选择指示剂。篇幅所限就不介绍了。

显色剂的显色 pH 范围在 $pK_{HIn} \pm 1$，最灵敏显色点在 $pH = pK_{HIn}$ 位置处。

在滴定操作过程中，能够观察到滴定终点时的指示剂颜色变化时的混合色，是提高滴定准确度的关键，所以在滴定终点前需要放慢滴定速度，以便控制和观察指示剂混合色的出现，然后再过量 1 ~ 2 滴的滴定溶液，即可观察到准确的滴定终点颜色。

9.3 配位滴定法

配位滴定法是以配位反应为基础的滴定分析方法。配位反应具有很大的普遍性,金属离子在水溶液中大多数是以不同形式的配离子存在的。无机配位剂分子中仅含一个可键合原子，与金属离子配位时的逐级稳定常数比较接近，且稳定性不够高，大多数不能满足滴定分析对化学反应的要求。而有机配位剂中常含有两个以上的可键合原子，可与金属离子形成具有环状结构的螯合物，它比同种配位原子所形成的简单配合物的稳定性高得多，且减少甚至消除了分级配位现象，使这类反应广泛用于滴定分析。

广泛用作配位滴定剂的是含有 $—N(CH_2COOH)_2$ 基团的有机化合物，称为氨羧配合剂。其分子中含有氨氮和羧羟基氧配位原子，几乎能与大多数金属离子配位。目前已研究的氨羧配合剂有几十种，应用最广泛的是乙二胺四乙酸（ethylene diamine tetraacetic acid，EDTA）。本节就讨论以 EDTA 为滴定剂的配位滴定法。

9.3.1 氨羧配位剂及其配合物

1. 乙二胺四乙酸（EDTA）

乙二胺四乙酸（EDTA）是一种四元酸，常用 H_4Y 表示。在水溶液中，它的两个羧酸上的氢转移到氮原子上形成双偶极离子，两个羧酸根可再接受质子，形成 H_6Y^{2+}，其变化过程如下：

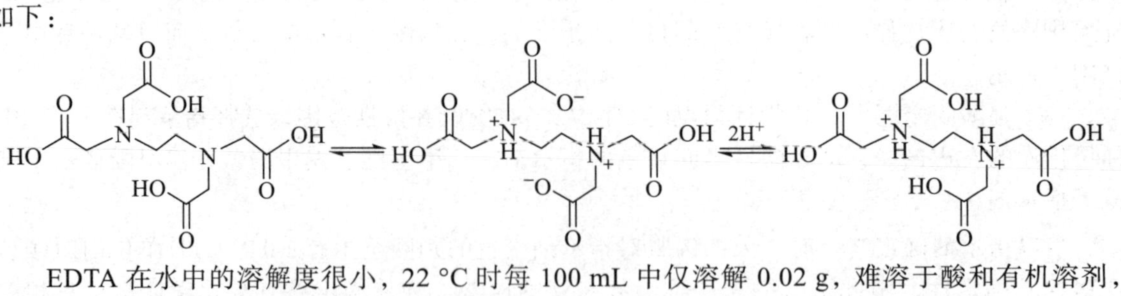

EDTA 在水中的溶解度很小，22 °C 时每 100 mL 中仅溶解 0.02 g，难溶于酸和有机溶剂，易溶于 NaOH 或 NH_3 溶液中形成相应的盐。在配位滴定中，使用的是它的二钠盐，也简称 EDTA，用 $Na_2H_2Y \cdot 2H_2O$ 表示，22 °C 时每 100 mL 水中可溶解 11.1 g（约 0.3 mol·L^{-1}）。其

0.01 mol·L^{-1}的水溶液 pH 约为 4.8。

EDTA 的 H_6Y^{2+} 形式相当于六元酸，所以它在水溶液中有六级解离常数：

$$K_{a,1}=10^{-0.9}，K_{a,2}=10^{-1.6}，K_{a,3}=10^{-2.07}，K_{a,4}=10^{-2.75}，K_{a,5}=10^{-6.24}，K_{a,6}=10^{-10.34}$$

在水溶液中，EDTA 总是以 H_6Y^{2+}，H_5Y^+，H_4Y，H_3Y^-，H_2Y^{2-}，HY^{3-} 和 Y^{4-} 七种物质同时存在。当溶液 pH 不同时，各物种的分布系数 δ 也不同，其关系如图 9-5 所示。

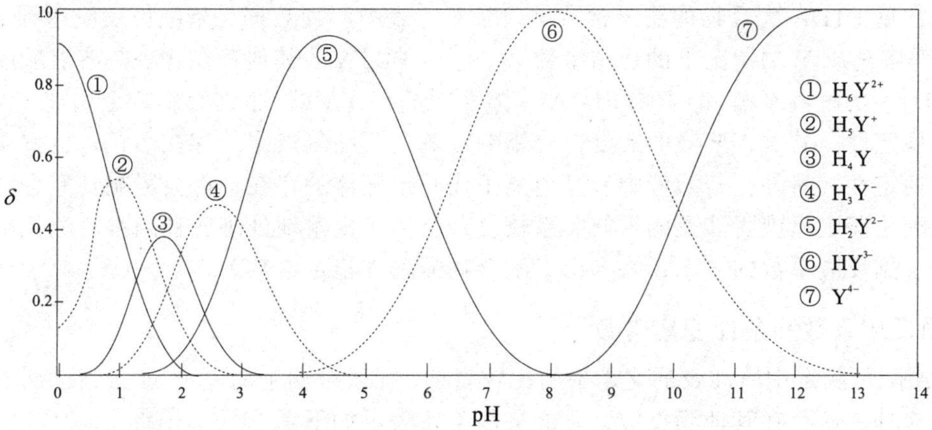

图 9-5　EDTA 各物种的分布图

在 EDTA 与金属离子形成配合物时，如需要它的某种离子型体来形成配合物，则需要控制溶液适当的 pH，所以，ETDA 各物种随 pH 的变化分布图具有指导意义。

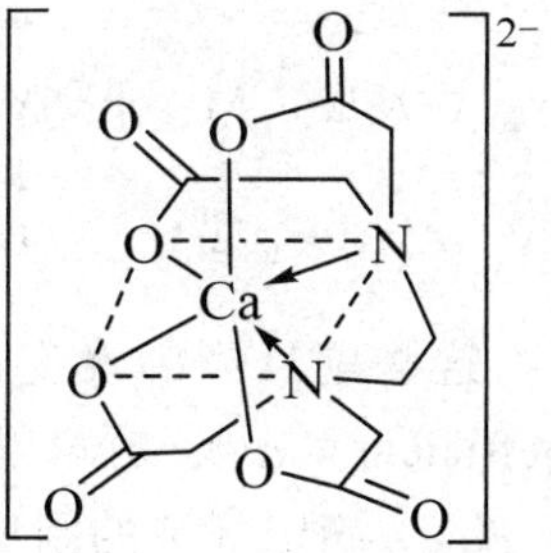

EDTA 分子中有 2 个氨氮原子和 4 个羧羟基氧原子，即具有 6 个配位能力很强的配位原子可与金属离子键合，因此在 EDTA 配合物中能形成多个五元环螯合物，且稳定性都很高，CaY^{2-} 螯合物的立体结构如右所示。

2. EDTA 金属配合物的特性

EDTA 配合物的特点：

（1）配合物的配位比大多为 1∶1；

（2）配合物的水溶性好；

（3）配合物的颜色与金属离子颜色相关。无色金属离子的 EDTA 配合物无色，有色金属离子的 EDTA 配合物颜色加深。例如：

无色配合物有：ZnY^{2-}、CaY^{2-}、MgY^{2-} 和 AlY^- 等；

颜色加深配合物有：CuY^{2-} 深蓝、NiY^{2-} 蓝色、MnY^{2-} 紫红和 FeY^- 亮黄等。

9.3.2　EDTA 配合物的配位平衡

1. 配合物的稳定常数

EDTA 与金属离子一般形成 1∶1 的配合物（为简便省去离子电荷数），其配位反应及稳定常数（stability constant，$K_{稳}$）表达如下：

$$M+Y \rightleftharpoons MY \qquad K_{稳}=\frac{[MY]}{[M][Y]}$$

$K_{稳}$值越大，配合物越稳定，其倒数即为配合物的不稳定常数（instability constant，$K_{不稳}$）：

$$K_{稳}=\frac{1}{K_{不稳}} \qquad 或 \qquad \lg K_{稳}=pK_{不稳}$$

一些常见 ETDA 配合物的稳定常数见附录五。表中所列数据是指配位反应达到平衡时，EDTA 全部解离成 Y 的情况下的稳定常数，未考虑 EDTA 的其他存在物种。溶液酸度的改变会影响 EDTA 的解离平衡，即影响 EDTA 在溶液中的存在形式，也即会影响金属离子与 EDTA 配合物的稳定性。其次，溶液的酸度也会影响金属离子在溶液中的存在形式，也就会影响到配合物的稳定性。另外，若溶液中有其他离子或其他配体的存在，都会影响到配合物的稳定性。因此配位滴定反应所涉及的平衡关系较复杂，为了定量地处理各种因素对配位平衡的影响，引入了副反应系数的概念，并导出了配合物的条件稳定常数。

2. 副反应系数和条件稳定常数

EDTA 配位滴定中所涉及的化学平衡比较复杂。除了被测金属离子 M 与滴定剂 EDTA 之间的主反应外，还存在其他副反应，总的平衡关系表示如下：

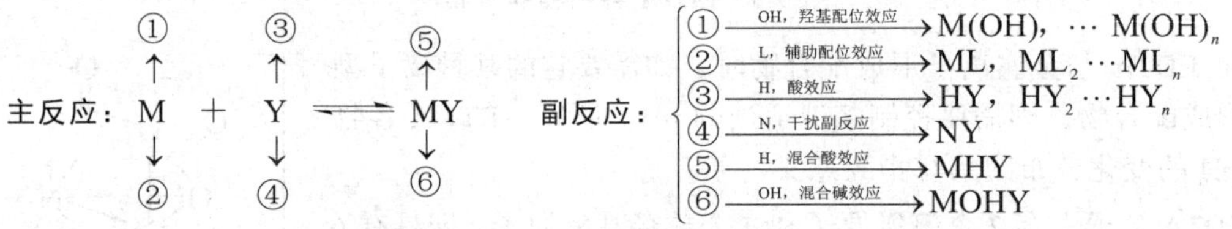

这些副反应的发生都将会影响到主反应进行的程度。引入副反应系数（side reaction coefficient，α），就可以定量地表示副反应进行的程度。讨论如下：

（1）滴定剂 Y 的副反应系数 α_Y

定义为$\alpha_Y=[Y']/[Y]$，它表示未与 M 配位的滴定剂的各物种的总浓度$[Y']$是游离滴定剂平衡浓度$[Y]$的多少倍。α_Y值越大，表示滴定剂发生的副反应越严重。当$[Y']=[Y]$时，$\alpha_Y=1$，表示滴定剂未发生副反应。通常情况下，副反应总是存在的，所以$[Y']>[Y]$，α_Y总是大于 1，滴定剂 Y 与溶液中H^+和其他干扰的金属离子 N 发生副反应，分别用$\alpha_{Y(H)}$和$\alpha_{Y(N)}$表示。

滴定剂 Y 是碱，易接受质子形成其共轭酸（相当于氢配合物）的副反应，使 EDTA 与 M 离子配位能力下降，这种现象称为**酸效应**。它的大小程度用**酸效应系数**表示：

$$\begin{aligned}\alpha_{Y(H)}&=\frac{[Y']}{[Y]}=\frac{[Y]+[HY]+[H_2Y]+[H_3Y]+[H_4Y]+[H_5Y]+[H_6Y]}{[Y]}\\&=1+\frac{[H^+]}{K_{a,6}}+\frac{[H^+]^2}{K_{a,6}K_{a,5}}+\frac{[H^+]^3}{K_{a,6}\cdots K_{a,4}}+\frac{[H^+]^4}{K_{a,6}\cdots K_{a,3}}+\frac{[H^+]^5}{K_{a,6}\cdots K_{a,2}}+\frac{[H^+]^6}{K_{a,6}\cdots K_{a,1}} \qquad (9\text{-}1)\\&=1+\beta_1^H[H^+]+\beta_2^H[H^+]^2+\beta_3^H[H^+]^3+\beta_4^H[H^+]^4+\beta_5^H[H^+]^5+\beta_6^H[H^+]^6\end{aligned}$$

式中，β_n^H为 Y 的累积质子化常数，即

$$Y+nH \longrightarrow H_nY \qquad \beta_n^H=\frac{[H_nY]}{[Y]\cdot[H^+]}$$

从式（9-1）可知 $\alpha_{Y(H)}$ 是$[H^+]$的函数，若溶液中仅有 H^+ 与 Y 发生副反应，则 $\alpha_Y = \alpha_{Y(H)}$，酸度越大 $\alpha_{Y(H)}$ 值越大，酸效应越严重。

例 9-1　计算 $0.01\ mol \cdot L^{-1}$ EDTA 溶液于 pH = 5.0 时的酸效应系数 $\alpha_{Y(H)}$ 和[Y]。EDTA 的六级经验解离常数 $K_{a,n}$ 分别为 $10^{-0.9}$，$10^{-1.6}$，$10^{-2.07}$，$10^{-2.75}$，$10^{-6.24}$ 和 $10^{-10.34}$，六级质子化常数 β_n^H 分别为 $10^{10.34}$，$10^{16.58}$，$10^{19.33}$，$10^{21.40}$，$10^{23.0}$ 和 $10^{23.9}$。

解　依据式（9-1），在 pH = 5.0 时，有

$$\begin{aligned}\alpha_{Y(H)} &= 1+\beta_1^H[H^+]+\beta_2^H[H^+]^2+\beta_3^H[H^+]^3+\beta_4^H[H^+]^4+\beta_5^H[H^+]^5+\beta_6^H[H^+]^6 \\ &= 1+10^{10.34-5}+10^{16.58-10}+10^{19.33-15}+10^{21.40-20}+10^{23.0-25}+10^{23.9-30} \\ &= 1+10^{5.35}+10^{6.58}+10^{4.33}+10^{1.40}+10^{-2.0}+10^{-6.1} \approx 10^{6.58+0.02} = 10^{6.60}\end{aligned}$$

$$[Y] = \frac{[Y']}{\alpha_{Y(H)}} = \frac{0.01 mol \cdot L^{-1}}{10^{6.60}} = 2.5 \times 10^{-9} mol \cdot L^{-1}$$

注：计算 $\alpha_{Y(H)}$ 时式中虽然包含许多项，但在一定 pH 条件下只有少数几项是主要的，其他项均可略去。

配位滴定中 $\alpha_{Y(H)}$ 是常用的重要数值。为应用方便，常将不同 pH 时的 $\lg\alpha_{Y(H)}$ 值计算出来列成表（附录六）。由表可见，溶液酸度对 EDTA 的 $\lg\alpha_{Y(H)}$ 值影响极大。pH = 1.0 时，$\lg\alpha_{Y(H)} = 18.3$，此时 EDTA 与 H^+ 的副反应很严重，溶液中[Y]仅是 EDTA 总浓度[Y′]的 $1/10^{18.3}$。$\alpha_{Y(H)}$ 随溶液酸度的降低而减小。仅当 pH≥12 时，$\alpha_{Y(H)} \approx 1$，此时可认为 Y 不与 H^+ 发生副反应。

Y 与溶液中存在的其他金属离子 N 的副反应系数 $\alpha_{Y(N)}$，在后面混合离子的滴定中讨论。

（2）金属离子的副反应系数 α_M

定义为 $\alpha_M = [M']/[M]$，它表示未与滴定剂 Y 配位的金属离子的各种物种总浓度[M′]是游离金属离子浓度[M]的多少倍。α_M 值越大，副反应越严重。在 pH 较大的溶液中，由于某些金属离子的水解导致形成羟基配合物 $M(OH)_n$，或为消除干扰而加入的掩蔽剂（大多数也是配位剂）也可能与待测金属离子形成 ML_n，由此导致的副反应分别用副反应系数 $\alpha_{M(OH)}$ 和 $\alpha_{M(L)}$ 表示。

当仅考虑 M 与配位剂 L 的副反应，副反应系数表示为 $\alpha_{M(L)}$，则有

$$\begin{aligned}[M'] &= [M]+[ML]+[ML_2]+\cdots+[ML_n] \\ &= [M]+\beta_1[M][L]+\beta_2[M][L]^2+\cdots+\beta_n[M][L]^n \\ &= [M]\{1+\beta_1[L]+\beta_2[L]^2+\cdots+\beta_n[L]^n\}\end{aligned}$$

$$\begin{aligned}\alpha_{M(L)} &= \frac{[M']}{[M]} = \frac{[M]\{1+\beta_1[L]+\beta_2[L]^2+\cdots+\beta_n[L]^n\}}{[M]} \\ &= 1+\beta_1[L]+\beta_2[L]^2+\cdots+\beta_n[L]^n\end{aligned} \qquad (9\text{-}2)$$

式中，$\alpha_{M(L)}$ 是游离 L 浓度的函数，如果 L 也有酸效应，则溶液的 pH 还会影响[L]值，因此，当溶液的 pH 改变时，$\alpha_{M(L)}$ 值也会改变。

某些金属离子羟基配合物的稳定常数和不同 pH 时 $\lg\alpha_{M(OH)}$ 的计算值列于附录七、八。

实际情况往往是金属离子 M 同时发生多种副反应，因此有

$$\alpha_M \approx \alpha_{M(OH)}+\alpha_{M(L_1)}+\alpha_{M(L_2)}+\cdots+\alpha_{M(L_n)}$$

例 9-2 已知$Zn(NH_3)_4^{2+}$的$\lg\beta_1 \sim \lg\beta_4$分别为 2.27，4.61，7.01,和 9.06。计算 pH = 10.0，$[NH_3] = 0.1\ mol\cdot L^{-1}$时的$\lg\alpha_{Zn}$。

解 依据式（9-2），则有

$$\begin{aligned}\alpha_{Zn(NH_3)} &= 1+\beta_1[NH_3]+\beta_2[NH_3]^2+\beta_3[NH_3]^3+\beta_4[NH_3]^4 \\ &= 1+10^{2.27-1.0}+10^{4.61-2.0}+10^{7.01-3.0}+10^{9.06-4.0} \\ &= 10^{5.06+0.04} = 10^{5.10}\end{aligned}$$

查附录七，pH = 10.0 时，$\lg\alpha_{Zn(OH)} = 2.4$，则$\alpha_{Zn} \approx \alpha_{Zn(OH)} + \alpha_{Zn(NH_3)} = 10^{2.40}+10^{5.10} \approx 10^{5.10}$，$\lg\alpha_{Zn} = 5.10$

需要注意的是，式（9-2）中[L]是指配位剂 L 的平衡浓度，即游离的 L 浓度。配位剂 L 大多是碱，易与H^+结合，使 L 浓度及溶液 pH 改变，可将 L 与H^+的反应看成是副反应，表示为$\alpha_{L(H)}$：

$$\begin{aligned}\alpha_{L(H)} &= \frac{[L']}{[L]} = \frac{[L]+[HL]+[H_2L]+\cdots+[H_nL]}{[M]} \\ &= 1+\beta_1^H[H^+]+\beta_2^H[H^+]^2+\cdots+\beta_n^H[H^+]^n\end{aligned} \qquad (9\text{-}3)$$

在配位滴定中，当 M 与 Y 的主反应进行得比较完全时，可不考虑 M 与 L 的副反应，[L′]即为配位剂 L 的总浓度（或分析浓度），由式（9-3）可计算出：$[L] = [L']/\alpha_{L(H)}$。

例 9-3 计算 pH = 9.0，$[NH_3] = 0.1\ mol\cdot L^{-1}$时的$\lg\alpha_{Zn(NH_3)}$。已知$NH_4^+$的$\lg K_{NH_4^+}^H = 9.4$。

解 由式（9-3）可得：$\alpha_{NH_3(H)} = 1+[H^+]K_{NH_4^+} = 1+10^{-9}\times10^{9.4} = 1+10^{0.4} = 10^{0.5}$

由式（9-2）可计算出：$\alpha_{Zn(NH_3)} = 10^{3.2}$，$\lg\alpha_{Zn(NH_3)} = 3.2$。

（3）配合物 MY 的副反应系数 α_{MY}

在酸度较高的情况下，MY 会与H^+发生副反应，形成酸式配合物 MHY，其稳定常数和副反应系数表达式如下：

$$MY + H \rightleftharpoons MHY$$

$$K_{MHY}^H = \frac{[MHY]}{[MY][H]} \qquad \alpha_{MY(H)} = \frac{[MY][MHY]}{[MY]} = 1+[H^+]\cdot K_{MHY}^H$$

碱度较高时，会有碱式配合物 MOHY 形成，副反应系数$\alpha_{MY(OH)} = 1+[OH^-]\cdot K_{MOHY}^{OH}$。

一般地，酸式配合物和碱式配合物大多不太稳定，计算时可忽略不计。

（4）配合物的条件稳定常数

在配位滴定中，由于各种副反应的存在，配合物 MY 的K_{MY}值的大小就不能真实反映主反应进行的程度。因为此时未参与主反应的金属离子不仅有 M，还有 ML，ML_2，…，M(OH)，…，应当用这些物种的浓度总和[M′]表示。同时未参与主反应的滴定剂也应当用[Y′]表示。而所形成的配合物应当用总浓度［MY′］表示。且

$$[M'] = \alpha_M\cdot[M]，\ [Y'] = \alpha_Y\cdot[Y]，\ [MY'] = \alpha_{MY}\cdot[MY]$$

因此配合物 MY 的稳定性表示为

$$K'_{MY} = \frac{[MY']}{[M'][Y']} = \frac{\alpha_{MY}[MY]}{\alpha_M[M]\cdot\alpha_Y[Y]} = \frac{\alpha_{MY}}{\alpha_M\cdot\alpha_Y}K_{MY}$$

在一定条件下，α_M、α_Y 和 α_{MY} 均为定值，故 K'_{MY} 在一定条件下也是常数，因此称之为条件稳定常数（conditional stability constant）。上式可用对数形式表示，即

$$\lg K'_{MY} = \lg K_{MY} - \lg\alpha_M - \lg\alpha_Y + \lg\alpha_{MY} \tag{9-4}$$

条件稳定常数是用副反应系数校正后的配合物 MY 的实际稳定常数，只有反应物和生成物均不发生副反应时，K'_{MY} 才等于 K_{MY}。多数情况下，形成的 MHY 和 MOHY 可忽略，则式（9-4）可简化为

$$\lg K'_{MY} = \lg K_{MY} - \lg\alpha_M - \lg\alpha_Y \tag{9-5}$$

这是常用于计算 MY 条件稳定常数的公式。

例 9-4　计算 pH = 2.0 和 5.0 时的 $\lg K'_{ZnY}$ 值。已知 $\lg K_{ZnY}=16.5$。

解　根据式（9-5），有 $\lg K'_{ZnY} = \lg K_{ZnY} - \lg\alpha_{Zn(OH)} - \lg\alpha_{Y(H)}$，pH = 2.0 时，查表 $\lg\alpha_{Y(H)} = 13.8$，$\lg\alpha_{Zn(OH)} = 0$，得

$$\lg K'_{ZnY} = 16.5 - 0 - 13.8 = 2.7$$

pH = 5.0 时，查表 $\lg\alpha_{Y(H)} = 6.6$，$\lg\alpha_{Zn(OH)} = 0$，得

$$\lg K'_{ZnY} = 16.5 - 0 - 6.6 = 9.9$$

由上例计算可见，$\lg K_{ZnY}$ 值虽然很高，但若在 pH 2.0 时滴定，由于 Y 与 H^+ 的副反应严重，使 ZnY 的实际稳定性降低很多。而在 pH 5.0 时滴定，由于 EDTA 的酸效应减小，使 ZnY 较稳定，表明在该 pH 条件下，Zn^{2+} 与 Y 的配位反应进行得较完全。

酸度降低使 $\lg\alpha_{Y(H)}$ 减小，有利于配合物的形成；酸度过低又会使 $\lg\alpha_{M(OH)}$ 增大，不利于主反应。所以，酸度的控制要综合考虑。

9.3.3　配位滴定的基本原理

配位滴定最基本的要求：配位反应必须是定量（符合化学计量关系）、完全的反应，且有指示终点的适宜方法。所以，要求生成的配合物的条件稳定常数 K'_{MY} 足够大，因此必须了解滴定反应对 K'_{MY} 的要求，以便确定滴定的实验条件。

1. 配位滴定曲线

在配位滴定中，随着滴定剂 EDTA 的加入，溶液中被滴定的金属离子浓度不断减小，剩余未被滴定的金属离子的量可表征为 $pM = -\lg[M]$。在化学计量点附近，pM 将急剧变化。以加入 EDTA 的体积量为横坐标、pM 值为纵坐标作图，可得到 pM-EDTA 滴定曲线。通常仅通过计算化学计量点（stoichiometric point）时的 pM 值来作为选择指示剂的依据。

依据条件稳定常数式，化学计量点时 $[M'] = [Y']$，若该配合物 MY 较稳定，则有 $c(MY') = c(M) - c(M') \approx c(M)$，将两者代入条件稳定常数式，则有

$$[M']_{sp} = \sqrt{\frac{c[M]_{sp}}{K'_{MY}}} \qquad pM'_{(sp)} = \frac{1}{2}[\lg K + pc(M)_{sp}] \tag{9-6}$$

式中，$c(M)_{sp}$ 表示计量点时被滴定的金属离子分析浓度，$[M']_{sp}$ 表示计量点时金属离子未被滴定的总浓度。若滴定剂与被滴定金属离子的初始分析浓度相等，因为混合溶液体积增大 1 倍，

$c(M)_{sp}$ 即为金属离子初始浓度的一半。

例 9-5 用 0.02 $mol \cdot L^{-1}$ EDTA 滴定等浓度的 Zn^{2+}。若溶液 pH 为 9.0，$c(NH_3)$ 为 0.02 $mol \cdot L^{-1}$。计算滴定至化学计量点时，pZn′、pZn 值以及 pY′ 和 pY 值。

解 化学计量点时，体积增大 1 倍，pH = 9.0，氨浓度减半，即 $c(NH_3) = 0.01\ mol \cdot L^{-1}$。从例 9-3 得 $\lg\alpha_{Zn(NH_3)} = 3.2$，$\lg\alpha_{Y(H)}=1.4$，$\lg K'_{ZnY}=11.9$。令 $c(Zn)_{sp}=0.01\ mol \cdot L^{-1}$，按式（9-6）可得

$$pZn'_{(sp)} = \frac{1}{2}[\lg K'_{ZnY} + pc(Zn)_{sp}] = \frac{1}{2}(11.9+2.0) = 7.0$$

$$[Zn] = [Zn']/\alpha_{Zn},\quad pZn = pZn + \lg\alpha_{Zn} = 7.0+3.2 = 10.2$$

在化学计量点时，$pY' = pZn' = 7.0$，$pY = pY' + \lg\alpha_{Y(H)} = 7.0+1.4 = 8.4$

化学计量点时未与 EDTA 配位的 Zn^{2+} 总浓度 $[Zn'] = 10^{-7}\ mol \cdot L^{-1}$（$pZn'=7.0$），反应进行得完全，故与 Zn^{2+} 配位所消耗的 NH_3 可忽略，一般若能准确滴定，这种忽略应是合理的。

滴定突跃的大小是决定位滴定准确度的重要据，影响定突跃的主要因素是 MY 的条件稳定常数 K'_{MY} 和被测金属离子的浓度 $c(M)$。

在浓度一定的条件下，K'_{MY} 值越大，滴定突跃越大，当 $\lg K'_{MY} \leqslant 8$ 时，在化学计量点前后，由于 MY 的解离不能忽略，因此计算 [M′] 和 [Y′] 时，应考虑 MY 的解离所产生的金属离子 M 和 Y。当 $\lg K'_{MY} < 7$ 时，滴定突跃小于 0.3 个 pM 单位，如图 9-6 所示。而当金属离子浓度一定时，溶液 pH 不同会使 K'_{MY} 值改变，滴定突跃的大小就取决于溶液的 pH。降低溶液酸度，使 $\lg\alpha_{Y(H)}$ 值减小以增大 $\lg K'_{MY}$ 值，从而加大滴定突跃。

在条件稳定常数 K'_{MY} 一定的条件下，被测金属离子浓度 $c(M)$ 值越大，滴定突跃越大。如图 9-7 所示。当金属离子浓度 $\lg c(M)$ 和条件稳定常数 $\lg K'_{MY}$ 都改变时，滴定突跃的大小就取决于 $\lg[c(M) \cdot K'_{MY}]$ 值，该值越大，滴定突跃就越大，反应进行得越完全。

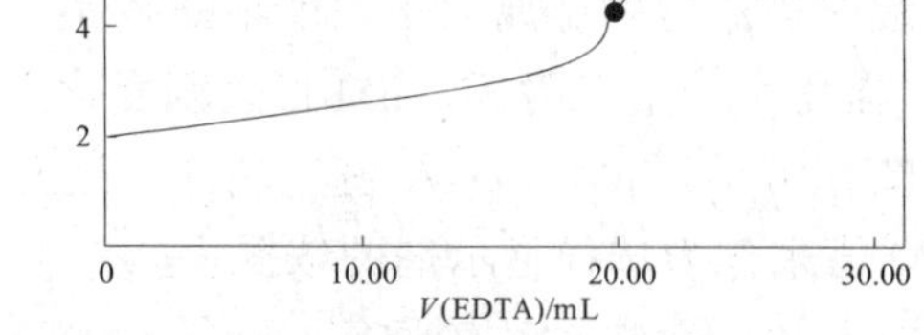

图 9-6 EDTA 滴定金属离子 M 的滴定曲线

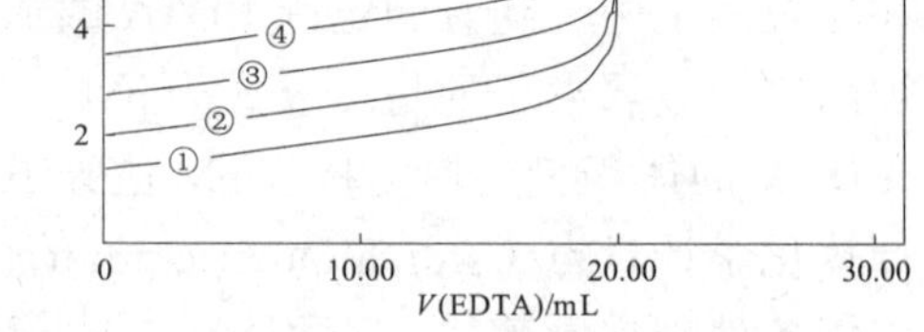

图 9-7 不同浓度的 EDTA 滴定曲线

2. 金属指示剂的显色原理

用于指示配位滴定终点的指示剂，一般是一些有机染料，具有酸碱性，它能与金属离子形成与染料本身颜色不同的配合物，故名金属离子指示剂（metal ion indicator），简称金属指示剂。

例如，常用指示剂铬黑 T（eriochrome black T，EBT），在溶液中随着 pH 的变化有如下平衡与颜色情况：

$$H_2In^-\text{(紫红，pH<6.3)} \xrightleftharpoons{pK_{a,3}=6.3} HIn^{2-}\text{(蓝，pH6.3～11.6)} \xrightleftharpoons{pK_{a,3}=11.6} In^{3-}\text{(橙，pH>11.6)}$$

指示剂与金属离子形成有色配合物，若略去所带电荷，其配合反应可简写为

$$M + In \rightleftharpoons MIn$$

$$K'_{MIn} = \frac{[MIn]}{[M][In]} = \frac{K_{MIn}}{\alpha_{In(H)}} \qquad pM + \lg\frac{c(MIn)}{c(In)} = \lg K_{MIn} - \lg\alpha_{In(H)}$$

式中，$\alpha_{In(H)}$ 为指示剂 In 的酸效应（$In \xrightarrow{H^+} HIn, H_2In, \cdots$）的副反应系数。

在转变点时，$[MIn]=[In]$，$pM=\lg K'_{MIn}$，此时溶液呈混合色。在指示剂中颜色转变点时的 pM 值，以 pM_t 表示，即 $pM_t=\lg K'_{MIn}-\lg\alpha_{In(H)}$。只要知道 K_{MIn} 值，并计算出在某 pH 时的 $\alpha_{In(H)}$，即可求得 pM_t 值。指示剂的变色范围约为 $\lg K'_{MIn}\pm1$。

在金属离子未发生副反应时，pM（终点）即 pM_t。若金属离子发生副反应，终点时未与 EDTA 配位的金属离子浓度 $[M']$ 是游离浓度 $[M]$ 的 α_M 倍，此时 $pM'(\text{终点})=pM_t-\lg\alpha_M$。

作为金属指示剂必须具备以下条件：

第一，金属指示剂与金属离子形成的配合物颜色应与指示剂本身的颜色有明显区别，终点颜色变化才明显。

第二，指示剂配合物的稳定性应低于 EDTA 配合物的稳定性，否则 EDTA 不能夺取 MIn 中的 M 而游离出指示剂，在终点时就观察不到溶液颜色的改变，这种现象称为**指示剂的封闭**（blocking of indicator）现象。

第三，指示剂与金属离子的反应要迅速、灵敏且有良好的变色可逆性。

一些常用金属指示剂的性质和应用条件，参阅表 9-5。

表 9-5　常用金属指示剂的性质及应用条件

指示剂	pH 范围	颜色变化		直接滴定离子	指示剂配制
		In	MIn		
铬黑 T	7-10	蓝	红	pH 10 Ca^{2+} / Mg^{2+} / Zn^{2+} / Cd^{2+} / Pb^{2+} / Mn^{2+} /稀土。Fe^{3+} / Al^{3+} / Cu^{2+} 有封闭作用	1/100 NaCl（固体）
二甲酚橙	<6	黄	红	pH<1 ZrO^{2+}；pH1-3 Bi^{2+} / Th^{4+} pH 5-6 Zn^{2+} / Cd^{2+} / Pb^{2+} / Hg^{2+} /稀土 Fe^{3+} / Al^{3+} 有封闭作用	0.5%水溶液(质量分数)
PAN	2-12	黄	红	pH 2～3 Bi^{2+} / Th^{4+}；pH 4～5 Cu^{2+} / Ni^{2+}	0.1%乙醇溶液(质量分数)
酸性铬蓝 K	8-13	蓝	红	pH 10 Mg^{2+} / Zn^{2+}；pH 13 Ca^{2+}	1/100NaCl（固体）
钙指示剂	10-13	蓝	红	pH 12～13 Ca^{2+}	1/100NaCl（固体）
磺基水杨酸		无色	紫红	pH 1.5～2.5 Fe^{3+}	2%水溶液(质量分数)

下面以 PAN 和铬黑 T 两个指示剂为例，来介绍金属指示剂的显色原理和终点判定过程。

PAN 指示剂　即 1-(2-吡啶偶氮)-2-萘酚，结构式如右所示。它的吡啶氮可再接受一个质子而成为二元弱酸，在水溶液中存在下列平衡：

$$H_2In^+(黄绿) \rightleftharpoons HIn(黄色) \rightleftharpoons In^-(淡红)$$

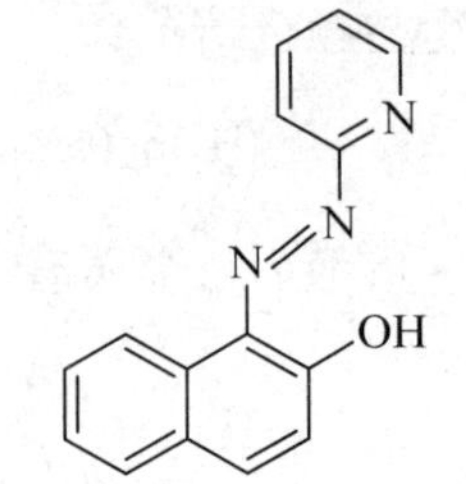

1-(2-吡啶偶氮)-2-萘酚

其 $pK_{a,1}=1.9$，$pK_{a,2}=12.2$。它与金属离子形成紫红色配合物，但它们的溶解度较小。在测定中，一般是以 Cu-PAN 为间接指示剂来测定多种金属离子的，它是一种 CuY 和 PAN 组成的混合液。将该溶液加入到含有被测金属离子 M 的试液中，就发生如下置换反应：

$$CuY(深蓝)+PAN(黄色)+M \rightleftharpoons Cu\text{-}PAN(紫红)+MY$$

滴定前加入指示剂，溶液显指示剂的混合色，当加入的 EDTA 和游离的 M 定量配位完成后，EDTA 将夺取 Cu-PAN 中的 Cu^{2+}，从而使 PAN 游离出来：

$$Cu\text{-}PAN(紫红)+Y \rightleftharpoons CuY(深蓝)+PAN(黄色)$$

此时溶液由紫红色转变为黄蓝混合色指示终点到达。因滴定前加入的 CuY 与最后生成的 CuY 是相等的，故加入的 CuY 不影响测定结果。

在几种离子的连续滴定中，若分别使用几种指示剂，往往会发生颜色干扰。而 Cu-PAN 可在很宽 pH 范围内（pH 1.9 ~ 12.2）使用，因此，采用 Cu-PAN 指示剂就可以在同一溶液中调节不同 pH 连续指示终点。

铬黑 T 指示剂　铬黑 T 为棕黑色粉末，溶于水，它在 pH = 10.0 的水溶液中为纯蓝色，能与 Mg^{2+} 形成酒红色配合物，两者结构式如下：

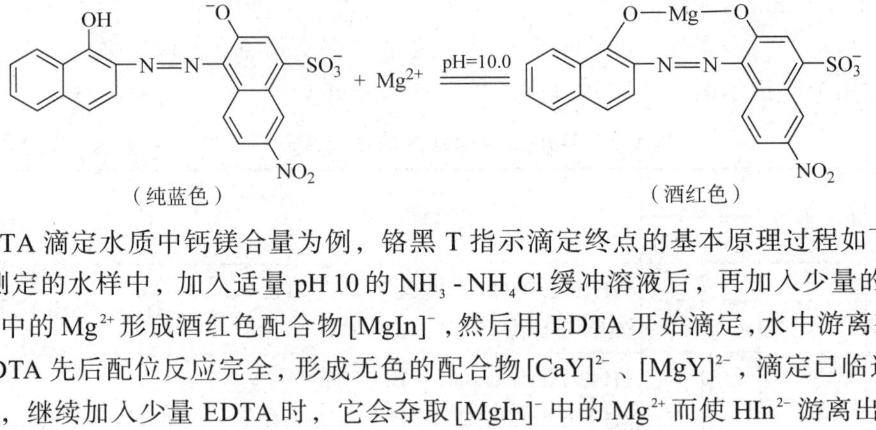

（纯蓝色）　　　　　　　　（酒红色）

以 EDTA 滴定水质中钙镁合量为例，铬黑 T 指示滴定终点的基本原理过程如下：

在被测定的水样中，加入适量 pH 10 的 NH_3 - NH_4Cl 缓冲溶液后，再加入少量的铬黑 T 指示剂，与水中的 Mg^{2+} 形成酒红色配合物 $[MgIn]^-$，然后用 EDTA 开始滴定，水中游离态的 Ca^{2+}、Mg^{2+} 被 EDTA 先后配位反应完全，形成无色的配合物 $[CaY]^{2-}$、$[MgY]^{2-}$，滴定已临近终点（化学计量点），继续加入少量 EDTA 时，它会夺取 $[MgIn]^-$ 中的 Mg^{2+} 而使 HIn^{2-} 游离出来，这时溶液中的酒红色消失，纯蓝色呈现，即为滴定终点。

为了便于理解，将上述原理过程的反应式与溶液颜色变化列于表 9-6 中。

表 9-6　EDTA 配位滴定钙镁的原理过程

滴定过程	反应式	反应量	溶液颜色
加少量铬黑T	$Mg^{2+}+HIn^{2-} \rightleftharpoons [MgIn]^-$(酒红) + H^+	微量	酒红色
化学计量点前	$Ca^{2+}+HY^{3-} \rightleftharpoons [CaY]^{2-}$(无色) + H^+ $Mg^{2+}+HY^{3-} \rightleftharpoons [MgY]^{2-}$(无色) + H^+	大量	酒红色
化学计量点时	$[MgIn]^-$(酒红)+$HY^{3-} \rightleftharpoons [MgY]^{2-}$(无色)+$HIn^{2-}$(蓝色)	微量	纯蓝色

3. 配位滴定中酸度的控制

配位滴定中对酸度的要求，既要满足 $\lg c(\mathrm{M})_{\mathrm{sp}} \cdot K'_{\mathrm{MY}} = 6.0$ 的条件，又要使金属离子不发生水解，还要符合终点时指示剂颜色变化时的条件，需要综合考虑。

不同金属离子的 EDTA 配合物的 $\lg K_{\mathrm{MY}}$ 值不同。而代表 MY 的实际稳定性的 K'_{MY} 又与溶液酸度有关。若 $c(\mathrm{M})_{\mathrm{sp}} = 10^{-2}\,\mathrm{mol \cdot L^{-1}}$，为满足 $\lg c(\mathrm{M})_{\mathrm{sp}} \cdot K'_{\mathrm{MY}} \geqslant 6$，则 $\lg K'_{\mathrm{MY}} \geqslant 8$。即

$$\lg K'_{\mathrm{MY}} = \lg K_{\mathrm{MY}} - \lg \alpha_{\mathrm{Y(H)}} \geqslant 8$$

则

$$\lg \alpha_{\mathrm{Y(H)}} \leqslant \lg K_{\mathrm{MY}} - 8 \tag{9-7}$$

由式（9-7）计算出 $\lg\alpha_{\mathrm{Y(H)}}$，再由 pH-$\lg\alpha_{\mathrm{Y(H)}}$ 表，得到的 pH 即为滴定该 M 离子的最高允许酸度或最低 pH。

以 pH-$\lg\alpha_{\mathrm{Y(H)}}$ 作图，所得曲线称**酸效应曲线**(acidic effective curve)，如图 9-8 所示。若以不同的 $\lg K_{\mathrm{MY}}$ 值对相应的 M 离子的最低 pH 作图，则在该图的横坐标上，将 $\lg\alpha_{\mathrm{Y(H)}}$ 值 + 8，就转变为 pH-$\lg K_{\mathrm{MY}}$ 曲线，此曲线仍称为酸效应曲线。从曲线上可直接查得 EDTA 滴定各金属离子的最高允许酸度。

曲线表明了 pH 对配合物形成的影响。对稳定性高的 MY，如 $\mathrm{BiY^-}$（$\lg K_{\mathrm{MY}} = 27.9$）可在高酸度 pH=0.7 的条件下滴定；而对稳定性差的 MY，如 $\mathrm{MgY^{2-}}$（$\lg K_{\mathrm{MY}} = 8.7$）则必须在弱碱性 pH=10 的条件下滴定。

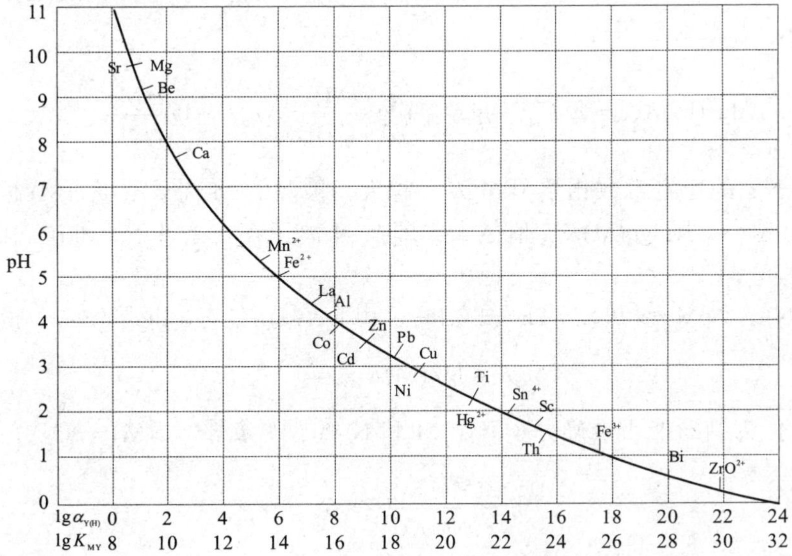

图 9-8　EDTA 酸效应曲线

金属离子被滴定的最佳酸度，可由 $\mathrm{M(OH)}_n$ 的溶度积求得，低了会引起金属离子水解。

EDTA 滴定时最佳酸度的选择还必须考虑使用的指示剂。不同的指示剂有其各自的酸度要求。因此直接滴定金属离子的 pH 范围应视具体情况而定。

EDTA 与金属离子的配合反应为 $\mathrm{M + H_2Y = MY + 2H}$，滴定过程中会不断地释放出 $\mathrm{H^+}$ 而使溶液酸度增高，$\lg\alpha_{\mathrm{Y(H)}}$ 增大，而 $\lg K'_{\mathrm{MY}}$ 值变小，影响了滴定反应的完全程度。因此，配位

滴定中需要加入缓冲溶液来控制溶液的酸度。在弱酸性（pH5~6）溶液中滴定，可选用HAc-NaAc缓冲体系或六亚甲基四胺缓冲液；在弱碱性（pH8~10）溶液中滴定，可选用NH_3-NH_4Cl缓冲体系。缓冲溶液的选择除考虑它所能缓冲的pH范围外，还要考虑它是否与金属离子发生副反应而影响滴定反应的完全程度。

9.3.4　混合离子的滴定

若溶液中含有与M共存离子N，它也能生成NY配合物，假设M不发生副反应，且无其他配体，溶液中的平衡关系及副反应系数分别为

$$\text{主反应：} M + \underset{\downarrow ②}{\overset{\uparrow ①}{Y}} \rightleftharpoons MY \qquad \text{副反应：}\begin{cases} ①Y + H \xrightarrow{\text{酸效应}} HY,\ HY_2 \cdots HY_n \\ ②Y + N \xrightarrow{\text{干扰反应}} NY \end{cases}$$

$$\alpha_Y = \alpha_{Y(H)} + \alpha_{Y(N)};\quad \alpha_{Y(N)} = \frac{[Y]+[NY]}{[Y]} = 1+[N]\cdot K_{MY}$$

若$K_{MY} > K_{NY}$，即用EDTA滴定时，M离子先被滴定，假设能准确滴定M离子。在MY的化学计量点时，[NY]应当很小，故$[N]=c(N)-[NY]=c(N)$，则$\alpha_{Y(N)}=1+c(N)K_{NY}$。因此$\alpha_{Y(N)}$仅取决于[N]和$K_{NY}$。当酸度不太低时，N不发生水解，$\alpha_Y \approx \alpha_{Y(H)}$，$K'_{MY}=K_{MY}/\alpha_{Y(H)}$，即仅考虑Y的酸效应，而N的影响可忽略。与单独滴定M的情况相同，K'_{MY}随溶液酸度减小而增大。当溶液酸度较低时，$\alpha_{Y(N)} \gg \alpha_{Y(H)}$，此时$\alpha_Y \approx \alpha_{Y(N)}$，$K'_{MY}=K_{MY}/\alpha_{Y(N)}=K_{MY}/c(N)K_{NY}$。将此式两边同乘以$c(M)$，并取对数得

$$\lg c(M)K'_{MY} = \lg K_{MY} - \lg K_{NY} + \lg\frac{c(M)}{c(N)} = \Delta\lg K + \lg\frac{c(M)}{c(N)} \qquad (9\text{-}8)$$

显然，当MY和NY的稳定常数相差（$\Delta\lg K$）越大，被测的M离子浓度$c(M)$越大，干扰离子N的浓度$c(N)$越小，则$\lg c(M)K'_{MY}$值越大，即在N离子存在条件下，准确滴定M离子的可能性越大。

当$c(M)=c(N)$，$\Delta pM=\pm 0.2$，$TE=\pm 0.1\%$，由$\lg c(M)K'_{MY}=6$和式（9-7）得

$$\Delta\lg K = \lg c(M)K'_{MY} = 6$$

故常以$\Delta\lg K \geqslant 6$作为判断能否准确分步滴定M和N离子的条件。$c(M)\neq c(N)$，则要求

$$\lg\frac{c(M)\cdot K_{MY}}{c(N)\cdot K_{NY}} \geqslant 6 \qquad (9\text{-}9)$$

如果$\Delta\lg c\cdot K \geqslant 6$的条件不能满足，N离子就会干扰M离子被准确滴定，则需改变滴定条件以消除N的干扰。

在混合离子的测定方法中，通常采用控制酸度或使用掩蔽剂法。

1. 用控制酸度的方法进行分步滴定

能满足式（9-8）的共存离子，就可采用控制酸度的方法。例如，含有浓度为0.01 mol·L^{-1}的Bi^{3+}、Pb^{2+}混合液，查表知$\lg K_{BiY}=27.9$，$\lg K_{PbY}=18.0$，故$\Delta\lg K=27.9-18.0=9.9>6$，因

此滴定 Bi^{3+} 时 Pb^{2+} 不干扰。从图 9-8 的酸效应曲线查得滴定 Bi^{3+} 的最小 pH 约为 0.7，但 pH＞1.5 时，Bi^{3+} 已水解析出沉淀，因此确定 pH=1.0 时滴定 Bi^{3+}，此时 Pb^{2+} 不被滴定。Pb^{2+} 可以在 pH 约为 6 时滴定。二甲酚橙指示剂与 Bi^{3+}、Pb^{2+} 生成红色配合物，它可以在 pH≈1 时指示 Bi^{3+} 的滴定终点，然后加入六亚甲基四胺缓冲液，调节 pH 5～6，继续滴定 Pb^{2+}。这就是利用控制溶液酸度在同一溶液中既分步又连续滴定 Bi^{3+} 和 Pb^{2+}。

在实际操作中，一般采用加入一定量的缓冲溶液来控制酸度。选择缓冲溶液的原则，一是缓冲溶液不影响配合物的稳定性，二是缓冲容量范围 pH 正好与欲控制 pH 一致。

2. 用隐蔽的方法进行分步滴定

当溶液中共存离子配合物 MY 和 NY 的 $\Delta \lg K$ 值很小，就不能采用控制酸度的方法进行分步滴定。而应采用掩蔽剂法，使干扰离子与掩蔽剂反应而使 $c(\mathrm{N})$ 大大降低，使 $\alpha_{Y(N)}$ 值减小，达到减小或消除 N 对 M 的干扰影响，使 $\lg c\cdot K'_{MY}$ 增大至满足选择滴定的要求。常用的掩蔽反应有配位掩蔽、氧化还原掩蔽和沉淀掩蔽。

（1）配位掩蔽法

配位掩蔽剂应能与干扰离子 N 形成稳定、易溶或色浅配合物，而它不与被测离子 M 配位。一些常用配位掩蔽剂见表 9-7。

表 9-7　常用的配位掩蔽剂

名称	使用 pH 范围	被掩蔽的离子
NH_4F	4～6；～10	Al^{3+}、Sn^{2+}、Zr^{4+}、Ti^{IV}、W^{VI}；Mg^{2+}、Ca^{2+}、Sr^{2+}、Ba^{2+}、稀土
KCN（剧毒）	>8	Co^{2+}、Ni^{2+}、Cu^{2+}、Zn^{2+}、Cd^{2+}、Hg^{2+}、Ag^{+}、Fe^{2+}
三乙醇胺	～10	Al^{3+}、Fe^{3+}、Sn^{4+}、Ti^{IV}（先加掩蔽剂再调 pH）
邻二氮菲	5～6	Zn^{2+}、Cu^{2+}、Co^{2+}、Ni^{2+}、Cd^{2+}、Hg^{2+}
酒石酸	1～2；6～8	Sn^{4+}、Mn^{2+}、Fe^{3+}；Fe^{3+}、Al^{3+}、Sn^{4+}、Ca^{2+}、Mg^{2+}

例 9-6　用 0.02 $\mathrm{mol\cdot L^{-1}}$ EDTA 滴定同浓度的 Zn^{2+}、Al^{3+} 混合液中的 Zn^{2+}，可加入 NH_4F 掩蔽 Al^{3+}，设终点时 $[F^-]=0.01\ \mathrm{mol\cdot L^{-1}}$，问在 pH=5.5 时，$Zn^{2+}$ 能否被准确滴定？

解　F^- 与 Al^{3+} 形成更稳定的配合物：$Al^{3+}+6F^- \Longleftrightarrow [AlF_6]^{3-}$，可查表它的六级 $\lg\beta$：6.1、11.2、15.0、17.7、19.4、19.7，已知 $[F^-]=10^{-2}\ \mathrm{mol\cdot L^{-1}}$，将这些参数代入其副反应系数公式，则有

$$\alpha_{Al(F)}=1+\beta_1[F^-]+\beta_2[F^-]^2+\cdots+\beta_6[F^-]^6=1+10^{4.1}+10^{7.2}+10^{9.0}+10^{9.7}+10^{9.4}+10^{7.7}=10^{9.9}$$

$$[Al]=\frac{[Al']}{\alpha_{Al(F)}}=\frac{0.01}{10^{9.9}}=10^{-11.9}\ （非常小），\ \alpha_{Y(Al)}=1+[Al]K_{AlY}=1+10^{-11.9}\times10^{16.1}=10^{4.2}$$

在 pH=5.5 时，$\alpha_{Y(H)}=5.5$，则

$$\alpha_Y=\alpha_{Y(H)}+\alpha_{Y(Al)}=10^{5.5}+10^{4.2}\approx10^{5.5},\quad \lg K'_{ZnY}=\lg K_{ZnY}-\lg\alpha_Y=16.5-5.5=11.0\quad(>8)$$

表明 F^- 对 Al^{3+} 的掩蔽效果很好，Zn^{2+} 能被准确滴定。

（2）氧化还原掩蔽法

在混合液中，加入一种氧化剂或还原剂，使它与干扰离子发生氧化还原反应，以改变干扰离子的氧化数，达到消除干扰的目的。常用的还原剂有抗坏血酸、羟胺、联胺和硫脲等。

例如，在含 Bi^{3+}、Fe^{3+} 混合液中，滴定 Bi^{3+} 时 Fe^{3+} 有干扰，因 $\lg K_{Fe^{III}Y}=25.1$，$\lg K_{BiY}=27.9$。可采用抗坏血酸或羟胺，将 Fe^{3+} 还原至 Fe^{2+} 来消除干扰，因为 $\lg K_{Fe^{II}Y}=14.3$，Fe^{2+} 与 Bi^{3+} 的 $\Delta\lg K=27.9-14.3=13.6(>6)$，说明还原后的 Fe^{2+} 不干扰 Bi^{3+} 的测定。

（3）沉淀掩蔽法

加沉淀剂与干扰离子生成沉淀，并在沉淀存在下直接进行滴定。

例如，在含 Ca^{2+}、Mg^{2+} 混合液中，加入 NaOH 使溶液 pH＞12，Mg^{2+} 形成 $Mg(OH)_2$ 沉淀，使用钙指示剂，就可用 EDTA 滴定 Ca^{2+}，而 Mg^{2+} 不再干扰。

常用的沉淀掩蔽剂有 NH_4F（pH≈10 时可掩蔽 Ca^{2+}、Mg^{2+}、Sr^{2+}、Ba^{2+} 和稀土元素等）、硫酸盐、硫化钠等。

由于一些沉淀反应不够完全，沉淀会吸附被测离子，有的沉淀颜色深、体积增大，会影响终点观察等，因此在实际中沉淀掩蔽法并不常用。

当在混合离子溶液中，加入一种配位剂以掩蔽干扰离子，对被测离子进行滴定后，可以用另一种试剂破坏掩蔽作用，使被掩蔽的离子释放出来，称为**解蔽**（demasking）。如欲测定溶液中 Pb^{2+}、Zn^{2+} 含量，可先在氨性溶液中加 KCN 使生成 $Zn(CN)_4^{2-}$ 以掩蔽 Zn^{2+}，在 pH 10 时，以铬黑 T 为指示剂，用 EDTA 滴定 Pb^{2+}，然后于溶液中加入解蔽剂甲醛，以破坏 $Zn(CN)_4^{2-}$，使 CN^- 转化为 $HOCH_2CN$（羟基乙腈），释放出的 Zn^{2+} 则可以用 EDTA 继续滴定。

$$Zn(CN)_4^{2-}+4HCHO+4H_2O = Zn^{2+}+4HOCH_2CN+4OH^-$$

9.3.5 EDTA 配位滴定的方式

1. 直接滴定法

若被测金属离子与 EDTA 的配位反应能满足滴定分析对化学反应的要求，就可用 EDTA 进行直接滴定。

例如，用 EDTA 测定水质中的钙镁合量。取一定体积水样，用 NH_3-NH_4Cl 缓冲液控制 pH10，加少量铬黑 T 指示剂，用 EDTA 标准液滴定，至溶液由酒红色变为纯蓝色为终点。

下述滴定方式的情况，就不能采用直接滴定法：若被测离子与 EDTA 反应速率慢，被测离子在滴定的 pH 条件下会水解，无适宜的指示剂，或对指示剂有封闭作用等。

2. 返滴定法

适用于被测离子与 EDTA 反应速率慢的情况。在一定条件下向试液中加入已知过量的 EDTA 标准溶液，然后用另一种金属离子的标准液滴定剩余的 EDTA，由两种标准溶液的浓度和用量求得被测物质的含量，这就是返滴定法。

例如，在地质样品分析中，EDTA 滴定 Fe^{3+}、Al^{3+} 是最常规测定项目，具体操作如下：

①粉碎制样　将地质矿样粉碎过 160 目筛，置于 105 °C 烘箱中烘干 2 小时以上。

②碱熔矿样　用电子天平称取样品 0.5 g 于银坩埚中，加 NaOH 5 ~ 8 g，置于 650 °C 高温炉熔融 60 min，取出冷却后，置于 250 mL 烧杯中，加入（1 + 1）HCl 溶液 100 mL 脱锅。

③除硅制液　将脱锅溶液置于电热板上蒸干溶液（烧杯底部残渣发白），取下再加入（1 + 1）HCl 溶液 50 mL，捣碎、搅拌残渣使之溶解，趁热加入 10%明胶（动物胶）20 mL，继续在电热板上 70 ~ 80 °C 保温 30 min 使硅胶凝聚，取下稍冷，然后过滤，用稀酸洗涤残渣（SiO_2），合并滤液于 250 mL 容量瓶中，加水稀释至刻度线，摇匀，即为待分析的样品溶液。

④先滴定铁　移取样品溶液 25 mL 于 250 mL 锥形瓶中，加入少量磺基水杨酸指示剂，用 $0.005\ mol\cdot L^{-1}$ EDAT 标准液滴定 Fe^{3+}，溶液由紫红色转为亮黄色即为终点。

⑤再滴定铝　在上述终点溶液中，加入一定量过量的 $0.02\ mol\cdot L^{-1}$ EDTA 标准液，煮沸 3 ~ 5 min，稍冷后调 $pH = 5.0$，加入少量二甲酚橙指示剂，再用锌标准液滴定，溶液由黄色变为紫红色即为终点。计算式：

$$w/\% = \frac{(cV)_{EDTA} - (cV)_{Zn^{2+}}}{m_s} \times 50.98 \times \frac{250}{25} \times 100$$

式中，$50.98 = M(Al_2O_3)/2$。

很显然，上述测铁为直接滴定法，测铝则为返滴定法。

3. 置换滴定法

有两种情况。一种情况是将被测离子和干扰离子先与 EDTA 都反应完全，然后加入另一配体夺取被测离子而释放出与被测离子相当量的 EDTA。例如，测定 Al^{3+}、Zn^{2+} 混合液中的 Al^{3+}，先加一定量过量的 EDTA，并加热使按上例方法使 Al^{3+}、Zn^{2+} 与 EDTA 反应完全，再用 Zn^{2+} 标准液滴定剩余的 EDTA。接着加入 NH_4F，把与 Al^{3+} 配合的 EDTA 置换出来，生成更稳定的 AlF_6^{3-}：

$$AlY^- + 6F^- + 2H^+ \Longrightarrow AlF_6^{3-} + H_2Y^{2-}$$

最后用 Zn^{2+} 标准液滴定被置换出来的 EDTA，即测得 Al^{3+} 的含量。

另一种情况是用被测离子 M 置换出另一配合物 NL 中的 N 离子，用 EDTA 滴定 N 离子以测定 M 离子含量。例如，Ag^+ 与 EDTA 的配合物稳定性不高（$\lg K_{AgY} = 7.3$），不能用 EDTA 直接滴定 Ag^+。若加过量的 $Ni(CN)_4^{2-}$ 于含 Ag^+ 试液中，将配合物中的 Ni^{2+} 置换出来：

$$2Ag^+ + Ni(CN)_4^{2-} \Longrightarrow 2Ag(CN)_2^- + Ni^{2+}$$

然后用 EDTA 标准溶液滴定置换出来的 Ni^{2+}，即可求得 Ag^+ 的含量。

4. 间接滴定法

有些金属离子（如 Li^+、Na^+、K^+ 等）与 EDTA 的配合物稳定性小，有些阴离子（如 SO_4^{2-}、PO_4^{3-} 等）不与 EDTA 反应，可以利用间接滴定法测定它们的含量。

例如，K^+ 可沉淀为 $K_2NaCo(NO_2)_6 \cdot 6H_2O$，将沉淀过滤溶解后，用 EDTA 滴定其中的 Co^{2+}，就可间接求出 K^+ 含量。又如 PO_4^{3-} 可沉淀为 $MgNH_4PO_4 \cdot 6H_2O$，将沉淀滤出，溶解于 HCl 中，调节 pH 后，用 EDTA 标准液滴定溶液中的 Mg^{2+}，即测得 PO_4^{3-} 含量。

9.3.6 EDTA 标准溶液的配制和标定

1. EDTA 标准溶液的配制

由于 EDTA 在水中的溶解度很小，所以配制 EDTA 标准液一般用溶解度更好的 EDTA 二钠盐来配制。其二钠盐 $Na_2H_2Y \cdot 2H_2O$，相对分子质量为 372.24。一般先配制浓度较高的母液，浓度为 0.01~0.05 $mol \cdot L^{-1}$，然后根据具体需要进行适当稀释。滴定高浓度金属离子时，采用浓度较高的标准溶液，如 0.02 $mol \cdot L^{-1}$，如果是稀溶液滴定，则采用较稀的标准溶液，如 0.005 $mol \cdot L^{-1}$。总之，采用与被测金属离子浓度尽量接近的标准溶液稀释液，可以减少测定误差，这是选择标准溶液浓度的一般原则。

2. EDTA 标准溶液的标定

配制好的 EDTA 标准液，需要用基准物进行标定。用于标定 EDTA 标准浓度的基准物质有纯金属（Zn、Cu），纯氧化物（ZnO），盐（$CaCO_3$、$MgSO_4 \cdot 7H_2O$）等，标定时需将基准物制备成相应的金属离子盐溶液。EDTA 溶液标准液，一般用玻璃瓶保存备用。

在 EDTA 滴定分析实践中，对标准溶液的标定，一般采用与被测金属离子相同的标准溶液来标定 EDTA 标准溶液，这样可以减少系统误差。例如，测定样品中 Fe^{3+} 含量，就用 Fe^{3+} 标准溶液来标定 EDTA；测定样品中的 Ca^{2+} 含量，就用 Ca^{2+} 标准溶液来标定 EDTA 标准溶液。选择的标准溶液离子浓度与被测离子浓度尽量接近一致，这样它们的显色终点颜色的浓淡才会一致，以减少颜色观察带来的终点判断误差，如果一个离子浓度高，一个离子浓度低，它们的终点颜色因为深浅不一而无法准确比较，影响终点颜色判断的一致性。

9.4 氧化还原滴定法

9.4.1 概 述

氧化还原滴定法是以氧化还原反应为基础的滴定分析方法，能直接或间接测定很多无机物和有机物，应用范围广。经典的氧化还原反应是基于电子转移的反应，反应机理比较复杂，有些反应虽可进行得完全，但反应速率却很慢；有时由于副反应的发生使反应物间没有确定的计量关系等。因此，在氧化还原滴定中，只有控制适当的反应条件，才能加快反应速率，防止副反应的发生，以保证测定结果的准确性。

对于氧化还原电对，在 298 K 下，其电极电势可用能斯特方程式来表达：

$$\text{Ox(氧化态)} + ze \;=\!=\!=\; \text{Red(还原态)}$$

$$\varphi = \varphi^{\ominus} + \frac{0.0592}{z}\lg\frac{a(\text{Ox})}{a(\text{Red})} \qquad (9\text{-}10)$$

该方程式表达了电极电势与氧化态和还原态的活度之间的关系。实际上我们只知道氧化剂和还原剂的浓度值，并不知道其活度值。当溶液中离子强度较大时用浓度代替活度会引起较大的计算误差。此外，当氧化态或还原态与溶液中其他组分发生副反应，如酸度的影响、沉淀与配合物的形成等，都会使电极电势发生变化。

若以浓度代替活度，应该引入相应的活度系数，考虑到副反应的发生，还必须引入相应

的副反应系数，综合这些因素，则有

$$a(\text{Ox})=[\text{Ox}]\cdot\gamma_{\text{Ox}}=\frac{c(\text{Ox})\cdot\gamma_{\text{Ox}}}{\alpha_{\text{Ox}}}\text{；}\quad a(\text{Red})=[\text{Red}]\cdot\gamma_{\text{Red}}=\frac{c(\text{Red})\cdot\gamma_{\text{Red}}}{\alpha_{\text{Red}}}$$

将上述两式代入式（9-10），得

$$\varphi=\varphi^{\ominus}+\frac{0.0592}{z}\lg\frac{\gamma_{\text{Ox}}\alpha_{\text{Red}}}{\gamma_{\text{Red}}\alpha_{\text{Ox}}}+\frac{0.0592}{z}\lg\frac{c(\text{Ox})}{c(\text{Red})}$$

当 $c(\text{Ox})=c(\text{Red})=1\,\text{mol}\cdot\text{L}^{-1}$ 时，得

$$\varphi^{\ominus'}=\varphi^{\ominus}+\frac{0.0592}{z}\lg\frac{\gamma_{\text{Ox}}\alpha_{\text{Red}}}{\gamma_{\text{Red}}\alpha_{\text{Ox}}}\tag{9-11}$$

$\varphi^{\ominus'}$ 表示在一定介质和温度 298 K 条件下，氧化态和还原态的分析浓度都为 $1\,\text{mol}\cdot\text{L}^{-1}$ 时的实际电极电势，称为**条件电极电势**或**条件电位**（conditional potential）。它反映了离子强度与各种副反应影响的综合结果，用它来处理问题，比较符合实际情况。一些氧化还原电对的 $\varphi^{\ominus'}$ 列于附录九中。若没有相同条件的 $\varphi^{\ominus'}$ 值，可采用条件相近的 $\varphi^{\ominus'}$ 值或标准电极电势。

引入条件标准电极电势后，能斯特方程表示为

$$\varphi=\varphi^{\ominus'}+\frac{0.0592}{z}\lg\frac{c(\text{Ox})}{c(\text{Red})}\tag{9-12}$$

9.4.2　氧化还原滴定法原理

1. 氧化还原滴定曲线

在氧化还原滴定过程中，被测试液的特征变化是电极电势的变化，滴定曲线就是以电极电势为纵坐标，以滴定剂体积为横坐标绘制而成的。电极电势可以用实验方法测得，也可用能斯特方程计算得到，但后一种方法只有当两个半反应都是可逆时，所得曲线才与实际测得结果一致。

在理论上，对于对称的氧化还原反应，其反应通式及对应的两个半反应分别表示为

$$z_2\text{Ox}_1+z_1\text{Red}_2 === z_2\text{Red}_1+z_1\text{Ox}_2\qquad\begin{cases}\text{Ox}_1+z_1\text{e}\longrightarrow\text{Red}_1 & \varphi_1^{\ominus'}\\ \text{Ox}_2+z_2\text{e}\longrightarrow\text{Red}_2 & \varphi_2^{\ominus'}\end{cases}$$

在化学计量点时，电极电势计算通式（推导过程略）和滴定突跃范围分别为

$$\varphi_{\text{计}}=\frac{z_1\varphi_1^{\ominus'}+z_2\varphi_2^{\ominus'}}{z_1+z_2}\qquad\qquad \varphi_2^{\ominus'}+\frac{3\times0.0592}{z_2}\sim\varphi_1^{\ominus'}-\frac{3\times0.0592}{z_1}$$

对于不对称的氧化还原反应，其反应通式及对应的两个半反应分别表示为

$$z_2\text{Ox}_1+z_1\text{Red}_2 === z_2a\text{Red}_1+z_1b\text{Ox}_2\qquad\begin{cases}\text{Ox}_1+z_1\text{e}\longrightarrow a\text{Red}_1 & \varphi_1^{\ominus'}\\ b\text{Ox}_2+z_2\text{e}\longrightarrow\text{Red}_2 & \varphi_2^{\ominus'}\end{cases}$$

在化学计量点时，电极电势计算通式（推导过程略）为

$$\varphi_{计} = \frac{z_1\varphi_1^{\ominus'} + z_2\varphi_2^{\ominus'}}{z_1 + z_2} + \frac{0.0592}{z_1 + z_2}\lg\frac{b[Ox_2]_{计}^{b-1}}{a[Red_1]_{计}^{a-1}}$$

例如，在不同介质条件下，用 0.10 mol·L^{-1} $Ce(SO_4)_2$ 溶液滴定 0.10 mol·L^{-1} $FeSO_4$ 溶液，滴定曲线如图 9-9 所示。滴定反应为

$$Ce^{4+} + Fe^{2+} \xlongequal{\quad} Ce^{3+} + Fe^{3+}$$

在 1 mol·L^{-1} H_2SO_4 溶液介质中，用 Ce^{4+} 滴定 Fe^{2+}，化学计量点时的电极电势为 1.06 V，滴定突跃为 0.86 ~ 1.26 V。

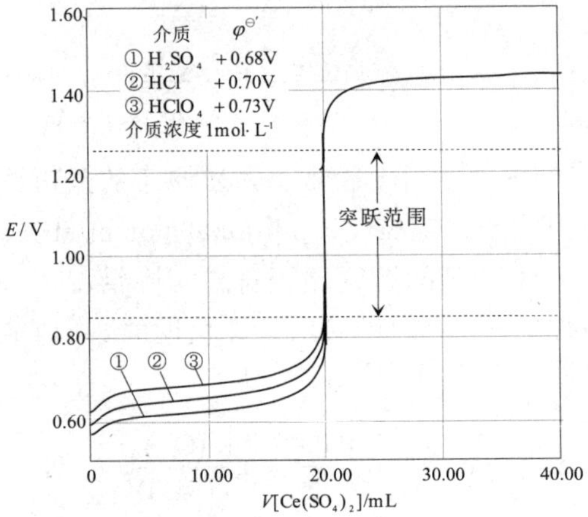

图 9-9 用 Ce^{4+} 滴定 Fe^{2+} 的滴定曲线

$c[Ce(SO_4)_2] = c[FeSO_4] = 0.10 mol·L^{-1}$

氧化还原滴定突跃的大小取决于反应中两电对的电极电势值的差。根据滴定突跃的大小可选择指示剂。若要使滴定突跃明显，可设法降低还原剂电对的电极电势。如加入配位剂，可使生成稳定的配离子，以使电对的浓度比值降低，从而增大突跃，反应进行得更完全。

2. 氧化还原滴定中的指示剂

氧化还原滴定法中的指示剂有以下几类。

（1）自身指示剂 利用滴定剂或被测物质本身的颜色变化来指示滴定终点。例如，用 $KMnO_4$ 溶液滴定 $H_2C_2O_4$ 溶液，滴定至化学计量点后，只需过量很少的 $KMnO_4$（约 2×10^{-6} mol·L^{-1}）就能使溶液呈现浅红色，指示终点的到达。

（2）特殊指示剂 有些物质本身并不具有氧化还原性，但它能与滴定剂或被测物产生特殊的颜色以指示终点。例如，碘量法中，利用可溶性淀粉与 I_3^- 生成深蓝色的吸附化合物，反应特效且灵敏，以蓝色的出现或消失指示终点。

（3）氧化还原指示剂 即具有氧化还原性质的指示剂，其氧化态和还原态具有不同的颜色。在滴定过程中，因被氧化或还原而发生颜色变化以指示终点。

氧化还原指示剂的半反应和相应的能斯特方程式为

$$\underset{氧化态色}{In(Ox)} + ze \xlongequal{\quad} \underset{还原态色}{In(Red)} \qquad \varphi_{In} = \varphi_{In}^{\ominus'} + \frac{0.0592}{z}\lg\frac{c[In(Ox)]}{c[In(Red)]}$$

在滴定过程中，随着溶液电极电势的改变，$c[In(Ox)]/c[In(Red)]$ 随之变化，溶液的颜色也

发生变化。当 $c[In(Ox)]/c[In(Red)]$ 从 10 ~ 1/10，指示剂由氧化态色转变为还原态色。相应的指示剂变色范围为 $\varphi_{In}^{\ominus'} \pm 0.0592/z$。选择指示剂的原则是，指示剂变色点的电极电势应处于滴定体系的电极电势突跃范围内。一些常用氧化还原指示剂列于表 9-8 中。

表 9-8　一些常用氧化还原指示剂

指示剂	颜色变化		$\varphi_{In}^{\ominus'}$ /V *	配制方法
	还原态	氧化态		
亚甲基蓝	无色	蓝色	+0.53	0.05%的水溶液
二苯胺	无色	紫色	+0.76	0.25 g 指示剂与 3 mL 水混合溶于 100 mL 浓硫酸溶液或浓磷酸溶液中
二苯胺磺酸钠	无色	紫红色	+0.85	0.8 g 指示剂加 2g Na_2CO_3，用水溶解并稀释至 100 mL
邻苯氨基苯甲酸	无色	紫红色	+0.89	0.1 g 指示剂溶于 30 mL 0.6%的 Na_2CO_3 溶液中，用水稀释至 100 mL
邻二氮菲-亚铁	红色	淡蓝色	+1.06	1.49 g 邻二氮菲加 0.7 g $Fe_2SO_4 \cdot 7H_2O$ 溶于水，稀释至 100 mL

注：*在 $c(H^+) = 1\ mol \cdot L^{-1}$ 条件下

在 H_2SO_4 溶液介质中，用 Ce^{4+} 滴定 Fe^{2+} 宜选用邻二氮菲-亚铁作指示剂，二苯胺磺酸钠常用于在 $HCl-H_3PO_4$ 溶液介质，用 $K_2Cr_2O_7$ 溶液滴定 Fe^{2+} 溶液的情况。

9.4.3　氧化还原预处理方法

氧化还原滴定时，若被测物的价态不适于滴定，或被测物有多种价态共存，则需要进行氧化还原预处理。例如，铁矿石的铁是 Fe(Ⅱ)，而非 Fe(Ⅲ)，但在将固体矿样经过碱熔最后制备成溶液时，其中的铁大部分转化为 Fe^{2+}，总有少部分被空气氧化成 Fe^{3+}，如果采用 $K_2Cr_2O_7$ 法滴定铁含量，因被氧化的 Fe^{3+} 不与之反应，就会使测定结果偏低。所以必须预先将 Fe^{3+} 还原为 Fe^{2+}，再用 $K_2Cr_2O_7$ 进行滴定，才能获得准确结果。

预处理时所用的氧化剂或还原剂应满足下列条件：对待测组分的预处理反应必须是定量反应，选择性好，且反应迅速；过量的预处理氧化剂或还原剂应易于除去。

常用的预处理氧化剂和还原剂见表 9-9。

表 9-9　常用的预处理氧化剂和还原剂

试剂		反应条件	主要反应	除过量方法
氧化剂	$(NH_4)_2S_2O_8$	酸性	$Mn^{2+} \longrightarrow MnO_4^-$，$Cr^{3+} \longrightarrow Cr_2O_7^{2-}$，$VO^{2+} \longrightarrow VO_3^-$	煮沸分解
	$NaBiO_3$	HNO_3 介质	同上	过滤
	H_2O_2	碱性	$Cr^{3+} \longrightarrow Cr_2O_7^{2-}$	煮沸分解
	$Cl_2 / Br_2(l)$	碱性/中性	$I^- \longrightarrow IO_3^-$	煮沸逸出
还原剂	$SnCl_2$	酸性加热	$Fe^{3+} \longrightarrow Fe^{2+}$，As(V) ⟶ As(III)	加 $HgCl_2$ 氧化
	$TiCl_3$/联胺	酸性	$Fe^{3+} \longrightarrow Fe^{2+}$，As(V) ⟶ As(III)	稀释，浓硫酸煮沸
	锌汞齐	酸性	$Fe^{3+} \longrightarrow Fe^{2+}$，Sn(IV) ⟶ Sn(II)，Ti(IV) ⟶ Ti(III)	

9.4.4 氧化还原滴定法分类

1. 高锰酸钾法

高锰酸钾是一种强氧化剂，在不同酸度条件下的氧化能力不同（见表 9-10）。高锰酸钾法的优点是氧化能力强，可直接、间接测定多种无机物和有机物，本身可作指示剂。缺点是它的标准溶液不够稳定，滴定的选择性较差。

表 9-10 高锰酸钾在不同酸度条件下的氧化能力

酸度条件	氧化反应	$\varphi^{\ominus}$/V
强酸	$MnO_4^-+8H^++5e \rightleftharpoons Mn^{2+}+4H_2O$	1.51
中性、弱酸/碱	$MnO_4^-+2H_2O+3e \rightleftharpoons MnO_2+4OH^-$	0.62
强碱	$MnO_4^-+e \rightleftharpoons MnO_4^{2-}$	0.56

$KMnO_4$在水中的溶解性不是很好，试剂常含有少量MnO_2和其他杂质，配制其标准液时，需加热煮沸促进溶解，然后在暗处静置约一周时间，再用微孔玻璃漏斗过滤，弃去残渣，滤液转入棕色玻璃瓶中，置于暗处避光保存。

配制好的$KMnO_4$标准液需采用基准物质进行标定，基准物质有如下还原性物质：

$$H_2C_2O_4 \cdot 2H_2O 、 Na_2C_2O_4 、 As_2O_3 、 (NH_4)_2Fe(SO_4)_2 \cdot 6H_2O$$

常用的是$Na_2C_2O_4$，在酸性溶液中，它与$KMnO_4$的反应为

$$2MnO_4^-+5C_2O_4^{2-}+16H^+ \rightleftharpoons 2Mn^{2+}+10CO_2+8H_2O$$

为使反应定量进行，需注意以下滴定条件：

（1）酸度。酸度过低，MnO_4^-会部分被还原成MnO_2；酸度过高，会促使$H_2C_2O_4$分解。滴定时最宜酸度为$1\,mol \cdot L^{-1}$。为防止诱导氧化Cl^-的反应发生，应在稀H_2SO_4介质中进行。

（2）温度。室温下此反应速率缓慢，需加热至 70 ~ 80 °C，高于 90 °C 时$H_2C_2O_4$会分解。

（3）滴定速度。若开始滴定速度太快，使滴入的$KMnO_4$来不及和$C_2O_4^{2-}$反应，而发生分解反应（加入少量Mn^{2+}作催化剂可加速反应）：

$$4MnO_4^-+12H^+ \rightleftharpoons 4Mn^{2+}+5O_2+6H_2O$$

应用示例：

直接滴定法测定H_2O_2。在酸性溶液中H_2O_2被$KMnO_4$定量氧化（加入少量Mn^{2+}可加速反应），其反应为

$$2MnO_4^-+5H_2O_2+6H^+ \rightleftharpoons 2Mn^{2+}+5O_2+8H_2O$$

返滴定法测定MnO_2和有机物。在含MnO_2试液中加入一定量过量的$C_2O_4^{2-}$，在酸性介质中发生反应：

$$2MnO_2+C_2O_4^{2-}+4H^+ \rightleftharpoons Mn^{2+}+2CO_2+2H_2O$$

待反应完全后，用$KMnO_4$标准液返滴定剩余的$C_2O_4^{2-}$，可求得MnO_2含量。此法也可用于测定PbO_2的含量。

在碱性溶液中，$KMnO_4$法可以测定某些具有还原性的有机物，如甘油、甲酸、甲醇和甲醛等。以测定甘油为例。将一定量过量的碱性（ $2\ mol \cdot L^{-1}$ ）$KMnO_4$标准液加入含有甘油的试液中，发生如下反应：

$$14MnO_4^- + C_3H_8O_3 + 20OH^- = 14MnO_4^{2-} + 3CO_3^{2-} + 14H_2O$$

待反应完全后，将溶液酸化，MnO_4^{2-}歧化成MnO_4^-和MnO_2，加入一定量过量的还原剂标准液使所有高价锰还原为Mn^{2+}，再用$KMnO_4$标准液滴定剩余的还原剂。最后通过一系列计量关系的计算，求得甘油的含量。

2. 重铬酸钾法

$K_2Cr_2O_7$是一种常用的氧化剂，其特点是稳定性好，在 140 ~ 150 °C 干燥后，可作为基准物质直接配制标准溶液，长期保存在密闭容器中浓度也不变；它在室温下不与Cl^-反应，可在 HCl 溶液介质中作滴定剂；另外需要指示剂。在酸性介质中的半反应为

$$Cr_2O_7^{2-} + 14H^+ + 6e = 2Cr^{3+} + 7H_2O \qquad \varphi^{\ominus'} = 1.36\ V$$

应用示例：

对地质勘查样品中铁项目的测定，一般仅测定总铁[以 T（Fe_2O_3）计量]含量即可，如果为了进一步弄清楚具体矿种（例如硫铁矿 FeS），则需要将亚铁[Fe（Ⅱ），以 FeO 计量]和高铁[Fe（Ⅲ），以 Fe_2O_3 计量]的含量分别测定出来。

对矿样中亚铁含量的测定，先将样品用 HCl 溶液溶解，注意制样方法要避免其中的二价铁被氧化成三价铁。先采用$K_2Cr_2O_7$氧化还原滴定法测定Fe^{2+}，即

$$Cr_2O_7^{2-} + 6Fe^{2+} + 14H^+ = 2Cr^{3+} + 6Fe^{3+} + 7H_2O$$

然后再加适量的双氧水于样品溶液中，将Fe^{2+}全部氧化成Fe^{3+}，最后采用 EDTA 配位滴定法测定总铁含量，将总铁含量扣除 FeO 的含量，即为Fe_2O_3的含量。

3. 碘量法

碘量法是基于I_2的氧化性及I^-的还原性进行测定的方法。固体碘在水中溶解度很小且易挥发，通常将单质I_2溶解于 KI 溶液以配成碘液。此时I_2以I_3^-形式存在，为简化并强调化学计量关系，一般仍简写成I_2，其半反应为

$$I_3^- + 2e = 3I^- \qquad \varphi^{\ominus} = 0.54\ V$$

由I_3^-/I^-电对的标准电极电势可知，I_3^-是较弱的氧化剂，I^-则是中等强度的还原剂。用碘标准液直接滴定SO_3^{2-}、As(Ⅲ)、$S_2O_3^{2-}$和 Vc 等强还原剂，这种方法称为**直接碘量法**或**碘滴定法**。

而I^-则是中等强度的还原剂，它可与一些氧化性物质如$Cr_2O_7^{2-}$、MnO_4^-、BrO_3^-和H_2O_2等反应，定量地析出I_2，然后用$Na_2S_2O_3$标准液滴定I_2，以间接地测定这些氧化性物质，这种方法称为**间接碘量法**或**滴定碘法**。

碘量法用淀粉作指示剂，直接碘量法以呈现蓝色为终点，间接碘量法以蓝色消失为终点。

碘量法的误差主要来源于I_2的挥发性及在酸性溶液中I^-易被空气氧化两方面。为防止I_2挥发，应加入过量的 KI 使形成I_3^-；析出I_2的反应可在碘量瓶中进行，且置于暗处；滴定时勿剧烈摇动等。为防止I^-被氧化，反应后应立即滴定，且在中性或弱酸性溶液中进行。

I_3^-/I^-电对的可逆性好，其电极电势在pH＜9的很宽范围内不受酸度及其他配位剂的影响，且副反应少，因此碘量法应用非常广泛。

标准溶液的配制与标定：碘量法中使用的标准溶液是硫代硫酸钠溶液和碘液。

由于$Na_2S_2O_3 \cdot 5H_2O$纯度不够高，易风化和潮解，配制好的$Na_2S_2O_3$溶液也不稳定，因此不能采用直接法配制，原因有：受水中溶解CO_2影响（①式）；受微生物和光的作用（②式）；受空气中氧气的作用（③式）。

① $$S_2O_3^{2-}+CO_2+H_2O = HCO_3^-+HSO_3^-+S(s)$$
② $$S_2O_3^{2-} = SO_3^{2-}+S(s)$$
③ $$2S_2O_3^{2-}+O_2 = 2SO_4^-+2S(s)$$

因此配制$Na_2S_2O_3$溶液的方法是：称取比计算用量稍多的$Na_2S_2O_3$试剂，溶于新煮沸并已冷却的蒸馏水中，加入少量的Na_2CO_3使溶液呈弱碱性，以克服上述影响。溶液储于棕色瓶中放置数天后进行标定。若发现溶液变浑，需要滤后再标定。

标定$Na_2S_2O_3$溶液的基准物有$K_2Cr_2O_7$（最常用）、$KBrO_3$、KIO_3和纯铜等。标定的主要步骤是在酸性溶液中，$K_2Cr_2O_7$与过量 KI 反应，生成与$K_2Cr_2O_7$计量相当的I_2，在暗处放置3 ~ 5 min使反应完全，然后加蒸馏水稀释以降低酸度，在弱酸性条件下用待标定的$Na_2S_2O_3$溶液滴定析出的I_2，近终点时溶液呈现稻草黄色（I_3^-黄色与Cr^{3+}绿色）时，加入淀粉指示剂，继续滴定至蓝色消失即为终点。最后准确计算$Na_2S_2O_3$溶液的浓度。

碘标准溶液虽然可以用纯碘直接配制，但由于I_2的挥发性强，很难准确称量。一般先称取一定量的碘溶于少量KI溶液中，待溶解后稀释到一定体积。溶液保存于棕色磨口瓶中。碘液可以用基准物As_2O_3标定，也可用已标定的$Na_2S_2O_3$溶液标定。

应用示例：燃烧-碘量法测定地质矿样中的硫含量。

地质样品中的硫，因矿种不同含量差异很大。硫可能以下列各种价态赋存于矿中：

MS（－Ⅱ）、S(0)、MSO_3（Ⅳ）、MSO_4（Ⅵ）

测定时必须把所有价态的S都转化为SO_2，这是碘量法测定硫含量结果准确的前提。

（1）高温分解矿样

将一定质量矿样粉末放入白色小陶瓷舟中（可添加助熔剂、碳粉），送入管式炉的瓷管中间位置，在 1250 ~ 1300℃高温下使各种形态的硫转化为SO_2逸出。

MS和S可被高温氧化转化为SO_2，MSO_3高温分解获得SO_2，而MSO_4需要加入碳粉，在高温CO还原下转化成SO_2。这些转化反应式如下：

① $$2MS+3O_2 = 2SO_2+2MO$$
② $$S+O_2 = SO_2$$
③ $$MSO_3 = SO_2+MO$$
④ $$MSO_4+CO = SO_2+CO_2+MO$$

（2）水溶液吸收 SO_2

将上述高温分解逸出的 SO_2 随泵入瓷管的空气一起，通入加有少量淀粉指示剂的水溶液中，使逸出的 SO_2 气体被截留在水溶液中，生成 H_2SO_3。

$$⑤\qquad SO_2 + H_2O \Longrightarrow H_2SO_3$$

（3）碘量法滴定

在 SO_2 逸出前，在上述截留 SO_2 的水溶液中，预先滴入几滴碘标液，使淀粉水溶液显蓝色。当有 SO_2 逸出时，因溶液中的少量碘会被还原，蓝色马上褪去，这时立即滴入碘标液，SO_2 不停逸出就不停地滴入碘标液，直至滴入的最后一滴碘标液使溶液呈蓝色，并且保持半分钟不褪去，即为滴定终点。滴定反应式为

$$⑥\qquad I_3^- + H_2SO_3 + H_2O \Longrightarrow 3I^- + SO_4^{2-} + 4H^+$$

习　题

一、思考题

（一）酸碱滴定法

1. 标定 HCl 溶液时，若采用下列情况标准物质，所得浓度值有何影响？为什么？

（1）部分风化的 $Na_2B_4O_7 \cdot 10H_2O$；

（2）部分吸湿的 Na_2CO_3；

（3）在 110 °C 烘过的 Na_2CO_3。

2. 表 9-11 中哪些能用 NaOH 溶液直接滴定？哪些不能？直接滴定者应采用什么指示剂？

表 9-11　几种可用 NaOH 溶液滴定的酸

	酸的名称	$K_{a,1}$	$K_{a,2}$	$K_{a,3}$
（1）	甲酸 HCOOH	1.77×10^{-4}		
（2）	硼酸 H_3BO_3	7.3×10^{-10}	1.8×10^{-13}	1.8×10^{-14}
（3）	琥铂酸 $H_2C_4H_4O_4$	0.4×10^{-5}	2.7×10^{-6}	
（4）	枸橼酸 $H_3C_6H_5O_7$	8.7×10^{-4}	1.8×10^{-5}	4.0×10^{-6}
（5）	顺丁烯二酸	1.0×10^{-2}	5.5×10^{-7}	
（6）	邻苯二甲酸氢钾	1.3×10^{-3}	3.0×10^{-6}	

3. 用盐酸可以滴定硼砂，而不能直接滴定乙酸钠；用氢氧化钠可以滴定乙酸，而不能直接滴定硼酸。说说为什么？

4. 推导下列各条件下溶液 pH 计算的表达式

（1）用 NaOH 滴定 HA 的化学计量点

$$pH = \frac{1}{2}\left(pK_w + pK_a + \lg[A^-]\right)$$

（2）用 HCl 滴定弱碱 BOH 的化学计量点

$$pH = \frac{1}{2}(pK_w - pK_b - \lg[B^-])$$

（3）弱酸 HA 溶液

$$pH = \frac{1}{2}(pK_a - \lg[HA])$$

5. 酸碱指示剂的变色原理是什么？理论变色范围是什么？选择指示剂的原则是什么？

6. 试设计测定下列混合物中各组分的方法原理、指示剂、操作步骤及计算公式。

（1）$HCl + H_3PO_4$　（2）HCl + 硼砂

（3）$HCl + NH_4Cl$　（4）$NH_3 \cdot H_2O + NH_4Cl$

（5）NaAc + NaOH　（6）邻苯二甲酸氢钾 + 邻苯二甲酸

（7）苯胺 + 盐酸苯胺　（8）HCl + HAc

7. 讨论下列物质能否用酸碱滴定法直接滴定？使用什么标准溶液和指示剂？

（1）NH_4Cl　（2）NaF

（3）乙胺；　（4）H_3BO_3；

（5）硼砂；　（6）柠檬酸。

8. 试设计下列混合液的分析方法：

（1）HCl 和 NH_4Cl　（2）硼酸和硼砂

（3）Na_2CO_3 和 $NaHCO_3$　（4）NaOH 和 Na_3PO_4

（二）配位滴定法

9. 氨羧配位剂与其金属离子配合物的特点是什么？

10. 简述概念组，并指出它们之间的关系：

（1）稳定常数、离解常数和累积稳定常数；

（2）副反应系数，条件稳定常数。

11. 影响配位滴定曲线突跃范围的因素是什么？

12. 什么是指示剂的封闭现象？怎样消除封闭？

13. 金属指示剂应具备什么条件？选择金属指示剂的依据是什么？

14. 常用的掩蔽干扰离子的方法有哪些？

15. EDTA 配位滴定中，缓冲液的具体作用有哪些？

16. 给下列测定拟定分析方案：

（1）Ca^{2+} 与 EDTA 混合液中两者的测定；

（2）Mg^{2+}，Zn^{2+} 混合液中两者的测定；

（3）Fe^{3+}，Al^{3+}，Ca^{2+}，Mg^{2+} 混合液中各组分的测定。

（三）氧化还原滴定法

17. 氧化还原反应的何种性质，常使许多反应不能直接作为滴定反应加以利用？

18. 条件电位与标准电极电位区别何在？为什么引入条件电位的概念？它在氧化还原滴定分析中有什么意义？影响条件电位的因素有哪些？

19. 影响氧化还原反应速率的主要因素是什么？

20. 某些样品在进行滴定前，为什么要进行预氧化或预还原处理？对氧化还原预处理剂有什么要求？

21. 碘量法测定维生素 C 和测定葡萄糖时，利用的氧化还原反应和控制的反应条件有何不同？

22. 在 $pH = 9.0$ 的溶液中，用 8-羟基喹啉沉淀样品溶液中的 Al^{3+}。经过滤、洗涤、将沉淀溶于 HCl 溶液 ($2\ mol \cdot L^{-1}$) 中，再加入一定体积的 Br_2 液。反应完全后，加入过量的 KI。析出的 I_2 用 $Na_2S_2O_3$ 标准溶液滴定。

（1）写出各步反应的方程式；

（2）写出质量分数的计算公式；

（3）Br_2 液可以不事先标定就用于实验吗？

23. 设计用氧化还原滴定法测定各组分含量的分析方案：

（1）Fe^{3+} 和 Cr^{3+} 的混合液；

（2）As_2O_3 和 As_2O_5 的混合物。

24. 在 298 K 下，若氧化还原滴定反应为

$$n_2 Ox_1 + n_1 Red_2 \rightleftharpoons n_2 Red_1 + n_1 Ox_2$$

滴定剂电对　$Ox_1 + n_1 e \rightleftharpoons Red_1$　$\varphi_1^{\ominus'}$

被测物电对　$Ox_2 + n_2 e \rightleftharpoons Red_2$　$\varphi_2^{\ominus'}$

（1）利用电对 Nernst 方程式，证明（n_1，n_2 没有公约数）：

$$\lg K' = \frac{n_1 n_2 (\varphi_1^{\ominus'} - \varphi_2^{\ominus'})}{0.0592}, \quad \varphi_{sp} = \frac{n_1 \varphi_1^{\ominus'} + n_2 \varphi_2^{\ominus'}}{n_1 + n_2}$$

（2）利用滴定曲线突跃范围公式，证明化学计量点到跃迁上限电位差 $\Delta\varphi_{上} = \varphi_{+0.1\%} - \varphi_{sp}$ 和化学计量点到突跃下限电位差 $\Delta\varphi_{下} = \varphi_{sp} - \varphi_{-0.1\%}$ 的比值，等于氧化滴定剂电对和被测物电对半电池反应式中转移电子数比值的倒数，即

$$\frac{\Delta\varphi_{上}}{\Delta\varphi_{下}} = \frac{n_2}{n_1}$$

二、问答题

1. 简述酸碱指示剂的显色原理。

2. 在酸碱滴定中，如何根据滴定终点的 pH，来选择适当的数据指示剂？

3. 简述金属指示剂的显色原理。

4. 能够成为配位滴定中的金属指示剂，应具备哪些基本性质？

5. 在 EDTA 配位滴定法法中，缓冲溶液的具体作用有哪些？

6. 以 EDTA 滴定自来水中钙镁合量为例，$pH = 10$ 的 NH_3-NH_4Cl 缓冲溶液，铬黑 T 指示剂。简述滴定原理过程和终点指示和判断方法。

7. 以淀粉为指示剂的碘量法有碘滴定法和滴定碘法之分，简述两者滴定原理的不同，终点显色的差异。

三、计算题

（一）酸碱滴定法

1. 某一含有 Na_2CO_3、$NaHCO_3$ 及杂质的试样 0.6020 g，加水溶解，用 $0.2120\ mol \cdot L^{-1}$ HCl

溶液滴定至酚酞终点，消耗 20.50 mL，继续滴定至甲基橙终点，又消耗 24.08 mL。求 Na_2CO_3 和 $NaHCO_3$ 在样品中的质量分数。

2. 某试样可能含有 Na_3PO_4、Na_2HPO_4、NaH_2PO_4 和惰性物质。称取该试样 0.5000 g，用水溶解成溶液，以甲基橙作指示剂，用 0.2500 $mol \cdot L^{-1}$ HCl 溶液滴定，消耗 16.00 mL；含同样质量的试样溶液以百里酚酞作指示剂，消耗上述 HCl 溶液 6.00 mL。求试样组成和含量。

3. 用克氏定氨法处理 0.300 g 某食物试样，生成的 NH_3 收集在硼酸溶液中，滴定消耗 0.100 $mol \cdot L^{-1}$ 溶液 25.0 mL。计算试样中蛋白质的质量分数（将氮的质量分数乘以 6.25 即得蛋白质分数）。

4. 称取含有 $H_2C_2O_4 \cdot 2H_2O$，KHC_2O_4 和 K_2SO_3 的混合物 2.6712 g，溶于水后转移至 100 mL 容量瓶。吸取试液 10.00 mL，以酚酞作指示剂，用 0.1920 $mol \cdot L^{-1}$ NaOH 溶液滴定，消耗了 16.25 mL；另取一份试液 10.00 mL，以硫酸酸化后，加热，用 0.0395 $mol \cdot L^{-1}$ $KMnO_4$ 溶液滴定，消耗了 19.95 mL。

（1）求固体混合物中各组分的含量。

（2）若在酸碱滴定中，用甲基橙指示剂代替酚酞，对测定结果有何影响？

（二）配位滴定法

5. 在铜氨配合物的水溶液中，若 $Cu(NH_3)_4^{2+}$ 的浓度是 $Cu(NH_3)_3^{2+}$ 浓度的 100 倍，问水溶液中氨的平衡浓度是多少？

6. 将 20.00 mL 0.100 $mol \cdot L^{-1}$ $AgNO_3$ 溶液加到 20.00 mL 0.2500 $mol \cdot L^{-1}$ NaCN 溶液中，所得混合液 pH 为 11.0。计算溶液中 Ag^+，CN^- 和 $Ag(CN)_2^-$ 的平衡浓度。

7. 计算 $\lg K'_{MY}$：

（1）$\lg K'_{ZnY}$，已知 pH = 5.0；

（2）$\lg K'_{AlY}$，已知 pH = 10.0；

（3）$\lg K'_{NiY}$，已知 pH = 9.0，$[NH_3]+[NH_4^+] = 0.20\ mol \cdot L^{-1}$，$[CN^-] = 10^{-5} mol \cdot L^{-1}$。

8. 以 0.02 $mol \cdot L^{-1}$ EDTA 溶液滴定同浓度的含 Pb^{2+} 试剂，且含酒石酸分析浓度为 0.2 $mol \cdot L^{-1}$，溶液 pH 为 10.0。问于化学计量点时的 $\lg K'_{PbY}$，$c(Pb^{2+})$ 和酒石酸铅配合物的浓度（酒石酸铅配合物的 $\lg K = 3.8$）。

9. 吸取含 Bi^{2+}、Pb^{2+}、Cd^{2+} 的试液 25.00 mL，以二甲酚橙作指示剂，在 pH = 1.0 时用 0.02015 $mol \cdot L^{-1}$ EDTA 溶液滴定，消耗 20.28 mL。然后调 pH = 5.5，继续用 EDTA 溶液滴定，又消耗 30.16 mL。再加入邻二氮菲，用 0.02002 $mol \cdot L^{-1}$ Pb^{2+} 标准溶液滴定，消耗 10.15 mL。计算溶液中 Bi^{2+}、Pb^{2+}、Cd^{2+} 的浓度。

（三）氧化还原滴定法

10. 用一定体积的 $KMnO_4$ 溶液恰能氧化一定质量的 $KHC_2O_4 \cdot H_2C_2O_4 \cdot 2H_2O$，同样质量的该物质恰能被所需 $KMnO_4$ 体积一半的 0.2000 $mol \cdot L^{-1}$ NaOH 溶液所中和。计算 $KMnO_4$ 溶液的浓度。

11. 称取含 Pb_2O_3 试样 1.2340 g，用 20.00 mL 0.2500 $mol \cdot L^{-1}$ $H_2C_2O_4$ 溶液处理，Pb(Ⅳ)还原至 Pb(Ⅱ)。调节溶液 pH，使 Pb(Ⅱ)定量沉淀为 PbC_2O_4。过滤，滤液酸化后，用 0.04000 $mol \cdot L^{-1}$ $KMnO_4$ 溶液滴定，消耗 10.00 mL，沉淀用酸溶解后，用同浓度 $KMnO_4$ 溶液滴定，消耗 30.00 mL。计算试样中 PbO 和 PbO_2 的含量。

12. 称取含有苯酚试样 0.5000 g，溶解后加入 0.1000 $mol \cdot L^{-1}$ $KBrO_3$ 溶液（其中含有过量

KBr）25.00 mL，加酸酸化，放置待反应完全，加入过量 KI。用 0.1003 mol·L^{-1} $Na_2S_2O_3$ 溶液滴定析出的 I_2，消耗 29.91 mL。求苯酚含量。

13. 称取 1.0000 g 卤化物的混合物，溶解后配成 500 mL 溶液。吸取 50.00 mL，加入过量溴水将 I^- 氧化至 IO_3^-，煮沸除去过量溴。冷却后加入过量 KI，然后用 0.0500 mol·L^{-1} $Na_2S_2O_3$ 溶液滴定，消耗了 19.26 mL。计算 KI 的含量。

14. 含 KI 的试液 25.00 mL，用 10.00 mL 0.05 mol·L^{-1} KIO_3 溶液处理后，煮沸溶液除去 I_2，冷却后加入过量 KI 使其与剩余的 KIO_3 反应，然后将溶液调至中性。最后以 0.1008 mol·L^{-1} 的 $Na_2S_2O_3$ 溶液滴定，消耗了 21.14 mL，求 KI 试液的浓度。

15. 移取一定量的乙二醇试液，用 50.00 mL KIO_3 溶液处理，待反应完全后，将溶液调至 pH = 8.0，加入过量 KI，释放出的 I_2，用 0.0500 mol·L^{-1} Na_3AsO_3 溶液滴定，消耗了 14.00 mL。另取上述 KIO_3 溶液 50.00 mL，调节 pH = 8.0，加过量 KI，用同浓度 Na_3AsO_3 溶液滴定，消耗了 40.00 mL。求试液中乙二醇的含量（mg）。

16. 吸取 50.00 mL 含有 IO_3^- 和 IO_4^- 的试液，用硼砂调溶液 pH，并用过量 KI 处理，使 IO_4^- 转变为 IO_3^-，同时，形成的 I_2 用 0.1000 mol·L^{-1} $Na_2S_2O_3$ 溶液滴定，消耗了 18.40 mL。另取 10.00 mL 试液，用强酸酸化后，加入过量 KI，用同浓度的 $Na_2S_2O_3$ 溶液滴定，消耗了 48.70 mL。计算试液中 IO_3^- 和 IO_4^- 的浓度。

部分习题参考答案

（计算题部分）

第 1 章　化学热力学——反应的方向

1. $\Delta H_m = 26.1\ J \cdot mol^{-1}$。
2. $\Delta U = -5.15\times10^3\ kJ \cdot mol^{-1}$，$\Delta H^{\ominus} = -5.15\times10^3\ kJ \cdot mol^{-1}$。
3. $Q_{总} = 1.76\times10^3\ kJ$。
4. （1）$-288\ kJ$；（2）$54.0\ kJ \cdot mol^{-1}$；（3）$-196.0\ kJ \cdot mol^{-1}$；（4）$-54.0\ kJ \cdot mol^{-1}$。
5. $91.3\ kJ \cdot mol^{-1}$。
6. $2N_2H_4(l) + N_2O_4(g) \Longrightarrow 3N_2(g) + 4H_2O(l)$；$-1255.5 kJ \cdot mol^{-1}$。
7. $50.5\ kJ \cdot mol^{-1}$，$-662.5\ kJ \cdot mol^{-1}$。
8. $-146\ kJ \cdot mol^{-1}$，$-110\ J \cdot mol^{-1} \cdot K^{-1}$。
9. 600 K 时 $MgCO_3$ 分解；1200 K 时 $MgCO_3$ 和 $CaCO_3$ 都分解了。
10. （1）$\Delta_r G_m^{\ominus} = -90.1 kJ \cdot mol^{-1}$；（2）$\Delta_r G_m^{\ominus} = +146.3\ kJ \cdot mol^{-1}$。
11. $-374.3\ kJ \cdot mol^{-1}$，$-98.9\ J \cdot mol^{-1} \cdot K^{-1}$，$-344.8\ kJ \cdot mol^{-1}$。
12. （1）$T_{转} > 2785\ K$，（2）$T_{转} > 875\ K$，（3）$T_{转} > 794\ K$。
13. （1）$2170.9\ kJ \cdot mol^{-1}$，$635.7\ J \cdot mol^{-1} \cdot K^{-1}$，$1981.5\ kJ \cdot mol^{-1}$，$T_{转} > 3415\ K$；
（2）$826.7\ kJ \cdot mol^{-1}$，$54.0\ J \cdot mol^{-1} \cdot K^{-1}$，$810.6\ kJ \cdot mol^{-1}$，$T_{转} > 1.53\times10^4\ K$。
14. （1）不加焦炭：$180.8\ kJ \cdot mol^{-1}$，$61.6\ J \cdot mol^{-1} \cdot K^{-1}$，$162.4\ kJ \cdot mol^{-1}$，$T_{转} > 2.94\times10^3\ K$；
（2）加焦炭：$-40.2\ kJ \cdot mol^{-1}$，$240.4\ J \cdot mol^{-1} \cdot K^{-1}$，$-111.8\ kJ \cdot mol^{-1}$，$\Delta_r G_m^{\ominus}(298\ K) < 0$。
15. （1）$299.3\ kJ \cdot mol^{-1}$，$752.8\ J \cdot mol^{-1} \cdot K^{-1}$，$75.0\ kJ \cdot mol^{-1}$，$\Delta_r G_m^{\ominus} > 0$，不能风化；
（2）$24.2\ kJ \cdot mol^{-1}$，$\Delta_r G_m^{\ominus} > 0$，不能风化。

第 2 章　化学热力学——反应的限度

1. （1）1.64×10^{-4}；（2）$2.98\times10^3\ kPa$；（3）24%。
2. （1）$16.83\ kJ \cdot mol^{-1}$；（2）$-28.24\ kJ \cdot mol^{-1}$，$\Delta G(298\ K) < 0$，反应正向进行。
3. （1）0.12；（2）$5.9\times10^3\ kPa$。
4. （1）$p(H_2O) = p(CO) = 66.56\ kPa$，$p(CO_2) = 34.44\ kPa$，$p(H_2) = 338.44\ kPa$；（2）34.1%。
5. $0.21\ mol \cdot L^{-1}$。
6. （1）起始 $n(PCl_3) = n(Cl_2) = 0.122\ mol$；（2）$\alpha(PCl_3) = 57.3\%$。
7. （1）吸热；（2）$1.80\times10^2\ kJ \cdot mol^{-1}$；（3）$-95.4\ kJ \cdot mol^{-1}$；（4）$0.184\ kJ \cdot mol^{-1} \cdot K^{-1}$。
8. （1）$\Delta_r G_m^{\ominus} = 74.87\ kJ \cdot mol^{-1}$，$K_p^{\ominus} = 7.5\times10^{-14}$；（2）$\Delta_r G_m = 23.56\ kJ \cdot mol^{-1} > 0$，不能风化；相对湿度 $<7.48\%$。
9. （1）$p(PCl_3) = p(Cl_2) = 135\ kPa$，$p(PCl_5) = 101\ kPa$；（2）0.554；（3）$-2.568\ kJ \cdot mol^{-1}$。
10. （1）$28.6\ kPa$；（2）$T_{转} = 331\ K$；（3）$2.91\ kJ \cdot mol^{-1}$，逆向；$-6.42\ kJ \cdot mol^{-1}$ 正向。

11.（1）$12.3\,kPa$；（2）$T_{转}=353\,K$；（3）$389\,kPa$；（4）$\Delta G=-2.46\,kJ\cdot mol^{-1}$，相变正向自发。

第 3 章　溶液解离平衡

1.（1）5.1；（2）1.96；（3）0.96。

2. 1.3×10^{-5}。

3. $pH=3.92$，$[CO_3^{2-}]=4.7\times10^{-11}$。

4.（1）$c(H_2S)=0.108\,mol\cdot L^{-1}$；（2）$[H_3O^+]=9.8\times10^{-5}\,mol\cdot L^{-1}$，$[S^{2-}]=1.2\times10^{-13}\,mol\cdot L^{-1}$；（3）$[S^{2-}]=1.2\times10^{-17}\,mol\cdot L^{-1}$，$[S^{2-}]$与$[H_3O^+]$呈负相关关系，$[H_3O^+]$增大$[S^{2-}]$减小。

5. $[H_3O^+]=[H_2PO_4^-]=4.0\times10^{-2}\,mol\cdot L^{-1}$，$[PO_4^{3-}]=7.7\times10^{-19}\,mol\cdot L^{-1}$。

6.（1）$pH=11.81$，$[CO_3^{2-}]=0.19\,mol\cdot L^{-1}$；（2）$pH=12.57$，$[PO_4^{3-}]=0.063\,mol\cdot L^{-1}$。

7. $[H_3O^+]=[Ac^-]=1.3\times10^{-3}\,mol\cdot L^{-1}$，$[CN^-]=4.8\times10^{-8}\,mol\cdot L^{-1}$。

8.（1）$[H_3O^+]=[Ac^-]=9.4\times10^{-4}\,mol\cdot L^{-1}$；（2）$[H_3O^+]=3.5\times10^{-5}\,mol\cdot L^{-1}$，$[Ac^-]=0.025\,mol\cdot L^{-1}$；（3）$[H_3O^+]=0.025\,mol\cdot L^{-1}$，$[Ac^-]=3.5\times10^{-5}\,mol\cdot L^{-1}$；（4）$[H_3O^+]=1.75\times10^{-5}\,mol\cdot L^{-1}$，$[Ac^-]=0.025\,mol\cdot L^{-1}$。

9. $pH\leqslant pK_a-1=7$呈酸式色（黄），$pH=6$、$pH=7$在此范围；$7<pH<9$呈混合色（橙），$pH=8$在此范围；$pH\geqslant pK_a+1=9$呈碱式色（红），$pH=9$、$pH=12$在此范围。

10.（1）与（3）不可作为缓冲溶液；（2）与（4）可作为缓冲溶液。

11.（1）在 HCl 中，$pH=2.0$，$pH=12.0$，pH 变化很大；（2）在 HAc-NaAc 缓冲溶液中 pH 几乎不变。

12.（1）$pH=4.94$；（2）$pH=5.14$；（3）$pH=4.76$；（4）$pH=4.94$。计算结果说明，在缓冲溶液中加入少量强酸、强碱或加水稀释，其 pH 没有显著的变化，具有缓冲性质。

13. 选 $H_2PO_4^-$-HPO_4^{2-} 溶液为佳，$pK_{a,2}=7.21$最接近$pH=7.51$，$c(HPO_4^{2-})/c(H_2PO_4^-)=2$。

14. 主要有 $H_2PO_4^-$（$0.0133\,mol\cdot L^{-1}$）和 HPO_4^{2-}（$0.0134\,mol\cdot L^{-1}$）两种形式。混合液有缓冲作用，$pH=7.21$。

15. $K_a=1.8\times10^{-5}$。

16.（1）$pH=1.28$，$[HC_2O_4^-]=0.052\,mol\cdot L^{-1}$，$[C_2O_4^{2-}]=1.5\times10^{-5}\,mol\cdot L^{-1}$；（2）$pH=4.03$，$[HS^-]=9.4\times10^{-5}\,mol\cdot L^{-1}$，$[S^{2-}]=1.2\times10^{-13}\,mol\cdot L^{-1}$。

17.（1）$NaHCO_3$，9.68；（2）NaH_2PO_4，4.10；（3）$NaHSO_4$，1.57；（4）Na_2CO_3，11.66；（5）Na_2S，12.77。

18.（1）$K_{sp}=1.82\times10^{-8}$；（2）$K_{sp}=1.32\times10^{-10}$。

19.（1）$BaCO_3$，$5.1\times10^{-5}\,mol\cdot L^{-1}$；（2）$PbF_2$，$2.0\times10^{-3}\,mol\cdot L^{-1}$；（3）$Ag_3[Fe(CN)_6]$，$2.5\times10^{-7}\,mol\cdot L^{-1}$。

20. $K_{sp}=9.0\times10^{-10}$。

21.（1）$[Mg^{2+}]=1.12\times10^{-4}\,mol\cdot L^{-1}$，$[OH^-]=2.24\times10^{-4}\,mol\cdot L^{-1}$；（2）$[Mg^{2+}]=5.6\times10^{-8}\,mol\cdot L^{-1}$；（3）$s=1.2\times10^{-5}\,mol\cdot L^{-1}$。

22. $Q=9.9\times10^{-7}>K_{sp}$，有沉淀析出；$[Ag^+]=1.81\times10^{-8}\,mol\cdot L^{-1}$，$[Cl^-]=9.8\times10^{-3}\,mol\cdot L^{-1}$。

23.（1）$CaSO_4$开始沉淀时，$[SO_4^{2-}]=4.9\times10^{-3}\,mol\cdot L^{-1}$，$[Ba^{2+}]=2.9\times10^{-8}\,mol\cdot L^{-1}$，$Ba^{2+}$已

沉淀完全，故可以将 Ca^{2+} 与 Ba^{2+} 分离。

24. $[H^+] \geqslant 4.1\times10^{-3}\,mol\cdot L^{-1}$， $pH \leqslant 2.39$。

25. $2.81 < pH < 7.36$。

26. 一次转化 $BaSO_4$ 的量 0.804 mmol，需 6 ~ 7 次才能转化完全。

27. 综合反应平衡常数 $K = 1.7\times10^{-5}$， K 值很大，反应很完全， $[Cu^{2+}] = 7.2\times10^{-15}\,mol\cdot L^{-1}$。

28.（1）I^- 先沉淀；（2）应控制 $[Ag^+]$ 在 $8.5\times10^{-12} \sim 1.8\times10^{-9}\,mol\cdot L^{-1}$；（3）不能完全分离 Br^- 与 I^-。

29.（1）$K = 7.5\times10^{-8}$；（2）$[Pb^{2+}] = 1.4\times10^{-7}\,mol\cdot L^{-1}$，故 PbS 不能溶解；（3）$[Pb^{2+}] = 1.9\times10^{-7}\,mol\cdot L^{-1}$，说明 Pb^{2+} 已沉淀完全。

30.（1）$[Ag^+] = 3.3\times10^{-10}\,mol\cdot L^{-1}$， $[NH_3] = 3.1\,mol\cdot L^{-1}$， $[Ag(NH_3)_2]^+ = 0.05\,mol\cdot L^{-1}$。

31.（1）综合平衡常数 $K = 8.5\times10^{-6}$，平衡时 $[Br^-] = 2.9\times10^{-3}\,mol\cdot L^{-1}$， 0.10g AgBr 全部溶解提供的 $[Br^-] = 5.3\times10^{-3}\,mol\cdot L^{-1}$，后者高于前者，说明不能完全溶解；（2）综合平衡常数 $K = 8.5$，平衡时 $[Br^-] = 0.43\,mol\cdot L^{-1}$，远远高于 0.10 g AgBr 全部溶解提供的 $[Br^-]$，所以全部溶解。

第 4 章　化学动力学基础

1.（1）$0.067\,mol\cdot L^{-1}\cdot min^{-1}$， $0.065\,mol\cdot L^{-1}\cdot min^{-1}$；（2）反应速率会随着反应物浓度的变化而变化。

2.（1）$3.52\times10^{-5}\,mol\cdot L^{-1}\cdot s^{-1}$；（2）$[A]' = 0.357\,mol\cdot L^{-1}$。

3. $v = 5.70\times[NO]^2[Cl_2]$。

4. $t_{1/2} = 20.6\ min$。

5.（1）$t = 5590\,s = 93\,min$；（2）$V = 9.58\,L$。

6.（1）二级；（2）$k = 1.176\times10^{-3}\,L\cdot mol^{-1}\cdot s^{-1}$；（3）$v = k[HI]^2 = 1.176\times10^{-3}[HI]^2$。

7. 零级反应， $k = 2\times10^{-4}\,mol\cdot L^{-1}\cdot min^{-1}$。

8.（1）$E_a = 91.35\,kJ\cdot mol^{-1}$；（2）平均值为 $90.78\,kJ\cdot mol^{-1}$；（3）$k = 0.01313\,L\cdot mol^{-1}\cdot s^{-1}$。

9.（1）$E_a = 1.034\times10^5\,J\cdot mol^{-1}$；（2）$k = 3.14\times10^{-5}\,s^{-1}$。

10. 零级反应。

11.（1）$E_a = 4.35\times10^4\,J\cdot mol^{-1}$；（2）$t = 19.2\,h$。

12. $t = 23\ min$。

13. $k = 1.045\times10^{-6}\,torr^{-1}\cdot s^{-1}$。

14.（略）

15.（1）$t_{1/2} = 57.75\,min = 3465\,s$；（2）催化速率增加更快；（3）二者成正比；（4）$k = 7.56\times10^{-5}\,min^{-1}$

16. $v = 4\times10^{-6}\,mol\cdot L^{-1}\cdot s^{-1}$。

17.（1）产生 ATP 的物质的量为 8.06 mol，分子数量为 4.85×10^{24}；（2）ATP 分子数量为 2.98×10^{24}。

第 5 章　电化学基础

1. （1）$\Delta G^{\ominus} = -2.67\times10^{5}\,\mathrm{J\cdot mol^{-1}}$；（2）$\Delta G^{\ominus} = -3.05\times10^{4}\,\mathrm{J\cdot mol^{-1}}$。
2. （1）$E^{\ominus} = 1.23\,\mathrm{V}$；（2）$E^{\ominus} = 0.145\,\mathrm{V}$，$\varphi^{\ominus}(\mathrm{S/H_2S}) = 0.145\,\mathrm{V}$。
3. （1）$K^{\ominus} = 0.32$；（2）$K^{\ominus} = 1.05\times10^{4}$；（3）$K^{\ominus} = 5.28\times10^{46}$。
4. （1）$\varphi(\mathrm{ClO_3^-/Cl^-}) = 1.39\,\mathrm{V}$；（2）$\varphi(\mathrm{PbO_2/PbSO_4}) = 1.66\,\mathrm{V}$；（3）$E = 0.211\,\mathrm{V}$；（4）$E = 0.550\,\mathrm{V}$。
5. （1）$[\mathrm{Cu^{2+}}] = 9.3\times10^{-6}\,\mathrm{mol\cdot L^{-1}}$；（2）$[\mathrm{Cu^{2+}}] = 5.3\times10^{-2}\,\mathrm{mol\cdot L^{-1}}$。
6. $K_{\mathrm{sp}} = 1.34\times10^{-8}$。
7. $\varphi^{\ominus}(\mathrm{HCN/H_2}) = -0.551\,\mathrm{V}$。
8. $\varphi^{\ominus}(\mathrm{Ag_2CrO_4/Ag}) = 0.446\,\mathrm{V}$。
9. （1）$\mathrm{Hg_2^{2+}}$不歧化，发生的反应是$\mathrm{Hg^{2+} + Hg \xlongequal{\quad} Hg_2^{2+}}$，$E^{\ominus} = 0.123\,\mathrm{V}$，$K^{\ominus} = 1.20\times10^{2}$；（2）$\mathrm{I_2}$在碱性介质中发生歧化反应：$\mathrm{I_2 + 2OH^- \xlongequal{\quad} IO^- + I^- + H_2O}$，$E^{\ominus} = 0.091\,\mathrm{V}$，$K^{\ominus} = 34.7$。
10. $\varphi^{\ominus}_{①/③} = 1.202\,\mathrm{V}$；$\varphi^{\ominus}_{①/④} = 1.350\,\mathrm{V}$；$\varphi^{\ominus}_{①/⑤} = 1.387\,\mathrm{V}$；$\varphi^{\ominus}_{①/⑥} = 1.383\,\mathrm{V}$。
11. $\varphi^{\ominus}_{\mathrm{B}} = 0.917\,\mathrm{V}$。
12. $\varphi^{\ominus}_{\mathrm{B}} = 0.591\,\mathrm{V}$。
13. $K_{\mathrm{sp}} = 1.64\times10^{-12}$。
14. $\mathrm{pH} = 3.04$。
15. （1）$K_{稳} = 1.38\times10^{16}$；（2）$\Delta G^{\ominus} = -2.80\,\mathrm{kJ\cdot mol^{-1}}$，$\Delta G = -55.0\,\mathrm{kJ\cdot mol^{-1}}$；（3）$K^{\ominus} = 3.09$，$K = 4.25\times10^{9}$。
16. （1）$K_{稳} = 1.10\times10^{13}$；（2）$\Delta G^{\ominus} = -42.65\,\mathrm{kJ\cdot mol^{-1}}$，$\Delta G = -54.04\,\mathrm{kJ\cdot mol^{-1}}$；（3）$K^{\ominus} = 2.93\times10^{7}$。

第 6 章　原子结构基础

1. （1）$n=3$，$\lambda = 6.563\times10^{5}\,\mathrm{pm}$；（2）$n=10$；（3）$n\to\infty$，$\lambda = 3.646\times10^{5}\,\mathrm{pm} = 364.6\,\mathrm{nm}$。
2. $r = 1325\,\mathrm{pm} = 1.3\,\mathrm{nm}$，$E = -8.7\times10^{-20}\,\mathrm{J}$。
3. （1）$\lambda = 1.88\,\mathrm{pm}$，$\nu = 1.59\times10^{14}\,\mathrm{Hz}$；（2）该波长在红外光区。
4. $\lambda = 394\,\mathrm{nm}$。
5. $\mathrm{He^+}$的电离能为$8.716\times10^{-18}\,\mathrm{J\cdot atom^{-1}}$，$5.249\times10^{3}\,\mathrm{kJ\cdot mol^{-1}}$。
6. （1）$m = 5.5\times10^{-36}\,\mathrm{kg}$，$E_{h\nu} = 5.0\times10^{-19}\,\mathrm{J}$；（2）$m = 1.1\times10^{-29}\,\mathrm{kg}$，$E_{h\nu} = 1.0\times10^{-12}\,\mathrm{J}$。
7. $v = 7\times10^{5}\,\mathrm{m\cdot s^{-1}}$。
8. 子弹运动的物质波$\lambda = 6.6\times10^{-26}\,\mathrm{nm}$，比$\gamma$射线（$\lambda = 1\times10^{-5}\,\mathrm{nm}$）的波长还短很多，无法检测到，即波动性可忽略；子弹运动的位置不确定度$\Delta x = 6.6\times10^{-29}\,\mathrm{m}$，很微小，说明宏观物体的运动表现为粒子性。
9. （1）$10\,\mathrm{kJ}$；（2）$\Delta E = 13.6\,\mathrm{eV\cdot atom^{-1}}$。

第 7 章　分子结构基础

1. $U = 717\,\mathrm{kJ\cdot mol^{-1}}$。
2. $E_2 = -751\,\mathrm{kJ\cdot mol^{-1}}$。
3. $\Delta H = -908\,\mathrm{kJ\cdot mol^{-1}}$。

4. （1）$\Delta H = 1284\ \mathrm{kJ \cdot mol^{-1}}$；（2）$\Delta H = 688\ \mathrm{kJ \cdot mol^{-1}}$；（3）$\Delta H = 37.6\ \mathrm{kJ \cdot mol^{-1}}$。

第 8 章　配位化学基础

1. （1）$K = 1.1\times10^{5}$；（2）$AgBr(s) + 2NH_3 \rightleftharpoons Ag(NH_3)_2^+ + Br^-$，$K = 5.9\times10^{-6}$；$Ag(NH_3)_2^+ + Br^- + 2H^+ \rightleftharpoons AgBr(s) + 2NH_4^+$，$K = 5.5\times10^{23}$。

2. $1 : (2.2\times10^{3}) : (1.1\times10^{7})$。

3. $Q = 2.3\times10^{20}$，$Q < K_{sp}$，无沉淀生成。

4. 41 g。

5. （1）$Zn(OH)_2 + 4NH_3 \cdot H_2O \rightleftharpoons Zn(NH_3)_4^{2+} + 2OH^-$，$K = 9\times10^{-8}$；$Zn(OH)_2 + 2NH_3 \cdot H_2O \rightleftharpoons Zn(OH)_4^{2-} + 2NH_4^+$，$K = 4\times10^{-9}$。（2）$Zn(OH)_2$ 溶于氨水中，主要生成 $Zn(NH_3)_4^{2+}$，$Zn(NH_3)_4^{3+} : Zn(OH)_4^{2-} = 8\times10^{6}$。

6. $K_{稳} = 2\times10^{26}$。

7. $\varphi(Fe^{3+}/Fe^{2+}) = 0.36\ \mathrm{V}$。

8. （1）$K = 1.1\times10^{65}$；（2）$\Delta G = -403\ \mathrm{kJ \cdot mol^{-1}}$。

9. （1）$[Ag(NH_3)_2^+] \approx 0.023\ \mathrm{mol \cdot L^{-1}}$；（2）$[Ag(NH_3)_2^+] \approx 6.8\times10^{-16}\ \mathrm{mol \cdot L^{-1}}$，配位反应向生成更稳定配合物的方向进行。

10. （1）$E = 0.368\ \mathrm{V} > 0$，歧化反应能发生；（2）$E = -0.121\ \mathrm{V} < 0$，歧化反应不能发生。

11. （1）$Cu(NH_3)_2^+ + O_2 + 8NH_3 + 2H_2O \rightleftharpoons 4Cu(NH_3)_4^{2+} + 4OH^-$；（2）$K = 5\times10^{26}$；（3）0.090%；（4）当有 $Cu(NH_3)_4^{2+}$ 生成时，加入 Cu 屑可使之还原为 $Cu(NH_3)_2^+$，即 $Cu(NH_3)_4^{2+} + Cu \rightleftharpoons 2Cu(NH_3)_2^+$。

第 9 章　滴定分析基础

1. 0.7652，0.1059。

2. Na_3PO_4，0.2459；Na_2HPO_4，0.1420。

3. 0.730。

4. $H_2C_2O_4 \cdot 2H_2O$，1.4497 g；KHC_2O_4，1.0506 g；K_2SO_3，0.1712 g。

5. $0.78\ \mathrm{mol \cdot L^{-1}}$

6. $6.4\times10^{-20}\ \mathrm{mol \cdot L^{-1}}$；$2.5\times10^{-2}\ \mathrm{mol \cdot L^{-1}}$；$5.0\times10^{-2}\ \mathrm{mol \cdot L^{-1}}$。

7. （1）9.9；（2）2.4；（3）7.28。

8. 14.4；$10^{-8.2}\ \mathrm{mol \cdot L^{-1}}$；$10^{-8.5}\ \mathrm{mol \cdot L^{-1}}$。

9. $1.635\times10^{-2}\ \mathrm{mol \cdot L^{-1}}$；$1.618\times10^{-2}\ \mathrm{mol \cdot L^{-1}}$；$8.128\times10^{-3}\ \mathrm{mol \cdot L^{-1}}$。

10. $2.667\times10^{-2}\ \mathrm{mol \cdot L^{-1}}$

11. 36.18%；19.38%。

12. 37.64%。

13. 26.64%。

14. $2.897\times10^{-2}\ \mathrm{mol \cdot L^{-1}}$。

15. 80.67 mg。

16. $5.66\times10^{-2}\ \mathrm{mol \cdot L^{-1}}$；$1.84\times10^{-2}\ \mathrm{mol \cdot L^{-1}}$。

参考文献

[1] 南京大学编写组. 无机及分析化学[M]. 5 版. 北京：高等教育出版社，2015.
[2] 北京师范大学，等. 无机化学（上下册）[M]. 5 版. 北京：高等教育出版社，2020.
[3] 朱裕贞，顾达，黑思成. 现代基础化学[M]. 3 版. 北京：化学工业出版社，2019.
[4] 大连理工大学无机化学教研室. 无机化学[M]. 4 版. 北京：高等教育出版社，2001.
[5] 浙江大学普通化学教研组. 普通化学[M]. 5 版. 北京：高等教育出版社，2002.
[6] 孙毓庆，胡育筑. 分析化学[M]. 2 版. 北京：科学出版社，2006.
[7] 武汉大学. 分析化学[M]. 4 版. 北京：高等教育出版社，2000.
[8] 李三鸣，邵伟，崔黎丽，等. 物理化学[M]. 7 版. 北京：人民卫生出版社，2014.
[9] 高松. 普通化学[M]. 北京：北京大学出版社，2013.
[10] 华彤文，王艳霞，卞江，等. 普通化学原理[M]. 4 版. 北京：北京大学出版社，2013.
[11] 陈钧辉，张冬梅. 普通生物学[M]. 5 版. 北京：高等教育出版社，2015.
[12] 罗勤慧. 配位化学[M]. 北京：科学出版社，2012.
[13] 曹殿学，王贵领，吕艳卓，等. 燃料电池系统[M]. 北京：北京航空航天大学出版社，2020.

附 录

一、常用物理化学常数

名称	符号和数值
阿伏伽德罗常数	$N_A = 6.022\ 136\ 7 \times 10^{23} mol^{-1}$
法拉第常数	$F = 96\ 485.309\ C \cdot mol^{-1}$
普朗克常数	$h = 6.626\ 075\ 5 \times 10^{-34}\ J \cdot s$
玻尔兹曼常数	$k = 1.380\ 658 \times 10^{-23}\ J \cdot K^{-1}$
里德堡常数	$R_\infty = 1.097\ 373\ 153\ 4 \times 10^{7}\ m^{-1}$
玻尔磁子	$\mu_B = 9.274\ 015\ 4 \times 10^{-24}\ J \cdot T^{-1}$
摩尔气体常数	$R = 8.314\ 510\ J \cdot K^{-1} \cdot mol^{-1}$
标准大气压力	$p^{\ominus} = 101.325\ kPa$
真空中的光速	$c = 299\ 792\ 458\ m \cdot s^{-1}$
电子电荷量	$e = 1.602\ 177\ 33 \times 10^{-19}\ C$
电子静质量	$m_e = 9.109\ 359\ 7 \times 10^{-31}\ kg$
原子的质量单位	$u = 1.660\ 540\ 2 \times 10^{-27}\ kg$

二、一些物质的热力学参数（298.15 K，100 kPa）

物质		$\Delta_f H_m^{\ominus}/kJ \cdot mol^{-1}$	$\Delta_f G_m^{\ominus}/kJ \cdot mol^{-1}$	$S_m^{\ominus}/J \cdot mol^{-1} \cdot K^{-1}$	
分子式	状态			单质和化合物	离子
Ag	s	0	0	42.6	
Ag^+	aq	105.6	77.1		72.7
AgCl	s	−127.0	−109.8	96.3	
AgBr	s	−100.4	−96.9	107.1	
AgI	s	−61.8	−66.2	115.5	
$AgNO_3$	s	−124.4	−33.4	140.9	
Ag_2O	s	−31.1	−11.2	121.3	
Ag_2CO_3	s	−505.8	−436.8	167.4	
Ag_2CrO_4	s	−731.7	−641.8	217.6	
Al	s	0	0	28.3	
Al_2O_3	s	−1675.7	−1582.3	50.9	
Al^{3+}	aq	−531.0	−485.0		−321.7
AsH_3	g	66.4	68.9	222.8	
AsF_3	l	−821.3	−774.2	181.2	
As_4O_6	s	−1313.9	−1152.4	214.2	
Au	s	0	0	47.4	
B	s	0	0	5.9	
B_2H_6	g	36.4	87.6	2312.1	
B_2O_3	s	−1237.5	−1194.3	54.0	
$B(OH)_4^-$	aq	−1344.0	−1153.2		102.5

续表

物质		$\Delta_f H_m^{\ominus}$/kJ·mol^{-1}	$\Delta_f G_m^{\ominus}$/kJ·mol^{-1}	$S_m^{\ominus}$/J·mol^{-1}·K^{-1}	
分子式	状态			单质和化合物	离子
H_3BO_3	s	−1094.3	−968.9	90.0	
Ba	s	0	0	62.5	
Ba^{2+}	aq	−537.6	−560.8		9.6
BaO	s	−548.0	−520.3	72.1	
$BaCO_3$	s	−1213.0	−1134.4	112.1	
$BaSO_4$	s	−1473.2	−1362.2	132.2	
Br_2	g	30.9	3.1	245.5	
Br_2	l	0	0	152.2	
Br^-	aq	−121.6	−104.0		82.4
HBr	g	−36.3	−53.4	198.7	
C	s，金刚石	1.9	2.9	2.4	
C	s，石墨	0	0	5.7	
CH_4	g	−74.6	−50.5	186.3	
C_2H_4	g	52.4	68.4	219.3	
C_2H_6	g	−84.0	−32.0	229.2	
C_2H_2	g	227.4	209.9	200.4	
CH_2O	g	−108.6	−102.5	218.8	
CH_3OH	g	−201.0	−162.3	239.9	
CH_3OH	l	−239.2	−166.6	126.8	
CH_3CHO	g	−166.2	−133.0	263.8	
C_2H_5OH	g	−234.8	−167.9	281.6	
C_2H_5OH	l	−277.6	−174.8	160.7	
CH_3COOH	l	−484.3	−389.9	159.8	
$C_6H_{12}O_6$	s，葡萄糖	−1273.2	−910.5	212.1	
CO	g	−110.5	−137.2	197.7	
CO_2	g	−939.5	−394.4	213.8	
Ca	s	0	0	41.6	
CaO	s	−634.9	−603.3	38.1	
$CaCO_3$	s	−1207.6	−1129.1	91.7	
$Ca(OH)_2$	s	−985.2	−897.5	83.4	
$CaSO_4$	s	−1434.5	−1322.0	106.5	
$CaSO_4 \cdot \frac{1}{2}H_2O$	s	−1577.0	−1436.7	130.5	
$CaSO_4 \cdot 2H_2O$	s	−2022.6	−1797.3	194.1	
Ce^{3+}	aq	−696.2	−672.0		−205.0
CeO_2	s	−1088.7	−1024.6	62.3	
Cl_2	g	0	0	223.1	
Cl^-	aq	−167.2	−131.3		56.5
ClO^-	aq	−107.1	−36.8		42.0
HCl	g	−92.3	−95.3	186.9	
HClO	aq，非解离	−120.9	−79.9	142.0	
Co	s	0	0	30.0	
Co^{2+}	aq	−58.2	−54.4		−113.0

续表

物质		$\Delta_f H_m^\ominus$/kJ·mol^{-1}	$\Delta_f G_m^\ominus$/kJ·mol^{-1}	$S_m^\ominus$/J·mol^{-1}·K^{-1}	
分子式	状态			单质和化合物	离子
$CoCl_2$	s	−312.5	−269.8	109.2	
Cr	s	0	0	23.8	
CrO_4^{2-}	aq	−881.2	−727.8		50.2
$Cr_2O_7^{2-}$	aq	−1490.3	−1301.1		261.9
Cr_2O_3	s	−1139.7	−1058.1	81.2	
CrO_3	s	−589.5	−506.3	—	
Cu	s	0	0	33.2	
Cu^+	aq	71.7	50.0		40.6
Cu^{2+}	aq	64.8	65.5		−99.6
Cu_2O	s	−168.6	−146.0	93.1	
CuO	s	−157.3	−129.7	42.6	
$CuSO_4$	s	−771.4	−662.2	109.2	
$CuSO_4 \cdot 5H_2O$	s	−2279.7	−1880.0	300.4	
F_2	g	0	0	202.8	
F^-	aq	−33.26	−278.8		−13.8
HF	g	−273.3	−275.4	173.8	
Fe	s	0	0	27.3	
Fe^{2+}	aq	−89.1	−78.9		−137.7
Fe^{3+}	aq	−48.5	−4.7		−315.9
FeO	s	−272.0	—		
Fe_2O_3	s	−824.2	−742.2	87.4	
Fe_3O_4	s	−1118.4	−1015.4	146.4	
$Fe(OH)_2$	s	−569.0	−486.5	88.0	
$Fe(OH)_3$	s	−823.0	−696.5	106.7	
H_2	g	0	0	130.7	
H^+	aq	0	0		0
H_2O	g	−241.8	228.6	188.8	
H_2O	l	−285.8	237.1	69.9	
H_2O_2	l	−187.8	120.4	109.6	
OH^-	aq	−230.0	157.2		−10.8
Hg	l	0	0	75.9	
Hg^{2+}	aq	171.1	164.4		−32.2
Hg_2^{2+}	aq	172.4	153.5		84.5
HgO	s，红色	−90.8	−58.5	70.3	
HgO	s，黄色	−90.5	−58.4	71.1	
HgI_2	s，红色	−105.4	−101.7	180.0	
HgS	s，红色	−58.2	−50.6	82.4	
I_2	s	0	0	116.1	
I_2	g	62.4	19.3	260.7	
I^-	aq	−55.2	−51.6		111.3
HI	g	26.5	1.7	206.6	
HIO_3	s	−230.1	—	—	
K	s	0	0	64.7	
K^+	aq	−252.4	−283.3		102.5

续表

物质		$\Delta_f H_m^\ominus$/kJ·mol^{-1}	$\Delta_f G_m^\ominus$/kJ·mol^{-1}	$S_m^\ominus$/J·mol^{-1}·K^{-1}	
分子式	状态			单质和化合物	离子
KCl	s	−436.5	−408.5	82.6	
K_2O	s	−361.5	—	—	
K_2O_2	s	−494.1	−425.1	102.1	
Li^+	aq	−278.5	−293.3		13.4
Li_2O	s	−597.9	−561.2	37.6	
Mg	s	0	0	32.7	
Mg^{2+}	aq	−466.9	−454.8		−138.1
$MgCl_2$	s	−641.3	−591.8	89.6	
MgO	s	−601.6	−569.3	27.0	
$Mg(OH)_2$	s	−924.5	−833.5	63.2	
$MgCO_3$	s	−1095.8	−1012.1	65.7	
Mn	s，α	0	0	32.0	
Mn^{2+}	aq	−220.8	−228.1		−73.6
MnO_2	s	−520.0	−465.1	53.1	
N_2	g	0	0	191.6	
NH_3	g	−45.9	−16.4	192.8	
$NH_3 \cdot H_2O$	aq，非解离	−366.1	−263.6	181.2	
N_2H_4	g	95.4	159.4	238.5	
N_2H_4	l	50.6	−149.3	121.2	
NH_4Cl	s	−314.4	−202.9	94.6	
NH_4NO_3	s	−365.6	−183.9	151.1	
$(NH_4)_2SO_4$	s	−1180.9	−901.7	220.1	
NO	g	91.3	87.6	210.8	
NO_2	g	33.2	51.3	240.1	
N_2O	g	81.6	103.7	220.0	
N_2O_4	g	11.1	99.8	304.2	
HNO_3	l	−174.1	−80.7	155.6	
Na	s	0	0	51.3	
Na^+	aq	−240.1	−261.9		59.0
NaCl	s	−411.2	−384.1	72.1	
$Na_2B_4O_7$	s	−3291.1	−3096.0	189.5	
$NaBO_2$	s	−977.0	−920.7	73.5	
Na_2CO_3	s	−1130.7	−1044.4	135.0	
$NaHCO_3$	s	−950.8	−851.0	101.7	
$NaNO_2$	s	−358.7	−284.6	103.8	
$NaNO_3$	s	467.9	367.0	116.5	
Na_2O	s	−414.2	−375.5	75.1	
Na_2O_2	s	−510.9	−447.7	95.0	
NaOH	s	−425.6	−379.5	64.5	
O_2	g	0	0	205.2	
O_3	g	142.7	163.2	238.9	
P	s，白	0	0	41.0	
PCl_3	g	−287.0	−267.8	311.8	

续表

物质		$\Delta_f H_m^{\ominus}$/kJ·mol^{-1}	$\Delta_f G_m^{\ominus}$/kJ·mol^{-1}	$S_m^{\ominus}$/J·mol^{-1}·K^{-1}	
分子式	状态			单质和化合物	离子
PCl_5	g	−374.9	−305.0	364.6	
P_4O_{10}	s，六方	−2984.0	−2697.7	228.9	
Pb	s	0	0	64.8	
Pb^{2+}	aq	−1.7	−24.4		10.5
$PbCl_2$	s	−359.4	−314.1	136.0	
PbO	s，黄色	−217.3	−187.9	68.7	
PbO	s，红色	−219.0	−188.9	66.5	
Pb_3O_4	s	−718.4	−601.2	211.8	
PbO_2	s	−277.4	−217.3	68.6	
PbS	s	−100.4	−98.7	91.2	
S	s	0	0	32.1	
S^{2-}	aq	33.1	85.8		−14.6
H_2S	g	−20.6	−33.4	205.8	
SO_2	g	−296.8	−300.1	248.2	
SO_3	g	−395.7	−371.1	256.8	
SO_3^{2-}	aq	−635.5	−486.5		−29.0
SO_4^{2-}	aq	−909.3	−744.5		20.1
Si	s	0	0	18.8	
SiO_2	s	−910.7	−856.3	41.5	
SiF_4	g	−1615.0	−1572.8	282.8	
$SiCl_4$	g	−687.0	−619.8	239.7	
Sn	s	0	0	51.2	
Sn	s	−2.1	−0.1	44.1	
Sn^{2+}	aq	−8.8	−27.2		−17.0
SnO	s，白色	−280.7	−251.9	57.2	
SnO_2	s，灰色	−577.6	−515.8	49.0	
Sr^{2+}	aq	−545.8	−559.5		−32.6
SrO	s	−529.0	−561.9	54.4	
$SrCO_3$	s	−1220.1	−1140.1	97.1	
Ti	s	0	0	30.7	
TiO_2	s，金红石	−944.0	−888.8	50.6	
$TiCl_4$	l	−804.2	−737.2	252.2	
V_2O_5	s	−1550.6	−1419.5	131.0	
WO_3	s	−842.9	−764.0	75.9	
Zn	s	0	0	41.6	
Zn^{2+}	aq	−153.9	−147.1		112.1
ZnO	s	−350.5	−320.5	43.7	
ZnS	s，闪锌矿	−206.0	−210.3	57.7	

摘自：CRC Handbook Chemistry and Physics. 91st ed. 2010: 5-4 ~ 5-65.

三、一些难溶电解质的溶度积（298.15 K）

化合物	$K_{sp}^{\ominus}$	化合物	$K_{sp}^{\ominus}$
AgCl	1.77×10^{-10}	$FeCO_3$	3.13×10^{-11}
AgBr	5.35×10^{-13}	$Fe(OH)_2$	4.87×10^{-17}
AgI	8.52×10^{-17}	FeS	6.30×10^{-18}
AgCN	5.97×10^{-17}	$Fe(OH)_3$	2.79×10^{-39}
Ag_2CO_3	8.46×10^{-12}	Hg_2Cl_2	1.43×10^{-18}
$Ag_2C_2O_4$	5.40×10^{-12}	Hg_2CO_3	3.60×10^{-17}
Ag_2CrO_4	1.12×10^{-12}	Hg_2I_2	5.20×10^{-29}
$AgIO_3$	3.17×10^{-8}	Hg_2SO_4	6.50×10^{-7}
AgOH	2.00×10^{-8}	$HgBr_2$	6.20×10^{-20}
Ag_3PO_4	8.89×10^{-17}	HgI_2	2.90×10^{-29}
Ag_2S	6.30×10^{-50}	HgS（红）	4.00×10^{-53}
AgSCN	1.03×10^{-12}	HgS（黑）	1.60×10^{-52}
Ag_2SO_3	1.50×10^{-14}	LiF	1.84×10^{-3}
Ag_2SO_4	1.20×10^{-5}	Li_3PO_4	2.37×10^{-11}
$Al(OH)_3$	1.30×10^{-33}	$MgCO_3$	6.82×10^{-6}
$BaCO_3$	2.58×10^{-9}	$MgC_2O_4\cdot 2H_2O$	4.83×10^{-6}
$BaC_2O_4\cdot H_2O$	2.30×10^{-8}	MgF_2	5.16×10^{-11}
$BaCrO_4$	1.17×10^{-10}	$Mg(OH)_2$	5.61×10^{-12}
BaF_2	1.84×10^{-7}	$MgNH_4PO_4$	2.50×10^{-13}
$BaSO_4$	1.08×10^{-10}	$Mn(OH)_2$	1.90×10^{-13}
$Be(OH)_2$	6.92×10^{-22}	MnS（无定形）	2.50×10^{-10}
$CaCO_3$	2.80×10^{-9}	MnS（晶形）	2.50×10^{-13}
$CaC_2O_4\cdot H_2O$	2.32×10^{-9}	$NiCO_3$	1.42×10^{-7}
CaF_2	5.30×10^{-9}	$Ni(OH)_2$	5.48×10^{-16}
$Ca(OH)_2$	5.50×10^{-6}	$NiS(\alpha)$	3.20×10^{-19}
$Ca_3(PO_4)_2$	2.07×10^{-29}	$NiS(\beta)$	2.50×10^{-20}
$CaSO_4$	4.93×10^{-5}	$PbCO_3$	7.40×10^{-14}
$CaSO_4\cdot 2H_2O$	3.14×10^{-5}	$PbCl_2$	1.70×10^{-5}
$CdCO_3$	1.00×10^{-12}	$PbCrO_4$	2.80×10^{-13}
$Cd(OH)_2$	7.20×10^{-15}	PbF_2	3.30×10^{-8}
CdS	8.00×10^{-27}	PbI_2	9.80×10^{-9}
$Co(OH)_2$	5.92×10^{-15}	$Pb(OH)_2$	1.43×10^{-15}
$Co(OH)_3$	1.60×10^{-44}	PbS	8.00×10^{-28}
$CoS(\alpha)$	4.00×10^{-21}	$PbSO_4$	2.53×10^{-8}
$CoS(\beta)$	2.00×10^{-25}	$Sn(OH)_2$	5.45×10^{-28}
$Cr(OH)_3$	6.30×10^{-31}	SnS	1.00×10^{-25}
CuCl	1.72×10^{-7}	$SrCO_3$	5.60×10^{-10}
CuCN	3.47×10^{-20}	$SrSO_4$	3.44×10^{-7}
CuI	1.27×10^{-12}	TlCl	1.86×10^{-4}
Cu_2S	2.50×10^{-48}	TlI	5.54×10^{-8}
CuSCN	1.77×10^{-13}	$ZnCO_3$	1.46×10^{-10}
CuC_2O_4	4.43×10^{-10}	$Zn(OH)_2$	3.00×10^{-17}
$Cu(OH)_2$	2.20×10^{-20}	$ZnS(\alpha)$	1.60×10^{-24}
$Cu_3(PO_4)_2$	1.40×10^{-37}	$ZnS(\beta)$	2.50×10^{-22}
CuS	6.30×10^{-36}		

摘自：James G Speight. Lange's Handbook of Chemistry. 16th ed. 2005.

四、标准电极电势

（1）298.15 K，酸性介质中

电对	半反应 [氧化型]+ze ⇌ [还原型]	$\varphi^\ominus$ / V
Li^+/Li	$Li^+ + e \rightleftharpoons Li$	−3.0401
Cs^+/Cs	$Cs^+ + e \rightleftharpoons Cs$	−3.026
Rb^+/Rb	$Rb^+ + e \rightleftharpoons Rb$	−2.98
K^+/K	$K^+ + e \rightleftharpoons K$	−2.931
Ba^{2+}/Ba	$Ba^{2+} + 2e \rightleftharpoons Ba$	−2.912
Sr^{2+}/Sr	$Sr^{2+} + 2e \rightleftharpoons Sr$	−2.899
Ca^{2+}/Ca	$Ca^{2+} + 2e \rightleftharpoons Ca$	−2.868
Eu^{2+}/Eu	$Eu^{2+} + 2e \rightleftharpoons Eu$	−2.812
Ra^{2+}/Ra	$Ra^{2+} + 2e \rightleftharpoons Ra$	−2.8
Na^+/Na	$Na^+ + e \rightleftharpoons Na$	−2.71
Nd^{3+}/Nd^{2+}	$Nd^{3+} + e \rightleftharpoons Nd^{2+}$	−2.7
La^{3+}/La	$La^{3+} + 3e \rightleftharpoons La$	−2.379
Mg^{2+}/Mg	$Mg^{2+} + 2e \rightleftharpoons Mg$	−2.372
Y^{3+}/Y	$Y^{3+} + 3e \rightleftharpoons Y$	−2.372
Pr^{3+}/Pr	$Pr^{3+} + 3e \rightleftharpoons Pr$	−2.353
Ce^{3+}/Ce	$Ce^{3+} + 3e \rightleftharpoons Ce$	−2.336
Sc^{3+}/Sc	$Sc^{3+} + 3e \rightleftharpoons Sc$	−2.077
Pr^{2+}/Pr	$Pr^{2+} + 2e \rightleftharpoons Pr$	−2.0
Eu^{3+}/Eu	$Eu^{3+} + 3e \rightleftharpoons Eu$	−1.991
N_2/NH_3OH^+	$N_2 + 2H_2O + 4H^+ + 2e \rightleftharpoons 2NH_3OH^+$	−1.87*
Be^{2+}/Be	$Be^{2+} + 2e \rightleftharpoons Be$	−1.847
Al^{3+}/Al	$Al^{3+} + 3e \rightleftharpoons Al$	−1.676
U^{3+}/U	$U^{3+} + 3e \rightleftharpoons U$	−1.66
Ti^{3+}/Ti	$Ti^{3+} + 3e \rightleftharpoons Ti$	−1.628
ZrO_2/Zr	$ZrO_2 + 4H^+ + 4e \rightleftharpoons Zr + 2H_2O$	−1.553
Hf^{4+}/Hf	$Hf^{4+} + 4e \rightleftharpoons Hf$	−1.55
Zr^{4+}/Zr	$Zr^{4+} + 4e \rightleftharpoons Zr$	−1.45
Ti^{3+}/Ti	$Ti^{3+} + 3e \rightleftharpoons Ti$	−1.209
Mn^{2+}/Mn	$Mn^{2+} + 2e \rightleftharpoons Mn$	−1.185
V^{2+}/V	$V^{2+} + 2e \rightleftharpoons V$	−1.175
Nb^{3+}/Nb	$Nb^{3+} + 3e \rightleftharpoons Nb$	−1.099
Cr^{2+}/Cr	$Cr^{2+} + 2e \rightleftharpoons Cr$	−0.913
H_3BO_3/B	$H_3BO_3 + 3H^+ + 3e \rightleftharpoons B + 3H_2O$	−0.8698
Bi/BiH_3	$Bi + 3H^+ + 3e \rightleftharpoons BiH_3$	−0.8
Te/H_2Te	$Te^{2+} + 2H^+ + 2e \rightleftharpoons H_2Te$	−0.793
$Zn^{2+}/Zn(Hg)$	$Zn^{2+} + 2e \rightleftharpoons Zn(Hg)$	−0.7628
Zn^{2+}/Zn	$Zn^{2+} + 2e \rightleftharpoons Zn$	−0.7618
TlI/Tl	$TlI + e \rightleftharpoons Tl + I^-$	−0.752
Cr^{3+}/Cr	$Cr^{3+} + 3e \rightleftharpoons Cr$	−0.744
$TlBr/Tl$	$TlBr + e \rightleftharpoons Tl + Br^-$	−0.658
Nb_2O_5/Nb	$Nb_2O_5 + 10H^+ + 10e \rightleftharpoons 2Nb + 5H_2O$	−0.644

续表

电对	半反应 [氧化型]+ze $\rightleftharpoons$ [还原型]	$\varphi^{\ominus}$/V
As/H_3As	$As + 3H^+ + 3e \rightleftharpoons H_3As$	−0.608
Ta^{3+}/Ta	$Ta^{3+} + 3e \rightleftharpoons Ta$	−0.6
$TlCl/Tl$	$TlCl + e \rightleftharpoons Tl + Cl^-$	−0.5568
Ga^{3+}/Ga	$Ga^{3+} + 3e \rightleftharpoons Ga$	−0.549
U^{4+}/U^{3+}	$U^{4+} + e \rightleftharpoons U^{3+}$	−0.52
Sb/SbH_3	$Sb + 3H^+ + 3e \rightleftharpoons SbH_3$	−0.510
H_3PO_2/P	$H_3PO_2 + H^+ + e \rightleftharpoons P + 2H_2O$	−0.508
TiO_2/Ti^{2+}	$TiO_2 + 4H^+ + 2e \rightleftharpoons Ti^{2+} + 2H_2O$	−0.502
H_3PO_3/H_3PO_2	$H_3PO_3 + 2H^2 + 2e \rightleftharpoons H_3PO_2 + H_2O$	−0.499
$PbHPO_4/Pb$	$PbHPO_4 + 2e \rightleftharpoons Pb + HPO_4^{2-}$	−0.465
H_3PO_3/P	$H_3PO_3 + 3H^+ + 3e \rightleftharpoons P + 3H_2O$	−0.454
Fe^{2+}/Fe	$Fe^{2+} + 2e \rightleftharpoons Fe$	−0.447
Tl_2SO_4/Tl	$Tl_2SO_4 + 2e \rightleftharpoons 2Tl + SO_4^{2-}$	−0.4360
Cr^{3+}/Cr^{2+}	$Cr^{3+} + e \rightleftharpoons Cr^{2+}$	−0.407
Cd^{2+}/Cd	$Cd^{2+} + 2e \rightleftharpoons Cd$	−0.4030
$Se/H_2Se(aq)$	$Se + 2H^+ + 2e \rightleftharpoons H_2Se(aq)$	−0.399
Ti^{3+}/Ti^{2+}	$Ti^{3+} + e \rightleftharpoons Ti^{2+}$	−0.369
PbI_2/Pb	$PbI_2 + 2e \rightleftharpoons Pb + 2I^-$	−0.365
$PbSO_4/Pb$	$PbSO_4 + 2e \rightleftharpoons Pb^{2+} + SO_4^{2-}$	−0.3588
PbF_2/Pb	$PbF_2 + 2e \rightleftharpoons Pb^{2+} + 2F^-$	−0.3444
In^{3+}/In	$In^{3+} + 3e \rightleftharpoons In$	−0.3382
Tl^+/Tl	$Tl^+ + e \rightleftharpoons Tl$	−0.336
$PbBr_2/Pb$	$PbBr_2 + 2e \rightleftharpoons Pb + 2Br^-$	−0.284
Co^{2+}/Co	$Co^{2+} + 2e \rightleftharpoons Co$	−0.28
H_3PO_4/H_3PO_3	$H_3PO_4 + 2H^+ + 2e \rightleftharpoons H_3PO_3 + H_2O$	−0.276
$PbCl_2/Pb$	$PbCl_2 + 2e \rightleftharpoons Pb^{2+} + 2Cl^-$	−0.2675
Ni^{2+}/Ni	$Ni^{2+} + 2e \rightleftharpoons Ni$	−0.257
V^{3+}/V^{2+}	$V^{3+} + e \rightleftharpoons V^{2+}$	−0.255
V_2O_5/V	$V_2O_5 + 10H^+ + 10e \rightleftharpoons 2V + 5H_2O$	−0.242
$N_2/N_2H_5^+$	$N_2 + 5H^+ + 4e \rightleftharpoons N_2H_5^+$	−0.23*
$SO_4^{2-}/S_2O_6^{2-}$	$SO_4^{2-} + 4H^+ + 2e \rightleftharpoons S_2O_6^{2-} + 2H_2O$	−0.22
Ga^+/Ga	$Ga^+ + e \rightleftharpoons Ga$	−0.2
Mo^{3+}/Mo	$Mo^{3+} + 3e \rightleftharpoons Mo$	−0.200
$CO_2/HCOOH$	$CO_2 + 2H^+ + 2e \rightleftharpoons HCOOH$	−0.199
H_2GeO_3/Ge	$H_2GeO_3 + 4H^+ + 4e \rightleftharpoons Ge + 3H_2O$	−0.182
AgI/Ag	$AgI + e \rightleftharpoons Ag + I^-$	−0.15224
In^+/In	$In^+ + e \rightleftharpoons In$	−0.14
Sn^{2+}/Sn	$Sn^{2+} + 2e \rightleftharpoons Sn$	−0.1375
Pb^{2+}/Pb	$Pb^{2+} + 2e \rightleftharpoons Pb$	−0.1262
$Pb^{2+}/Pb(Hg)$	$Pb^{2+} + 2e \rightleftharpoons Pb(Hg)$	−0.1203
GeO_2/GeO	$GeO_2 + 2H^+ + e \rightleftharpoons GeO + H_2O$	−0.118
SnO_2/Sn	$SnO_2 + 4H^+ + 4e \rightleftharpoons Sn + 2H_2O$	−0.117
$P/PH_3(g)$	$P(red) + 3H^+ + 3e \rightleftharpoons PH_3(g)$	−0.111

续表

电对	半反应 [氧化型] + ze ⇌ [还原型]	$\varphi^{\ominus}$ / V
SnO_2/Sn^{2+}	$SnO_2 + 4H^+ + 2e \rightleftharpoons Sn^{2+} + 2H_2O$	−0.094
WO_3/W	$WO_3 + 6H^+ + 6e \rightleftharpoons W + 3H_2O$	−0.090
Se/H_2Se	$Se + 2H^+ + 2e \rightleftharpoons H_2Se$	−0.082
$P/PH_3(g)$	$P(White) + 3H^+ + 3e \rightleftharpoons PH_3(g)$	−0.063
$H_2SO_3/HS_2O_4^{2-}$	$2H_2SO_3 + H^+ + 2e \rightleftharpoons HS_2O_4^- + 2H_2O$	−0.056
Hg_2I_2/Hg	$Hg_2I_2 + 2e \rightleftharpoons 2Hg + 2I^-$	−0.0405
Fe^{3+}/Fe	$Fe^{3+} + 3e \rightleftharpoons Fe$	−0.037
Ag_2S/Ag	$Ag_2S + 2H^+ + 2e \rightleftharpoons 2Ag + H_2S$	−0.0366
CuI_2^-/Cu	$CuI_2^- + e \rightleftharpoons Cu + 2I^-$	0.00
H^+/H_2	$2H^+ + 2e \rightleftharpoons H_2$	0.00000
$AgBr/Ag$	$AgBr + e \rightleftharpoons Ag + Br^-$	0.07133
MoO_3/Mo	$MoO_3 + 6H^+ + 6e \rightleftharpoons Mo + 3H_2O$	0.075
W^{3+}/W	$W^{3+} + 3e \rightleftharpoons W$	0.1
TiO^{2+}/Ti^{3+}	$TiO^{2+} + 2H^+ + e \rightleftharpoons Ti^{3+} + H_2O$	0.100*
Ge^{4+}/Ge	$Ge^{4+} + 4e \rightleftharpoons Ge$	0.124
Hg_2Br_2/Hg	$Hg_2Br_2 + 2e \rightleftharpoons 2Hg + 2Br^-$	0.13923
S/H_2S	$S + 2H^+ + 2e \rightleftharpoons H_2S(aq)$	0.142
Sn^{4+}/Sn^{2+}	$Sn^{4+} + 2e \rightleftharpoons Sn^{2+}$	0.151
Sb_2O_3/Sb	$Sb_2O_3 + 6H^+ + 6e \rightleftharpoons 2Sb + 3H_2O$	0.152
Cu^{2+}/Cu^+	$Cu^{2+} + e \rightleftharpoons Cu^+$	0.153
$BiOCl/Bi$	$BiOCl + 2H^+ + 3e \rightleftharpoons Bi + Cl^- + H_2O$	0.1583
SO_4^{2-}/H_2SO_3	$SO_4^{2-} + 4H^+ + 2e \rightleftharpoons H_2SO_3 + H_2O$	0.172
Bi^{3+}/Bi^+	$Bi^{3+} + 2e \rightleftharpoons Bi^+$	0.2
SbO^+/Sb	$SbO^+ + 2H^+ + 3e \rightleftharpoons Sb + H_2O$	0.212
$AgCl/Ag$	$AgCl + e \rightleftharpoons Ag + Cl^-$	0.22233
As_2O_3/As	$As_2O_3 + 6H^+ + 6e \rightleftharpoons 2As + 3H_2O$	0.234
Ge^{2+}/Ge	$Ge^{2+} + 2e \rightleftharpoons Ge$	0.24
$HAsO_2/As$	$HAsO_2 + 3H^+ + 3e \rightleftharpoons As + 2H_2O$	0.248
Ru^{3+}/Ru^{2+}	$Ru^{3+} + e \rightleftharpoons Ru^{2+}$	0.2487
Hg_2Cl_2/Hg	$Hg_2Cl_2 + 2e \rightleftharpoons 2Hg + 2Cl^-$	0.26808
Re^{3+}/Re	$Re^{3+} + 3e \rightleftharpoons Re$	0.300
Ti^{3+}/Ti^{2+}	$Ti^{3+} + e \rightleftharpoons Ti^{2+}$	0.3
Bi^{3+}/Bi	$Bi^{3+} + 3e \rightleftharpoons Bi$	0.308
BiO^+/Bi	$BiO^+ + 2H^+ + 3e \rightleftharpoons Bi + H_2O$	0.320
$HCNO/(CN)_2$	$2HCNO + 2H^+ + 2e \rightleftharpoons (CN)_2 + 2H_2O$	0.330
VO^{2+}/V^{3+}	$VO^{2+} + 2H^+ + e \rightleftharpoons V^{3+} + H_2O$	0.337
Cu^{2+}/Cu	$Cu^{2+} + 2e \rightleftharpoons Cu$	0.3419
$AgIO_3/Ag$	$AgIO_3 + e \rightleftharpoons Ag + IO_3^-$	0.354
$(CN)_2/HCN$	$(CN)_2 + 2H^+ + 2e \rightleftharpoons 2HCN$	0.373
Ag_2CrO_4/Ag	$Ag_2CrO_4 + 2e \rightleftharpoons 2Ag + CrO_4^{2-}$	0.4470
H_2SO_3/S	$H_2SO_3 + 4H^+ + 4e \rightleftharpoons S + 3H_2O$	0.449
Ru^{2+}/Ru	$Ru^{2+} + 2e \rightleftharpoons Ru$	0.455
TeO_4^-/Te	$TeO_4^- + 8H^+ + 7e \rightleftharpoons Te + 4H_2O$	0.472

续表

电对	半反应 [氧化型]+ze ⇌ [还原型]	$\varphi^{\ominus}$/V
Bi^+/Bi	$Bi^+ + e \rightleftharpoons Bi$	0.5
Cu^+/Cu	$Cu^+ + e \rightleftharpoons Cu$	0.521
I_2/I^-	$I_2 + 2e \rightleftharpoons 2I^-$	0.5355
I_3^-/I^-	$I_3^- + 2e \rightleftharpoons 3I^-$	0.536
$AgBrO_3/Ag$	$AgBrO_3 + e \rightleftharpoons Ag + BrO_3^-$	0.546
$H_3AsO_4/HAsO_2$	$H_3AsO_4 + 2H^+ + 2e \rightleftharpoons HAsO_2 + 2H_2O$	0.560
$S_2O_6^{2-}/H_2SO_3$	$S_2O_6^{2-} + 4H^+ + 2e \rightleftharpoons 2H_2SO_3$	0.564
Te^{4+}/Te	$Te^{4+} + 4e \rightleftharpoons Te$	0.568
Sb_2O_5/SbO^+	$Sb_2O_5 + 6H^+ + 4e \rightleftharpoons 2SbO + 3H_2O$	0.581
$PdCl_4^{2-}/Pd$	$PdCl_4^{2-} + 2e \rightleftharpoons Pd + 4Cl^-$	0.591
TeO_2/Te	$TeO_2 + 4H^+ + 4e \rightleftharpoons Te + 2H_2O$	0.593
Hg_2SO_4/Hg	$Hg_2SO_4 + 2e \rightleftharpoons 2Hg + SO_4^{2-}$	0.6125
Ag_2SO_4/Ag	$Ag_2SO_4 + 2e \rightleftharpoons 2Ag + SO_4^{2-}$	0.654
$Cu^{2+}/CuBr$	$Cu^{2+} + Br^- + e \rightleftharpoons CuBr(c)$	0.654*
$PtCl_6^{2-}/PtCl_4^{2-}$	$PtCl_6^{2-} + 2e \rightleftharpoons PtCl_4^{2-} + 2Cl^-$	0.68
O_2/H_2O_2	$O_2 + 2H^+ + 2e \rightleftharpoons H_2O_2$	0.695
H_2SeO_3/Se	$H_2SeO_3 + 4H^+ + 4e \rightleftharpoons Se + 3H_2O$	0.74
Tl^{3+}/Tl	$Tl^{3+} + 3e \rightleftharpoons Tl$	0.741
$PtCl_4^{2-}/Pt$	$PtCl_4^{2-} + 2e \rightleftharpoons Pt + 4Cl^-$	0.755
Rh^{3+}/Rh	$Rh^{3+} + 3e \rightleftharpoons Rh$	0.758
ReO_4^-/ReO_3	$ReO_4^- + 2H^+ + e \rightleftharpoons ReO_3 + H_2O$	0.768
Fe^{3+}/Fe^{2+}	$Fe^{3+} + e \rightleftharpoons Fe^{2+}$	0.771
Hg_2^{2+}/Hg	$Hg_2^{2+} + 2e \rightleftharpoons 2Hg$	0.7973
Ag^+/Ag	$Ag^+ + e \rightleftharpoons Ag$	0.7996
NO_3^-/N_2O_4	$2NO_3^- + 4H^+ + 2e \rightleftharpoons N_2O_4 + 2H_2O$	0.803
OsO_4/Os	$OsO_4 + 8H^+ + 8e \rightleftharpoons Os + 4H_2O$	0.838
Hg^{2+}/Hg	$Hg^{2+} + 2e \rightleftharpoons Hg$	0.851
$SiO_2(quartz)/Si$	$SiO_2(quartz) + 4H^+ + 4e \rightleftharpoons Si + 2H_2O$	0.857
Hg^{2+}/Hg_2^{2+}	$2Hg^{2+} + 2e \rightleftharpoons 2Hg_2^{2+}$	0.920
NO_3^-/HNO_2	$NO_3^-3H^+ + 2e \rightleftharpoons HNO_2 + H_2O$	0.934
Pd^{2+}/Pd	$Pd^{2+} + 2e \rightleftharpoons Pd$	0.951
NO_3^-/NO	$NO_3^- + 4H^+ + 3e \rightleftharpoons NO + 2H_2O$	0.957
V_2O_5/VO^{2+}	$V_2O_5 + 6H^+ + 2e \rightleftharpoons 2VO^{3+} + 3H_3O$	0.957
HNO_2/NO	$HNO_2 + H^+ + e \rightleftharpoons NO + H_2O$	0.983
HIO/I^-	$HIO + H^+ + 2e \rightleftharpoons I^- + H_2O$	0.987
VO_2^+/VO^{2+}	$VO_2^+ + 2H^+ + e \rightleftharpoons VO^{2+} + H_2O$	0.991
PtO_2/Pt	$PtO_2 + 4H^+ + 4e \rightleftharpoons Pt + 2H_2O$	1.00
$AuCl_4^-/Au$	$AuCl_4^- + 3e \rightleftharpoons Au + 4Cl^-$	1.002
H_6TeO_6/TeO_2	$H_6TeO_6 + 2H^+ + 2e \rightleftharpoons TeO_2 + 4H_2O$	1.02
OsO_4/OsO_2	$OsO_4 + 4H^+ + 4e \rightleftharpoons OsO_2 + 2H_2O$	1.02
$Hg(OH)_2/Hg$	$Hg(OH)_2 + 2H^+ + 2e \rightleftharpoons Hg + 2H_2O$	1.034
N_2O_4/NO	$N_2O_4 + 4H^+ + 4e \rightleftharpoons 2NO + 2H_2O$	1.035
RuO_4/Ru	$RuO_4 + 8H^+ + 8e \rightleftharpoons Ru + 4H_2O$	1.038

续表

电对	半反应 [氧化型]+ze ⇌ [还原型]	$\varphi^{\ominus}$/V
N_2O_4/NHO_2	$N_2O_4+2H^++2e \rightleftharpoons 2NHO_2$	1.065
$Br_2(l)/Br^-$	$Br_2(l)+2e \rightleftharpoons 2Br^-$	1.066
IO_3^-/I^-	$IO_3^-+6H^++6e \rightleftharpoons I^-+3H_2O$	1.085
$Br_2(aq)/Br^-$	$Br_2(aq)+2e \rightleftharpoons Br^-$	1.0873
SeO_4^{2-}/H_2SeO_3	$SeO_4^{2-}+4H^++2e \rightleftharpoons H_2SeO_3+2H_2O$	1.151
ClO_3^-/ClO_2	$ClO_3^-+2H^++e \rightleftharpoons ClO_2+H_2O$	1.152
Ir^{3+}/Ir	$Ir^{3+}+3e \rightleftharpoons Ir$	1.156
Pt^{2+}/Pt	$Pt^{2+}+2e \rightleftharpoons Pt$	1.18
ClO_4^-/ClO_3^-	$ClO_4^-+2H^++2e \rightleftharpoons ClO_3^-+H_2O$	1.189
IO_3^-/I_2	$2IO_3^-+12H^++10e \rightleftharpoons I_2+6H_2O$	1.195
$ClO_3^-/HClO_2$	$ClO_3^-+3H^++2e \rightleftharpoons HClO_2+2H_2O$	1.214
MnO_2/Mn^{2+}	$MnO_2+4H^++2e \rightleftharpoons Mn^{2+}+2H_2O$	1.224
O_2/H_2O	$O_2+4H^++4e \rightleftharpoons 2H_2O$	1.229
Tl^{3+}/Tl^+	$Tl^{3+}+2e \rightleftharpoons Tl^+$	1.252
$N_2O_5^+/NH_4^+$	$N_2O_5^++3H^++2e \rightleftharpoons 2NH_4^+$	1.275
$ClO_2/HClO_2$	$ClO_2+H^++e \rightleftharpoons HClO_2$	1.277
$PdCl_6^{2-}/PdCl_4^{2-}$	$PdCl_6^{2-}+2e \rightleftharpoons PdCl_4^{2-}+2Cl^-$	1.288
HNO_2/N_2O	$2HNO_2+4H^++4e \rightleftharpoons N_2O+3H_2O$	1.297
$HBrO/Br^-$	$HBrO+H^++2e \rightleftharpoons Br^-+H_2O$	1.331
NH_3OH^+/NH_4^+	$NH_3OH^++2H^++2e \rightleftharpoons NH_4^++H_2O$	1.35*
Cl_2/Cl^-	$Cl_2+2e \rightleftharpoons 2Cl^-$	1.35827
$Cr_2O_7^{2-}/Cr^{3+}$	$Cr_2O_7^{2-}+14H^++6e \rightleftharpoons 2Cr^{3+}+7H_2O$	1.36
ClO_4^-/Cl^-	$ClO_4^-+8H^++8e \rightleftharpoons Cl^-+4H_2O$	1.389
ClO_4^-/Cl_2	$ClO_4^-+8H^++7e \rightleftharpoons 1/2Cl_2+4H_2O$	1.39
Au^{3+}/Au^+	$Au^{3+}+2e \rightleftharpoons Au^+$	1.401
$NH_3OH^+/N_2H_5^+$	$2NH_3OH^++H^++2e \rightleftharpoons N_2H_5^++2H_2O$	1.42
BrO_3^-/Br^-	$BrO_3^-+6H^++6e \rightleftharpoons Br^-+3H_2O$	1.423
HIO/I_2	$2HIO+2H^++2e \rightleftharpoons I_2+2H_2O$	1.439
ClO_3^-/Cl^-	$ClO_3^-+6H^++6e \rightleftharpoons Cl^-+3H_2O$	1.451
PbO_2/Pb^{2+}	$PbO_2+4H^++2e \rightleftharpoons Pb^{2+}+2H_2O$	1.455
ClO_3^-/Cl_2	$ClO_3^-+6H^++5e \rightleftharpoons 1/2Cl_2+3H_2O$	1.47
CrO_2/Cr^{3+}	$CrO_2+4H^++e \rightleftharpoons Cr^{3+}+2H_2O$	1.48
BrO_3^-/Br_2	$BrO_3^-+6H^++5e \rightleftharpoons 1/2Br_2+3H_2O$	1.482
$HClO/Cl^-$	$HClO+H^++2e \rightleftharpoons Cl^-+H_2O$	1.482
Mn_2O_5/Mn^{2+}	$Mn_2O_5+6H^++2e \rightleftharpoons 2Mn^{2+}+3H_2O$	1.485
Au^{3+}/Au	$Au^{3+}+3e \rightleftharpoons Au$	1.498
Mn^{3+}/Mn^{2+}	$MnO_4^-+8H^++5e \rightleftharpoons MnO_4+4H_2O$	1.507
Mn^{3+}/Mn^{2+}	$Mn^{3+}+e \rightleftharpoons Mn^{2+}$	1.5415
$HClO_2/Cl^-$	$HClO_2+4H^++4e \rightleftharpoons Cl^-+2H_2O$	1.570
$HBrO/Br_2(aq)$	$HBrO+H^++e \rightleftharpoons 1/2Br_2(aq)+H_2O$	1.574
NO/N_2O	$2NO+2H^++2e \rightleftharpoons N_2O+H_2O$	1.591
Bi_2O_4/BiO^+	$Bi_2O_4+4H^++2e \rightleftharpoons 2BiO^++2H_2O$	1.593
$HBrO/Br_2(l)$	$HBrO+H^++e \rightleftharpoons 1/2Br_2(l)+H_2O$	1.596

续表

电对	半反应 [氧化型]+ze ⇌ [还原型]	$\varphi^\ominus$ / V
H_5IO_6/IO_3^-	$H_5IO_6 + H^+ + 2e \rightleftharpoons IO_3^- + 3H_2O$	1.601
$HClO/Cl_2$	$HClO + H^+ + e \rightleftharpoons 1/2Cl_2 + H_2O$	1.611
$HClO_2/Cl_2$	$HClO_2 + 3H^+ + 2e \rightleftharpoons 1/2Cl_2 + 2H_2O$	1.628
$HClO_2/HClO$	$HClO_2 + 2H^+ + 2e \rightleftharpoons HClO + H_2O$	1.645
NiO_2/Ni^{2+}	$NiO_2 + 4H^+ + 2e \rightleftharpoons Ni^{2+} + 2H_2O$	1.678
MnO_4^-/MnO_2	$MnO_4^- + 4H^+ + 3e \rightleftharpoons MnO_2 + 2H_2O$	1.679
$PbO_2/PbSO_4$	$PbO_2 + SO_4^{2-} + 4H^+ + 2e \rightleftharpoons PbSO_4 + 2H_2O$	1.6913
Au^+/Au	$Au^+ + e \rightleftharpoons Au$	1.692
Ge^{4+}/Ge^{2+}	$Ge^{4+} + 2e \rightleftharpoons Ge^{2+}$	1.72
N_2O/N_2	$N_2O + 2H^+ + 2e \rightleftharpoons N_2 + H_2O$	1.766
H_2O_2/H_2O	$H_2O_2 + 2H^+ + 2e \rightleftharpoons 2H_2O$	1.776
Ag^{3+}/Ag^{2+}	$Ag^{3+} + e \rightleftharpoons Ag^{2+}$	1.8
Ag_2O_2/Ag	$Ag_2O_2 + 4H^+ + e \rightleftharpoons 2Ag + 2H_2O$	1.802
BrO_4^-/BrO_3^-	$BrO_4^- + 2H^+ + 2e \rightleftharpoons BrO_3^- + H_2O$	1.853*
Ag^{3+}/Ag^+	$Ag^{3+} + 2e \rightleftharpoons Ag^+$	1.9
Co^{3+}/Co^{2+}	$Co^{3+} + e \rightleftharpoons Co^{2+}$	1.92
Ag^{2+}/Ag^+	$Ag^{2+} + e \rightleftharpoons Ag^+$	1.980
$S_2O_8^{2-}/SO_4^{2-}$	$S_2O_8^{2-} + 2e \rightleftharpoons 2SO_4^{2-}$	2.010
$HFeO_4^-/Fe^{3+}$	$HFeO_4^- + 7H^+ + 3e \rightleftharpoons Fe^{3+} + 4H_2O$	2.07
O_3/O_2	$O_3 + 2H^+ + 2e \rightleftharpoons O_2 + H_2O$	2.076
$HFeO_4^-/FeOOH$	$HFeO_4^- + 4H^+ + 3e \rightleftharpoons FeOOH + 2H_2O$	2.08
XeO_3/Xe	$XeO_3 + 6H^+ + 6e \rightleftharpoons Xe + 3H_2O$	2.10
$S_2O_8^{2-}/HSO_4^-$	$S_2O_8^{2-} + 2H^+ + 2e \rightleftharpoons 2HSO_4^-$	2.123
Cu^{3+}/Cu^{2+}	$Cu^{3+} + e \rightleftharpoons Cu^{2+}$	2.4
H_4XeO_6/XeO_3	$H_4XeO_6 + 2H^+ + 2e \rightleftharpoons XeO_3 + 3H_2O$	2.42
$O(g)/H_2O$	$O(g) + 2H^+ + 2e \rightleftharpoons H_2O$	2.421
F_2/F^-	$F_2 + 2e \rightleftharpoons 2F^-$	2.866
F_2/HF	$F_2 + 2H^+ + 2e \rightleftharpoons 2HF$	3.053

（2）298.15 K，碱性介质中

电对	半反应 [氧化型]+ze ⇌ [还原型]	$\varphi^\ominus$ / V
$Ca(OH)_2/Ca$	$Ca(OH)_2 + 2e \rightleftharpoons Ca + 2OH^-$	− 3.02
$Ba(OH)_2/Ba$	$Ba(OH)_2 + 2e \rightleftharpoons Ba + 2OH^-$	− 2.99
$La(OH)_3/La$	$La(OH)_3 + 3e \rightleftharpoons La + 3OH^-$	− 2.90
$Sr(OH)_2/Sr$	$Sr(OH)_2 + 2e \rightleftharpoons Sr + 2OH^-$	− 2.88
$Mg(OH)_2/Mg$	$Mg(OH)_2 + 2e \rightleftharpoons Mg + 2OH^-$	− 2.69
$Al(OH)_3/Al$	$Al(OH)_3 + 3e \rightleftharpoons Al + 3OH^-$	− 2.31
$H_2BO_3^-/B$	$H_2BO_3^- + H_2O + 3e \rightleftharpoons B + 4OH^-$	− 1.79
HPO_3^{2-}/P	$HPO_3^{2-} + 2H_2O + 3e \rightleftharpoons P + 5OH^-$	− 1.71
SiO_3^{2-}/Si	$SiO_3^{2-} + 3H_2O + 4e \rightleftharpoons Si + 6OH^-$	− 1.697
$HPO_3^{2-}/H_2PO_2^-$	$HPO_3^{2-} + 2H_2O + 2e \rightleftharpoons H_2PO_2^- + 3OH^-$	− 1.65
$Cr(OH)_3/Cr$	$Cr(OH)_3 + 3e \rightleftharpoons Cr + 3OH^-$	− 1.48

续表

电对	半反应 [氧化型] + ze ⇌ [还原型]	$\varphi^{\ominus}$ / V
ZnO/Zn	$ZnO + H_2O + 2e \rightleftharpoons Zn + 2OH^-$	− 1.260
$Zn(OH)_2/Zn$	$Zn(OH)_2 + 2e \rightleftharpoons Zn + 2OH^-$	− 1.249
SiF_6^{2-}/Si	$SiF_6^{2-} + 4e \rightleftharpoons Si + 6F^-$	− 1.24
$H_2GaO_3^-/Ga$	$H_2GaO_3^- + H_2O + 3e \rightleftharpoons Ga + 4OH^-$	− 1.219
ZnO_2^-/Zn	$ZnO_2^- + 2H_2O + 2e \rightleftharpoons Zn + 4OH^-$	− 1.215
CrO_2^-/Cr	$CrO_2^- + 2H_2O + 3e \rightleftharpoons Cr + 4OH^-$	− 1.2
$Zn(OH)_4^{2-}/Zn$	$Zn(OH)_4^{2-} + 2e \rightleftharpoons Zn + 4OH^-$	− 1.199
$SO_3^{2-}/S_2O_4^{2-}$	$2SO_3^{2-} + 2H_2O + 2e \rightleftharpoons S_2O_4^{2-} + 4OH^-$	− 1.12
PO_4^{3-}/HPO_3^{2-}	$PO_4^{3-} + 2H_2O + 2e \rightleftharpoons HPO_3^{2-} + 3OH^-$	− 1.05
In_2O_3/In	$In_2O_3 + 3H_2O + 6e \rightleftharpoons 2In + 6OH^-$	− 1.034
$In(OH)_3/In$	$In(OH)_3 + 3e \rightleftharpoons In + 3OH^-$	− 0.99
SnO_2/Sn	$SnO_2 + 2H_2O + 4e \rightleftharpoons Sn + 4OH^-$	− 0.945
$Sn(OH)_6^{2-}/HSnO_2^-$	$Sn(OH)_6^{2-} + 2e \rightleftharpoons HSnO_2^- + 3OH^- + H_2O$	− 0.93
SO_4^{2-}/SO_3^{2-}	$SO_4^{2-} + H_2O + 2e \rightleftharpoons SO_3^{2-} + 2OH^-$	− 0.93
$HSnO_2^-/Sn$	$HSnO_2^- + H_2O + 2e \rightleftharpoons Sn + 3OH^-$	− 0.909
P/PH_3	$P + 3H_2O + 3e \rightleftharpoons PH_3(g) + 3OH^-$	− 0.87
NO_3^-/N_2O_4	$2NO_3^- + 2H_2O + 2e \rightleftharpoons N_2O_4 + 4OH^-$	− 0.85
H_2O/H_2	$2H_2O + 2e \rightleftharpoons H_2 + 2OH^-$	− 0.8277
$Cd(OH)_2/Cd$	$Cd(OH)_2 + 2e \rightleftharpoons Cd(Hg) + 2OH^-$	− 0.809
CdO/Cd	$CdO + H_2O + 2e \rightleftharpoons Cd + 2OH^-$	− 0.783
$Co(OH)_2/Co$	$Co(OH)_2 + 2e \rightleftharpoons Co + 2OH^-$	− 0.73
$Ni(OH)_2/Ni$	$Ni(OH)_2 + 2e \rightleftharpoons Ni + 2OH^-$	− 0.72
AsO_4^{3-}/AsO_2^-	$AsO_4^{3-} + 2H_2O + 2e \rightleftharpoons AsO_2^- + 4OH^-$	− 0.71
Ag_2S/Ag	$Ag_2S + 2e \rightleftharpoons 2Ag + S^{2-}$	− 0.691
AsO_2^-/As	$AsO_2^- + 2H_2O + 3e \rightleftharpoons As + 4OH^-$	− 0.68
Se/Se^{2-}	$Se + 2e \rightleftharpoons Se^{2-}$	− 0.670
SbO_2^-/Sb	$SbO_2^- + 2H_2O + 3e \rightleftharpoons Sb + 4OH^-$	− 0.66
$Cd(OH)_4^{2-}/Cd$	$Cd(OH)_4^{2-} + 2e \rightleftharpoons Cd + 4OH^-$	− 0.658
SbO_3^-/SbO_2^-	$SbO_3^- + H_2O + 2e \rightleftharpoons SbO_2^- + 2OH^-$	− 0.59
SO_3^{2-}/S	$SO_3^{2-} + 3H_2O + 4e \rightleftharpoons S + 6OH^-$	− 0.59
PbO/Pb	$PbO + H_2O + 2e \rightleftharpoons Pb + 2OH^-$	− 0.580
$SO_3^{2-}/S_2O_3^{2-}$	$2SO_3^{2-} + 3H_2O + 4e \rightleftharpoons S_2O_3^{2-} + 6OH^-$	− 0.571
TeO_3^{2-}/Te	$TeO_3^{2-} + 3H_2O + 4e \rightleftharpoons Te + 6OH^-$	− 0.57
$Fe(OH)_3/Fe(OH)_2$	$Fe(OH)_3 + e \rightleftharpoons Fe(OH)_2 + OH^-$	− 0.56
$HPbO_2^-/Pb$	$HPbO_2^- + H_2O + 2e \rightleftharpoons Pb + 3OH^-$	− 0.537
$NiO_2/Ni(OH)_2$	$NiO_2 + 2H_2O + 2e \rightleftharpoons Ni(OH)_2 + 2OH^-$	− 0.490
S/HS^-	$S + H_2O + 2e \rightleftharpoons HS^- + OH^-$	− 0.478
S/S^{2-}	$S + 2e \rightleftharpoons S^{2-}$	− 0.47627
Bi_2O_3/Bi	$Bi_2O_3 + 3H_2O + 6e \rightleftharpoons 2Bi + 6OH^-$	− 0.46
NO_2^-/NO	$NO_2^- + H_2O + e \rightleftharpoons NO + 2OH^-$	− 0.46
S/S_2^{2-}	$2S + 2e \rightleftharpoons S_2^{2-}$	− 0.42836
SeO_3^{2-}/Se	$SeO_3^{2-} + 3H_2O + 4e \rightleftharpoons Se + 6OH^-$	− 0.366
Cu_2O/Cu	$Cu_2O + H_2O + 2e \rightleftharpoons 2Cu + 2OH^-$	− 0.360

续表

电对	半反应 [氧化型]+ze ⇌ [还原型]	$\varphi^{\ominus}$/V
$TlOH/Tl$	$TlOH + e \rightleftharpoons Tl + OH^-$	−0.34
$Cu(OH)_2/Cu$	$Cu(OH)_2 + 2e \rightleftharpoons Cu + 2OH^-$	−0.222
O_2/H_2O_2	$O_2 + 2H_2O + 2e \rightleftharpoons H_2O_2 + 2OH^-$	−0.146
$CrO_4^{2-}/Cr(OH)_3$	$CrO_4^{2-} + 4H_2O + 3e \rightleftharpoons Cr(OH)_3 + 5OH^-$	−0.13
$Cu(OH)_2/Cu_2O$	$2Cu(OH)_2 + 2e \rightleftharpoons Cu_2O + 2OH^- + H_2O$	−0.080
O_2/HO_2^-	$O_2 + H_2O + 2e \rightleftharpoons HO_2^- + OH^-$	−0.076
$Tl(OH)_3/TlOH$	$Tl(OH)_3 + 2e \rightleftharpoons TlOH + 2OH^-$	−0.05
$AgCN/Ag$	$AgCN + e \rightleftharpoons Ag + CN^-$	−0.017
NO_3^-/NO_2^-	$NO_3^- + H_2O + 2e \rightleftharpoons NO_2^- + 2OH^-$	0.01
Tl_2O_3/Tl^+	$Tl_2O_3 + 3H_2O + 4e \rightleftharpoons 2Tl^+ + 6OH^-$	0.02
SeO_4^{2-}/SeO_3^{2-}	$SeO_4^{2-} + H_2O + 2e \rightleftharpoons SeO_3^{2-} + 2OH^-$	0.05
$Pd(OH)_2/Pd$	$Pd(OH)_2 + 2e \rightleftharpoons Pd + 2OH^-$	0.07
$S_4O_6^{2-}/S_2O_3^{2-}$	$S_4O_6^{2-} + 2e \rightleftharpoons 2S_2O_3^{2-}$	0.08
HgO/Hg	$HgO + H_2O + 2e \rightleftharpoons Hg + 2OH^-$	0.0977
Ir_2O_3/Ir	$Ir_2O_3 + 3H_2O + 6e \rightleftharpoons 2Ir + 6OH^-$	0.098
$Co(NH_3)_6^{3+}/Co(NH_3)_6^{2+}$	$Co(NH_3)_6^{3+} + e \rightleftharpoons Co(NH_3)_6^{2+}$	0.108
Hg_2O/Hg	$Hg_2O + H_2O + 2e \rightleftharpoons 2Hg + 2OH^-$	0.123
$Pt(OH)_2/Pt$	$Pt(OH)_2 + 2e \rightleftharpoons Pt + 2OH^-$	0.14
NO_2^-/N_2O	$2NO_2^- + 3H_2O + 4e \rightleftharpoons N_2O + 6OH^-$	0.15
IO_3^-/IO^-	$IO_3^- + 2H_2O + 4e \rightleftharpoons IO^- + 4OH^-$	0.15
$Mn(OH)_3/Mn(OH)_2$	$Mn(OH)_3 + e \rightleftharpoons Mn(OH)_2 + OH^-$	0.15
$Co(OH)_3/Co(OH)_2$	$Co(OH)_3 + e \rightleftharpoons Co(OH)_2 + OH^-$	0.17
PbO_2/PbO	$PbO_2 + H_2O + 2e \rightleftharpoons PbO + 2OH^-$	0.247
IO_3^-/I^-	$IO_3^- + 3H_2O + 6e \rightleftharpoons I^- + 6OH^-$	0.26
ClO_3^-/ClO_2^-	$ClO_3^- + H_2O + 2e \rightleftharpoons ClO_2^- + 2OH^-$	0.33
Ag_2O/Ag	$Ag_2O + H_2O + 2e \rightleftharpoons 2Ag + 2OH^-$	0.342
$Fe(CN)_6^{3-}/Fe(CN)_6^{4-}$	$Fe(CN)_6^{3-} + e \rightleftharpoons Fe(CN)_6^{4-}$	0.358
ClO_4^-/ClO_3^-	$ClO_4^- + H_2O + 2e \rightleftharpoons ClO_3^- + 2OH^-$	0.36
O_2/OH^-	$O_2 + 2H_2O + 4e \rightleftharpoons 4OH^-$	0.401
$Ag_2C_2O_4/Ag$	$Ag_2C_2O_4 + 2e \rightleftharpoons 2Ag + C_2O_4^{2-}$	0.4647
Ag_2CO_3/Ag	$Ag_2CO_3 + 2e \rightleftharpoons 2Ag + CO_3^{2-}$	0.47
IO^-/I^-	$IO^- + H_2O + 2e \rightleftharpoons I^- + 2OH^-$	0.485
MnO_4^-/MnO_4^{2-}	$MnO_4^- + e \rightleftharpoons MnO_4^{2-}$	0.558
MnO_4^-/MnO_2	$MnO_4^- + 2H_2O + 3e \rightleftharpoons MnO_2 + 4OH^-$	0.595
MnO_4^{2-}/MnO_2	$MnO_4^{2-} + 2H_2O + 2e \rightleftharpoons MnO_2 + 4OH^-$	0.60
BrO_3^-/Br^-	$BrO_3^- + 3H_2O + 6e \rightleftharpoons Br^- + 6OH^-$	0.61
ClO_3^-/Cl^-	$ClO_3^- + 3H_2O + 6e \rightleftharpoons Cl^- + 6OH^-$	0.62
ClO_2^-/ClO^-	$ClO_2^- + H_2O + 2e \rightleftharpoons ClO^- + 2OH^-$	0.66
$H_3IO_6^{2-}/IO_3^-$	$H_3IO_6^{2-} + 2e \rightleftharpoons IO_3^- + 3OH^-$	0.7
ClO_2^-/Cl^-	$ClO_2^- + 2H_2O + 4e \rightleftharpoons Cl^- + 4OH^-$	0.76
NO/N_2O	$NO + H_2O + 2e \rightleftharpoons N_2O + 2OH^-$	0.76
BrO^-/Br^-	$BrO^- + H_2O + 2e \rightleftharpoons Br^- + 2OH^-$	0.761

续表

电对	半反应 [氧化型]+*ze* $\rightleftharpoons$ [还原型]	$\varphi^{\ominus}$/V
$(CNS)_2/CNS^-$	$(CNS)_2 + 2e \rightleftharpoons 2CNS^-$	0.77
AgF/Ag	$AgF + e \rightleftharpoons Ag + F^-$	0.779
ClO^-/Cl^-	$ClO^- + H_2O + 2e \rightleftharpoons Cl^- + 2OH^-$	0.841
N_2O_4/NO_2^-	$N_2O_4 + 2e \rightleftharpoons 2NO_2^-$	0.867
HO_2^-/OH^-	$HO_2^- + H_2O + 2e \rightleftharpoons 3OH^-$	0.878
$ClO_2(aq)/ClO_2^-$	$ClO_2(aq) + e \rightleftharpoons ClO_2^-$	0.954
RuO_4/RuO_4^-	$RuO_4 + e \rightleftharpoons RuO_4^-$	1.00
$Cu^{2+}/Cu(CN)_2^-$	$Cu^{2+} + 2CN^- + e \rightleftharpoons Cu(CN)_2^-$	1.103
$Fe(phen)_3^{3+}/Fe(phen)_3^{2+}$	$Fe(phen)_3^{3+} + e \rightleftharpoons Fe(phen)_3^{2+}$	1.147
O_3/O_2	$O_3 + H_2O + 2e \rightleftharpoons O_2 + 2OH^-$	1.24
F_2/F^-	$F_2 + 2e \rightleftharpoons 2F^-$	2.866

摘自：W M Haynes. CRC Handbook of Chemistry and Physics. 97th ed. Boca Raton: CRC Press Inc, 2016—2017: 5-78 ~ 89.

*摘自：James G Speight. Lange's Handbook of Chemistry and Physics. 16th ed. New York: McGraw-Hill Companies Inc, 2005: Table 1.77.

五、氨羧配合物稳定常数的对数值

金属离子	EDTA			EGTA		HEDTA	
	$\lg K_{MHL}^{H}$	$\lg K_{ML}$	$\lg K_{MOHL}^{OH}$	$\lg K_{MHL}$	$\lg K_{ML}$	$\lg K_{ML}$	$\lg K_{MOHL}^{OH}$
Ag^+	6.0	7.3					
Al^{3+}	2.5	16.1	8.1				
Ba^{2+}	4.6	7.8		5.4	8.4	6.2	
Bi^{3+}		27.9					
Ca^{2+}	3.1	10.7		3.8	11.0	8.0	
Ce^{3+}		16.0					
Cd^{2+}	2.9	16.5		3.5	15.6	23.0	
Co^{2+}	3.1	16.3			12.3	14.4	
Co^{3+}	1.3	36					
Cr^{3+}	2.3	23	6.6				
Cu^{2+}	3.0	18.8	2.5	4.4	17	17.4	
Fe^{2+}	2.8	14.3				12.2	5.0
Fe^{3+}	1.4	25.1	6.5			19.8	10.1
Hg^{2+}	3.1	21.8	4.9	3.0	23.2	20.1	
La^{3+}		15.4			15.6	13.2	
Mg^{2+}	3.9	8.7			5.2	5.2	
Mn^{2+}	3.1	14.0		5.0	11.5	10.7	
Ni^{2+}	3.2	18.6		6.0	12.0	17.0	

续表

金属离子	EDTA			EGTA		HEDTA	
	$\lg K_{MHL}^{H}$	$\lg K_{ML}$	$\lg K_{MOHL}^{OH}$	$\lg K_{MHL}$	$\lg K_{ML}$	$\lg K_{ML}$	$\lg K_{MOHL}^{OH}$
Pb^{2+}	2.8	18.0		5.3	13.0	15.5	
Sn^{2+}		22.1					
Sr^{2+}	3.9	8.6		5.4	8.5	6.8	
Th^{4+}		23.2					8.6
Ti^{3+}		21.3					
TiO^{2+}		17.3					
Zn^{2+}	3.0	16.5		5.2	12.8	14.5	

六、一些配位滴定剂、掩蔽剂、缓冲剂阴离子的 $\lg\alpha_{L(H)}$

试剂		EDTA	HEDTA	NH_3	CN^-	F^-
溶液pH	0	24.0	17.9	9.4	9.2	3.05
	1	18.3	15.0	8.4	8.2	2.05
	2	13.8	12.0	7.4	7.2	1.1
	3	10.8	9.4	6.4	6.2	0.3
	4	8.6	7.2	5.4	5.2	0.05
	5	6.6	5.3	4.4	4.2	
	6	4.8	3.9	3.4	3.2	
	7	3.4	2.8	2.4	2.2	
	8	2.3	1.8	1.4	1.2	
	9	1.4	0.9	0.5	0.4	
	10	0.5	0.2	0.1	0.1	
	11	0.1				
酸的形成常数	$\lg K_1$	10.34	9.81	9.4	9.2	3.1
	$\lg K_2$	6.24	5.41			
	$\lg K_3$	2.75	2.72			
	$\lg K_4$	2.07				
	$\lg K_5$	1.6				
	$\lg K_6$	0.9				

七、金属羟基配合物的稳定常数

金属离子	离子强度	$\lg\beta^{\ominus}$
Al^{3+}	2	$Al(OH)_4^-$ 33.3　$Al_6(OH)_{15}^{3+}$ 163
Ba^{2+}	0	$Ba(OH)^+$ 0.7
Bi^{3+}	3	$Bi(OH)^{2+}$ 12.4　$Bi(OH)_{12}^{6+}$ 168.3
Ca^{2+}	0	$Ca(OH)^+$ 1.3
Cd^{2+}	3	$Cd(OH)^+$ 4.3　$Cd(OH)_2$ 7.7　$Cd(OH)_3^-$ 10.3　$Cd(OH)_4^{2-}$ 12.0
Cu^{2+}	0.1	$Cu(OH)^+$ 6.0
Fe^{2+}	1	$Fe(OH)^+$ 4.5
Fe^{3+}	3	$Fe(OH)^{2+}$ 11.0　$Fe(OH)_2^+$ 21.7　$Fe_2(OH)_2^{4+}$ 23.1
Mg^{2+}	0	$Mg(OH)^+$ 2.6
Mn^{2+}	0.1	$Mn(OH)^+$ 3.4
Ni^{2+}	0.1	$Ni(OH)^+$ 4.6
Pb^{2+}	0.3	$Pb(OH)^+$ 6.2　$Pb(OH)_2$ 10.3　$Pb(OH)_3^-$ 13.3　$Pb_2(OH)^{3+}$ 7.6
Zn^{2+}	0	$Zn(OH)^+$ 4.4　$Zn(OH)_3^-$ 14.4　$Zn(OH)_4^{2-}$ 15.5

八、一些金属离子的 $\lg\alpha_{M(OH)}$ 值

金属离子	离子强度	pH													
		1	2	3	4	5	6	7	8	9	10	11	12	13	14
Al^{3+}	2					0.4	1.3	5.3	9.3	13.3	17.3	21.3	25.3	29.3	33.3
Bi^{3+}	3	0.1	0.5	1.4	2.4	3.4	4.4	5.4							
Ca^{2+}	0.1													0.3	1.0
Cd^{2+}	3									0.1	0.5	2.0	4.5	8.1	12.0
Co^{2+}	0.1								0.1	0.4	1.1	2.2	4.2	7.2	10.2
Cu^{2+}	0.1								0.2	0.8	1.7	2.7	3.7	4.7	5.7
Fe^{2+}	1									0.1	0.6	1.5	2.5	3.5	4.5
Fe^{3+}	3			0.4	1.8	3.7	5.7	7.7	9.7	11.7	13.7	15.7	17.7	19.7	21.7
Hg^{2+}	0.1			0.5	1.9	3.9	5.9	7.9	9.9	11.9	13.9	15.9	17.9	19.9	21.9
La^{3+}	3										0.3	1.0	1.9	2.9	3.9
Mg^{2+}	0											0.1	0.5	1.3	2.3
Mn^{2+}	0.1										0.1	0.5	1.4	2.4	3.4
Ni^{2+}	0.1									0.1	0.7	1.6			
Pb^{2+}	0.3							0.1	0.5	1.4	2.7	4.7	7.4	10.4	13.4
Th^{4+}	1				0.2	0.8	1.7	2.7	3.7	4.7	5.7	6.7	7.7	8.7	9.7
Zn^{2+}	0									0.2	2.4	5.4	8.5	11.8	15.5

九、条件电极电势

半反应	$\varphi^{\ominus'}$(V) /介质				
$Ag(II) + e \rightleftharpoons Ag^+$	1.927	4 mol·L^{-1} HNO_3			
$Cr(IV) + e \rightleftharpoons Cr(III)$	1.70	1.61	1.44	1.28	
	1 mol·L^{-1} $HClO_4$	1 mol·L^{-1} HNO_3	0.5 mol·L^{-1} H_2SO_4	1 mol·L^{-1} HCl	
$Co^{3+} + e \rightleftharpoons Co^{2+}$	1.85	4 mol·L^{-1} HNO_3			
$Co(en)_3^{3+} + e \rightleftharpoons Co(en)_3^{2+}$	−0.2	0.1 mol·L^{-1} KNO_3 +0.1 mol·L^{-1}乙二胺			
$Cr(III) + e \rightleftharpoons Cr(II)$	−0.40	5 mol·L^{-1} HCl			
$Cr_2O_7^{2-} + 14H^+ + 6e \rightleftharpoons 2Cr^{3+} + 7H_2O$	1.00	1.025	1.08	1.05	1.15
	1 mol·L^{-1} HCl	1 mol·L^{-1} $HClO_4$	3 mol·L^{-1} HCl	2 mol·L^{-1} HCl	4 mol·L^{-1} H_2SO_4
$CrO_4^{2-} + 2H_2O + 3e \rightleftharpoons 2CrO_2^{2-} + 4OH^-$	−0.12	1 mol·L^{-1} NaOH	8		
$Fe(III) + e \rightleftharpoons Fe(II)$	0.73	0.71	0.68	0.68	0.46
	1 mol·L^{-1} $HClO_4$	0.5 mol·L^{-1} HCl	1 mol·L^{-1} H_2SO_4	1 mol·L^{-1} HCl	2 mol·L^{-1} H_3PO_4
$H_3AsO_4 + 2H^+ + 2e \rightleftharpoons H_3AsO_3 + H_2O$	0.557	0.557			
	1 mol·L^{-1} HCl	1 mol·L^{-1} $HClO_4$			
$Fe(EDTA)^- + e \rightleftharpoons Fe(EDTA)^{2-}$	0.12	0.1 mol·L^{-1} EDTA pH 4~6			
$Fe(CN)_6^{3-} + e \rightleftharpoons Fe(CN)_6^{4-}$	0.48	0.56	0.71	0.72	
	0.01 mol·L^{-1} HCl	0.1 mol·L^{-1} HCl	1 mol·L^{-1} HCl	1 mol·L^{-1} $HClO_4$	
I_2(水)$ + 2e \rightleftharpoons 2I^-$	0.628	1 mol·L^{-1} H^+			

续表

半反应	$\varphi^{\ominus'}$(V) /介质			
$I_3^- + 2e \rightleftharpoons 3I^-$	0.545	$1\ mol \cdot L^{-1}\ H^+$		
$MnO_4^- + 8H^+ + 5e \rightleftharpoons Mn^{2+} + 4H_2O$	1.45	$1\ mol \cdot L^{-1}\ HClO_4$	1.27	$8\ mol \cdot L^{-1}\ H_3PO_4$
$Os(VIII) + 4e \rightleftharpoons Os(IV)$	0.79	$5\ mol \cdot L^{-1}\ HCl$		
$SnCl_6^{2-} + 2e \rightleftharpoons SnCl_4^{2-} + 2Cl^-$	0.14	$1\ mol \cdot L^{-1}\ HCl$		
$Sn^{2+} + 2e \rightleftharpoons Sn$	−0.16	$1\ mol \cdot L^{-1}\ HClO_4$		
$Sb(V) + 2e \rightleftharpoons Sb(III)$	0.75	$3.5\ mol \cdot L^{-1}\ HCl$		
$Sb(OH)_6^- + 2e \rightleftharpoons SbO_2^- + 2OH^- + 2H_2O$	−0.428	$3\ mol \cdot L^{-1}\ NaOH$		
$SbO_2^- + 2H_2O + 3e \rightleftharpoons Sb + 4OH^-$	−0.675	$10\ mol \cdot L^{-1}\ KOH$		
$Ti(IV) + e \rightleftharpoons Ti(III)$	−0.01	0.12	−0.04	−0.05
	$0.2\ mol \cdot L^{-1}\ H_2SO_4$	$2\ mol \cdot L^{-1}\ H_2SO_4$	$1\ mol \cdot L^{-1}\ HCl$	$1\ mol \cdot L^{-1}\ H_3PO_4$
$Pb(II) + 2e \rightleftharpoons Pb$	−0.32	$1\ mol \cdot L^{-1}\ NaAc$	−0.14	$1\ mol \cdot L^{-1}\ HClO_4$
$UO_2^{2+} + 4H^+ + 2e \rightleftharpoons U(IV) + 2H_2O$	0.41	$0.5\ mol \cdot L^{-1}\ H_2SO_4$		

元素周期表

原子序数	19
元素符号与名称	K 钾
外围电子构型	$4s^{1}$
相对原子质量	39.098

注：相对原子质量以 $^{12}C=12$ 为基准，方括号为放射性元素中最稳定同位素的质量数；本表相对原子质量有效数最多取小数点后三位有效数。
①电子层符号；②惰性元素电子数。

	IA	IIA	IIIB	IVB	VB	VIB	VIIB	VIII			IB	IIB	IIIA	IVA	VA	VIA	VIIA	0	①	②
1	1 H 氢 $1s^{1}$ 1.008																	2 He 氦 $1s^{2}$ 4.003	K	2
2	3 Li 锂 $2s^{1}$ 6.941	4 Be 铍 $2s^{2}$ 9.012											5 B 硼 $2s^{2}2p^{1}$ 10.811	6 C 碳 $2s^{2}2p^{2}$ 12.011	7 N 氮 $2s^{2}2p^{3}$ 14.007	8 O 氧 $2s^{2}2p^{4}$ 15.999	9 F 氟 $2s^{2}2p^{5}$ 18.998	10 Ne 氖 $2s^{2}2p^{6}$ 20.180	L K	8 2
3	11 Na 钠 $3s^{1}$ 22.990	12 Mg 镁 $3s^{2}$ 24.305											13 Al 铝 $3s^{2}3p^{1}$ 26.982	14 Si 硅 $3s^{2}3p^{2}$ 28.085	15 P 磷 $3s^{2}3p^{3}$ 30.974	16 S 硫 $3s^{2}3p^{4}$ 32.066	17 Cl 氯 $3s^{2}3p^{5}$ 35.453	18 Ar 氩 $3s^{2}3p^{6}$ 39.948	M L K	8 8 2
4	19 K 钾 $4s^{1}$ 39.098	20 Ca 钙 $4s^{2}$ 40.078	21 Sc 钪 $3d^{1}4s^{2}$ 44.956	22 Ti 钛 $3d^{2}4s^{2}$ 47.867	23 V 钒 $3d^{3}4s^{2}$ 50.942	24 Cr 铬 $3d^{5}4s^{1}$ 51.996	25 Mn 锰 $3d^{5}4s^{2}$ 54.938	26 Fe 铁 $3d^{6}4s^{2}$ 55.845	27 Co 钴 $3d^{7}4s^{2}$ 58.933	28 Ni 镍 $3d^{8}4s^{2}$ 58.693	29 Cu 铜 $3d^{10}4s^{1}$ 63.546	30 Zn 锌 $3d^{10}4s^{2}$ 65.38	31 Ga 镓 $4s^{2}4p^{1}$ 69.723	32 Ge 锗 $4s^{2}4p^{2}$ 72.63	33 As 砷 $4s^{2}4p^{3}$ 74.922	34 Se 硒 $4s^{2}4p^{4}$ 78.96	35 Br 溴 $4s^{2}4p^{5}$ 79.904	36 Kr 氪 $4s^{2}4p^{6}$ 83.798	N M L K	8 18 8 2
5	37 Rb 铷 $5s^{1}$ 85.468	38 Sr 锶 $5s^{2}$ 87.62	39 Y 钇 $4d^{1}5s^{2}$ 88.906	40 Zr 锆 $4d^{2}5s^{2}$ 91.224	41 Nb 铌 $4d^{3}5s^{2}$ 92.906	42 Mo 钼 $4d^{5}5s^{1}$ 95.96	43 Tc 锝 $4d^{5}5s^{2}$ [98]	44 Ru 钌 $4d^{7}5s^{1}$ 101.07	45 Rh 铑 $4d^{8}5s^{1}$ 102.906	46 Pd 钯 $4d^{10}$ 106.42	47 Ag 银 $4d^{10}5s^{1}$ 107.868	48 Cd 镉 $4d^{10}5s^{2}$ 112.411	49 In 铟 $5s^{2}5p^{1}$ 114.818	50 Sn 锡 $5s^{2}5p^{2}$ 118.710	51 Sb 锑 $5s^{2}5p^{3}$ 121.760	52 Te 碲 $5s^{2}5p^{4}$ 127.60	53 I 碘 $5s^{2}5p^{5}$ 126.904	54 Xe 氙 $5s^{2}5p^{6}$ 131.293	O N M L K	8 18 18 8 2
6	55 Cs 铯 $6s^{1}$ 132.905	56 Ba 钡 $6s^{2}$ 137.327	57-71 La-Lu 镧系	72 Hf 铪 $5d^{2}6s^{2}$ 178.49	73 Ta 钽 $5d^{3}6s^{2}$ 180.948	74 W 钨 $5d^{4}6s^{2}$ 183.84	75 Re 铼 $5d^{5}6s^{2}$ 186.207	76 Os 锇 $5d^{6}6s^{2}$ 190.23	77 Ir 铱 $5d^{7}6s^{2}$ 192.217	78 Pt 铂 $5d^{9}6s^{1}$ 195.084	79 Au 金 $5d^{10}6s^{1}$ 196.967	80 Hg 汞 $5d^{10}6s^{2}$ 200.59	81 Tl 铊 $6s^{2}6p^{1}$ 204.38	82 Pb 铅 $6s^{2}6p^{2}$ 207.2	83 Bi 铋 $6s^{2}6p^{3}$ 208.980	84 Po 钋 $6s^{2}6p^{4}$ [209]	85 At 砹 $6s^{2}6p^{5}$ [210]	86 Rn 氡 $6s^{2}6p^{6}$ [222]	P O N M L K	8 18 32 18 8 2
7	87 Fr 钫 $7s^{1}$ [227]	88 Ra 镭 $7s^{2}$ [226]	89-103 Ac-Lr 锕系	104 Rf $5f^{14}6d^{2}7s^{2}$ [261]	105 Db $5f^{14}6d^{3}7s^{2}$ [262]	106 Sg $5f^{14}6d^{4}7s^{2}$ [266]	107 Bh $5f^{14}6d^{5}7s^{2}$ [264]	108 Hs $5f^{14}6d^{6}7s^{2}$ [277]	109 Mt $5f^{14}6d^{7}7s^{2}$ [268]	110 Ds $5f^{14}6d^{8}7s^{2}$ [271]	111 Rg $5f^{14}6d^{10}7s^{1}$ [272]	112 Cn $5f^{14}6d^{10}7s^{2}$ [272]	113 Nh	114 Fl	115 Me	116 Lv	117 Ts	118 Og	Q P O N M L K	8 18 32 32 18 8 2

镧系	57 La 镧 $5d^{1}6s^{2}$ 138.905	58 Ce 铈 $4f^{1}5d^{1}6s^{2}$ 140.116	59 Pr 镨 $4f^{3}6s^{2}$ 140.908	60 Nd 钕 $4f^{4}6s^{2}$ 144.242	61 Pm 钷 $4f^{5}6s^{2}$ [145]	62 Sm 钐 $4f^{6}6s^{2}$ 150.36	63 Eu 铕 $4f^{7}6s^{2}$ 151.964	64 Gd 钆 $4f^{7}5d^{1}6s^{2}$ 157.25	65 Tb 铽 $4f^{9}6s^{2}$ 158.925	66 Dy 镝 $4f^{10}6s^{2}$ 162.500	67 Ho 钬 $4f^{11}6s^{2}$ 164.930	68 Er 铒 $4f^{12}6s^{2}$ 167.259	69 Tm 铥 $4f^{13}6s^{2}$ 168.934	70 Yb 镱 $4f^{14}6s^{2}$ 173.054	71 Lu 镥 $4f^{14}5d^{1}6s^{2}$ 174.967
锕系	89 Ac 锕 $6d^{1}7s^{2}$ 227.028	90 Th 钍 $6d^{2}7s^{2}$ 232.038	91 Pa 镤 $5f^{2}6d^{1}7s^{2}$ 231.036	92 U 铀 $5f^{3}6d^{1}7s^{2}$ 238.029	93 Np 镎 $5f^{4}6d^{1}7s^{2}$ 237.048	94 Pu 钚 $5f^{6}7s^{2}$ [244]	95 Am 镅 $5f^{7}7s^{2}$ [243]	96 Cm 锔 $5f^{7}6d^{1}7s^{2}$ [247]	97 Bk 锫 $5f^{9}7s^{2}$ [247]	98 Cf 锎 $5f^{10}7s^{2}$ [251]	99 Es 锿 $5f^{11}7s^{2}$ [252]	100 Fm 镄 $5f^{12}7s^{2}$ [257]	101 Md 钔 $5f^{13}7s^{2}$ [258]	103 No 锘 $5f^{14}7s^{2}$ [259]	103 Lr 铹 $5f^{14}6d^{1}7s^{2}$ [262]